国家出版基金资助项目
“新闻出版改革发展项目库”入库项目
“十三五”国家重点出版物出版规划项目

特殊冶金过程技术丛书

有色金属真空冶金基础

杨 斌　徐宝强　孔令鑫　蒋文龙　著

北 京
冶 金 工 业 出 版 社
2023

内 容 提 要

本书共5章，系统阐述了有色金属真空冶金技术的研究和应用，包括矿石及半产品、合金及粗金属真空蒸馏，化合物真空还原，化合物真空分解，从头算分子动力学模拟在真空冶金中的应用等内容，涵盖了作者多年来在真空冶金基础理论及新技术开发方面的研究成果，展示了我国在有色金属真空冶金领域的新研究进展。

本书可供从事有色金属冶金和真空冶金教学、科研及工程的专业技术人员阅读参考，也可作为相关专业本科生和研究生的教学参考书。

图书在版编目(CIP)数据

有色金属真空冶金基础/杨斌等著.—北京：冶金工业出版社，2023.12
(特殊冶金过程技术丛书)
“十三五”国家重点出版物出版规划项目
ISBN 978-7-5024-9348-6

Ⅰ.①有… Ⅱ.①杨… Ⅲ.①有色金属冶金—真空冶金 Ⅳ.①TF8

中国版本图书馆CIP数据核字(2022)第248896号

有色金属真空冶金基础

出版发行 冶金工业出版社　**电　话** (010)64027926
地　址 北京市东城区嵩祝院北巷39号　**邮　编** 100009
网　址 www.mip1953.com　**电子信箱** service@mip1953.com

责任编辑 张熙莹　美术编辑 彭子赫　版式设计 孙跃红 郑小利
责任校对 王永欣　责任印制 禹 蕊
北京天恒嘉业印刷有限公司印刷
2023年12月第1版，2023年12月第1次印刷
787mm×1092mm 1/16；23.75印张；568千字；353页
定价129.00元

投稿电话 (010)64027932 投稿信箱 tougao@cnmip.com.cn
营销中心电话 (010)64044283
冶金工业出版社天猫旗舰店 yjgycbs.tmall.com
(本书如有印装质量问题，本社营销中心负责退换)

特殊冶金过程技术丛书

特殊冶金过程技术丛书

序

科技创新是永无止境的，尤其是学科交叉与融合不断衍生出新的学科与技术。特殊冶金是将物理外场（如电磁场、微波场、超重力、温度场等）和新型化学介质（如富氧、氯、氟、氢、化合物、络合物等）用于常规冶金过程而形成的新的冶金学科分支。特殊冶金是将传统的火法、湿法和电化学冶金与非常规外场及新型介质体系相互融合交叉，实现对冶金过程物质转化与分离过程的强化和有效调控。对于许多成分复杂、低品位、难处理的冶金原料，传统的冶金方法效率低、消耗高。特殊冶金的兴起，是科研人员针对不同的原料特性，在非常规外场和新型介质体系及其对常规冶金的强化与融合做了大量研究的结果，创新的工艺和装备具有高效的元素分离和金属提取效果，在低品位、复杂、难处理的冶金矿产资源的开发过程中将显示出强大的生命力。

“特殊冶金过程技术丛书”系统反映了我国在特殊冶金领域多年的学术研究状况，展现了我国在特殊冶金领域最新的研究成果和学术思想。该丛书涵盖了东北大学、昆明理工大学、中南大学、北京科技大学、江西理工大学、北京矿冶研究总院、中科院过程所等单位多年来的科研结晶，是我国在特殊冶金领域研究成果的总结，许多成果已得到应用并取得了良好效果，对冶金学科的发展具有重要作用。

特殊冶金作为一个新兴冶金学科分支，涉及物理、化学、数学、冶金、材料和人工智能等学科，需要多学科的联合研究与创新才能得以发展。例如，特殊外场下的物理化学与界面现象，物质迁移的传输参数与传输规律及其测量方法，多场协同作用下的多相耦合及反应过程规律，新型介质中的各组分反应机理与外场强化的关系，多元多相复杂体系多尺度结构与效应，新型冶金反应器的结构优化及其放大规律等。其中的科学问题和大量的技术与工程化需要我们去解决。

特殊冶金的发展前景广阔，随着物理外场技术的进步和新型介质体系的出现，定会不断涌现新的特殊冶金方法与技术。

“特殊冶金过程技术丛书”的出版是我国冶金界值得称贺的一件喜事，此丛书的出版将会促进和推动我国冶金与材料事业的新发展，谨此祝愿。

2019 年 4 月

总　　序

冶金过程的本质是物质转化与分离过程，是“流”与“场”的相互作用过程。这里的“流”是指物质流、能量流和信息流，这里的“场”是指反应器所具有的物理场，例如温度场、压力场、速度场、浓度场等。因此，冶金过程“流”与“场”的相互作用及其耦合规律是特殊冶金（又称“外场冶金”）过程的最基本科学问题。随着物理技术的发展，如电磁场、微波场、超声波场、真空力场、超重力场、瞬变温度场等物理外场逐渐被应用于冶金过程，由此出现了电磁冶金、微波冶金、超声波冶金、真空冶金、超重力冶金、自蔓延冶金等新的冶金过程技术。随着化学理论与技术的发展，新的化学介质体系，如亚熔盐、富氧、氢气、氯气、氟气等在冶金过程中应用，形成了亚熔盐冶金、富氧冶金、氢冶金、氯冶金、氟冶金等新的冶金过程技术。因此，特殊冶金就是将物理外场（如电磁场、微波场、超重力或瞬变温度场）和新型化学介质（亚熔盐、富氧、氯、氟、氢等）应用于冶金过程形成的新的冶金学科分支。实际上，特殊冶金是传统的火法冶金、湿法冶金及电化学冶金与电磁场、微波场、超声波场、超高浓度场、瞬变超高温场（高达2000℃以上）等非常规外场相结合，以及新型介质体系相互融合交叉，实现对冶金过程物质转化与分离过程的强化与有效控制，是典型的交叉学科领域。根据外场和能量/介质不同，特殊冶金又可分为两大类，一类是非常规物理场，具体包括微波场、压力场、电磁场、等离子场、电子束能、超声波场与超高温场等；另一类是超高浓度新型化学介质场，具体包括亚熔盐、矿浆、电渣、氯气、氢气与氧气等。与传统的冶金过程相比，外场冶金具有效率高、能耗低、产品质量优等特点，其在低品位、复杂、难处理的矿产资源的开发利用及冶金“三废”的综合利用方面显示出强大的技术优势。

特殊冶金的发展历史可以追溯到20世纪50年代，如加压湿法冶金、真空冶金、富氧冶金等特殊冶金技术从20世纪就已经进入生产应用。2009年在中国金属学会组织的第十三届中国冶金反应工程年会上，东北大学张廷安教授首次系统地介绍了特殊冶金的现状及发展趋势，引起同行的广泛关注。自此，“特殊冶金”作为特定术语逐渐被冶金和材料同行接受（下表总结了特殊冶金的各种形式、能量转化与外场方式以及应用领域）。2010年，彭金辉教授依托昆明理工大学组建了国内首个特殊冶金领域的重点实验室——非常规冶金教育部重点实验室。2015年，云南冶金集团股份有限公司组建了共伴生有色金属资源加压湿法冶金技术国家重点实验室。2011年，东北大学受教育部委托承办了外场技术在冶金中的应用暑期学校，进一步详细研讨了特殊冶金的研究现状和发展趋势。2016年，中国有色金属学会成立了特种冶金专业委员会，中国金属学会设有特殊钢分会特种冶金学术委员会。目前，特殊冶金是冶金学科最活跃的研究领域之一，也是我国在国际冶金领域的优势学科，研究水平处于世界领先地位。特殊冶金也是国家自然科学基金委近年来重点支持和积极鼓励的研究

特殊冶金及应用一览表

名称	外场	能量形式	应用领域
电磁冶金	电磁场	电磁力、热效应	电磁熔炼、电磁搅拌、电磁雾化
等离子冶金、电子束冶金	等离子体、电子束	等离子体高温、辐射能	等离子体冶炼、废弃物处理、粉体制备、聚合反应、聚合干燥
激光冶金	激光波	高能束	激光表面冶金、激光化学冶金、激光材料合成等
微波冶金	微波场	微波能	微波焙烧、微波合成等
超声波冶金	超声波	机械、空化	超声冶炼、超声精炼、超声萃取
自蔓延冶金	瞬变温场	化学热	自蔓延冶金制粉、自蔓延冶炼
超重、微重力与失重冶金	非常规力场	离心力、微弱力	真空微重力熔炼铝锂合金、重力条件下熔炼难混溶合金等
气体（氧、氢、氯）冶金	浓度场	化学位能	富氧浸出、富氧熔炼、金属氢还原、钛氯化冶金等
亚熔盐冶金	浓度场	化学位能	铬、钒、钛和氧化铝等溶出
矿浆电解	电磁场	界面、电能	铋、铅、锑、锰结核等复杂资源矿浆电解
真空与相对真空冶金	压力场	压力能	高压合成、金属镁相对真空冶炼
加压湿法冶金	压力场	压力能	硫化矿物、氧化矿物的高压浸出

领域之一。国家自然科学基金“十三五”战略发展规划明确指出，特殊冶金是冶金学科又一新兴交叉学科分支。

加压湿法冶金是现代湿法冶金领域新兴发展的短流程强化冶金技术，是现代湿法冶金技术发展的主要方向之一，已广泛地应用于有色金属及稀贵金属提取冶金及材料制备方面。张廷安教授团队将加压湿法冶金新技术应用于氧化铝清洁生产和钒渣加压清洁提钒等领域取得了一系列创新性成果。例如，从改变铝土矿溶出过程平衡固相结构出发，重构了理论上不含碱、不含铝的新型结构平衡相，提出的“钙化—碳化法”不仅从理论上摆脱了拜耳法生产氧化铝对铝土矿铝硅比的限制，而且实现了大幅度降低赤泥中钠和铝的含量，解决了赤泥的大规模、低成本无害化和资源化，是氧化铝生产近百年来的颠覆性技术。该技术的研发成功可使我国铝土矿资源扩大2~3倍，延长铝土矿使用年限30年以上，解决了拜耳法赤泥综合利用的世界难题。相关成果获2015年度中国国际经济交流中心与保尔森基金会联合颁发的“可持续发展规划项目”国际奖、第45届日内瓦国际发明展特别嘉许金奖及2017年TMS学会轻金属主题奖等。

真空冶金是将真空用于金属的熔炼、精炼、浇铸和热处理等过程的特殊冶金技术。近年来真空冶金在稀有金属、钢和特种合金的冶炼方面得到日益广泛的应用。昆明理工大学的戴永年院士和杨斌教授团队在真空冶金提取新技术及产业化应用领域取得了一系列创新性成果。例如，主持完成的“从含铟粗锌中高效提炼金属铟技术”，项目成功地从含铟0.1%的粗锌中提炼出99.993%以上的金属铟，解决了从含铟粗锌中提炼铟这一冶金技术难题，该成果获2009年度国家技术发明奖二等奖。又如主持完成的“复杂锡合金真空蒸馏新技术及产业化应用”项目针对传统冶金技术处理复杂锡合金资源利用率低、环保影响大、生产成本高等问题，成功开发了真空蒸馏处理复杂锡合金的新技术，在云锡集团等企业建成40余条生产线，在美国、英国、西班牙建成6条生产线，项目成果获2015年度国家科技进步奖二等奖。2014年，张廷安教授提出“以平衡分压为基准”的相对真空冶金概念，在国家自然科学基金委—辽宁联合基金的资助下开发了相对真空炼镁技术与装备，实现了镁的连续冶炼，达到国际领先水平。

微波冶金是将微波能应用于冶金过程，利用其选择性加热、内部加热和非接触加热等特点来强化反应过程的一种特殊冶金新技术。微波加热与常规加热不同，它不需要由表及里的热传导，可以实现整体和选择性加热，具有升温速率快、加热效率高、对化学反应有催化作用、降低反应温度、缩短反应时间、节能降耗等优点。昆明理工大学的彭金辉院士团队在研究微波与冶金物料相互作用机理的基础上，开展了微波在磨矿、干燥、煅烧、还原、熔炼、浸出等典型冶金单元中的应用研究。例如，主持完成的“新型微波冶金反应器及其应用的关键技术”项目以解决微波冶金反应器的关键技术为突破点，推动了微波冶金的产业化进程。发明了微波冶金物料专用承载体的制备新技术，突破了微波冶金高温反应器的瓶颈；提出了“分布耦合技术”，首次实现了微波冶金反应器的大型化、连续化和自动化。建成了世界上第一套针对强腐蚀性液体的兆瓦级微波加热钛带卷连续酸洗生产线。发明了干燥、浸出、煅烧、还原等四种类型的微波冶金新技术，显著推进了冶金工业的节能减排降耗。发明了吸附剂孔径的微波协同调控技术，获得了针对性强、吸附容量大和强度高的系列吸附剂产品；首次建立了高性能冶金专用吸附剂的生产线，显著提高了黄金回收率，同时有效降低了锌电积直流电单耗。该项目成果获2010年度国家技术发明奖二等奖。

电渣冶金是利用电流通过液态熔渣产生电阻热用以精炼金属的一种特殊冶金技术。传统电渣冶金技术存在耗能高、氟污染严重、生产效率低、产品质量差等问题，尤其是大单重厚板和百吨级电渣锭无法满足高端装备的材料需求。2003年以前我国电渣重熔技术全面落后，高端特殊钢严重依赖进口。东北大学姜周华教授团队主持完成的“高品质特殊钢绿色高效电渣重熔关键技术的开发与应用”项目采用“基础研究—关键共性技术—应用示范—行业推广”的创新模式，系统地研究了电渣工艺理论，创新开发绿色高效的电渣重熔成套装备和工艺及系列高端产品，节能减排和提效降本效果显著，产品质量全面提升，形成两项国际标准，实现了我国电渣技术从跟跑、并跑到领跑的历史性跨越。项目成果在国内60多家企业应用，生产出的高端模具钢、轴承钢、叶片钢、特厚板、核电主管道等产品满足了我国大飞机工程、先进能源、石化和军工国防等领域对高端材料的急需。研制出系列“卡脖子”材料，有力地支持了我国高端装备制造业发展并保证了国家安全。

自蔓延冶金是将自蔓延高温合成（体系化学能瞬时释放形成特高高温场）与冶金工艺相结合的特殊冶金技术。东北大学张廷安教授团队将自蔓延高温反应与冶金熔炼/浸出集成创新，系统研究了自蔓延冶金的强放热快速反应体系的热力学与动力学，形成了自蔓延冶金学理论创新和基于冶金材料一体化的自蔓延冶金非平衡制备技术。自蔓延冶金是以强放热快速反应为基础，将金属还原与材料制备耦合在一起，实现了冶金材料短流程清洁制备的理论创新和技术突破。自蔓延冶金利用体系化学瞬间（通常以秒计）形成的超高温场（通常超过2000℃），为反应体系创造出良好的热力学条件和环境，实现了极端高温的非平衡热力学条件下快速反应。例如，构建了以钛氧化物为原料的“多级深度还原”短流程低成本清洁制备钛合金的理论体系与方法，建成了世界首个直接金属热还原制备钛与钛合金的低成本清洁生产示范工程，使以Kroll法为基础的钛材生产成本降低30%~40%，为世界钛材低成本清洁利用奠定了工业基础。发明了自蔓延冶金法制备高纯超细硼化物粉体规模化清洁生产关键技术，实现了国家安全战略用陶瓷粉体（无定型硼粉、REB_6、CaB_6、TiB_2、B_4C等）规模化清洁生产的理论创新和关键技术突破，所生产的高活性无定型硼粉已成功用于我国数个型号的固体火箭推进剂中。发明了铝热自蔓延—电渣感应熔铸—水气复合冷制备均质高性能铜铬合金的关键技术，形成了均质高性能铜难混溶合金的制备的第四代技术原型，实现了高致密均质CuCr难混溶合金大尺寸非真空条件下高效低成本制备。所制备的CuCr触头材料电性能比现有粉末冶金法技术指标提升1倍以上，生产成本可降低40%以上。以上成果先后获得中国有色金属科技奖技术发明奖一等奖、中国发明专利奖优秀奖和辽宁省技术发明奖等省部级奖励6项。

富氧冶金（熔炼）是利用工业氧气部分或全部取代空气以强化冶金熔炼过程的一种特殊冶金技术。20世纪50年代，由于高效价廉的制氧方法和设备的开发，工业氧气炼钢和高炉富氧炼铁获得广泛应用。与此同时，在有色金属熔炼中，也开始用提高鼓风中空气含氧量的办法开发新的熔炼方法和改造落后的传统工艺。

1952年，加拿大国际镍公司（Inco）首先采用工业氧气（含氧95%）闪速熔炼铜精矿，熔炼过程不需要任何燃料，烟气中SO_2浓度高达80%，这是富氧熔炼最早案例。1971年，奥托昆普（Outokumpu）型闪速炉开始用预热的富氧空气代替原来的预热空气鼓风熔炼铜（镍）精矿，使这种闪速炉的优点得到更好的发挥，硫的回收率可达95%。工业氧气的应用也推动了熔池熔炼方法的开发和推广。20世纪70年代以来先后出现的诺兰达法、三菱法、白银炼铜法、氧气底吹炼铅法、底吹氧气炼铜等，也都离不开富氧（或工业氧气）鼓风。中国的炼铜工业很早就开始采用富氧造锍熔炼，1977年邵武铜厂密闭鼓风炉最早采用富氧熔炼，接着又被铜陵冶炼厂采用。1987年白银炼铜法开始用含氧31.6%的富氧鼓风炼铜。1990年贵溪冶炼厂铜闪速炉开始用预热富氧鼓风代替预热空气熔炼铜精矿。王华教授率领校内外产学研创新团队，针对冶金炉窑强化供热过程不均匀、不精准的关键共性科学问题及技术难题，基于混沌数学提出了旋流混沌强化方法和冶金炉窑动量—质量—热量传递过程非线性协同强化的学术思想，建立了冶金炉窑全时空最低燃耗强化供热理论模型，研发了冶金炉窑强化供热系列技术和装备，实现了用最小的气泡搅拌动能达到充分传递和整体强化、减小喷溅、提高富氧利用率和炉窑设备寿命，突破了加热温度不均匀、温度控制不精准导致金属材料性能不能满足高端需求、产品成材率低的技术瓶颈，打破了发达国家高端金属材料热加工领域精准均匀加热的技术垄断，实现了冶金炉窑节能增效的显著提高，有力促进了我国冶金行业的科技进步和高质量绿色发展。

超重力技术源于美国太空宇航实验与英国帝国化学公司新科学研究组等于1979年提出的“Higee（High gravity）”概念，利用旋转填充床模拟超重力环境，诞生了超重力技术。通过转子产生离心加速度模拟超重力环境，可以使流经转子填料的液体受到强烈的剪切力作用而被撕裂成极细小的液滴、液膜和液丝，从而提高相界面和界面更新速率，使相间传质过程得到强化。陈建峰院士原创性提出了超重力强化分子混合与反应过程的新思想，开拓了超重力反应强化新方向，并带领团队开展了以“新理论—新装备—新技术”为主线的系统创新工作。刘有智教授等开发了大通量、低气阻错流超重力技术与装置，构建了强化吸收硫化氢同时抑制吸收二氧化碳的超重力环境，解决了高选择性脱硫难题，实现了低成本、高选择性脱硫。独创的超重力常压净化高浓度氮氧化物废气技术使净化后氮氧化物浓度小于240mg/m^3，远低于国家标准（GB 16297—1996）1400mg/m^{3}的排放限值。还成功开发了磁力驱动超重力装置和亲水、亲油高表面润湿率填料，攻克了强腐蚀条件下的动密封和填料润湿性等工程化难题。项目成果获2011年度国家科技进步奖二等奖。郭占成教授等开展了复杂共生矿冶炼熔渣超重力富集分离高价组分、直接还原铁低温超重力渣铁分离、熔融钢渣超重力分级富积、金属熔体超重力净化除杂、超重力渗流制备泡沫金属、电子废弃物多金属超重力分离、水溶液超重力电化学反应与强化等创新研究。

随着气体制备技术的发展和环保意识的提高，氢冶金必将取代碳冶金，氯冶金由于系统“无水、无碱、无酸”的参与和氯化物易于分离提纯的特点，必将在资源清洁利用和固废处理技术等领域显示其强大的生命力。随着对微重力和失重状态的研究以及太空资源的开发，微重力环境中的太空冶金也将受到越来越广泛的关注。

“特殊冶金过程技术丛书”系统地展现了我国在特殊冶金领域多年的学术

研究成果，反映了我国在特殊冶金/外场冶金领域最新的研究成果和学术思路。成果涵盖了东北大学、昆明理工大学、中南大学、北京科技大学、江西理工大学、北京矿冶科技集团有限公司（原北京矿冶研究总院）及中国科学院过程工程研究所等国内特殊冶金领域优势单位多年来的科研结晶，是我国在特殊冶金/外场冶金领域研究成果的集大成，更代表着世界特殊冶金的发展潮流，也引领着该领域未来的发展趋势。然而，特殊冶金作为一个新兴冶金学科分支，涉及物理、化学、数学、冶金和材料等学科，在理论与技术方面都存在亟待解决的科学问题。目前，还存在新型介质和物理外场作用下物理化学认知的缺乏、冶金化工产品开发与高效反应器的矛盾以及特殊冶金过程（反应器）放大的制约瓶颈。因此，有必要解决以下科学问题：(1) 新型介质体系和物理外场下的物理化学和传输特性及测量方法；(2) 基于反应特征和尺度变化的新型反应器过程原理；(3) 基于大数据与特定时空域的反应器放大理论与方法。围绕科学问题要开展的研究包括：特殊外场下的物理化学与界面现象，在特殊外场下物质的热力学性质的研究显得十分必要（$\Delta G=\Delta G_{重}+\Delta G_{外}$）；外场作用下的物质迁移的传输参数与传输规律及其测量方法；多场（电磁场、高压、微波、超声波、热场、流场、浓度场等）协同作用下的多相耦合及反应过程规律；特殊外场作用下的新型冶金反应器理论，包括多元多相复杂体系多尺度结构与效应（微米级固相颗粒、气泡、颗粒团聚、设备尺度等），新型冶金反应器的结构特征及优化，新型冶金反应器的放大依据及其放大规律。

特殊冶金的发展前景广阔，随着物理外场技术的进步和新型介质体系的出现，定会不断涌现新的特殊冶金方法与技术，出现从“0”到“1”的颠覆性原创新方法，例如，邱定蕃院士领衔的团队发明的矿浆电解冶金，张懿院士领衔的团队发明的亚熔盐冶金等，都是颠覆性特殊冶金原创性技术的代表，给我们从事科学研究的工作者做出了典范。

在本丛书策划过程中，丛书主编特邀请了中国工程院邱定蕃院士、戴永年院士、张懿院士与东北大学赫冀成教授担任丛书的学术顾问，同时邀请了众多国内知名学者担任学术委员和编委。丛书组建了优秀的作者队伍，其中有中国工程院院士、国务院学科评议组成员、国家杰出青年科学基金获得者、长江学者特聘教授、国家优秀青年基金获得者以及学科学术带头人等。在此，衷心感谢丛书的学术委员、编委会成员、各位作者，以及所有关心、支持和帮助编辑出版的同志们。特别感谢中国有色金属学会冶金反应工程学专业委员会和中国有色金属学会特种冶金专业委员会对该丛书的出版策划，特别感谢国家自然科学基金委、中国有色金属学会、国家出版基金对特殊冶金学科发展及丛书出版的支持。

希望“特殊冶金过程技术丛书”的出版能够起到积极的交流作用，能为广大冶金与材料科技工作者提供帮助，尤其是为特殊冶金/外场冶金领域的科技工作者提供一个充分交流合作的途径。欢迎读者对丛书提出宝贵的意见和建议。

张廷安　彭金辉

2018 年 12 月

前　言

有色金属与人类文明发展息息相关，是支撑国民经济发展、提升国家综合实力、保障国家安全的重要基础材料。自 2002 年起，我国铜、铝、铅、锌、镍、锡、锑、镁、钛、汞 10 种有色金属总产量一直保持世界第一位，2022 年达到 6774.3 万吨，我国已成为世界有色金属生产制造中心，不断推动着世界有色金属行业的发展。随着我国社会经济的快速发展，各行业对有色金属的需求量不断增加，对有色金属品质也提出了更高的要求。

我国有色金属冶金工业总体技术水平处于世界前列。但随着矿产资源开发的不断深入及社会经济发展对有色金属需求的不断增加，面临资源、能源、环境等方面的诸多挑战。开发绿色、低碳、节能的有色金属冶金新技术，综合利用复杂矿产资源，高效利用二次资源势在必行。真空冶金是基于物质的物理化学特性，在低于大气压条件下进行金属提取、纯化、材料合成的冶金过程，可强化冶炼效率、降低能源消耗、减少“三废”排放，特色鲜明、优势突出，应用前景广阔。

昆明理工大学有色金属真空冶金团队于 20 世纪 50 年代由戴永年先生创建，至今走过了 65 年的发展历程。团队专注于利用真空冶金方法解决有色金属资源绿色高效综合利用问题，逐渐形成了战略金属绿色提炼、高纯金属及新材料制备、金属二次资源综合利用、冶金过程强化四个特色研究方向。近 20 年来，深入系统开展了真空高温条件下合金气化分离、氧化物还原、化合物分解的热力学和动力学研究，开发了真空气化分离贵金属合金、复杂锡合金真空蒸馏等新工艺，攻克了贵金属绿色高效提炼、粗锡短流程精炼、二次资源清洁再生等一系列难题，在真空冶金基础理论研究、冶金新工艺开发、配套装备研制、产业化应用等方面取得了丰硕的研究成果，为我国有色金属冶金科技进步和产业升级作出了重要贡献。

本书共5章。第1章主要介绍有色金属的资源、生产、应用和有色金属冶金技术进展；第2章主要介绍真空蒸馏的基本原理、矿石及半产品、合金及粗金属真空蒸馏新技术及其应用；第3章主要介绍真空热还原的原理、金属化合物真空还原新技术及其应用；第4章主要介绍化合物真空分解的原理、有色金属化合物真空热分解新技术及其应用；第5章主要介绍从头算分子动力学模拟在真空冶金中的应用。附录提供了物质饱和蒸气压、合金组元活度系数、化合物蒸气压与温度关系等热力学数据。

本书由杨斌负责提纲与框架确定。杨斌、徐宝强负责撰写第1~4章部分内容，孔令鑫、蒋文龙负责撰写第1~2章部分内容，陈秀敏负责撰写第5章；熊恒、孔祥峰、刘大春、田阳、杨红卫、李一夫、王飞、曲涛、郁青春、杨佳、邓勇、吴鉴等参与了部分研究工作；全书由徐宝强、孔令鑫负责最终统稿、定稿。感谢昆明理工大学真空冶金国家工程研究中心，以及查国正等青年教师和徐俊杰、赵晋阳、庞俭、朱立国、王亚楠、吴海、方金粮等博士、硕士研究生对本书撰写给予的大力支持。

另外，本书内容涉及的有关研究得到了国家自然科学基金项目（51734006、U0837604、U1202271、U1502271、U1902221、51474116、52274352、51764031、51664032、51504115、51604033、51264023、51904032、51964033、51504020、52064029）、国家重点研发计划项目（2016YFC0400404）、国家重点基础研究发展计划项目（2012CB722800）、国家“973计划”前期研究专项（2007CB616908）、云南省科技计划项目（2014HA003、202001AV070002、2014FA001、2011FA008、2010EE002、2012FB126、2012FB138、2019FB080、2019FD037、2016FB095）等国家级和省部级科研项目的资助，本书的出版得到了国家出版基金的资助，在此一并表示衷心的感谢。

戴永年先生已经离开我们一年多了，我们编撰本书以示缅怀，并希望本书能够帮助读者解决生产过程遇到的技术问题，为行业发展提供新思路，助力我国有色冶金工业的高质量发展。

鉴于作者水平所限，书中不足之处，望广大读者不吝指正。

作　者
2023 年 10 月

目　　录

1 有色金属冶金概述

有色金属与人类文明发展息息相关，是支撑国民经济发展、提升国家综合实力、保障国家安全的重要基础原材料。自然界118种元素中，有色金属占了一半以上。有色金属分为重有色金属、轻有色金属、贵金属和稀有金属。

有色金属及其衍生化合物是各类先进结构材料和功能材料的基体、主要成分或添加剂，对国民经济发展具有全方位的重要影响。从简单的生产、生活用品到航天、核能、信息等新技术都离不开有色金属。交通工业中，客机结构材料90%是铝镁钛合金，火车、汽车、轮船制造业都需要大量的铜、铝、铅、锌和其他有色金属。电力工业中，发电机、电动机、输变电等都要用大量的金属铜、铝、硅，每装机10000kW就需要铜、铝、硅约1000t。冶金工业中，各种高温合金、精密合金、特殊钢都不可缺少镍、钴、钨、钼、钛、钒、铌、稀土金属等元素。通信工业中，通信设备、电缆、电线使用大量铜、铝、铅、锌、锡、金、银、钯、铂等有色金属。电子工业中，铜、铝、锡、金、银、铂族金属、硅、锗、镓、铟、砷、铍、钽、铌等都是主要材料。航天工业、核工业中，大量使用铝、镁、锆、铪、铍、锂及其他有色金属合金。钛、钨、钽、铌、钼、钒及其合金是火箭、人造卫星、航天飞机的重要结构材料。在石油、化工、玻璃、陶瓷等工业中，稀土金属已得到广泛使用。

有色金属是现代高新技术产业发展的关键支撑材料，也是提升国家综合实力和保障国家安全的关键性战略资源。随着我国经济的迅猛发展，各行业对有色金属生产的要求和消费水平不断提高，对有色金属的需求量逐步增加。2002年，中国铜、铝、铅、锌、镍、锡、锑、镁、钛、汞10种有色金属总产量达到1012万吨，成为世界有色金属第一生产大国。2022年，我国规模以上有色金属企业9031家，10种常用有色金属产量为6774万吨。有色金属产业结构调整、新旧动能转换、科技创新驱动、高质量发展等成绩世界瞩目，使我国成为了世界有色金属工业中心，推动着世界有色金属产业科技进步。新一轮科技革命和产业变革蓄势待发，新的生产方式、产业形态、商业模式和经济增长点正在形成，我国有色金属行业仍将继续保持增长态势，向着绿色、高效、低碳发展目标不断前进。

我国矿产资源主要为多金属共伴生矿和难选矿，冶炼难度大、综合利用水平低。“难探、难采、难选、难冶”的复杂低品位矿产资源成为生产有色金属的主要原料，二次资源的高效回收利用势在必行，对传统冶金行业的发展提出了挑战。真空冶金是在低于大气压力条件下进行金属提取、提纯和材料制备的方法，有利于一切体积增加的物理和化学过程，能够明显地改善冶金动力学和热力学条件，主要包括真空蒸馏、真空还原和真空分解。真空冶金方法可以从冶金原料中绿色高效提取和精炼金属；能有效地从冶金过程的中间产物中提取稀散金属，显著提高矿产资源利用率；能有效处理有色金属二次资源，是实现资源循环利用的有效手段；能高效制备有色金属粉体材料、特种合金及高纯金属等。真空冶金特色鲜明、优势明显，在有色金属冶炼及资源综合利用方面逐渐发挥着重要作用，具有许多不可替代的作用，应用前景广阔。

1.1 重有色金属冶金

1.1.1 铜冶金

1.1.1.1 铜生产、应用及资源概况

铜和铜合金广泛应用于电气、轻工业、机械制造、交通运输、电子通信和国防军工等领域。据世界金属统计局统计，2022 年全球矿山铜产量为 2189 万吨，精炼铜产量为 2508.48 万吨，其中中国精炼铜产量 1106.3 万吨。2022 年全球铜消费量为 2599.18 万吨，中国消费量为 1351.2 万吨，中国精铜产量和消费量都居世界首位。表 1-1 和表 1-2 分别为中国 2018—2022 年精铜（电铜）产量统计和精铜消费量统计。

表 1-1 中国 2018—2022 年精铜（电解铜）产量统计

年份	2018 年	2019 年	2020 年	2021 年	2022 年
产量/万吨	929.1	978.3	1002.5	1048.7	1106.3

数据来源：世界金属统计局、国家统计局、中国有色金属工业协会、USGS。

表 1-2 中国 2018—2022 年精铜消费量统计

年份	2018 年	2019 年	2020 年	2021 年	2022 年
消费量/万吨	1248.2	1294.0	1469.5	1422.9	1351.2

数据来源：世界金属统计局、国家统计局、中国有色金属工业协会。

铜在地壳中的含量约为 0.01%，在地壳的全部元素中铜的丰度居第 22 位。除少见的自然铜外，铜的资源主要为原生硫化铜矿物和次生氧化铜矿物[1]。世界铜矿资源丰富，据美国地质调查局（USGS）统计，截止到 2022 年，世界铜储量为 8.9 亿吨，主要分布在智利、秘鲁、美国、墨西哥、中国、俄罗斯、印尼、刚果（金）、澳大利亚和赞比亚等国家。中国铜矿储量为 2700 万吨，主要分布在安徽、江西、云南和内蒙古等省（区），其中云南和内蒙古是铜矿主要产地。除了矿物资源，炼铜原料还包括其他金属矿的选矿和冶炼过程中产生的含铜中间物料及再生铜物料。

1.1.1.2 铜冶金技术进展

铜的提取技术分为火法冶金和湿法冶金两大类。目前全世界 80%以上的原生铜采用火法炼铜工艺生产，如图 1-1 所示。

A 火法炼铜

火法炼铜过程中熔炼是最重要的一步，目前有十多种工艺技术，可分为传统熔炼和强化熔炼。传统熔炼能耗高、污染大、SO_2 浓度低、自动化程度低，逐渐被高效、节能、低污染的强化熔炼方法所取代。强化熔炼工艺可分为两大类：一是悬浮熔炼方法，如奥托昆普闪速熔炼法、国际镍公司闪速熔炼法、漩涡顶吹熔炼法和氧气喷洒熔炼法等；二是熔池熔炼方法，如诺兰达熔炼法、奥斯麦特/艾萨熔炼法、瓦纽柯夫熔炼法、三菱法、特尼恩特熔炼法、卡尔多炉熔炼法、白银法和水口山法等。强化熔炼法的共同特点是：运用富氧熔炼技术强化熔炼过程，提高了生产效率；充分利用硫化矿氧化过程的反应热，实现自热

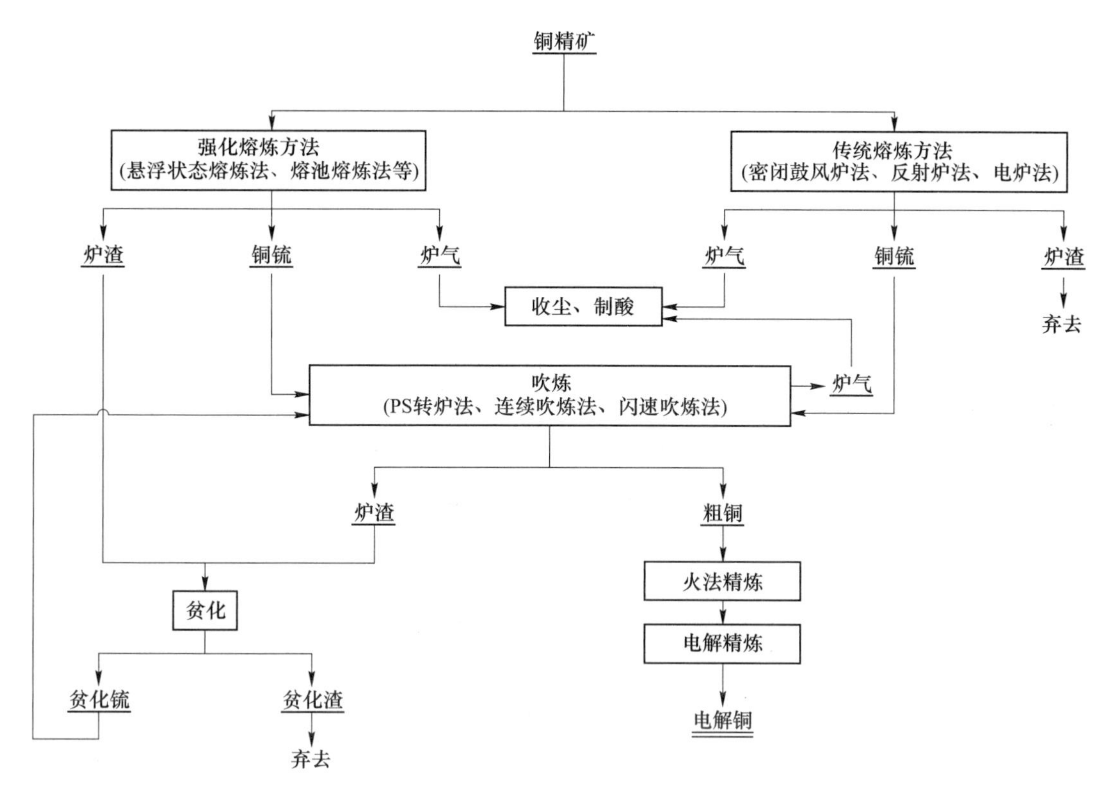

图 1-1 火法炼铜原则工艺流程

或近自热，大幅降低能源消耗；产出高浓度 SO_2 烟气，实现了硫的高效回收，消除了环境污染[2]。铜锍吹炼产出粗铜，含有镍、铅、砷、锑等杂质金属和硒、碲、银、金等具有回收价值的稀贵金属，经火法精炼—电解精炼产出精铜，副产出含稀贵金属的铜阳极泥。

B 湿法炼铜

湿法炼铜是利用溶剂将铜矿石、精矿或焙砂中的铜溶解出来，再经过净液、电积产出精铜。虽然目前湿法炼铜在生产规模和效率等远不及火法炼铜，但在氧化铜矿、低品位矿、采铜废石和一些含铜复合矿的处理上具有明显优势。自 1968 年浸出—萃取—电积技术问世以后，湿法炼铜技术飞速发展。1998 年，全世界湿法炼铜的产量超过 200 万吨，占总产量的 20%以上。我国自 1983 年开始建立第一家浸出—萃取—电积技术工厂以来，目前已有 200 多个工厂采用湿法炼铜工艺[3-5]。

1.1.1.3 铜冶金未来发展方向

复杂矿和难处理铜矿冶炼新工艺和二次铜资源利用的研究与产业化，氧化铜矿直接还原、硫化铜矿高温热解等一步熔炼新技术开发，贵金属精矿与铜精矿混合冶炼，铜冶炼副产物中清洁高效综合回收铜、硒、碲、金、银等有价金属，是实现铜产业可持续发展的必由之路。

1.1.2 铅冶金

1.1.2.1 铅生产、应用及资源概况

金属铅价格低廉、产量较大，具有优良的抗腐蚀、抗辐射特性，在化工、电缆、蓄电池和放射性防护等工业部门应用广泛。铅的最大用途是制作蓄电池，87%以上的铅用于生产铅酸蓄电池。中国是世界最大的铅生产及消费国，2022 年中国铅产量为 781.1 万吨，占全球铅产量的 52.7%。表 1-3 和表 1-4 分别为中国及世界 2018—2022 年铅产量统计和铅消费量统计。

表 1-3　中国及世界 2018—2022 年铅产量统计　（万吨）

年份	2018 年	2019 年	2020 年	2021 年	2022 年
中国	511.3	579.7	644.3	736.5	781.1
全球	1183.7	1194.2	1326.1	1437.4	1481.2

数据来源：USGS、有色金属工业协会、国家发展改革委、世界金属统计局。

表 1-4　中国及世界 2018—2022 年铅消费量统计　（万吨）

年份	2018 年	2019 年	2020 年	2021 年	2022 年
中国	520	597.2	647.6	728.88	535.1
全球	1183.7	1191.3	1321.6	1450.3	1263.6

数据来源：USGS、有色金属工业协会、工业和信息化部。

世界铅矿产资源丰富，保证程度高且有较好的找矿前景。截至 2022 年底，世界已查明的铅储量 9000 万吨，主要分布在澳大利亚、中国、俄罗斯、秘鲁等国家。中国铅资源占世界储量的 20%，居世界第二，已查明资源储量主要集中分布在岭南地区、川滇地区、滇西兰平地区、秦岭—祁连山及内蒙古等五大地区。

1.1.2.2　铅冶金技术进展

20 世纪 80 年代以来，国外先后发明了基夫赛特法、氧气底吹炼铅法、奥斯麦特/艾萨法和卡尔多炉法等直接炼铅新工艺。我国在国外炼铅技术的基础上，发明了氧气底吹炉—鼓风炉—烟化炉炼铅法、富氧闪速炉—电炉炼铅法、艾萨炉—鼓风炉—烟化炉炼铅法、底吹氧化炉—底吹还原炉—烟化炉炼铅法、底吹氧化炉—侧吹还原炉—烟化炉炼铅法。直接熔炼法主要分为两种类型：闪速熔炼（也称悬浮熔炼）和熔池熔炼。闪速熔炼包括基夫赛特法、奥托昆普法等；熔池熔炼包括氧气底吹直接炼铅法、水口山法、奥斯麦特法、艾萨法、瓦纽科夫炼铅法等；卡尔多转炉兼有两者的特征。闪速熔炼的特点是精矿在悬浮状态下迅速熔化和氧化，然后在沉淀池进行还原和澄清分离，原料的湿度和粒度等强烈地影响其熔化速度，炉料需要深度干燥与粉碎；熔池熔炼的特点是精矿在熔池中被强烈搅动，炉料无需深度干燥，为降低烟尘率，必要时还需将炉料润湿和制粒。直接炼铅方法的共同特点是用富氧或纯氧进行氧化熔炼，烟气 SO_2 浓度高，能够满足两转两吸制酸工艺的要求，从根本上解决了烧结烟气制酸困难的问题，有效避免了铅冶炼 SO_2 烟气污染环境。高温熔炼过程中铅锍会将精矿中伴生或者配入的贵金属精矿中的贵金属高效捕集，利用铅、铅锍特性在铅冶炼的同时进行贵金属提炼。火法炼铅原则工艺流程如图 1-2 所示。

我国发明的富氧底吹法是将硫化铅精矿加入富氧底吹炉，在富氧空气作用下进行氧化脱硫熔炼，产出部分粗铅和高铅渣，高铅渣铸成渣块，加入鼓风炉以焦炭作还原剂进行还原熔炼。近年来，部分使用富氧底吹法的企业开发了新的高铅渣还原工艺，采用富氧底吹

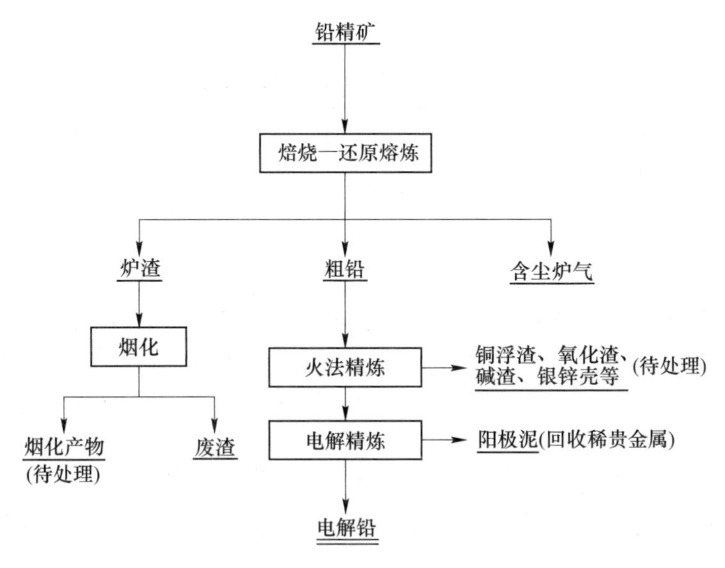

图 1-2 火法炼铅原则工艺流程

炉或富氧侧吹炉进行液态渣直接还原，用煤作为还原剂，节省了高铅渣铸块中间环节，减少了由此带来的环境污染和能源损失。

国外由于环保压力和金融危机，很少有炼铅厂进行技术改造，一直停留在 20 世纪 80—90 年代的水平。除了加拿大特雷尔冶炼厂和意大利维斯麦港冶炼厂采用基夫赛特炼铅法，德国斯托尔伯格冶炼厂和韩国锌业公司温山冶炼厂采用氧气底吹炼铅法，其余炼铅厂仍采用烧结—鼓风炉还原熔炼工艺。国外硫化铅精矿冶炼生产的铅约占 50%，另有约 50% 的铅产量来自再生铅的生产，且比例在逐渐升高。

近年来，我国粗铅精炼的技术、装备水平也得到很大提升，粗铅电解精炼采用大极板技术、阳极立模浇铸技术、阴极自动生产线、阴阳极自动排距生产线、残阳极和析出铅自动洗涤生产线、析出铅自动抽棒和铜棒自动研磨生产线及残阳极自动输送线。粗铅初步火法精炼正开始采用连续脱铜技术和自动捞渣技术。

1.1.2.3 铅冶金未来发展方向

研究复杂多金属铅矿（脆硫铅锑矿、针硫铅锑矿等）的冶炼新技术和粗铅无氟精炼新工艺，并对铅冶炼副产物（铅阳极泥、铜浮渣、银锌壳）中的铜、硒、金、银、铋等有价金属进行清洁高效综合利用，建立多金属综合冶炼企业，建成一体化、智能化综合工厂，发挥多金属综合冶炼优势互补，走循环经济道路，提高资源综合利用水平，是铅行业发展的必经之路。高纯铅及其化合物制备是实现铅产品增值的重要途径。

1.1.3 锌冶金

1.1.3.1 锌生产、应用及资源概况

金属锌是一种银白色略带蓝灰色的金属，具有耐腐蚀、耐摩擦、优良的电化学性能等特性，在机械、电气、化工、轻工、军事和医药等领域均具有广阔的应用前景，对促进国民经济发展起着至关重要的作用，金属锌的消费量在有色金属中仅次于铜和铝。

中国是锌生产和消费大国，2022 年我国锌产量为 680.2 万吨，消费量为 715.14 万吨，远大于其他国家的消费量[6]。表 1-5 为中国 2018—2022 年锌产量统计。

表 1-5 中国 2018—2022 年锌产量统计

年份	2018 年	2019 年	2020 年	2021 年	2022 年
产量/万吨	568.1	623.6	642.5	656.1	680.2

数据来源：中商产业研究院、国家统计局。

锌在自然界中易与硫形成闪锌矿、菱锌矿、异极矿、硅锌矿、红锌矿等具有工业价值的硫化矿[7]。单金属硫化矿在自然界中很少，多与其他金属硫化矿共生，最常见的为铅锌共生矿，铅锌矿是我国的优势矿产之一，已查明的大型矿床铅锌总量在世界排名第四[8]，其次为铜锌矿、铜锌铅矿。全球锌资源储量分布较为集中，主要分布在澳大利亚（储量占全球的 31.50%）、中国（19.00%）、秘鲁（12.50%），上述三国储量约占世界总储量的 63%。中国是全球锌资源储量大国，已探明锌基础储量 3756 万吨，居世界第二。中国锌矿产资源分布集中在云南、内蒙古、甘肃、广西、湖南、广东、江西、四川、河北、陕西 10 个省（区），储量占全国总储量的 87.97%。

1.1.3.2 锌冶金技术进展

锌冶炼工艺包括火法和湿法两大类[9-10]。

A 火法炼锌

火法炼锌的原理是利用铅、锌沸点的不同，在高温下利用还原剂使其还原后分离[11]。火法炼锌包括焙烧、还原蒸馏和精炼等过程，主要有平罐炼锌、竖罐炼锌、电炉炼锌和密闭鼓风炉炼锌。竖罐炼锌和平罐炼锌均已被淘汰。电炉炼锌由于规模小、回收率低等缺点，国内只有少数企业采用。密闭鼓风炉炼铅锌是世界上最主要的火法炼锌方法，适合处理铅锌混合矿，占锌总产量的 12%~13%，韶关冶炼厂和葫芦岛锌业股份有限公司等曾使用该法生产，能同时回收铅、锌，具有一定优势，但生产过程环境影响大。

B 湿法炼锌

湿法炼锌已经成为当今世界最主流的锌冶炼方法，其产量占世界锌总产量的 85%以上。湿法炼锌主要包括锌精矿氧化焙烧、焙砂浸出、浸出液净化、电积及阴极锌熔铸等过程，其原则工艺流程如图 1-3 所示[12]。

近年来，湿法炼锌工艺发展迅速，主要表现在：硫化锌精矿的直接加压浸出；硫化锌精矿直接常压富氧浸出；生产设备大型化、连续化；浸出渣的综合回收及无害化处理；生产过程自动化控制等方面[13]。2019 年 6 月，国内云南某锌冶炼厂的成功投产达标，标志着赤铁矿除铁工艺在中国锌冶炼领域首次实现工业化应用，填补了国内空白，打破了国外技术的垄断[14]。

1.1.3.3 锌冶金未来发展方向

锌冶炼浸出渣富含铟、锗、镓等有价金属，具有很高的回收价值，目前主要采用烟化炉、回转窑、侧吹炉、顶吹炉、漩涡炉处理，存在渣量大、环境污染重等问题，研究开发新技术，清洁高效综合回收锌冶炼过程的有价金属及有效处置炼锌废水是未来锌冶炼的重要方向。从废旧镀锌板、废弃锌合金中绿色高效回收锌及其他有价金属是锌冶金行业可持续发展的重要保障。高纯锌及其化合物的短流程、低成本制备是提高锌产品附加值，促进产业升级的必由之路。

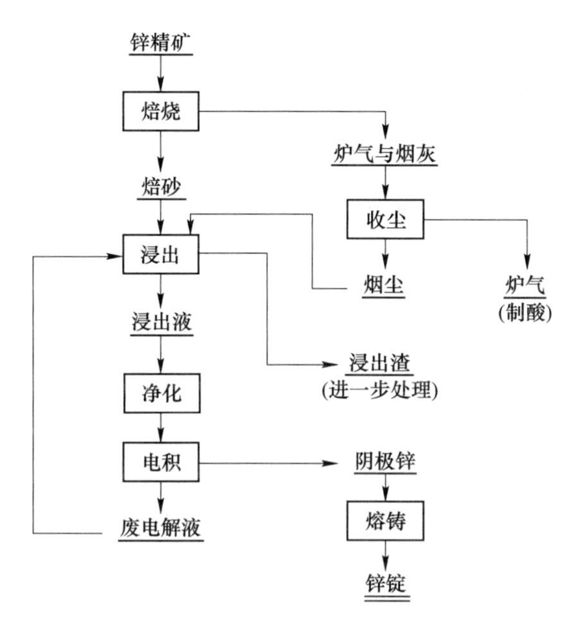

图 1-3　湿法炼锌原则工艺流程

1.1.4 锡冶金

1.1.4.1 锡生产、应用及资源概况

锡的主要用途集中在焊料、锡化工、镀锡板、浮法玻璃等行业，在新材料、新能源、生物医药等领域也应用得越来越广泛[15-16]。中国不仅是全球第一的精锡生产国，也是全球第一的锡消费国，中国的锡供需状况对全球锡供需有着极其重要的影响。据中国有色金属工业协会统计，2022 年中国精锡产量达 16.61 万吨，约占全球精锡总产量的 43.66%；表观消费量达到 14.8 万吨，约占全球精锡总消费量的 46.99%。表 1-6 和表 1-7 分别为中国 2018—2022 年精锡产量统计和精锡消费量统计。

表 1-6　中国 2018—2022 年精锡产量统计

年份	2018 年	2019 年	2020 年	2021 年	2022 年
产量/万吨	16.9	17.16	16.00	17.40	16.61

数据来源：中国有色金属工业协会、北京安泰科信息股份有限公司、国际锡业协会、钢联数据。

表 1-7　中国 2018—2022 年精锡消费量统计

年份	2018 年	2019 年	2020 年	2021 年	2022 年
消费量/万吨	17.42	17.97	16.6	20.84	14.8

数据来源：中国有色金属工业协会、北京安泰科信息股份有限公司、国际锡业协会。

锡在地壳中元素丰度为 $2.5\times10^{-6}\%$，已知锡的独立矿物有近 50 种，有工业价值的锡矿物仅有锡石和黝锡矿，以锡石为主。全球的锡矿分布比较集中，主要分布在中国、印尼、巴西、澳大利亚、秘鲁、玻利维亚、俄罗斯、马来西亚、泰国等国家。根据中国自然资源部公布数据显示，2022 年中国锡资源储量 72 万吨，是世界上锡矿资源最为丰富的国家。

1.1.4.2　锡冶金技术进展

现代锡的生产过程一般包括以下主要环节：炼前处理、还原熔炼、粗锡精炼和含锡物料烟化处理。国外锡冶炼企业普遍采用“还原熔炼—火法精炼或电解精炼”工艺流程。我国炼锡厂大多采用“炼前处理—锡精矿还原熔炼—粗锡火法精炼—焊锡真空蒸馏—含锡物料烟化处理”工艺流程[17]，如图 1-4 所示。

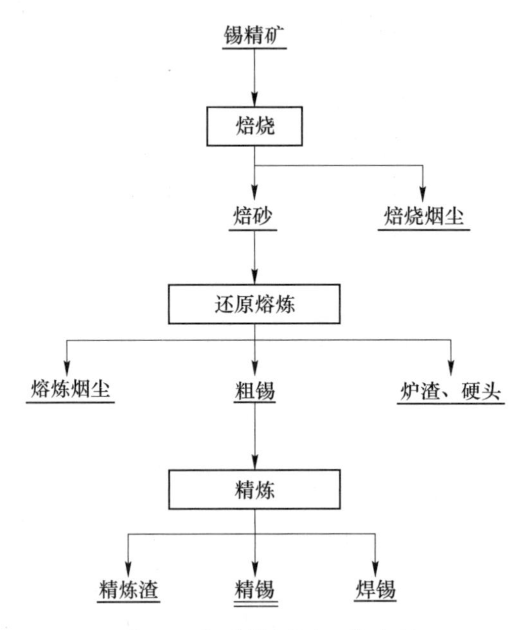

图 1-4　锡冶炼原则工艺流程

A　炼前处理

炼前处理主要是通过浸出和焙烧等方法提高锡精矿中锡的品位，降低杂质含量。浸出由于耗酸量大，对环境危害严重，已被淘汰。焙烧是使锡精矿中的杂质硫、砷和锑等转变为气态氧化物挥发除去，避免锡精矿在高温还原熔炼过程中硫与锡生产硫化亚锡而挥发；减少砷、锑等进入粗锡，影响粗锡精炼过程，从而提高锡冶炼直接回收率，降低冶炼生产成本。

B　还原熔炼

还原熔炼一般采用固体碳作为还原剂，与锡精矿中的氧化物发生还原反应，产出粗锡、烟尘、硬头和炉渣。还原熔炼设备有鼓风炉、反射炉、电炉、奥斯麦特炉等，其中鼓风炉已被淘汰，电炉和奥斯麦特炉取代反射炉成为炼锡的主力设备。奥斯麦特熔炼技术是世界上最先进的锡强化熔炼技术，具有熔炼效率高且强度大、处理物料的适应性强、热利用率高、环保条件好、自动化程度高、中间返回品占用资金少等特点。世界主要锡冶炼企业，如中国云锡集团、华锡集团，马来西亚冶炼集团，玻利维亚文托公司，秘鲁明苏公司等均采用奥斯麦特熔炼技术。

C 粗锡精炼

粗锡精炼分为电解精炼和火法精炼。电解精炼技术是利用金属锡与杂质元素标准电极电位差异，在一定温度和直流电作用下，在特定溶液中使主体金属锡与其他杂质元素分离提纯。电解精炼存在环保成本高、电解过程中大量金属被积压等问题。火法精炼由一系列的作业组成，主要流程包括：熔析—凝析法除铁、砷，离心除铁、砷，加硫除铜，加铝除砷、锑，结晶分离除铅、铋，真空蒸馏除铅、铋[18]。目前世界上大多数炼锡厂采用火法精炼。

D 含锡物料烟化处理

含锡物料包括锡炉渣、硬头、低品位锡精矿和锡中矿等，硫化挥发法（烟化法）是目前世界上处理含锡物料最有效、最先进的技术，工艺简单，物料适应性强，锡挥发效率高，机械化、自动化程度高，处理能力大，生产成本低，能把原料中的锡与铁彻底地分离，避免了铁在冶炼过程中的恶性循环[19]。

我国锡行业整体技术长期保持世界领先，开发成功的含锡物料富氧顶吹熔炼技术、奥斯麦特炉还原熔炼—烟化炉挥发相结合的熔炼工艺、复杂锡合金真空精炼技术等一批先进水平的技术正逐步向国外输出应用[20]。2020 年 11 月 26 日，全球最大锡冶炼公司云锡锡冶炼退城入园搬迁改造项目在云南蒙自竣工投产，满负荷年产精锡在全球产量占比超20%，实现产能规模最大、技术装备最强、综合效益最好、节能环保最优、数字化程度最高的五个“世界之最”，代表了当今世界锡冶炼一流技术和装备水平。

1.1.4.3 锡冶金未来发展方向

随着锡精矿品位逐渐下降，杂质增多，高效处理多种类、复杂含锡物料的绿色短流程锡冶金技术成为今后锡冶炼行业的主要发展方向。为确保“双碳”目标顺利完成，落实国家《“十四五”工业绿色发展规划》，打造厂房集约化、原料无害化、生产洁净化、废物资源化、能源低碳化的绿色工厂，需大力开发从其他金属矿产和锡铅、锡铅锑、锡铅锑砷等二次物料资源中回收锡技术，以及从锡冶炼过程中间物料和碳渣、铁砷渣、硫渣、铝渣等精炼渣中清洁高效综合回收有价金属技术。大力开发增值冶金技术，将粗锡精炼与高端锡合金产品结合，在含锡物料回收过程中直接生产锡合金或者锡化合物；瞄准航空航天、核工业和电子工业需求，开发高纯和超高纯锡制备技术和装备。

1.1.5 锑冶金

1.1.5.1 锑生产、应用及资源概况

金属锑用途广泛，是一种重要战略金属。锑的生产途径有三种：原生锑生产、再生锑生产和副产物回收。全球再生锑产量为 5 万~6 万吨，主要集中在美国、英国、德国等发达国家[21]。副产锑主要是从铅、铜冶炼过程中产出的阳极泥、白烟灰、砷锑烟灰等物料中进行回收，产量不大。原生锑仍然是当前锑生产的主要途径，据 USGS 统计，2022 年全球原生锑产量 11 万吨，中国约占 55%。全球原生锑产量见表 1-8。

含锑矿物有 120 种，但具有工业利用价值且含锑在 20%以上的锑矿物仅有 10 种，其中辉锑矿、脆硫锑铅矿和锑金矿是目前锑冶炼的主要原料[22]。2022 年全球锑资源总储量约 180 万吨，主要分布在中国、俄罗斯、玻利维亚、澳大利亚及土耳其等国家。我国锑资源储量丰富，但储量消耗速度远远大于可开采储量的增长速度，单一辉锑矿为主的锑资源在不断枯竭，不得不面临以处理含锑复杂多金属共生矿为主的局面[23]。

表 1-8　全球 2018—2022 年原生锑产量　(t)

国家	2018 年	2019 年	2020 年	2021 年	2022 年
中国	89600	100000	80000	60000	60000
俄罗斯	30000	30000	30000	25000	20000
塔吉克斯坦	15200	16000	28000	13000	17000
玻利维亚	3110	3000	3000	2700	2500
缅甸	2640	3000	6000	2000	4000
土耳其	2400	3000	2000	1300	1300
澳大利亚	2170	2000	2000	3400	2500
其他	1880	3000	2000	1000	2700
全球总计	147000	160000	153000	108400	110000

数据来源：USGS。

1.1.5.2　锑冶金技术进展

锑的冶炼方法有火法和湿法两大类，目前以火法炼锑为主（见图 1-5）。火法炼锑工艺是基于 Sb_2O_3 易挥发的特性实现的。在一定工艺条件下使锑矿中的锑以 Sb_2O_3 形式随炉气挥发与矿石中的脉石分离，冷却收尘后得到 Sb_2O_3，Sb_2O_3 碳热还原制备粗锑，粗锑精炼精锑。

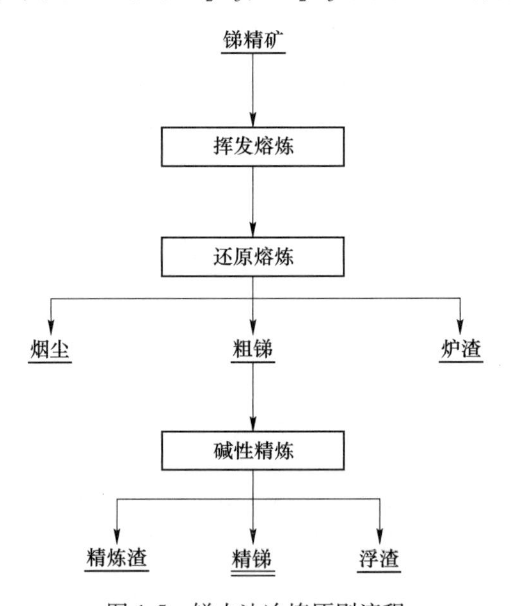

图 1-5　锑火法冶炼原则流程

我国早期采用直井炉、平炉挥发焙烧工艺生产 Sb_2O_3，20 世纪 60 年代湖南第一矿务局开发了鼓风炉挥发熔炼工艺，这些工艺存在热效率低、烟气污染环境、渣含锑高等缺点。21 世纪，研究者致力于硫化锑精矿富氧熔池挥发熔炼技术的研究，目前来看，富氧侧吹熔池挥发熔炼具有取代鼓风炉挥发熔炼的可能[24]。此外，中南大学唐谟堂团队还开发了低温固硫还原熔炼直接炼锑工艺[25]。

湿法炼锑工艺以硫化钠浸出—硫代亚锑酸钠溶液电积法应用最为成熟，主要用于处理锑精矿，冶炼过程无 SO_2 等有害气体排出，伴生金属除砷、锡、汞外，铁、铜、铅、锌等均极难溶解而进入残渣中，实现了锑的选择性浸出，但存在碱耗高和电积液硫酸钠、碳酸钠、硫代硫酸钠等钠盐积累严重，电流效率低，阴极锑质量差等问题，且在浸出时锑金矿中有高达 10.3%的金会溶解进入浸出液[26]。此外，矿冶科技集团研究开发了具有自主知识产权的矿浆电解直接湿法炼锑工艺，可用于处理脆硫锑铅矿和高砷锑金矿，目前在湖南新邵辰州锑业有限责任公司等企业建有生产线[27]。

在粗锑的精炼方面，目前国内外广泛采用的仍是 20 世纪 30 年代开发的碱性火法炼锑工艺，存在精炼周期长、效率低，砷等杂质需重复多次精炼才能满足精锑要求，精炼渣产量大、危害大且难处理等问题。国内某些厂也在 H_2SO_4-HF（氟硫酸）混合溶液中电解精炼粗锑，可分离回收贵金属，其存在的关键问题是抑制铜、砷、铋等电极电位与锑相近的杂质在阴极处的析出。此外，粗锑也可采用熔盐电解、真空蒸馏工艺实现精炼。

1.1.5.3 锑冶金未来发展方向

含锑复杂多金属共伴生矿、铅与锑精矿混合冶炼新技术，以及清洁、高效的锑精炼新技术开发是锑冶金发展的一个重要方向。未来 10~20 年，我国将出现锑资源危机[28]，大力开发从含锑副产物（粗锑、贵锑等）中高效分离银锑、金锑、铜银锑、铜银金锑等的新技术，加大再生锑的生产，是锑冶金未来发展的另一个重要方向。

1.2 轻有色金属冶金

1.2.1 铝冶金

1.2.1.1 铝生产、应用及资源概况

铝是一种比较“年轻”的金属，工业化生产和应用铝的历史仅 130 年左右[29]，但铝行业的发展十分迅速，世界铝产量和消费量远超其他有色金属居首位。近年来，全球原铝产量保持较为稳定的增长态势，但 2019 年出现了近十年来首次的负增长（见图 1-6），这

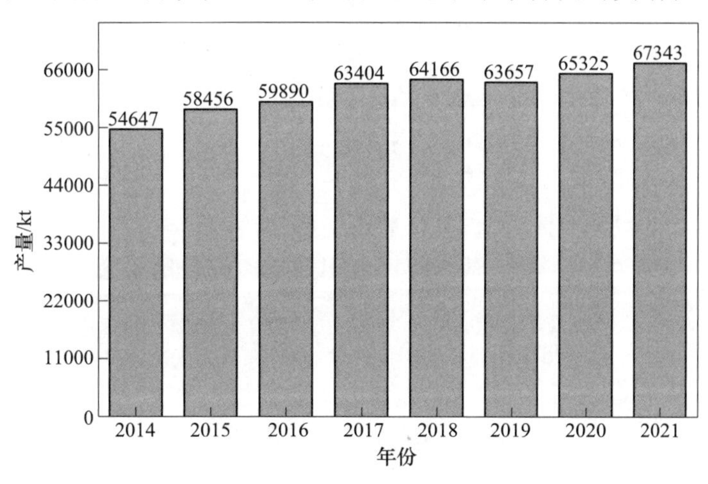

图 1-6 2014—2021 年世界原铝产量

主要受中国原铝产量影响[30]。根据中国国家统计局及商务部相关数据显示，2014—2022年期间除再生铝外，中国的氧化铝、原铝、铝材年产量（见表1-9）均稳居世界第一，且从2014年起至今中国原铝年产量均占世界原铝年总产量的50%以上[31-32]。铝作为“21世纪绿色金属”，对人们生活方方面面的改变不仅仅是在当下，更是在未来。

表1-9 2014—2022年我国氧化铝、原铝、铝材及再生铝年产量 （万吨）

品种	2014年	2015年	2016年	2017年	2018年	2019年	2020年	2021年	2022年
氧化铝	4777	5898	6091	6902	7253	7247	7313	8222.8	8186.2
原铝	2886	3141	3265	3329	3580	3504	3708	3987	4021.4
铝材	4846	5236	5796	5832	4555	5251	5779.3	5389	6221.6
再生铝	560	610	620	690	695	715	740	799	782

数据来源：国家统计局、商务部、中国有色金属工业协会。

铝在地壳中的含量约为8.8%，含铝矿物约有250种，但炼铝的主要矿石资源是铝土矿，全球95%以上的氧化铝是由铝土矿生产的。铝土矿中的铝元素是以氧化铝水合物形式存在的，根据其含结晶水和晶型结构的不同，可将铝土矿分为三水铝石型（$Al(OH)_3$或$Al_2O_3 \cdot 3H_2O$）、一水软铝石型（γ-AlO(OH)或γ-$Al_2O_3 \cdot H_2O$）、一水硬铝石型（α-AlO(OH)或α-$Al_2O_3 \cdot H_2O$）和混合型4种矿。我国储量最多的是具有高铝、高硅、低铁等突出特点的一水硬铝石铝土矿，这种铝土矿铝硅比相对偏低，冶炼难度较大[32]。

全球铝土矿资源非常丰富（资源量为550亿~750亿吨），但分布极不均衡，其中几内亚、澳大利亚、巴西三国储量合计占全球储量近60%[33]。中国铝土矿储量占世界3.3%（约10亿吨），正在以全球3.3%的资源储量生产着全球20.3%的铝土矿。为保障氧化铝的资源供应及建设矿业强国，中国必须加大国内勘查力度，同时充分利用国外资源，实现资源全球范围的优化配置。

1.2.1.2 铝冶金技术进展

从铝矿石中提取铝的方法主要包括从铝矿石中生产氧化铝和氧化铝生产电解铝两个过程。生产氧化铝的主要方法包括：（1）高品位铝土矿采用拜耳法，拜耳法生产工艺主要由溶出、分解和煅烧三个阶段组成；（2）低品位铝土矿采用碱石灰烧结法，将铝土矿与一定量的苏打、石灰（或石灰石）配成炉料进行烧结，使氧化硅与石灰化合形成不溶于水的原硅酸钙（$2CaO \cdot SiO_2$），而氧化铝与苏打化合形成可溶于水的铝酸钠；将烧结产物用水浸出，铝酸钠便进入溶液而与$2CaO \cdot SiO_2$分离；而后再用二氧化碳分解铝酸钠溶液，得到氢氧化铝；氢氧化铝经过洗涤和煅烧获得氧化铝；（3）复杂成分的铝矿石采用拜耳—烧结联合法生产，分为串联法和并联法，可以兼收两种方法的优点，解决了赤泥熟料烧成时的技术难题。目前我国的郑州铝厂、贵州铝厂及山西铝厂都采用联合法生产氧化铝，取得了比单一法更好的经济效益。

现代电解铝主要采取美国霍尔（Hall）和法国埃鲁特（Héroult）发明的冰晶石-氧化铝熔盐电解法[34]。电解的原料是氧化铝、电解质和炭素阳极，其流程如图1-7所示[35]。

电解铝生产上存在高投入、高能耗、流程复杂、环境影响大的缺点，许多科研工作者在从事非电解炼铝新方法的研究，这些方法主要是碳热还原炼铝工艺，包括电热法炼铝、

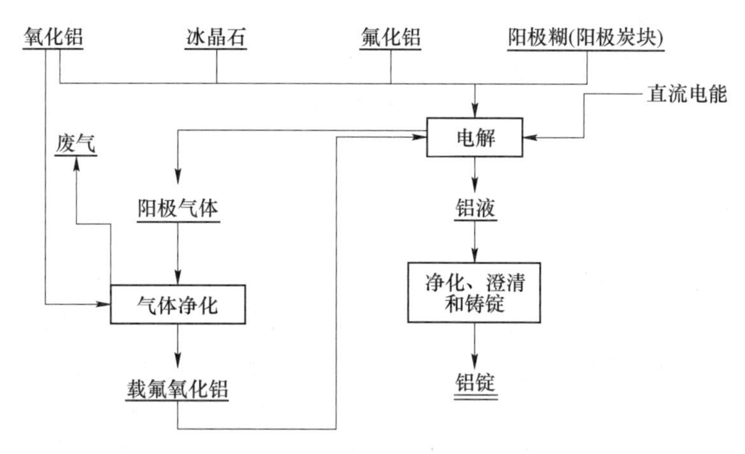

图 1-7 电解铝生产流程

高炉炼铝和低价化合物分解法炼铝等。

电热法炼铝的生产流程主要包括两类：（1）碳热还原氧化铝获得铝；（2）碳热还原氧化物得到合金，合金为最终产物或继续分离提取铝。相比电解法，该法对原料的适应性强、电耗少、工艺简单，但使用一次铝合金提炼纯铝的成本比电解法高，制约了其工业化应用。

高炉炼铝是将铝土矿、黏土等含铝矿物与煤粉混合成形后进行焦化，在高炉内还原生成粗铝合金，再经过分离精炼而得到纯铝。高炉炼铝技术类似高炉炼铁，高炉炼铁需要1000～1600℃，而高炉炼铝则需要2000～2200℃的高温。该法与电解法相比无生产氧化铝的过程、电耗少、无须使用高品位铝土矿，可产出高纯度的CO气体用于原料及燃料，但该方法产生的蓬料、合金-渣相难分离等问题有待解决。

低价化合物分解法炼铝根据所用试剂的不同可分为低价氟化物法、低价硫化物法、低价氯化物法等[36-37]，它们的反应原理都是使铝在高温下形成低价化合物，这些低价化合物高温稳定，而在低温下分解得到金属铝。该法可使用低品位铝土矿为原料，扩大了铝生产的可用原料范围，且以上过程多在真空条件下进行，污染小。在工业化应用过程中，氯化铝对设备的腐蚀问题和含结晶水的氯化铝需脱水后才能作为氯化剂循环使用等问题仍需进一步研究。

1.2.1.3 铝冶金未来发展方向

我国需统筹并合理开发国内资源，开发霞石、粉煤灰等铝资源利用的新技术，加大再生铝的使用比重，提高废铝材料的回收利用率和再生产品质量。面对我国电解铝产能过剩、高端铝材依靠进口等问题，应在国家宏观政策的调控和支持下，实施供给侧结构性改革，严格控制铝冶炼产能，限制初级产品出口，大力发展高、精、尖深加工铝产品，发展水电铝联营模式。

为解决传统电解铝行业存在的高污染、高能耗和高成本的问题，从各国研究开发的热点项目来看，电解铝技术未来发展的主要方向有以下5个：（1）继续开发特大型预焙铝电解槽；（2）完善铝电解槽应用过程中的物理场技术；（3）开发包括惰性阳极在内的新型结构铝电解槽；（4）开槽阳极的研发；（5）新型阴极材料的推广应用。

此外，需要加大新技术、新工艺的研发力度，如高硫铝土矿生产氧化铝新技术、基于惰性电极的无碳铝冶炼技术、真空碳热还原氯化歧化法提炼金属铝技术、真空碳热还原氮化法制备氮化铝单晶技术、铝硅合金的高效绿色短流程生产新技术等，拓宽资源范围，减少环境影响，提升经济效益。

1.2.2　镁冶金

1.2.2.1　镁生产、应用及资源概况

金属镁在21世纪已成为“时代金属”，不再局限用于难熔金属的还原剂、钢铁工业的脱硫剂等，一系列新型的密度小、高温强固性好、高温耐腐蚀性能好的AZ、AM、AE合金已经广泛应用于航空航天、汽车运输、电化学、生物医学、储氢及电池领域，且在精密机械工业中将具有更大的优越性和独特性。据工信部和中国有色金属工业协会统计，2022年中国原镁产量达到95万吨，约占世界的80%以上。2022年中国原镁消费量达到45.71万吨，约占全球的40%以上。表1-10和表1-11分别为中国2018—2022年原镁产量统计和消费量统计。

表1-10　中国2018—2022年原镁产量统计

年份	2018年	2019年	2020年	2021年	2022年
产量/万吨	86.3	96.85	96.10	94.88	95

数据来源：工信部、中国有色金属工业协会、中国有色金属协会镁业分会。

表1-11　中国2018—2022年原镁消费量统计

年份	2018年	2019年	2020年	2021年	2022年
消费量/万吨	44.7	48.6	48.58	54.13	45.71

数据来源：工信部、中国有色金属工业协会、中国有色金属工业协会镁业分会。

世界镁矿产资源丰富，主要有菱镁矿、白云石、水氯镁石等，此外，部分镁资源以氯化物和碳酸盐的形式存在于海水、盐湖水中。菱镁矿是提炼金属镁的主要原料，全球2/3的菱镁矿储量在中国，总保有储量约30亿吨。菱镁矿的重要特点是地区分布不广、储量相对集中、大型矿床多。探明储量的矿区有27处，分布于9个省（区），以辽宁菱镁矿储量最为丰富，占全国的85.6%。

1.2.2.2　镁冶金技术进展

镁的生产方法分为两大类：氯化镁熔盐电解法和热还原法（硅热法、碳热法、碳化物热法）。在全球镁的生产中，电解法生产的镁约占总产量的10%，其余大部分为硅热还原法生产[38-39]。

A　氯化镁熔盐电解法

氯化镁熔盐电解法以含镁海水、盐湖卤水、光卤石、菱镁矿和白云石制取纯度较高和化学活性良好的氧化镁，在氯化MgO的炉料中加入碳还原剂或在氯化时通入CO气体生产出无水氯化镁，再采用$MgCl_2$与NaCl、KCl、$CaCl_2$等混合熔盐进行电解而获得金属镁，$MgCl_2$在电解过程中不断消耗，而NaCl、KCl、$CaCl_2$等电解质的物理化学性质也会发生改变。氯化镁熔盐电解法基本原则流程如图1-8所示。熔盐电解法炼镁具有成本低、原料来

源广泛的特点。自熔盐电解法炼镁工业化以来，镁电解生产技术取得了很大进步，主要表现在改进电解槽结构、增大电流强度、降低电耗和利用多种资源制取氯化镁的工艺改进及其他电解流程的开发应用等，但电解法生产金属镁的比例正逐年降低[38-39]。

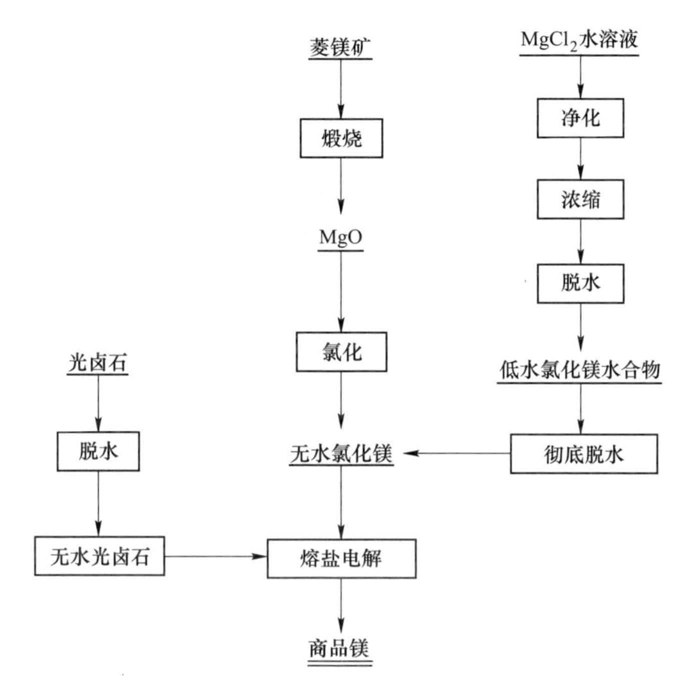

图 1-8 氯化镁熔盐电解法基本原则流程

B 热还原法

根据还原剂的不同，热还原法可分为硅热、碳热、铝热和碳化物热还原法。皮江法是硅热法的一种，目前世界上85%以上的金属镁采用皮江法生产[40-41]。皮江法炼镁工艺的主要流程为：将白云石破碎至适当粒度后在回转窑中煅烧，得到煅白；再将煅白、硅铁破碎磨成粉，然后与添加剂萤石粉（含 CaF_2 不小于 95%）混合均匀制团；所得球团装入耐热不锈钢还原罐内，在1200~1250℃、1.33Pa 真空度下还原炉中还原，所得粗镁再经过熔炼精制、铸锭、表面处理得到成品镁锭。皮江法发展至今，经过不断改进，如自动化程度的提高、蓄热燃烧技术的应用等，使其在能耗和污染方面已有很大改善，但仍存在能耗高、生产效率低、生产环境恶劣等问题。由于碳质还原剂价格便宜且来源广泛，使得碳热法炼镁得到了各国冶金工作者的广泛关注。但由于产生的镁蒸气和 CO 发生二次反应导致生产的金属镁纯度较低，还原率提升困难，制约了碳热法炼镁的发展。昆明理工大学真空冶金国家工程研究中心多年来一直致力于探索能耗低、排放少的炼镁新方法，在对热还原法进行深入分析的基础上，提出了真空焦结—碳热还原炼镁新技术（见图 1-9）[42-43]，生产成本大大降低，其中仅还原剂成本由每吨约 6000 元降至 1000 元以内。

1.2.2.3 镁冶金未来发展方向

针对热还原法炼镁，开发新的还原剂替代硅铁，在确保镁还原率的前提下，降低还原温度，缩短还原时间，同时减少能源消耗和废气排放，开发连续化炼镁技术和设备是热法

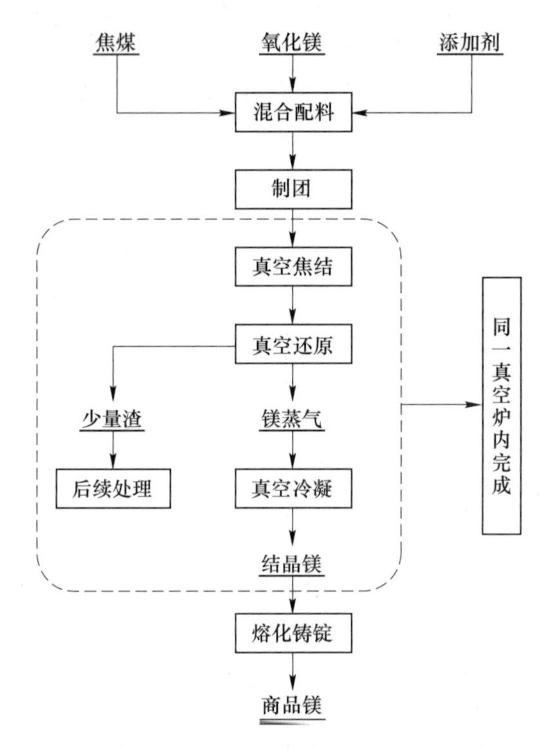

图 1-9 真空焦结—碳热还原炼镁新工艺

炼镁的重点发展方向。此外，积极探索炼镁新工艺，进一步打通真空碳热还原法炼镁及其连续化生产工艺技术瓶颈，开发高纯镁制备、废旧镁合金回收等技术等将有效助力镁工业转型升级高质量发展。昆明理工大学真空冶金国家工程研究中心提出利用廉价碳质还原剂、氟盐催化剂直接还原氧化镁（或镁矿石）来制取金属镁，取得了良好的实验效果，已进行扩大化实验，一旦该工艺在工业上试验成功，将是一个划时代的进步。

1.2.3 锂冶金

1.2.3.1 锂生产、应用及资源概况

锂具有极高的战略价值，被誉为“工业味精”“新能源金属”和“推动世界前进的金属”。锂在工业中具有重要的用途，锂及其化合物广泛应用于电池、陶瓷、玻璃、制冷液、核工业和光电等行业。据 USGS 统计，2022 年全球（不含美国）矿山锂产量为 130000t，中国锂产量为 19000t，占全球锂产量的 15%。电池行业是锂最大的消费领域，其中电动汽车电池用锂约占总消费量的 20%。中国 2018—2022 年锂产量统计见表 1-12。

表 1-12 中国 2018—2022 年锂产量统计

年份	2018 年	2019 年	2020 年	2021 年	2022 年
产量/t	7100	7500	14000	17000	19000

数据来源：USGS。

据 USGS 统计，2022 年全球探明锂资源量为 9800 万吨（金属量），锂储量约 2600 万

吨。全球锂储量分布极不平衡，集中在南美洲的锂三角，为盐湖卤水型；其次是澳大利亚和加拿大，为硬岩型锂辉石；中国卤水型和硬岩型两者都有，资源储量巨大，锂资源量680万吨，锂储量200万吨，位居世界第四。中国锂矿石储量丰富，占全球的8%，主要分布在四川和江西，其中江西宜春的钽铌矿是中国最大的钽铌锂原料生产基地，四川已探明的锂矿石资源占全国锂矿石资源的60%以上。中国锂资源分布较集中，锂辉石主要分布于新疆的可可托海、阿尔泰及四川康定等地；锂云母主要产于江西宜春；卤水锂除四川和湖北有少量分布外，主要集中于青海和西藏盐湖中。卤水锂资源占绝对优势，全球范围内卤水锂占锂资源总量的1/3，中国卤水锂所占比例达79%，是锂的重要来源，但硼、钾、镁、钠等伴生元素多，特别是镁的大量存在增加了卤水锂提取的难度。

1.2.3.2 锂冶金技术进展

锂的生产方法分为两大类：矿石提锂和卤水提锂。锂工业起步于矿石提锂，随着锂资源的研究进展，卤水提锂以成本优势成为当前主流，占据了全球60%以上的份额。全球卤水提锂产业主要集中在智利和阿根廷，中国是唯一以矿石提锂为主的国家（从澳大利亚进口大部分原料）。

A 矿石提锂

矿石提锂是以锂辉石、锂云母、透锂长石等含锂固态锂矿石为原料，生产碳酸锂和其他锂产品的工艺技术。因锂在矿石中的赋存形式不同，所采用的提锂方法也有所区别，主要有硫酸法、硫酸盐法、石灰石烧结法、氢氧化钠法、氯气焙烧法、热还原法等[44-47]，其中应用最广泛的为硫酸法。用硫酸处理焙烧后的锂辉石，得到硫酸锂溶液，基本过程包括：焙烧、酸化、浸出、溶液除杂。

经过50多年发展，硫酸法提锂工艺技术（见图1-10）已趋于成熟[48]，由于该工艺所处理的原料为锂辉石精矿，原料化学组成较稳定、简单，除主要杂质硅和铝外，其他杂质含量均很低，工艺过程易于控制，产品质量稳定可靠，对于生产高品质电池级碳酸锂具有绝对优势。相对于石灰石法，硫酸法工艺可操作性好、能耗及制造成本更低、收率（约90%）和产品纯度更高。

B 卤水提锂

卤水提锂利用提取钾盐后的卤水为原料，经过深度除镁、碳化除杂等工序再生产碳酸锂。盐湖卤水提锂于1997年实现工业化生产，目前国外主要的锂生产企业基本都已改用卤水生产。我国卤水提锂近几年才实现规模化产业应用。按照盐湖类型大体可以分为硫酸盐型盐湖、氯化物型盐湖、碳酸盐型盐湖及硝酸盐型盐湖，相对应的提锂方法为沉淀法、煅烧浸取法、溶剂萃取法、离子交换（吸附）法、电渗析法[49]。沉淀法以卤水为原料制取碳酸锂，采用自然蒸发浓缩—碳酸钠沉淀工艺。利用太阳能在盐田中将含锂卤水自然蒸发浓缩，通过脱硼、除镁、除钙等工序，加入纯碱使锂以碳酸锂沉淀析出，产品纯度可以达到99%以上。工艺过程简单、能耗小、成本低，适宜于碱土金属含量少、镁锂比低的卤水。电渗析法是物理法，是目前比较环保的新工艺，也是盐湖提锂的新方向。中科院青海盐湖研究所将盐田蒸发得到的含锂浓缩卤水通过一级或多级电渗析器，利用阴、阳一价选择性离子交换膜循环浓缩工艺，获得富锂低镁卤水；再通过深度除杂、精制浓缩，转化、干燥制取碳酸锂产品。该工艺解决了高镁锂比盐湖卤水中镁和其他杂质分离的难题，含锂

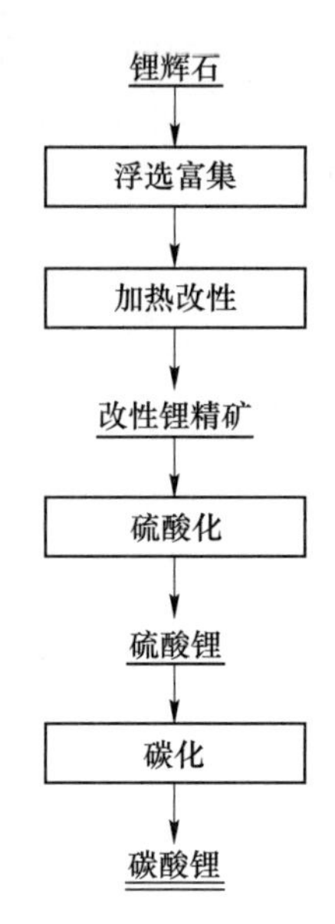

图 1-10 硫酸法生产碳酸锂的基本原则流程

卤水中镁锂质量比由 1∶1~300∶1 降为 0.3∶1~10∶1，Li^+浓度达到 2~20g/L，Li^+的回收率大于 80%，是高镁锂比卤水提取碳酸锂的重大进展。

1.2.3.3 锂冶金未来发展方向

锂冶金未来发展方向为：丰富矿石提取产品种类，对典型含锂矿石提锂技术进行进一步的创新，探索更加经济高效的处理方法，研发重点从基础锂盐向下游金属锂、丁基锂、锂系合金等新型锂电材料转移，发展高端锂材料关键技术；优化盐湖提锂技术，降低生产成本，提高自动化水平和产品质量，扩大产能；探索完善真空炼锂新技术，开发从锂矿石、废旧锂电正极材料中清洁高效提取和粗锂真空提纯新工艺。

1.2.4 钛冶金

1.2.4.1 钛生产、应用及资源概况

钛具有密度小、比强度高、耐腐蚀性强、生物兼容性好等特性，钛及钛合金广泛应用于航空航天、海洋工程、化工等领域。据 USGS 统计，2022 年全球海绵钛产量为 27.9 万吨，中国海绵钛产量为 17.69 万吨，占全球海绵钛产量的 63.4%，居世界第一。中国 2018—2022 年海绵钛产量统计见表 1-13。

表 1-13 中国 2018—2022 年海绵钛产量统计

年份	2018 年	2019 年	2020 年	2021 年	2022 年
产量/万吨	6.9	8.8	12.29	13.99	17.69

数据来源：中国有色金属加工业协会、中国有色金属工业协会钛锆铪分会。

世界钛资源十分丰富、储量大、分布广，已发现 TiO_2 含量大于 1%的钛矿物有 140 多种，但现阶段具有利用价值的只有钛铁矿、金红石、白钛矿、锐钛矿和红钛矿等少数几种矿物。据 USGS 统计，全球锐钛矿、钛铁矿和金红石的资源总量超过 20 亿吨，其中钛铁矿储量约为7.2亿吨，占全球钛矿的92%。全球钛资源主要分布在中国、南非、加拿大、印度等国。中国是世界钛资源大国，占世界已可采储量的64%。中国钛铁矿储量2亿吨，占全球总储量的28%，共有钛矿矿区108个，矿床142个，分布于21个省（自治区、直辖市），主要产地为四川、河北、海南等。钛铁矿占我国钛资源总储量的98%，金红石仅占2%。

1.2.4.2 钛冶金技术进展

钛冶金以氯化工艺为主，具体分为：针对高TiO_2、低CaO+MgO型钛矿的筛板沸腾氯化法，针对低TiO_2、高CaO+MgO型钛矿的熔盐氯化法，以及介于两者间的无筛板沸腾氯化法。中国的钛矿物以低TiO_2、高CaO+MgO型钛岩矿和高TiO_2、高CaO+MgO的内陆砂矿为主，进口矿物为高TiO_2、低CaO+MgO型海滨砂矿[50-55]。

生产海绵钛的方法主要有四种：Kroll（镁热还原法）、Hunter（钠热还原法）、$TiCl_4$电解法和FFC法[56-61]。Kroll是海绵钛工业生产的主要工艺，中国、日本、美国、俄罗斯、哈萨克斯坦、乌克兰等国采用。Hunter法生产海绵钛的历程很短暂，美国RMI（活性金属工业公司）及英国狄赛德钛公司先后于1992年和1993年关闭。四氯化钛熔盐电解还原法在美国曾建设了两条电解工艺生产线，都因无法控制钛与氯的逆反应而关闭。FFC法也属于熔盐电解领域，与传统方法中将反应物溶于熔盐再电沉积于阴极上有着本质不同，国内外研究较多。

（1）Kroll法。Kroll法主要以钛矿物，即金红石、钛渣、钛铁矿等为原料，经过破碎、选矿，形成钛渣，再经氯化工艺，获得粗四氯化钛，进一步提纯后得到精四氯化钛，精四氯化钛镁还原获得海绵钛。该方法的优点是工艺成熟、产品质量可得到保证、产品有竞争力、“三废”排放较少。缺点是工艺复杂、间断生产，海绵钛的成本居高不下，生产过程中的环境污染大。

（2）Hunter法。该工艺流程与Kroll法类似，但使用Na为还原剂，大部分$TiCl_4$先被Na还原为$TiCl_2$并溶解在熔融的NaCl中，$TiCl_2$再被Na进一步还原为金属钛。Hunter法能耗高、周期长、生产成本比较高，产品钛呈海绵状，必须对其进行除杂质和固结等后续加工。

（3）$TiCl_4$电解法。以$TiCl_4$为原料，采用碱金属或碱土金属的氯化物为电解质，在惰性气体保护下进行电解，阴极钛离子被还原成钛金属，氯气在阳极放出。$TiCl_4$电解法存在电解过程中产生的氯和钛的逆反应无法控制；$TiCl_4$在熔盐中的溶解度比较低，工业化大规模生产时，必须先转变为溶解度较高的低价钛化合物；钛离子在阴极的不完全放电及不同价态的钛离子在阴极和阳极之间的迁移会降低电流效率等问题。

（4）FFC法。FFC法以固体TiO_2作阴极，碳质材料作阳极，碱土金属的熔融氯化物（如$CaCl_2$）作电解质，外加低于熔盐分解电压的电压，阴极上的氧电离后进入电解质，在阳极放出O_2和CO_2气体，而阴极上留下纯金属Ti。工艺过程简单、生产成本低，大大降低了钛中的氧含量，不使用Mg、Cl_2等还原介质，是一种绿色环保工艺，可连续化生产，但是TiO_2原料的纯度要求高，电解脱氧过程效率很低，扩大化生产中产品不合格。

1.2.4.3 钛冶金未来发展方向

钛冶金未来发展方向为：镁热还原生产海绵钛围绕不同的钛矿原料特点，研究钛渣氯化、四氯化钛精制、镁热还原及镁电解等全流程的协同与优化，以实现进一步的节能、降耗和资源综合利用；以热还原、电化学还原等手段研究短流程生产钛、钛粉及钛基合金的新方法；未规模化生产的工艺继续向着低成本、环保、节能的方向完善研究，突破工业化生产的技术瓶颈；继续开发完善真空生产海绵钛新技术，研究99.999%(5N）级以上高纯海绵钛关键生产技术，可根据下游要求提供小粒度海绵钛、低气体杂质含量海绵钛及其他特殊要求海绵钛。

1.3 稀贵金属冶金

稀贵金属是国家战略资源，在现代高新技术产业和国防军工制造业都发挥着不可替代的关键作用。除钽、锆、铪和铂族金属外，我国其他稀贵金属的储量均较为丰富。2022年我国共生产了372.048t黄金、26886t白银、约10t铂族金属、1300t硒、340t碲、530t精铟、127t金属锗、21万吨的稀土，其中黄金占世界总产量的13%、白银占85.1%、硒占40.6%、碲占53.1%、铟占57.6%、锗占70.3%、稀土占61%。我国稀贵金属工业已经成为助推产业转型升级的重要基础和支撑全球稀贵金属产业增长的主导因素，也是推动世界稀贵金属产业技术进步的重要力量。

1.3.1 黄金冶金

1.3.1.1 黄金生产、应用及资源概况

黄金是用于投资和储备的特殊金属，同时在首饰、电子、通信、航空航天等行业用途广泛。黄金的供给来源分为矿产金和回收金。全球黄金产量主要以矿产金为主，2022年全球矿产金3627.72t，占全部黄金供给比重的64.2%，回收金1297.4t。全球黄金总需求量为4740.7t，2022年中国矿产金372.048t，黄金消费量1001.74t[22]，连续13年位居全球第一。表1-14和表1-15分别为中国2018—2022年黄金产量统计和不同领域黄金消费量统计。

表1-14 中国2018—2022年黄金产量统计

年份	2018年	2019年	2020年	2021年	2022年
产量/t	513.9	500.4	479.5	443.6	372.048

数据来源：中国黄金年鉴、中国有色金属工业协会。

表1-15 中国2018—2022年不同领域黄金消费量统计 (t)

年份	黄金投资	黄金饰品	工业领域	合计
2018年	286.70	731.41	105.69	1132.24
2019年	225.80	676.23	100.75	1002.78
2020年	246.59	490.58	83.81	820.98
2021年	312.86	711.29	96.79	1120.90
2022年	258.94	654.32	88.48	1001.74

数据来源：中国黄金年鉴、中国有色金属工业协会、中国黄金协会。

目前，全球查明金矿资源储量约10万吨，主要分布于南非（占31.00%）、中国（占12.16%）和澳大利亚（占9.90%）[22]。自然界中，大部分金以单质形式存在于金矿石中，

根据金的存在形式，金矿石可分为脉金矿石和砂金矿石。中国已发现的黄金矿床达11000处以上，储量约12166.98t，主要集中在中东部地区，占全国总储量的75%以上。中国虽为黄金资源储量大国，但资源品位低于其他国家，难处理金矿资源占总储量的30%~40%。

1.3.1.2 黄金冶金技术进展

黄金主要从金矿石和重金属冶炼过程中提取。从金矿石提取金的方法主要根据矿床类型、矿物结构、形态和共生组合等特征进行选择，包括：（1）砂金通常采用重选工艺；（2）脉金通常采用重选、重选—氰化、浮选—氰化、全泥氰化等工艺；（3）铜金矿通常采用浮选，铜金混合精矿火法冶炼—尾矿氰化、混合浮选—尾矿氰化等工艺；（4）碲金矿通常采用混合浮选—精矿氧化后氰化—尾矿氰化、金浮选—精矿氧化焙烧后再氰化等工艺；（5）含金黄铁矿通常采用浮选—精矿送冶炼厂、浮选—精矿氧化预处理后再氰化；（6）含砷金矿通常采用浮选—精矿氧化预处理后氰化工艺；（7）含金碳质矿石通常采用浮选—氧化预处理后再氰化等[62]。

氰化法（见图1-11）是当前生产黄金的主要方法，约80%的黄金产量源自氰化法。氰化法能够处理颗粒细小的砂金、岩金原矿或重选尾矿、易处理矿石的浮选金精矿、难处理金矿氧化渣等。氰化法生产1t黄金，消耗约150t氰化物，产出约3万吨氰化渣和50000m^3含氰废水，对生态环境影响严重，清洁处置含氰尾矿和含氰废水是其技术进步的主要方向。

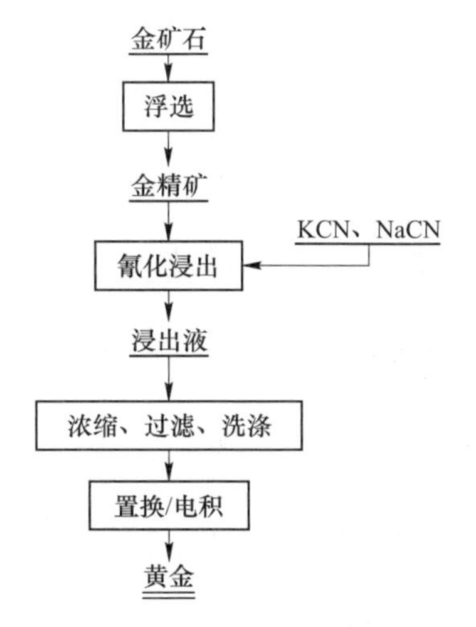

图1-11 黄金氰化生产原则工艺流程

从重金属冶炼过程中提取金的方法，主要根据伴生金的赋存形态、重金属冶炼方法等特征进行选择。在铜、铅、镍冶炼过程中，金会伴随有色金属的熔炼、精炼等流程而最终富集于电解精炼副产品阳极泥中（铜阳极泥、铅阳极泥、镍阳极泥等），再从阳极泥进一步回收金。目前，随着富氧熔炼造锍捕金技术逐渐成熟，利用火法炼铜、铅过程中，铜锍、铜铅对金具有良好的捕集作用的特性，在熔炼过程配入金精矿，金富集于粗铜、粗铅中。该工艺在河南豫光金铅、甘肃金川集团、山东恒邦冶炼、山东东营方圆、灵宝金城冶金、中原黄金冶炼等多家企业应用。富氧熔炼造锍捕金技术从根本上解决了黄金冶炼领域的氰化物污染、渣量大、金矿资源综合利用及金属回收率低等问题。

从铜、铅等阳极泥中回收金具体可分为高温熔炼—氧化吹炼—梯级精炼、预氧化—多段浸出—还原两大处理方法。前者被国内外多数企业用于大规模的处理金品位波动较大的阳极泥，后者主要被美国 Macris、意大利 Samin Socata Azionria 及国内少数中小企业用于处理银金品位较高的阳极泥[63-65]。高温熔炼—氧化吹炼—梯级精炼的基本原理是利用金与金属铜、铅亲和力极强的特性，在 1100~1200℃进行高温熔炼，阳极泥中的金与金属铜铅互熔形成贵铅；利用金属元素氧化性质的差异，在 950~1050℃进行氧化吹炼，贵铅中铅、铋、铜高效氧化形成氧化渣，锑形成三氧化二锑烟尘，单质金不氧化而全部富集于粗银合金中；一级精炼生产白银，粗银在硝酸体系中电解产出含量达 99.99%的金属银和富集了金的银阳极泥；二级精炼生产黄金，银阳极泥氯化分金—亚硫酸氢钠还原—控制电位浸出—选择性还原产出含量达 99.99%金粉[66-69]（见图 1-12）。该工艺对原料的适应性强，但工序烦琐、能源和资源消耗高、金属回收率低，产生大量的高砷烟尘和重金属废渣、废水，环境问题突出。

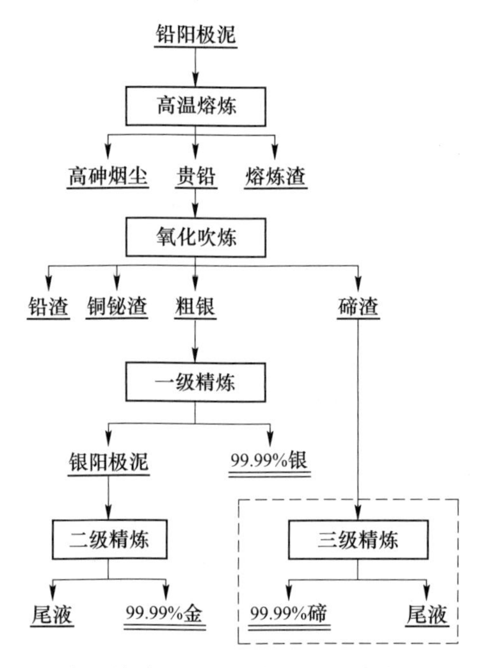

图 1-12　阳极泥高温熔炼—氧化吹炼—梯级精炼回收金的工艺流程

1.3.1.3　黄金冶金未来发展方向

氰化法是生产贵金属的主要方法，每生产 1t 黄金约产生 3 万吨含氰废渣、500000m^{3}含氰废水，严重影响生态环境安全，取代氰化物、淘汰氰化法，一直是冶金界亟待突破的重大难题。近半个世纪以来，人们一直在探索无氰炼金的有效方法。昆明理工大学真空冶金国家工程研究中心提出贵金属与重金属协同冶炼的创新思路，攻克贵金属复杂合金真空气化分离关键技术，解决了铅、锌、锑、铋等重金属与银、金、钯、铂等贵金属清洁高效分离难题；在此基础上，开发出高温熔炼捕集—溶液电解富集—真空气化分离—梯级精炼提纯绿色高效生产贵金属的新技术，开辟贵金属清洁高效冶炼新途径，实现了无氰炼金。贵金属精矿与铅铜等重金属精矿协同冶炼是未来黄金冶金的发展方向。健全黄金再生资源回收利用体系，建立废旧电子产品完善的回收体系，健全回收、运输、拆解等方面的政策，开展含金二次资源高效综合回收利用技术开发，对二次资源的循环经济关键技术进行集成创新及工艺优化是另一个重要发展方向。

1.3.2　白银冶金

1.3.2.1　白银生产、应用及资源概况

银是较早被人类发现并利用的金属之一，其应用已经由传统的货币和首饰逐渐扩展到航空航天、生物医药、电子通信等工业应用领域[70]。白银生产主要来自矿产银和再生银两个领域，其中矿产银包括独立银矿和伴生银矿（铅、锌、铜、金等副产）。据世界白银协会资料，2022 年全球白银供应为 3.16 万吨，主要用于工业领域（54%）、白银饰品（16%）、其他（30%）。根据中国有色金属工业协会统计，2022 年中国白银总产量 26886t。表 1-16 和表 1-17 分别为 2018—2022 年白银产量统计和中国白银需求量统计。

表 1-16　2018—2022 年白银产量统计

年份	2018 年	2019 年	2020 年	2021 年	2022 年
中国产量/t	19606	18933	20338	20999	26886
世界产量/t	31323	31605	27675	29200	31569

数据来源：世界白银协会、北京安泰科信息股份有限公司、中国有色金属工业协会、海关总署。

表 1-17　2018—2022 年中国白银需求量统计

年份	2018 年	2019 年	2020 年	2021 年	2022 年
消费量/t	6467	6686	6505	7591	8251

数据来源：世界白银协会、北京安泰科信息股份有限公司、中国有色金属工业协会、海关总署。

提取银的主要原料为银矿和铅、铜等伴生矿。在自然界中，除少量银呈自然银、银金矿及金银矿外，银主要以硫化矿物的形态存在。世界白银资源储量主要分布在秘鲁、波兰、澳大利亚、中国等国家，储量前 7 位的国家占据全球约 78%的白银储量，集中度较高。中国银矿资源主要集中在内蒙古、江西、云南、安徽和四川，占全国总储量的 60%以上。大型和独立银矿床较少，中小型和共伴生银矿床多。

1.3.2.2　白银冶金技术进展

白银提炼方法根据原料的不同可分为从银矿石中提取和从重金属冶炼过程中提取两大类。从独立银矿中提取白银的冶金方法主要有氰化法和硫脲法。氰化提银与氰化提金类似，但银的氰化条件一般比氰化提金的条件强烈，氰化物浓度较高，银的氰化浸出率较高。随着原矿品位逐渐降低，能够直接用氰化法提银的银矿石逐渐耗尽，直接氰化已经不能完全满足提银的要求。氨浸—氰化或氨浸—酸脱铅—氰化、氯化焙烧—氰化浸出、浮选—氰化浸出等工艺对原矿品位要求降低，扩大了氰化法在原矿提银中的应用范围。此外，原矿制粒堆浸也是一种低成本、高效率地从低品位银矿中提银的方法。氰化提银过程会产生微量氰化氢废气、含氰废水、氰化尾矿固体废物。

硫脲法提银是一种低毒提取银新工艺[71]，工艺流程如图 1-13 所示。原生银矿经浮选得到银精矿，银精矿经过络合浸出，分步转换得到银绵，银绵经火法处理得粗银，再经电解可得精银，二次还原后液可直接返回浸出流程。硫脲法提银适于从难氰化的矿中提取

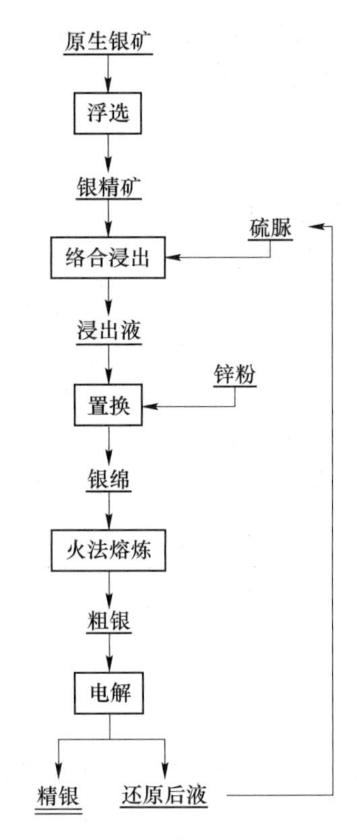

图 1-13　硫脲法生产银的工艺流程

银，硫脲可再生循环利用，银浸出效率高，但会产生含硫脲、微量银和重金属的废水及含少量硫脲溶液的尾矿。

银还可从铅、铜、镍等重金属冶炼过程中提取。在铅、铜、镍冶炼过程中，银最终富集于电解精炼副产品阳极泥中（铅阳极泥、铜阳极泥、镍阳极泥等），再从阳极泥进一步回收银。昆明理工大学真空冶金国家工程研究中心联合河南豫光金铅、甘肃金川集团等多家企业进行技术攻关，在铅、铜冶炼过程配入银精矿，充分利用铅锍、铜锍、金属铅、金属铜对银具有良好捕集的特性，使银在粗铜、粗铅中富集。配合溶液电解、还原熔炼、真空蒸馏、银电解工艺，获得 99.99%的银。该方法解决了氰化及硫脲提银工艺污染大、渣量大、金属回收率低等问题[72]。

1.3.2.3　白银冶金未来发展方向

从铅、铜等冶炼过程产生的阳极泥中高效回收银，以及将白银的提取与铜铅的冶炼深度融合，取代氰化炼银是白银冶金的一个重要发展方向。高效清洁处置含银电子废弃物，加大二次含银资源回收力度，并充分利用先进、成熟的铅铜冶炼，大幅提高二次资源的处理效率也是白银冶金的另一重要发展方向。

1.3.3　铂族金属冶金

1.3.3.1　铂族金属生产、应用及资源概况

铂族金属包括钌、铑、钯、锇、铱、铂六种金属元素，资源稀少且兼具货币、国民财

富和特殊工业材料三种属性。在金融投资、现代工业、武器装备和高新技术领域均占据重要地位，被称为“工业维生素”，也是世界各国争夺储备的战略金属[73]。铂族金属中铂和钯是用量最大、用途最广的两种元素，占铂族金属总产量的90%以上[74]。2021年全球铂、钯汽车领域消费量达332t，其中北美洲、欧洲、中国及日本的钯消费量约占全球的80%。除铂、钯外，其余铂族金属消费量相对较小。世界铂、钯金属产量统计见表1-18。

表1-18 世界铂、钯金属产量统计 (t)

年份	2018年	2019年	2020年	2021年	2022年
铂	190	186	170	230	224
钯	220	227	210	309	293
合计	410	413	380	539	517

数据来源：中国地质调查局发展研究中心。

铂族金属矿床主要有3种类型：硫化铜-镍-铂族金属矿床、铬铁矿-铂族金属矿床、铂的砂矿床。我国铂族金属矿相当匮乏，主要分布于云南、新疆、甘肃等地，矿床类型复杂，以铜镍硫化物矿床伴生的铂族金属矿床为主，矿床品位较低，铂钯总量仅0.35g/t[75]。根据美国地质勘探局数据显示，南非铂族金属储量为6.3万吨，俄罗斯储量为5500t，津巴布韦储量1200t，根据《中国矿产资源报告（2023）》数据显示，中国铂族金属储量仅为80.91t，全球占比0.12%。

1.3.3.2 铂族金属冶金技术进展

铂族金属主要从铂钯矿、铜镍等重金属冶炼副产物及含铂钯二次资源中提取和回收[76-77]。

A 低品位铂钯矿直接加压氰化浸出

金宝山低品位铂钯矿是我国仅发现的原生铂钯硫化矿，浮选精矿加压氰化浸出，铂族金属与CN^-形成配离子进入溶液而富集，具有选择好、浸出率高、富集率高、能耗低等优点。铂钯品位富集了6000多倍，直收率不小于90%，回收率不小于92%。目前，该技术是铂钯硫化精矿全湿法提取的短流程高效技术。

B 铜阳极泥综合回收铂族金属

以江铜为代表的低温硫酸化焙烧蒸硒—酸浸分铜—碱浸分碲—水溶液氯化分金—亚硫酸钠分金—浇铸银阳极电解提纯；以波立登公司为代表的湿法—火法结合工艺流程，其主流程为：加压浸出铜和碲—火法熔炼再吹炼—银电解—银阳极泥处理提取金；以美国肯尼科特公司为代表的全湿法工艺，其主要流程为：加压浸出铜、碲—水溶液氯化浸出金、硒—碱浸分铅—氨浸分银—金银电解提纯；国内唯一采用选冶联合工艺技术处理铜阳极泥的只有云南铜业一家，主要步骤是：阳极泥浆化—加压氧化脱铜—脱铜阳极泥氯酸钠氧化分硒—氯化脱硒渣浮选生产贵金属银精矿—银精矿分银炉火法精炼—金银合金阳极—电解精炼—银阳极泥水溶氯化—还原得金粉，贱金属浮选尾矿返回铜熔炼。上述工艺中铂族金属富集于分金后液中，再经萃取—还原得到海绵铂族金属产品。

C 共生铂族金属硫化镍铜矿冶炼

硫化镍铜矿提取铂族金属分富集和精炼两部分，富集工艺流程如下：原矿经浮选得硫化铜镍精矿—熔炼得低锍—吹炼产出高锍，铂族金属和铜镍均富集于高锍中；精炼时首先进行铂族金属与贱金属分离，最后进行分离提纯。甘肃金川集团是我国最大铂族金属基地。20 世纪 80 年代开发的二次铜镍合金提取新工艺，铂钯直收率从 49%提高到 68%，年产量增加 50%；铑、铱、锇、钌冶炼回收率由小于 3%提高到 44%；1982 年，陈景院士独创活性铜粉两次置换分离新技术，形成我国独特的铂族金属分离提纯技术体系。近年，金川采用富氧顶吹熔炼—电解精炼—还原熔炼—电解精炼—梯级精炼新工艺，熔炼过程中 90%的铂钯进入铜镍锍中，后续梯级精炼中分金后液经分段络合—酸化—水合肼还原产出纯度达 99.99%的海绵钯，钯的萃取率达 99.4%；再经氯化浸出—水合肼还原产出纯度达 99.99%的海绵铂，铂萃取率达 99.8%。

D　二次资源回收

铂族金属二次资源冶金过程也分为富集和精炼两段，常用的富集技术包括高温焚烧富集技术、高温熔炼富集技术和湿法富集技术。对于陶瓷载体的汽车催化剂、玻璃纤维浇铸料、硝酸炉灰、冶炼残渣等铂族金属被紧密包裹或形成难溶合金的物料，最有效的富集方法是等离子体熔炼捕集技术：氩气电离产生约 10000℃的等离子体火焰快速加热物料，铂族金属熔融被铁捕集。1000~2000g/t 的物料捕集后品位达 5%~7%，回收率大于 95%，渣中残留小于 5g/t。目前国际上大型企业多数采用火法熔炼捕集，如比利时 Umicore、美国 Multimetco 和 Gemini、日本 Tanaka 和 Nippon/Mitsubishi 公司、德国 Hereaus 及英国 Johnson-Matthey 等。相对等离子体熔炼捕集而言，铅、铜、锍、银等捕集在相对简单的电弧炉中进行，通过加入氧化钙、氧化铁、氧化镁等造渣剂，可以将熔炼温度降至 1300~1400℃，极大延长了炉衬使用寿命。其中，铅捕集具有操作简单、熔炼温度低、成本低等优点，但后续精炼工艺复杂、铑回收率低（70%~80%），且 PbO 对人体健康和环境危害较大，目前基本已被淘汰。铜捕集法一般在电弧炉或感应炉中进行，通过加入熔剂（如 SiO_2、CaO）、金属捕集剂（如 $CuCO_3$、Cu 或 CuO）及还原剂（如焦炭）进行铂族金属的捕集，存在冶炼周期长、物料消耗大等缺点。锍捕集法主要包括铜锍（冰铜）、镍锍和铁锍等，对于锍捕集法，冶炼气氛对铂族金属的回收起着重要作用，锍的氧化会导致含冰铜的铂族金属难以精炼。银捕集利用银对铂族金属具有较强亲和性的特点，可提高铂族金属尤其是金属钯的捕集效率，但由于银价格昂贵且后续湿法分离时存在难以溶解分离等问题，实际生产中应用较少。

1.3.3.3　铂族金属冶金未来发展方向

研究硫化铜镍精矿绿色冶炼技术，开发铂族金属高效富集工艺及装备是共生铂族金属硫化铜镍矿提取铂族金属的未来发展方向。此外，重金属/金属硫化物（锍）熔炼捕集联合真空气化富集是铂族金属回收的未来发展方向。发挥重金属及锍对铂族金属亲和力强的特性，开发渣型调控、协同冶炼等铂族金属捕集工艺，是提升铂族金属回收率的前提；充分利用铂族金属与重金属/锍等在气-液相间的分配差异，开发绿色、高效、短流程的真空气化富集铂族金属技术及装备，是铂族金属高效回收的重要保障，对促进铂族金属冶金行业技术升级、提升稀贵金属产业创新能力、助力经济社会高质量发展意义重大。

1.3.4　硒冶金

1.3.4.1　硒生产、应用及资源概况

稀散元素硒广泛应用于冶金、材料、化工、农业、计算机和医疗等领域，随着含硒化合物先进材料的发展及富硒农业的兴起，宇航、原子能、太阳能、电子半导体及健康领域等对硒需求与日俱增，硒已成为支撑高科技发展、新产品开发的关键材料。硒在地壳中的丰度仅为 $5\times10^{-6}\%$，绝大部分分散在硫化物的晶格中。全球硒的储量为 13 万~63 万吨，中国硒蕴藏量占世界硒储量的 1/3 以上。2022 年全球硒年产量为 3200t，中国硒年产量 1300t，占全球总产量的 40.62%。硒的产品主要有工业硒（含量为 99.5%~99.99%）、高纯硒（含量大于 99.999%）和硒化合物。2018—2022 年中国及世界硒产量见表 1-19。

表 1-19　2018—2022 年中国及世界硒产量统计 (t)

年份	2018 年	2019 年	2020 年	2021 年	2022 年
世界	2800	2880	2900	3000	3200
中国	950	1100	1100	1100	1300

数据来源：USGS。

1.3.4.2　硒冶金技术进展

提取硒的原料 90%以上来源于铜电解精炼产生的阳极泥[22]。不同的铜冶炼企业会视铜阳极泥原料的成分和赋存状态，选择相应工艺来综合回收铜阳极泥中的硒。提取硒的方法主要有全湿法和火—湿联合法[64,78]。

全湿法主要分为氯化法、碱浸法等，其共同特征是通过控制溶液体系的酸/碱介质、pH 值甚至氧压，将铜阳极泥中的 Cu_2Se、Ag_2Se 等化合物转化为硫酸铜和单质硒、硒酸，实现脱铜后，再对 SeO_3^{2-} 进行还原得到硒[79]。典型的铜阳极泥氯化浸出法提硒工艺流程如图 1-14 所示。火—湿联合法提取铜阳极泥中的硒主要包括硫酸化焙烧法、苏打熔炼法、低温氧化焙烧—湿法等，这些方法的共性原理是在一定温度、氧化剂（氧气、碱性氧化剂、或氯气）中将 Se^{2-} 氧化成为 SeO_3^{2-} 等离子，通过水溶或酸溶将其转为溶液，再用 SO_2 等还原剂将 SeO_3^{2-} 还原为单质硒[80]。典型的铜阳极泥硫酸化焙烧法提硒工艺流程如图 1-15 所示。

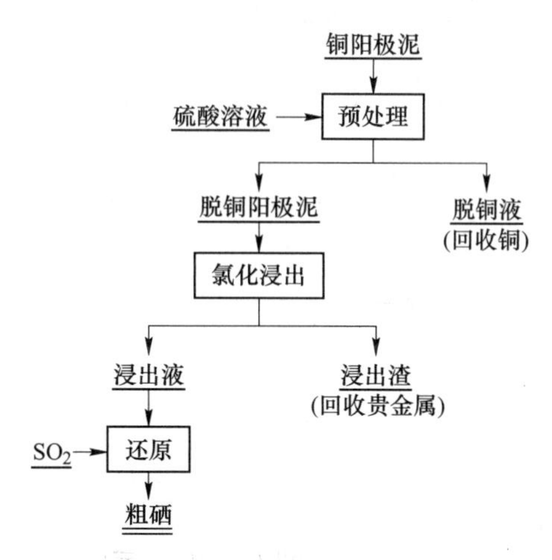

图 1-14　铜阳极泥氯化浸出提取硒的流程

从含硒物料中提取的粗硒纯度仅能达到冶金级水平，往往还含有铜、碲、铅、硫等杂质，需进一步提纯至 99.9%以上，以满足半导体新材料产业对硒产品质量要求。硒提纯的主要方法有粗硒氧化挥发法[81]、硒化氢热分解法[82]、真空蒸馏法[83]和区域熔炼法等。粗

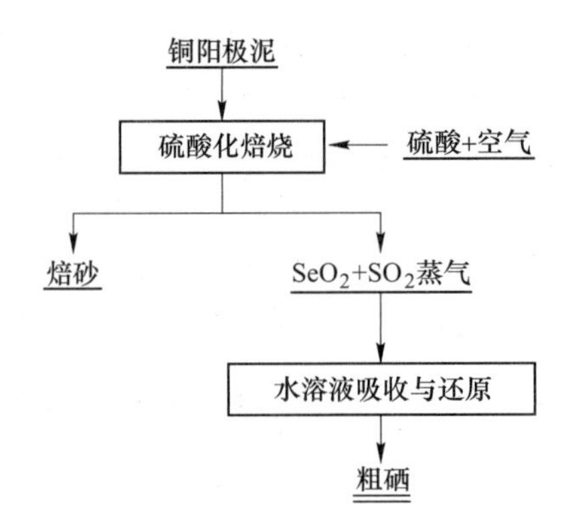

图 1-15　硫酸化焙烧提取硒的流程

硒氧化挥发法是将粗硒在 520~560℃下通入氧气焙烧，生成二氧化硒气体挥发而与高沸点杂质分离。二氧化硒挥发进入冷凝器收集，冷凝得到的二氧化硒用纯水溶解得到亚硒酸溶液，净化除杂后通二氧化硫还原得 99.99%~99.999%的精硒。硒化氢热分解法是将粗硒加热到 550~650℃，通入氢气，反应生成硒化氢。将硒化氢气体净化后，通入温度为 1000℃的石英管内，硒化氢离解成硒与氢气，冷凝沉积得到高纯硒。用区域熔炼法可将 99.99%的硒精炼提纯到 99.999%或 99.9999%的纯度。2017 年昆明理工大学真空冶金国家工程实验室开发了密闭熔炼—真空蒸馏工艺处理硒渣，建成年产硒（纯度大于 98%）300t 的生产线[84]，硒直收率为 96.78%，生产硒锭的综合电耗约 1150kW·h/t。

1.3.4.3　硒冶金未来发展方向

加大从重金属冶炼烟尘、制备硫酸过程产出的酸泥中回收硒的新方法及新装备研发，进一步提高硒的直收率，是硒冶金发展的必由之路。加大从石煤、碲铋矿等原生矿物中富集、提取硒技术的研发力度，采取火法、湿法、生物冶金等先进冶金方法联合，解决硒原生资源综合利用的难题。新开发的密闭熔炼—真空蒸馏精炼工艺对粗硒精炼纯化效果明显，工艺流程简捷、生产成本低、金属直收率高，应加大推广力度。开发硒高端产品及生产技术和装备，提高硒产品的附加值。

1.3.5　碲冶金

1.3.5.1　碲生产、应用及资源概况

稀散元素碲主要应用于半导体、化工、冶金及医药等领域[85-88]，被誉为“现代工业、国防与尖端技术的维生素，创造人间奇迹的桥梁”。中国是碲储量、产量和消费大国。全球已探明碲储量为 11 万~15 万吨，具有经济价值的约为 5 万吨。中国碲储量占世界总储量的 10%以上，保有储量近 1.4 万吨。2018—2022 年中国及世界碲的产量见表 1-20，中国及世界碲的产量总体呈上升趋势，2022 年世界碲产量 640t，中国碲产量 340t，占世界产量的 53.12%。

表 1-20　中国及世界碲产量统计　(t)

年份	2018 年	2019 年	2020 年	2021 年	2022 年
世界	544	557	490	580	640
中国	307	320	300	340	340

1.3.5.2 碲冶金技术进展

A 碲提取现状

全球90%的碲从铜冶炼过程的阳极泥中回收和提取。从铜阳极泥中回收碲的方法主要有硫酸化焙烧、氧化焙烧碱浸及氯化—还原法。共性原理是将铜阳极泥中的碲及碲离子转化为TeO_3^{2+}，通过二氧化硫还原或电积精炼得到粗碲[89]。铜阳极泥中综合回收碲的原则工艺流程如图1-16所示[90]。由于铜阳极泥原料的成分和赋存状态等存在差异，不同的处理工艺有各自的优缺点，因而不同的铜冶炼企业会视具体情况和需求，选择相应工艺来综合回收铜阳极泥中的碲。

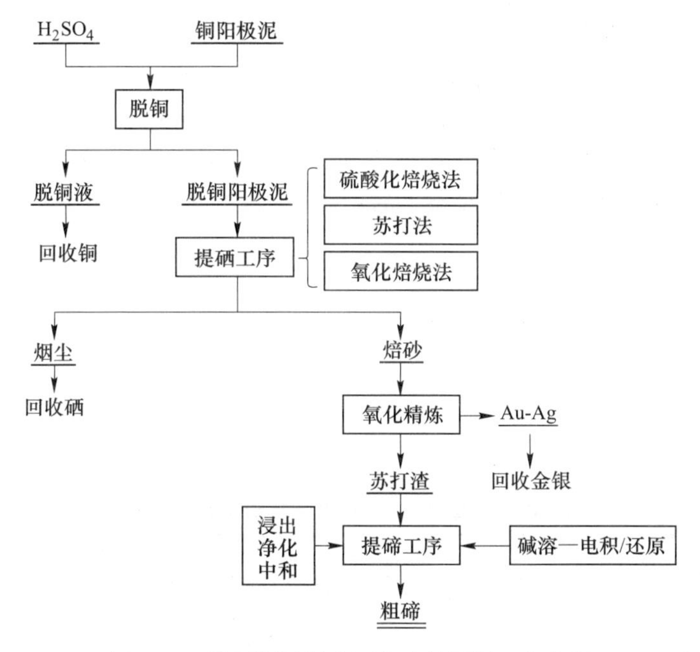

图1-16 从铜阳极泥中回收碲的原则工艺流程

B 碲提纯现状

回收、提取获得的粗碲仍含有很多杂质，需要进一步提纯。碲的提纯方法主要分为化学提纯和物理提纯两大类[91]，各具特点，根据原料成分、设备条件和对产品纯度的要求选择合适的工艺流程。

a 化学法

化学法利用碲与杂质元素在化学性质上的差异，经选择性沉淀、配合萃取、离子交换、还原等将碲与杂质分离，得到符合质量要求的精碲。电解精炼法是将提纯过的二氧化碲溶入氢氧化钠溶液配制成电解液，以不锈钢板作阴极，普通铁板为阳极，在一定的电流密度和温度下，TeO_3^{2-}在阴极还原。电积生产的工业碲品位为99%~99.99%，难以获得更高品位的碲产品。化学法能够有效脱除碲中的硒、砷、锑、铜等杂质，制备出纯度为99.99%~99.999%的碲，但其纯化过程往往需要反复氧化、还原，且过程常涉及有毒、有害物质，生产安全问题大。

b　物理法

物理法是根据杂质与碲在熔点、沸点及熔化冷凝中的分配行为等物理性质的差异进行碲的提纯，主要有结晶精炼、真空蒸馏等方法[92-93]。区域熔炼作为结晶精炼的一种手段，一般以99.99%及以上纯度的碲为原料，可以避免化学溶解时因试剂引入杂质，如元素硅、锗、锌、铋、锑、铅等的二次污染；结晶精炼中的直拉法是以定向籽晶为生长晶核，可将碲的纯度从99.9999%(6N) 提高到99.99999%(7N)[94]。结晶法工序多、周期长、能耗大且产品品质难以保证，仅适用于少量超高纯碲的精炼。真空蒸馏法是根据元素间的蒸气压差异，实现元素的分离[95]。该方法高效、节能、环保，产品碲回收率较高。但单一的真空蒸馏只能够有效去除碲中的铜、铅、铁、金、银等杂质，对于单质硒和以硒化物、碲化物存在的铅铜脱除困难。

1.3.5.3　碲冶金未来发展方向

开发新的工艺技术实现粗碲中碲与杂质组元（铜、硒、金、银、铅等）清洁高效分离，提升碲产品质量，已成为碲冶金和材料行业发展的重大需求。真空蒸馏、结晶提纯等是制备超高纯碲的核心手段，开发以物理法为核心提纯碲的技术及装备，降低生产能耗，推动碲产业技术升级，促进我国尖端技术的发展。

1.3.6　铟冶金

1.3.6.1　铟生产、应用及资源概况

金属铟广泛应用于航空航天、电子工业、医疗、国防、能源等领域[96-97]。

中国是世界第一大铟生产国，原生铟产量占全球的40%~50%。2018—2022年中国及全球精铟产量见表1-21。

表1-21　2018—2022年中国及全球精铟产量　(t)

年份	2018年	2019年	2020年	2021年	2022年
中国	300	535	500	540	670
全球	741	968	900	932	999

数据来源：USGS、中国地质调查局发展研究中心。

铟在地壳中的储量稀少且几乎无独立矿床，主要伴生于铁闪锌矿（铟的含量为0.0001%~0.1%）、赤铁矿、方铅矿及其他多金属硫化物矿石中。铟资源主要分布在中国、秘鲁、美国、加拿大和俄罗斯等国家，储量约占全球总储量的80%。目前全球铟储量为1.6万~1.9万吨，中国铟储量居世界首位，保有储量约1.3万吨，主要集中在云南（占全国铟总储量的40%）、广西（31.4%）、内蒙古（8.2%）、青海（7.8%）、广东（7%）等省（区）。

1.3.6.2　铟冶金技术进展

目前，全球90%的原生铟产自锌冶炼副产物，在火法或湿法炼锌过程，铟被富集于铅渣、烟尘、硬锌、浸出渣等副产物中，成为原生铟提取物料。目前世界上80%的炼锌厂采用湿法工艺（焙烧—浸出—电积）炼锌，浸出或富集过程产出的锌冶炼渣（酸浸渣、富铟铁矾渣、富铟渣）是目前生产原生铟的主要原料。从锌冶炼渣等含铟冶炼副产物中提取铟主要包括富集、浸出、净化、置换、电解等工序，原则流程如图1-17所示。富集工序是其中的关键步骤，包括火法富集和湿法富集两大类。

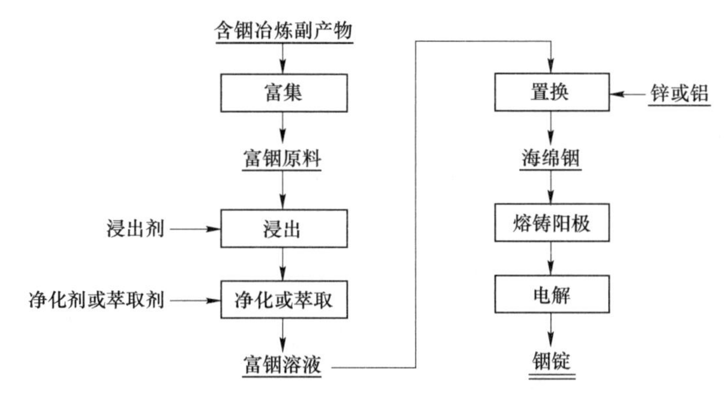

图 1-17 从含铟冶炼副产物中提取铟原则工艺流程

火法富集工艺中应用最广泛的是回转窑挥发法，主要处理常规酸浸过程产生的酸浸渣和热酸浸出过程产生的富铟铁矾渣，此类渣在回转窑内经高温还原、挥发后，渣中大部分锌、铟最终以氧化物形式富集于次氧化锌烟尘，烟尘经浸出—净化—萃取—反萃—置换—电解等主要提铟工序处理后，获得电铟，窑渣目前未得到有效利用，以堆存为主。该工艺最主要的问题是铟总回收率低、有价金属综合回收差、能耗高、渣量大、环境污染严重。

为提高铟的回收率，同时综合回收其他有价金属并减少渣量，国内外开发了全湿法富集工艺。首先将锌冶炼渣进行热酸浸出，尽可能使铟和铁全部进入溶液，然后通过预中和还原及水解沉铟，使溶液中的铟富集于渣中，富铟渣经浸出—净化—萃取—反萃—置换—电解等主要提铟工序处理得到电铟。由于热酸浸出时大部分的铁以 Fe^{3+} 的形式进入溶液，而 Fe^{3+} 水解沉淀的 pH 值与 In^{3+} 水解沉淀的 pH 值接近，容易与铟共沉积于富铟渣中，影响后续提铟，故需经一系列的还原、氧化等工序才能实现铟与铁的分离，进而造成该工艺流程长、操作复杂。另外，现有湿法回收工艺热酸浸出过程铟的浸出率仍然偏低，且热浸渣难以综合高效利用，水解沉铟过程效率及富集率也较低，最终导致铟总回收率偏低。此外，该法产生的铁渣量依然较大，且难以综合利用，有价金属综合回收差。

ITO 废靶是再生铟生产的主要原料[98]。从 ITO 废靶材中回收铟的方法主要包括湿法、真空碳热还原法和氯化挥发法。湿法工艺主要包括酸溶、富集、置换、电解等步骤。真空碳热还原[66]以炭粉为还原剂，将 ITO 靶材粉碎，加入氢氧化钠造渣，在真空条件下，1000~1100℃还原得到铟锡合金，经真空蒸馏或电解，获得精铟。氯化挥发是将 ITO 粉碎后，与 NH_4Cl 混合，在低真空或空气中加热至 250~450℃，铟形成易挥发的 $InCl_3$，与锡分离，铟回收率达 99%以上[99]。

1.3.6.3 铟冶金未来发展方向

开发从铅锌冶炼副产物中高效富集与分离提取金属铟新技术，提高铟回收率，减少“三废”排放是未来原生铟生产的主要发展方向。从 ITO 废靶等含铟二次资源中绿色高效回收铟的新技术是铟冶金可持续发展的重要保障。开发高纯铟、高纯氧化铟、磷化铟等新材料制备新技术，提高铟附加值，促进铟产业技术升级[100]。

1.3.7 锗冶金

1.3.7.1 锗生产、应用及资源概况

锗是重要的战略物资[101-104]，广泛应用于航空航天、光纤通信、红外光学、太阳能电池、化学催化剂、生物医学等领域，特别在军工武器装备用途独特。据 USGS 统计，2022 年全球锗产量为 182t，其中 127t 产自中国，占比达 69.78%，美国、俄罗斯和比利时及其他国家产量合计约 55t。2018—2022 年全球锗产量见表 1-22。

表 1-22 2018—2022 年全球锗产量 (t)

年份	2018 年	2019 年	2020 年	2021 年	2022 年
中国	94.9	85.7	86	125	127
全球	130	131	130	178	182

数据来源：USGS。

据 USGS 统计，全球已探明锗保有储量为 8600t，集中分布在美国、中国、俄罗斯三国，合计占比 96%。中国锗储量位居世界之首，全国已探明锗矿产地约 35 处，保有储量约 3500t，目前已探明储量主要分布在全国 12 个地区，其中广东、云南、内蒙古、吉林、山西、广西、贵州等地区储量较多，约占全国锗总储量的 96%。云南是锗储量最丰富的省份，其铅锌矿和褐煤矿中均含有一定量的锗。含锗铅锌矿主要分布在会泽矿区，是目前中国主要的锗生产基地；褐煤矿则主要分布在帮卖、腊东、芒回等矿区，其中位于帮卖的大寨和中寨储量最大，约为 1600t。

1.3.7.2 锗冶金技术进展

锗的产业链较长，含锗烟尘、含锗渣、含锗废料等是生产锗及其产品的最初原料，这些原料经浸出、沉淀、过滤、洗涤、灼烧等一系列复杂过程后得到锗精矿，锗精矿经氯化—蒸馏—精馏得到四氯化锗，四氯化锗经水解得到二氧化锗，二氧化锗经氢还原得到区熔锗锭，区熔锗锭拉单晶得到锗单晶[105]。其中，四氯化锗可进一步加工为光导纤维的掺杂剂；二氧化锗可用于制备聚合反应的催化剂；区熔锗锭可加工为红外级锗单晶或太阳能用锗单晶，分别用于制作红外镜头等光学部件及太阳能电池材料。

湿法炼锌工艺中，锗主要富集在烟尘、中和渣或置换渣中。2015 年中金岭南丹霞冶炼厂建成从氧压浸出液置换渣中提取锗、镓、铟的生产线，年处理渣能力 5000t，用氧肟酸+P204 萃取锗，年产锗 15~20t，锗回收率为 98%，该工艺的成功应用，提高了我国从湿法炼锌工艺中提锗的技术水平和经济效益。

火法炼锌工艺中，70%的锗进入粗锌，在粗锌精馏产物硬锌中得到富集。中金岭南韶关冶炼厂采用昆明理工大学开发的真空蒸馏技术处理硬锌回收锗和铟的技术，年产锗 8~10t。硬锌脱除锌后获得的富锗渣，锗富集品位提高了 10 倍，锗直收率为 97.9%，蒸馏电耗 1374kW·h/t，折合能耗比隔焰炉—电炉脱锌工艺降低了 34%，工作环境也大为改善，已成为从硬锌中回收锗的首选方法。

褐煤提锗工艺中，锗在煤燃烧的烟尘中富集。广州有色金属研究院发明的还原挥发一步法从锗煤中提锗技术在云南临沧冶炼厂成功投入工业应用。该法采用不完全燃烧的作业制度，锗煤在弱还原气氛下燃烧，使 98%~99%的锗转化成 GeO 挥发到炉气和烟尘中，得到的含锗烟尘品位比原煤提高近百倍，后端炉气引入二次空气将剩余的 CO 燃尽，成为我国褐煤提锗的主流技术，锗产量跃升到占全国锗产量的 50%。

1.3.7.3 锗冶金发展方向

研究锗煤绿色提锗技术，开发原煤堆浸或原地浸出锗的生物冶金方法，提高锗资源利用率，是锗行业发展的必由之路；开发从硬锌、锗区熔尾料、锗油泥等含锗物料中高效提锗技术，是锗资源高效利用的重要保障；加快研制进度，实现锗单晶、四氯化锗、二氧化锗、锗合金等的规模化生产，拓展锗的应用领域，加速我国高纯锗探测器、光纤通信、太阳能电池等领域的产业化发展，是实现锗产品增值的重要途径。

1.3.8 稀土冶金

1.3.8.1 稀土生产、应用及资源概况

稀土作为一种重要的、不可再生的“三稀”金属矿产资源，包括17种元素，是改造传统工业、发展国防尖端技术不可或缺的关键元素，被誉为“现代工业维生素”“万能之土”和“21世纪新材料宝库”。2022年中国稀土产量为21万吨，约占全球总产量的61%。全球其他稀土矿产量大国依次为美国、缅甸、澳大利亚、泰国，2022年稀土矿产量分别为4.3万吨、2.6万吨、2.2万吨、0.8万吨，占比分别为15%、9%、8%、3%。2018—2022年中国稀土资源产量统计见表1-23。

表1-23 2018—2022年中国稀土资源产量统计

年份	2018年	2019年	2020年	2021年	2022年
产量/万吨	12	13.2	14	16.8	21

数据来源：USGS。

中国稀土资源丰富，类型较全，目前已在国内发现16种稀土元素形成的矿物或矿石（钷尚未发现天然矿物），共伴生矿床多，具备综合利用价值。主要的稀土矿物有氟碳铈（镧）矿、独居石等，开采的矿石经过冶炼、提纯后可制成氧化镨、氧化钕等稀土化合物，经进一步加工生产，可形成催化材料、永磁材料等。稀土主要应用在永磁材料、冶金/机械、石油石化等领域，其中永磁材料是稀土下游最大消费板块，2021年在消费结构中占比42%。

据USGS统计，全球稀土资源总量为12000万吨，主要分布在中国、越南、巴西、俄罗斯等国家。中国85%的稀土资源分布于内蒙古、江西、广东、四川、山东等地区，其中轻稀土主要分布于内蒙古白云鄂博稀土矿、山东微山湖稀土矿、四川冕宁耗牛坪稀土矿；中重稀土主要分布于南方地区，集中于江西、福建、广东、广西、湖南、云南。轻稀土矿大多可规模化工业性开采，但与其伴生的放射性元素（如钍）处理难度较大；重稀土矿赋存条件差、分布散、丰度低，规模化工业性开采难度较大。为了保持生态和材料的可持续发展，含稀土复杂难处理矿物、冶金渣及其他低品位的二次资源等成为提取稀土的主要原料[106-107]。

1.3.8.2 稀土冶金技术进展

稀土冶炼方法主要包括湿法、火法和生物冶金等。

A 湿法

采用湿法工艺分离与提纯稀土元素主要包括化学沉淀法、溶剂萃取法、离子交换法、萃取色层法和液膜分离法等，其优缺点对比见表1-24[108]。

表 1-24 稀土元素湿法分离提纯工艺比较

工艺技术	特征	优势	劣势
化学沉淀法	元素因溶解度不同，经结晶和沉淀分离	设备简单、操作容易、投资少	回收率低、分离效果差、药剂量大
溶剂萃取法	利用组分在有机溶剂中溶解度的差异分离	选择性好、处理量大、连续作业、产品纯度高	有些有机溶剂污染较大、成本高、能耗高
离子交换法	采用离子交换树脂吸附分离	分离效果好、产品纯度高、污染少	生产周期长、处理量小、成本高
萃取色层法	元素在固、液两相分配系数不同，实现分离	选择性好、效率高	萃取剂易脱落、柱负载量小、分离过程复杂
液膜分离法	经选择性透过膜将物质从低浓度向高浓度扩散	效率高、方法简便、节能	设备复杂，存在膜溶胀问题
萃取沉淀法（新工艺）	萃取沉淀剂定量萃取金属离子生成萃合物沉淀	无需挥发性有机溶剂作稀释剂，富集物沉淀尺寸大、分离速度快、溶解度低、循环使用	萃取沉淀剂合成困难

B 火法

火法制备稀土元素是利用高温提取金属或金属化合物的冶金过程，稀土金属及其合金的制备方法主要包括金属热还原法和熔盐电解法。金属热还原法包括钙热还原法和镧或铈热还原—蒸馏法。考虑到原材料、能源消耗等因素，针对每种稀土金属的特点，如重稀土金属 Y、Gd、Tb、Dy、Ho、Lu 的熔沸点高，常采用钙热还原法制备；钐类金属 Sm、Eu、Yb、Tm 的蒸气压高，通过镧或铈热还原—蒸馏法制备。轻稀土金属 La、Ce、Pr、Nd 的熔点较低，目前主要采用氟盐体系熔盐电解制备[109-111]。熔盐电解法和金属热还原法制得的稀土金属纯度为 95%～99.5%，不能满足新型功能材料的要求[112]，往往需要进一步提纯。

目前，稀土金属常用的提纯方法包括真空熔炼、真空蒸馏、区域熔炼、电子束熔炼、固态电迁移等。近几年，国内外学者将氢等离子体熔炼法、活泼金属除气法、固溶氢原子除气法等提纯方法引入稀土金属的提纯中，丰富和完善了稀土金属提纯手段。

真空熔炼法即在高于金属熔点及真空或负压惰性气氛下，使杂质从液态金属中挥发，实现杂质与稀土金属的分离，适用于除 Sm、Eu、Tm、Yb 以外的粗稀土金属的初步提纯，提纯后的稀土金属纯度可达 99.9%。真空蒸馏的除杂过程与真空熔炼相反，对饱和蒸气压较高的稀土金属，利用稀土金属与其所含杂质元素的蒸气压之间的显著差别，在高温高真空条件下进行加热使基体金属与杂质元素分离，除 La、Ce 外其他稀土金属的蒸馏可分为两类：（1）升华提纯：Sm、Eu、Yb 和 Tm；（2）蒸馏提纯：Sc、Dy、Ho、Er、Y、Pr、Nd、Gd、Tb 和 Lu，目前采用该方法已经制备出十余种 99.99%级高纯稀土金属[113]，部分金属的纯度达到 99.995%～99.999%。

区域熔炼利用杂质在基体金属固液相中溶解度的差异，使杂质在基体金属中重新分布，除 Sm、Eu、Tm 和 Yb 外其他所有稀土金属可去除与基体金属蒸气压相近的杂质，经区域熔炼后，杂质在料棒两端富集，切除端部后，可获得高纯度的稀土金属，稀土金属的纯度可达到99.99%以上。

电子束熔炼通过将高速电子的动能转化为热能，从而使金属在真空环境下熔化，其熔炼温度高，通常采用水冷铜坩埚，高熔点金属往往需要多次熔炼，从而提高其纯度[114]，适用于低蒸气压稀土金属La、Ce、Pr、Nd等，电子束熔炼具有一定的提纯效果，但熔炼过程中温度难以控制，会造成基体金属挥发，从而导致回收率降低。

固态电迁移即在直流电的作用下，金属中基质原子和杂质原子发生迁移的现象。当杂质原子的迁移速率大于基体原子，在基体金属中重新分布并向一端富集[115]，去除Sm、Eu、Tm和Yb外所有稀土金属中微量杂质，对间隙杂质尤其是氧杂质的去除效果显著，对于部分金属杂质也有一定的去除效果，但该方法对设备要求高、耗时长、提纯效率低、对原料的纯度要求高，仅限于实验室制备少量高纯的稀土金属，制得的稀土金属纯度可以达到99.99%。传统的提纯工艺并不适合产业化制备超低氧（质量分数在5×10^{-5}以下）的高纯稀土金属，通过外部驱动机制的引入，将活泼金属除气法、等离子体熔炼法和固溶氢原子除气法应用于稀土金属高纯化研究，成功将稀土金属的气态杂质质量分数限制在5×10^{-5}以下[116]。

C 生物冶金

生物冶金技术主要包括生物浸出、生物氧化、生物采矿等方面[117]，通常指矿石的细菌氧化或生物氧化，由自然界存在的微生物进行。这些微生物被称为适温细菌，靠黄铁矿、砷黄铁矿和其他金属硫化物如黄铜矿和铜铀云母为生，由于细菌的催化反应和氧化作用，借助浸矿细菌或其新陈代谢衍生物对某些矿物和元素所具有的氧化、还原、溶解及吸附等作用，从矿石中溶浸金属或从水中可回收金属[118]。微生物表面既含有疏水性官能团，又含有亲水性官能团，如活性聚合物（缩氨酸、类脂、氨基酸、蛋白质）等，使表面具有较高的负电性和较强的疏水性，直接附着在矿物表面，或与金属离子以离子键、配位键等与稀土离子发生交换、氧化还原或络合，从而浮选、富集分离稀土金属，对难处理资源的利用具有独到作用[119]，过程低/零排放、绿色环保、成本低、经济效益和环境效益高、前景广阔，但应用有局限性。

综上，稀土金属分离与提纯技术种类繁多且工艺复杂，在稀土金属的冶炼过程中，电解精炼不能很好地去除间隙杂质，温度控制较为困难；真空熔炼适用于稀土金属的大批量粗提纯，精提纯需要联合其他方法；真空蒸馏除去金属杂质的效果明显，但对于非金属杂质无明显效果；区域熔炼能实现稀土金属中杂质的“再分布”分离；熔盐萃取可有效地实现稀土金属脱氧；等离子体熔炼可制备难熔稀土金属材料。然而目前，提纯稀土金属没有单一的方法可以达到去除所有杂质的效果，一般是先去除大部分的金属杂质，再去除特定的一种或几种非金属杂质。稀土金属的蒸气压、熔点和反应活性决定了其所采用的提纯方法。

1.3.8.3 稀土冶金未来发展方向

开发新型高效分离提纯新技术和高纯稀土金属短流程制备技术，可拓展高纯稀土金属的应用领域，促进高纯稀土金属材料的高值化应用[120]。真空冶金技术作为一种绿色、高效的技术，在稀土金属提取、分离与提纯等方面具有广阔的应用前景，对实现我国稀土冶金行业的可持续发展具有非常重要的作用，在缩短稀土生产工艺流程、从源头上减少或消除环境污染、原料适应性强等方面具有不可替代的优势，可产生显著的经济效益、社会效益和环境效益，因此，未来还需加大技术研究开发及技术推广力度，使真空冶金技术发挥更大的作用。

参考文献

[1] 彭容秋. 铜冶金 [M]. 长沙：中南大学出版社，2004.
[2] 关效民. 浅谈冶金行业中火法炼铜的技术现状 [J]. 中国高新技术企业，2012 (18)：19-21.
[3] GEETHA S, MADHAVAN S. High performance concrete with copper slag for marine environment [J]. Materials Today: Proceedings, 2017, 4 (2): 3525-3533.
[4] SHARMA R, KHAN R A. Durability assessment of self compacting concrete incorporating copper slag as fine aggregates [J]. Construction and Building Materials, 2017, 155: 617-629.
[5] 杨佳棋，李立清，冯罗，等. 铜离子萃取剂的研究进展 [J]. 电镀与涂饰，2020, 39 (9)：577-585.
[6] 高仑. 锌与锌合金及应用 [M]. 北京：化学工业出版社，2011.
[7] 印建平，谭钢，杨云松. 中国铅锌资源储备现状及勘查开发对策探讨 [J]. 中国金属通报，2015 (12)：79-81.
[8] 华一新. 有色冶金概论 [M]. 北京：冶金工业出版社，2014.
[9] 王成彦，陈永强. 中国铅锌冶金技术状况及发展趋势：节能潜力 [J]. 有色金属科学与工程，2017, 8 (3)：1-6.
[10] 雷霆，陈利生，余宇楠. 锌冶金 [M]. 北京：冶金工业出版社，2013.
[11] 贾兆霖. 锌的冶炼与资源再生 [J]. 世界有色金属，2018 (14)：13-14.
[12] 魏昶，李存兄. 锌提取冶金学 [M]. 北京：冶金工业出版社，2013.
[13] 宋亚利，刘宝. 国内新建锌冶炼厂工艺应用现状 [J]. 化工设计通讯，2018, 44 (4)：239-240.
[14] 戴江洪，秦明晓. 赤铁矿除铁工艺在锌冶炼生产中的应用 [J]. 中国有色冶金，2020, 49 (2)：1-4.
[15] 梁况. 碳/锡基纳米复合材料的制备及其在锂离子电池负极中的应用 [D]. 合肥：中国科学技术大学，2019.
[16] 刘刚. 二氧化锡纳米材料的制备及其气敏性能研究 [D]. 上海：上海大学，2015.
[17] 王红彬. 锡冶炼技术发展现状及展望 [J]. 中国有色冶金，2017, 46 (1)：19-22.
[18] 邓兆磊，杨亚峰. 我国粗锡冶炼技术现状及发展前景 [J]. 中国有色冶金，2015, 44 (2)：34-38.
[19] 杨柳. 10000t/a 精锡冶炼石灰石-石膏烟气脱硫系统的生产实践及技术改造 [J]. 世界有色金属，2017 (24)：3-4.
[20] 刘大春，张博，熊恒，等. 粗锡精炼除铜中硫渣的处理工艺现状及展望 [J]. 矿产综合利用，2020：1-7.
[21] 邱定蕃，王成彦. 稀贵金属冶金新进展 [M]. 北京：冶金工业出版社，2019.
[22] 刘勇，陈芳斌，刘共元. 中国锑冶炼技术的现状与发展 [J]. 黄金，2018, 39 (5)：55~60.
[23] 王成彦，邵爽，马保中，等. 中国锑铋冶金现状及进展 [J]. 有色金属（冶炼部分），2019 (8)：11-17.
[24] 王志刚，王宇佳. 硫化锑精矿富氧侧吹熔池熔炼新工艺研究 [J]. 湖南有色金属，2015, 31 (6)：41-44.
[25] 徐康宁，陈永明，王岳俊，等. 辉锑矿铁源固硫还原熔炼直接炼锑 [J]. 中国有色金属学报，2017, 27 (5)：1061-1067.

[26] 靳冉公，王云，李云，等．碱性硫化钠浸出含锑金精矿过程中金锑行为［J］．有色金属（冶炼部分），2014（7）：38-41.
[27] 张永禄，王成彦，陈永强，等．高砷锑金精矿矿浆电解生产实践［J］．有色金属（冶炼部分），2014（11）：16-20.
[28] 罗英杰，王小烈，柳群义，等．中国锑资源产业发展形势及对策建议［J］．资源与产业，2016，18（1）：75-81.
[29] 董英，冯桂林．常用有色金属资源开发与加工［M］．北京：冶金工业出版社，2005.
[30] 董春明．2019年中国铝产品进出口大数据——铝产品出口量下降，拐点显现［J］．资源再生，2020（4）：22-26.
[31] 王红伟，马科友．铝冶金生产操作与控制［M］．北京：冶金工业出版社，2013.
[32] 张廷安，朱旺喜，吕国志．铝冶金技术［M］．北京：科学出版社，2014.
[33] 杨卉芃，张亮，冯安生，等．全球铝土矿资源概况及供需分析［J］．矿产保护与利用，2016（6）：64-70.
[34] 杨重愚．轻金属冶金学［M］．北京：冶金工业出版社，1991.
[35] 王捷．电解铝生产工艺与设备［M］．北京：冶金工业出版社，2006.
[36] 李秋霞，戴永年．低价氟化铝歧化分解提取铝的试验研究［J］．有色矿冶，2006（1）：29-31.
[37] 冯月斌，戴永年，王平艳．歧化法生产和精炼铝的研究概况［J］．轻金属，2009（3）：12-15.
[38] 傅大学，张廷安，豆志河，等．煅烧-还原一体化炼镁新技术研究进展［J］．材料与冶金学报，2017，16（2）：110-115.
[39] 倪培远，张廷安，豆志河，等．我国热还原法炼镁的现状与研究进展［J］．中国有色金属，2011（S2）：333-335.
[40] 李坚．轻稀贵金属冶金学［M］．北京：冶金工业出版社，2018.
[41] 文明，张廷安，豆志河，等．硅热法炼镁用白云石球团制备及煅烧工艺研究［J］．真空科学与技术学报，2014，34（11）：1242-1245.
[42] 郁青春，杨斌，马文会，等．氧化镁真空碳热还原行为研究［J］．真空科学与技术学报，2009，29（S1）：68-71.
[43] 李一夫，戴永年，杨斌，等．真空碳热还原菱镁矿制取金属镁的试验研究［J］．轻金属，2011（9）：48-53.
[44] 熊涛，陈禄政，谢美芳，等．某锂辉石矿 SLon 磁选机除铁提锂试验研究及应用［J］．非金属矿，2020，43（6）：67-69.
[45] 王祥坤．组合捕收剂在锂辉石浮选中的试验研究及机理探讨［D］．昆明：昆明理工大学，2014.
[46] 朱丽，顾汉念，杨永琼，等．黏土型锂矿资源提锂工艺研究进展［J］．轻金属，2020（12）：8-13.
[47] ZHANG Y，ZHANG J，WU L，et al. Extraction of lithium and aluminium from bauxite mine tailings by mixed acid treatment without roasting［J］. Journal of Hazardous Materials，2021，404：124044.
[48] 李超，王丽萍，郭昭华，等．粉煤灰中锂提取技术研究进展［J］．有色金属（冶炼部分），2018（4）：46-50.
[49] 黄江江，何利华，唐忠阳．类锂电池体系在盐湖提锂中的研究进展［J］．矿产保护与利用，2020，40（5）：1-9.
[50] 洪艳，沈化森，曲涛，等．钛冶金工艺研究进展［J］．稀有金属，2007（5）：694-700.
[51] 冶金工业部有色金属研究院广东分院．钛冶金分析实用方法［M］．广州：广东人民出版社，1974.
[52] 李亚军，张新彦．海绵钛的工艺技术现状及其发展趋势［J］．材料开发与应用，2013，28（1）：102-107.
[53] 韩明堂．氯化工艺的发展趋势［J］．钛工业进展，1995（5）：9-10.

[54] 王晓平 . 海绵钛生产工业现状及发展趋势 [J]. 钛工业进展，2011，28 (2)：8-13.

[55] 李兴华，文书明 . 国内外钛白及海绵钛主要原料产业现状及我国发展重点 [J]. 钛工业进展，2011，28 (3)：9-13.

[56] 王闯，张鹏博，郑玥竹，等 . 海绵钛发展现状及未来趋势分析 [J]. 中国金属通报，2022 (8)：1-3.

[57] YANG G，XU B，LEI X，et al. Preparation of porous titanium by direct in-situ reduction of titanium sesquioxide [J]. Vacuum，2018，157：453-457.

[58] LEI X，XU B，YANG G，et al. Direct calciothermic reduction of porous calcium titanate to porous titanium [J]. Materials Science & Engineering C-Materials for Biological Applications，2018，91：125-134.

[59] YANG G，XU B，WAN H，et al. Effect of $CaCl_2$ on microstructure of calciothermic reduction products of Ti_2O_3 to prepare porous titanium [J]. Metals，2018，8 (9)：698.

[60] 陈勇，李正祥，张建安，等 . Kroll 法生产海绵钛还原温度对产品结构的影响研究 [J]. 有色金属 (冶炼部分)，2014 (4)：29-32.

[61] 张健，吴贤 . 国内外海绵钛生产工艺现状 [J]. 钛工业进展，2006 (2)：7-14.

[62] 黎鼎鑫，王永录 . 贵金属提取与精炼 [M]. 长沙：中南大学出版社，2003.

[63] 张乐如 . 现代铅冶金 [M]. 长沙：中南大学出版社，2013.

[64] 宾万达，卢宜源 . 贵金属冶金学 [M]. 长沙：中南大学出版社，2011.

[65] XU B，YANG Y，LI Q，et al. Thiosulfate leaching of Au，Ag and Pd from a high Sn，Pb and Sb bearing decopperized anode slime [J]. Hydrometallurgy，2016，164：278-287.

[66] 刘伟锋 . 碱性氧化法处理铜/铅阳极泥的研究 [D]. 长沙：中南大学，2011.

[67] 李卫锋，张晓国，郭学益，等 . 阳极泥火法处理技术新进展 [J]. 稀有金属与硬质合金，2010，38 (3)：63-67.

[68] LIN D，QIU K. Removal of arsenic and antimony from anode slime by vacuum dynamic flash reduction [J]. Environmental Science & Technology，2011，45 (8)：3361-3366.

[69] 杜新玲，王光忠，王红伟 . 富氧底吹熔炼处理铅阳极泥的工艺革新与试验研究 [J]. 贵金属，2014，35 (2)：28-33.

[70] 王迎春 . 纳米银的制备及其应用的研究 [D]. 北京：中央民族大学，2013.

[71] 牟其勇 . 国内外锰、钴、锂的资源状况 [J]. 北京大学学报 (自然科学版)，2006 (S1)：51.

[72] 钱志博，孙志健，万丽，等 . 某富硫高砷尾矿回收金银浮选试验研究 [J]. 有色金属 (选矿部分)，2020 (6)：85-90.

[73] 张若然，陈其慎，柳群义，等 . 全球主要铂族金属需求预测及供需形势分析 [J]. 资源科学，2015，37 (5)：1018-1029.

[74] 郑玉荣，吴新年，罗晓玲，等 . 铂族金属汽车尾气净化催化剂研发及应用进展 [J]. 黄金科学技术，2014，22 (2)：70-76.

[75] 陈喜峰，彭润民 . 中国铂族金属资源形势分析及可持续发展对策探讨 [J]. 矿产综合利用，2007 (2)：27-30.

[76] 王永录 . 我国贵金属冶金工程技术的进展 [J]. 贵金属，2011，32 (4)：59-71.

[77] 贺小塘，郭俊梅，王欢，等 . 中国的铂族金属二次资源及其回收产业化实践 [J]. 贵金属，2013，34 (2)：82-89.

[78] 周令治，李少纯 . 稀散金属提取冶金 [M]. 北京：冶金工业出版社，2008.

[79] KILIC Y，KARTAL G，TIMUR S. An investigation of copper and selenium recovery from copper anode slimes [J]. International Journal of Mineral Processing，2013，124：75-82.

[80] XIAO L，WANG Y，YU Y，et al. Enhanced selective recovery of selenium from anode slime using MnO_2 in

dilute H_2SO_4 solution as oxidant [J]. Journal of Cleaner Production, 2018, 209: 494-504.
[81] 吴昊，李志成，顾珩，等. 高纯硒的纯化和制备 [J]. 材料研究与应用，2010，4 (4)：522-525.
[82] NIELSEN S, HERITAGE R J. A method for the purification of selenium [J]. Journal of the Electrochemical Society, 1959, 106 (1): 39.
[83] ZHA G, WANG Y, CHENG M, et al. Purification of crude selenium by vacuum distillation and analysis [J]. Journal of Materials Research and Technology, 2020, 9 (3): 2926-2933.
[84] ZHA G, KONG X, JIANG W, et al. Sustainable chemical reaction-free vacuum separation process to extract selenium from high-value-added hazardous selenium sludge [J]. Journal of Cleaner Production, 2020, 275: 124083.
[85] 刘爽，鲁力，柳德华，等. 我国稀有及稀散金属综合利用技术综述 [J]. 矿产综合利用，2013 (5)：10-12.
[86] HALPERT G, SREDNI B. The effect of the novel tellurium compound AS101 on autoimmune diseases [J]. Autoimmunity Reviews, 2014, 13 (12): 1230-1235.
[87] MANJARE S T, KIM Y, CHURCHILL D G. Selenium- and tellurium-containing fluorescent molecular probes for the detection of biologically important analytes [J]. Accounts of Chemical Research, 2014, 47 (10): 2985-2998.
[88] WANG S. Tellurium, its resourcefulness and recovery [J]. JOM, 2011, 63 (8): 93-96.
[89] 郑雅杰，孙召明. 铜阳极泥中回收碲及其新材料制备技术进展 [J]. 稀有金属，2011，35 (4)：593-599.
[90] GUO X, XU Z, LI D, et al. Recovery of tellurium from high tellurium-bearing materials by alkaline sulfide leaching followed by sodium sulfite precipitation [J]. Hydrometallurgy, 2017, 171: 355-361.
[91] PRASAD D S, MUNIRATHNAM N R, RAO J V. Purification of tellurium up to 5N by vacuum distillation [J]. Materials Letters, 2005, 59 (16): 2035-2038.
[92] ZHANG X, FRIEDRICH S, FRIEDRICH B. Production of high purity metals: A review on zone refining process [J]. Journal of Crystallization Process and Technology, 2018, 8 (1): 33-55.
[93] CURTOLO D C, FRIEDRICH S, BELLIN D, et al. Definition of a first process window for purification of aluminum via "cooled finger" crystallization technique [J]. Metals, 2017, 7 (9): 341.
[94] GALAZKA Z, IRMSCHER K, UECKER R, et al. On the bulk β-Ga_2O_3 single crystals grown by the czochralski method [J]. Journal of Crystal Growth, 2014, 404: 184-191.
[95] KONG X, YANG B, XIONG H, et al. Removal of impurities from crude lead with high impurities by vacuum distillation and its analysis [J]. Vacuum, 2014, 105: 17-20.
[96] 朱协彬，段学臣. 铟的应用现状及发展前景 [J]. 稀有金属与硬质合金，2008 (1)：51-55.
[97] 王树楷. 铟冶金 [M]. 北京：冶金工业出版社，2006.
[98] 丁希楼，杨鸿举，杨漫，等. 用溶剂萃取法从 ITO 膜蚀刻废液中回收金属铟的实验研究 [J]. 广东化工，2012，39 (15)：81-82.
[99] 陆挺. 中国铟镓锗产业链发展战略研究 [D]. 北京：中国地质大学（北京），2016.
[100] LEE W J, SHARP J, UMANA-MEMBRENO G A, et al. Investigation of crystallized germanium thin films and germanium/silicon heterojunction devices for optoelectronic applications [J]. Materials Science in Semiconductor Processing, 2015, 30: 413-419.
[101] SAMARELLI, FRIGERIO, SAKAT, et al. Fabrication of mid-infrared plasmonic antennas based on heavily doped germanium thin films [J]. Thin Solid Films, 2016, 602: 52-55.
[102] KRAJANGSANG T, INTHISANG S, DOUSSE A, et al. Band gap profiles of intrinsic amorphous silicon germanium films and their application to amorphous silicon germanium heterojunction solar cells [J].

Optical Materials, 2016, 51: 245-249.

[103] 李存国，周红星，王玲．火法提取煤中锗燃烧条件的实验研究［J］．煤炭转化，2008（1）：48-50.

[104] 周令治，李少纯．稀散金属提取冶金［M］．北京：冶金工业出版社，2008.

[105] 张丹琳．当前稀土资源现状与供需形势分析［J］．国土资源情报，2020（5）：37-41.

[106] 胡铁文，王丽明，曹钊，等．我国稀土资源冶炼分离技术研究进展［J］．矿产保护与利用，2020，40（2）：151-161.

[107] 卢勇．稀土资源提取分离技术研究进展［J］．四川有色金属，2019（3）：3-6.

[108] 郎晓川，于秀兰．我国混合稀土精矿处理方法的研究进展［J］．稀有金属与硬质合金，2009，37（3）：43-47.

[109] 冯宗玉，黄小卫，王猛，等．典型稀土资源提取分离过程的绿色化学进展及趋势［J］．稀有金属，2017，41（5）：604-612.

[110] 李吉刚，徐丽，李国玲，等．稀土金属提纯方法与研究进展［J］．稀有金属材料与工程，2018，47（5）：1648-1654.

[111] 刘玉宝，陈国华，于兵，等．稀土熔盐电解过程出金属技术研究进展［J］．稀土，2018，39（2）：134-140.

[112] 赵二雄，罗果萍，张先恒，等．高纯稀土金属制备方法及最新发展趋势［J］．金属功能材料，2019，26（3）：47-52.

[113] ZHANG X, WANG Z, CHEN D, et al. Preparation of high purity rare earth metals of samarium, ytterbium and thulium [J]. Rare Met. Mater. Eng., 2016, 45 (11): 2793-2797.

[114] 杨振飞．电子束熔炼提纯金属镧的研究［D］．北京：北京有色金属研究总院，2019.

[115] WASEDA Y, ISSHIKI M, JOHNSTON S. Purification process and characterisation of ultra high purity metals [J]. Materials Technology, 2002, 17 (3): 192-197.

[116] 傅凯，李栓，姜晓静，等．稀土金属脱除氧杂质的新技术及驱动机制研究进展［J］．工程科学学报，2018，40（11）：1300-1308.

[117] 魏嘉欣．生物冶金及其应用研究进展［J］．江西化工，2020（3）：48-53.

[118] 申丽，赵红波，邱冠周．低碳生物冶金技术进展［J］．中国矿业大学学报，2022，51（3）：419-433.

[119] 张欣月，张建刚，杜海军，等．微生物提取低品位稀土资源的研究进展［J］．中国有色冶金，2022，51（2）：71-75.

[120] 张小伟，苗睿瑛，周林，等．稀土金属提纯研究进展［J］．中国稀土学报，2022，40（3）：385-394.

2 真空蒸馏

2.1 概述

有色金属生产一般先产出粗金属，而后精炼成各种等级的产品。传统的精炼方法有火法、湿法、电解法等，这些方法通常在常压下进行。真空蒸馏是利用粗金属中各组元的蒸气压差，在低于大气压条件下优先使蒸气压高的物质蒸发，实现组元分离和物质提纯的冶金过程[1]。物质的饱和蒸气压与温度相关，当环境压力降低至相应温度下物质的蒸气压时，物质便开始沸腾蒸发。真空蒸馏应用于二元、多元合金的分离，以及粗金属的精炼提纯，具有流程短、无污染、金属回收率高等特点，在生产某些高纯金属或超纯金属时，真空冶金技术能发挥其他方法无法替代的作用而被广泛应用[2-3]。

2.2 真空蒸馏的基本原理

每种金属在特定温度范围下有一定的蒸气压和蒸气的分子结构，因此在温度不变的情况下，环境的气体压强对金属蒸发有显著的影响。当金属不是单体存在而是几种元素形成粗金属或合金时，各元素间的相互作用影响每一种金属的蒸发量，使这个蒸发量与纯金属的蒸发量不同；金属蒸气冷凝时各元素的凝聚也有不同情况。这些因素对粗金属或合金的真空蒸馏有直接的影响。

2.2.1 真空蒸馏热力学

2.2.1.1 纯金属蒸气压

特定条件下，各种物质的固态或液态均有变成气态的趋势，气态也同样有变成固态或液态的趋势。在某一特定温度下，某种物质的气态和其固态、液态之间会在某一特定的压强下达到动态平衡，即单位时间内由固态（或液态）转变为气态的分子数与由气态转变为固态（或液态）的分子数相等，此压强便是物质在该温度下的饱和蒸气压。

金属纯物质的饱和蒸气压 p^* 与温度呈非线性关系，由式（2-1）表示：

$$\lg p^* = AT^{-1} + B\lg T + CT + D \tag{2-1}$$

式中，A、B、C、D 为蒸发常数，见附表 1，一些手册中也可找到[4-6]。附表 2 列出了主要金属元素的饱和蒸气压随温度的变化数值。附表 3 列出了各种金属在不同压强下沸腾蒸发的温度。

2.2.1.2 分离系数

合金组元的蒸气压不同于它的纯物质蒸气压。合金中各个组分以不同的程度挥发，在蒸气中各占有一定分量。此分量在金属提纯时关系到主体金属的纯度，为了研究合金的分离程度，引入分离系数。

某成分 i 在蒸气中的含量用蒸气密度 ρ_i 表示，在粗金属或合金中，组分 i 的蒸气压为：

$$p_i = \gamma_i x_i p_i^* \tag{2-2}$$

式中，γ_i 为合金中组元 i 的活度系数；p_i^* 为元素饱和蒸气压，可通过式（2-1）获取。

在 A-B 二元合金体系中，比较气相中合金两组分 A 和 B 的含量时：

$$\frac{\rho_A}{\rho_B} = \frac{\gamma_A x_A p_A^* M_A}{\gamma_A x_B p_B^* M_B} \tag{2-3}$$

A-B 合金中含各组分的质量分数分别为 w_A 和 w_B，换算为摩尔分数 x_A 和 x_B，可得：

$$\frac{x_A}{x_B} = \frac{w_A \cdot M_B}{w_B \cdot M_A} \tag{2-4}$$

当气相和液相的分子结构相同时，可得：

$$\frac{\rho_A}{\rho_B} = \frac{w_A}{w_B} \cdot \frac{\gamma_A}{\gamma_B} \cdot \frac{p_A^*}{p_B^*} \tag{2-5}$$

令

$$\frac{\gamma_A}{\gamma_B} \cdot \frac{p_A^*}{p_B^*} = \beta_A \tag{2-6}$$

则得

$$\frac{\rho_A}{\rho_B} = \beta_A \frac{w_A}{w_B} \tag{2-7}$$

式（2-7）左边为两组分在气相中的比，右边为凝聚相中两组分量之比，β 为比例系数，为两相成分差异的判断标准，具体包括以下三种情况：

（1）当 $\beta_A>1$ 时，则式（2-7）成为：

$$\frac{\rho_A}{\rho_B} > \frac{w_A}{w_B} \tag{2-8}$$

即组分 A 在气相中多于在液相中，较多地集中在气相，蒸馏此种合金能分开 A 和 B。

（2）当 $\beta_A=1$ 时，则：

$$\frac{\rho_A}{\rho_B} = \frac{w_A}{w_B} \tag{2-9}$$

表明气相和液相的成分相同，此类合金不能用蒸馏的方法分开。

（3）当 $\beta_A<1$ 时，则：

$$\frac{\rho_A}{\rho_B} < \frac{w_A}{w_B} \tag{2-10}$$

组分 A 在气相中比液相少，A 富集在液相，真空蒸馏也可以将 A 和 B 分开。

还可以看到当 $\beta \ll 1$ 或 $\beta \gg 1$ 时，A、B 两组分能够很好地分离；当 β 接近于 1 时，虽不等于 1，由于分离程度不高，在蒸馏时需采取一些必要的措施才能实现两者的分离。β 是判断合金能否用蒸馏法分离及分离难易程度的标准，称为分离系数。

在分离系数的计算过程中，液相中各组元的活度系数不可或缺。在合金活度系数的众多文献数据中，仅有少数固定温度、部分浓度下的活度系数可供参考，计算分离系数时，假设活度系数不随温度改变，直接引用实验值，甚至假设活度系数为 1。实际上，活度系数受温度的影响较大，只有接近理想溶液的活度系数才可以近似取 1。然而，在有色金属合金体系中，大多数并非理想溶液，其活度系数远远偏离于 1，理论上是不合理的。为了更好地反映熔体实际情况，需要采用不同的模型估算实际温度下待求浓度的活度系数。

1964 年，Wilson 基于局部组成概念，将局部分子分数取代无热溶液的弗洛瑞-哈金斯（Flory-Huggins）式中的分子分数，采用了似晶格模型理论和胞腔理论的某些成果，提出 Wilson 方程[7]。Wilson 方程是当前应用较广的热力学模型，能够反映多数合金熔体中的实际相互作用行为。二元系活度系数的表达式如下：

$$\ln\gamma_1 = -\ln(x_1 + x_2A_{21}) + x_2\left(\frac{A_{21}}{x_1 + x_2A_{21}} + \frac{A_{12}}{x_2 + x_1A_{12}}\right) \tag{2-11}$$

$$\ln\gamma_2 = -\ln(x_2 + x_1A_{12}) + x_1\left(\frac{A_{12}}{x_2 + x_1A_{12}} + \frac{A_{21}}{x_1 + x_2A_{21}}\right) \tag{2-12}$$

Wilson 方程中二元系各组元的无限稀释活度系数表达式为：

$$\ln\gamma_1^\infty = -\ln A_{21} + (1 + A_{12}) \tag{2-13}$$

$$\ln\gamma_2^\infty = -\ln A_{12} + (1 + A_{21}) \tag{2-14}$$

不同温度下的参数转化关系如下：

$$A_{12} = \frac{V_2}{V_1}\exp\left(-\frac{\lambda_{12} - \lambda_{11}}{RT}\right) \qquad A_{21} = \frac{V_1}{V_2}\exp\left(-\frac{\lambda_{21} - \lambda_{22}}{RT}\right) \tag{2-15}$$

式中，R 为气体常数；T 为绝对温度；x_1、x_2 分别为组元 1 和 2 的摩尔分数；V_1、V_2 分别为对应温度下组元 1 和 2 的摩尔体积；A_{12}、A_{21} 为模型参数；λ_{ij} 为 i-j 原子对相互作用能，假设其不随温度的改变而改变。

若已知实验值，式（2-11）和式（2-12）可通过牛顿迭代法求解对应温度下的参数 A_{12} 和 A_{21}，由式（2-15）可求得任一温度下的参数，以此求得所需温度下的模型参数，代入式（2-11）和式（2-12），求解任一浓度下的活度系数。如果组元的无限稀释活度系数已知，可由式（2-13）和式（2-14）求得模型参数。

Wilson 方程不适用于部分混溶体系，也不适用于部分混溶体系的气液相平衡计算。在正偏差体系中效果较好，对强负偏差体系与正负偏差体系效果较差。

陶东平认为液态分子既不像气态分子那样完全无规则的运动，也不像固态分子那样只在晶格结点上做热振动，而是从液体中的一个胞腔到另一个胞腔不停地做非随机移动，提出了分子相互作用体积模型（MIVM）[8-9]。MIVM 建立在统计热力学和流体相平衡理论基础上，是一个具有较强物理意义的模型，更能反映出熔体组元间的相互作用。二元系活度系数的表达式如下：

$$\ln\gamma_1 = \ln\frac{V_{m1}}{x_1V_{m1} + x_2V_{m2}B_{21}} + x_2\left(\frac{V_{m2}B_{21}}{x_1V_{m1} + x_2V_{m2}B_{21}} - \frac{V_{m1}B_{12}}{x_2V_{m2} + x_1V_{m1}B_{12}}\right) - \frac{x_2^2}{2}\left[\frac{Z_1B_{21}^2\ln B_{21}}{(x_1 + x_2B_{21})^2} + \frac{Z_2B_{12}\ln B_{12}}{(x_2 + x_1B_{12})^2}\right] \tag{2-16}$$

$$\ln\gamma_2 = \ln\frac{V_{m2}}{x_2V_{m2} + x_1V_{m1}B_{12}} - x_1\left(\frac{V_{m2}B_{21}}{x_1V_{m1} + x_2V_{m2}B_{21}} - \frac{V_{m1}B_{12}}{x_2V_{m2} + x_1V_{m1}B_{12}}\right) - \frac{x_1^2}{2}\left[\frac{Z_2B_{12}^2\ln B_{12}}{(x_2 + x_1B_{12})^2} + \frac{Z_1B_{21}\ln B_{21}}{(x_1 + x_2B_{21})^2}\right] \tag{2-17}$$

MIVM 中二元系各组元的无限稀活度系数表达式为：

$$\ln\gamma_1^{\infty} = 1 - \ln\frac{V_{m2}B_{21}}{V_{m1}} - \frac{V_{m1}B_{12}}{V_{m2}} - \frac{1}{2}(Z_1\ln B_{21} + Z_2B_{12}\ln B_{12}) \tag{2-18}$$

$$\ln\gamma_2^{\infty} = 1 - \ln\frac{V_{m1}B_{12}}{V_{m2}} - \frac{V_{m2}B_{21}}{V_{m1}} - \frac{1}{2}(Z_2\ln B_{12} + Z_1B_{21}\ln B_{21}) \tag{2-19}$$

不同温度下的参数转化关系如下：

$$B'_{12} = \exp\left(-\frac{T}{T'}B_{12}\right) \qquad B'_{21} = \exp\left(-\frac{T}{T'}B_{21}\right) \tag{2-20}$$

式中，T 为理想气体的绝对温度；x_1、x_2 为组元 1、2 的摩尔分数；V_{m1}、V_{m2} 为组元 1 和 2 在待求体系温度下的摩尔体积；B_{12}、B_{21} 为分子对位能相互作用参数。

进一步推广到多元混合物，在多元熔体中任意组元 i 的活度系数可表示为：

$$\ln\gamma_i = 1 + \ln\frac{V_{mi}}{\sum_{j=1}^{n}x_jV_{mj}B_{ji}} - \sum_{k=1}^{n}\frac{x_kV_{mi}B_{ik}}{\sum_{j=1}^{n}x_jV_{mj}B_{jk}} - \frac{1}{2}\left[\frac{Z_i\sum_{j=1}^{n}x_jB_{ji}\ln B_{ji}}{\sum_{k=1}^{n}x_kB_{ki}} + \sum_{j=1}^{n}\frac{Z_jx_jB_{ij}}{\sum_{k=1}^{n}x_kB_{kj}}\cdot\left(\ln B_{ij} - \frac{\sum_{i=1}^{n}x_iB_{ij}\ln B_{ij}}{\sum_{k=1}^{n}x_kB_{kj}}\right)\right] \tag{2-21}$$

以 Pb-Sn 合金为例，用 MIVM 对 1300K 的实验值[10]进行拟合，得到模型参数，然后对 950K、850K 和 750K 下的活度系数进行预测，结果见表 2-1。

表 2-1　不同温度下 Pb-Sn 合金分活度系数的拟合值和预测值比较

温度/K	x_{Sn}	0.0	0.1	0.2	0.3	0.4	0.5	0.6	0.7	0.8	0.9	1.0
1300	$\gamma_{Pb\,exp}$	1.000	1.004	1.017	1.043	1.083	1.144	1.229	1.349	1.513	1.741	2.057
	$\gamma_{Sn\,exp}$	1.710	1.591	1.478	1.373	1.279	1.198	1.129	1.074	1.034	1.009	1.000
1050	$\gamma_{Pb\,pre}$	1.000	1.004	1.018	1.044	1.084	1.143	1.226	1.343	1.505	1.735	2.064
	$\gamma_{Sn\,pre}$	1.721	1.560	1.472	1.367	1.275	1.195	1.128	1.075	1.035	1.009	1.000
950	$\gamma_{Pb\,pre}$	1.000	1.004	1.017	1.041	1.079	1.133	1.209	1.313	1.456	1.654	1.930
	$\gamma_{Sn\,pre}$	1.658	1.537	1.429	1.333	1.248	1.176	1.115	1.067	1.031	1.008	1.000
850	$\gamma_{Pb\,pre}$	1.000	1.004	1.016	1.038	1.073	1.122	1.190	1.282	1.407	1.575	1.803
	$\gamma_{Sn\,pre}$	1.593	1.483	1.385	1.298	1.222	1.157	1.103	1.059	1.027	1.007	1.000
750	$\gamma_{Pb\,pre}$	1.000	1.004	1.015	1.035	1.066	1.110	1.170	1.251	1.357	1.497	1.684
	$\gamma_{Sn\,pre}$	1.526	1.428	1.340	1.263	1.195	1.138	1.090	1.052	1.024	1.006	1.000

由表 2-1 可以看出，MIVM 在 1050K 时对实验值的拟合效果是非常好的，计算标准偏差仅为 0.0011。在此基础上预测了不同温度下 Pb-Sn 合金中 Pb 的分离系数，如图 2-1 所示。

从图 2-1 可看出，Pb-Sn 合金中 Pb 的分离系数远远大于 1，表明采用真空蒸馏分离 Pb-Sn 合金是可行的。

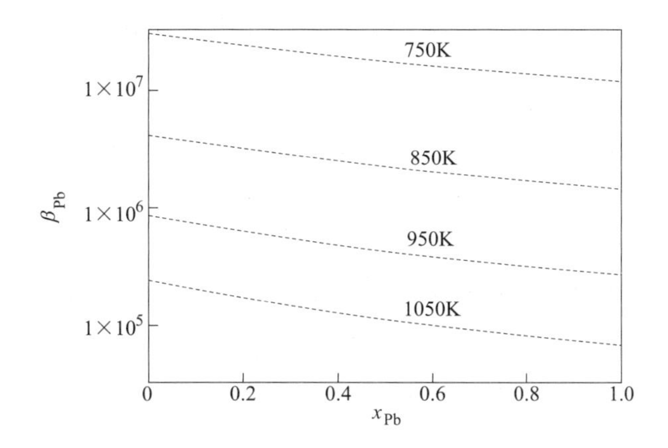

图 2-1 不同温度下 Pb-Sn 合金的分离系数

2.2.1.3 合金体系气-液相平衡

气-液相平衡成分图（x-y 图）能定量预测不同温度条件下真空蒸馏合金气相和液相的平衡成分，但难以表示温度与压力梯度变化对组成的影响。工业生产的温度梯度和压力梯度变化较多，仅仅依赖少数的几个温度与压力变化很难描述整个过程。另一种更实用的成分预测方法是建立气-液相平衡状态图，这是一种连续变化的相图，可实现定量分析合金组元在气-液相间平衡成分与温度和压力的关系。气-液相平衡状态就是当两相在相间接触的时候发生能量和物质的交换，直到各相的压力、温度和组成等不再发生变化的状态。目前在冶金过程最常用的气-液平衡计算方法是活度系数法。当前，气-液相平衡状态图以 T-$x(y)$ 和 p-$x(y)$ 研究居多。T-$x(y)$ 相图可以预测气相产物和液相产物的总质量。而通过 p-$x(y)$ 相图可在蒸馏温度确定的情况下，预测出气液分离所需提供的真空度范围，根据所需蒸馏产品的具体成分含量确定体系在该温度范围下所需的最佳真空度。

二元合金体系达到气-液相平衡的热力学条件数学表达式见式（2-22）：

$$py_i = p_i^* \gamma_i x_i \tag{2-22}$$

式中，p 为系统压力；p_i^* 为组元 i 在温度 T 时的饱和蒸气压；γ_i 为组元 i 在液相中的活度系数；x_i、y_i 分别为组元 i 在液相和气相中的摩尔分数。

对于二元合金体系 i-j：

$$x_i + x_j = 1; \quad y_i + y_j = 1 \tag{2-23}$$

$$p = p_i^* \gamma_i x_i + p_j^* \gamma_j x_j = p_i^* \gamma_i x_i + p_j^* \gamma_j (1 - x_i) \tag{2-24}$$

联立式（2-23）和式（2-24），可得到组元 i 在液相和气相中的摩尔分数 x_i 和 y_i 的表达式：

$$x_i = \frac{p - p_j^* \gamma_j}{p_i^* \gamma_i - p_j^* \gamma_j} \tag{2-25}$$

$$y_i = \frac{p_i^* \gamma_i x_i}{p} \tag{2-26}$$

T-$x(y)$ 相图的计算是已知 p 和 x_i，求解 T 和 y_i。从式（2-26）可知，计算 T-$x(y)$ 相图时，首先需获得 γ_i 和 p_i^*，与温度 T 有关，但 T 是待求量，因此需要采用迭代法进行计算。上述计算通常借助计算机编程完成，常用的软件有 Matlab、VB 等。三元合金体系气-液平衡相图的计算与上述类似，这里不再赘述，只是三元相图需用三角坐标表示。

2.2.2 真空蒸馏动力学

金属蒸发后在适当的位置凝结。凝结成液态还是固态，固态是块状还是粉状，凝结是否完全，气体中的几种成分是否有可能在冷凝时分开，都是冶金过程中需要注意的问题，要在作业中控制一定的条件来完成。

金属气体的冷凝可由图 2-2 所示的物质三态平衡图来分析。图 2-2 中，在 *AOB* 右侧为气相，*COB* 右上的是液相，*AOC* 左边是固相。

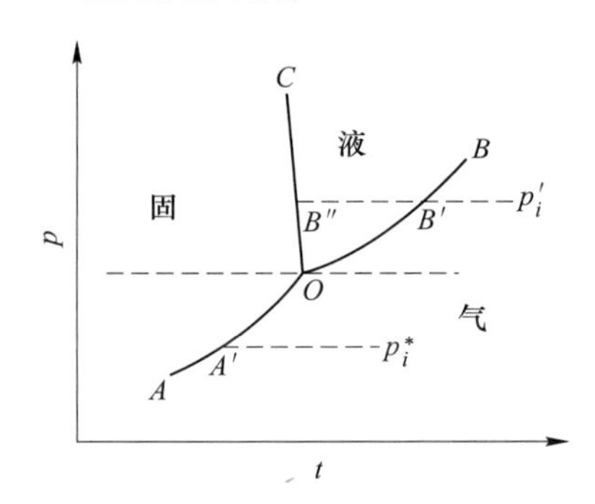

图 2-2 物质三态间的关系

若 p_i' 点代表一种待冷的气体，它有一定的压强和温度，即 p_i' 点的坐标位置是 (p', t')。它进入冷凝过程开始时降温而保持压强不变，降至 B'点饱和。再降温则过饱和沿虚线进入液相区，气态金属冷凝成为液态。剩余的气体大致沿 $B'O$ 线变化（温度和压强都降低）至 O 点出现固相。

速冷条件下，使 p_i' 的气体迅速冷至 B''点，甚至达到 B''点左边，则冷凝的物质成为固体，而非液体。可以控制冷却速度使固体成为块状（在一定的冷凝面上凝结）或成为粉状。

再一种情况是开始的金属气体的压强在 p_0以下（即三相点的压强以下），如 p_i^*，降温冷却至 A'点饱和，至 A'点左边则冷凝成为固体，而不会成为液体。

三相点的温度是在一般条件下冷凝成液体或固体的界限。三相点的蒸气压表示冷凝成固体的量，此压强下的金属气体不会冷凝成液体。

冷凝介质及其表面性质对金属蒸气的凝结也有较大的影响，金属蒸气一般都在冷凝器的表面上凝结。这个表面的物质与金属气体分子的引力大小自然造成凝结的难易程度有关，称为“润湿性”的现象。

冷凝介质的表面大小决定金属蒸气能接触到冷凝表面的可能性，表面越大，可能性越大。

冷凝面与蒸发面的距离要适宜。冷凝成为液体时，这个距离可以小，以便蒸气分子容易扩散到冷凝面上，如果距离大，气体分子飞行远，特别对相对分子质量大的金属，扩散较困难，会形成冷凝过程的阻力。

当产出粉状冷凝物时，金属蒸气就要进入较大的空间，蒸发面与冷凝面的距离要大，让它在空中冷却、成核、凝结、落下，成为粉状凝结物，得到及时、充分的冷却，以免结块。

生产高纯度、高熔点金属，在真空中金属蒸气冷凝时，除了金属蒸气分子碰撞到冷凝面上之外，真空中残余气体分子也碰撞上去。于是金属冷凝物就包裹了残余气体分子，形成了金属中的杂质。

粗金属或合金蒸馏时，共同存在的几种金属元素或多或少有些蒸发，金属蒸气冷凝时又可控制不同的温度进行分级冷凝，使金属又有所提纯、分离。这是基于各种金属蒸气冷凝的温度不同，冷凝器内分作几个隔断就是实现的一种方法，各个隔断的温度略有所差异，让高沸点物质在温度较高的隔断中凝结，气体再到较低温的隔断中凝结。

2.3 真空蒸馏技术的应用

2.3.1 锡合金的真空蒸馏

锡基合金中常见的杂质有铁、铜、砷、锑、铅、铋等，它们对锡的性质影响较大，因此锡锭国标 GB/T 728—2020 对锡中各类杂质成分有明确的要求[11]，见表 2-2。

表 2-2 锡锭化学成分

牌号			Sn99.90		Sn99.95		Sn99.99
级别			A	AA	A	AA	A
化学成分（质量分数）/%	Sn		≥99.90	≥99.90	≥99.95	≥99.95	≥99.99
	杂质	As	≤0.0080	≤0.0080	≤0.0030	≤0.0030	≤0.0005
		Fe	≤0.0070	≤0.0070	≤0.0040	≤0.0040	≤0.0020
		Cu	≤0.0080	≤0.0080	≤0.0040	≤0.0040	≤0.0005
		Pb	≤0.0250	≤0.0100	≤0.0200	≤0.0100	≤0.0035
		Bi	≤0.0200	≤0.0200	≤0.0060	≤0.0060	≤0.0025
		Sb	≤0.0200	≤0.0200	≤0.0140	≤0.0140	≤0.0015
		Cd	≤0.0008	≤0.0008	≤0.0005	≤0.0005	≤0.0003
		Zn	≤0.0010	≤0.0010	≤0.0008	≤0.0008	≤0.0003
		Al	≤0.0010	≤0.0010	≤0.0008	≤0.0008	≤0.0005
		S	≤0.0010	≤0.0010	≤0.0010	≤0.0010	—
		Ag	≤0.0050	≤0.0050	≤0.0005	≤0.0005	≤0.0005
		Ni+Co	≤0.0050	≤0.0050	≤0.0050	≤0.0050	≤0.0006

注：1. 锡含量为 100%减去表中杂质实测总和的余量；
2. 对化学成分有特殊要求，由供需双方协商确定。

锡的生产和消费过程中会产生大量的含锡合金物料。常见的锡基合金有：锡铅合金、锡铅锑合金、锡铅锑砷合金。针对这些锡基合金，国内冶金工作者开展了“真空挥发—分级冷凝”分离复杂锡合金并提纯金属锡的研究工作和工业实践，解决了锡与铅、铋、锑、砷等元素清洁高效分离的难题。

2.3.1.1 锡铅合金真空蒸馏

锡铅合金主要有两大来源：（1）在粗锡精炼工序中，粗锡经结晶机除铅、铋在槽头得到精锡，在槽尾得到锡铅合金，工厂中俗称为“焊锡”，还有铋、银、铟等元素在焊锡中富集；（2）电子废弃物回收过程中废焊料被熔化富集，得到一种富含金、银的锡铅合金。自 20 世纪 50 年代开始，昆明工学院（现昆明理工大学）戴永年开始研究锡铅合金真空蒸馏分离技术，成功研发锡铅合金真空蒸馏内热式多级连续真空炉。该技术具有清洁、高效等优点，迅速取代氯化法、电解法，成为全球锡冶炼厂锡铅合金分离的标准生产工序[12]。

A　锡铅合金气-液平衡相图

气-液平衡理论结合 MIVM 计算得到的 10Pa、100Pa 条件下锡铅二元合金体系的 T-$x(y)$ 相图如图 2-3 所示。在 1073K、1273K、1473K 条件下锡铅二元合金体系的 p-$x(y)$ 相图如图 2-4 所示。

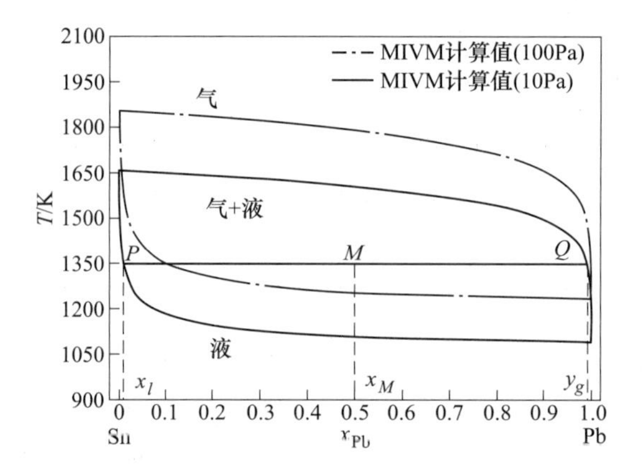

图 2-3　10Pa、100Pa 条件下锡铅体系的 T-$x(y)$ 相图

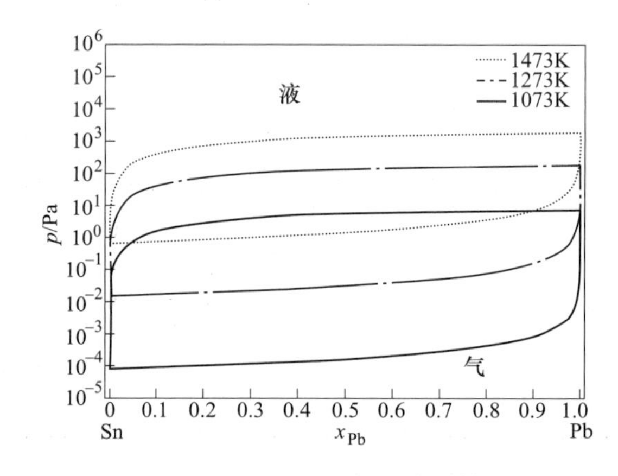

图 2-4　1073K、1273K 和 1473K 下锡铅合金体系的 p-$x(y)$ 相图

由图 2-3 和图 2-4 可知，在 1200～1400K 温度范围内对锡铅合金进行真空蒸馏，锡在液相富集，铅挥发进入气相，两者可实现较好的分离效果。例如，在 1350K、10Pa 条件下，可分别在液相和气相获得纯度大于 99%的锡和铅。

B　百克级实验

基于真空蒸馏理论研究结果，开展了锡铅合金百克级真空蒸馏实验。实验原料采用三种不同的锡铅合金物料，铅含量在 4%～76%范围内波动，锡铅含量总和在 97%以上。三种物料基本可以作为全成分范围锡铅合金的典型样本，具体成分见表 2-3。

表 2-3 三种不同锡铅合金化学成分 (%)

成分	Sn	Pb	Sb	Cu	Bi	As	Ag	其他
物料一	23.2	76.3	0.33	0.008	0.091	0	0.021	0.05
物料二	92.9	4.1	0.017	0.87	0.01	0.005	2.05	0.048
物料三	62	37.4	0.069	0	0.037	0	0.0361	0.4579

实验考察了蒸馏温度（900～1200℃）、蒸馏时间（20～80min）及料层厚度（用物料质量表征（170～220g））对分离效果的影响。

物料一铅含量高，通过低温蒸馏使残留物中铅含量下降到4%左右，即可与物料二混合做进一步的分离提纯，同时尽可能得到锡含量较低的挥发物。经实验研究，在蒸馏温度950℃，蒸馏时间40min条件下，可得到含铅3.31%的残留物，含铅99.74%、锡0.26%的挥发物。

物料二锡含量高，通过高温蒸馏使残留物中铅含量下降到0.01%以下，达到锡锭GB/T 728—2020中Sn99.95AA的要求限值。经实验研究，在蒸馏温度1100℃，蒸馏时间60min的条件下，可得到含铅0.0059%的残留物。由于温度较高，在铅挥发的同时，锡也大量挥发，导致挥发物中锡含量急剧升高，达到24.60%。

针对含铅37.4%的物料三，考察一次高温蒸馏能否使铅含量达到锡锭GB/T 728—2020中Sn99.95AA的要求。经实验研究，在蒸馏温度1100℃、蒸馏时间80min的条件下，可直接将残留物中铅含量降至0.0094%。

综上，通过真空蒸馏可以实现全成分范围锡铅合金中铅的深度脱除。

C 半工业实验

利用某公司提供不同成分的锡铅合金作真空蒸馏半工业实验原料[13]。根据铅、锡含量的不同，将原料分为高铅物料和高锡物料，两种原料中锡铅组元含量在97%以上，因此两种物料均可近似看作锡铅二元合金，具体原料成分见表2-4。

表 2-4 物料成分 (%)

成分	Sn	Pb	Sb	Cu	Ni	Bi	Al	Fe	Ag
高铅物料	21.84	77.99	0.0386	0.0066	0.0008	0.1141	0.0003	0.0013	0.0124
高锡物料	85.68	12.21	0.3384	0.846	0.0124	0.0732	0.0169	0.00780	0.8078

实验设定工艺流程如图2-5所示。锡铅合金经一次真空蒸馏得到含铅量小于7%的一次真空锡，同时确保粗铅中锡含量低于2%；对一次真空锡进行二次真空蒸馏，得到含铅量小于0.05%的二次真空锡，挥发产生的锡铅合金与原料混合后返回流程处理；再对二次真空锡进行三次真空蒸馏，确保得到含铅量小于0.005%的锡产品，挥发产生的锡铅合金与原料混合后返回流程处理。

首先对高铅物料进行真空蒸馏实验，考察含铅高于50%的锡铅合金经过一次真空蒸馏，锡中含铅量降低情况。一次真空蒸馏探索合适的蒸馏温度，为连续三次真空蒸馏制取合格锡提供工艺参数。实验以200kg/h为进料速度，真空度为0.1Pa，进行950℃和1050℃两种不同蒸馏温度的高铅物料连续真空蒸馏实验[14]，实验数据见表2-5。

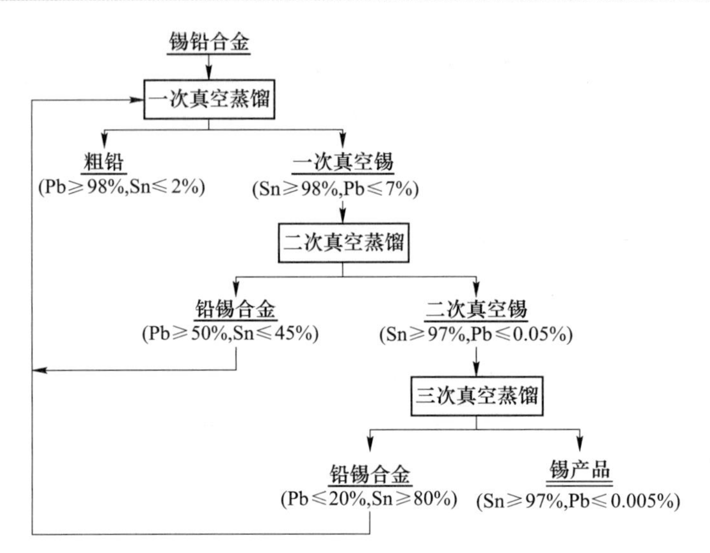

图 2-5　锡铅合金真空蒸馏工艺流程

表 2-5　真空蒸馏高铅物料实验数据

进料总量/kg	蒸馏温度/℃	产物质量/kg			能耗/kW·h·t^{-1}
		粗锡	粗铅	浮渣	
9500	950	2326	7080	83	381
9500	1050	2158	7239	76	388

不同蒸馏温度得到粗锡化学成分见表 2-6，随着温度的升高残留物中铅含量迅速降低，而锡含量得以升高。在 950℃的情况下，铅含量为 11.43%，高于铅含量 7%的目标值，在 1050℃的情况下铅含量降低至 4.99%。在 950℃和 1050℃的情况下，得到的挥发物粗铅质量基本一致，且纯度都较高，铅含量达到 99.8%，见表 2-7。

表 2-6　残留物粗锡化学成分

温度/℃	化学成分/%		
	Sn	Pb	其他
950	88.19	11.43	0.038
1050	94.70	4.99	0.31

表 2-7　挥发物粗铅化学成分

温度/℃	化学成分/%		
	Sn	Pb	其他
950	0.14	99.83	0.03
1050	0.14	99.80	0.06

对比表 2-8 和表 2-9，在 950℃时锡直收率、金属总回收率和能耗水平略为优于 1050℃时水平。而两种温度下，锡直收率均超过 98%，金属回收率都在 99%以上，同时处理量都为 4.8t/d，能耗水平在 380~390kW·h/t 区间，并无显著变化。

表 2-8 高铅物料在 950℃下真空蒸馏物料和金属平衡

项目		物料质量	金属质量		
			锡	铅	其他
投入/kg	原料	9500	2074.80	7409.05	16.15
	合计	9500	2074.80	7409.05	16.15
产出/kg	粗锡	2326	2051.30	265.86	8.84
	粗铅	7080	9.91	7067.96	2.12
	浮渣	83	17.14	65.16	0.71
	合计	9489.0	2078.4	7399.0	11.67
直收率/%			98.87	95.40	
金属回收率/%		99.88			

表 2-9 高铅物料在 1050℃下真空蒸馏物料和金属平衡

项目		物料质量	金属质量		
			锡	铅	其他
投入/kg	原料	9500	2074.80	7409.05	16.15
	合计	9500	2074.80	7409.05	16.15
产出/kg	粗锡	2158	2043.63	107.68	6.91
	粗铅	7239	10.13	7224.52	4.20
	浮渣	76	15.81	60.12	0.08
	合计	9473.0	2069.6	7392.32	11.18
直收率/%			98.50	97.51	
金属回收率/%		99.72			

对高锡物料进行三次真空蒸馏实验，将第一次真空蒸馏温度提高至 1150℃，进料速度为 200kg/h，第二次真空蒸馏和第三次真空蒸馏温度定为 1250℃，进料速度为 150kg/h，实验条件及产物见表 2-10[14]。

表 2-10 高锡物料真空蒸馏的实验条件及产物

蒸馏次数	进料总量/kg	蒸馏温度/℃	产物质量/kg			能耗/kW·h·t^{-1}
			粗锡	粗铅	浮渣	
一次蒸馏	9650	1150	8455	1104	79.8	342
二次蒸馏	8455	1250	8290	140.5	13.5	415
三次蒸馏	8290	1250	8260	6.9	16.8	402

表 2-11 和表 2-12 为三次真空蒸馏得到的粗锡成分、第三次真空蒸馏物料和金属平衡。此实验对于铅含量 12.21%的物料进行了三次不同温度连续真空蒸馏，实验发现，随着蒸馏次数的增加残留物中铅含量持续下降，三次蒸馏后降至 0.003%，含铅量低于锡锭 GB/T 728—2020 中 Sn99.99A 的要求限值。第二次和第三次真空蒸馏对残留物中铅含量的影响不大，挥发物中锡含

量迅速上升。整个工艺流程锡的直收率为97.71%，金属总回收率为99.67%。

表2-11　高锡物料三次真空蒸馏的粗锡成分　　(%)

成分	Sn	Pb	其他
一次真空锡	96.72	0.96	2.32
二次真空锡	97.77	0.02	2.21
锡产品	97.81	0.003	2.19

表2-12　高锡物料在1250℃下第三次真空蒸馏物料和金属平衡

项目		质量	金属质量		
			锡	铅	其他
投入/kg	原料	8290	8105.1	1.66	183.21
	合计	8290	8105.1	1.66	183.21
产出/kg	锡产品	8260	8079.1	0.25	180.65
	铅锡合金	6.90	5.60	1.29	0.01
	浮渣	16.8	16.36	0.01	0.42
	合计	8283.7	8101.1	1.6	181.08
直收率/%			99.68	77.82	
金属回收率/%		99.92			

D　锡铅合金真空蒸馏应用企业技术经济指标

该技术在国内所有锡冶炼厂应用，向国外输出十余条生产线，代表性企业技术经济指标见表2-13。

表2-13　锡铅合金真空蒸馏主要技术经济指标

指标	国内A厂	国内B厂
原料成分/%	Sn 81.05、Pb 18.95	Sn 79.55~89.22、Pb 7.58~15.01
锡产品成分/%	Sn 99.984、Pb 0.0027	Sn 99.45~99.76、Pb 0.0021~0.78
金属回收率/%	99.92	99.91
锡直收率/%	93.6	85.53
渣率/%	1.53	1.58
电耗/$kW \cdot h \cdot t^{-1}$	270	182.24
生产能力/$t \cdot (台 \cdot d)^{-1}$	40	45~46

2.3.1.2　锡铅锑合金真空蒸馏

锡铅锑合金是锡冶炼与回收过程中常见的合金物料，其来源主要为：含铅锑粗锡经真空精炼，挥发物中形成锡铅锑合金；粗锡电解过程中的锡、铅、锑及贵金属富集于阳极泥中，经还原熔炼后得到富含贵金属的锡铅锑合金；废旧轴承合金作为二次资源回收处理时产生的锡铅锑合金。传统的锡铅锑合金处理方法有结晶法、电解法、造渣法等。但上述方法通常只能针对单一特定杂质（铅或者锑）进行分离，如果杂质含量过高，则以上方法无法进行处理。

A 锡铅锑合金气-液平衡相图

结合 MIVM 与气-液相平衡理论，计算出锡铅锑合金气-液相平衡并与真空蒸馏实验结果对比。如图 2-6 所示，预测值与实验值吻合[15-16]。

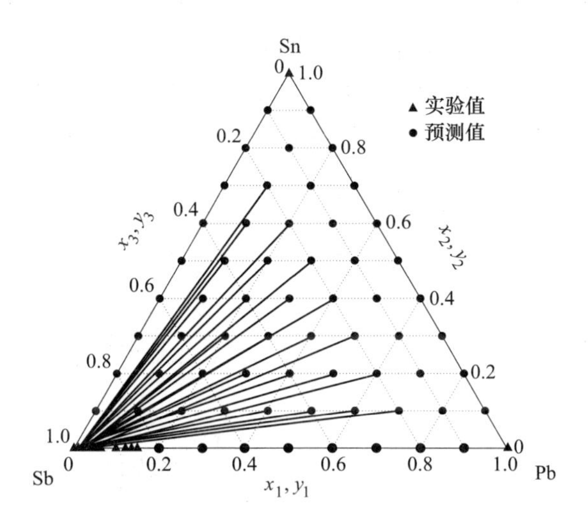

图 2-6 5~10Pa 条件下锡铅锑合金气-液平衡相图

图 2-6 表明，不论液相成分如何，气相中锑含量都很高，铅、锡含量很低，表明真空蒸馏过程中，锑和铅挥发进入气相，锡残留在液相。

B 百克级实验

基于真空蒸馏理论研究结果，李一夫等人开展了锡铅锑合金百克级真空蒸馏实验[14]。实验原料由中国某锡冶炼厂提供，化学成分见表 2-14。该实验采用正交实验法设计三因素（温度、时间、料层厚度）五水平（温度按 900~1300℃ 以 100℃ 为梯度，时间按 15~55min 以 10min 为梯度，料层厚度按 60~140g 以 20g 为梯度）正交实验，考察蒸馏温度、蒸馏时间及料层厚度对高锑锡铅锑合金分离效果的影响。

表 2-14 锡铅锑合金化学成分

元素	Sn	Pb	Sb	其他
含量/%	27.86	43.04	26.07	3.03

结果表明，蒸馏温度低有利于提高锡直收率，升高蒸馏温度有利于提高残留物的纯度，但残留物中锡含量不随蒸馏温度的升高而线性升高，当达到较高的蒸馏温度后，残留物中锡含量有可能下降，综合考虑残留物的各项指标，以残留物中锡含量最高为最优先标准，其次是锡直收率，对应的控制条件为温度 1200℃、物料质量 120g、蒸馏时间 25min。此条件下锡含量达到 99.84%。

C 工业实验

基于百克级实验结果，开展了锡铅锑合金工业实验。实验原料为某公司提供实验用锡铅锑合金原料，物料中锡、铅、锑元素总含量为 94.83%，可近似看作锡铅锑合金，开展工业实验。合金成分见表 2-15。

表 2-15　锡铅锑合金化学成分

元素	Sn	Pb	Sb	其他
含量/%	18.87	61.7	14.26	5.17

锡铅锑合金经一次真空蒸馏，确保得到含锡量大于 90%、含铅量不大于 2%、含锑量小于 6%的一次粗锡和含锡小于 2%的粗铅；再将一次真空蒸馏出来的一次粗锡进行二次真空蒸馏，确保得到含铅量不大于 0.02%、含锑量小于 1%的二次粗锡。实验设定工艺流程如图 2-7 所示。

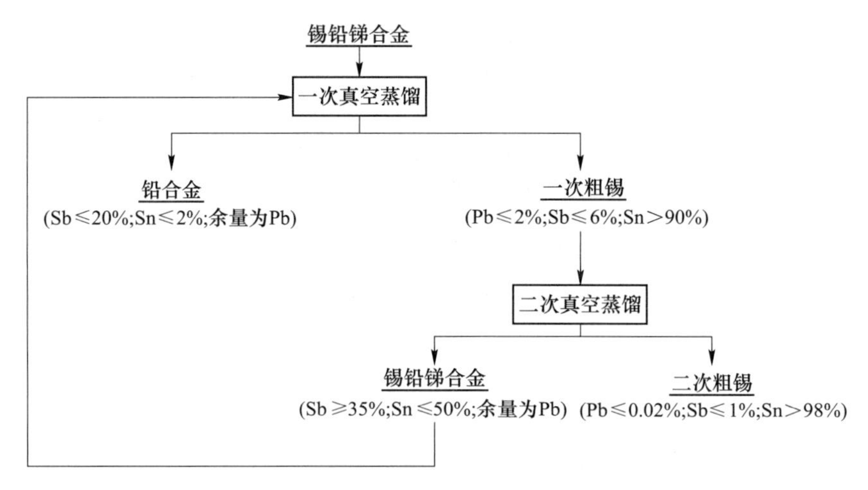

图 2-7　真空蒸馏处理锡铅锑合金物料的工艺流程

控制系统压力为 5Pa，一次真空蒸馏温度 1200℃，二次真空蒸馏温度 1300℃，对锡铅锑合金进行连续真空蒸馏。实验考察各元素分布情况并验证工艺流程可行性。一次真空蒸馏实验数据及物料和金属平衡见表 2-16 和表 2-17。

表 2-16　锡铅锑合金一次真空蒸馏的实验数据

蒸馏次数	进料总数/kg	蒸馏温度/℃	产物质量/kg		能耗 /kW·h·t^{-1}
			粗锡	粗铅	
一次蒸馏	20000	1200	3734	16152	≤500
二次蒸馏	3734	1300	3322	410	≤300

表 2-17　锡铅锑合金一次真空蒸馏物料和金属平衡

项目		质量	金属质量		
			锡	铅	锑
投入/kg	原料	20000	3774	12340	2852
	合计	20000	3774	12340	2852
产出/kg	一次粗锡	3734	3454	63.4	160
	一次粗铅	16152	318	12191	2673
	合计	19886	3772	12254	2833
一次直收率/%			91.52		
一次金属回收率/%			99.43		

表2-18和表2-19分别为二次真空蒸馏物料和金属平衡及二次蒸馏粗锡化学成分。随着蒸馏次数增加，锡不断被提纯，经过两次真空蒸馏后，锡含量由原料中的18.87%上升至98.8%；铅含量由原料中的61.7%下降至0.001%；锑含量由原料中的14.26%下降至0.25%，由表2-17和表2-18可知，20t原料制得3.332t低铅锑的锡产品（Pb 0.001%，Sb 0.25%），其中铅含量水平达到锡锭GB/T 728—2020中Sn99.99A级标准。整个流程经二次真空蒸馏后锡直收率为86.96%，金属总回收率98.92%。

表2-18 锡铅锑合金二次真空蒸馏物料和金属平衡

项目		质量	金属质量		
			锡	铅	锑
投入/kg	原料	3734	3454	63.4	160
	合计	3734	3454	63.4	160
产出/kg	二次粗锡	3322	3282	0.0332	8.3
	二次粗铅	410	171	63	151
	合计	3732	3453	63.03	159.3
二次金属回收率/%			95.02		
二次金属直收率/%			99.95		

表2-19 二次粗锡化学成分

元素	Sn	Pb	Sb	其他
含量/%	98.80	0.001	0.25	0.95

D 锡铅锑合金真空蒸馏应用企业技术经济指标

该技术在国内外锡冶炼企业得到广泛应用，其中代表性企业技术经济指标见表2-20。

表2-20 锡铅锑合金真空蒸馏主要技术经济指标

指标	国内A厂	国内B厂
原料成分/%	Sn 83.5、Pb 6.5、Sb 8.2	Sn 78~86、Pb 1.27~8.61、Sb 5.3~9.81
锡产品成分/%	Sn 97.5、Pb 0.005、Sb 1.8	Sn 95~98.5、Pb 0.01~0.5、Sb 0.5~1.5
金属回收率/%	99.90	99.89
锡直收率/%	84.78	80.89
渣率/%	1.68	1.76
电耗/$kW \cdot h \cdot t^{-1}$	350	305
生产能力/$t \cdot (台 \cdot d)^{-1}$	30	24~26

2.3.1.3 锡铅锑砷合金真空蒸馏

锡铅锑砷合金主要来源于锡火法精炼所产出的铝渣回收过程。铝渣在工业上通常有两种方法回收处理：苏打焙烧—溶浸—电炉熔炼和电炉熔炼—粗锡精炼配制轴承合金。第一种方法可以将大部分的砷、铝排除于锡冶炼流程。但苏打价格高、用量大，因此工厂常采用第二种处理方法。然而第二种方法在熔炼前未脱砷，大部分砷进入粗锡，影响轴承合金物理性能，因此需对粗锡进行除砷处理。然而粗锡脱砷过程中又会产出二次铝渣，造成砷在整个锡熔炼系统循环累计，因而需要考虑一种新的除砷方式，从源头实现铝砷渣减量化[17]。

A　半工业实验

开展了锡铅锑砷合金真空蒸馏吨级实验，实验原料由某锡冶炼公司提供，物料中锡铅锑砷元素总含量为97.68%，可近似看作锡铅锑砷合金，化学成分见表2-21。

表2-21　原料成分

元素	Sn	Pb	Sb	As	其他
含量/%	81.14	9.94	6.37	0.23	2.32

在1050℃、1150℃、1250℃三个不同温度下进行一次真空蒸馏分离实验，锡基合金都得到了提纯，真空粗锡中锡含量达到了90%以上，且随着温度升高锡含量越高，铅、锑、砷的含量都有不同程度的降低。在蒸馏温度1250℃时脱杂效果最好，铅降至0.36%，砷降至0.054%，锑含量仍有3.6%，因此将所有真空粗锡混合后在1250℃下进行二次真空蒸馏分离实验。实验原料及实验物料和金属平衡见表2-22和表2-23。

表2-22　二次真空蒸馏原料化学成分

元素	Sn	Pb	Sb	As
含量/%	93.25	1.12	4.48	0.08

表2-23　二次真空蒸馏实验物料和金属平衡

项目		物料质量	金属质量			
			锡	铅	锑	砷
投入/kg	真空粗锡	4120	3841.90	46.14	184.58	3.30
	合计	4120	3841.90	46.14	184.58	3.30
产出/kg	二次真空粗锡	3748	3640.81	1.12	65.59	1.12
	二次真空粗锑	280	118.30	32.76	111.13	2.04
	浮渣	86	79.53	0.54	3.62	0.72
	合计	4114.00	3838.64	34.42	180.34	3.88
直收率/%			94.76			
金属回收率/%		99.85				

二次真空蒸馏后，锡的直收率为94.76%，二次真空粗锡中含铅量降到0.025%，锑含量降到1.75%，砷含量降到0.03%。对比一次、二次真空蒸馏发现原料含铅量高时，蒸馏先以铅的挥发为主，当铅含量较低时，锑才会大量挥发。实验后在真空炉抽气管管口发现有砷的富集冷凝，因此工业实验的炉型需要安置专门的砷收集器。

B　工业实验

在锡铅锑砷合金真空蒸馏半工业实验的基础上，对设备内部结构进行了改造[18]，利用铅、锑、砷冷凝温度相差较大的原理，增加了砷冷凝器，实现铅锑和砷的分级冷凝，实验设定工艺流程如图 2-8 所示。锡铅锑砷合金通过一次真空蒸馏，产出的粗锡中含铅量小于0.1%，含锑量小于2%，含砷量小于0.1%，其中锑含量为控制条件，须确保锑含量小于2%。对一次真空蒸馏得到的挥发物进行二次真空分离，确保铅锑合金中含锡量小于1%。半工业实验表明蒸馏温度为1250℃时，锑含量需经两次真空蒸馏才能降至2%以下，因此在工业实验中需将一次蒸馏温度进一步提高。实验温度拟定为1400~1500℃，实验原料见表2-24。

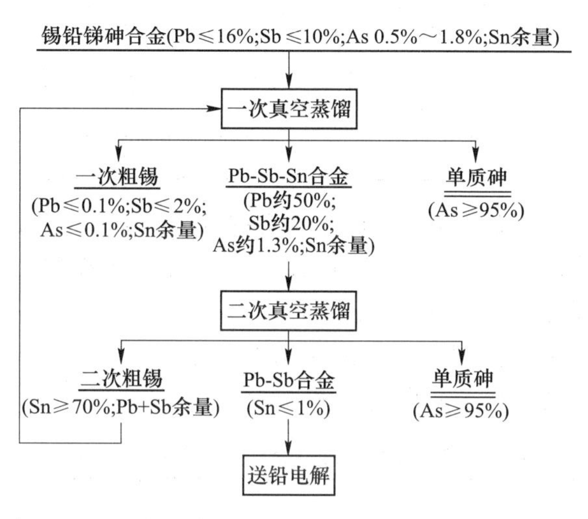

图 2-8　锡铅锑砷合金真空蒸馏工业实验流程

表 2-24　锡铅锑砷合金工业实验原料化学成分

元素	Sn	Pb	As	Sb	其他
含量/%	74.56	15.85	1.36	6.85	1.38

实验数据及物料和金属平衡见表2-25和表2-26。经实验研究，锡铅锑砷合金在1400~1500℃、低于10Pa的条件下，进行一次真空蒸馏，可得到含铅0.10%、锑0.91%、砷0.07%的真空粗锡，以及含铅47.2%、锑18.76%、砷1.21%的锡铅锑合金和97.4%的单质砷。

表 2-25　一次真空蒸馏实验数据

进料总数/kg	产物质量/kg				能耗/kW·h·t^{-1}
	一次粗锡	锡铅锑合金	单质砷	浮渣	
24390.5	16797	7559	34.5	103	416.7

表 2-26　一次真空蒸馏物料和金属平衡

项目		质量	金属质量			
			锡	铅	锑	砷
投入/kg	物料	24390.5	18186	3865.9	1670.7	331.7
	合计	24390.5	18186	3865.9	1670.7	331.7

续表 2-26

项目		质量	金属质量			
			锡	铅	锑	砷
产出/kg	一次粗锡	16797	16443	16.8	153.5	11.8
	锡铅锑合金	7559	2274	3568.2	1418.1	91.8
	单质砷	34.5	0	0	0.4	33.6
	浮渣	103	0	0	0	0
	合计	24493.5	18717	3585	1572.0	137.2
直收率/%			90.42			
金属回收率/%		100.42				

由于工业实验用炉出料系统出现故障，并没有对经一次真空蒸馏得到的锡铅锑合金进行二次真空蒸馏。由锡铅真空蒸馏实验可知，在二次真空蒸馏过程中，控制温度小于1000℃，可以获得含锡量小于1%的铅锑合金。

C　锡铅锑砷合金真空蒸馏应用企业技术经济指标

该技术在国内某大型冶炼企业得到应用，经统计的技术经济指标见表2-27。

表 2-27　锡铅锑砷合金真空蒸馏主要技术经济指标

指标		国内A厂	国内B厂
原料成分/%		Sn 83.5、Pb 6.5 、Sb 8.2、As 0.35	Sn 42.7、Pb 20、Sb 36.23、As 0.66
产品成分/%	真空锡	Sn 97.5、Pb 0.005、Sb 1.8、As 0.005	Sn 72.38、Pb 4.48、Sb 21.88、As 0.48
	高砷锡	Sn 1.5、Pb 1.42、Sb 3.21、As 92.6	
金属回收率/%		99.9	99.90
锡直收率/%		95.51	97.5
渣率/%		1.85	1.8
电耗/$kW \cdot h \cdot t^{-1}$		240	225
生产能力/$t \cdot (台 \cdot d)^{-1}$		28	45

2.3.2　贵铅合金的真空蒸馏

在铅、铜阳极泥火法处理工艺中，阳极泥经还原熔炼后产出贵铅合金。贵铅合金的主要化学成分除铅以外，还包含了大量以金属态、合金态物相存在的稀贵金属，包括金、银、铂、钯、铜、铋、硒、碲等，具有较高的经济价值，是生产金银的重要原料。采用真空蒸馏，控制一定的温度、压强等条件使砷、锑、铋、铅优先于银、铜、金挥发，可实现贵铅中铅、锑、铋、砷的分离，达到银、金富集的目的。在研究贵铅合金真空挥发过程中组元分布规律时，将贵铅合金简化为Pb-Cu、Pb-Ag、Pb-Sb二元及Pb-Cu-Ag三元铅基合金进行理论计算与实验研究。

2.3.2.1　铅基合金气-液平衡相图

采用气-液平衡理论计算并绘制了Pb-Cu、Pb-Ag、Pb-Sb二元及Pb-Cu-Ag三元合金气-液平衡相图[19]，如图2-9所示。

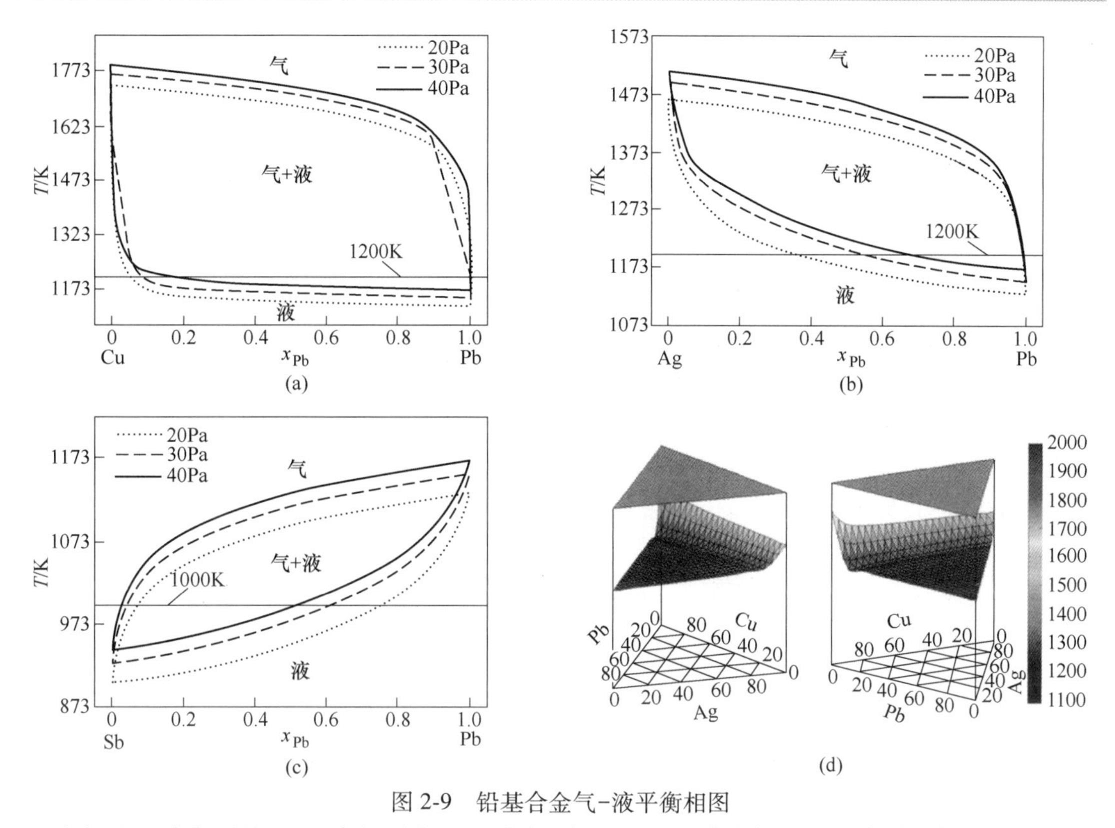

图 2-9 铅基合金气-液平衡相图

（a）Pb-Cu 合金；（b）Pb-Ag 合金；（c）Pb-Sb 合金；（d）Pb-Cu-Ag 合金在 10Pa 下的气-液平衡相图液相面

由图 2-9（a）可以看出：压强对 Pb-Cu 分离的影响较大，相同成分 Pb-Cu 合金压强越小越有利于合金分离，并且在 1200~1600K 蒸馏温度范围内，气相中铜含量随着温度升高而升高，液相中铅含量随温度升高而降低。对于任意成分的 Pb-Cu 合金，在 1200~1600K、20Pa 条件下真空蒸馏，当蒸馏温度为 1200K 时，液相成分（摩尔分数，下同）为 4.74%Pb-95.26%Cu，气相成分为 0.001%Pb-99.999%Cu；相同温度在 40Pa 条件下，液相成分为 24.02%Pb-75.98%Cu，气相成分为 0.002%Pb-99.998%Cu；因此，系统压强和蒸馏温度对 Pb-Cu 合金分离影响较大。

由图 2-9（b）可以看出：压强对 Pb-Ag 分离的影响较大，相同成分 Pb-Ag 合金压强越小越有利于合金分离，并且在 1200~1400K 蒸馏温度范围内，气相中银含量随着温度升高而升高，液相中铅含量随温度升高而降低。对于任意成分的 Pb-Ag 合金，在 1200~1600K、40Pa 条件下真空蒸馏，当蒸馏温度为 1200K 时，液相成分为 32.89%Pb-67.11%Ag，气相成分为 99.82%Pb-0.18%Ag；相同温度在 20Pa 条件下，液相成分为 59.49%Pb-40.51%Ag，气相成分为 99.28%Pb-0.72%Ag；因此，系统压强和蒸馏温度对 Pb-Ag 合金分离影响较大。

由图 2-9（c）可以看出：压强对 Pb-Sb 分离的影响较大，相同成分 Pb-Sb 合金压强越小越有利于合金分离，并且在 800~1200K 蒸馏温度时，气相中锑含量随着温度降低而升高，液相中铅含量随温度升高而升高。对于任意成分的 Pb-Sb 合金在 1200~1600K、20Pa 条件下真空蒸馏，温度 1000K 时液相成分为 77.41%Pb-22.59%Sb，气相成分为 5.82%Pb-94.18%Sb，相同温度在 40Pa 条件下，液相成分为 52.36%Pb-47.64%Sb，气相成分为

2.04%Pb-97.96%Sb，Pb-Sb合金在真空蒸馏的过程中受温度的影响十分明显。对于贵铅合金真空蒸馏回收银金的过程，所采用的蒸馏温度范围内铅锑合金完全蒸发进入气相。

由图2-9（d）可以看出：Pb-Cu-Ag三元合金在真空蒸馏的过程中，气相产物富铅，这说明铅十分容易从Pb-Cu-Ag合金中挥发到气相产物中。随着液相中铜含量的增加，Pb-Cu-Ag三元合金的挥发温度不断升高。液相面的温度是该合金在理论上有气相产物产生所需要的最低温度。

2.3.2.2 铅基合金真空蒸馏

A Pb-Cu二元合金真空蒸馏实验

在系统压强为10~25Pa、保温时间30~120min、蒸馏温度850~1100℃的条件下对含铅15%的铅铜合金进行小型真空蒸馏实验[20]，研究不同蒸馏温度、保温时间对合金分离效果的影响规律，结果如图2-10和图2-11所示。研究结果表明：通过真空蒸馏分离后，气相中可以获得纯度大于99.54%的铅，液相中获得纯度大于99.90%的铜。

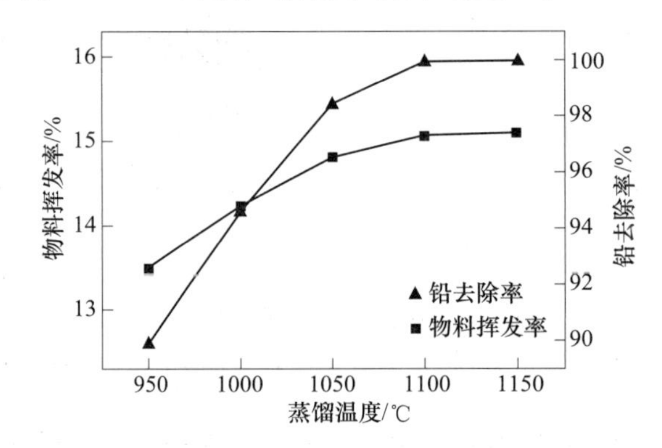

图2-10 物料挥发率、铅去除率随蒸馏温度变化规律
（保温60min，系统压强10~25Pa）

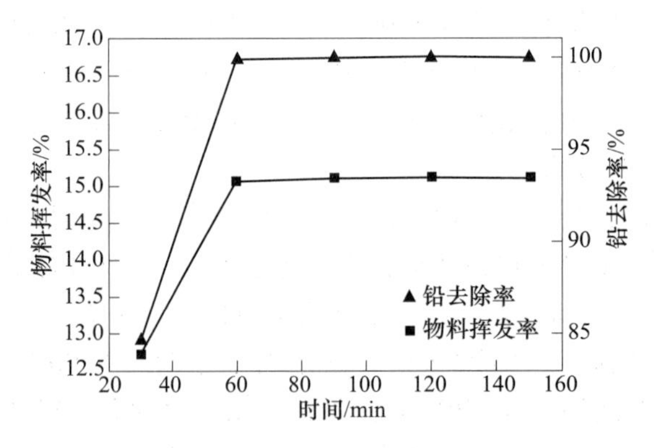

图2-11 物料挥发率、铅去除率随保温时间变化规律
（蒸馏温度1100℃，系统压强10~25Pa）

在系统压强为10~25Pa、蒸馏温度900~1300℃、保温时间20min的条件下，对含铜量为10%的铅铜合金进行小型真空蒸馏实验，研究蒸馏温度对合金分离效果的影响。由图2-12和图2-13可知，蒸馏温度由900℃升至1100℃，铅的去除率显著增加，达到99.9%。

温度继续升高，铅的去除率变化不大，反而造成挥发物中铜含量的增加，表明系统压强为 10~25Pa 时铅铜合金的最佳蒸馏温度为 1000℃。

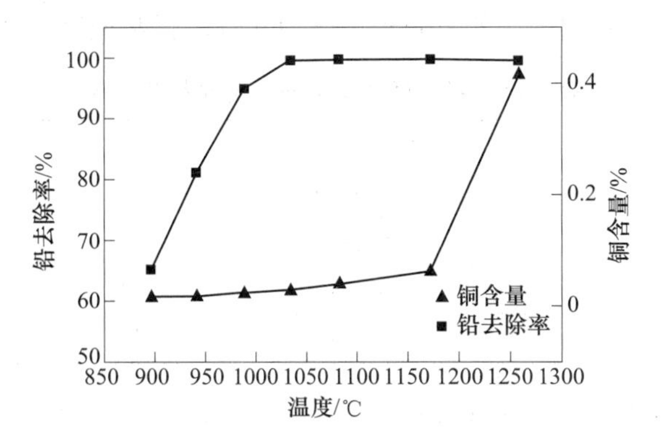

图 2-12　铅的去除率和挥发物中铜含量与温度的关系

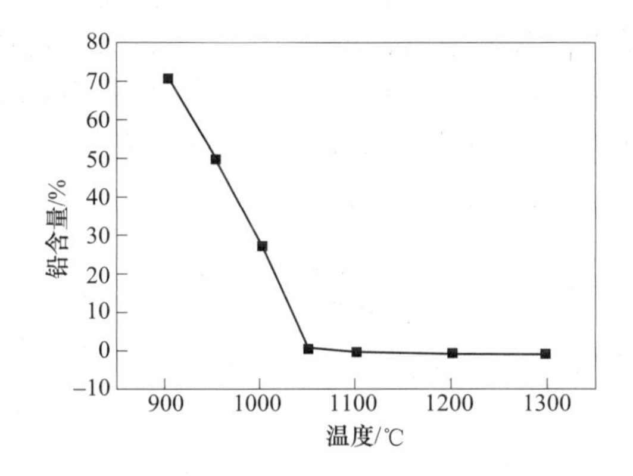

图 2-13　残留物中铅含量与蒸馏温度的关系

为研究蒸馏时间对铅铜合金分离效果的影响规律，在系统压强为 10~25Pa、蒸馏温度 1100℃、蒸馏时间 20~60min 的条件下进行含铜 10%的铅铜合金小型真空蒸馏实验。由图 2-14 可知，当保温时间超过 30min 后，残余物中铅含量趋于稳定，维持在 0.005%左右，最终确定最优保温时间为 30min。

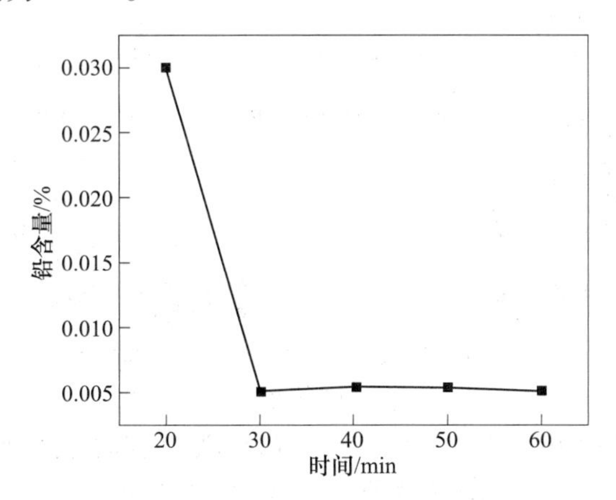

图 2-14　残留物中铅含量与蒸馏时间的关系

设计含铜量为5%~20%的铅铜合金，分别在最优工艺条件下进行蒸馏实验，研究含铜量的差异对合金分离效果的影响规律。实验结果见表2-28，表明含铜量为5%~20%的铅铜合金在最优蒸馏工艺条件下经一次蒸馏便可获得纯度为99%的铅和纯度为99.9%的铜。

表2-28　不同铜含量铅铜合金的蒸馏效果　(%)

原料中铜含量	挥发物中铜含量	残留物中铅含量
5	2.9×10^{-2}	5.7×10^{-3}
10	2.2×10^{-2}	5.0×10^{-3}
15	3.4×10^{-2}	5.5×10^{-3}
20	2.9×10^{-2}	6.5×10^{-3}

B　Pb-Ag二元合金真空蒸馏实验

在系统压强为10~25Pa、保温时间30~120min、蒸馏温度850~1100℃的条件下对含铅10%的铅银合金进行小型真空蒸馏实验[21]，研究不同蒸馏温度、保温时间对合金真空分离过程中元素分布的影响规律，获得铅银合金真空分离共性规律，结果如图2-15和图2-16所示。研究结果表明：在蒸馏温度为950℃，保温时间40min的条件下，气相中可以获得纯度大于99.23%的铅，液相中获得纯度大于99.97%的银。

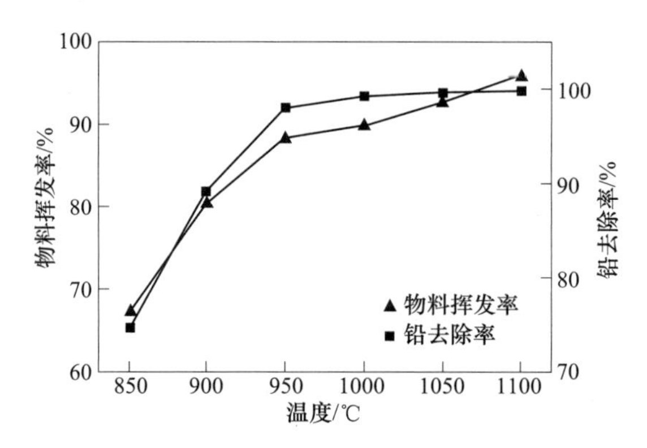

图2-15　物料挥发率、铅去除率随蒸馏温度变化规律
（保温30min，系统压强10~25Pa）

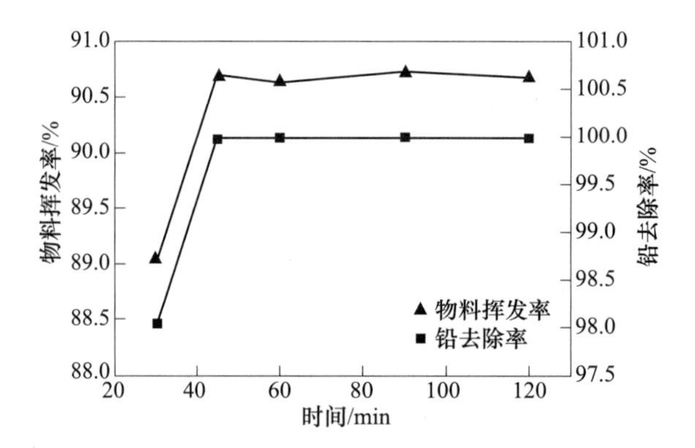

图2-16　物料挥发率、铅去除率随保温时间变化规律
（蒸馏温度950℃，系统压强10~25Pa）

在系统压强为10~25Pa、保温时间30min的条件下，研究蒸馏温度对合金分离效果的影响规律，研究结果如图2-17所示。蒸馏温度提高至1150℃后，残余物中铅含量从68.15%降低到了0.012%，但也造成银大量挥发，致使挥发物中银含量超过6%。在保障铅能最大限度挥发且银能尽可能地保留在液相中的前提下，选取蒸馏温度为1000℃。为研究蒸馏时间对铅银合金分离效果的影响规律，在系统压力为10~25Pa、蒸馏温度1000℃、蒸馏时间20~60min的条件下进行含银10%的铅银合金小型真空蒸馏实验，研究结果如图2-18所示。当保温时间超过50min后，残余物中铅含量能稳定在0.012%，挥发物中银含量在0.7%~0.8%小范围内波动，最终确定最优保温时间为50min。

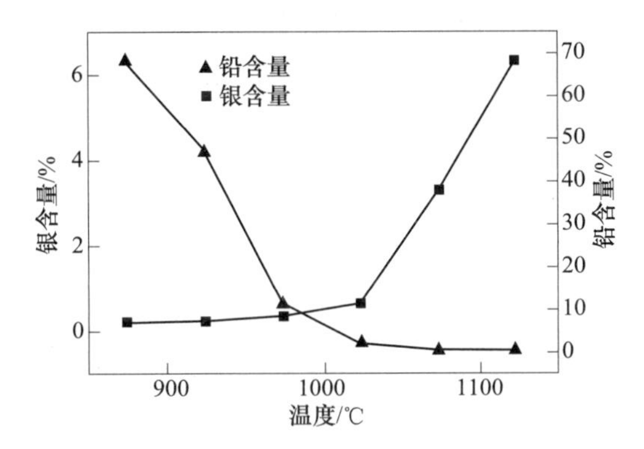

图2-17　挥发物中银含量和残留物中铅含量与蒸馏温度的关系

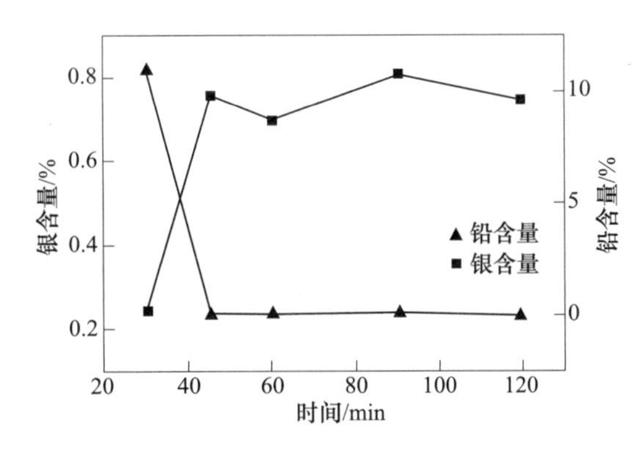

图2-18　挥发物中银含量和残留物中铅含量与蒸馏时间的关系

设计含银量为2.5%~10%的铅银合金，分别在最优工艺条件下进行蒸馏实验，研究含银量的差异对合金分离效果的影响规律，实验结果见表2-29。结果表明含铜量为2.5%~10%的铅银合金在最优蒸馏工艺条件下经一次蒸馏便可获得纯度为99%的铅及纯度为99.9%的银。

表2-29　不同银含量铅银合金的蒸馏效果　(%)

原料中银含量	挥发物中银含量	残留物中铅含量
2.5	0.12	0.021
5	0.15	0.024
7.5	0.29	0.035
10	0.77	0.012

C　Pb-Cu-Ag 三元合金真空蒸馏实验

根据 Pb-Cu、Pb-Ag 合金真空分离研究的结果，分别以表 2-30 所示的两种不同成分的 Pb-Cu-Ag 合金物料开展真空蒸馏研究[22]。在系统压强为 10~25Pa、保温时间为 30min 的条件下研究蒸馏温度对物料 1 真空分离效果的影响。蒸馏温度对合金挥发率和银富集倍数的影响规律如图 2-19 所示，合金的挥发率和银的富集倍数随蒸馏温度的升高呈上升趋势。蒸馏温度为 900~1000℃时，合金的挥发率增势最大，但银的富集倍数较为平缓，主要原因是物料 1 的铅含量较低且此时银的挥发量较高，故富集倍数增长缓慢。蒸馏温度对铅去除率的影响规律如图 2-20 所示，随着蒸馏温度的升高，铅的去除率随之迅速增加。当温度由 800℃增至 1000℃时，铅的去除率由 3. 98%增大至 94. 82%。不同蒸馏温度条件下挥发物及残留物组元的含量分别如图 2-21 和图 2-22 所示，当蒸馏温度大于 900℃后，挥发物中银的含量显著上升。为了确保高效回收银，确定最佳蒸馏温度为 900℃。

表 2-30　不同成分 Pb-Cu-Ag 合金化学成分

物料	成分/%		
	Pb	Cu	Ag
物料 1	23. 27	54. 06	22. 67
物料 2	96. 97	0. 18	2. 85

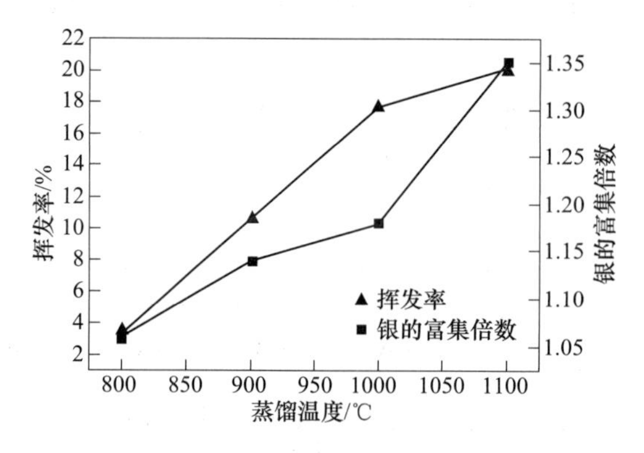

图 2-19　蒸馏温度和挥发率及银富集倍数的关系

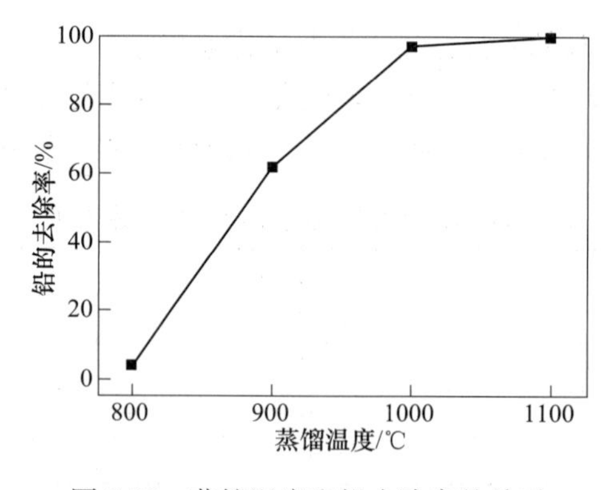

图 2-20　蒸馏温度和铅去除率的关系

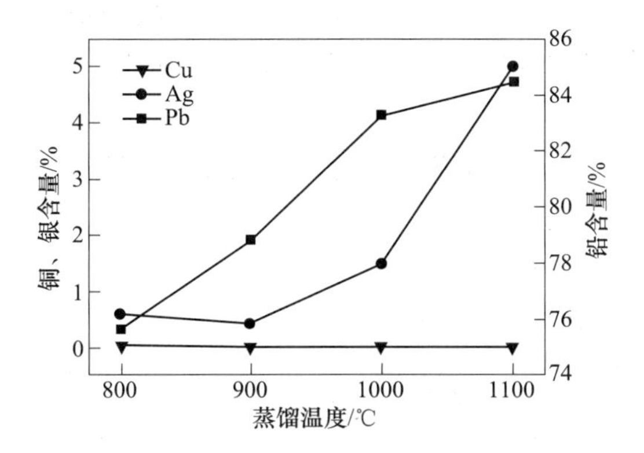

图 2-21 蒸馏温度和挥发物组元含量的关系

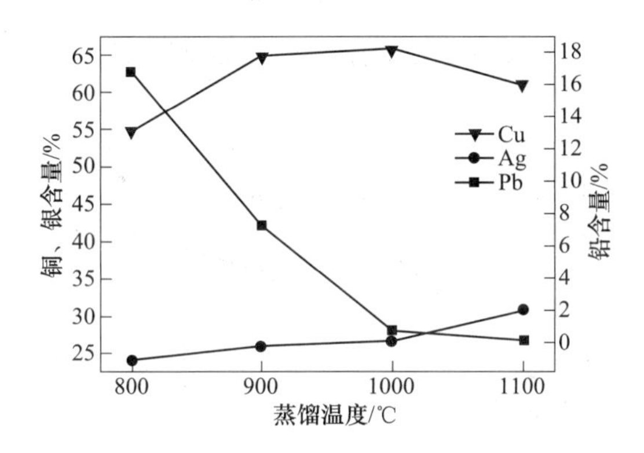

图 2-22 蒸馏温度和残留物组元含量的关系

在系统压强为10~25Pa、蒸馏温度为900℃的条件下研究保温时间对物料1真空分离效果的影响。不同保温时间对合金挥发率和银富集倍数的影响规律如图2-23所示，随着保温时间的延长，合金的挥发率在15.82%~17.39%之间波动。银的富集倍数随保温时间的延长而减小，这说明随着保温时间的延长银在不断地挥发，导致银的富集倍数减小。保温时间对铅去除率的影响规律如图2-24所示，当保温时间超过60min后，铅的去除率便能达到99.999%。不同保温时间条件下挥发物及残留物组元的含量分别如图2-25和图2-26

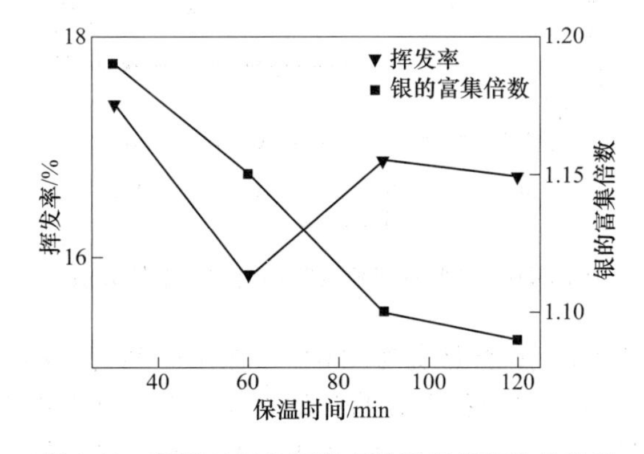

图 2-23 保温时间和挥发率及银富集倍数的关系

所示，随着保温时间的增加，挥发物中的铜、铅、银的含量都随之增大，残留物中的铅含量随之减小，当保温时间超过60min后，铅含量小于0.00005%。综上，60min为最佳保温时间。

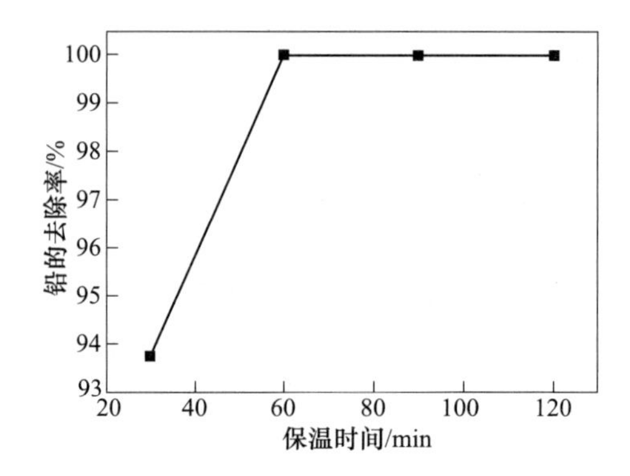

图2-24　保温时间和铅去除率的关系

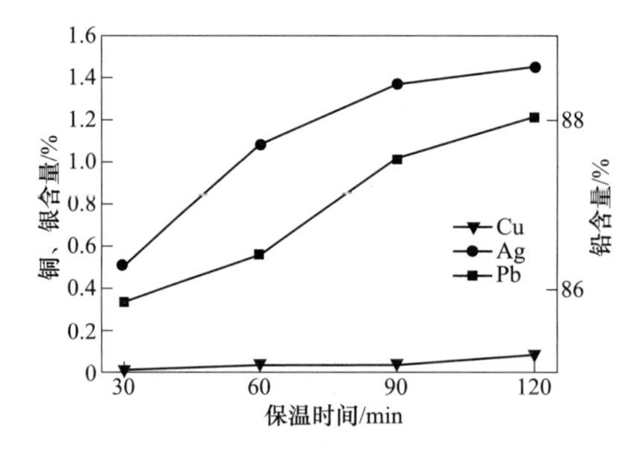

图2-25　保温时间和挥发物组元含量的关系

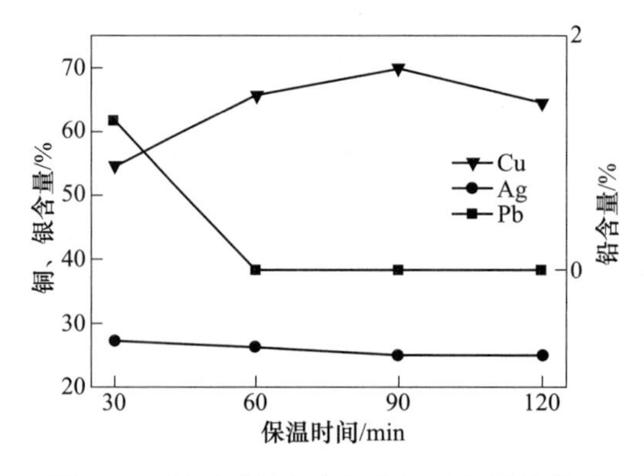

图2-26　保温时间和残留物组元含量的关系

在系统压强为10~25Pa、蒸馏温度为900℃、保温时间为60min的最优工艺条件下，物料1经蒸馏后挥发物及残留物中各组分的含量见表2-31。挥发物中Pb、Cu、Ag的含量分别为98.61%、0.034%、1.08%，残留物中Pb、Cu、Ag的含量分别为0.37%、

73.43%、26.20%，铅的去除率达到99.78%，银的直收率为99.01%。

表 2-31 物料1在最优工艺条件下蒸馏后挥发物及残留物中各组分的含量

类别	成分/%		
	Pb	Cu	Ag
残留物	0.37	73.43	26.20
挥发物	98.61	0.034	1.08

在系统压强为10~25Pa、保温时间为30min的条件下研究蒸馏温度对物料2真空分离效果的影响。蒸馏温度对合金挥发率和银富集倍数的影响规律如图2-27所示，随蒸馏温度的升高，合金的挥发率和银的富集倍数都增大。其中蒸馏温度800℃左右，合金的挥发率由20.74%增大至90.64%，说明合金中的铅在800℃左右开始大量挥发；银的富集倍数则是在900~950℃时迅速上升。蒸馏温度对铅去除率的影响规律如图2-28所示，随着蒸馏温度的升高，铅的去除率随之迅速升高，且最高可达99.99%。当温度由750℃升至850℃时，铅的去除率由19.44%增大至92.58%。不同蒸馏温度条件下挥发物及残留物组元的含量分别如图2-29和图2-30所示，随着蒸馏温度的升高，挥发物中各组分的含量整体呈上升趋势，但银和铜的总含量变化不大且含量都很低，为了确保高效回收银，把最佳温度定为950℃。

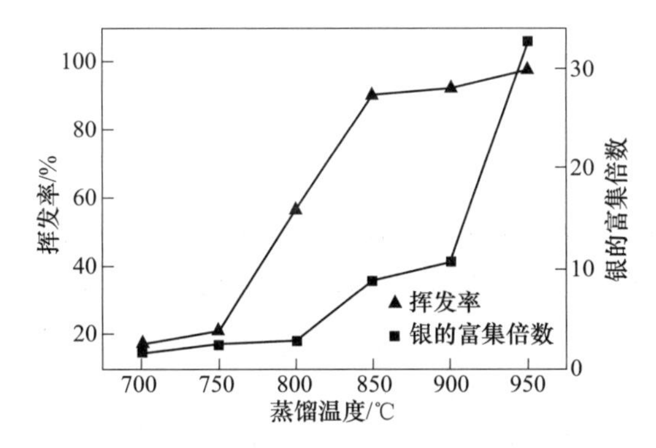

图 2-27 蒸馏温度和挥发率及银富集倍数的关系

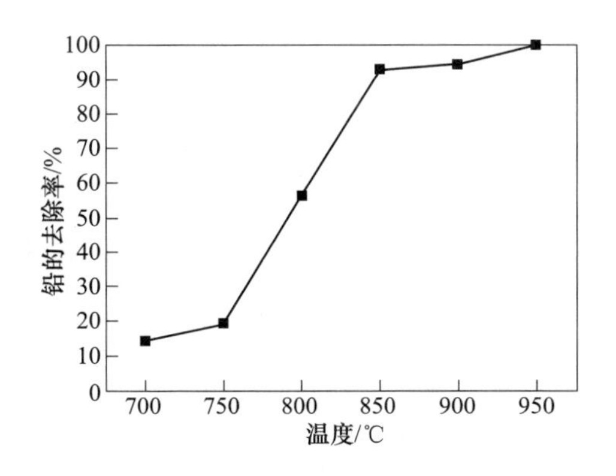

图 2-28 蒸馏温度和铅去除率的关系

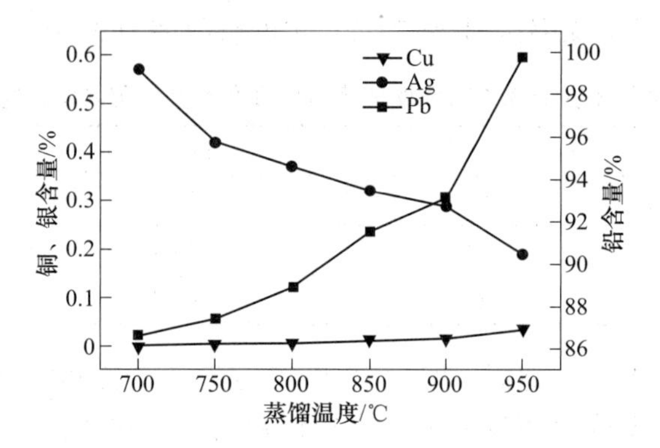

图 2-29 蒸馏温度和挥发物组元含量的关系

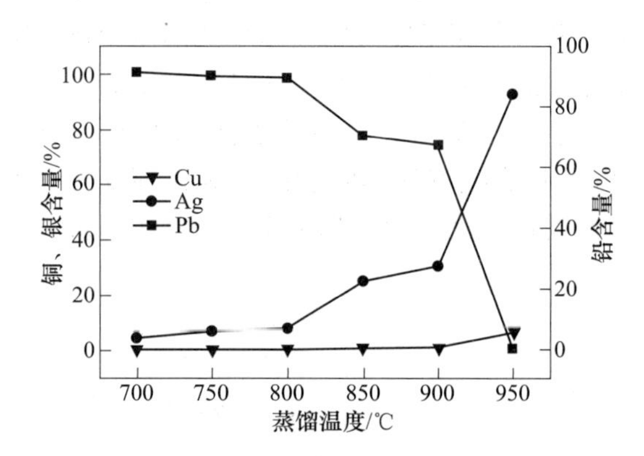

图 2-30 蒸馏温度和残留物组元含量的关系

系统压强为 10~25Pa、蒸馏温度为 950℃的条件下研究保温时间对物料 2 真空分离效果的影响。不同保温时间对合金挥发率和银富集倍数的影响规律如图 2-31 所示，随蒸馏温度的升高，合金的挥发率和银的富集倍数均呈上升趋势，但是增量不大。保温时间对铅去除率的影响规律如图 2-32 所示，保温时间为 120min 时，铅的去除率达到 99. 998%。不同保温时间条件下挥发物及残留物组元的含量分别如图 2-33 和图 2-34 所示，随着保温时间的增加，挥发物中铅、银、铜的含量呈上升趋势，但变化幅度不大。残留物中铅的含量

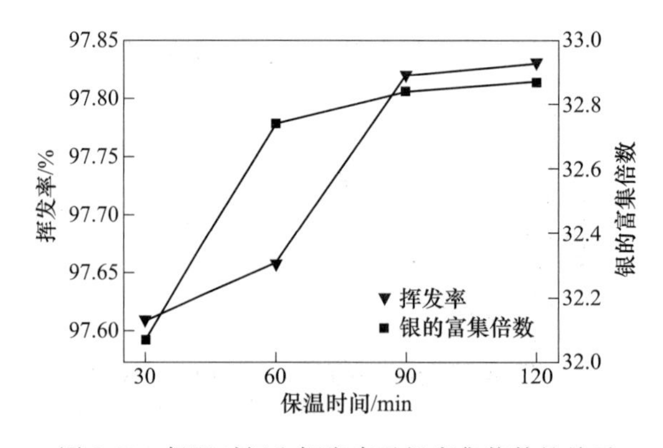

图 2-31 保温时间和挥发率及银富集倍数的关系

随保温时间的升高呈下降趋势，但银、铜的含量呈上升趋势。当保温时间为 120min 时，残留物中铅含量为 0.077%。综上可知，120min 为最佳保温时间。

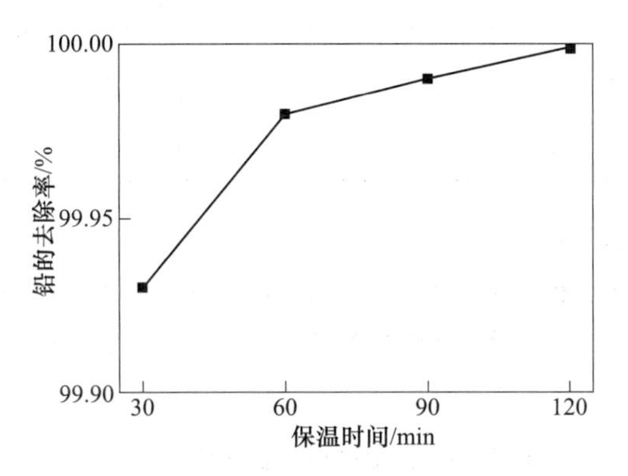

图 2-32 保温时间和铅去除率的关系

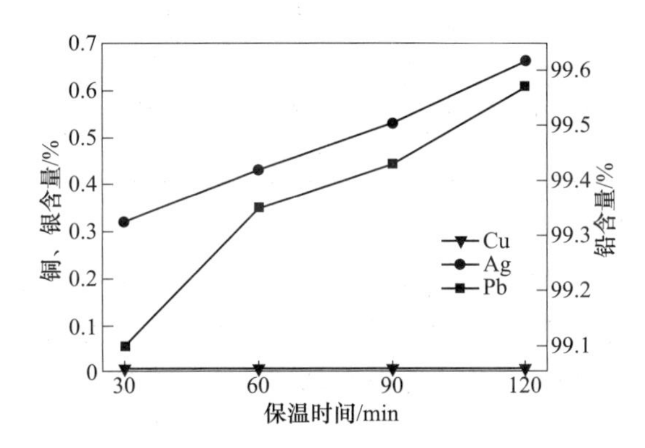

图 2-33 保温时间和挥发物组元含量的关系

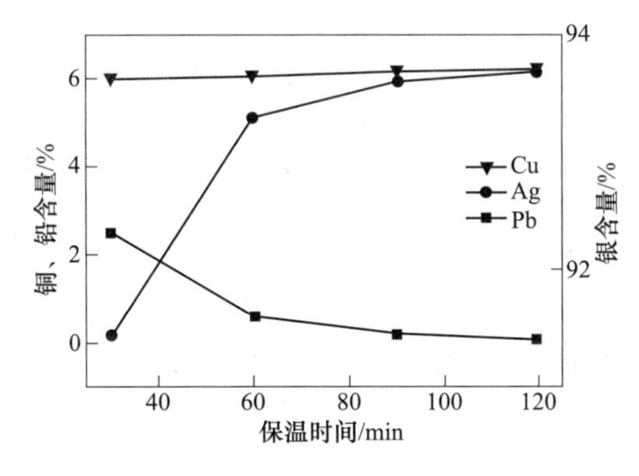

图 2-34 保温时间和残留物组元含量的关系

在系统压强为 10~25Pa、蒸馏温度为 950℃、保温时间为 120min 的最优工艺条件下，物料 2 经蒸馏后挥发物及残留物中各组分的含量见表 2-32。挥发物中 Pb、Cu、Ag 的含量分别为 99.57%、0.038%、0.43%，残留物中 Pb、Cu、Ag 的含量分别为 0.64%、6.06%、93.30%，铅的去除率达到 99.998%，银的直收率为 83.87%。

表 2-32　物料 2 在最优工艺条件下蒸馏后挥发物及残留物中各组分的含量

类别	成分/%		
	Pb	Cu	Ag
残留物	0.64	6.06	93.30
挥发物	99.57	0.038	0.43

2.3.2.3　贵铅合金真空蒸馏

在铅基二元、三元合金的理论及实验研究基础上，开展了典型贵铅物料的真空蒸馏小型、半工业化及工业化实验研究。典型的贵铅含 Pb、Cu、Ag、Sb、Bi、As 等，三种贵铅成分见表 2-33。

表 2-33　典型贵铅合金成分

物料编号	成分（质量分数）/%							
	Pb	Cu	Ag	Sb	Bi	As	Fe	Au
1	40.27	2.3	11.46	28.1	7.32	—	0.081	—
2	26.49	0.601	6.41	0.0055	61.63	—	—	—
3	31.98	8.81	12.03	17.18	7.61	16.14	—	10.7g/t

A　小型实验

实验原料来自某公司铅电解生产系统产出的铅阳极泥，经转炉还原熔炼后产出的贵铅合金，其主要化学成分见表 2-33 中的编号 1 所示。在蒸馏温度 800~950℃、系统压力为 10~20Pa、保温时间 2~4h 的条件下，进行蒸馏实验，结果如图 2-35 和图 2-36 所示。

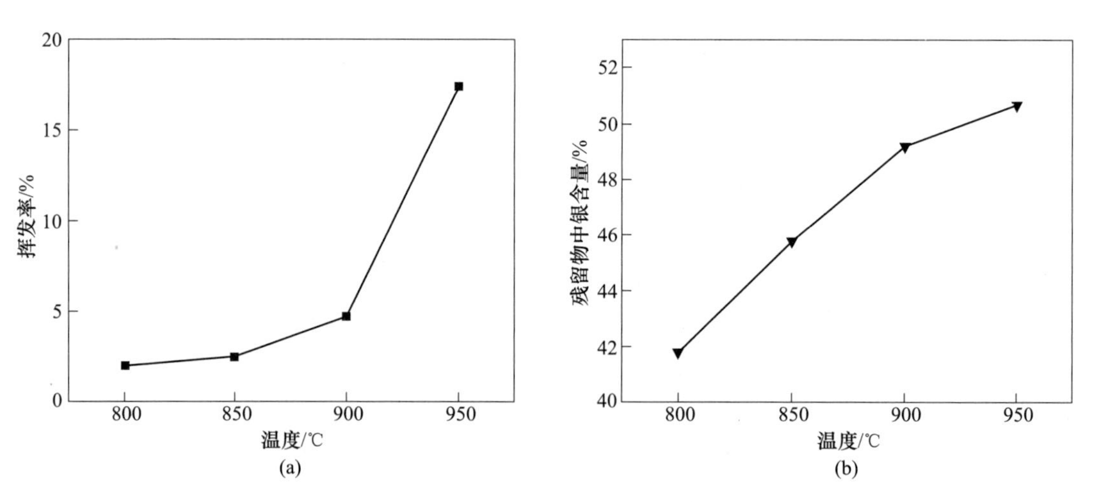

图 2-35　蒸馏温度对银富集效果的影响
（a）温度对银挥发率的影响；（b）温度对残留物中银含量的影响

由图 2-35（a）和（b）可见，银的挥发率随着温度的升高逐渐升高。当温度高于 950℃时，银大量挥发损失进入挥发物。由图 2-36 可见，银的挥发率随保温时间的增加有增大的趋势，当保温时间超过 2.5h 时，银的挥发率增大，损失率增大。

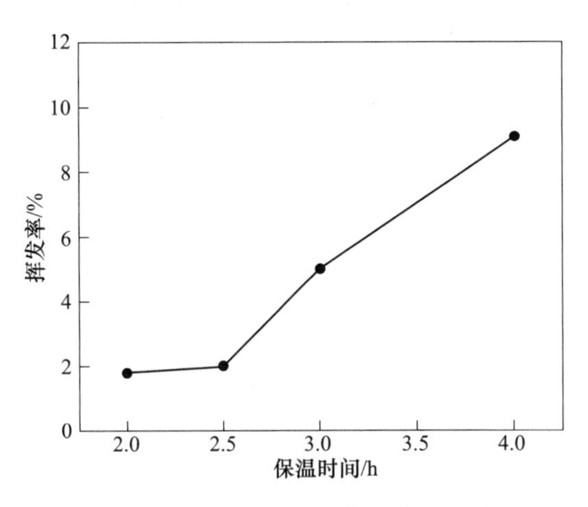

图 2-36 保温时间对银挥发率的影响

对相同原料在系统压力为 10~20Pa、蒸馏温度为 850℃、保温时间 2h 条件下，进行真空蒸馏实验，实验结果见表 2-34，原料中的铅和铋基本都进入挥发物，银和铜基本都保留在残留物，实现铅、铋从贵铅中的分离，以及银、铜的富集。残留物和挥发物中都含有大量的锑，这是因为在 850℃下真空蒸馏时，合金中的锑与银、铜分别形成多种稳定的化合物，使得部分锑难以挥发分离。

表 2-34 贵铅真空蒸馏小型实验结果 (%)

元素	Pb	Ag	Cu	Bi	Sb
残留物	0.21	45.31	13.24	0.0001	33.6
挥发物	46.15	0.236	0.022	8.87	35.4

B 半工业实验

实验原料来自某公司铅电解系统产出高铋贵铅，其主要化学成分见表 2-33 中的编号 2。实验设备为自主研发的连续式真空炉。

在系统压力为 5~15Pa、蒸馏温度 900℃的条件下，进行了高铋贵铅真空蒸馏半连续真空蒸馏半工业实验，实验结果见表 2-35。一次真空蒸馏后原料中的铅、铋及少量银进入挥发物；在压力 5~15Pa、蒸馏温度 900℃的条件下进行二次真空蒸馏，实验结果见表 2-36。贵铅的两步真空蒸馏实验证明[23]，真空蒸馏可以去除铅、铋和锑并富集银和铜，且铅和铋在挥发物中的含量达到 90%以上；经两段蒸馏后，挥发物中的银含量低于 20g/t。

表 2-35 高铋贵铅第一段连续真空蒸馏产物成分

原料及产物	质量/kg	成分/%				
		Bi	Pb	Ag	Cu	Sb
原料	9111	61.63	26.49	6.41	0.6011	0.0055
挥发物	8645	64.85	27.92	2.15	0.0753	0.0057
残留物	466	2.03	0.30	84.84	10.11	0.0054

表 2-36　高铋贵铅第二段连续真空蒸馏产物成分

样品名称	质量/kg	成分/%			
		Bi	Pb	Ag	Cu
原料	8144	71.92	24.00	0.12	0.0023
挥发物	6630	78.59	17.63	0.0018	0.0002
残留物	1514	42.67	51.98	0.6368	0.0121
去除率/%	—	88.97	59.74	—	—
直收率/%	—	—	—	98.65	97.8
原料	8505	65.77	27.96	0.73	0.0061
挥发物	6217	75.45	18.94	0.0016	0.0004
残留物	2288	39.37	52.35	2.7055	0.0223
去除率/%	—	83.89	49.57	—	—
直收率/%	—	—	—	99.7	98.35

C　工业实验

实验原料来自某公司铅电解生产系统产出的高砷贵铅，其主要化学成分见表 2-33 中的编号 3，实验流程如图 2-37 所示。在一次蒸馏过程中，砷、锑、铋等饱和蒸气压较大的元素挥发进入气相，铜、银、金不挥发留在液相中，在此过程中砷、铅、铋的脱除率达到95%以上，砷、铅、铋冷凝位置不同，通过设置不同的冷凝面实现分离；在二次蒸馏过程中，银挥发进入气相，铜不挥发留在液相，最终实现贵铅中各杂质的分离，贵金属金、银的高效回收[24]。高砷贵铅的两段真空蒸馏工业化实验结果见表 2-37。贵铅中砷以单质的形式开路，脱除率大于 95%，实现了危险废物无害化；贵金属直收率高，银大于 98%，金大于 99.9%。整个工艺生产周期短，仅为传统工艺的一半；处理成本低，为传统工艺的1/3；生产环境好，经检测达到中国环保标准。

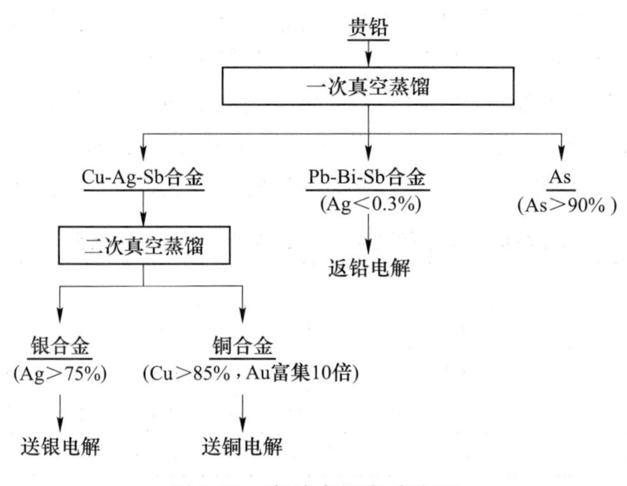

图 2-37　高砷贵铅实验流程

表 2-37 高砷贵铅真空蒸馏新工艺工业实验结果

物料名称		成分/%						
		Ag	Cu	Sb	As	Pb	Bi	Au
投入	原料	12.03	8.81	17.18	16.14	31.98	7.61	10.7g/t
产出	砷	0.0301	0.02	5.28	88.27	1.26	2.21	—
	铅合金	0.042	0.0003	13.43	0.32	63.50	21.33	—
	银合金	73.42	0.18	24.66	0	2.44	0.11	—
	铜合金	0.4398	87.93	17.00	0.24	0.61	0.001	113.7g/t

2.3.3 锌合金真空蒸馏

锌是国民经济的重要原材料之一，在有色金属中的消费仅次于铝和铜。我国锌消费量占全球锌消费量的48%，稳居世界第一。据统计，我国镀锌消费占60%，氧化锌及压铸锌合金消费占27%。随着我国冶金、机械、电气、化工、轻工、军事和医药等领域的飞速发展，势必会产生大量的锌铝、锌锡、锌铜、锌镍、锌银等锌基废旧合金。此外，钢板镀锌时会产生大量的热镀锌渣，粗铋火法精炼过程也会产生大量的银锌壳。真空蒸馏因其具有流程短、清洁、高效等优点，在分离回收锌基合金和含锌二次资源等方面具有一定的优势。

2.3.3.1 锌锡合金真空蒸馏

与纯锌相比，锌锡合金具有力学性能好、易加工、耐腐蚀、血液相容性好和可降解等优点，被认为是最具潜力的生物可降解材料之一，广泛运用于医疗器械行业。随着我国医疗技术的快速发展，医疗器械的升级换代会产生大量的锌锡合金废料。

锌和锡的沸点分别为 907℃ 和 2260℃。在 800℃ 时单质锌和锡的饱和蒸气压分别为 3.52×10^{6}Pa 和 8.03×10^{-5}Pa，两者相差较大，易采用真空蒸馏分离。为实现锌锡合金组元气液相间分布的定量预测，计算并绘制了锌锡二元合金气-液平衡相图[25]，如图 2-38 所示。

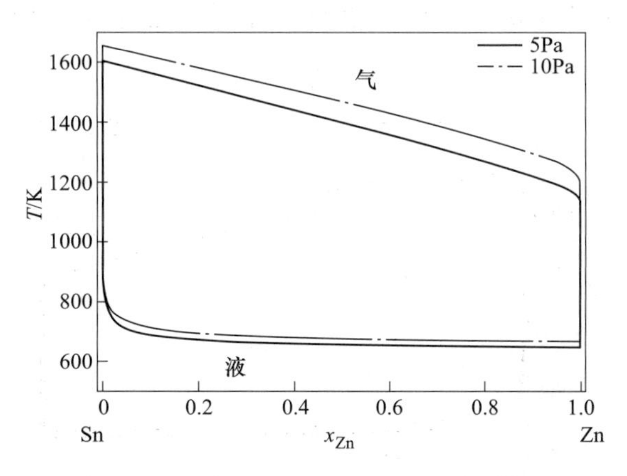

图 2-38 5~10Pa 条件下，由 MIVM 模型计算的 Zn-Sn 合金体系的气-液相平衡相图

由图 2-38 可知，低压有利于真空蒸馏分离 Zn-Sn 合金。当系统压力为 5Pa，蒸馏温度

为 1000K 时，气相中锌含量为 0.999，液相中锡含量为 0.999。

杨部正等人[26]基于理论研究及锌锡合金小型实验研究结果，开展了锌锡合金真空蒸馏工业试验。锌锡合金含锡 15%~20%、锌 80%~85%。真空蒸馏锌锡合金，锌挥发进入气相并在冷凝室冷凝为锌液回收，锡残留在坩埚内，得到含锡 82.64%~87.70%的粗锡，锡直收率大于 95%。粗锡和锌产品成分分别列于表 2-38 和表 2-39。从表 2-38 可以看出，残留物锡中还含有 9.66%~17.17%的锌，二次蒸馏可将锌进一步脱除。从表 2-39 可看出，锌产品纯度大于 99.98%，达到 Zn 99.95 标准。利用真空蒸馏技术可从锌锡合金废料中直接回收获得 Zn 和 Sn，同时该方法具有回收率高、流程短、设备简单、无污染等优点，具有良好的发展前景。真空蒸馏可有效分离锌锡合金，且无需任何化学试剂，“三废”排放少。

表 2-38　粗锡成分

元素	As	Ca	Cd	Cu	Te	Pb	Sb	Zn	Sn
含量/%	0.0009	0.0013	0.0015	0.0061	0.021	0.022	0.0001	9.66~17.17	82.64~87.70

表 2-39　锌产品成分

元素	Pb	Cd	Fe	Cu	Sn	Al	As	Zn
含量/%	0.003	0.0051	0.0052	0.00047	<0.0005	0.0042	<0.0001	>99.98

2.3.3.2　锌铝合金真空蒸馏

锌铝合金具有熔点低、流动性好、电导率高、镀层具有优良的耐蚀性能且外形美观、成本相对较低等优点，在浸润热镀加工、电镀防腐、金属件加工等领域得到广泛应用。工业上主要通过熔炼锌和铝获得锌铝合金，也可从钢铁件热浸镀产生的渣中得到锌铝合金。随着锌铝合金镀层消费量逐年增加，其废料量也与日俱增。

锌的沸点为 907℃，铝的沸点较高为 2520℃。在 800℃时单质锌和铝的饱和蒸气压分别为 3.52×10^{6}Pa 和 1.39×10^{-4}Pa，两者相差较大，易采用真空蒸馏分离。为实现锌铝合金组元气液相间分布的定量预测，计算并绘制了锌铝二元合金气-液平衡相图，如图 2-39 所示。

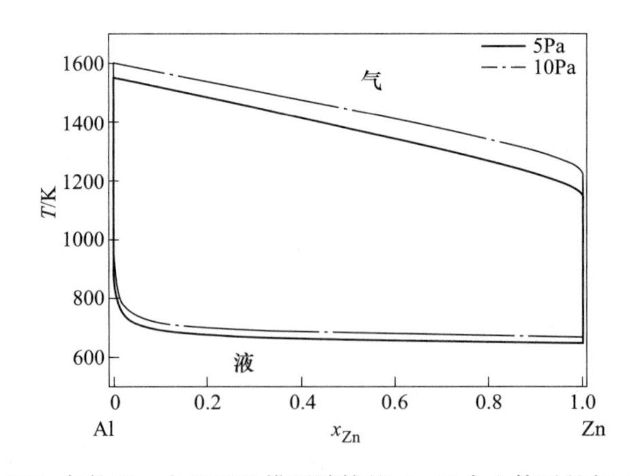

图 2-39　5~10Pa 条件下，由 MIVM 模型计算的 Zn-Al 合金体系的气-液相平衡相图

由图 2-39 可知，低压有利于真空蒸馏分离 Zn-Al 合金。当蒸馏温度为 1000K 时，气相中锌含量为 0.999，液相中铝含量为 0.999。

铝锌合金可用真空蒸馏法分离铝，锌铝合金成分见表 2-40。

表 2-40 锌铝合金成分

元素	Zn	Al	Fe	Si
含量/%	91.56	8.30	0.017	0.21

基于理论研究结果，夏侯斌等人[27]开展了不同蒸馏温度和蒸馏时间对锌铝合金中锌挥发率的研究，结果如图 2-40 和图 2-41 所示。由图 2-40 可知，在系统压力为 5~15Pa、蒸馏时间 60min 的条件下，锌挥发率随蒸馏温度的升高而增大，在 725~900℃，锌挥发率增长缓慢，考虑到设备、节能等因素，蒸馏最佳温度为 850℃。由图 2-41 可知，在真空度为 5~15Pa、蒸馏温度 850℃、蒸馏时间 40min 的条件下，通过真空蒸馏可使铝中锌含量降至 10×10^{-6}以下。

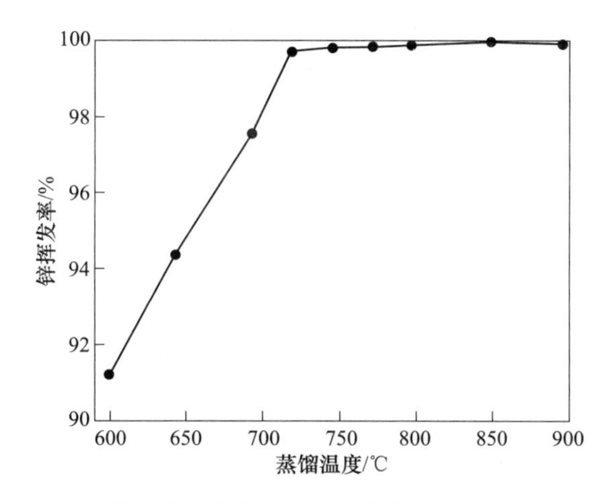

图 2-40 蒸馏温度对锌挥发率的影响

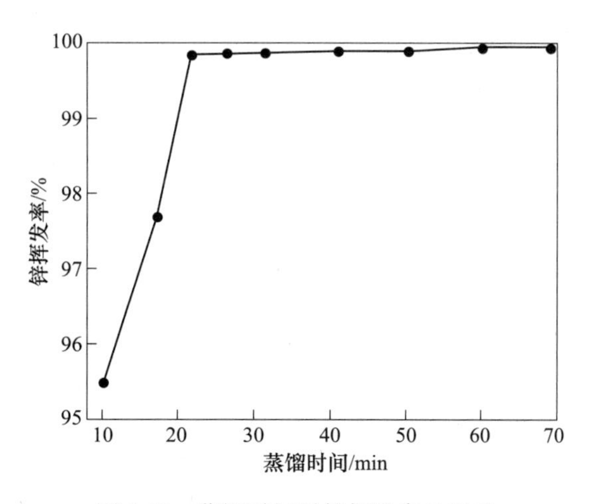

图 2-41 蒸馏时间对锌挥发率的影响

2.3.3.3　锌铜合金真空蒸馏

锌铜合金又称为黄铜，有一定的耐磨性、耐化学腐蚀性，可用于制造阀门、水管、散热器、防腐涂层等。工业中常采用电化学法分离铜和锌，分离过程中会产生大量的废水和废渣。

锌熔点为419.53℃，沸点为907℃；铜熔点为1083.4℃，沸点为2562℃。在900℃时单质锌和铜的饱和蒸气压分别为1.06×10^{7}Pa和4.49×10^{-4}Pa，两者相差较大，易采用真空蒸馏分离。为实现锌铜合金组元气-液相间分布的定量预测，计算并绘制了锌铜二元合金气-液平衡相图，如图2-42所示。

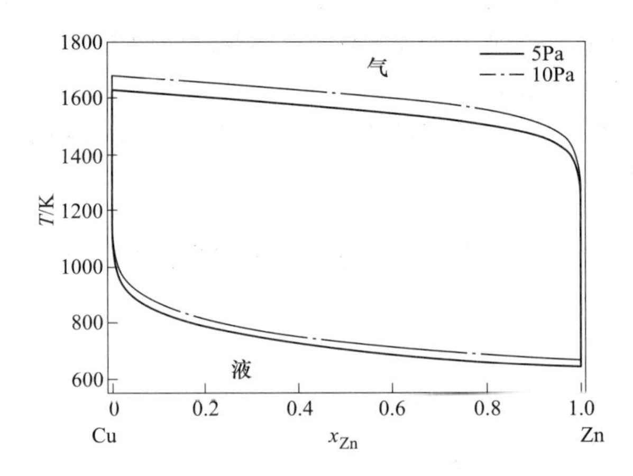

图2-42　5~10Pa条件下，由MIVM模型计算的Zn-Cu合金体系的气-液相平衡相图

由图2-42可知，低压有利于真空蒸馏分离Zn-Cu合金。当蒸馏温度为1200K时，气相中锌含量为0.999，液相中铜含量为0.999。

蔡晓兰[28]以黄铜为原料进行实验，考察了黄铜中铜含量、蒸馏温度、蒸馏时间和系统压力对锌挥发率的影响，结果见表2-41和表2-42。在蒸馏温度为800~1000℃，系统压力小于200Pa的条件下，锌挥发率为80%~93.6%。

表2-41　不同蒸馏温度下锌铜合金真空蒸馏实验结果

原料铜含量/%	蒸馏时间/min	系统压力/Pa	蒸馏温度/℃	挥发物铜含量/%
68	30	10~20	800	0.063
			850	0.110
			900	0.140
			950	0.170
			1000	1.000
62			800	0.011
			850	0.0210
			900	0.0330
			950	0.0950
			1000	0.7300

表 2-42 不同蒸馏时间下锌铜合金真空蒸馏实验结果

原料铜含量/%	蒸馏温度/℃	系统压力/Pa	蒸馏时间/min	挥发物铜含量/%
68	800	10~20	10	0.021
			20	0.039
			30	0.063
			40	0.110
62			10	0.004
			20	0.009
			30	0.011
			40	0.130

李玮等人[29]以 50g 含铜 57.8%、含锌 20.5%的锌铜镍合金为原料，在系统压力为 10~30Pa、蒸馏温度 1000℃、恒温时间 90min 的条件下进行实验，实验结果见表 2-43。其中锌的挥发率高达 99%，残留物中锌含量降至 0.22%，并得到纯度为 99%的锌。

表 2-43 锌铜镍合金真空蒸馏实验结果 (%)

元素	原料	挥发物	残留物
Zn	20.50	99.00	0.22
Cu	57.80	—	76.07
Ni	16.10	—	18.15
Fe	3.40	—	4.5
Cr	0.70	—	0.8

2.3.3.4 锌镍合金真空蒸馏

锌镍合金具有优异的耐腐蚀性和耐高温性能，广泛应用于汽车工业、飞机制造及军工产品等领域。目前锌镍合金主要来源于国内外锌合金物件表面镀镍的零部件及边角废料，锌和镍的含量分别为 50%~60%和 5%~30%。

锌和镍的熔点分别为 419.5℃和 1453℃，沸点分别为 907℃和 2732℃。在 1200℃时单质锌和镍的饱和蒸气压分别为 1.12×10^{8}Pa 和 3.13×10^{-3}Pa，两者相差较大，易采用真空蒸馏分离。为实现锌镍合金组元气-液相间分布的定量预测，计算并绘制了锌镍二元合金气-液平衡相图，如图 2-43 所示。

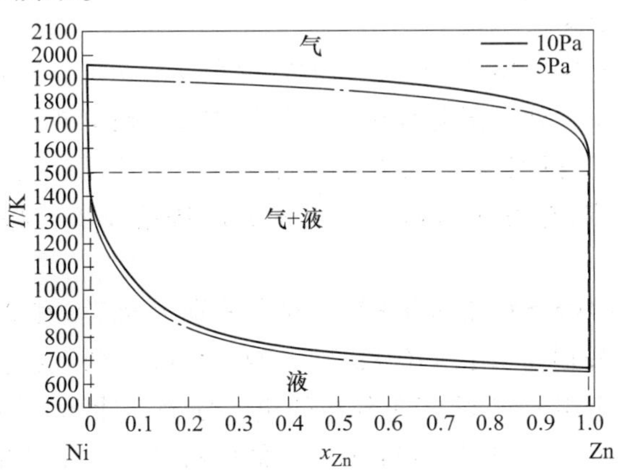

图 2-43 5~10Pa 条件下，由 Wilson 方程计算的 Zn-Ni 合金体系的气-液相平衡相图

由图 2-43 可知，低压有利于真空蒸馏分离 Zn-Ni 合金。当系统压力为 5Pa、蒸馏温度为 1500K 时，气相中锌含量为 0.9987，液相中镍含量为 0.999。

基于真空蒸馏理论研究结果，开展了 Zn-Ni（x_{Zn}：x_{Ni}为 0.5：0.5 和 0.8：0.2）二元合金的真空蒸馏实验[30]。表 2-44 和表 2-45 分别为两个不同配比的 Zn-Ni 合金真空蒸馏实验条件和实验结果。

表 2-44 Zn-Ni(x_{Zn}：x_{Ni} = 0.5：0.5)合金真空蒸馏实验条件和实验结果

T/K	p/Pa	t/min	$w_{Zn(l)}$/%	$w_{Zn(g)}$/%
1373	5	240	5.7512	99.8905
1423		210	1.6493	99.9964
1473		180	1.0057	99.9659
1523		150	0.5733	99.9578
1573		120	0.5029	99.9991

表 2-45 Zn-Ni（x_{Zn}：x_{Ni} = 0.8：0.2）合金真空蒸馏实验条件和结果

T/K	p/Pa	t/min	$w_{Zn(l)}$/%	$w_{Zn(g)}$/%
1173	5	360	13.7784	99.9910
1223		330	13.6679	99.9829
1273		300	11.0562	99.9955
1323		270	8.3942	99.9964
1373		240	5.4898	99.9964
1423		210	3.9719	99.9955

由表 2-44 可知，随着蒸馏温度的不断升高，液相中锌含量逐渐减少，当温度达到 1573K 时，液相中锌含量减少到 0.5029%，气相中锌含量为 99.9991%。由表 2-45 可知，随着蒸馏温度的不断升高，液相中锌含量逐渐减少，当温度达到 1423K 时，液相中锌含量减少到 3.9719%，气相中锌含量为 99.9955%。通过对比两个配比的真空蒸馏实验数据可知，真空蒸馏可以有效分离锌镍合金。

2.3.3.5 锌银合金真空蒸馏

锌银电池因其具有稳定的电压平台、高的能量密度和功率，以及安全可靠等特点被广泛应用于水下设备、军工行业和国防领域。性能优越的锌银电池作为潜水器的“心脏”为其水下作业、通信及应急保障提供了充足的电力供应，目前已应用于日本深海 6500、中国蛟龙号等载人潜水器。随着我国国防、军工领域的快速发展，将产生大量的锌银合金废料。

锌和银的熔点分别 419.5℃和 960.8℃，沸点分别为 907℃和 2147℃。在 1200℃时单质锌和镍的饱和蒸气压分别为 1.12×10^{8}Pa 和 2.24×10^{1}Pa，两者相差较大，易采用真空蒸馏分离。为实现锌银合金组元气-液相间分布的定量预测，计算并绘制了锌银二元合金气-液平衡相图，如图 2-44 所示。由图 2-44 可知，低压有利于真空蒸馏分离 Zn-Ag 合金。当系统压力为 5Pa，蒸馏温度为 1100K 时，气相中锌含量为 0.998，液相中银含量为 0.999。

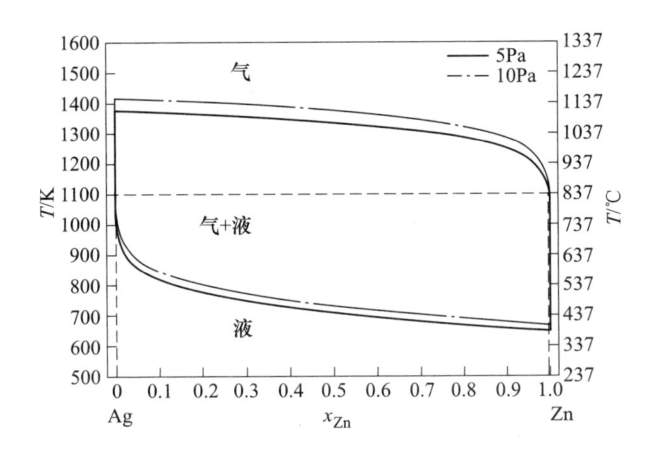

图 2-44 5~10Pa 条件下，由 Wilson 方程计算的 Zn-Ag 合金体系的气-液相平衡相图

基于真空蒸馏理论研究结果，开展了 Zn-Ag(x_{Zn} : x_{Ag}为 0.7 : 0.3 和 0.8 : 0.2)二元合金的真空蒸馏实验[30]。表 2-46 和表 2-47 分别为两个不同配比的 Zn-Ag 合金真空蒸馏实验条件和实验结果。

表 2-46 Zn-Ag（x_{Zn} : x_{Ag}=0.7 : 0.3）合金真空蒸馏实验条件和实验结果

T/K	p/Pa	t/min	$w_{Zn(l)}$/%	$w_{Zn(g)}$/%
1173	5	330	0.0141	91.6163
1223		300	0.0042	76.1995
1273		270	0.0023	81.3517
1323		240	0.0014	81.7759
1373		210	0.0038	70.3301

表 2-47 Zn-Ag（x_{Zn} : x_{Ag}=0.8 : 0.2）合金真空蒸馏实验条件和实验结果

T/K	p/Pa	t/min	$w_{Zn(l)}$/%	$w_{Zn(g)}$/%
1173	5	360	0.0232	95.9684
1223		330	0.0091	94.4975
1273		300	0.0056	85.4603
1323		270	0.0098	83.2665
1373		240	0.0026	84.5692

从表 2-46 和表 2-47 可知，真空蒸馏可有效分离锌银合金，得到纯度大于 95%的锌和纯度大于 99.99%的银。

2.3.3.6 锌镉合金真空蒸馏

锌镉合金广泛应用于高能射线探测半导体材料领域，也被用于制造耐腐蚀接头及锌镉合金复合镀层。此外火法炼锌过程中也会产生大量锌镉合金副产物，是提取金属镉的一种重要原料。目前，锌镉合金的处理方法一般为湿法或常压精馏法，湿法主要有溶剂萃取法、离子浮选法、液膜分离法、离子交换法、化学沉淀法等。现有的冶炼工艺存在成本较高、工艺复杂、流程较长及对环境有较大影响等问题。

锌和镉的熔点分别为420℃和321℃，沸点分别为907℃和756℃，在400℃时单质锌和镉的饱和蒸气压分别为1.36×10^3Pa和1.61×10^2Pa，两者相差较大，易采用真空蒸馏分离。为实现锌镉合金组元气-液相间分布的定量预测，计算并绘制了锌镉二元合金气-液平衡相图，如图2-45所示。

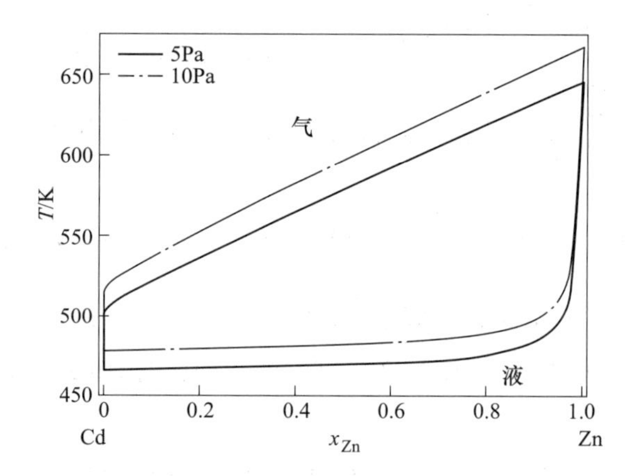

图2-45 5~10Pa条件下由MIVM模型计算的Zn-Cd合金体系的气-液相平衡相图

由图2-45可知，低压有利于真空蒸馏分离Zn-Cd合金。当系统压力为5Pa，蒸馏温度为500K时，气相中锌含量为0.975，液相中镉含量为0.990。

A 锌镉合金真空蒸馏小型试验

基于真空蒸馏理论研究，闫华龙等人[31]开展了锌镉合金真空蒸馏百克级试验。原料化学成分为：Zn 73.59%、Cd 26.31%、杂质0.10%。考察了不同温度和不同保温时间对镉直收率和镉纯度的影响，结果如图2-46和图2-47所示。由图2-46可知，随着蒸馏温度升高，镉纯度呈下降趋势，直收率呈上升趋势，说明提高蒸馏温度利于镉的挥发但会使镉纯度降低。由图2-47可知，更长的保温时间有利于镉的挥发，但同时会增加挥发物中锌含量，不利于在挥发物中得到纯度高的金属镉。

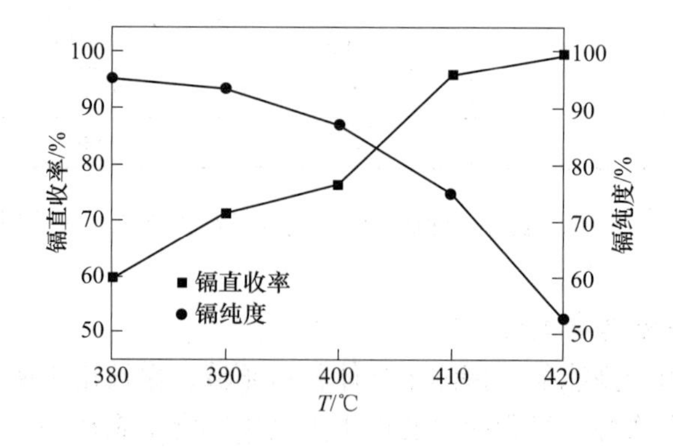

图2-46 保温时间60min时蒸馏温度对镉挥发的影响

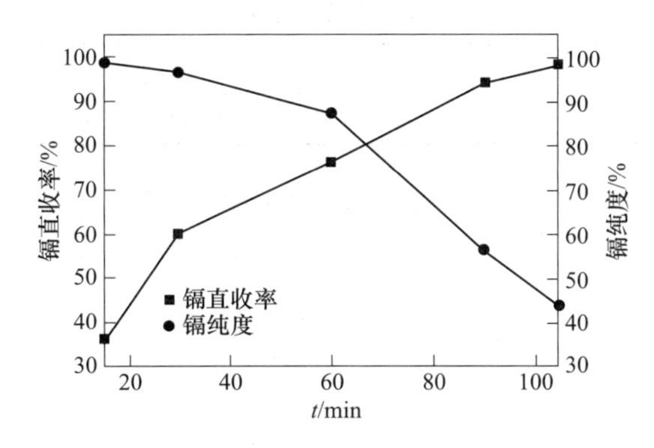

图 2-47 蒸馏温度 400℃时保温时间对镉挥发的影响

B 锌镉合金多级连续真空蒸馏半工业试验

李淑兰等人[32]基于小型实验结果，开展了锌镉合金真空蒸馏多级连续作业半工业试验。试验设备为内热式真空炉，结果见表 2-48。

表 2-48 多级连续真空蒸馏半工业试验结果

试验序号		1 号	2 号	3 号
原料成分/%	Cd	11.52	11.52	29.11
	Zn	87.32	87.32	68.72
进料速度/kg·h⁻¹		9.37	6.21	10.87
真空炉功率/kW		5.50	7.57	7.08
系统压力/Pa		1333~1866	666.5~1066.4	3065~3732
炉内温度/℃		700	700	700
蒸馏级数		15	20	20
连续进料时间/h		22.5	25	77.5
产出粗镉成分/%	Cd	81.65	92.91	99.94
	Zn	18.35	6.32	0.23
产出粗锌成分/%	Cd	5.52	0.26	3.83
	Zn	95.40	98.09	96.13
电耗/kW·h·t⁻¹		1704	2000	2100

基于上述实验结果，继续开展锌镉合金多试验，通过不断优化设备结构和不断调整实验参数，最终获得了高镉锌合金较佳的工业技术条件为：蒸馏温度为 670~700℃，真空度为 2600~3800Pa，进料速度为 10kg/h，20 级蒸馏，8 级进料，19 级出镉，1 级出锌。在此条件下蒸馏含 30%Cd 和 69.9%Zn 的高镉锌能产出含 Zn 96.13%、Cd 3.83%的粗锌及含 Cd 大于 99.9%的精镉。

2.3.3.7 热镀锌渣真空蒸馏

热镀锌渣是钢板、钢件热浸镀时铁溶解于锌液中形成的锌基合金，其组成为锌和少量铁，以及镀锌时加入的少量铝等。目前，国内外回收热镀锌渣的方法有熔析熔炼法、蒸馏法、真空蒸馏法、电解法和化学法[33]。除真空蒸馏法外均存在工艺流程长、生产成本高、“三废”排放大等缺陷。热镀锌渣成分见表 2-49。

表 2-49　热镀锌渣的成分

元素	Zn	Fe	Al	Pb	Sn	Cu	Si	Mg
含量/%	93.100	0.302	0.124	0.051	0.002	0.001	0.0045	0.0011

图 2-48 所示为热镀锌渣中锌和主要杂质元素的饱和蒸气压。由图 2-48 可知，锌的饱和蒸气压远高于杂质元素的饱和蒸气压，真空蒸馏分离时，锌优先挥发进入气相，Fe、Al 等杂质进入液相。

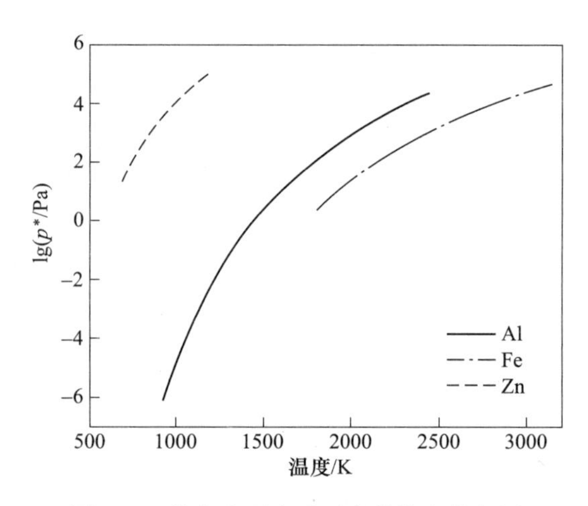

图 2-48　锌与主要杂质元素的饱和蒸气压

A　热镀锌渣真空蒸馏工业试验

基于小型实验结果，韩龙等人[34]开展了热镀锌渣真空蒸馏工业试验。实验设备为昆明理工大学 1991 年研制的大型卧式真空炉（见图 2-49），结果见表 2-50。实验获得的最佳工业生产条件为：温度为 1173K、系统压力为 50~100Pa、蒸馏时间为 14h。该工艺可一次处理 2.5t 热镀锌渣，吨渣电耗为1560.3kW·h，直收率大于 89%。锌锭中 Zn 大于 99.9%，杂质元素铁降低至 0.00148%，铝降低至 0.0028%。

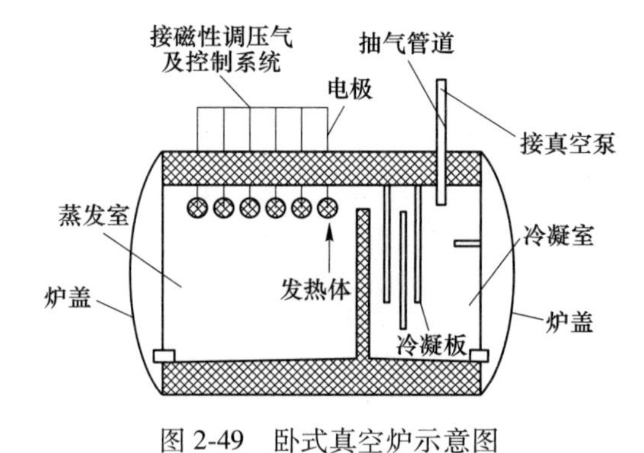

图 2-49　卧式真空炉示意图

B　热镀锌渣真空蒸馏工厂实践

杨斌等人[35]基于工业实验进行了工厂实践。该工艺采用间歇操作，作业条件为：额定电压为 380V、系统压力为 50~100Pa、作业时间为 16~20h。经过工厂实践，最终得到含锌大于99%、含铁小于0.003%的粗锌。锌的直收率大于85%（最高可达95%），且产渣率小于15%，电耗量小于1800kW·h/t。

表2-50 各炉次试车物料平衡

炉次	产出锌锭/t	总电耗/kW·h	直收率/%
1	2.034	3.780	89.21
2	2.230	3.960	93.89
3	2.169	3.816	91.33
4	2.165	3.732	91.15
5	2.201	4.020	92.67

由于真空蒸馏法能清洁高效地处理热镀锌渣，昆明理工大学开发的此项技术与卧式真空蒸馏炉已成功应用于韶关冶炼厂、武钢实业公司冶炼厂、水口山铅锌厂等工厂，产生了良好的经济效益和社会效益[36]。

2.3.3.8 银锌壳真空蒸馏

银锌壳是粗铋、粗铅火法精炼中加锌除银工序的产物，是银生产的重要原料之一。铅银锌壳主要成分为锌、银、铅，铋银锌壳主要成分为锌、银、铋。

银锌壳需经过处理，以分解回收其中三种元素。处理银锌壳的方法经过长时间的演变，从20世纪初的法普佛炉（Faber du Faur furnace）的常压蒸馏，到1957年勒菲尔炉的真空蒸馏，再到1960年的霍博肯（Hobo Ken）真空感应电炉，处理方法已经趋近成熟，但传统流程使用了多种设备，较冗长而复杂。昆明理工大学使用真空蒸馏法分离银锌壳中的锌，再通过多次蒸馏法分离铅、铋，得到粗银，粗银再通过电解得到纯银，流程如图2-50所示。

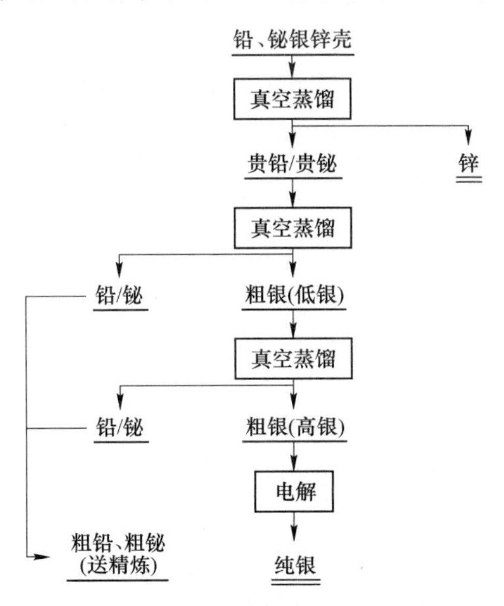

图2-50 真空法处理铅、铋银锌壳流程

A 银锌壳真空蒸馏的基本规律

锌、铅、银、铋四种元素的熔点和沸点见表2-51。图2-51为银锌壳中主要元素的饱和蒸气压。

表 2-51　银锌壳中主要元素的熔点和沸点

元素	Zn	Pb	Ag	Bi
熔点/℃	419.85	327.50	961.93	271.5
沸点/℃	907	1750	2163	1564

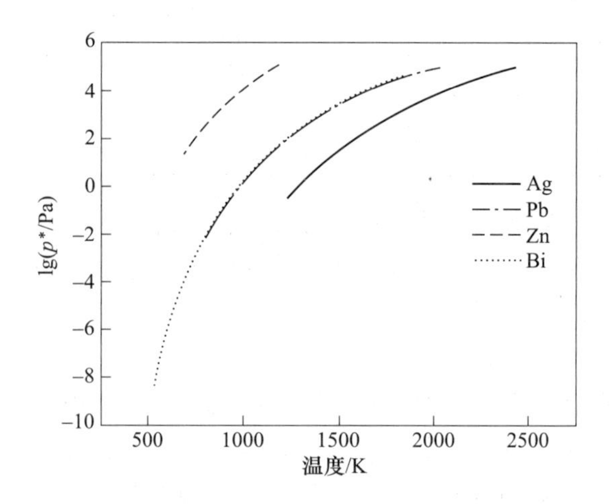

图 2-51　Zn、Pb、Ag、Bi 的饱和蒸气压

由表 2-51 可知，锌的沸点最低，银的沸点最高，铋的熔点最低，银的熔点最高。从图 2-51 可以看出，相同温度下，铅铋银锌壳所含元素的饱和蒸气压相差大，在合金蒸馏时锌优先挥发，其余元素残留在坩埚底部形成合金，再经多段蒸馏可实现银与铅铋分离。

B　铅银锌壳真空蒸馏实验

在蒸馏温度为 950℃、系统压力为 2.26~4.27Pa 的条件下，考察了不同保温时间对残留合金中 Pb、Zn 和 Ag 含量的影响，如图 2-52 所示。原料铅银锌壳 8854g，成分为锌含量 63.7%、铅含量 8.6%、银含量 26.85%。

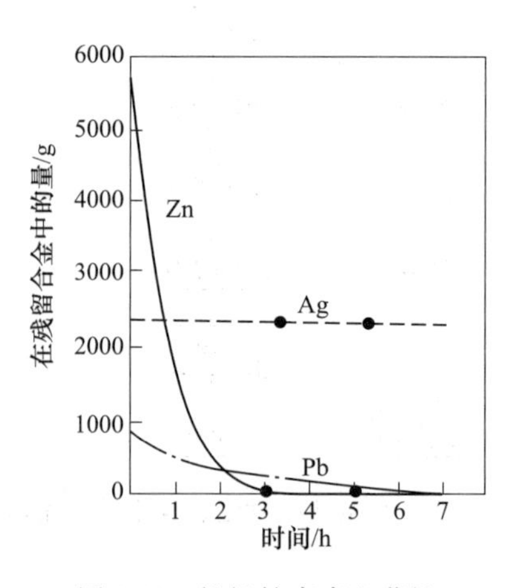

图 2-52　铅银锌壳真空蒸馏

由图 2-52 可知，铅银锌壳中的锌 3h 可挥发完，铅 7h 可挥发完，银不挥发或极少挥

发。结果表明，真空蒸馏工艺流程简短，金属分离彻底，无铋和锌的氧化物产生，金属直收率高，无污染。

C 铋银锌壳真空蒸馏实验

a 间断作业真空蒸馏处理铋银锌壳

采用内热式真空蒸馏炉，在蒸馏温度 980~1050℃、系统压力 26.6~93.3Pa、蒸馏时间 2~4h 的条件下，开展铋银锌壳间断式真空蒸馏实验。结果表明锌、铋挥发率在 90%以上，得到高银铋合金（Ag 67%~80%）、粗铋（Bi 98%）和粗锌（Zn 98%）。

b 连续作业真空蒸馏处理铋银锌壳

银锌壳投入熔化炉内，在覆盖剂保护下使合金熔化。待真空蒸馏炉内达到预定的蒸馏温度 970~1050℃和真空度为 4~40Pa 时进料。Ag-Bi-Zn 合金在真空蒸馏炉内挥发出锌和铋，气相中的锌和铋在不同的冷凝器上冷凝，分别得到粗铋和粗锌，由铋管和锌管放出。残留的高银铋合金（或粗银）通过出银管放出。此次连续作业处理 216kg 铋银锌壳，每小时处理量 40kg。连续作业的主要指标为：日处理量 0.8t，电耗 1251kW · h/t，高银铋合金含银 59%，粗铋含铋 98%和少量银，粗锌含锌 98%和少量铋，除原料中夹带的氧化物外，金属总回收率达 99%。结果表明连续式真空蒸馏处理铋银锌壳，制备高银铋合金、粗铋和粗锌是可行的[37]。

2.3.4 粗金属的真空蒸馏提纯

2.3.4.1 粗锡的真空蒸馏提纯

粗锡一般是由锡精矿经过炼前处理和还原熔炼得到，含有铁、砷、锑、铜、铅、铋等杂质元素，需要精炼除杂才可以满足使用要求。全球约 90%的精锡由火法精炼生产，火法精炼需经过离心（凝析）除铁、砷，加硫除铜，加铝除砷、锑，结晶分离除铅、铋等一系列的工序，这些过程中会产生大量铁砷渣、硫渣、铝渣等危险固废。火法精炼产生的渣量大，锡的直收率不高。

A 百克级实验

李一夫等人[38]开展了粗锡真空蒸馏小型实验，实验原料由某锡冶炼厂提供，原料以铜和铁的含量多少而区别为原料 A、B 两种，其化学成分见表 2-52。

表 2-52 原料化学成分 （%）

元素	Sn	Pb	Sb	Bi	As	Cu	Fe
原料 A	93.42	5.31	0.50	0.27	0.21	0.025	0.094
原料 B	92.22	5.21	0.71	0.36	0.25	0.55	0.51

分别对原料 A 和原料 B 开展两种粗锡（除过铜、铁与没有除铜、铁的）的真空蒸馏单因素提纯实验，考察蒸馏温度（900~1300℃以 100℃为增量）、料层厚度（60~140g 以 20g 为增量）和保温时间（15~55min 以 10min 为增量）对真空蒸馏效果的影响，得出原料 A 和原料 B 最佳分离条件为：蒸馏温度 1200℃，料层厚度（物料质量表征）80g，保温时间 35min。

B 工业实验

基于粗锡真空蒸馏百克级实验结果，开展了粗锡真空蒸馏工业实验，实验原料由某锡冶炼厂提供，原料中的铜、铁已经去除，化学成分见表 2-53。

表 2-53 粗锡化学成分

元素	Sn	Pb	Bi	As	Sb
含量/%	97.106	1.223	0.104	0.448	1.119

粗锡真空蒸馏工业实验的流程如图 2-53 所示。除铜、铁的粗锡经一次真空蒸馏得到真空锡和真空铅。确保真空锡中铅、铋含量达到锡锭 GB/T 728—2020 中 Sn 99.99A 级标准，通过加铝除砷锑、加氯化铵除残铝生产精锡。真空铅二次真空蒸馏得到二次铅和二次真空锡，二次真空锡返回真空处理。工业实验在系统压力 10~30Pa、蒸馏温度 1200℃以上进行，每隔 30min 监控产品锡中铅、铋含量，确保其含量达到锡锭标准。

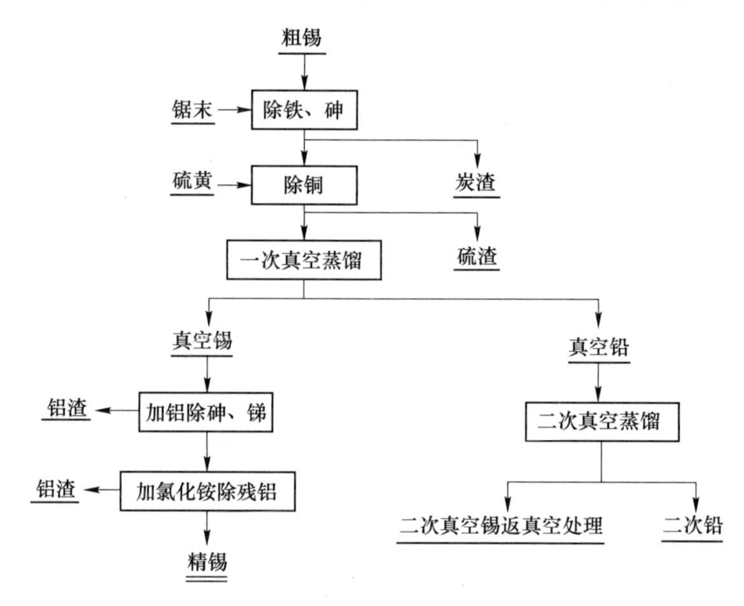

图 2-53 粗锡真空蒸馏工业实验流程

产品粗锡成品率 90.41%，其中锡直收率达 92.7%，铅、铋含量分别低于 0.0035%和 0.0025%，达到锡锭 GB/T 728—2020 中 Sn 99.99A 级标准，金属回收率达到 99.68%，约有 33.6%的砷以金属态回收。工业实验数据、产品化学成分见表 2-54 和表 2-55。

表 2-54 粗锡真空蒸馏工业实验数据

参数	工艺温度/℃	投入原料/kg	真空锡/kg	真空铅/kg	产品粗砷/kg	能耗/kW·h·t^{-1}	日处理量/kg
工业实验数据	1200~1400	65160	58909（占比 90.41%）	5814（占比 8.92%）	230（占比 0.35%）	316.513	18000~20000

表 2-55 产品化学成分 （%）

检测结果	Sn	Pb	Bi	As	Sb
真空锡	99.575	0.0015	0.0003	0.127	0.296
真空铅	75.71	12.48	1.78	2.05	7.98

在10~30Pa、1200~1400℃下锡的挥发已不可忽视，气相中锡含量升高，因此真空铅中锡含量高达75.71%，锡质量占原料中锡总质量的6.95%。此部分产品可经过第二次真空蒸馏，制得含锡少于1%的二次真空锡。

应用真空蒸馏的方法分离粗锡中的锑、砷、铅、铋等杂质，优化了锡火法精炼流程，固体渣减少80%以上、锡精炼成本约1000元/t，降低了20%，金属锡的直收率提高至97%。

C 粗锡真空蒸馏工厂实践

真空蒸馏提纯粗锡技术已在国内外多家锡冶炼厂应用，代表性企业技术经济指标见表2-56。

表2-56 粗锡真空蒸馏主要技术经济指标

指标	国内A厂	国内B厂
炉子能力/t·(台·d)$^{-1}$	20~25	40~45
进料速度/kg·h^{-1}	833~1042	1667~1875
蒸馏温度/℃	1300~1450	1400~1550
产品锡中各元素含量/%	Sn 99.7~99.9、Pb 0.002~0.005	Sn 99.7~99.9、Pb 0.002~0.005
金属回收率/%	99.90	99.90
锡直收率/%	65~72	65~72
烟尘率/%	0.1	0.1
总渣率/%	0.5~5	0.5~5
电耗/kW·h·t^{-1}	500~600	500~600
每吨物料消耗水量/t	0.14~0.21	0.18~0.25
年产值/万元	24000	36000

2.3.4.2 粗铅的真空蒸馏提纯

粗铅通常指的是铅精矿熔炼产出的中间粗合金产品，常有的杂质和伴生元素有铜、锡、银、金、锌、砷、锑、铋、碲等。粗铅需进一步精炼除去其中夹杂的金属杂质，得到纯度不小于99.9%的精铅并回收铜、银和铋等金属。粗铅传统精炼的方法有全火法和火法—电解法两种。目前世界上采用火法精炼的冶炼厂较多，约占世界精铅产量的70%，只有加拿大、秘鲁、日本和我国的一些炼铅厂采用火法初步精炼—电解精炼。

典型的火法精炼流程如图2-54所示，该流程具有设备简单、投资少、生产周期短，并可以按粗铅成分和市场需求采用不同的工序等特点，特别适宜处理含铋和贵金属较低的粗铅，但也有工序多、铅直收率低、劳动条件差、副产品种类多的缺陷。典型的电解精炼流程如图2-55所示，该流程产品质量高、生产过程稳定、操作条件好，特别适宜处理含银和铋高的粗铅，但其生产周期长、投资较大、占用资金量大。鉴于粗铅火法精炼和电解精炼的各自不足，开发一种工艺相对简单、铅直收率较高、对环境危害较少的粗铅精炼方法是十分必要的。

随着真空冶金的快速发展，国内外都曾考虑过粗铅真空精炼的可行性，如Kroll于1935年提出真空除锌法，除去加锌除银后粗铅中的残留锌；Isbell于1947年将真空除锌法

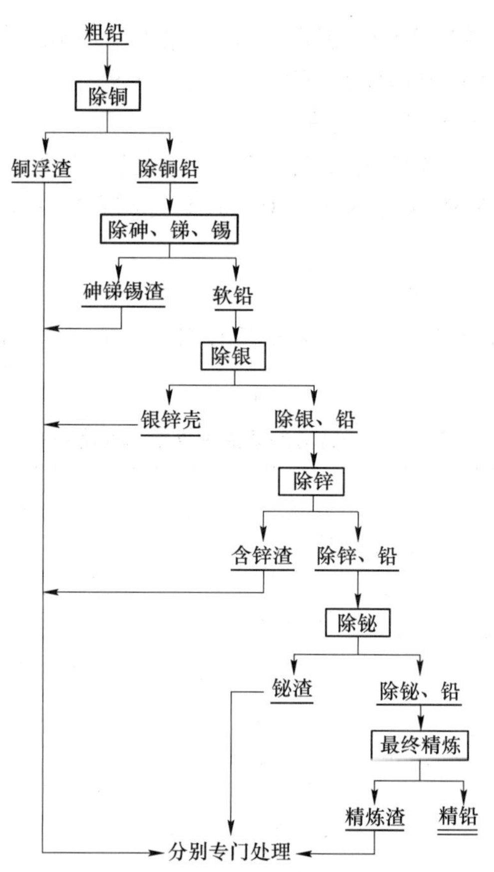

图 2-54　粗铅典型的火法精炼流程

应用于工业实践，现在世界上火法精炼铅厂几乎都采用此法；Swansea 于 20 世纪 60 年代提出用真空法处理炼锌鼓风炉的冷凝铅，解决了铅蒸气对车间环境的污染；昆明理工大学真空冶金工程研究中心近些年做了许多研究工作，提出了粗铅两段真空蒸馏直接精炼原则流程，如图 2-56 所示。

A　粗铅（铅熔体）真空蒸馏的热力学分析

考虑铅与各杂质元素 i 构成的 Pb-i 系，其稀溶液的活度系数由文献查知，计算出 1000℃时的饱和蒸气压 p_{Pb}^* 和 p_i^*，经计算后表明：$\beta_i^*>1$ 的元素有 Cd、Tl、Zn、Sb、(As)；$\beta_i^*<1$ 的元素有 Cu、Sn、Ag、Au、In；β_i^* 与 1 相近且略小于 1 的有 Bi。因此，当铅大量挥发时，Cd、Tl、Zn、Sb、(As) 若在粗铅中存在，将与铅一起挥发；Cu、Sn、Ag、Au、In 则组成残留合金。

粗铅（铅熔体）真空蒸馏时，气-液相平衡成分图是进行蒸馏所必要的理论参考，可据此估计一次蒸馏的分离效果，对实验及生产都有其重要的意义。图 2-57 为计算得到的粗铅中 Pb-Cu、Pb-Sn、Pb-Ag、Pb-Zn、Pb-Sb 和 Pb-Bi 系气-液相平衡图[39]，理论计算温度范围为 1273～1523K。

从 Pb-i 系气-液相平衡图上可以判断，随着液相中 Cu、Sn 和 Ag 含量的增加，气相中 Cu、Sn 和 Ag 的含量增加较少；液相中 Cu、Sn 和 Ag 含量不变的条件下，随着蒸馏温度的升高，气相中 Cu、Sn 和 Ag 的含量逐渐增大，在保证铅大量挥发的情况下，降低蒸馏温度

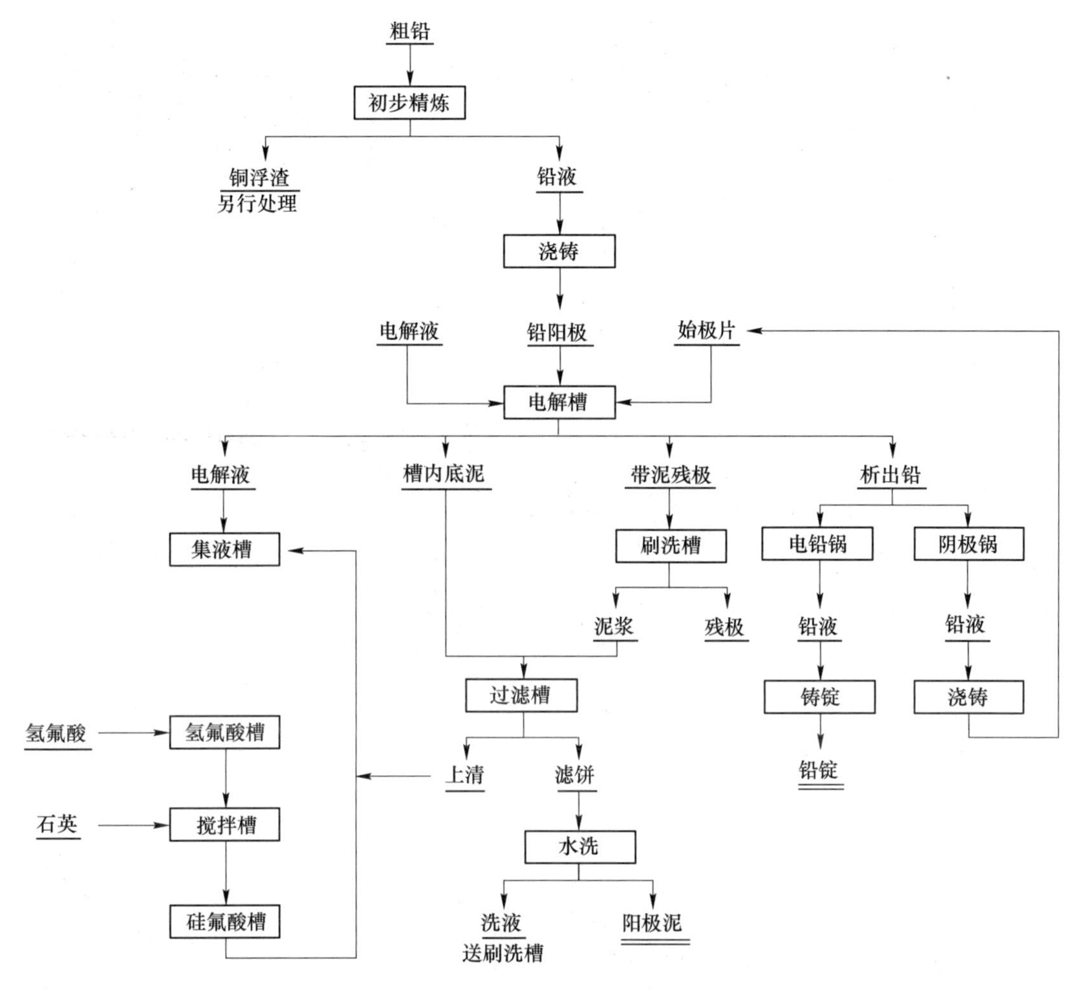

图 2-55 粗铅典型的电解精炼流程

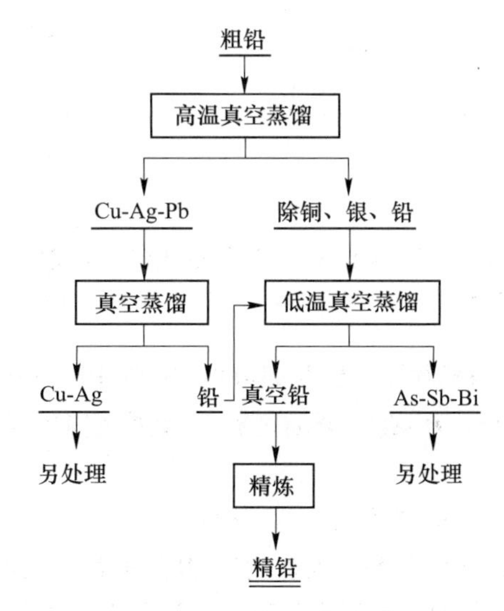

图 2-56 粗铅两段真空蒸馏直接精炼原则流程

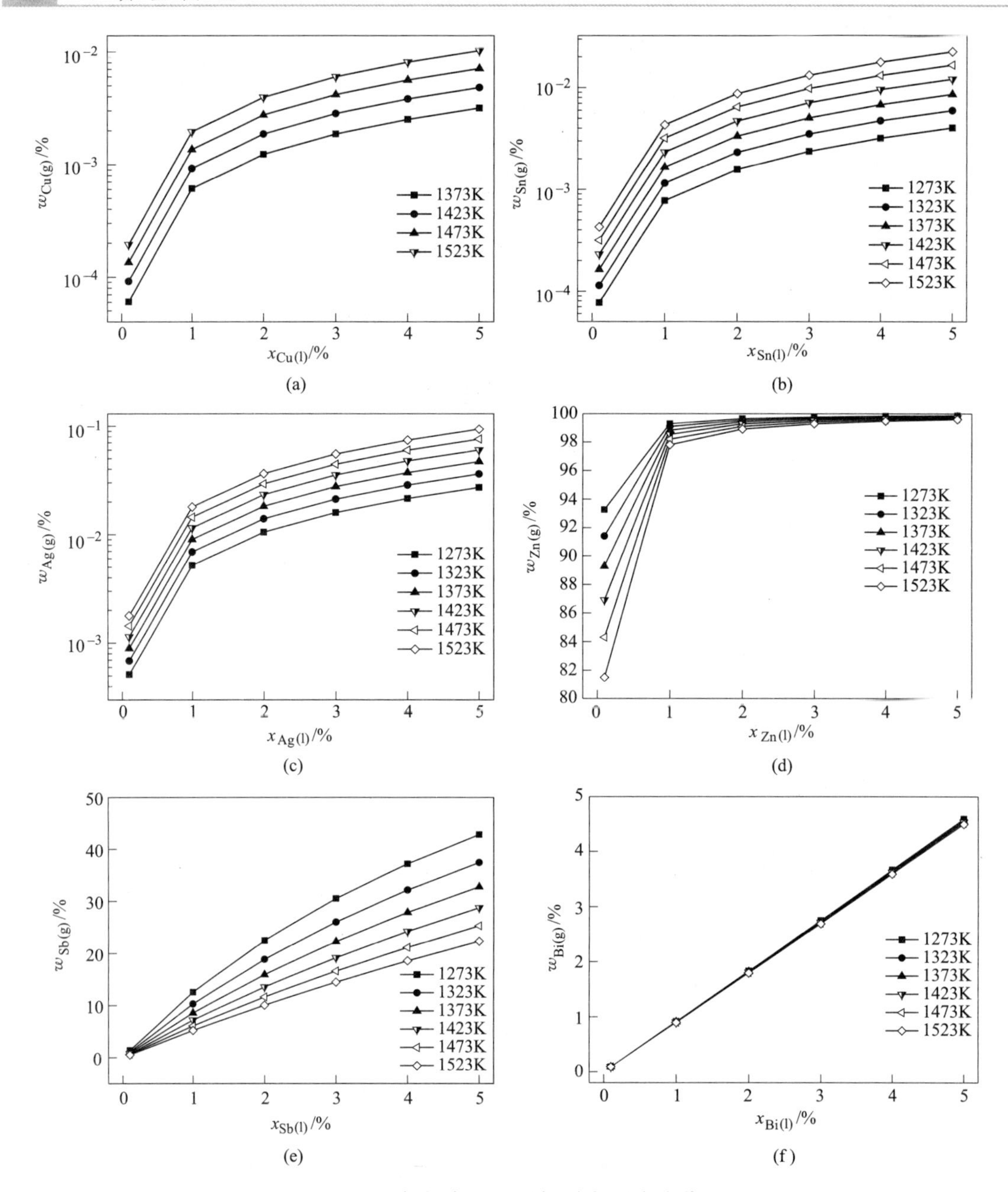

图 2-57　粗铅中 Pb-i 系气-液相平衡成分

(a) Pb-Cu 系；(b) Pb-Sn 系；(c) Pb-Ag 系；(d) Pb-Zn 系；(e) Pb-Sb 系；(f) Pb-Bi 系

有利于分离 Cu、Sn 和 Ag。粗铅中 Zn 及大部分的 Sb 随 Pb 一起挥发进入气相，因而需进行二次低温蒸馏分离 Zn 和 Sb。Bi 真空蒸馏之后气-液两相中含量都基本一样，真空蒸馏很难实现 Bi 与 Pb 的分离。

B　粗铅（铅熔体）真空蒸馏的动力学分析

根据温度、压强及粗铅熔体性质等因素计算了粗铅中各金属的蒸发速率，为粗铅（铅熔体）真空蒸馏提供一定的理论依据。粗铅中各组元的蒸发速率计算所得值如图 2-58 所示。

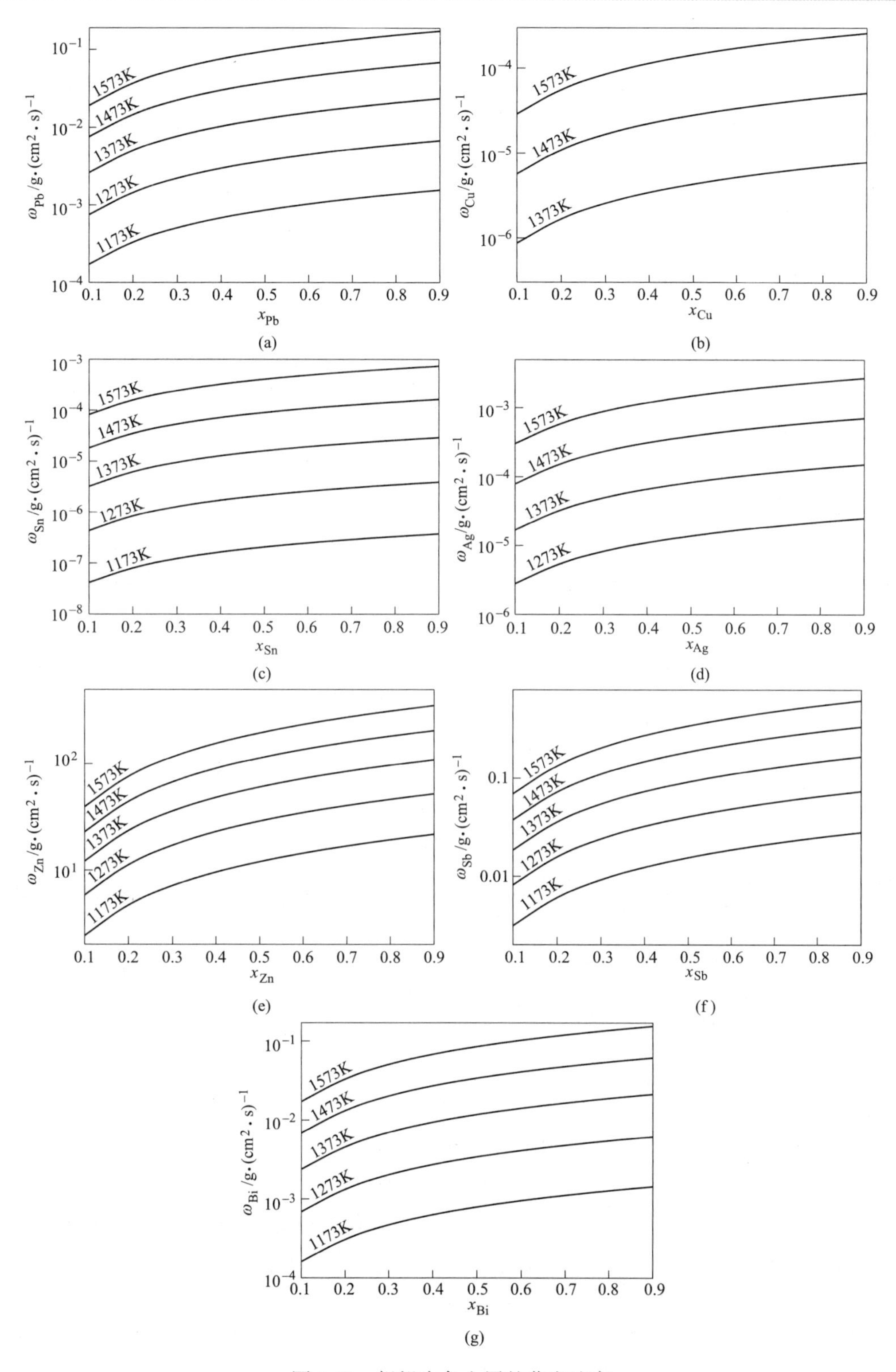

图 2-58 粗铅中各金属的蒸发速率

(a) Pb 的蒸发速率；(b) Cu 的蒸发速率；(c) Sn 的蒸发速率；(d) Ag 的蒸发速率；
(e) Zn 的蒸发速率；(f) Sb 的蒸发速率；(g) Bi 的蒸发速率

从图 2-58 可以看出，粗铅中的 Pb 在温度 1173～1573K 范围内，其蒸发速率 ω_{Pb} 为 10^{-3}～10^{0}g/(cm^2·s)。随着温度的升高，Pb 的蒸发速率逐渐增大。随着其含量的增加，Pb 的蒸发速率也是逐渐增大的，在温度为 1573K 的条件下，Pb 的蒸发速率可以达到 0.17g/(cm^2·s)。

粗铅中的 Cu 在温度 1373～1573K 范围内，其蒸发速率 ω_{Cu} 为 10^{-6}～10^{-3}g/(cm^2·s)。随着温度的升高，Cu 的蒸发速率逐渐增大，随着其含量的增加，Cu 的蒸发速率也是逐渐增大的，在温度为 1573K 的条件下，Cu 的蒸发速率非常低，只能达到 0.00026g/(cm^2·s)。

粗铅中的 Sn 在温度 1173～1573K 范围内，其蒸发速率 ω_{Sn} 为 10^{-8}～10^{-2}g/(cm^2·s)。随着温度的升高，Sn 的蒸发速率增大的很明显，其蒸发速率变化范围较大，随着其含量的增加，Sn 的蒸发速率也是逐渐增大的，在温度为 1573K 的条件下，Sn 的蒸发速率很低，只能达到 0.00074g/(cm^2·s)。

粗铅中的 Ag 在温度 1273～1573K 范围内，其蒸发速率 ω_{Ag} 为 10^{-6}～10^{-2}g/(cm^2·s)。随着温度的升高，Ag 的蒸发速率逐渐增大，随着其含量的增加，Ag 的蒸发速率也是逐渐增大的，在温度为 1573K 的条件下，Ag 的蒸发速率较低，只能达到 0.0027g/(cm^2·s)。

粗铅中的 Zn 在温度 1173～1573K 范围内，其蒸发速率 ω_{Zn} 为 10^{0}～10^{3}g/(cm^2·s)。随着温度的升高，Zn 的蒸发速率逐渐增大，随着其含量的增加，Zn 的蒸发速率也是逐渐增大的，在温度为 1573K 的条件下，Zn 的蒸发速率很高，高达 354.24g/(cm^2·s)，远远高于其他蒸发金属组元，其蒸发速率甚至是 Pb 的 2000 多倍。

粗铅中的 Sb 在温度 1173～1573K 范围内，其蒸发速率 ω_{Sb} 为 10^{-3}～10^{0}g/(cm^2·s)。随着温度的升高，Sb 的蒸发速率逐渐增大，随着其含量的增加，Sb 的蒸发速率也是逐渐增大的，在温度为 1573K 的条件下，Sb 的蒸发速率较高，可以达到 0.62g/(cm^2·s)。

粗铅中的 Bi 在温度 1273～1573K 范围内，其蒸发速率 ω_{Bi} 为 10^{-4}～10^{0}g/(cm^2·s)。随着温度的升高，Bi 的蒸发速率逐渐增大，随着其含量的增加，Bi 的蒸发速率也是逐渐增大的，在温度为 1573K 的条件下，Bi 的蒸发速率也较高，可以达到 0.15g/(cm^2·s)。

由以上分析可知，粗铅熔体中蒸发速率比 Pb 高的有 Zn 和 Sb，Bi 的蒸发速率与 Pb 相近，Cu、Sn 和 Ag 的蒸发速率远远比 Pb 低，而 Cu 的蒸发速率在粗铅熔体中最低。Cu、Sn 和 Ag 较 Pb 难以挥发，Zn 和 Sb 比 Pb 易挥发。Bi 与 Pb 相近，真空蒸馏难以分离 Bi 和 Pb。

C 粗铅两段真空蒸馏精炼实验研究

结合前述理论分析，直接采用两段真空蒸馏实现粗铅的提纯，即对粗铅原料进行一次高温真空蒸馏脱除高沸点杂质铜、锡、银等，二次低温真空蒸馏脱除低沸点杂质砷、锑、锌等。所用原料为云南蒙自矿冶产出的熔炼粗铅，其化学成分见表 2-57。其余杂质含量总和为 0.02%，未做探讨。

表 2-57 粗铅的化学成分

元素	Pb	Cu	Sn	Ag	Zn	As	Sb	Bi
质量分数/%	92.88	2.46	0.78	0.67	0.6	1.04	1.28	0.27

粗铅高温—低温二段真空蒸馏实验分为两步进行。粗铅先在系统压力为 5～15Pa、蒸

馏温度为1373K、恒温时间30min的条件下进行高温真空蒸馏，再在系统压力为5～15Pa、蒸馏温度为973K、恒温时间30min的条件下进行低温真空蒸馏，各杂质的脱除情况及蒸馏铅中各杂质含量见表2-58[41-43]。

表2-58　粗铅高温—低温两段真空蒸馏精炼杂质的脱除率及含量　（%）

元素	粗铅中各组元含量	蒸馏铅中各组元含量	脱除率	Pb 99.90	铅阳极板
Cu	2.46	0.0026	99.99	0.01	0.03～0.08
Sn	0.78	0.0042	99.50	0.005	<0.25
Ag	0.67	0.0144	98.00	0.002	0.1～0.4
Zn	0.60	0.0064	99.00	0.002	—
As	1.04	0.0011	99.90	0.01	0.1～1
Sb	1.28	0.184	86.56	0.05	0.4～1
Bi	0.27	0.287	0.92	0.03	0.2～0.04
Pb	92.88	99.50	—	99.90	>98

粗铅经高温—低温二段真空蒸馏，Cu的脱除率高达99.99%，蒸馏铅中Cu含量仅为0.0026%，其含量符合Pb 99.90精铅要求。Sn的脱除率达到99.5%，蒸馏铅中Sn含量为0.0042%，其含量也符合Pb 99.90精铅要求。Zn和As的脱除率分别高达99%和99.9%，蒸馏铅中Zn和As含量分别仅为0.0064%和0.0011%，Zn的含量高于Pb 99.90精铅要求，As的含量基本上符合Pb 99.90精铅要求。Ag、Sb的脱除率分别为98%和86.56%，蒸馏铅中Ag和Sb的含量高于Pb 99.90精铅要求，所得蒸馏铅需进一步精炼除银、锑。

粗铅电解精炼对Cu和Sn含量要求很严格，Cu、Sn含量分别不得高于0.06%和0.01%，当蒸馏铅中Cu和Sn含量符合要求时，可以考虑直接进铅电解系统进一步电解精炼除银、锑等。

与粗铅精炼的常规流程相比，两段真空蒸馏直接精炼的流程将精炼分步除杂的工序精简为高温真空蒸馏—低温真空蒸馏—电解精炼，大大简化了工序，而且避免了传统火法初步精炼—电解精炼流程中的重污染问题，同时减轻了电解段的杂质脱除负担。采用两段真空蒸馏直接精炼，精炼流程大为简化、过程清洁，金属综合回收率可得以显著提升。

D　真空蒸馏法生产高纯铅实验研究

昆明理工大学研究了一种直接真空蒸馏的方式生产高纯铅的方法，以99.99%的精铅为原料，得到纯度高于99.9995%高纯铅，小型实验高纯铅产物成分和工业试验高纯铅产品成分具体结果见表2-59和表2-60。

表2-59　小型实验高纯铅产物成分　（%）

元素	Ag	Cu	Bi	As	Sb	Sn	Zn	Fe	Cd	Ni	Se	Te
原料	0.0003	0.0003	0.0009	0.0005	0.0006	0.0003	0.0004	0.0004	0.0001	0.0001	0.0001	0.0001
产物	0.000005	0	0.00023	0	0.00001	痕量	0	痕量	0	0	0	0

真空高温气化—定向冷凝可以深度分离精铅中低沸点杂质As、Cd、Zn、Se、Te和高沸点Ag、Sn、Cu、Fe、Ni。精铅经一次提纯作业，杂质As、Cd、Zn、Sn、Cu、Fe、Ni的含量可达到国家的99.9999%超纯铅标准。该工艺单台设备连续制备高纯铅的能力为10～

15t/d，间断生产能力为 1.5~2t/d。高纯铅产品质量稳定，生产效率、铅直收率等技术指标远高于现行电解和区熔制备工艺，具有良好的产业化应用前景。

表 2-60　工业试验高纯铅产品成分　(%)

元素	Ag	Cu	Bi	As	Sb	Sn	Zn	Fe	Cd	Ni	Se	Te
原料	0.0003	0.0003	0.0009	0.0005	0.0006	0.0003	0.0004	0.0004	0.0001	0.0001	0.0001	0.0001
残留物	0.0004	0.00032	0.0008	0.0002	0.0001	0.0004	0.0002	0.0006	微量	0.0001	0.00003	0
挥发物	微量	0.00003	0.0002	0.0008	0.0012	0.001	0.0003	0.00005	微量	0.00001	0.002	0.0013
产品	0.00006	0.0001	0.0004	0.0003	0.0002	0.0001	0.00005	0.00008	微量	0.00003	0.0001	0.0001

2.3.4.3　粗锌的真空蒸馏提纯

高纯锌是重要的战略电子材料，是制造现代化设备必不可缺的战略金属材料。纯度介于 99.999%~99.99999%(5N~7N) 的高纯锌可广泛应用于制备半导体材料、高纯金属还原剂、合金及汽车工业中的精密铸件，还可以用于制备多种高纯金属盐类和高纯金属有机化合物等。特别是以 99.99999%(7N) 超高纯锌为原料制备的三元或多元合金和化合物半导体，是电子和光电子元件的重要原材料。现在常用的高纯锌制备方法包括电解法、真空蒸馏法、区域熔炼法等，金属锌的提纯可以采用上述一种或多种方法联合使用，具体操作方法可根据产品纯度要求、成本及生产条件等因素综合考虑。

A　粗锌真空蒸馏理论分析

锌的熔沸点分别为 419.6℃ 和 907℃，相比于其他元素，锌的熔沸点较低，通过真空蒸馏进行提纯难度相对较小，且真空蒸馏法本身就具备产品纯度高、能耗低、设备经济简单、无污染、劳动强度小的优点，这使得真空蒸馏法成为高纯锌制备极具前景的方法[44]。

金属锌的真空蒸馏提纯基于锌与杂质元素熔沸点、饱和蒸气压、锌与杂质分离系数不同的原理，在适宜的温度下对粗锌进行挥发蒸馏。饱和蒸气压大的元素会挥发并于冷凝器上冷凝，而饱和蒸气压较小的杂质残留在渣相中，从而达到锌与杂质分离的目的。王优等人[45]根据分离系数判据，利用纯物质饱和蒸气压方程和杂质元素 i 在二元系 i-Zn 富锌端的活度系数 γ，计算出了相应温度下 i-Zn 二元系在富锌端的分离系数。

从锌与杂质的分离系数可以看出，粗锌中的大多数金属杂质可以通过真空蒸馏的方法脱除。其中镉元素较难除去，这是由于镉和锌具有相似的饱和蒸气压且镉锌二元系的分离系数接近于 1。但因为锌和镉具有不同的冷凝温度，所以可通过分段冷凝的方法分离锌和镉[46]。通常情况下，经过一次蒸馏，锌的纯度可以达到 99.999%(5N)，经过二次蒸馏后，锌的纯度可达 99.9999%(6N) 以上。图 2-59 为真空蒸馏法制备高纯锌的流程。

B　粗锌真空蒸馏实验研究

粗锌真空蒸馏提纯实验结果表明，随着蒸馏温度升高和保温时间延长，锌的挥发率不断增大。金属锌挥发率与蒸馏温度和保温时间的关系如图 2-60 所示。当蒸馏温度为 873K 时，金属锌的最大挥发率仅接近 20%，当温度为 923K 时，随着保温时间的增加，挥发率随之缓慢增大，最大为 65.5%，而在温度为 973K 和 1023K 的条件下，随着保温时间的延长，挥发率急剧增加，最大挥发率为 96%。从挥发动力学角度分析，在 873K 的条件下，金属锌的挥发速率低，因而随着保温时间的延长，挥发率的增加较为缓慢；而在 973K 和

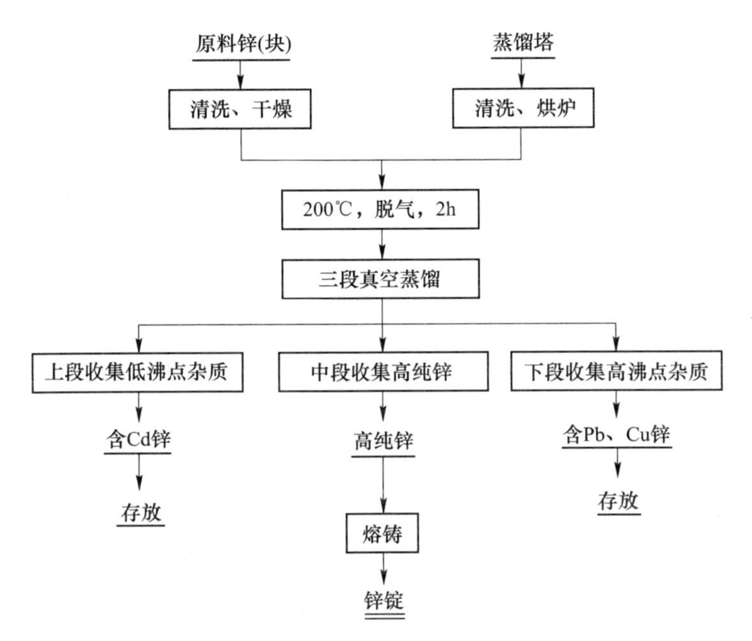

图 2-59 真空蒸馏法制备高纯锌的流程

1023K 条件下，锌的挥发速率较大，因此随着保温时间的延长，挥发率急剧增加，前 10min 锌的挥发率已超过 50%。从挥发速率变化趋势来看，前 5min 锌挥发率约为 15%，其平均挥发速率在 5~10min 内达到最大值，10min 后又减小，这是由于金属锌的挥发速率受传热影响，与 5~10min 相比，10~30min 内的锌挥发速率降低，是由于未挥发的锌表面存在一定浓度的锌蒸气，抑制了锌的快速挥发。

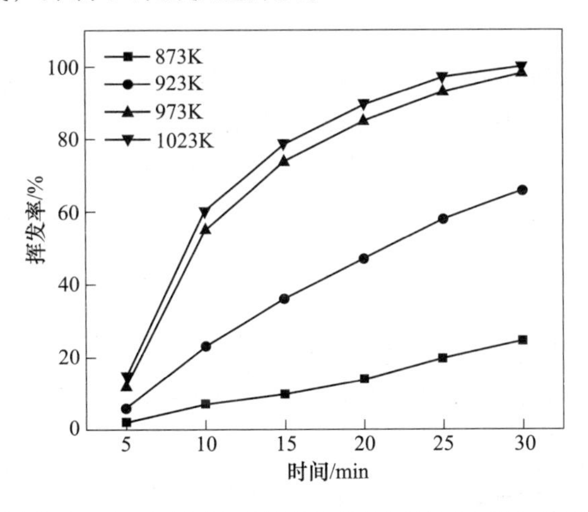

图 2-60 金属锌挥发率与挥发温度和保温时间的关系

为了更加直观地了解锌在真空蒸馏过程中的挥发行为，可以通过式（2-27）对金属锌的理论挥发速率进行计算：

$$\omega = 4.376 \times 10^{-4} \alpha p \sqrt{\frac{M}{T}} \tag{2-27}$$

式中，ω 为挥发速率；α 为适应系数；p 为锌蒸气压力；M 为相对分子质量；T 为绝对温度。

式（2-27）是真空条件下金属挥发速率的重要公式，它确定了理论最大挥发速率与蒸气压和温度的关系。考虑到分子间作用力、分子碰撞和其他因素，当加热温度达到金属的熔点时，$\alpha<1$；随着温度的升高，α 逐渐趋近于 1。对金属而言，α 一般取为 1。计算时取系统压力为 10Pa，加热温度为 973K，此时锌最大挥发速率为 1.1346×10^{-3}g/(cm^2·s)。

在实际实验过程中，可采用式（2-28）计算金属锌的平均挥发速率：

$$\omega = \frac{M_0 - M_1}{tS} \times 100\% \tag{2-28}$$

式中，ω 为金属锌的平均挥发速率；t 为挥发时间；S 为锌块表面积；M_0 为初始阶段原料质量；M_1 为残余物质量。

当系统压力为 10Pa、加热温度为 973K 时，锌在不同保温时间段内的平均挥发速率计算结果见表 2-61。

表 2-61　锌在不同保温时间段内的平均挥发速率

保温时间段/s	0~300	300~600	600~900	900~1200	1200~1500	1500~1800
平均挥发速率/g·(cm^2·s)$^{-1}$	2.4965×10^{-4}	8.9460×10^{-4}	3.9529×10^{-4}	2.2885×10^{-4}	1.6644×10^{-4}	1.0818×10^{-4}

计算结果表明锌在 10Pa 下加热温度为 973K 时的平均挥发速率与理论挥发速率基本一致，并且开始加热后 5~10min 时平均挥发速率达到最大值，为 8.9460×10^{-4}g/(cm^2·s)，然后逐渐降低。通过对不同温度下锌和杂质挥发速率的计算，可以有效指导真空法提纯粗锌所需时间和温度条件。

实验研究了不同加热温度和系统压力下锌蒸气的冷凝行为，系统压力为 10Pa 时，锌蒸气起始冷凝温度为 623K，冷凝结束温度为 503K，其冷凝温度不随加热温度的变化发生改变，在此条件下，锌蒸气将跨过液相直接由气态冷凝成固态锌。图 2-61 为系统压强 10Pa、保温 30min 时不同挥发温度下锌蒸气的冷凝温度和冷凝物质量分布。

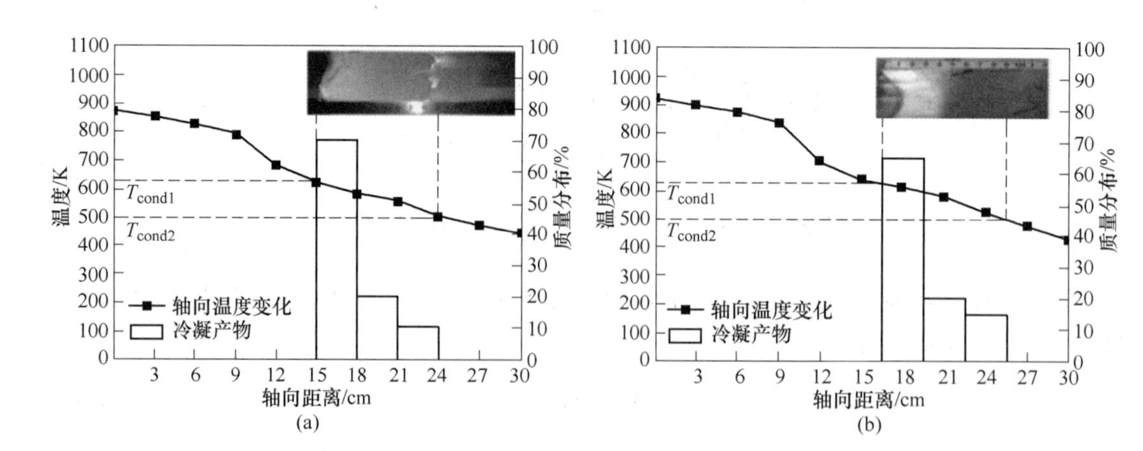

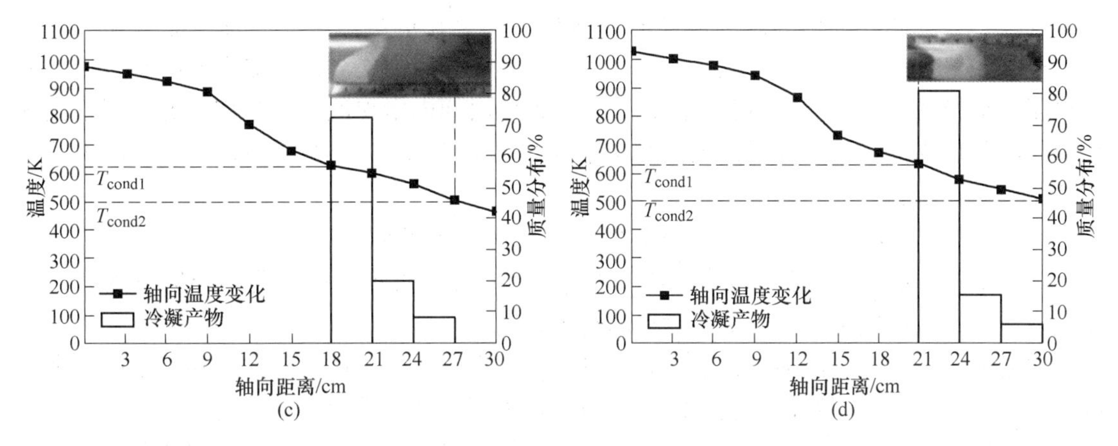

图 2-61 不同加热温度下锌蒸气冷凝温度和冷凝物质量分布

(a) $T_0=873K$; (b) $T_0=923K$; (c) $T_0=973K$; (d) $T_0=1023K$

由于锌的三相点压强为 13.3Pa，若要实现锌的气-液-固之间三相转化，则需系统压强高于三相点压强。图 2-62 为系统压强 200Pa、保温 30min 时不同挥发温度下锌蒸气的冷凝温度和冷凝物质量分布。当充入氩气使系统压力为 200Pa 时，锌蒸气的起始冷凝温度和冷凝结束温度随热源温度的变化发生改变，这是由于当系统压力为 10Pa 时，炉内没有其他

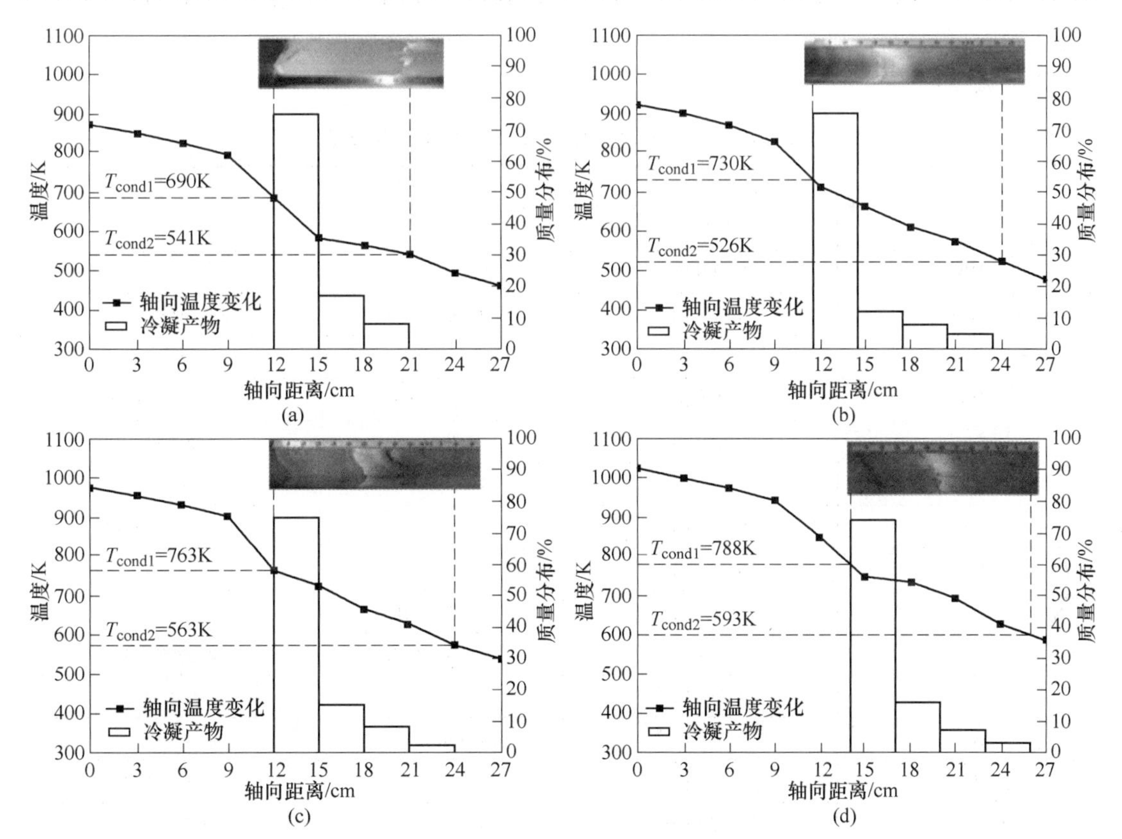

图 2-62 不同加热温度下锌蒸气冷凝温度和冷凝物质量分布

(a) $T_0=873K$; (b) $T_0=923K$; (c) $T_0=973K$; (d) $T_0=1023K$

流动气体，锌气体分子相互碰撞或与器壁碰撞后，会在适当的温度下发生能量损失并冷凝。但引入氩气后，锌蒸气与氩气对流碰撞，在热源温度附近会损失能量并冷凝，不同的加热温度会导致不同的冷凝温度区间，并且在保温时间内出现液相，在熔点温度附近出现明显的液相边界。在此条件下锌蒸气的初始冷凝温度 T_{cond1} 与不同热源温度 T_{source} 的关系可以表示为：

$$T_{source} = 1.5367T_{cond1} - 195.296 \tag{2-29}$$

式（2-29）的相关系数 $R^2=0.983$，造成锌蒸气冷凝温度发生变化的原因可能是非凝结性气体的引入影响了锌蒸气冷凝过程的传热系数。

在粗锌的真空蒸馏提纯过程中，温度过低，导致锌的挥发速率低，不利于生产效率的提高；温度过高，非挥发性杂质可能进入冷凝物中影响产品质量。

在系统压力为10Pa、加热温度为973K、保温30min的条件下，在管式真空炉中进行了粗锌真空蒸馏提纯实验研究。将距加热位置轴向距离较近的冷凝物标记为1号，将距加热位置轴向距离较远的冷凝物标记为2号，锌原料与一次蒸馏冷凝物中杂质含量见表2-62，对两个不同温度下的冷凝产物样品进行杂质含量检测，高温冷凝区内的冷凝物纯度可达99.9993%，其中，铝含量由 $3.95\times10^{-1}\%$ 降低到 $1.39055\times10^{-4}\%$，镉含量由 $8.21\times10^{-2}\%$ 降低到 $3.59404\times10^{-4}\%$。在低温冷凝区间内的锌纯度达到了99.9854%，其中，铝含量由 $3.95\times10^{-1}\%$ 降低到 $6.68992\times10^{-4}\%$，镉含量由 $8.21\times10^{-4}\%$ 降低到 $4.57979\times10^{-3}\%$。通过挥发冷凝过程和不同轴向距离下杂质元素与主金属元素的重新分配，将铝、铁含量降低了3个数量级。

表2-62　锌原料与一次蒸馏冷凝物中杂质含量　（%）

杂质元素	质量分数		
	原料锌	1号	2号
Mg	3.79×10^{-4}	—	—
Al	3.95×10^{-1}	1.39055×10^{-4}	6.68992×10^{-4}
Cr	1.09×10^{-3}	—	5.05689×10^{-4}
Mn	3.77×10^{-5}	4.03935×10^{-5}	3.81095×10^{-4}
Fe	8.47×10^{-3}	6.5814×10^{-6}	5.26732×10^{-4}
Co	2.31×10^{-5}	9.77501×10^{-6}	3.4779×10^{-5}
Ni	6.52×10^{-5}	—	6.90344×10^{-5}
Cu	6.85×10^{-4}	—	—
As	5.43×10^{-5}	1.799×10^{-5}	—
Cd	8.21×10^{-2}	3.59404×10^{-4}	4.57979×10^{-3}
Sn	2.11×10^{-3}	—	—
Sb	9.38×10^{-5}	1.15462×10^{-4}	—
Pb	3.70×10^{-5}	—	7.61313×10^{-3}
Ag	4.63×10^{-6}	—	2.2884×10^{-4}
锌纯度	99.50	99.9993	99.9854

上述实验结果表明，真空蒸馏法可以有效地提纯锌锭，经过一次蒸馏即可得到99.999%(5N) 级以上高纯锌，若所需锌的纯度要求更高，可采用二次或多次蒸馏的方法，或将真空蒸馏法和其他方法联合使用。

2.3.4.4 粗镁的真空蒸馏提纯

高纯镁（纯度不小于99.99%）作为先进镁材的代表，与普通镁材相比，既消除了抗腐蚀能力弱的缺陷，又具有广泛的应用领域和极高的经济价值。从应用领域来看，高纯镁一是可以应用于制备多种化合物半导体晶体、外延片、发光二极管、感光材料、电容器材料、镀膜靶材、整流元器件及晶体管等多种电子和半导体器件；二是利用其活泼的化学性质及强还原性，生产多种国家战略金属材料，如钛、锆、铪、铀、铍等；三是高纯镁密度与人体骨骼密度相近，具有良好的可降解性和生物相容性，可用于生产人造骨骼及医用器械；四是以高纯镁为原料制备的新型电池和储氢合金具有环境友好、质量轻、能量密度高、放电回收过程中不产生有毒有害物质、安全性高、成本低等优点，具有广阔的市场前景；五是高纯镁是开发兼具结构和性能优点的镁合金的关键基础，对金属镁的大规模应用有着举足轻重的作用。从经济价值来看，国内镁锭年均价由2020年的13556元/t涨至2021年的25244元/t，纯度超过99.99%的高纯镁价格可达500元/kg，比原镁价格高出约20倍；纯度超过99.999%的高纯镁价格可达2000元/kg，比原镁价格高出约80倍，高纯镁单晶价格可达1900万元/kg，且长期处于有价无市的状态。因此，开展高纯镁提纯技术基础理论研究对优化我国镁工业产业结构、加快镁产业转型升级高质量发展、打破国外技术垄断、提升行业国际竞争力具有重要意义。常用的粗镁精炼方法有熔剂精炼法、添加剂精炼法、电解精炼法、真空蒸馏法等[47]。

A 粗镁真空蒸馏分离杂质

粗镁中含有的杂质依生产方法的不同而不同，皮江法获得的粗镁中，主要含有蒸气压较高的钾、钠、锌、钙、铅、锰等金属杂质，以及来自炉料的化合物如 MgO、CaO、Fe_2O_3、Al_2O_3、SiO_2、CaF_2 等，其中金属杂质大部分是金属氧化物被硅还原所产生的，非金属杂质大部分是初期抽真空带入结晶套中的灰尘及后期破真空时结晶镁表面氧化烧损后的氧化物。从杂质分布来看，结晶镁一般分两层，外层结晶较致密，表面有一层均匀杂质层，呈黑色，铁与硅含量较高，这是由于抽真空和破真空时硅铁合金和带铁还原炉渣污染所致，其中部分以氧化物形式存在，部分以金属态存在。结晶镁外层低温部含锌量较高，这是由于还原反应原料中的氧化锌在还原初期反应较强烈，被还原出来的锌蒸气冷凝在结晶镁的外围低温部。结晶镁的内层结晶疏松，呈树枝状，有一定的氧化烧损，呈灰色，含有一定量灰分及其他杂质。电解法炼镁获得的粗镁，杂质主要是电解质的氯化物，如镁、钙、钠、钾、钡等的氯化物，还有电解过程中在阴极上由于电化学作用析出的钾、钠、铁、硅、锰等金属杂质，以及电解槽内衬材料及铁制部件的破损使粗镁中含有铝和硅等。当前世界约80%的原镁产自中国，而中国原镁生产以皮江法为主，故提纯的方法也大多针对皮江法生产过程中的杂质。

真空蒸馏法具有流程短、操作简单、无污染、除杂效果好，能同时分离多种杂质的特点，是高纯镁制备最有前景的方法之一。该方法以纯物质熔沸点、饱和蒸气压及元素间的分离系数等为理论基础，利用各元素本身性质的不同使其在高温真空下得以分离，从而达到提纯主金属的目的。

为了更加直观地了解镁在真空蒸馏过程中的挥发行为，可以通过式（2-30）对金属镁的理论挥发速率进行计算：

$$\omega = 4.376 \times 10^{-4} \alpha p \sqrt{\frac{M}{T}} \tag{2-30}$$

式中，ω 为挥发速率；α 为适应系数；p 为镁蒸气压力；M 为相对分子质量，T 为绝对温度。

由式（2-30）计算得到镁在 1163K、系统压力 10Pa 下的最大挥发速率为 6.282×10^{-4}g/(cm^2·s)。

在实际实验过程中，可采用式（2-31）计算金属镁的平均挥发速率：

$$\omega = \frac{M_0 - M_1}{tS} \times 100\% \tag{2-31}$$

式中，ω 为金属镁的平均挥发速率；t 为挥发时间；S 为镁块表面积；M_0 为初始阶段原料质量；M_1 为残余物质量。

当系统压力为 10Pa、加热温度为 1163K 时，镁在不同保温时间段内的平均挥发速率计算结果见表 2-63。

表 2-63　镁在不同保温时间段内的平均挥发速率

保温时间段/s	0~300	300~600	600~900	900~1200	1200~1800
平均挥发速率/g·(cm^2·s)$^{-1}$	5.933×10^{-4}	4.333×10^{-4}	3.217×10^{-4}	3.083×10^{-4}	2.133×10^{-4}

实验研究了镁在 10Pa、保温时间 30min 时不同加热温度下的冷凝行为，结果如图 2-63 所示。镁蒸气起始冷凝温度为 733K，冷凝结束温度为 603K，其冷凝温度不随加热温度的变化发生改变，在此条件下，镁蒸气将跨过液相直接由气态冷凝成固态镁。通过对不同温度下镁和杂质挥发冷凝行为的研究，可以有效指导真空法提纯粗镁所需时间和温度等实验条件。

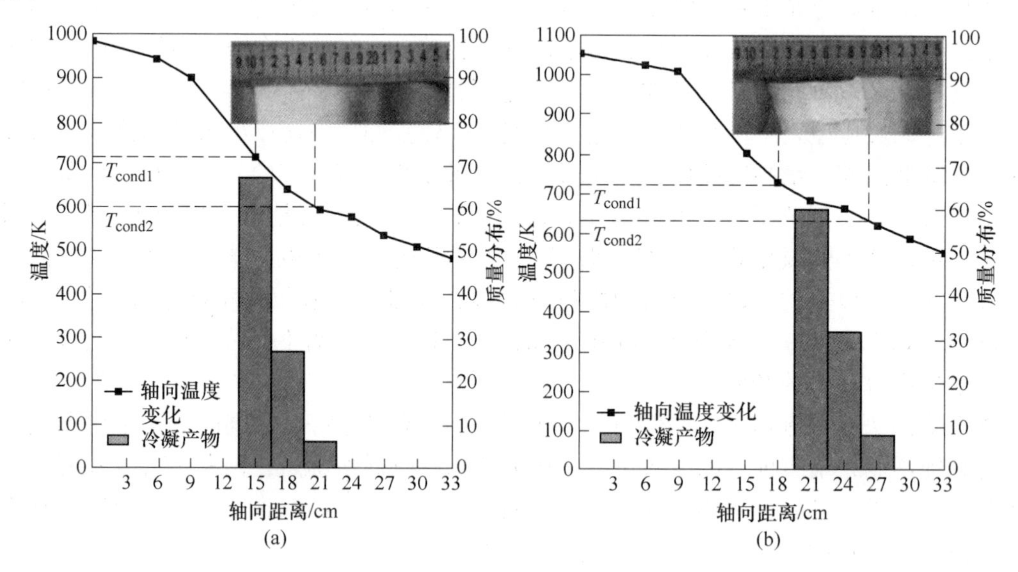

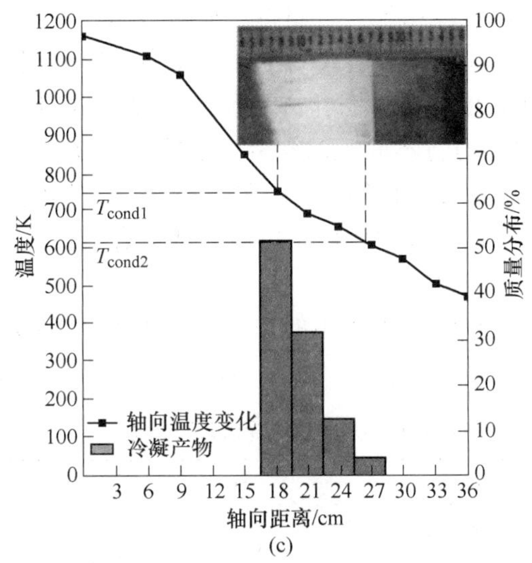

图 2-63 不同加热温度下镁冷凝温度区间和质量分布

(a) $T_0=983K$; (b) $T_0=1063K$; (c) $T_0=1123K$

B 粗镁真空蒸馏实验研究

王昱超[48]采用真空蒸馏法对含镁 96.54%的粗镁进行提纯，所用粗镁原料成分见表 2-64，由表可知，粗镁中的主要杂质为钙、铁、铝、锰、锌、铅、铜。系统压力 10Pa 下的实验结果表明，随着蒸馏温度升高和保温时间延长，镁的挥发率不断增大。金属镁挥发率与蒸馏温度和保温时间的关系如图 2-64 所示。由于金属镁的三相点压强为 333Pa，因此在 10Pa 条件下，金属镁的提纯相变过程为固-气-固的升华和凝华过程。在系统压力为 10Pa、温度为 873K、保温时间为 60min 的条件下，通过一次真空蒸馏，可将纯度为 99.54%的粗镁提纯至 99.98%。

表 2-64 粗镁化学成分 (%)

元素	Mg	Ca	Cu	Zn	Mn	Pb	Fe	Al	Ni
含量	96.54	0.56	0.00064	0.0035	0.0097	0.0011	0.066	0.014	—
一次蒸馏	99.98	0.003	0.0024	0.0033	0.001	0.001	0.006	0.002	—

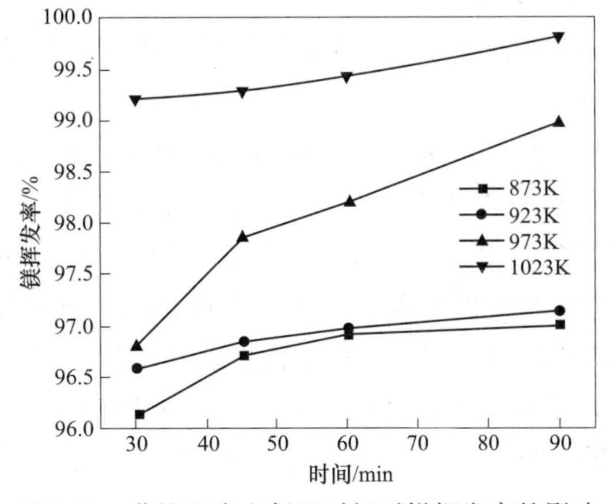

图 2-64 蒸馏温度和保温时间对镁挥发率的影响

尽管纯度达到99.9%的镁可应用于合金制备、战略金属还原剂、医用材料等领域，但其中存在的杂质元素仍会随着加工过程转移到下游产品中，导致相关产品的耐蚀性、生物相容性、晶粒细化效果、力学性能发生弱化。有研究表明，当镁合金中杂质铁含量低于0.002%时，镁合金的抗腐蚀能力将不低于铝合金。杂质的存在不仅降低镁的抗腐蚀性能，一些金属杂质如钾、钠、钙的存在会使镁的力学性能变差。在用镁制取钛、锆、铀和其他金属时，对镁中的杂质如铁、铝、锰等含量也比标准规定有着更高要求。因此，用于高端领域或特殊用途的镁还需进一步提纯。

在制备高纯和超高纯镁过程中，所使用的原料为纯度99.98%的镁锭，其杂质元素成分和含量见表2-65。

表2-65　镁锭中杂质元素及含量

元素	Na	Al	K	Ca	Mn	Fe	Ni	Cu	Zn	Sn	Pb	Si	Ti
含量/%	3.8×10^{-4}	8.8×10^{-4}	28×10^{-4}	25×10^{-4}	21.5×10^{-4}	12.5×10^{-4}	1×10^{-4}	1.6×10^{-4}	30×10^{-4}	1.5×10^{-4}	7.5×10^{-4}	37×10^{-4}	0.2×10^{-4}

由于金属镁化学性质活泼、易氧化、高温下易挥发，在常用的高纯和超高纯金属制备方法中，区域熔炼和定向凝固法应用于镁的提纯具有一定难度，电解精炼法因成本和能耗问题而发展缓慢，熔剂精炼和添加剂精炼难以同时脱除多种杂质。因此，针对镁的物理化学特性及其中杂质种类，真空蒸馏法仍是高纯镁制备的主要方法。表2-66列出了粗镁中常见杂质及其熔沸点。

表2-66　粗镁中各元素的熔点和沸点　（℃）

金属	Si	Ni	Fe	Sn	Cu	Al	Mn	Pb	Ca	Mg	Zn	Na	K
熔点	1414	1455	1538	232	1085	660	1246	327	839	650	420	98	63
沸点	3267	2914	2862	2603	2563	2520	2062	1750	1483	1105	907	882	779

通过比较其熔沸点高低，可见杂质元素钾、钠、锌的沸点低于镁的沸点，在蒸馏过程中先于镁挥发出来进入气相，而硅、镍、铁、锡、铜、铝、锰、铅、钙等元素的沸点高于镁的沸点，在蒸馏过程中基本不挥发，在渣中富集。但由于杂质元素的存在会使得各组分的性质发生改变。因此，这种方法只能比较粗略地看出各组分能否分离开来，无法判定其分离的程度。

在熔沸点的基础上，物质的饱和蒸气压可以判断高温下不同元素的挥发性和热稳定性，从而更进一步判断元素是否挥发。图2-65为镁锭中主要非金属夹杂物热稳定性与温度的关系及镁锭中常见杂质元素饱和蒸气压与温度的关系。由图可知，镁及其他杂质硫化物、氮化物、氧化物的ΔG值都较大，且熔点都很高，在蒸馏提纯条件下难以分解和挥发，镁锭中金属杂质钾、钠、锌、镁元素的饱和蒸气压在相同温度下高于其他元素，在真空蒸馏过程中会进入气相，其他元素可以通过控制尽可能低的挥发温度而残留在渣相。而挥发性元素钾、钠、锌等可以通过分级冷凝的方法和镁分离，从而达到镁提纯的目的。

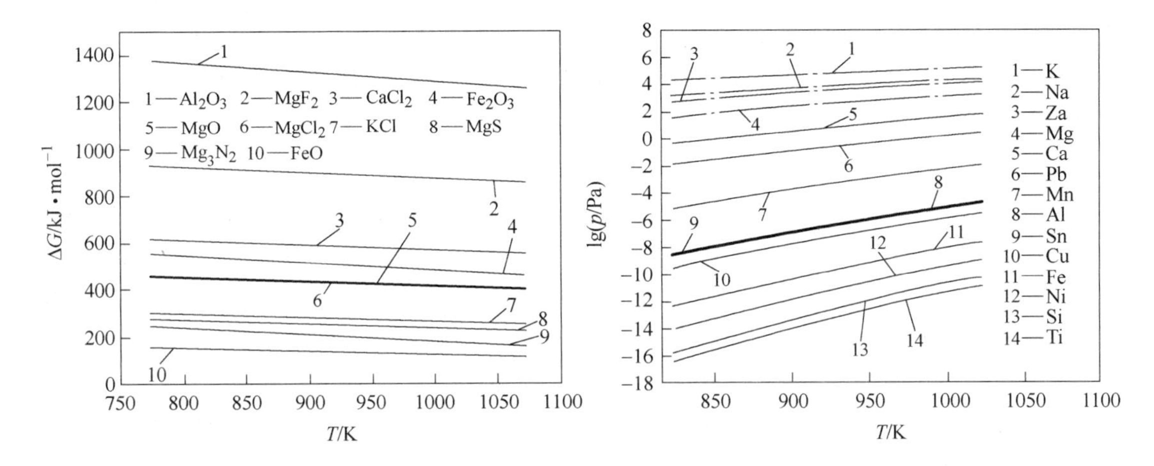

图 2-65 镁锭中主要非金属夹杂物热稳定性及镁锭中主要金属杂质的饱和蒸气压

在上述理论分析的基础上开展了蒸馏温度为650℃、700℃、750℃、800℃，保温时间15~60min，系统压力5~10Pa条件下的粗镁真空蒸馏提纯实验，实验结果与理论分析具有良好的一致性。

实验结果表明，随着蒸馏温度升高，保温时间加长，镁的挥发率不断上升。经一次蒸馏后，镁中的杂质含量即可显著降低，高温区的冷凝物中铝、锰、硅、铜、铅和钛的含量降低了一个数量级，铁、镍、锡、钙、锌和钾的含量降低了两个数量级。同时实验结果也表明，随着蒸馏温度的升高，保温时间的加长，饱和蒸气压较低的钙、铅、锰、锡、铁也会少量挥发，且这种挥发的趋势随着温度的升高越明显，因此在真空蒸馏过程中必须控制适宜的温度，以保证镁的最大收得率并尽可能避免杂质元素的挥发。而钾、钠、锌等挥发性元素可以分级冷凝，富集在不同的温度区间，故而通过一次蒸馏即可基本实现镁锭的纯化。一次蒸馏后冷凝物中杂质元素含量见表2-67。若需要纯度更高的高纯镁，可以采用多次蒸馏或与其他提纯方法联合使用。

表 2-67 一次蒸馏后冷凝物中杂质元素含量

元素	Al	Mn	Si	Fe	Cu	Ni	Pb	Sn	Ca	Ti	Zn	Na	K
含量/%	0.2×10^{-4}	1.6×10^{-4}	3.5×10^{-4}	0.3×10^{-4}	0.1×10^{-4}	0.01×10^{-4}	0.1×10^{-4}	0.02×10^{-4}	0.1×10^{-4}	0.01×10^{-4}	0.8×10^{-4}	2×10^{-4}	0.6×10^{-4}

2.3.4.5 粗锑的真空蒸馏提纯

无论是火法炼锑工艺产出的金属锑或是由湿法炼锑工艺产出的阴极锑，通常都含有一定数量的铁、砷、硫等杂质，其纯度达不到商品锑的要求，因此需要对这类粗锑产品进一步精炼以得到金属锑商品。粗锑的精炼方法主要有碱性火法精炼和水溶液电解精炼两种，其中以碱性火法精炼为主[49]。碱性火法精炼主要用于处理火法冶炼产出的粗锑，该方法存在精炼效率低、周期长、渣量大、渣处理困难、贵金属无法富集等问题[50]。水溶液电解精炼产出阴极锑，而其中往往含有待回收的金、银等贵金属[51-52]。目前，我国锑矿资源正处于由单一辉锑矿为主转向含锑复杂多金属共生矿为主的关键时间节点上。在此环境下，现行的精炼工艺很难解决资源综合利用、环境污染及可持续发展的问题。因此，为适应当前锑资源的变化情况，开发适用于含锑复杂多金属共生矿冶炼产品——粗锑的精炼工艺是一个重要发展方向[53]。针对现有工艺存在的问题，以湿法冶炼工艺产品——粗锑为原料，开展了粗锑真空提纯的理论与实验初探。

A　粗锑真空蒸馏理论分析

将各组元采用饱和蒸气压计算公式，计算出粗锑中各元素在纯物质状态下在不同温度下的饱和蒸气压。各元素的挥发顺序是 As>Se>Cd>Sb>Bi>Pb>Cu>Au>Fe，同一温度下，比锑优先挥发的元素砷、硒、镉将挥发进入气相，比锑难挥发的元素铋、铅、铜、金、铁将残余在残留物中。

B　粗锑真空蒸馏提纯实验

粗锑原料由国内某厂家以硫化钠浸出—硫代亚锑酸钠电积法产出，以硫化钠浸出—硫代亚锑酸钠电积法产出阴极锑，化学成分见表 2-68。

表 2-68　粗锑原料成分

元素	Sb	Na	S	Fe	As	Se	Cu	Au
含量/%	93.69	0.4	1.53	0.17	0.044	0.033	0.0026	48g/t

其中，Na 和 S 以 Na_2SO_4、Na_2S_x 等结晶钠盐的形式存在。在蒸馏温度分别为 1113～1213K、1133～1243K，保温时间 4h，炉内压强 100～300Pa 条件下开展了百千克级的粗锑真空提纯实验。

表 2-69 列出了粗锑直接进行真空蒸馏，不同蒸馏条件下挥发物和残余物中各元素的含量。由表 2-69 可知，锑挥发物基本满足 3 号精锑要求，但砷基本全部挥发，与饱和蒸气压预测结果一致，同时部分钠盐也会随锑挥发；铁、硒、铜、金富集于残留物中，其中硒与饱和蒸气压预测结果不一致，推测硒可能不是以单质形式存在；整个提纯过程中，锑直收率分别为 94%、98%，金可富集约 50 倍。

表 2-69　不同蒸馏条件下挥发物和残余物成分

项目		原料	1113～1213K		1133～1243K	
			挥发物	残余物	挥发物	残余物
质量/kg		132.38	116.74	4.02	130.4	1.06
成分/%	Sb	93.69	99.55	18.9	99.66	6.64
	Na	0.4	0.097	36.88	0.137	39.72
	S	1.53	0.36	22.17	0.4	20.87
	Fe	0.17	0.019	4.82	0.0094	9.62
	As	0.044	0.048	—	0.03	—
	Se	0.033	—	0.59	—	0.62
	Cu	0.0026	—	0.038	—	0.068
	$Au/g\cdot t^{-1}$	48	0.64	422	0.64	2691

2.3.4.6 粗铋的真空蒸馏提纯

金属铋具有无毒、密度大、熔点低、体积冷胀热缩等优良特性，是一种应用前景广阔的新型功能材料，广泛应用于冶金、化工、电子、宇航、医药等领域。

铋在自然界中以游离金属和矿物的形式存在，经反射炉混合熔炼得到粗铋。粗铋中含有砷、锑、铜、锡、镁、铁、碲等杂质，传统火法精炼包括熔析除铜—加碱除砷锑碲—氯化除铅—加锌除银—加碱精炼等流程，由于银含量较高，往往需多次加锌除银，存在工艺复杂、金属直收率低、生产成本高等问题。

在小型试验研究基础上，刘大春等人[54]开展了800kg粗铋精炼工业试验，原料主要化学成分见表2-70。试验采用真空蒸馏技术取代传统加锌除银工序，经过后续精炼、铸锭产出精铋；中间产物高银粗铋通过二次真空蒸馏获得粗银，产生的二次粗铋可循环利用，工艺流程如图2-66所示。

表2-70 粗铋主要化学成分

元素	Bi	Pb	Ag	As	Sb	Cu	Te
质量分数/%	93.50	5.73	0.64	0.215	0.134	0.433	0.164

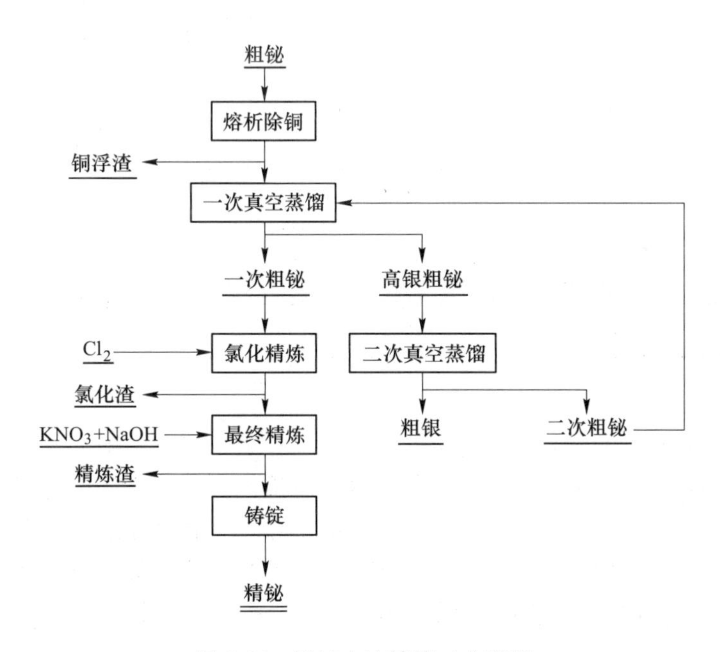

图2-66 粗铋火法精炼工艺流程

将粗铋熔化后，分别在600℃、500℃、350℃进行3次除铜，粗铋中铜含量降至0.0015%；然后在系统压力10~30Pa、温度1050℃条件下进行真空蒸馏获得一次粗铋和高银粗铋；高银粗铋在系统压力20~60Pa、温度950℃条件下二次真空蒸馏获得16.35kg粗银和二次粗铋；一次粗铋经氯化精炼、最终精炼和铸锭后获得584.33kg精铋，纯度符合GB/T 915—2010 Bi 99.95标准。

山东恒邦冶炼股份有限公司采用真空精馏技术处理粗铋[55]，在压强为40Pa、温度为

900～950℃的条件下，将铅、铋、碲等气化，通过回流冷凝产出铅铋碲合金；金银铜富集于残留物中，有效实现粗铋中贵金属与贱金属分离，金、银富集率达到99%以上，提高了粗铋精炼过程中金、银、铋直收率，大幅缩短了生产周期。

熊利芝等人[56]以株洲冶炼厂提供的精铋为原料，开展精铋真空蒸馏制备高纯铋研究，原料主要成分见表2-71。

表2-71　精铋化学成分　（%）

元素	Pb	Sb	As	Mn	Sn	In	Cd	Cu	Mo
含量	0.0030	0.0001	0.00005	0.0001	0.00005	0.00005	0.00005	0.0006	0.0004
元素	Zn	Co	Hg	Cr	Fe	Ag	Au	Bi	
含量	0.0008	0.0001	0.00005	0.0036	0.0002	0.00005	0.00001	99.99079	

通过加S或$CuCl_2$，将铅转化为更易挥发的硫化铅或氯化铅，进行真空蒸馏除铅；除铅后的精铋在系统压力为16Pa、温度为960～1000℃、蒸馏时间为60min的条件下进行真空蒸馏，获得99.999%高纯铋，产品主要成分见表2-72。

表2-72　高纯铋化学成分　（%）

元素	Pb	Sb	As	Mn	Sn	In	Cd	Ni	Mo
加S	0.21×10^{-4}	0.0098×10^{-4}	0.0098×10^{-4}	0.074×10^{-4}	0.0098×10^{-4}	0.0098×10^{-4}	0.0098×10^{-4}	0.049×10^{-4}	0.020×10^{-4}
加$CuCl_2$	0.24×10^{-4}	0.0093×10^{-4}	0.0093×10^{-4}	0.046×10^{-4}	0.0093×10^{-4}	0.0093×10^{-4}	0.0093×10^{-4}	0.046×10^{-4}	0.046×10^{-4}
元素	Zn	Co	Hg	Cr	Fe	Ag	Au	Cu	Bi
加S	0.98×10^{-4}	0.024×10^{-4}	0.024×10^{-4}	0.0098×10^{-4}	0.98×10^{-4}	0.0098×10^{-4}	0.0098×10^{-4}	0.0036×10^{-4}	999997.6×10^{-4}
加$CuCl_2$	1.39×10^{-4}	0.023×10^{-4}	0.023×10^{-4}	0.023×10^{-4}	0.69×10^{-4}	0.0093×10^{-4}	0.0093×10^{-4}	—	999997.4×10^{-4}

2.3.4.7　粗镉的真空蒸馏提纯

湿法炼锌厂每年产出大量的含镉渣（其中一般含Cd 5%～10%，Cu 1.5%～5%，Zn 28%～50%），经过处理后可以得到含镉大于70%海绵镉。传统方法以海绵镉为原料，采用还原熔炼—间断式蒸馏—人工铸锭的工艺生产0号精镉，生产过程产生大量废水、废气及固体废物，对环境影响严重，且人工劳动强度大。利用镉熔点低、镉与杂质蒸气压差别大的特点，以海绵镉还原熔炼产出的粗镉为原料，进行连续真空蒸馏，可实现粗镉提纯制备0号精镉。

A　粗镉真空蒸馏提纯理论分析

饱和蒸气压计算结果表明，粗镉中铁、铜、锑等杂质的饱和蒸气压很小，远小于其他元素的饱和蒸气压。金属镉和铅的饱和蒸气压也有很大的差异，在600K时，p^*_{Cd}/p^*_{Pb}大于10^6，在750K时，p^*_{Cd}/p^*_{Pb}大于10^3，两者可采用真空蒸馏分离。随着温度的升高，p^*_{Cd}/p^*_{Pb}呈下降的趋势，蒸馏分离效果也随之下降，说明低温有利于金属镉与铅的真空蒸馏分离。

B　粗镉连续真空蒸馏生产精镉实践

粗镉连续真空蒸馏生产精镉流程如图2-67所示。海绵镉还原熔炼得到的粗镉由进料系统连续加入化料锅内，熔化过程以熔融烧碱液密封化料锅并捞出熔化过程中产生的氧化渣，熔融粗镉通过流量控制均匀进入真空炉内，在600~680℃下进行连续真空处理，精镉挥发后以液态的形式从出料口直接进入铸锭机，而杂质铊不挥发，富集于真空炉内（生产100t精镉进行一次开炉清铊）。精镉液进入铸锭机后，在氮气保护下进行无氧铸锭，冷却即可得到0号精镉。金属镉直收率不小于95%，产品镉纯度大于99.995%，电耗小于700kW·h/t，无碱渣产生；铊、铅等重金属杂质以稳定的金属态开路，实现危险废物的减量化，最大限度地减小了环境污染风险。海绵镉生产精镉各阶段产物成分见表2-73。

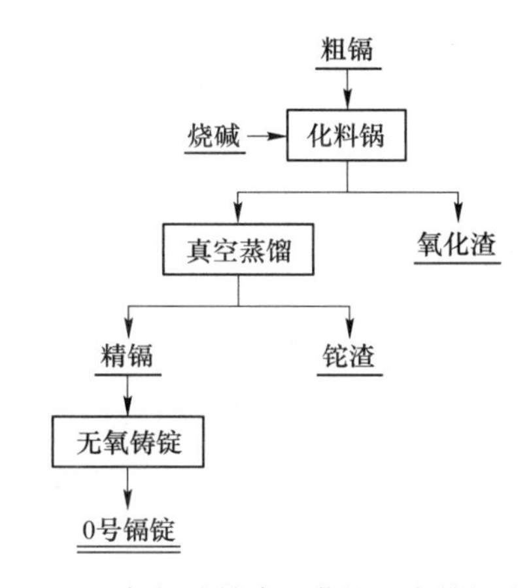

图2-67 粗镉连续真空蒸馏生产精镉流程

表2-73 海绵镉真空精炼工艺主要生产阶段物料成分

物料名称	成分/%											
	Pb	Zn	Ag	Cu	As	Sb	Sn	Fe	Ni	Tl	水分	Cd
海绵镉	1.96	5.43	—	—	—	0.027	—	—	—	—	18	68.3
粗镉	3.15	0.0074	—	0.33	—	—	—	—	—	—	—	96.51
精镉	0.0008	0.0006	0.0002	0.0004	0.0003	0.0002	0.0002	0.0006	0.0002	0.0007	—	99.995

昆明理工大学开发了海绵镉团还原熔炼—真空精炼—无氧铸锭连续生产0号镉的工艺技术，研制了包括粗镉无氧铸锭、连续定量进料、粗镉提纯真空炉、镉蒸气冷凝及自动连续无氧铸锭等生产系统，实现以海绵镉生产0号精镉的高度自动化、可控化，极大地减轻了劳动强度，生产过程无废水和废气产生，大大降低了固体废物的产生量，金属的回收率大于98%，产渣率小于5%。2010年该技术应用于中国某锌冶炼厂，0号镉的年产量达到了800t。该技术为湿法炼锌厂产生的含镉危险废物处理开辟了新途径，实现了镉资源的高效利用。

2.3.4.8 粗铟的真空蒸馏提纯

金属铟具有延展性好、可塑性强、低电阻、抗腐蚀强等优良特性，被广泛应用于半导体、光纤通信和太阳能电池等领域[57]。铟主要被用来生产ITO靶材（如液晶显示器和平板屏幕），占全球铟消费量的70%；其次是电子半导体领域，占全球铟消费量的12%；焊料和合金领域共占12%；研究行业占6%[58]，其中大部分消费领域对铟的纯度要求较高[59-60]。

粗铟提纯制备精铟的主流方法为电解法，在电解过程中，标准电位比铟正的杂质组元进入阳极泥，标准电位比铟负的杂质组元进入电解液，电负性大的杂质也不会在阴极析出，因此这两类杂质组元可以通过电解精炼深度脱除。但标准电位与铟相近的杂质组元如镉、铊，通过电解精炼无法有效去除，一般在电解前加入化学试剂（如甘油+碘化钾、甘油+氯化铵、氯化锌）脱除。电解法存在电解液要求高、电解周期长、环境影响大等问题。利用真空蒸馏脱除粗铟中的锌、镉、铊、铅制备精铟，能够替代传统电解法，无“三废”排放、流程短、能耗低。表 2-74 为粗铟中各元素的熔点和沸点。

表 2-74 粗铟中杂质元素的熔点和沸点 （℃）

元素	As	Cd	Zn	Tl	Pb	In	Al	Cu	Sn	Fe	Ni
熔点	817	321	419	304	327	156	660	1084	231	1538	1455
沸点	613	767	907	1473	1750	2080	2520	2563	2603	2862	2914

由表 2-74 可知，杂质元素 Cd、Zn、As、Tl、Pb 的沸点均低于 In 的沸点，在蒸馏过程中优先于 In 挥发，进入气相；Sn、Cu、Al、Fe、Ni 的沸点高于 In 的沸点，在低于 1100℃ 基本不挥发，残留在液相中。但由于杂质元素的存在会使得各组分的沸点发生改变，因此，通过沸点只能比较粗略的判断各金属能否分离。不同温度下铟和杂质组元的饱和蒸气压如图 2-68 所示。

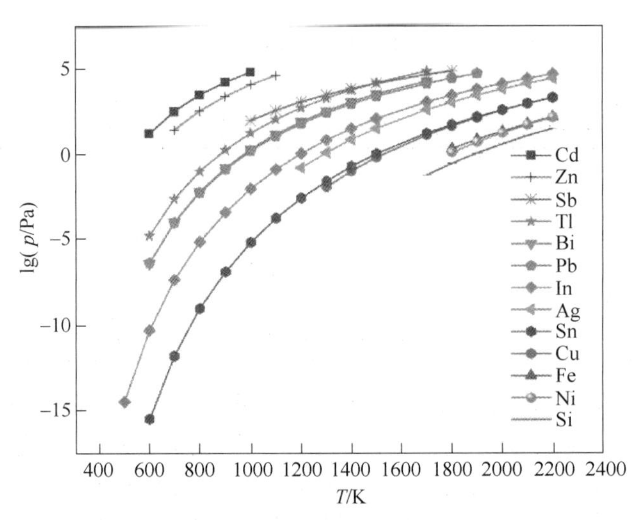

图 2-68 粗铟中铟及杂质组元饱和蒸气压与温度的关系曲线

由图 2-68 可知，在同一温度下，杂质组元 Cd、Zn、Tl、Pb 的饱和蒸气压高于 In 的饱和蒸气压，在蒸馏过程中优先于 In 挥发，进入气相；而 Sn、Cu、Fe、Ni 的饱和蒸气压低于 In 的饱和蒸气压，在蒸馏过程中基本不挥发，残留在液相中。

A 两段真空蒸馏提纯粗铟

李冬生等人[61]根据粗铟中铟与杂质元素的沸点和蒸气压差异，采用分段真空蒸馏法提纯粗铟。实验原料成分见表 2-75。首先，通过低温蒸馏脱除 Cd、Zn、Pb 等易挥发杂质；然后，在高温下将铟尽可能单独挥发，而难挥发杂质残留于液相中。通过两段真空蒸馏可达到粗铟提纯制备精铟的目的。

表 2-75 实验原料成分 （%）

原料	元素														
	In	Fe	Cu	Pb	Zn	Sn	Cd	Tl	Mg	Al	As	Si	S	Ag	Ni
原料 1	99.67	1.712×10^{-4}	8.281×10^{-4}	29.989×10^{-4}	0.258×10^{-4}	126.842×10^{-4}	67.174×10^{-4}	3054.023×10^{-4}	0.010×10^{-4}	0.009×10^{-4}	0.578×10^{-4}	0.927×10^{-4}	2.450×10^{-4}	0.039×10^{-4}	1.282×10^{-4}
原料 2	99.70	0.067×10^{-4}	6.548×10^{-4}	49.530×10^{-4}	0.155×10^{-4}	66.627×10^{-4}	40.253×10^{-4}	2848.042×10^{-4}	0.002×10^{-4}	0.007×10^{-4}	0.949×10^{-4}	0.741×10^{-4}	3.973×10^{-4}	0.009×10^{-4}	0.243×10^{-4}

在低温蒸馏的过程中，控制真空度为 1~5Pa、蒸馏温度为 950℃、保温时间为 60min，金属铟的直收率为 91.37%；在高温蒸馏过程中，控制真空度为 1~5Pa、蒸馏温度为 1075℃、保温时间 120min，金属铟的直收率为 94.32%。产品铟的成分见表 2-76。

表 2-76 精铟及杂质元素含量 （%）

元素	In	Fe	Cu	Pb	Zn	Sn	Cd	Tl
含量	99.999	0.3850×10^{-4}	0.1532×10^{-4}	0.8132×10^{-4}	0.0037×10^{-4}	0.9286×10^{-4}	0.0177×10^{-4}	0.0016×10^{-4}
元素	Mg	Al	As	Si	S	Ag	Ni	
含量	0.0000	0.0051×10^{-4}	0.0187×10^{-4}	0.5574×10^{-4}	3.8326×10^{-4}	0.0773×10^{-4}	0.2287×10^{-4}	

由表 2-76 可知，经过两次真空蒸馏提纯后，铟纯度均可达到 99.999%。金属铟的总直收率为 86.18%。

B 真空蒸馏—分级冷凝

雷浩成[46]通过真空蒸馏将粗铟中易挥发组元 Cd、Zn、Pb 及 In 挥发到具有多个冷凝区的冷凝器，然后控制每个冷凝区的冷凝温度，使挥发的混合蒸气 Cd、Zn、Pb、In 分别冷凝在不同的冷凝区，这样通过一次真空蒸馏便可完成金属铟的提纯，解决了传统真空蒸馏法提纯粗铟过程中需要多次蒸馏的问题，短流程、高效率。实验原料为粗铟（In 99.57%），成分见表 2-77。

表 2-77 粗铟原料成分

元素	Cd	Zn	Tl	Pb	Al	Sn	Cu	Fe
含量/%	0.23×10^{-4}	1.2×10^{-4}	0.43×10^{-4}	112×10^{-4}	0.15×10^{-4}	4527×10^{-4}	0.3×10^{-4}	2.9×10^{-4}

控制蒸馏温度分别为 1250℃、1300℃、1350℃、1400℃，保温时间 60min，系统压力 10Pa，采用 300g 粗铟原料进行真空蒸馏实验，测定不同温度下挥发物在不同冷凝区的纯度及直收率，确定 10Pa 下铟及其他杂质元素的最佳冷凝温度范围。表 2-78 为蒸馏温度分别为 1400℃、1350℃、1300℃、1200℃对应的各个冷凝区温度及主要杂质元素的含量。由表 2-78 分析可知，在 10Pa 条件下，Cd 最佳的冷凝温度范围为 240~315℃；Zn 最佳的冷凝温度范围为 370~400℃；Pb 最佳的冷凝温度范围为 510~800℃；In 最佳的冷凝温度范围为 800~1000℃。

基于上述实验结果，采用真空蒸馏—二级冷凝的方式开展小试实验。在蒸馏温度为 1188℃、一级冷凝温度为 830℃、真空度为 5~15Pa、保温时间为 240min 的条件下，获得了纯度为 99.99%的精铟，且 Cd、Zn、Tl、Pb、Al、Sn、Cu、Fe 等杂质金属的含量全部符合 99.99%精铟国家标准，结果见表 2-79。

表 2-78　不同蒸馏温度下各个冷凝区主要元素的纯度和直收率

冷凝区	蒸馏温度/℃	冷凝温度/℃	Cd 含量/%	Cd 直收率/%	Zn 含量/%	Zn 直收率/%	Pb 含量/%	Pb 直收率/%	In 含量/%	In 直收率/%
一	1400	1100	0.0023	0.0025	0.0033	0.0003	0.5100	0.4923	99.2400	9.8765
	1350	1000	0.0043	0.0074	0.0076	0.0117	2.8800	4.3175	96.5900	14.9304
	1300	900	0.0017	0.0032	0.0035	0.0060	3.7600	6.2941	95.8800	16.5490
	1200	800	0.0018	0.0035	0.0021	0.0037	16.1300	27.4792	83.8400	14.7271
二	1400	570	0.1900	1.9084	0.7000	6.3074	9.7100	85.4630	89.0500	30.8147
	1350	510	0.3100	2.8046	0.8500	6.8987	11.4800	91.0115	86.8200	70.9695
	1300	435	0.2300	2.4098	4.9600	46.6205	8.2300	75.5619	86.1700	81.5749
	1200	410	1.1300	11.1056	7.3100	64.4495	9.3200	80.2649	82.2800	73.0637
三	1400	400	2.0700	2.1573	90.0400	84.1799	1.0800	0.9863	6.7500	0.6356
	1350	370	11.4800	10.6753	83.5400	69.6901	0.6800	0.5541	3.7800	0.3176
	1300	315	87.2600	96.9270	10.1000	10.0645	0.0340	0.0331	0.0660	0.0066
	1200	290	92.1600	92.5666	7.5600	6.8120	0.0670	0.0590	0.0160	0.0015
四	1400	275	94.7500	75.8929	4.2300	3.0395	0.0059	0.0041	0.0025	0.0002
	1350	240	94.2800	82.4950	3.2100	2.5197	0.0058	0.0044	1.2800	0.1012
	1300	170	88.8600	7.0130	9.0400	0.6400	0.0320	0.0022	0.0025	0.0000
	1200	155	89.4600	6.8411	8.8100	0.6044	0.2010	0.0135	0.0024	0.0000

表 2-79　精铟及主要杂质元素含量

元素	Cd	Zn	Tl	Pb	Al	Sn	Cu	Fe	In
含量/%	0.007×10^{-4}	0.009×10^{-4}	0.000	1.700×10^{-4}	0.050×10^{-4}	12.000×10^{-4}	2.200×10^{-4}	0.600×10^{-4}	99.99

2.3.4.9　粗硒的真空蒸馏提纯

粗硒是铜阳极泥综合回收过程的副产物，通常含有碲、铜、铅等杂质。某铜冶炼企业铜阳极泥首先经过高压脱铜，得到的脱铜阳极泥再利用氯酸钠和硫酸浸出脱硒，最后采用液态二氧化硫将脱硒液中的硒还原为单质硒，获得含硒约 65%、水约 30%、碲铜铅等杂质约 5%的粗硒。

A　粗硒真空蒸馏提纯理论分析

真空蒸馏提纯粗硒是利用硒与粗硒中碲、铜、铅、铁、金、银等杂质组元的蒸气压差异进行提纯。粗硒中硒及其各杂质元素饱和蒸气压与温度的关系如图 2-69 所示。粗硒中各组元的饱和蒸气压均随着温度的升高而升高，在相同温度下，粗硒中各组元饱和蒸气压值大小顺序依次是：Se>Te>Pb>Ag>Cu>Au>Fe。在真空蒸馏过程中，Se 很容易挥发进入气相，经冷凝收集与杂质组元分离并提纯；其他组元不挥发而残留在渣中，贵金属 Au、Ag 在渣中得到富集。当温度在 473~973K 范围内，Pb、Cu、Fe、Au、Ag 与 Se 的饱和蒸气压相差 10^4~10^{33}倍，容易实现杂质的分离。而 Te 与 Se 的饱和蒸气压仅相差 28~24800 倍，随着温度升高，它们饱和蒸气压的相差倍数逐渐减小，Se 与 Te 分离困难。因此，控制合适的蒸馏温度，使 Te、Pb、Cu、Fe、Au、Ag 在蒸馏过程中不挥发而残留在液相进入气相，使 Se 大量挥发进入气相与杂质元素分离并提纯。

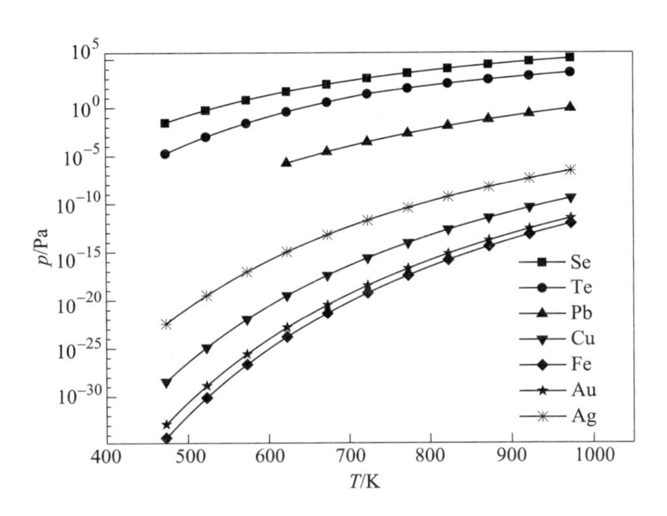

图 2-69 粗硒中硒及其各杂质元素饱和蒸气压与温度的关系

B 千克级实验

实验原料为脱水后的粗硒，含 Se 91.35%、Te 1.66%、Cu 2.47%、Pb 1.29%，以及 Ag、Au 等贵金属。在系统压强为 50Pa、蒸馏温度为 330~450℃、蒸馏时间为 90~150min 的条件下开展千克级实验，不同蒸馏温度和蒸馏时间对粗硒蒸馏效果的影响如图 2-70~图 2-73 所示。实验结果表明，粗硒的挥发率随着蒸馏温度的升高和蒸馏时间的延长而逐渐增大，在蒸馏温度为 420℃、蒸馏时间为 90min 时，挥发率达到 90.43%，物料中的单质硒已基本能挥发完全。在不同蒸馏温度下，挥发物中含 Se 约 98%、Te 1%~1.5%。因此，通过真空蒸馏可将含 Se 90%的粗硒提纯至 98%，但不能实现硒、碲深度分离。在不同蒸馏时间下，残留物中 Au 的含量由 737g/t 增加至 2365g/t，Ag 的含量由 10254g/t 增加至 32786g/t，Au、Ag 在残留物中得以富集，继续延长蒸馏时间，残留物中 Au、Ag 的含量趋于稳定。

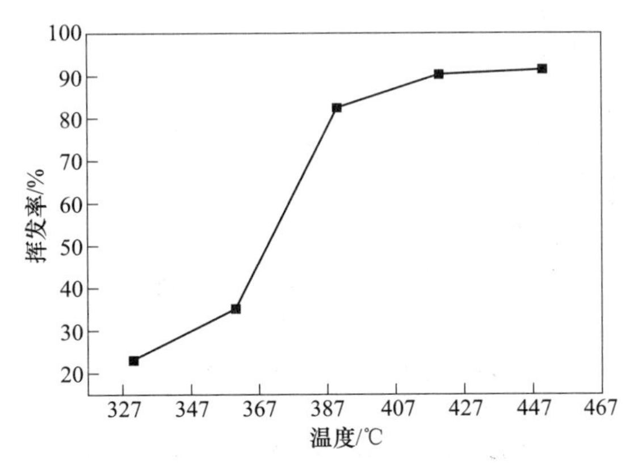

图 2-70 挥发率与蒸馏温度的关系

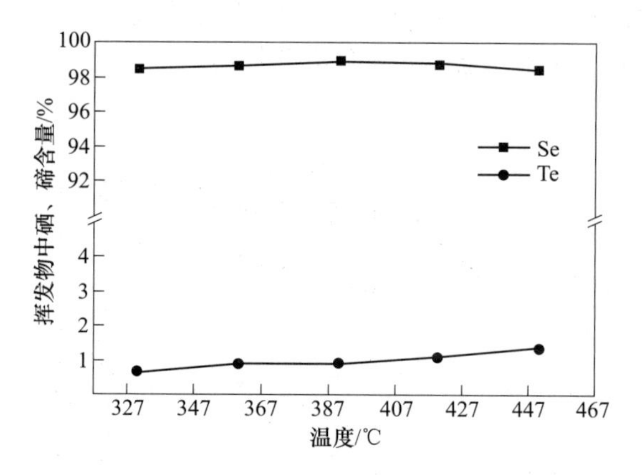

图 2-71 挥发物中硒、碲含量与蒸馏温度的关系

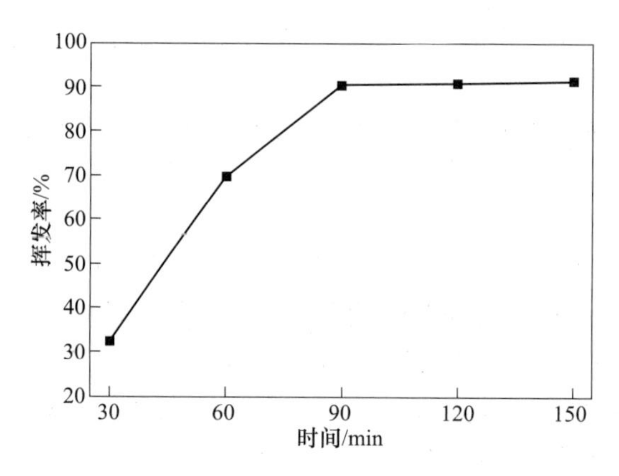

图 2-72 物料挥发率与蒸馏时间的关系

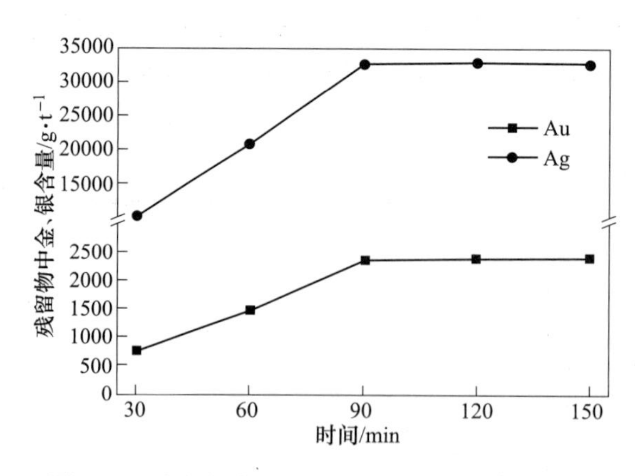

图 2-73 残留物中金、银含量与蒸馏时间的关系

最佳蒸馏参数下的真空蒸馏提纯粗硒的实验结果见表 2-80。粗硒经过真空蒸馏提纯后，获得纯硒挥发物和富银金残留物，挥发物中硒含量可以达到98%以上。

表 2-80 千克级实验原料及产物成分 (%)

元素	Se	Te	Pb	Cu	Fe	Au/g·t^{-1}	Ag/g·t^{-1}	其他
粗硒	91.35	1.66	1.29	2.47	0.38	112	2560	2.58
纯硒	98.49	1.46	0.003	0.003	0.003	<0.001	—	0.04
残留物	19.13	12.24	2.81	25.61	0.81	2365	32786	35.9

C 半工业实验

在蒸馏温度为420℃、系统压强为50Pa的条件下开展100kg级规模半工业实验，考察蒸馏时间（140~180min）对挥发物中硒和碲的含量、硒直收率、硒回收率、渣率的变化影响规律，实验结果如图2-74和图2-75所示[57]。

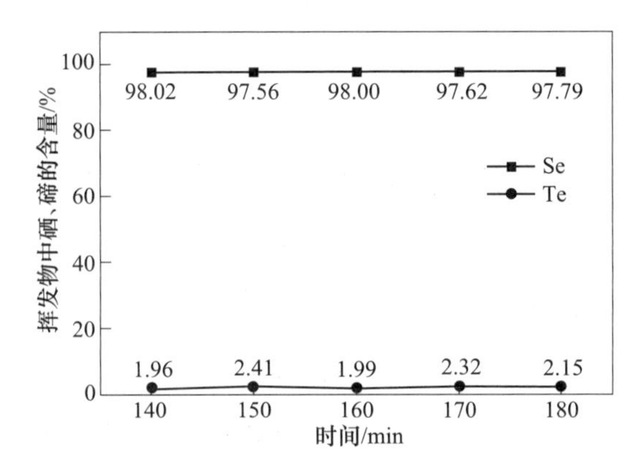

图 2-74 挥发物中硒和碲含量与蒸馏时间的关系

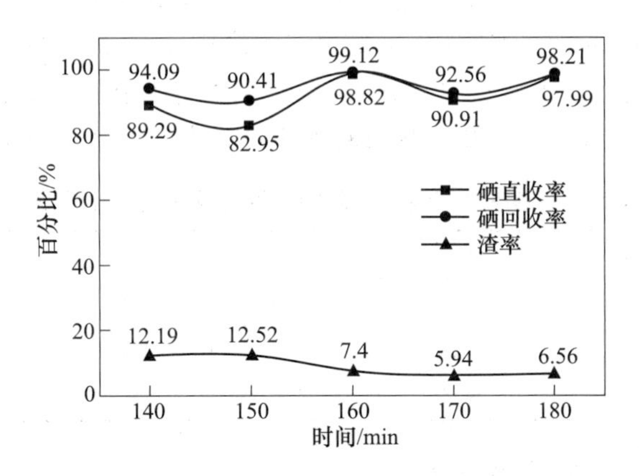

图 2-75 硒直收率、硒回收率、渣率与蒸馏时间的关系

图2-74表明不同蒸馏时间下挥发物纯硒中含Se 97.5%~98%、Te 2%，两者含量随蒸馏时间的改变基本保持不变。图2-75表明随着蒸馏时间的增加，渣率逐渐降低，在蒸馏时间为160min时，渣率为6.56%，此时硒直收率、硒回收率达到最大，分别为98.82%、99.12%。

D　工业实验

在千克级和百千克级实验研究基础上，进行了数百千克级的工业实验。根据原料含水率高、熔点低的特点，提出粗硒密闭熔炼—真空蒸馏提纯工艺[58]，工艺流程如图 2-76 所示。在密闭熔炼阶段，硒渣在熔炼温度约 500℃，熔炼时间 3h，熔炼压力 500～1000Pa 的条件下对含水硒渣进行密闭熔炼脱水，使粉末状的硒渣熔化为液态熔体，提高后续工艺的能源利用效率；在真空蒸馏阶段，利用硒与金、银、铜等饱和蒸气压的差异，在蒸馏温度 550℃，蒸馏时间 2.5h，蒸馏压力 20～100Pa 的条件下对硒熔体进行真空蒸馏，实现硒的提纯。

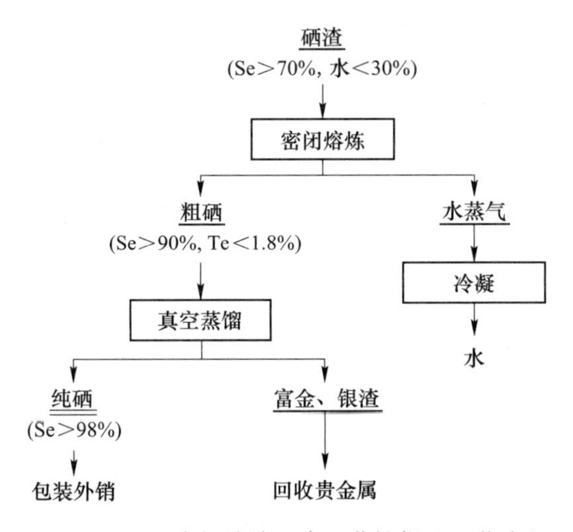

图 2-76　硒渣密闭熔炼—真空蒸馏提纯工艺流程

硒渣密闭熔炼—真空蒸馏工业化生产结果见表 2-81。经过两段工序的处理，粗硒中硒纯度由 91.1%提升至 98%以上，并实现了金、银、铜等金属的富集；硒直收率大于 96.5%、回收率大于 98%，金和银在残留物中分别富集 10 倍以上，金回收率 99.72%，银回收率 99.56%；生产纯硒的综合电耗小于 1150kW·h/t。硒渣密闭熔炼—真空蒸馏工艺大幅降低了生产成本和环境危害，大幅提高了硒冶炼过程的生产效率，改善了操作工人的工作环境。

表 2-81　硒渣密闭熔炼—真空蒸馏工艺工业化生产结果　(%)

成分	Se	Cu	Pb	Te	Ag	Au
粗硒	91.1	1.57	1.18	2.55	0.31	0.0112
纯硒	98.2	0.02	0.01	1.12	<0.001	—
富银金残留物	24.15	16.5	12.5	16.3	3.29	0.119

2.3.4.10　稀土的真空蒸馏提纯

稀土金属的提纯方法主要包括真空熔炼、真空蒸馏/升华、区域熔炼、电解精炼、固态电迁移等。由于稀土金属的物化性质差距较大，稀土金属中杂质的种类也很复杂，需要采取特定的提纯方法针对某一种或一类杂质，或将几种方法结合起来以获得高纯的稀土金属[64-65]。

真空蒸馏是目前制备 99.9%级高纯稀土金属的主流技术，适用于具有较高蒸气压的稀土金属。真空蒸馏一般认为是分子蒸馏，金属蒸气由多种原子结构的分子组成，如单原子气体分子、双原子气体分子、多原子气体分子等。对于稀土金属 Pr、Sm、Dy、Er、Tm 和 Yb 仅存在单原子分子，其他稀土元素同时存在单原子气体分子和双原子气体分子，随着压强的减小、温度的升高，双原子分子倾向于分解成为单原子分子[66]。

真空蒸馏提纯可采用升华或者蒸发的形式完成，一般而言，真空蒸馏的次数越多，稀土金属的纯度越高，多次蒸馏后稀土金属的纯度可达 99.99%~99.999%，但考虑到回收率及能耗，一般进行 2~3 次蒸馏。熔点、沸点、蒸气压、蒸馏速率及平均自由程是实验过程中确定蒸馏温度、保温时间及蒸馏类型的重要技术参数。根据稀土金属物化性质的不同，可以将稀土金属的蒸馏提纯过程大致分为三类：

（1）Sm、Eu、Yb、Tm 的蒸气压在其熔点以下已具有相当高的数值，因此这些金属可在其熔点以下进行升华提纯[67]。

（2）Sc、Dy、Ho、Er 等稀土金属在其熔点以上才能获得较高的蒸发速率，一般采用蒸馏提纯[68]。

（3）Y、Pr、Lu、Gd、Tb、Nd 等稀土金属因具有较低的蒸气压，需要在更高的温度下进行蒸馏提纯[69]。

以下介绍一些具体实例。

A　真空蒸馏提纯稀土金属钇、镨

Zhang 等人[70-71]采用真空蒸馏法对金属钇和镨的提纯做了研究，通过两次蒸馏将钇和镨的纯度由 90.8%提纯至 99.995%。

真空蒸馏提纯钇、镨实验流程基本相同。首次蒸馏在 1.5×10^{-4}Pa 的高真空及较低的温度（Y：1600℃；Pr：1300~1400℃）条件下进行，去除基体金属中蒸气压相对较高的杂质，通过第二次蒸馏（Y：1800℃；Pr：1700℃）将基体金属蒸发出来，使之与低蒸气压杂质分离并且可以有效去除基体金属内的间隙杂质，最终钇和镨的纯度均达到 99.995%。

B　真空蒸馏提纯稀土金属钪

将钙热还原无水氟化钪制得的粗钪再经真空蒸馏提纯，是目前国内外生产高纯钪的基本方法。李国栋等人[72]通过真空蒸馏法提纯金属钪，在 1550℃ 和 6.7×10^{-3}Pa 的实验条件下通过两次蒸馏将纯度为 99%的金属钪提纯至 99.99%。苏正夫[73]在高频感应加热炉中对钪进行三次真空蒸馏提纯，第一次在 1000~1200℃ 和 6.7×10^{-2}Pa 的条件下去除低沸点高蒸气压杂质；第二次在 1600~1700℃ 的温度下对钪进行蒸馏；第三次在 1650℃ 的温度下再次对钪进行蒸馏，最终钪的纯度达到了 99.99%。

C　真空还原—蒸馏提纯稀土金属钐、镱、铥、铕

高挥发性镧系金属钐、镱、铥和铕通常通过真空还原—蒸馏方法制备，该方法是用非挥发性还原剂如镧或铈金属在高温下直接还原稀土氧化物。Zhang 等人[74]通过真空还原-蒸馏法，制备了纯度为 99.99%和 99.993%的稀土金属钐和镱。由于金属铥与镧的蒸馏速度比较低，铥金属中还原剂浓度较高，需要在较低温度和高真空的条件下升华提纯，纯化的铥可以达到 99.995%的纯度。该方法的关键在于制备高纯度的金属镧还原剂。张先恒等人[75]以氧化铕为原料，金属镧为还原剂，通过重新设计的接收器装置及

工艺，在真空度小于 10^{-2}Pa、1200℃温度的条件下进行还原—蒸馏实验，制得了纯度为99.99%金属铕。

D 真空蒸馏结合外吸气剂法提纯稀土金属铽、钆

稀土金属中的非金属杂质尤其是氧杂质的存在会影响其电、光、磁性能，而单纯采用真空蒸馏的方法难以去除其中的氧杂质。基体金属中的金属杂质如镁、铝等是阻碍氧杂质去除的关键因素，金属杂质的含量越低，氧杂质越容易脱除。固相外吸气剂法是另一种除氧杂质的方法，吸气剂作为还原剂首先与稀土金属表面的氧反应，原料内部的氧由于浓度梯度的作用会扩散至基体金属表面与吸气剂继续反应，从而实现氧的脱除。真空蒸馏与固相外吸气剂法结合提纯稀土金属是近年来的主流研究方向。

Li 等人[76]和 Wang 等人[77]均采用真空蒸馏结合外吸气剂法对金属铽、钆进行提纯，通过一次真空蒸馏后，铽、钆的纯度分别由 99%提升至 99.99%，其中氧含量分别为 0.03347%和 0.0138%，通过进一步的外吸气剂法铽中的氧含量降至 1.8×10^{-4}%，而钆中的氧含量接近于零。

此外，杂质在不同稀土金属蒸馏产物中的分布是不规律的。国内学者对稀土金属铽蒸馏过程中低挥发性、中等挥发性及高挥发性杂质的运动行为和分布模型进行了探究，并通过实验相互验证。研究结果表明，铝、钛、镍等低蒸气压杂质的传质步骤为混合传质或蒸发传质过程，真空蒸馏可以去除镍杂质，但对铝、钛杂质的去除效率相对较低；铁、铜等杂质的去除为混合传质过程，实际去除率仅为 20%～35%，通过真空蒸馏很难将其去除；锰、铬等高挥发性杂质的传质过程受液相边界层的控制并且通过真空蒸馏可以有效去除，去除率分别为 79.85%和 75.11%。

真空蒸馏可有效去除稀土金属中大部分金属杂质和间隙杂质，对蒸气压与基体金属接近的杂质分离困难，部分稀土金属真空蒸馏后杂质含量和纯度的变化见表 2-82。在实际实验研究中发现，温度升高会使基体金属晶格结构改变，从而使间隙杂质尤其是氧杂质逸出[70-71]；由于金属蒸气蒸发后无法立即冷凝并会发生相互碰撞，导致实际蒸发速率往往低于理论值[70-71]；在固-液相反复变化过程中蒸馏可有效降低低沸点杂质锌、镁、钙、锰等

表 2-82 真空蒸馏提纯后稀土金属中部分杂质含量

稀土金属	温度/K	真空度/Pa	杂质元素/%									纯度/%
			Mg	Al	Si	Fe	Cu	O	C	S	N	
Y	2073	1.5×10^{-4}	<0.05	5.5	0.2	0.73	<0.05	75	28	<10	<10	99.995
Pr	1973	2.0×10^{-4}	<0.05	1.7	<0.05	14	1.3	370	15	<10	<10	99.995
Sc	1923	3.0×10^{-3}	10	—	60	120	—	1000	—	—	—	99.95
Gd	2073	1.5×10^{-4}	<0.01	14	0.3	20	—	138	—	—	20.7	99.99
Tb	2073	1.0×10^{-4}	10	47	30	120	100	175	56	—	35	99.99
Dy	1723	1.0×10^{-4}	1	42	35	140	50	140	35	—	14	99.99
Nd	1973	1.0×10^{-3}	4	20	15	95	3	20	51	20	16	99.951

注：“—”表示未检测。

的含量[72]；添加少量金属钨可有效降低镍、硅、钴、铬、铁等难去除杂质[72]；冷凝温度是影响稀土金属直收率的关键，冷凝温度过高会导致金属蒸气的返流和蒸馏损失，使得直收率降低[73,78]；真空度的高低对蒸馏速率及稀土金属中间隙杂质的含量影响较大，而真空度过低会导致间隙杂质以溶解或者化学反应的形式进入冷凝金属中[79-80]。

综上，高纯稀土金属的制备需要多个实验流程及多种提纯方法相结合，生产效率低、成本高。因此，完善工艺流程，提高现有的提纯技术的生产效率，整合现有的提纯方法，开发新型高效的提纯工艺及实验设备是未来发展的重要方向。

2.3.4.11 粗金的真空蒸馏提纯

金被誉为“百金之王”，是抗腐蚀性、稳定性和延展性最好的金属，具有良好的导电性和导热性，广泛应用在电子、通信、宇航、化工、医疗等领域[81-83]。金纯度越高，其性能越优异，随着近年来科学技术的不断发展，对金纯度的要求越来越高，目前高精尖设备应用的均为高纯金[81]。根据金的存在形式，金矿石可分为脉金矿石和砂金矿石。从金矿石提取金的方法主要有混汞法、氰化法、硫脲法，其他方法有液氯法、高温氯化挥发法、硫代硫酸盐浸出法等。从铜阳极泥提取金的方法有火法工艺流程、选冶联合处理工艺、全湿法工艺、火法—湿法联合工艺。金的精炼提纯方法主要有电解精炼法、化学精炼法、溶剂萃取法、控电氯化精炼法、氯氨净化法。现有提纯工艺存在流程冗长、生产效率低、产生污染物、原料要求高、金属积压量大等问题[83-85]。

针对粗金现有精炼提纯存在的问题，开展了真空蒸馏提纯粗金中各杂质的饱和蒸气压的计算及实验研究，考察了蒸馏温度、保温时间对银、锌、铜的脱除率和金直收率的影响。

A 粗金中各杂质的饱和蒸气压

采用饱和蒸气压计算公式，计算了粗金中金、银、锌、铜在不同温度下的饱和蒸气压，在相同的温度下，锌、银、铜的饱和蒸气压值大于金的饱和蒸气压值，可以通过控制温度条件使锌、银、铜优先于金挥发，从而实现金与锌、银和铜的分离，且锌和银与金的饱和蒸气压差较大，可以较好地挥发除去，而铜与金的饱和蒸气压差较小，难以脱除干净。

B 粗金真空蒸馏实验

实验[81]原料为粗金，其化学成分（质量分数）见表2-83，其余杂质含量为0.02%，未做研究。

表2-83 粗金的化学成分

元素	Au	Ag	Zn	Cu
质量分数/%	93.98	2.25	0.30	3.45

a 实验方法

将实验原料粗金置于石墨坩埚中，封闭真空炉，通入氮气抽真空，在一定的升温速率下控制实验温度在1573~1923K，系统压力为10~30Pa，恒温时间为30~90min。

b 实验结果与讨论

蒸馏温度对银、锌、铜脱除率的影响

图2-77为蒸馏温度对银、锌、铜脱除率的影响。由图2-77可知，在温度为1573~

1923K 范围内，银的脱除率最高达到 99% 以上，并且随着蒸馏温度的升高脱除率缓慢升高，当温度为 1773K 时，银的脱除率达到 99.5%，此后几乎不变。此时只有极少量的银存在于残留物中，绝大部分挥发除去。锌的去除率随着温度的升高而缓慢升高，在温度为 1623K 时，锌的去除率接近 100%，锌基本上全部挥发除去。铜的脱除率随着蒸馏温度的升高而逐渐增大，蒸馏温度为 1573K 时，铜的脱除率为 7.8%，蒸馏温度为 1923K 时，铜的脱除率为 95.4%，但此时蒸馏温度过高影响金的直收率，金的挥发率达到 69.4%，由此得出，铜的脱除符合理论分析，利用真空蒸馏不易除去粗金中的铜，同时考虑到金的直收率，蒸馏温度应低于 1823K。

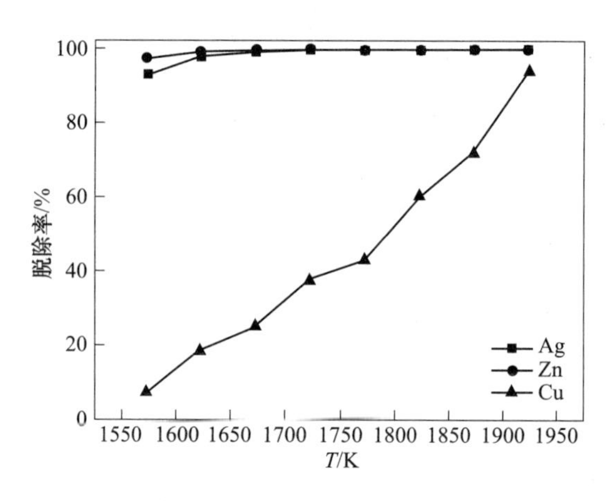

图 2-77　蒸馏温度对银、锌、铜脱除率的影响

蒸馏温度对金直收率的影响

图 2-78 为蒸馏温度对金直收率的影响。由图 2-78 可知，金的直收率随着温度的升高而降低，当蒸馏温度为 1823K 时，金的直收率为 76.4%。此外，有报道指出，电解精炼制备高纯金时，要求粗金原料中铜的质量分数低于 2%，结合图 2-77 可知，在蒸馏温度为 1773K 时，铜的脱除率为 44.7%，残留物中铜的质量分数为 1.95%，也因此综合考虑金的直收率及后续金的电解精炼，蒸馏温度为 1773K 左右。

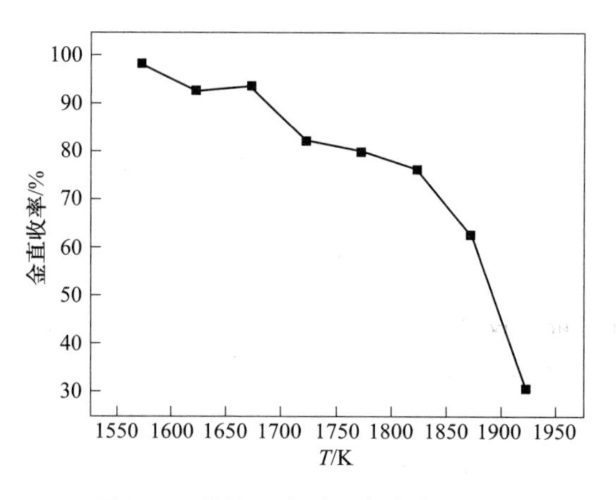

图 2-78　蒸馏温度对金直收率的影响

保温时间对金直收率的影响

保温时间对金直收率的影响如图 2-79 所示。由图 2-79 可知，在蒸馏温度为 1773K、系统压力为 10~30Pa、蒸馏时间为 30min 时，金的直收率为 83.7%；当蒸馏温度为 60min 时，金的直收率降为 80.4%，为了保证金的直收率大于 80.4%且尽量脱除铜，蒸馏时间应该控制在 60min 以内。

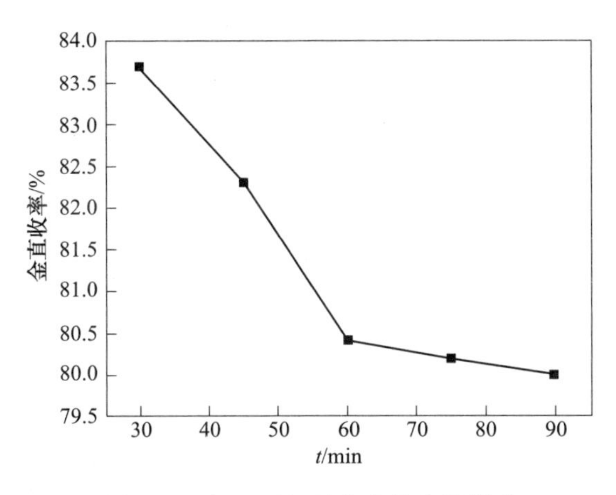

图 2-79 保温时间对金直收率的影响

残留物中银、锌、铜含量分析

表 2-84 列出了在蒸馏温度为 1573~1973K、保温时间为 60min、系统压力为 10~30Pa 的条件下残余物中银、锌、铜的质量分数。从表 2-84 可知，蒸馏温度的升高对粗金中银和铜的脱除效果显著，而对锌的脱除效果不明显，这是因为锌在低温下就很容易挥发。

表 2-84 不同温度下残余物中银、锌、铜的含量

T/K	质量分数/%		
	Ag	Zn	Cu
1573	0.128	0.00069	3.33
1623	0.021	0.00075	3.13
1673	0.031	0.00066	3.28
1723	0.031	0.00056	2.71
1773	0.0032	0.00058	1.95
1823	0.000035	0.00059	1.87
1873	0.000037	0.00052	1.62
1923	0.000033	0.00054	0.37

综上所述，在最佳蒸馏温度为 1773K、保温时间为 60min、系统压力为 10~30Pa 的条件下，银和锌的脱除率达到 99%以上，且银、锌在残余物金中的含量达到 GB 11887 的杂质要求，铜在金中的含量可满足金电解精炼的要求。

2.3.4.12 粗银的真空蒸馏提纯

粗银主要是指银质量分数为 30%~99.9%的矿产银、冶炼初级银产品、回收银、含银合金及含银物料等[86]。目前，银的提纯方法主要有电解提纯、化学提纯、萃取提纯三种，其中以电解提纯为主，但传统电解提纯银的工艺中存在着电流效率低、耗电量高、产品质量差等许多问题[87-89]。针对现有工艺存在的问题，开展了粗银真空提纯的理论与实验初探。

A 粗银中各杂质的饱和蒸气压

将各组元采用饱和蒸气压计算公式，计算粗银中各元素在纯物质状态和不同温度下的饱和蒸气压，各元素的挥发顺序 Se>Te>Sb>Bi>Pb>Ag>Sn>Cu>Au>Fe，同一温度下，比银优先挥发的元素 Se、Te、Sb、Bi、Pb 将挥发进入气相，比银难挥发的元素 Sn、Cu、Au、Fe 将残余在残留物中。

B 粗银真空蒸馏提纯实验

开展了蒸馏温度 1000℃、1200℃、1400℃，保温时间 1h，炉内压强 1~5Pa 条件下的粗银真空提纯实验。粗银原料由国内某厂家提供，其化学成分见表 2-85。

表 2-85 粗银原料成分

元素	Ag	Se	Te	Sb	Pb	Bi	Sn	Cu	Fe	Au
质量分数/%	97.89	0.0012	0.13	0.011	0.69	0.13	0.0098	0.77	0.0079	0.029

表 2-86 列出了不同蒸馏条件下残余物中各元素的含量。由表 2-86 可知，一次蒸馏后残余物中 Se、Te、Pb、Bi 含量显著下降且随蒸馏温度的升高而降低，与饱和蒸气压预测结果一致；杂质元素 Sb 在残余物中的含量随温度的升高而增加，当蒸馏温度为 1400℃时，其含量与粗银原料中含量一致，Sb 在残余物中的含量与饱和蒸气压值有所偏差；杂质元素 Sn、Cu、Au 富集在残余物中且其含量随蒸馏温度的升高逐渐增加，与理论预测结果一致；杂质元素 Fe 在残余物中的含量低于其在原料粗银中的含量，与饱和蒸气压计算结果不符合。

表 2-86 不同条件下残余物中各元素的含量 (%)

条件	成分									
	Ag	Se	Te	Sb	Pb	Bi	Sn	Cu	Fe	Au
1000℃，2Pa，1h	98.18	0.0014	0.0059	0.0071	0.31	0.098	0.026	0.77	0.0063	0.026
1200℃，1Pa，1h	98.48	0.0013	0.0063	0.0093	0.011	0.0095	0.041	0.82	0.0031	0.030
1400℃，5Pa，1h	98.33	0.0005	0.0083	0.011	0.0022	0.0006	0.013	0.91	0.0044	0.036

此外，在粗银真空蒸馏提纯过程中，观测到在坩埚壁上会有银白色小珠冷凝，经检测为纯度 99.25%的银。

综上，一次真空蒸馏可有效脱除粗银中的易挥发杂质元素 Se、Te、Pb、Bi 及 Sb，而 Sn、Cu、Au 则会在残余物中富集，当蒸馏温度升高时，主元素银也会挥发并冷凝。

2.3.5 矿石及半产品的真空蒸馏

2.3.5.1 高铁闪锌矿真空蒸馏

闪锌矿常含有 Fe、Mn、Cd、Ga、In、Ge、Tl、Ag 等杂质元素，特别地，当闪锌矿含铁6%以上时，被称为铁闪锌矿[90]；含铁12%时，被称为高铁闪锌矿；铁含量达18%以上时，可称为超高铁闪锌矿。高铁闪锌矿是我国特有的锌资源，富含锌、铁、铟、锡、铜、镉、银等多种金属，云南省高铁闪锌矿储量约为700万吨，占云南省锌矿资源的1/3。

随着我国经济的飞速发展，锌冶炼产业不断扩大，国内对锌资源的需求急剧上升。然而伴随矿产资源的不断开发利用，锌精矿的短缺对我国锌冶炼产业发展的制约越来越明显。为了满足锌冶炼产业对原料的需求，低品位、多金属、高杂质含量的复杂锌矿物资源的开发利用越来越受到重视。

基于真空蒸馏理论开展了高铁闪锌矿真空蒸馏小型实验，实验原料为含锌48.31%的高铁闪锌矿。真空蒸馏后残留物锌含量见表2-87。

表2-87 高铁闪锌矿真空蒸馏后残留物中锌含量

温度/K	锌含量/%				
	20min	40min	60min	80min	100min
1373	45.54	37.57	36.27	36.27	26.30
1423	44.53	32.54	27.43	22.86	16.08
1473	43.31	0.05	0.22	0.05	0.06
1523	32.65	0.23	0.14	0.11	0.03
1573	10.40	0.06	0.68	0.09	0.04

根据实验结果绘制了高铁闪锌矿真空蒸馏锌挥发率与蒸馏温度、蒸馏时间的关系，结果如图2-80和图2-81所示。

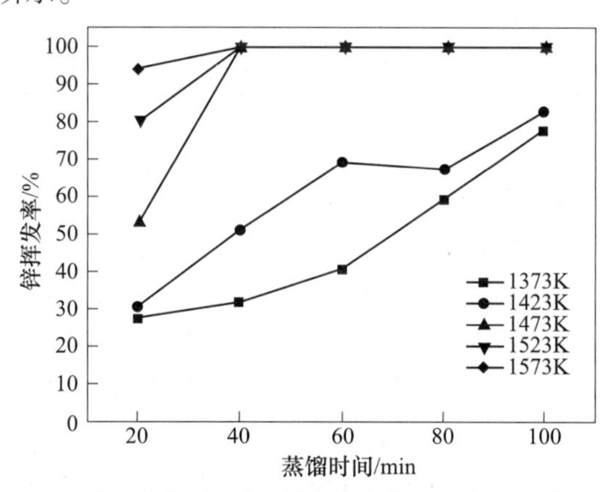

图2-80 蒸馏时间与高铁闪锌矿中锌挥发率关系

由图2-80和图2-81可以看出，相同温度条件下，随着蒸馏时间的增加，锌的挥发率逐渐增加；相同的蒸馏时间条件下，随着蒸馏温度的升高，锌的挥发率也逐渐增加。当蒸馏温度高于1473K，蒸馏时间大于60min后，锌的挥发速率大于99%，残留物中锌含量低于1%。

小型实验研究结果表明：采用真空蒸馏的方法可以从高铁闪锌矿中富集金属锌，残留物中锌含量低于1%。由于矿物的复杂性，关于高铁闪锌矿真空蒸馏分离的相关机理及锌在蒸馏过程中的形态与分布等问题的研究正在进行中。

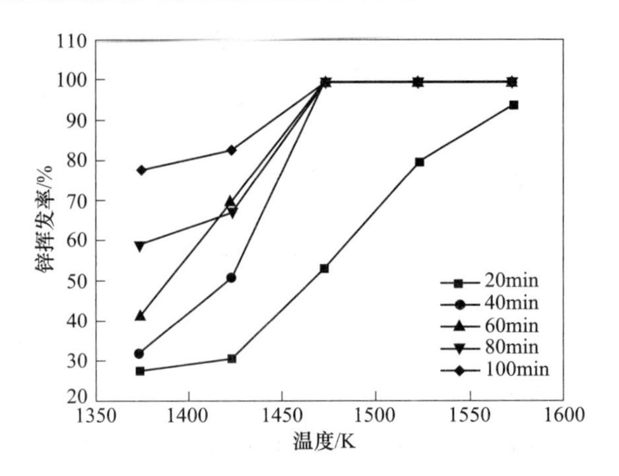

图 2-81 蒸馏温度与高铁闪锌矿锌挥发率关系

2.3.5.2 铜浮渣真空蒸馏

铜浮渣是高铋铅阳极泥、粗铅熔析除铜或加硫除铜过程产生的含铜浮渣。

某铅冶炼厂粗铅熔析除铜过程产生的典型铜浮渣化学成分见表 2-88，其中 Pb、Cu、Ag、Sb 和 S 这 5 种元素占原料成分的 88.98%。对铜浮渣采用固定式真空蒸馏的方法富集银，分离铅铜，所产挥发物铜含量低但银含量高可直接返主流程；残留物为银铜合金，可入分银炉回收银。

表 2-88 铜浮渣化学成分

元素	Pb	Cu	Sb	As	Fe	S	Ag	Sn	其他
含量/%	49.58	23.72	12.50	5.85	3.29	2.96	2172.40g/t	0.93	1.88

A 铜浮渣真空蒸馏理论分析

铜浮渣中存在单质金属和硫化物，分别计算了纯物质及金属硫化物的饱和蒸气压与温度的关系，如图 2-82 和图 2-83 所示。由图 2-82 可知，若各金属不生成稳定的金属化合物，随着熔体温度升高，各组元蒸气压增加，各元素挥发的先后次序为：Zn>As>Bi>Pb>Sb>Ag>Cu>Fe>Sn。因此通过控制蒸馏温度与压强可以实现铜浮渣中各组元分离的目的。由图 2-83 可知，金属硫化物的饱和蒸气压要比对应金属的饱和蒸气压大，在实验温度为 1323~1423K 的条件下，金属及金属硫化物的饱和蒸气压大小顺序为 Sb_2S_3> Sb>PbS> Pb>Cu_2S>Cu>FeS。因此，在系统压力为 20~160Pa、蒸馏温度为 1323~1523K 时，铜浮渣中饱和蒸气压值较大的 Sb_2S_3、Sb、PbS 和 Pb 在蒸馏时挥发进入气相，饱和蒸气压值较小的 Cu_2S、Cu、FeS、Fe 残留于液相。

B 铜浮渣真空蒸馏实验

铜浮渣真空蒸馏实验所采用的工艺流程如图 2-84 所示，易挥发高熔点物质冷凝于一级冷凝器，易挥发低熔点物质在二级冷凝器上冷凝后汇流于收集室内的粗铅锭模中，难挥发的铜银锑合金残留于坩埚内。实验研究了蒸馏温度、蒸馏时间对铜浮渣综合回收效果的影响，并分析了不同条件对原料挥发率，铅、硫的去除率，银、铜、锑直收率的影响，实验结果如图 2-85~图 2-88 所示。

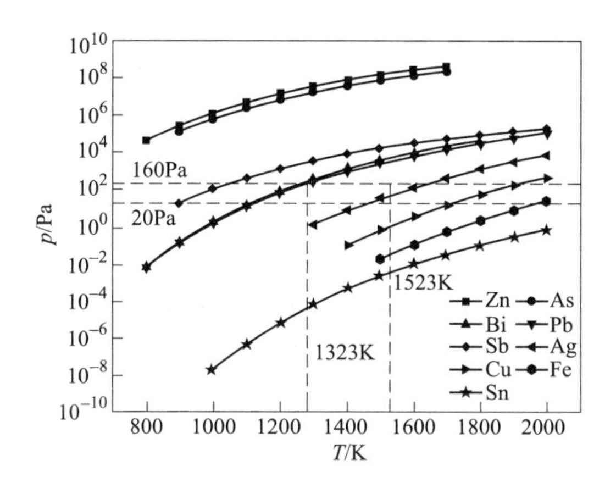

图 2-82 铜浮渣中纯物质饱和蒸气压与温度的关系

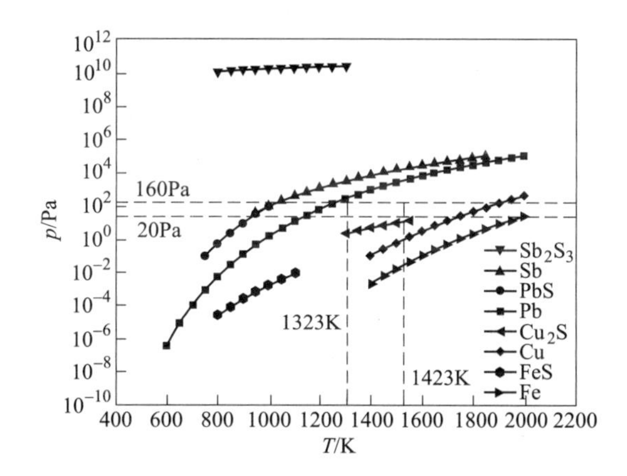

图 2-83 铜浮渣中金属和金属硫化物的关系

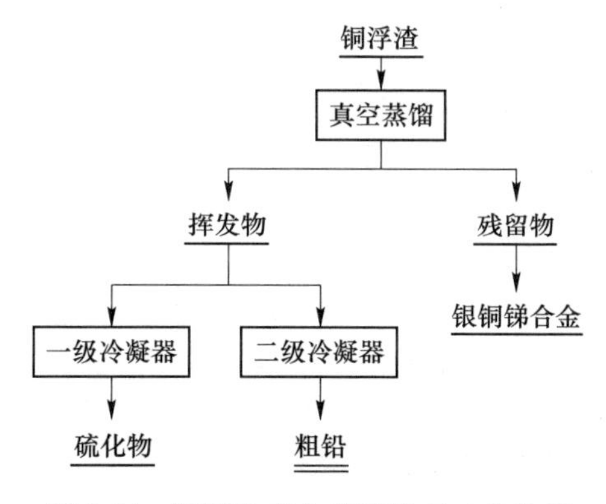

图 2-84 铜浮渣真空蒸馏处理工艺流程

图 2-85 表明随着温度的升高，一级冷凝物中铅、铜、锑、硫含量逐渐升高，一级冷凝物中的银含量均低于 20g/t；从图 2-86 中可以看出，随着蒸馏温度的升高，二级冷凝物

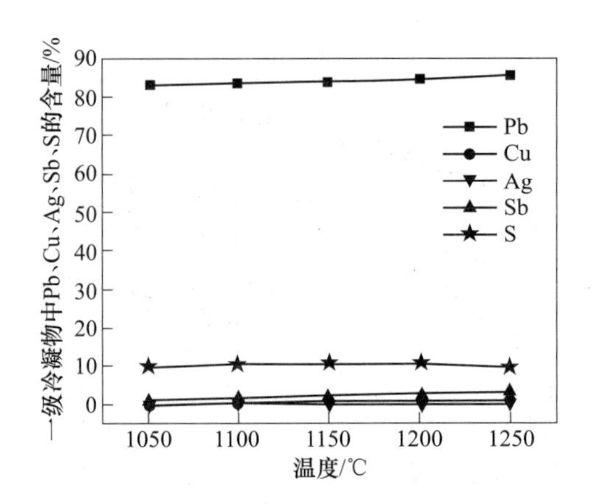

图 2-85 不同蒸馏温度下一级冷凝物中 Pb、Cu、Ag、Sb、S 的含量

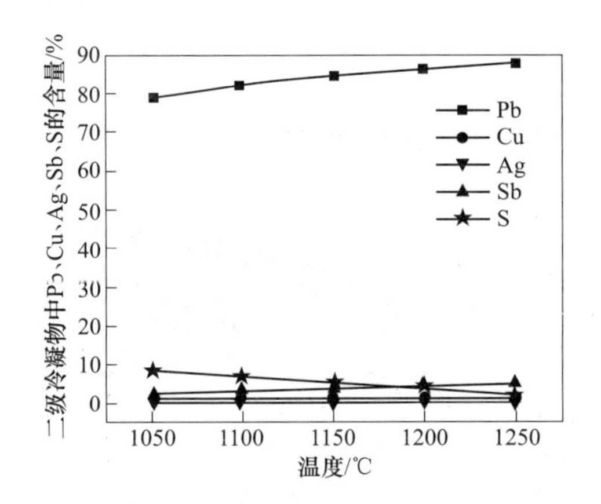

图 2-86 不同蒸馏温度下二级冷凝物中 Pb、Cu、Ag、Sb、S 的含量

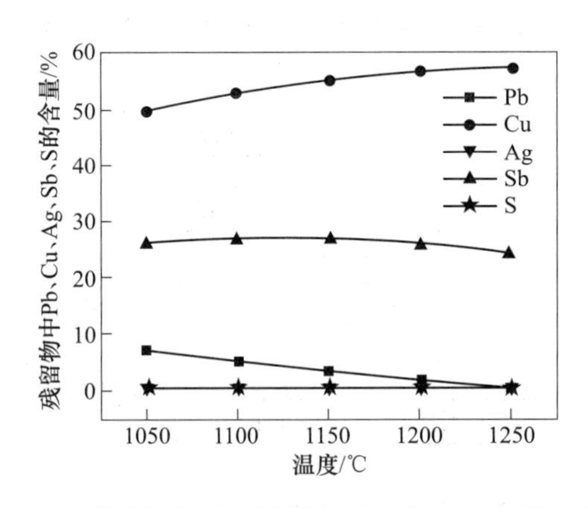

图 2-87 不同蒸馏温度下残留物中 Pb、Cu、Ag、Sb、S 的含量

中铅、铜、银、锑含量逐渐升高。从图 2-87 中可以看出，铜浮渣真空蒸馏的残留物为铜银锑合金，随着蒸馏温度的升高，残留物中的铅、硫和银含量降低而铜含量随温度升高而升高。

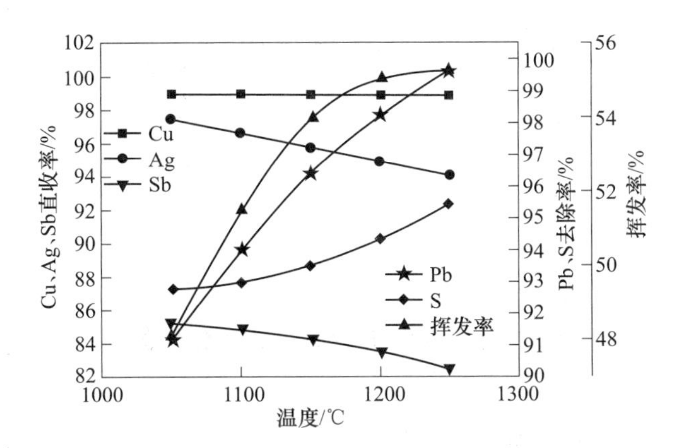

图 2-88 不同蒸馏温度下铜浮渣挥发率，Pb、S 去除率和 Cu、Ag、Sb 直收率

由图 2-88 可知，挥发率随着蒸馏温度的增大而增大，当温度达到 1200℃后挥发率维持在 55%左右；铅和硫的去除率随温度升高而升高；铜、银、锑的直收率随蒸馏温度的升高而降低；蒸馏温度的升高有利于铅、硫的去除，但不利于铜、银、锑的回收。最佳蒸馏温度条件下，一级冷凝物含硫 10%，二级冷凝物含铅 87.55%，残留物中铅、铜、银、锑、硫的含量分别为 0.46%、57.38%、3919.21g/t、24.41%和 0.21%；铅和硫的去除率分别为 99.58%和 92.79%，铜、银、锑的直收率分别为 98.87%、94.02%和 82.58%。

由图 2-89~图 2-92 可知，在最佳蒸馏温度条件下，延长蒸馏时间有利于铅和硫的脱除；对于铜、银、锑而言，延长蒸馏时间，不利于铜、银、锑的回收，冷凝物中铜、银、锑含量随蒸馏时间的延长而增大。由图 2-92 可知，原料挥发率随着蒸馏时间的增加而增大，铅和锑的去除率随着蒸馏时间的延长而增大，铜、银、锑的直收率随着蒸馏时间延长而降低。

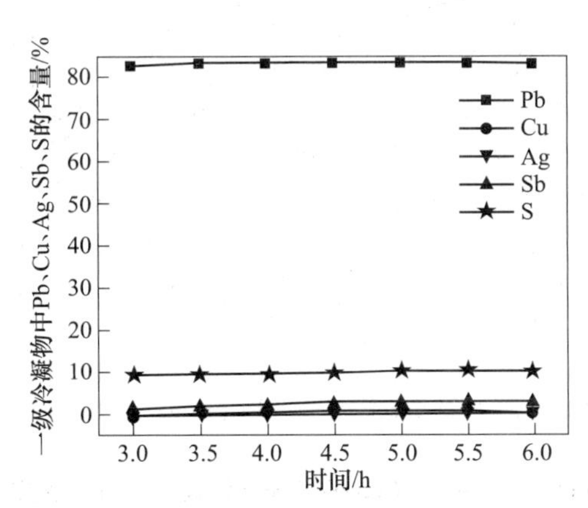

图 2-89 不同蒸馏时间下一级冷凝物中 Pb、Cu、Ag、Sb、S 的含量

在 1250℃、4.5h、100Pa 的最佳蒸馏条件下原料及蒸馏产物成分见表 2-89。一级冷凝物为含硫 10%的硫化物，二级冷凝物为含铜 1.17%的粗铅，残留物为含硫 0.21%的铜银锑合金。此时铅去除率为 99.58%，硫去除率为 95.44%，铜直收率为 98.87%，银直收率为 94.02%，锑直收率为 82.58%。

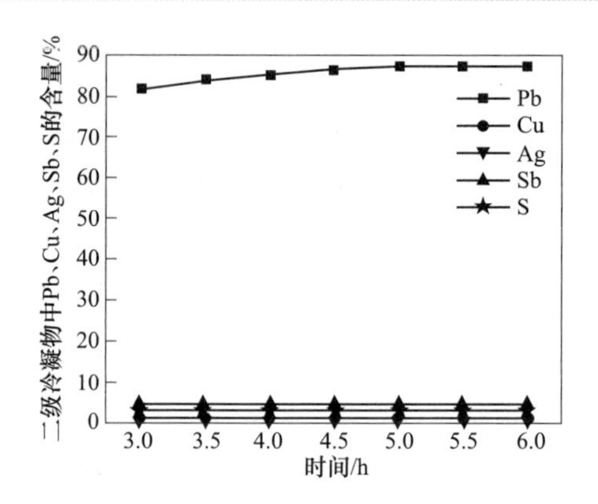

图 2-90　不同蒸馏时间下二级冷凝物中 Pb、Cu、Ag、Sb、S 的含量

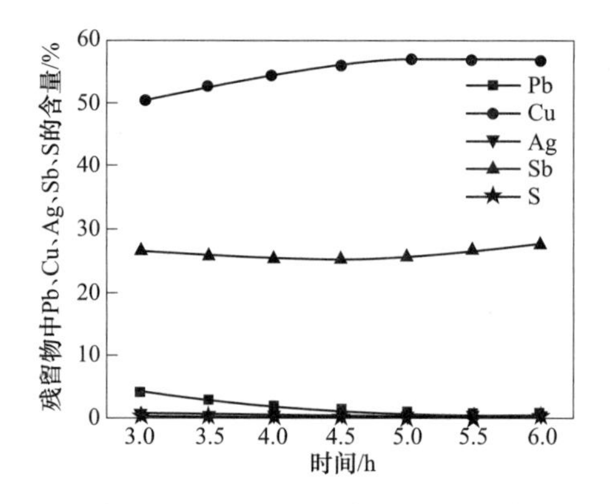

图 2-91　不同蒸馏时间下残留物中 Pb、Cu、Ag、Sb、S 的含量

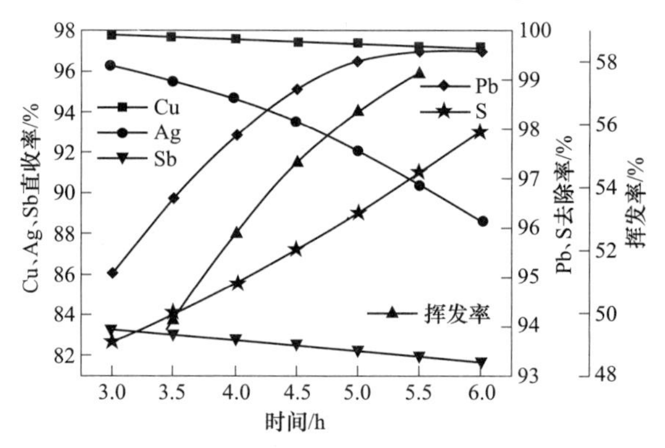

图 2-92　不同蒸馏时间下铜浮渣挥发率，Pb、S 去除率和 Cu、Ag、Sb 直收率

表 2-89　1250℃、4.5h、100Pa 的最佳蒸馏条件下原料及蒸馏产物成分

物料		成分/%				
		Pb	Cu	$Ag/g \cdot t^{-1}$	Sb	S
原料		49.58	23.72	2172.40	12.50	2.96
产物	一级冷凝物	83.74	0.81	17.1	3.28	10
	二级冷凝物	87.55	1.17	3.28	4.6	2.2
	残留物	0.46	57.38	10	24.41	0.21

C 工业实验

在最佳实验条件下进行了真空蒸馏铜浮渣工业实验，结果为：残留物中富集了96.92%的Ag、97.33%的Cu和88.53%的Sb，而99.30%的Pb和97.72%的S富集在挥发物中。最终，得到了Cu-As-Sb合金、硫化铅和粗铅[91]。整个蒸馏过程在封闭的低压系统中进行，不产生废气、废水、烟尘和炉渣，并且不需要添加试剂，每吨铜浮渣综合能耗小于4000kW·h。

2.3.5.3 钼精矿真空蒸馏

辉钼矿是提炼钼的最主要矿物原料，化学组成为二硫化钼，是一种具有强金属光泽的鳞片状矿物。目前由辉钼矿制备优质辉钼矿精矿的方法有磨矿筛分法、剪切絮凝法、强化浮选法和化学浸出法。强化浮选法适于处理辉钼矿嵌布粒度较细的普通钼精矿，工艺流程较为简单、易于控制，且操作成本较低，可获得优质辉钼矿精矿。

钼精矿的主要成分为MoS_2、SiO_2、CaO和少量As、Sn、Pb、Bi、Cu等杂质金属硫化物，在浮选过程中部分杂质金属硫化物随MoS_2一并选出，使得选矿分离较困难，需要在后续的处理工艺中除去，因此开发利用钼精矿通过真空蒸馏直接提取制备二硫化钼具有十分重要的意义。

二硫化钼广泛应用于光电材料、复合材料、医学领域、催化剂、碳素行业、机械制造和工程塑料等领域[92]。随着研究的不断深入，人们对二硫化钼的纯度要求也越来越高。与普通的二硫化钼相比，高纯二硫化钼的催化、力学、光学、电学等性能都有显著提高，其制备方法、工艺、技术等也呈现规模化发展态势[93]。

A 辉钼矿精矿真空蒸馏理论计算

利用杂质金属硫化物与二硫化钼饱和蒸气压的差异，通过真空蒸馏可实现钼精矿中这些杂质的去除，采用此方法同时可去除钼精矿中残留的浮选油剂，残余的单质硫也容易升华。钼精矿中硫化物的蒸气压与温度的关系如图2-93所示。

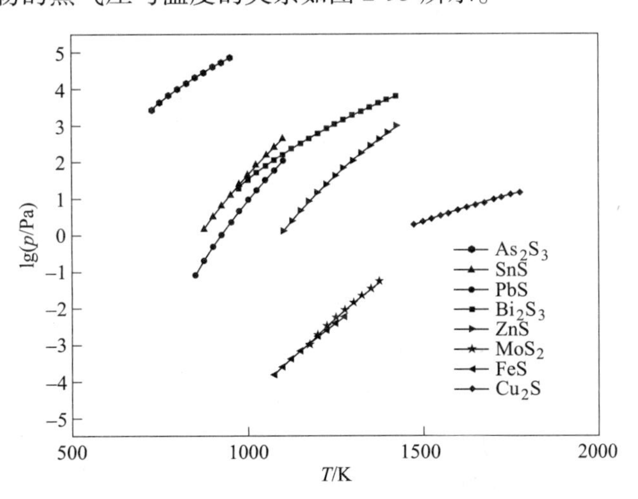

图2-93 硫化物饱和蒸气压与温度的关系

由图2-93可知，硫化物的饱和蒸气压大小顺序为：As_2S_3>SnS>Bi_2S_3>PbS>ZnS>Cu_2S>MoS_2>FeS，因此可以通过真空蒸馏实现杂质金属硫化物的去除。

在 Mo-S 系中，有两种稳定化合物 MoS_2 和 Mo_2S_3。按照化合物的逐级分解原则，MoS_2 先分解为 Mo_2S_3，然后继续分解为金属 Mo。不同压力下 MoS_2 和 Mo_2S_3 分解的吉布斯自由能如图 2-94 所示。当压力降至 5Pa 时，MoS_2 分解为 Mo_2S_3 的最低温度为 1462K。

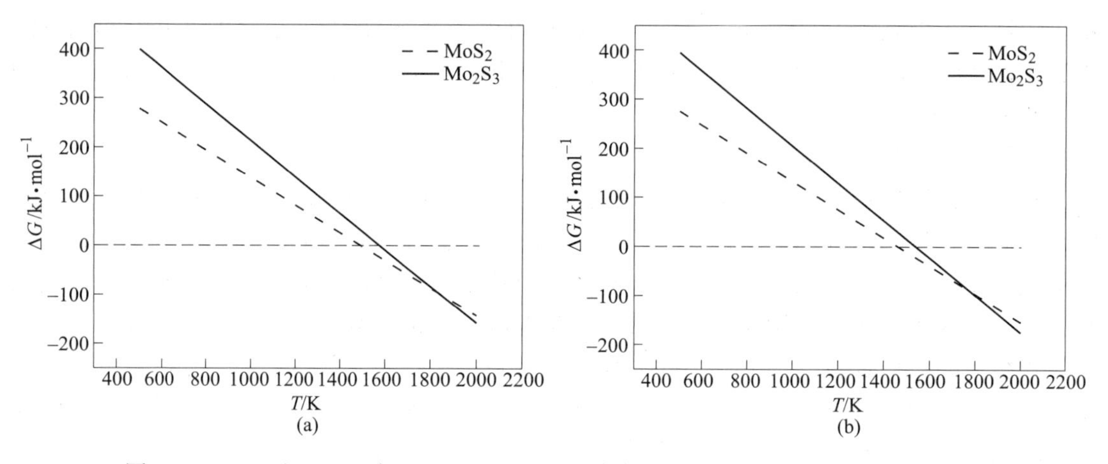

图 2-94　MoS_2 和 Mo_2S_3 在 10Pa(a) 和 5Pa(b) 条件下的吉布斯自由能与温度的关系

MoS_2 和 Mo_2S_3 在 298~2073K 的分解反应见式（2-32）和式（2-33）：

$$4MoS_2(s) \xlongequal{} 2Mo_2S_3(s) + S_2(g) \tag{2-32}$$

$$\Delta G = 418451 - 203.812T + 8.314T\ln(p_0/p^{\ominus})$$

$$Mo_2S_3(s) \xlongequal{} 2Mo(s) + 1.5S_2(g) \tag{2-33}$$

$$\Delta G = 584155 - 255.818T + 12.471T\ln(p_0/p^{\ominus})$$

杂质元素以简单硫化物形式或者复合硫化物形式存在，复合硫化物稳定性较差，在较低温度下就可分解为简单硫化物。因此对钼精矿中的杂质元素 As、Sn、Pb、Bi、Cu、Fe、Zn 都以简单硫化物形式 As_2S_3、SnS_2、PbS、Bi_2S_3、CuS、FeS、FeS_2、ZnS 进行分析，其可能发生的反应如下：

$$Bi_2S_3(s) \xlongequal{} 2Bi(g) + 1.5S_2(g) \tag{2-34}$$

$$PbS(s) \xlongequal{} PbS(g) \tag{2-35}$$

$$4CuS(s) \xlongequal{} 2Cu_2S(s) + S_2(g) \tag{2-36}$$

$$2Cu_2S(s) \xlongequal{} 4Cu(g) + S_2(g) \tag{2-37}$$

$$SnS_2(s) \xlongequal{} SnS_2(g) \tag{2-38}$$

$$SnS(s) \xlongequal{} 2Zn(s) + S_2(g) \tag{2-39}$$

$$As_2S_3(s) \xlongequal{} As_2S_3(g) \tag{2-40}$$

$$2FeS_2(s) \xlongequal{} 2FeS(s) + S_2(g) \tag{2-41}$$

$$2FeS(s) \xlongequal{} 2Fe(s) + S_2(g) \tag{2-42}$$

$$2ZnS(s) \xlongequal{} 2Zn(s) + S_2(g) \tag{2-43}$$

通过对钼精矿中 As_2S_3、SnS_2、PbS、Bi_2S_3、CuS 等硫化物的分解热力学进行计算、各物质在 10Pa 下吉布斯自由能如图 2-95 所示，结合硫化物的饱和蒸气压可知，二硫化钼在变成气态之前就会发生分解，As_2S_3 为极易挥发物质，SnS_2 易分解为硫化锡然后继续挥发；PbS 的挥发温度和分解温度比较接近，既可升华也可分解，硫化铅 996K 后便升华为气体，气态硫化铅存在两种物质 PbS 和 Pb_2S_2，主要物相为 PbS，两种物质都不稳定易继续分解，但由于硫化铅蒸气无法停留，以硫化铅形式冷凝下来，无法完全分解；硫化铋易分解为铋蒸气和硫蒸气挥发；CuS、FeS_2 很容易分解为 Cu_2S、FeS 和 S 蒸气。当 $p\approx 10$Pa 时，Cu_2S 分解为 Cu 蒸气和 S 蒸气的温度大于 1644K，FeS 分解为 Fe 蒸气和 S 蒸气的温度大于 1776K[94]。

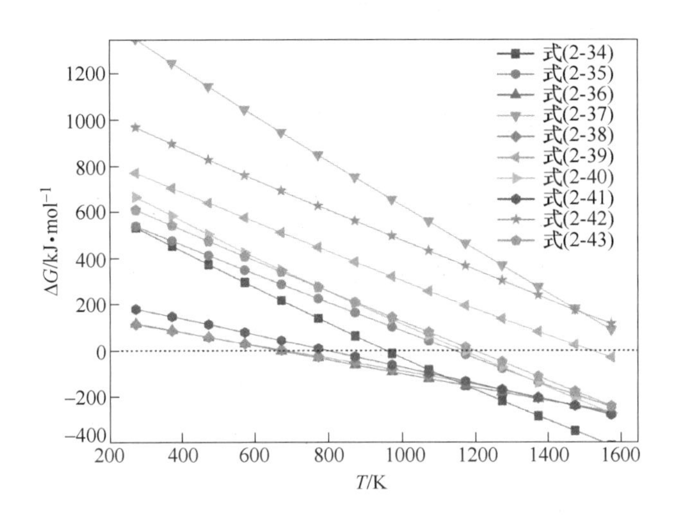

图 2-95 式（2-34）~式（2-43）在 10Pa 条件下的吉布斯自由能与温度的关系

B 钼精矿真空蒸馏实验

实验原料为国内某企业提供的钼精矿，其组成见表 2-90，未检测出 As 和 Sn。

表 2-90 钼精矿的元素组成

元素	Mo	S	Fe	Si	Ca	Zn	K	Pb	Mg	Cu	Bi
质量分数/%	55.14	41	1.42	1.79	0.18	0.012	0.04	0.06	0.034	0.036	0.021

蒸馏温度和蒸馏时间被认为是影响蒸馏效率的两个关键因素，因此开展不同的蒸馏温度、蒸馏时间的实验。将挥发率定义为：

$$V_R = (M_1 - M_2)/M_1 \times 100\% \tag{2-44}$$

式中，M_1 为原料的质量；M_2 为真空蒸馏后残留物的质量。

实验所用设备为真空炉，主要由炉体、控制柜、真空系统组成。将钼精矿粉末干燥并以适当压力压制成块，并置于高纯石墨坩埚内进行加热。在真空度 10Pa 条件下，进行了温度梯度实验，计算出挥发率，结果如图 2-96 所示。当蒸馏温度从 1173K 升高至 1373K 时，挥发率随之增加。在 1173~1223K 温度范围内，挥发速度和挥发率显著提高，易挥发物质在此温度范围内快速蒸出。在 1223~1373K 温度范围内，相对难挥发物质缓慢蒸出。继续升高温度，挥发率仍随之升高，这是由于 MoS_2 分解为 Mo_2S_3 和 S 蒸气。最佳的蒸馏温度确定为 1373K。

在温度为 1373K、残压为 10Pa 条件下，研究了蒸馏时间对杂质挥发率的影响，结果如图 2-97 所示，表明杂质的挥发率随时间的增加而提高。随着蒸馏时间从 20min 延长至

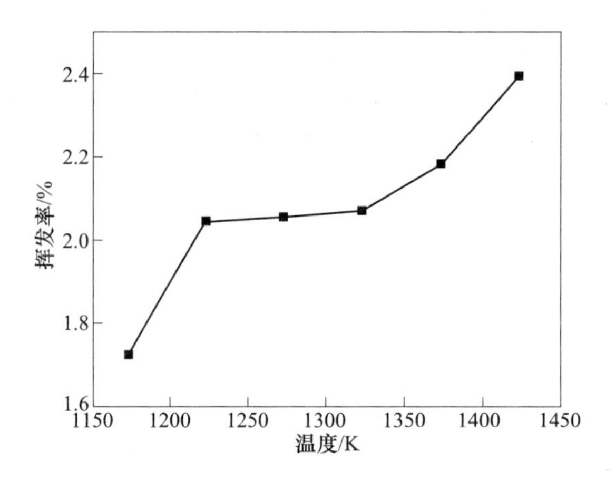

图 2-96　10Pa 时温度对杂质挥发率的影响

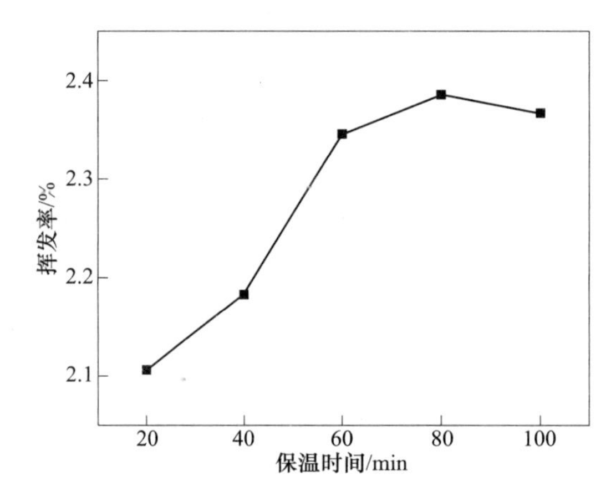

图 2-97　1373K 不同蒸馏时间对杂质挥发率的影响

100min，杂质的挥发率逐渐增大，在 40~80min 内为杂质挥发速度最快的时段。较长的蒸馏时间保证了杂质的充分挥发，然而当蒸馏时间超过 80min 后，挥发率没有较为明显升高，考虑到合理的能源消耗，最佳的蒸馏时间确定为 80min。

不同温度区域富集的主要冷凝物物相有所不同。通过分级冷凝可实现硫化锌、硫化铅、硫化铋的富集，以及冷凝得到金属氟化物和铅铋复杂硫化物，这种复杂硫化物在升温时易分解，而在低温区复合，从而部分又形成了复杂硫化物冷凝下来。另外，在 1073K 蒸馏温度下，收集到的冷凝物中检测出钼的氧化物，其形成于原矿在空气中缓慢氧化[95]，因此通过真空蒸馏可同时实现钼的氧化物与硫化物分离。

综上所述，将真空蒸馏应用于钼精矿中杂质硫化物的分离，理论上证明了大部分金属硫化物分离的可行性，实际的结果也证实了此方法的有益效果。此外，真空蒸馏对钼精矿中其他饱和蒸气压大的物质（如氟化物等）也表现出明显去除效果，从而进一步提高了精矿的品位。因此，利用真空蒸馏直接处理沸点高的杂质矿物，使矿物中易挥发杂质实现高效分离，可达到矿物的短流程处理、高效环保提纯高价值化合物的目的。

参 考 文 献

[1] 戴永年，赵忠．真空冶金［M］. 北京：冶金工业出版社，1988.

[2] 戴永年．有色金属材料的真空冶金［M］. 北京：冶金工业出版社，2000.

[3] 戴永年，杨斌．有色金属真空冶金［M］. 2 版．北京：冶金工业出版社，2009.

[4] NESMEIANOV A N . Vapor Pressure of the Chemical Elements［M］. Elsevier Pub. Co，1963.

[5] KUBASCHEWSKI O，ALCOCK C B . Metallurgical Thermochemistry［M］. 5th Oxford：Pergamon Press，1979.

[6] CARL L，YAWS. Handbook of Vapor Pressure Volume 4：Inorganic Compounds and Elements［M］. Gulf Professional Publishing，1995.

[7] WILSON G M. Vapor-liquid equilibrium. XI. A new expression for the excess free energy of mixing［J］. Journal of the American Chemical Society，1964，86（2）：127-130.

[8] TAO D P. A new model of thermodynamics of liquid mixtures and its application to liquid alloys［J］. Thermochimica Acta，2000，363（1）：105-113.

[9] TAO D P. Prediction of the coordination numbers of liquid metals［J］. Metallurgical & Materials Transactions A，2005，36（12）：3495-3497.

[10] HULTGREN R，DESAI P D，HAWKINS D T，et al. Selected Values of the Thermodynamic Properties of Binary Alloys［M］. American Society for Metals，1973.

[11] 中华人民共和国国家标准 . GB/T 728—2010 锡锭［S］. 中国标准出版社，2011.

[12]《真空世界有色人生》编委会．真空世界有色人生［M］. 北京：冶金工业出版社，2009.

[13] 贾国斌．若干铅基合金真空蒸馏分离提纯的研究［D］. 昆明：昆明理工大学，2010.

[14] 李一夫．复杂锡合金真空蒸馏分离提纯的研究［D］. 昆明：昆明理工大学，2015.

[15] KONG L X，YANG B，LI Y F，et al. Application of MIVM for Pb-Sn system in vacuum distillation［J］. Metallurgical and Materials Transactions，2012，B43（6）：1649-1656.

[16] 孔令鑫，李一夫，杨斌，等．分子相互作用体积模型在真空蒸馏分离铅锡合金中的应用［J］. 真空科学与技术学报，2012，32（12）：1129-1135.

[17] 魏昶，姜琪，罗天骄，等．重有色金属冶炼中砷的脱除与回收［J］. 有色金属，2003（S1）：46-50.

[18] 杨斌，孔令鑫，徐宝强，等．废弃锡合金真空分离回收金属（英文）［J］. Transactions of Nonferrous Metals Society of China，2015，25（4）：1315-1324.

[19] 张城．铅基合金真空蒸馏气-液相平衡研究［D］. 昆明：昆明理工大学，2016.

[20] 陈金杰，蒋文龙，杨斌，等．铅铜合金真空蒸馏分离的研究［J］. 真空科学与技术学报，2013（5）：6.

[21] 蒋文龙，陈金杰，李一夫，等．铅银合金真空分离的研究［J］. 真空科学与技术学报，2014（5）：5.

[22] 宋冰宜，蒋文龙，杨斌，等．铅锑合金的真空蒸馏实验研究［J］. 真空科学与技术学报，2015（12）：6.

[23] DENG J H，ZHANG Y W. Harmless，industrial vacuum-distillation treatment of noble lead［J］. Vacuum：Technology Applications & Ion Physics：The International Journal & Abstracting Service for Vacuum Science & Technology，2018，149：306-312.

[24] GUO X Y，ZHOU Y，ZHA G Z，et al. A novel method for extracting metal Ag and Cu from high value-added secondary resources by vacuum distillation［J］. Separation and Purification Technology，2020，242：116787.

[25] 孔令鑫，杨斌，李一夫，等. MIVM在真空蒸馏分离锡锌合金中的应用及实验研究 [J]. 真空科学与技术学报，2013，33 (5)：483-489.

[26] 杨部正，赵湘生，戴永年，等. 废弃锌锡合金真空蒸馏富集锡分离锌 [J]. 昆明理工大学学报 (理工版)，2006 (3)：15-18.

[27] 夏侯斌，杨斌，李一夫，等. 锌铝合金真空蒸馏分离锌和铝 [J]. 有色金属 (冶炼部分)，2013 (8)：8-10.

[28] 蔡晓兰. 黄铜真空蒸馏脱锌的研究 [J]. 昆明理工大学学报，1996 (6)：66-70.

[29] 李玮，周岳珍，刘大春，等. 铜锌镍二次资源真空蒸馏脱除锌的研究 [J]. 昆明理工大学学报 (自然科学版)，2016，41 (1)：7-13.

[30] 任佳琦. 锌基二元合金体系气-液相平衡研究 [D]. 昆明：昆明理工大学，2020.

[31] 闫华龙，熊恒，杨斌，等. 高镉锌真空蒸馏分离锌镉的研究 [J]. 真空科学与技术学报，2015，35 (3)：330-333.

[32] 李淑兰，戴永年. 高镉锌真空蒸馏镉 [J]. 有色金属，1993 (2)：48-52，42.

[33] 周英伟，高波. 热镀锌渣回收利用工艺研究进展 [J]. 表面技术，2017，46 (10)：91-98.

[34] 韩龙，杨斌，杨部正，等. 热镀锌渣真空蒸馏回收金属锌的研究 [J]. 真空科学与技术学报，2009，29 (S1)：101-104.

[35] 杨斌，刘大春，徐宝强，等. 真空蒸馏法处理热镀锌渣回收金属锌 [C] // 首届宝钢冶金废气资源综合利用技术论坛论文集，2006.

[36] 戴永年，杨斌，马文会，等. 有色金属真空冶金进展 [J]. 昆明理工大学学报 (自然科学版)，2004，29 (4)：1-4.

[37] 黄治家，曾祥镇，朱同华，等. 真空蒸馏铋银锌壳提取粗银粗铋和粗锌 [J]. 有色金属，1990 (4)：6.

[38] 李一夫. 复杂锡合金真空蒸馏分离提纯的研究 [D]. 昆明：昆明理工大学，2015.

[39] KONG X F，YANG B，XIONG H，et al. Vacuum distillation refining of crude lead (Ⅰ)—Thermodynamics on removing impurities from lead [J]. Transactions of Nonferrous Metals Society of China，2014，24：1946-1950.

[40] 孔祥峰. 粗铅真空蒸馏的基础研究 [D]. 昆明：昆明理工大学，2014.

[41] KONG X F，YANG B，XIONG H，et al. Removal of impurities from crude lead with high impurities by vacuum distillation and its analysis [J]. Vacuum，2014，105：17-20.

[42] 孔祥峰，杨斌，熊恒，等. 粗铅真空蒸馏脱除铜锡的研究 [J]. 真空科学与技术学报，2014，34 (5)：522-527.

[43] 孔祥峰，熊恒，杨斌，等. 高砷粗铅真空蒸馏脱除砷的研究 [J]. 真空科学与技术学报，2014，34 (10)：1118-1122.

[44] ALI S T，RAO K S，LAXMAN C，et al. Preparation of high pure zinc for electronic applications using selective evaporation under vacuum [J]. Separation & Purification Technology，2012，85：178-182.

[45] 王优，罗远辉，尹延西，等. 高纯锌制备技术 [J]. 矿冶，2008，17 (4)：40-46.

[46] 雷浩成. 粗铟真空挥发-冷凝提纯的实验研究 [D]. 昆明：昆明理工大学，2019.

[47] 赵世帮，刘伟朝. 一步法制取高纯镁工艺研究 [J]. 轻金属，2017 (4)：39-43.

[48] 王昱超. 真空蒸馏法制备高纯镁的研究 [D]. 昆明：昆明理工大学，2014.

[49] 林艳. 粗锑电解精炼的工艺及机理研究 [D]. 昆明：昆明理工大学，2006.

[50] 雷霆，朱从杰，张汉平. 锑冶金 [M]. 北京：冶金工业出版社，2009.

[51] 靳冉公，王云，李云，等. 碱性硫化钠浸出含锑金精矿过程中金锑行为 [J]. 有色金属 (冶炼部分)，2014 (7)：38-41.

[52] 王成彦，邱定蕃，江培海，等．复杂锑铅矿矿浆电解过程银的控制浸出 [J]．有色金属（冶炼部分），2002（3）：31-34.

[53] 邱定蕃，王成彦．稀贵金属冶金新进展 [M]．北京：冶金工业出版社，2019.

[54] 刘大春，李一夫，杨斌，等．一种粗铋火法精炼的方法：中国，CN201510572833 [P]. 2015-09-10.

[55] 王立新，张善辉，崔家友，等．粗铋合金真空精馏技术在恒邦冶炼公司的应用 [J]．黄金，2020，41（6）：62-64.

[56] 熊利芝，戴永年，尹周澜，等．真空蒸馏加剂除铅制备高纯铋 [J]．吉首大学学报（自然科学版），2009，30（3）：95-101.

[57] 冯同春，杨斌，刘大春，等．铟的生产技术进展及产业现状 [J]．冶金丛刊，2007（2）：42-46.

[58] 李玮隆，魏昶，刘华英，等．ITO 靶材再生高纯铟生产技术开发 [Z]．柳州英格尔金属有限责任公司，2010.

[59] 刘一宁，陈雪云，刘朗明，等．从 ITO 废靶中综合回收 In、Sn 的试验研究与生产应用 [Z]．株洲冶炼集团有限责任公司，2006.

[60] 冯斐斐．从铟锡合金废料中回收铟和锡的工业化生产 [D]．洛阳：河南科技大学，2015.

[61] 李冬生．真空蒸馏——区域熔炼联合法制备高纯铟的研究 [D]．昆明：昆明理工大学，2012.

[62] 梅青松，查国正，刘大春，等．真空蒸馏提纯硒及富集金银的工艺研究 [J]．昆明理工大学学报（自然科学版），2018，43（2）：8.

[63] ZHA G，KONG X，YANG B，et al. Sustainable chemical reaction-free vacuum separation process to extract selenium from high-value-added hazardous selenium sludge [J]. Journal of Cleaner Production，2020，275：124083.

[64] 易宪武，黄春辉，王慰，等．无机化学丛书典藏版 第 7 卷 钪、稀土元素 [M]．北京：科学出版社，2018.

[65] 廖春发．稀土冶金学 [M]．北京：冶金工业出版社，2019.

[66] 张小伟，苗睿瑛，周林，等．稀土金属提纯研究进展 [J]．中国稀土学报，2022，40（3）：385-394.

[67] 张小伟，王志强，陈德宏，等．高纯稀土金属 Sm、Yb 和 Tm 的制备 [J]．稀有金属材料与工程，2016，45（11）：2793-2797.

[68] 成维，黄美松，杨露辉，等．高纯金属铕的制备工艺研究 [J]．有色金属（冶炼部分），2014（6）：55-57，62.

[69] 张先恒，赵二雄，苗旭晨，等．金属铕纯度控制的研究 [J]．稀土，2019，40（1）：121-127.

[70] ZHANG Z Q，WANG Z Q，MIAO R Y，et al. Purification of yttrium to 4N5+ purity [J]. Vacuum，2014，107：77-82.

[71] ZHU Q，ZHANG Z Q，LI Z A，et al. Purification of praseodymium to 4N5+ purity [J]. Vacuum，2014，102：67-71.

[72] 李国栋，刘永林．用真空蒸馏法提纯金属钪的工艺及最佳化研究 [J]．中国稀土学报，2000，18（2）：183-186.

[73] 苏正夫．真空蒸馏净化提纯金属钪 [J]．江西有色金属，2002（2）：13-15.

[74] ZHANG X W，WANG Z Q，CHEN D H，et al. Preparation of high purity rare earth metals of samarium，ytterbium and thulium [J]. Rare Metal Materials and Engineering，2016，45（11）：2793-2797.

[75] 张先恒，赵二雄，苗旭晨，等．金属铕纯度控制的研究 [J]．稀土，2019，40（1）：121-127.

[76] LI G L，MIAO R Y，TIAN W H，et al. Research on the removal of impurity elements during ultra-high purification process of terbium [J]. Vacuum，2016，125：21-25.

[77] WANG J K，FU K，LI X G，et al. Behavior of impurity elements in pure gadolinium during ultra-high

purification [J]. Vacuum, 2019, 162: 67-71.
[78] 姜银举，郝占忠，张小琴，等．影响真空蒸馏提纯稀土金属因素的探讨 [J]. 稀土，2003 (4)：60-63.
[79] 庞思明，王志强，周林，等．稀土超磁致伸缩材料用高纯金属铽、镝的制备工艺研究 [J]. 稀土，2008，29 (6)：31-35.
[80] 庞思明，陈德宏，李宗安，等．真空蒸馏法制备高纯金属钕的理论和工艺研究 [J]. 中国稀土学报，2013，31 (1)：14-19.
[81] 张丁川，邓勇，杨斌，等．粗金真空蒸馏脱除银锌铜的研究 [J]. 真空科学技术与学报，2017，37 (2)：219-224.
[82] 赵怀志，宁远涛．金 [M]. 长沙：中南大学出版社，2003.
[83] 曲胜利．黄金冶金新技术 [M]. 北京：冶金工业出版社，2018.
[84] 孙戬．金银冶金 [M].2 版．北京：冶金工业出版社，1998.
[85]《贵金属材料加工手册》编写组．贵金属材料加工手册 [M]. 北京：冶金工业出版社，1978.
[86] 阚春海，柳华丽，张雨，等．火试金富集——原子吸收光谱法测定粗银中的金 [J]. 黄金，2019，40 (9)：79-81.
[87] 黄礼煌．金银提取技术 [M].3 版．北京：冶金工业出版社，2012.
[88] 宁远涛，赵怀志．银 [M]. 长沙：中南大学出版社，2005.
[89] 朱勇，张济祥，阳岸恒，等．高纯银的制备工艺研究 [J]. 云南冶金，2015，44 (6)：37-41.
[90] 张志雄．矿石学 [M]. 北京：冶金工业出版社，1981.
[91] YANG B, HUANG D X, LIU D C, et al. Research and industrial application of a vacuum separation technique for recovering valuable metals from copper dross [J]. Separation and Purification Technology 2020 (236): 116309.
[92] 杨久流．制备优质辉钼矿精矿的提纯技术 [J]. 国外金属矿选矿，2000 (8)：22-24.
[93] 王磊，郭培民，庞建明，等．钼精矿真空分解工艺热力学分析 [J]. 中国有色金属学报，2015 (1)：190-196.
[94] 冯明，郝一影，程伟琴，等．高纯二硫化钼的制备方法及应用研究进展 [J]. 河南化工，2018，35 (10)：7-12.
[95] LI Y, WANG F, YANG B, et al. Experimental investigation of molybdenum disulfide purification through vacuum distillation [J]. Journal of Sustainable Metallurgy, 2020, 6 (3): 419-427.
[96] LI Y, WANG X, WANG F, et al. Volatilization behavior of impurities in molybdenum concentrate through vacuum distillation [J]. Vacuum, 2022, 199: 110926.

3 真 空 还 原

3.1 真空热还原基本原理

固态金属氧化物 MeO 与还原剂 X 在一定条件下发生还原反应，MeO 被还原成金属 Me，还原剂 X 变为气态氧化物 XO，反应式如下：

$$MeO(s) + X(s) \xlongequal{} Me(s,l) + XO(g) \tag{3-1}$$

还原反应的吉布斯自由能变量为：

$$\Delta G = \Delta G^{\ominus} + RT\ln(p_{XO}/p^{\ominus}) \tag{3-2}$$

$$\Delta G^{\ominus} = A + BT\lg T + CT \tag{3-3}$$

式中，$\Delta G^{\ominus}$为反应的标准吉布斯自由能变量，各种金属氧化物的 $\Delta G^{\ominus}$可以从有关手册中查得 A、B、C 的值，得到温度为 T(K) 时 $\Delta G^{\ominus}$之值。

真空环境中，$p_{XO}<p_{系}<p^{\ominus}$，则 $\Delta G<\Delta G^{\ominus}$，因此式（3-1）比常压下更易进行，且真空度越高（系统压力越低），反应越趋向右进行。当反应平衡时，$\Delta G = 0$，则 $T = -\dfrac{\Delta G^{\ominus}}{R\ln(p_{XO}/p^{\ominus})}$，所以低压环境可降低还原反应的平衡温度。

固体金属氧化物 Me_xO_{2y}的离解反应见式（3-4），其反应吉布斯自由能变量为：

$$Me_xO_{2y} \xlongequal{} xMe + yO_2 \tag{3-4}$$

$$\Delta G = \Delta G^{\ominus} + RT\ln(p_{O_2}/p^{\ominus})^y = \Delta G^{\ominus} + yRT\ln(p_{O_2}/p^{\ominus}) \tag{3-5}$$

式（3-5）中右边第二项中的 p_{O_2}为反应体系中氧的实际分压，在真空中必定小于真空室的总压 p，即 $p_{O_2} \leqslant p<101325\text{Pa}$。因此式（3-5）中 $RT\ln(p_{O_2}/p^{\ominus})$ 为负值，即在同一温度下反应的吉布斯自由能变量 ΔG 将小于标准状态下反应的吉布斯自由能变量 $\Delta G^{\ominus}$，表明分解反应较标准状态下更易发生；而且若 y 值越大，或分解产物 Me 呈气态时，就越容易分解。

3.2 碱金属和碱土金属氧化物的真空还原

3.2.1 真空还原制备锂

通常状态下锂的密度为 0.534g/cm^3，被称为最轻的金属。锂作为一种新型能源资源和战略资源，在冶金、陶瓷、核能、石油化工等领域具有广泛应用。近年来随着金属锂在航空航天、高能电池、轻质高比强合金等高精尖技术领域上的应用，对金属锂的需求量不断增加。

金属锂的生产方法主要可分为两大类[1]：一是熔盐电解法，高温条件下电解熔融的 LiCl-KCl 混合物制备金属锂；二是真空热还原法，还原剂为金属或非金属，在真空高温条件下还原 Li_2O 或者富锂物料得到金属锂。目前，全球 90%的金属锂制备均来自熔盐电解法。真空热还原法有许多优点，受到广泛关注，仍处于研究开发阶段。真空热还原法制备金属锂工艺中含锂物料制备的主要方法是采用碳酸锂为原料，真空条件下热分解制备出氧化锂，再将氧化锂进行真空热还原制得金属锂。

3.2.1.1 碳酸锂真空热分解制备氧化锂

随着温度的不同，碳酸锂受热发生的分解反应分为两个阶段：

第一阶段（454~973K）：

$$Li_2CO_3(s) = Li_2O(s) + CO_2(g) \tag{3-6}$$

反应的标准吉布斯自由能为：

$$\Delta G_1^{\ominus}(J/mol) = 218500 - 149.94T \tag{3-7}$$

第二阶段（973~1843K）：

$$Li_2CO_3(l) = Li_2O(s) + CO_2(g) \tag{3-8}$$

反应的标准吉布斯自由能为：

$$\Delta G_2^{\ominus}(J/mol) = 147900 - 78.74T \tag{3-9}$$

碳酸锂分解反应的等温方程式为：

$$\Delta G_T(J/mol) = \Delta G_T^{\ominus} + RT\ln(p_{CO_2}/p^{\ominus}) \tag{3-10}$$

当反应到达平衡，即 $\Delta G_T=0$ 时，则有：

$$\Delta G_T^{\ominus}(J/mol) = -RT\ln K^{\ominus} = -RT\ln(p_{CO_2}/p^{\ominus}) \tag{3-11}$$

式中，p_{CO_2}为碳酸锂热分解反应的分解压，当反应达到平衡时，分解压 p_{CO_2}为：

$$\lg(p_{CO_2}/p^{\ominus}) = \Delta G_T^{\ominus}/(RT\ln10) \tag{3-12}$$

从而：

$$p_{CO_2}(Pa) = 101.325 \times 10^3 \times 10^{[-\Delta G_T^{\ominus}/(RT\ln10)]} \tag{3-13}$$

将 $\Delta G_T^{\ominus}=a+bT$ 代入式（3-12），可得碳酸锂的临界分解温度 T_0 为：

$$T_0 = -a/(b + R\lg p_{CO_2}\ln10) \tag{3-14}$$

其中 a 和 b 的值见表 3-1。

表 3-1 不同温度范围内 a、b 的值

温度/K	a	b
454~973	218500	-149.94
973~1843	147900	-78.74

由式（3-7）和式（3-9）得到碳酸锂在常压下分解反应的 ΔG_T 与 T 的关系如图 3-1 所示。从图中可以看出，常压下碳酸锂分解反应很难进行，即使温度达到 1843K，ΔG_T 仍大于零，分解反应不能进行。

由式（3-13）可得到碳酸锂分解反应达到平衡时不同温度下的离解压，图 3-2 为碳酸锂在反应平衡时的平衡分解压与温度的关系。当碳酸锂分解反应在真空系统中进行时，由于系统的压强很低，可近似认为 $p_{CO_2} \approx p_{系统}$，且由式（3-10）、式（3-11）和式（3-14）得到碳酸锂在不同系统压强下分解反应的 ΔG_T-T 关系和初始（临界）分解反应温度 T_0 分别如图 3-3 和图 3-4 所示。

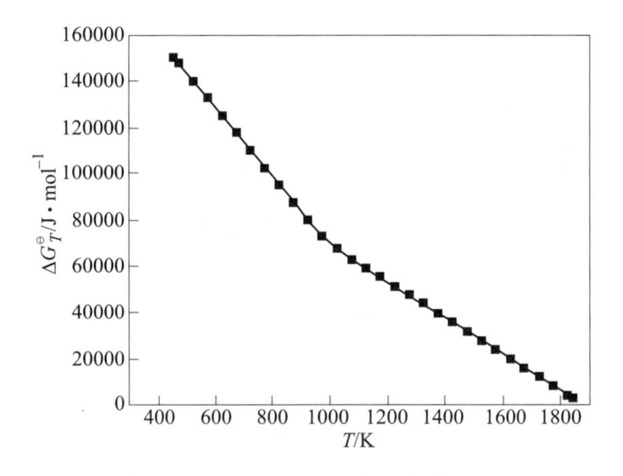

图 3-1 常压下碳酸锂分解反应的 $\Delta G_T^\ominus$ 与 T 的关系

(454K<T<1843K)

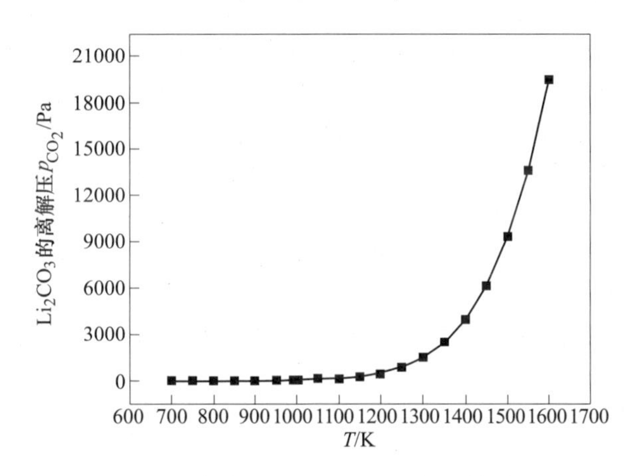

图 3-2 碳酸锂的离解压 p_{CO_2} 与 T 的关系

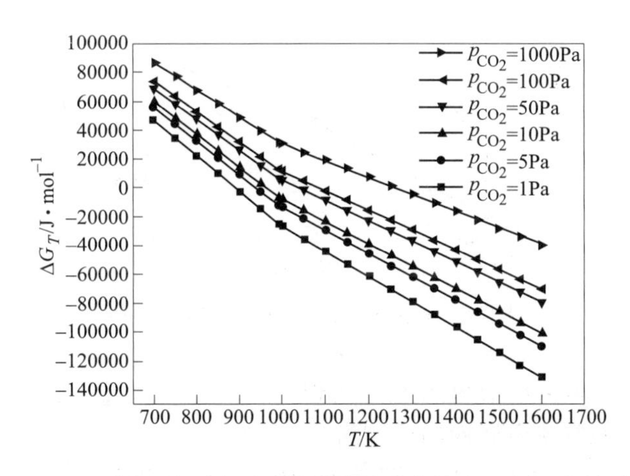

图 3-3 不同系统压力下碳酸锂分解反应的 ΔG_T 与 T 的关系

热力学计算结果显示，温度和系统压力对碳酸锂分解反应有显著的影响。在常压下，碳酸锂分解反应需要在很高的温度下才能进行；在真空条件下，碳酸锂在较低的温度下便

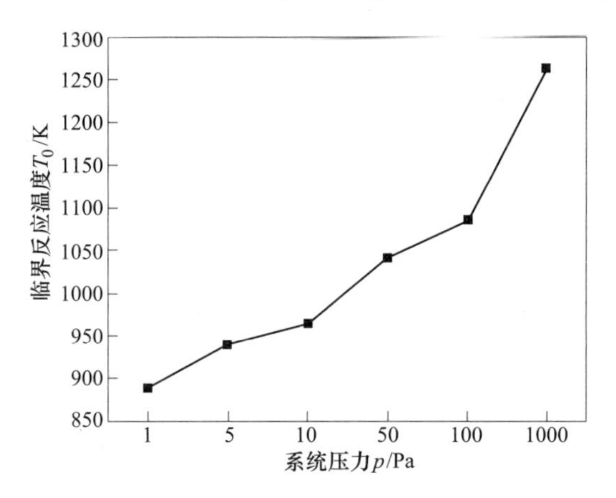

图 3-4 碳酸锂临界分解温度与系统压力的关系

可以发生分解反应，系统压力越小，碳酸锂初始分解温度越低。当压力低于 1Pa 时，碳酸锂在 889K 就可以发生分解，因此升高温度或减小系统压力均有利于碳酸锂分解反应的进行；系统压力为 10Pa 时，其初始反应温度为 991K，与碳酸锂的熔点接近。

图 3-5 为系统压强约 3Pa、不同温度下的碳酸锂的分解率随保温时间的变化。可见，在分解温度为 923K，保温时间由 30min 提高到 210min 时，碳酸锂的分解率由 12. 15%增加到 57. 02%；当分解温度为 973K，保温时间由 30min 提高到 210min 时，碳酸锂的分解率由 28. 10%增加到 89. 23%，在此温度下再延长保温时间，碳酸锂分解不明显，分解反应几乎停止。因此，在系统压强一定的情况下，提高分解温度或延长保温时间都有利于碳酸锂的分解，分解温度越高或保温时间越长，碳酸锂的分解率越高，碳酸锂分解得越彻底。

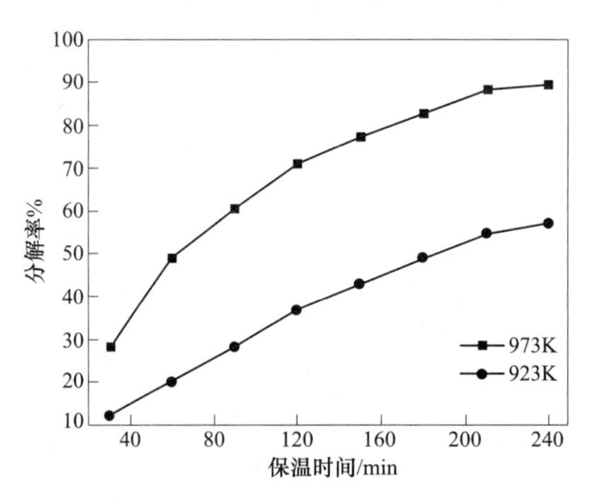

图 3-5 保温时间对碳酸锂分解率的影响

3. 2. 1. 2 氧化锂真空热还原制备金属锂

氧化锂真空热还原制备金属锂的反应为：

$$Li_2O(s) + M(s) \xlongequal{\quad} MO(s,g) + 2Li(g) \tag{3-15}$$

式中，M 为还原剂；MO 为还原产物。

当还原剂为碳质还原剂时，发生的还原反应如下：

$$Li_2O(s) + C(s) \xlongequal{\quad} CO(g) + 2Li(g) \tag{3-16}$$

式（3-16）在不同系统压力下的初始反应温度见表 3-2。

表 3-2 式（3-16）在不同系统压力下的初始反应温度

压力/Pa	1	10	50	100	1000	101325
$T_{始}$/K	1106	1203	1282	1320	1462	1971

可以看出，在常压下，氧化锂碳热还原反应很难进行，其初始反应温度高达 1971K；当系统压力为 10Pa 时，还原反应的初始反应温度降低至 1203K，较常压时的初始反应温度下降 768K。图 3-6 为氧化锂真空碳热还原过程不同温度和时间条件下，还原率的变化情况。可以明显地看出，在系统压力一定时，氧化锂真空碳热还原的还原率随还原温度的升高或还原时间的延长而提高。

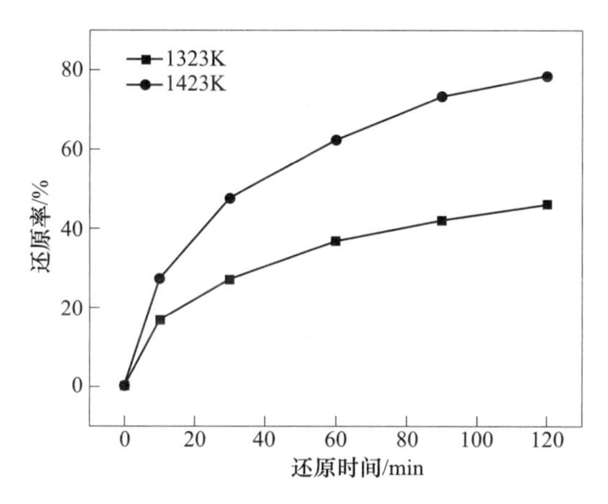

图 3-6 不同温度和还原时间对真空碳热还原氧化锂还原率的影响

当还原剂为硅质还原剂时，发生的还原反应如下：

$$Li_2O(s) + 1/2Si(s) \longrightarrow 1/2SiO_2(s) + 2Li(g) \tag{3-17}$$

表 3-3 列出了不同温度下式（3-17）达到平衡时金属锂的平衡压力。由此可见，真空条件下，硅热还原氧化锂生产锂所需的温度较碳热还原更低。

表 3-3 不同温度下对应的金属锂的平衡压力

温度/K	900	1000	1100	1400
平衡压力/Pa	385	1402	4006	36754

在不同温度、反应时间和压力条件下，硅热还原氧化锂的还原率变化情况如图 3-7 所示[3]。在同一温度、时间及物料条件下，随着压力的降低氧化锂的还原率迅速增加。但当压力降低至某一数值之后，进一步降低压力，对还原率的影响不大。

另外，在真空条件下还原氧化锂的还原剂除硅外，还可以用铝、铝硅合金、硅铁合金及碳化钙等[2-5]。

3.2.1.3 铝酸锂真空热还原制备金属锂

Li_2CO_3 与其他的碳酸盐化合物有所不同，Li_2CO_3 的熔点较低，仅为 993K。当系统压力为 10Pa 时，理论分解温度已经达到 991K，接近于 Li_2CO_3 的熔点，在实际分解过程中，

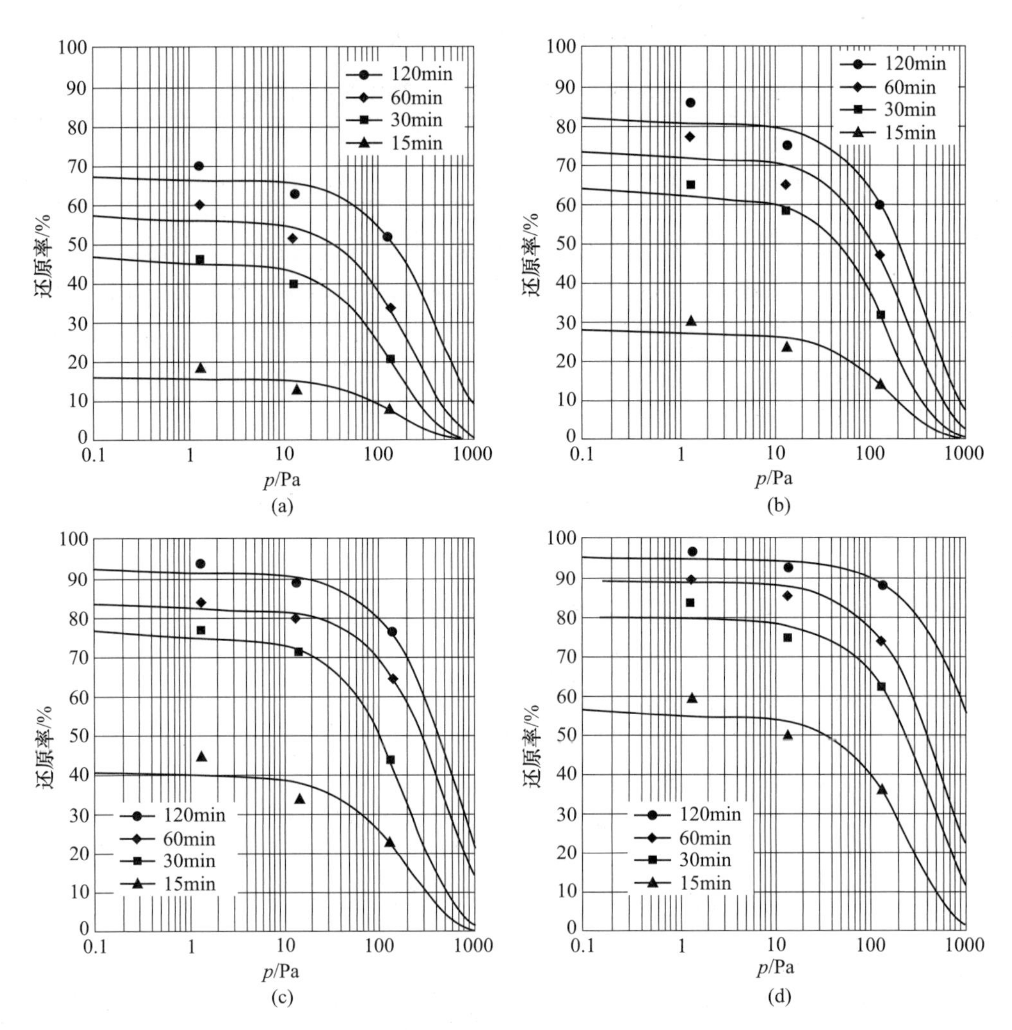

图 3-7　不同温度和时间条件下硅热还原氧化锂还原压力对还原率的影响

（a）$T=1323$K；（b）$T=1378$K；（c）$T=1423$K；（d）$T=1473$K

当反应温度高于其熔点时才能发生分解，并且分解产物中有 CO_2 气体的生成，会造成 Li_2CO_3 分解过程中的喷料行为，增大了 Li_2CO_3 的损失，降低了 Li_2O 的直收率。同时，Li_2CO_3 分解出的 Li_2O 对大多数材料具有较强的腐蚀性；此外，由于 Li_2O 具有较高的 CO_2 吸收理论容量，即使在室温、常压下也极易生成 Li_2CO_3，煅烧得到的 Li_2O 应立即被使用或者进行隔绝空气密封保存，这些问题给 Li_2O 真空热还原法制备金属锂工艺带来了许多不便。因此，有学者提出将 Li_2CO_3 转化为其他锂盐再进行还原。

A　铝酸锂的真空合成

根据图 3-8 的 Li_2O-Al_2O_3 相图可知，Li_2O 和 Al_2O_3 之间配比不同，可形成 Li_5AlO_4、$LiAlO_2$ 及 $LiAl_5O_8$ 三种稳定的化合物，对应的熔点依次升高。其中，$LiAl_5O_4$ 有 α 和 β 两种晶型，两种晶型转变温度约为 780℃；$LiAlO_2$ 有 α、β 两种晶型，α-$LiAlO_2$ 的结构稳定性较差，通常需要在高压等极端条件下得到；γ-$LiAlO_2$ 型的稳定性较好，常压下，高温生成的主要是该晶型；$LiAl_5O_8$ 也有 α 和 β 两种晶型，转变温度为 1269℃。

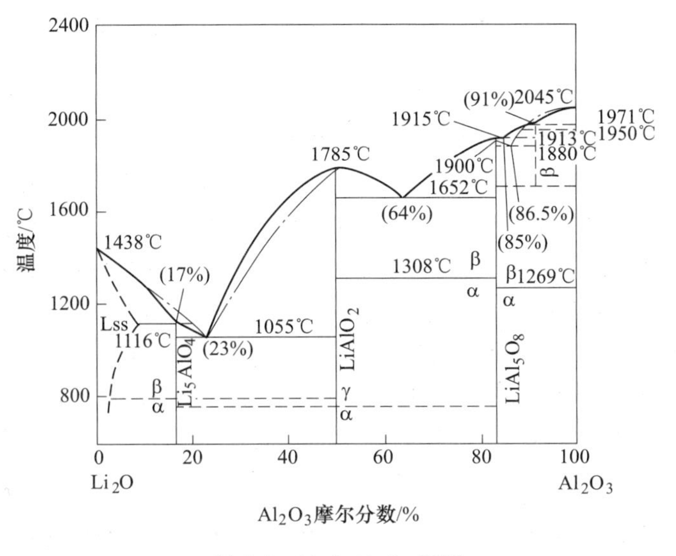

图 3-8 Li_2O-Al_2O_3 相图

控制 Li_2O : Al_2O_3 摩尔比为 1 : 1 合成 $LiAlO_2$。Al_2O_3 与 Li_2CO_3 的反应生成 $LiAlO_2$ 过程可以分成直接合成和间接合成两部分，可能发生的化学反应如下：

直接合成反应：

$$Li_2CO_3(s,l) + Al_2O_3(s) = 2LiAlO_2(s) + CO_2(g) \tag{3-18}$$

间接合成反应：

$$Li_2CO_3(s,l) = Li_2O(s) + CO_2(g) \tag{3-19}$$

$$Li_2O(s) + Al_2O_3(s) = 2LiAlO_2(s) \tag{3-20}$$

对于直接合成过程而言，反应过程中加入 Al_2O_3 后，Al_2O_3 和 Li_2CO_3 会发生反应生成 $LiAlO_2$。为了研究压力对初始反应温度的影响，分别计算了压力为 1Pa、10Pa、50Pa、100Pa、1000Pa 及常压条件下 Li_2CO_3 与 Al_2O_3 反应的吉布斯自由能与温度的关系，如图 3-9 所示，不同系统压力下的初始反应温度见表 3-4。

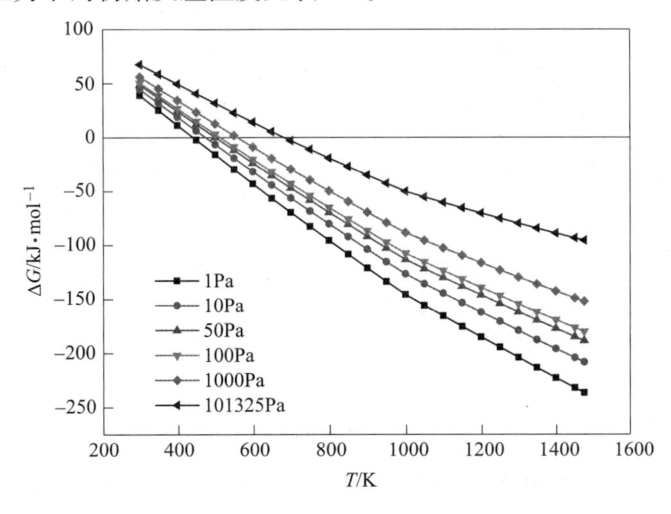

图 3-9 不同压力下式（3-18）的吉布斯自由能与温度的关系

表 3-4　不同压力下式（3-18）的初始反应温度

p/Pa	1	10	50	100	1000	101325
$T_{始}$/K	440	473	499	511	558	681

由图 3-9 和表 3-4 可以看出，在 101325Pa 下，Li_2CO_3 与 Al_2O_3 生成 $LiAlO_2$ 的反应很容易发生。随着系统压力的降低，初始反应温度逐渐降低。当系统压力为 10Pa 时，Li_2CO_3 与 Al_2O_3 混合物分解时的初始反应温度仅为 473K，较 101325Pa 时降低 202K。说明真空对 Li_2CO_3 与 Al_2O_3 的反应是有促进作用的。这是由于 Li_2CO_3 与 Al_2O_3 反应生成 $LiAlO_2$ 的同时，也会生成 CO_2，而真空有利于降低分解反应界面 CO_2 的分压，促进了分解反应的正向进行。

对于间接合成过程（式（3-19）和式（3-20））而言，Li_2CO_3 先发生热分解反应生成 Li_2O 和 CO_2，然后生成的 Li_2O 与原料中的 Al_2O_3 生成 $LiAlO_2$，并分别计算了不同压力下 Li_2CO_3 与 Al_2O_3 间接反应的初始温度，见表 3-5。

表 3-5　不同压力下式（3-19）和式（3-20）的初始反应温度

p/Pa	1	10	50	100	1000	101325
$T_{式(3-19)}$/K	851	949	1048	1098	1248	1848
$T_{式(3-20)}$/K	均可	均可	均可	均可	均可	均可

由表 3-5 可以看出，当系统压力为 10Pa 时，Li_2CO_3 分解时的初始反应温度为 949K，较 101325Pa 时下降近 900K。对于式（3-20）而言，Li_2O 与 Al_2O_3 反应生成 $LiAlO_2$ 的反应始终是可以发生的，因此，间接合成过程的初始反应温度由式（3-19）确定。与表 3-4 中的数据相比，尽管系统压力的降低有利于 Li_2CO_3 与 Al_2O_3 合成，但当系统压力相同时，间接合成反应的初始反应温度较直接合成高出一倍以上，表明 Li_2CO_3 与 Al_2O_3 直接合成 $LiAlO_2$ 的过程更容易发生。由图 3-10 可以看出，在系统压力一定时，铝酸锂真空合成反应率随反应温度的升高或反应时间的延长而提高。

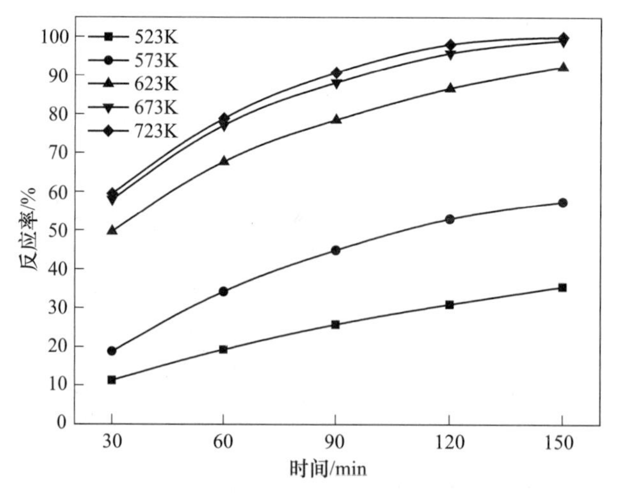

图 3-10　Li_2CO_3 与 Al_2O_3 合成 $LiAlO_2$ 的反应率与温度的关系

（系统压力约为 10Pa）

B 铝酸锂真空热还原制备金属锂

对于采用固体碳质还原剂进行 $LiAlO_2$ 真空碳热还原过程，根据生成物中含 Al 物相的不同，可能的生成物为 $LiAl_5O_8$ 和 Al_2O_3，因此，$LiAlO_2$ 与 C 可能发生的化学反应见式（3-21）~式（3-24）。

$$2LiAlO_2(s) + C(s) = 2Li(g) + Al_2O_3(s) + CO(g) \tag{3-21}$$

$$LiAlO_2(s) + 2Al_2O_3(s) = LiAl_5O_8(s) \tag{3-22}$$

$$5LiAlO_2(s) + 2C(s) = 4Li(g) + LiAl_5O_8(s) + 2CO(g) \tag{3-23}$$

$$2LiAl_5O_8(s) + C(s) = 2Li(g) + 5Al_2O_3(s) + CO(g) \tag{3-24}$$

不同系统压力下，上述反应的吉布斯自由能计算结果表明，在 101325Pa 条件下，式（3-21）~式（3-23）的初始反应温度很高，反应难以发生，而在 10Pa 条件下，初始反应温度明显降低，在 1400K 左右时均可发生。对于式（3-24），随着温度的升高，反应的吉布斯自由能逐渐升高，当温度大于 1028K 时，反应的吉布斯自由能大于零，反应不会发生。

图 3-11 是用 HSC 软件计算得到 10Pa 条件下，$LiAlO_2$ 碳热还原的热力学平衡组成随温度的变化关系。由图 3-11 可以看出，当温度为 1440K 时，$LiAlO_2$ 与 C 开始发生反应，随着 C 含量的降低，生成物为 Li、CO 和 $LiAl_5O_8$；当温度达到 1800K 时，还原反应达到平衡，此时，C 完全消失，生成物中 Li、CO 和 $LiAl_5O_8$ 含量达到最大值，且保持稳定。随着温度继续升高，体系中仅有 Li、CO 和 $LiAl_5O_8$ 物质存在，没有 Al_2O_3 物相的出现。表明 $LiAlO_2$ 真空碳还原制备金属锂的过程中，还原产物中有 $LiAl_5O_8$ 生成，无 Al_2O_3 存在，Li 不会被完全还原，部分以 $LiAl_5O_8$ 的形式存在剩余物中。$LiAlO_2$ 与 C 按照式（3-23）发生直接还原反应，是典型的固-固反应。

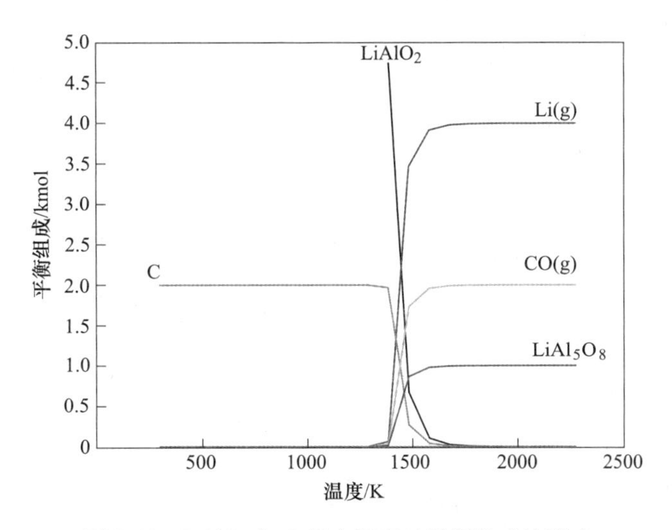

图 3-11 $LiAlO_2$ 与 C 反应温度对平衡组成的影响

对于 $LiAlO_2$ 碳质还原剂在真空条件下发生还原反应过程中加入 CaO 时，当 CaO 发生作用时，根据产物的不同，可能发生的化学反应见式（3-25）~式（3-29）。

$$5LiAlO_2(s) + 2C(s) = 4Li(g) + LiAl_5O_8(s) + 2CO(g) \tag{3-25}$$

$$12LiAlO_2(s) + 6C(s) + CaO(s) \xlongequal{} 12Li(g) + CaAl_{12}O_{19}(s) + 6CO(g) \tag{3-26}$$

$$4LiAlO_2(s) + 2C(s) + CaO(s) \xlongequal{} 4Li(g) + CaAl_4O_7(s) + 2CO(g) \tag{3-27}$$

$$2LiAlO_2(s) + C(s) + CaO(s) \xlongequal{} 2Li(g) + CaAl_2O_4(s) + CO(g) \tag{3-28}$$

$$2LiAlO_2(s) + C(s) + 3CaO(s) \xlongequal{} 2Li(g) + Ca_3Al_2O_6(s) + CO(g) \tag{3-29}$$

表 3-6 为 298~2073K 的温度范围内，式（3-25）~式（3-29）分别在 101325Pa 和 10Pa 条件下的起始反应温度。

表 3-6　式（3-25）~式（3-29）在 101325Pa 和 10Pa 条件下的初始反应温度

反应方程式	101325Pa 下初始温度/K	10Pa 下初始温度/K
式（3-25）	不反应	1443
式（3-26）	不反应	1236
式（3-27）	不反应	1329
式（3-28）	不反应	1306
式（3-29）	不反应	1284

由表 3-6 可知，当温度为 298~2073K，系统压力为标准大气压时，式（3-25）~式（3-29）均不能发生反应；当系统压力为 10Pa 时，式（3-25）~式（3-29）的初始反应温度分别为 1443K、1236K、1329K、1306K 和 1284K，表明系统压力的降低能降低还原反应的初始温度，促使还原反应发生。相比式（3-25），加入 CaO 的反应（见式（3-26）~式（3-29））其初始反应温度分别有不同程度的降低，表明 CaO 的加入能降低还原反应的初始反应温度。

在系统压力为 10Pa 条件下，不同 $C/LiAlO_2$ 摩尔比、还原温度、保温时间等因素对铝酸锂真空碳热还原过程的影响如图 3-12~图 3-14 所示。结果表明，铝酸锂真空碳热还原随反应温度的升高或反应时间的延长而提高，增加配碳量、添加适量氧化钙有利于提高铝酸锂的还原率。

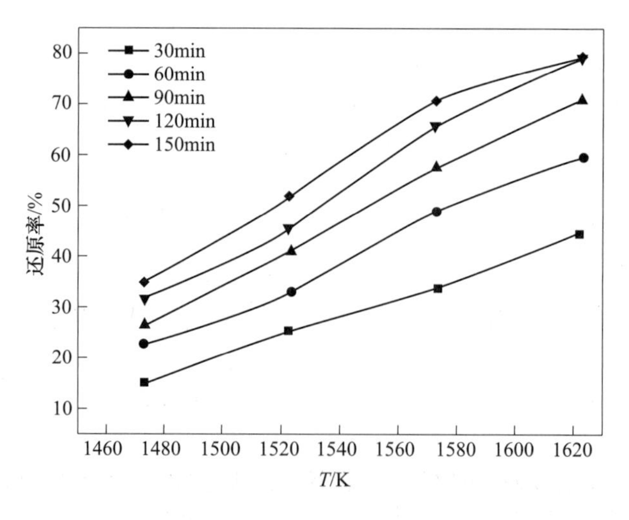

图 3-12　真空碳热还原铝酸锂还原率与还原温度和还原时间的关系

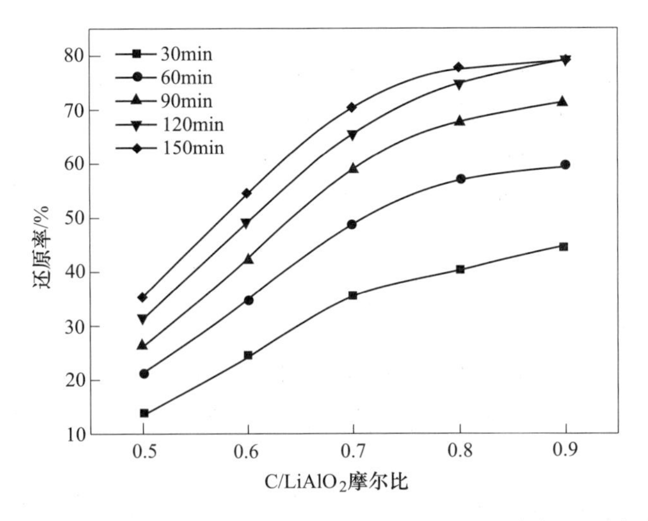

图 3-13 真空碳热还原铝酸锂还原率与 $C/LiAlO_2$ 摩尔比的关系

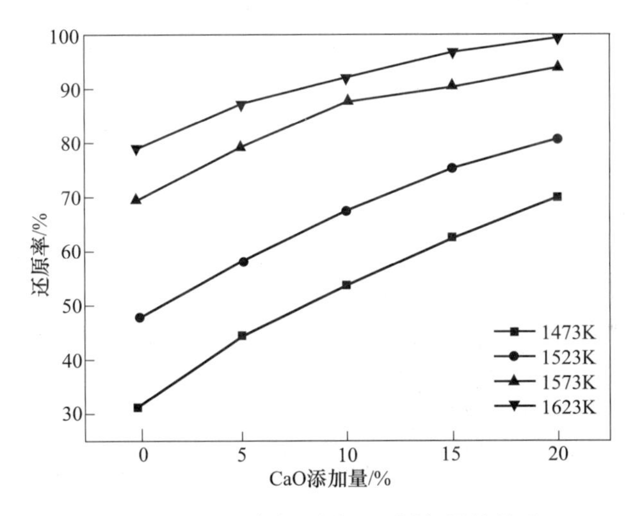

图 3-14 还原率与不同 CaO 添加量的关系

3.2.2 真空碳热还原法制备金属镁

金属镁及镁基材料以其高比强度和比刚度、优异的导热导电性、阻尼减震性能、电磁屏蔽、易于加工成型等优点被广泛应用于航空航天、交通运输、电子信息、医疗器械等行业，被称为“21 世纪绿色工程材料”。世界上金属镁的冶炼方法主要有电解法和热还原法，皮江法是热还原法的典型代表，生产的粗镁占原镁总产量的 80%以上。中国镁矿资源丰富，盐湖卤水、白云石、菱镁矿等储量巨大，是世界上最大的金属镁生产国，主要采用皮江法（硅热还原法）生产，该法存在能耗大，吨镁排放的温室气体排量高等问题，对环境影响较大。随着全球气候变暖及国家对高能耗行业节能减排的要求日趋严格，金属镁冶炼新工艺的开发显得尤为重要。真空碳热还原法（VCTRM）因其高效、低成本、低污染等优点，成为镁冶炼行业重点关注的新方法。

3.2.2.1 氧化镁的真空还原

可用于真空碳热还原炼镁的原料包括白云石、菱镁矿、高镁红土镍矿等[6-8]。主要还原反应是：

$$MgO(s) + C(s) \longrightarrow Mg(g) + CO(g) \tag{3-30}$$

真空条件有利于还原反应的进行，反应的吉布斯自由能变为：

$$\Delta G = \Delta G_T^{\ominus} + 38.294T\left(\lg\frac{p_{系}}{p^{\ominus}} - \lg 2\right) \tag{3-31}$$

当 $p_{系} = 10^{-m}p^{\ominus}$ 时：

$$\Delta G_T - \Delta G_T^{\ominus} = -38.294mT - 11.527T \tag{3-32}$$

式（3-32）表明，真空度增大或温度升高，均会使还原反应中的 $\Delta G_T - \Delta G_T^{\ominus}$ 值和金属氧化物的稳定性降低，还原反应更易于进行。

如图 3-15 所示，系统压力越低，反应起始温度 T_0 也随之降低。常压下，反应的初始温度超过 2154K，而在 $p_{系} = 60$Pa 时，反应温度降低至 1573K，两者相差 581K，因此真空条件对金属镁碳热还原过程热力学条件改善优势明显。

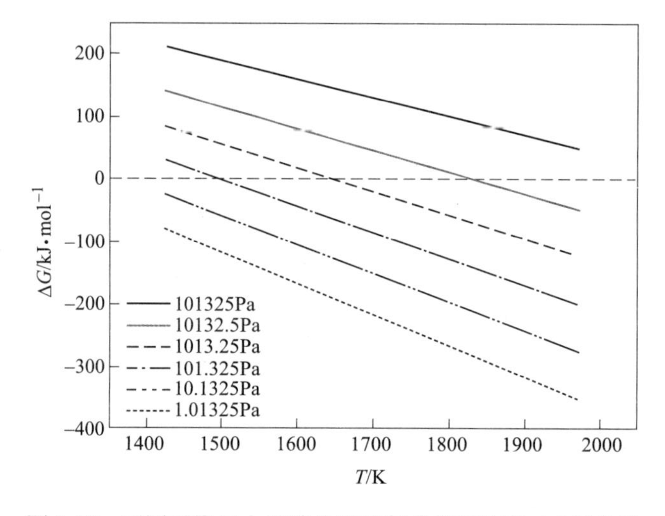

图 3-15 不同系统压力下碳热还原氧化镁反应的 ΔG-T 关系

利用密度泛函理论及从头算分子动力学模拟，进一步分析真空碳热还原反应动力学条件，阐明固-固相反应机理，结果如图 3-16 所示，具体可描述为[9]：

（1）在还原开始阶段，MgO 颗粒与 C 颗粒通过细磨、混料、压块，保证 MgO 与 C 的固-固相充分接触。

（2）在高温还原阶段温度升高，C 与 O 的亲和力大于 Mg 与 O 的亲和力，C 对 MgO 的作用会破坏 Mg—O 键，而 C 与 O 成键趋势越发明显，直至最终 Mg—O 键完全断裂，C 与 O 亲近结合形成 CO 分子。

（3）在蒸气脱除阶段，C 与 O 结合形成 CO 气体从体系脱出，失去 O 的 Mg 在高温下同样以气态形式脱出，而后冷凝为固相。

实验研究发现，在真空条件下，碳热还原氧化镁对还原剂有一定要求。不同碳质还原剂的还原效果存在差异，效果依次为：焦炭>木炭>活性炭>石墨[10]。焦炭在氧化镁的还原过程

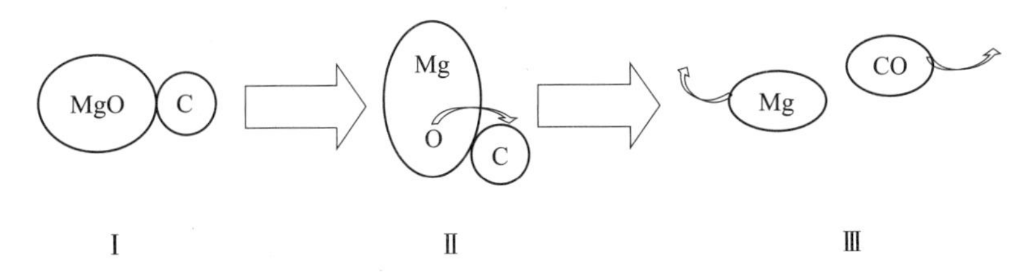

图 3-16　MgO 碳热还原过程的还原机理

中比石墨更有效，焦炭在 773K 下结焦 30min 可以产生胶体，使物料焦结在一起，增大反应物的接触面积，有利于提高反应效率[11]，同时解决了粉体物料在真空条件下喷料的问题。在压强为 30~100Pa、温度为 1723K 条件下保温 3h，氧化镁还原反应的还原率达到 72.5%。

在氧化镁碳热还原过程中，反应物料中添加一定量的 CaF_2 可提高反应速率，起到催化作用。实验及动力学模拟表明，CaF_2 主要以离子键结合，CaF_2 的催化作用以其熔点为界限分为两个阶段[9]：

（1）当体系温度低于 CaF_2 熔点（1673K）时，CaF_2 通过 F^- 破坏 MgO 表面晶格结构，使 MgO 晶体发生畸变，引起晶格缺陷，并在 MgO 晶体表面产生不饱和键，增大 MgO 晶体的活性，从而促进 C—O 键的结合。

（2）当反应温度大于 CaF_2 熔点时，CaF_2 形成熔融液相，MgO 颗粒与 C 颗粒都被熔融液相所包裹，使得 MgO 与 C 颗粒的接触更为充分紧密，利于固-固相还原反应的进行。同时，F^- 通过这种熔融态相更快速地扩散到 MgO 颗粒表面从而使 MgO 晶体发生畸变，对 Mg—O 键结构产生影响，有利于 C—O 键的形成。

3.2.2.2　金属镁的冷凝

研究表明，金属镁蒸气与 CO 发生逆反应是影响碳热还原法炼镁的难点，既影响还原产率，又严重影响金属镁结晶，易导致燃烧或者爆炸，阻碍着工业化进程。澳大利亚 CSIRO 研究院[12]等国内外研究团队，围绕碳热还原法提取金属镁的冷凝展开了大量研究，但目前仍未能实现产业化生产。

通过镁蒸气与 CO 相互作用的热力学分析表明，CO 均能和气、液、固三种状态下的镁发生相互作用[13]，见式（3-33）：

$$Mg(s,g,l) + CO(g) = MgO(s) + C(s) \tag{3-33}$$

图 3-17 为逆反应的吉布斯自由能和温度在不同系统压力下的关系，表明 CO 在不同压力下，均能和气、液、固三种状态下的镁发生相互作用，并且逆反应在低温下更容易进行。在系统压力为 30Pa 的条件下，气-气相反应需要温度低于 1423K 才能进行，气-液相反应需要在温度低于 1073K 时才能进行，而气-固相反应则极易发生。在冷凝区 553~873K 的温度条件下，镁为固态。因此，冷凝过程中发生的逆反应主要为气-固相反应[13]。

通过分子动力学模拟，得出镁蒸气与 CO 发生逆反应的机理如图 3-18 所示[14]：3 个 CO 分子与过量的 Mg 相互作用，在 Mg 的吸附作用下 CO 分子之间形成新的化学键 C—C—C，C—O 键断开，O 原子进入 Mg 中形成 MgO。

$$3CO(g) \xrightarrow{Mg} O—C—C—C—O(s) + O \tag{3-34}$$

$$Mg(g) + O = MgO(s) \tag{3-35}$$

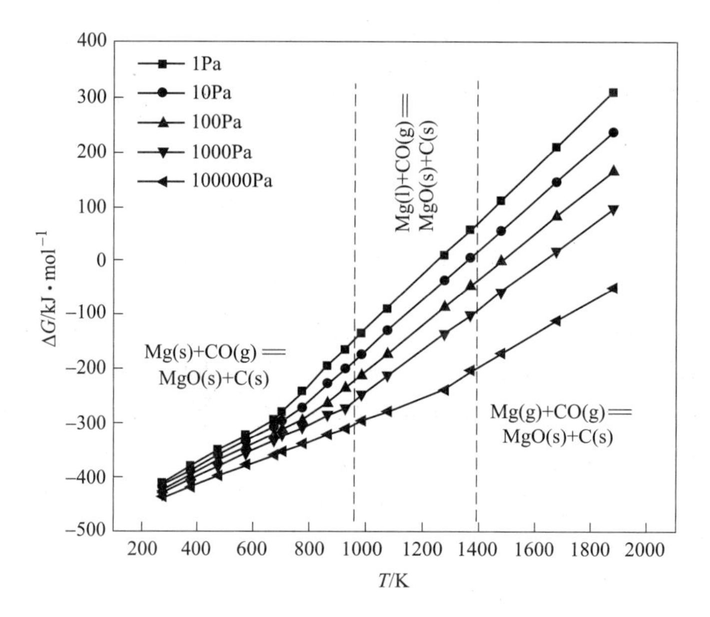

图 3-17 不同系统压力下 Mg 与 CO 反应的吉布斯自由能与温度的关系

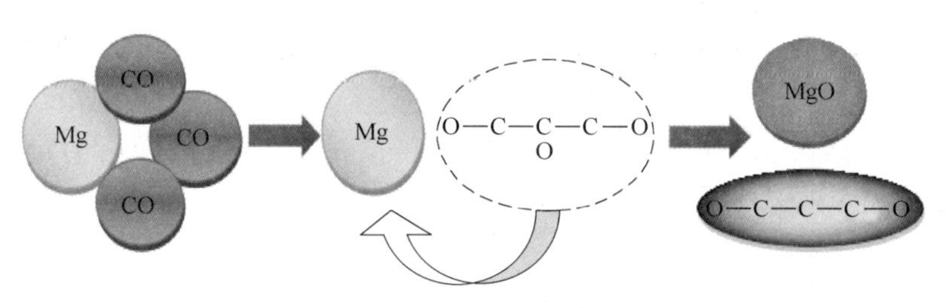

图 3-18 MgO 形成示意图

研究发现，冷凝器内的镁蒸气压力、冷凝温度及温度梯度是影响镁蒸气冷凝和逆反应发生的核心因素。

（1）通过降低系统压力或者适当降低温度，可增加镁蒸气的压力并使其处于过饱和状态，以达到形核冷凝的条件。同时，在冷凝温度和温度梯度一定的条件下，降低 CO 浓度或增加镁蒸气压力有利于降低逆反应率，得到晶粒尺寸更大、氧化率更低的结晶产物。

（2）温度主要影响镁原子之间的碰撞形核。当冷凝温度较高时，单位时间内镁原子碰撞次数逐渐增加，有利于镁原子凝聚形核及蒸气的凝结；当冷凝温度较低，形核率快速增加，大量镁蒸气同时形核并冷凝，最终得到粉状的镁。实验表明，冷凝温度越接近镁的露点温度（810K），越有利于镁蒸气的冷凝结晶，金属镁的直收率越高，镁蒸气与 CO 之间的逆反应率就越低。

（3）较小的冷凝温度梯度，可使凝核保持在合适的气液转变温度下生长达到临界尺寸并自发生长，促进不同团簇间的相互融合、长大。但 CO 与镁蒸气发生逆反应的产物包裹在核和团簇的表面，阻碍团簇之间的相互融合，导致冷凝产物松散、多孔，且氧化率高。

控制系统压力在 30~100Pa，冷凝温度 810K 以上，冷凝温度梯度小于 0.5K/mm，可稳定得到结晶致密、逆反应率低的金属镁，如图 3-19 所示。通过对真空碳热还原氧化镁得到的冷凝物进行真空蒸馏，计算得到逆反应发生率小于9%[13]。

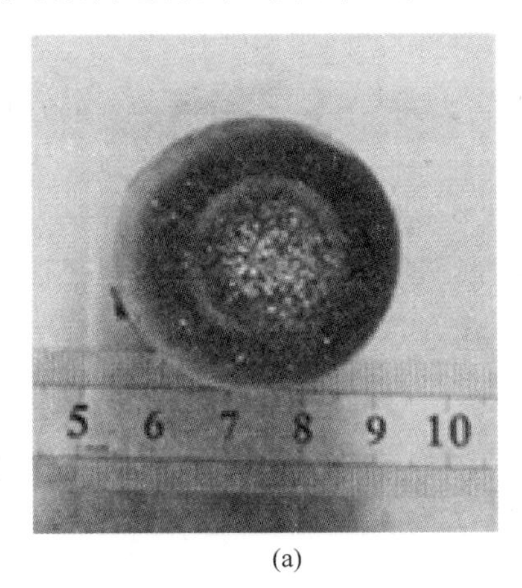

(a)

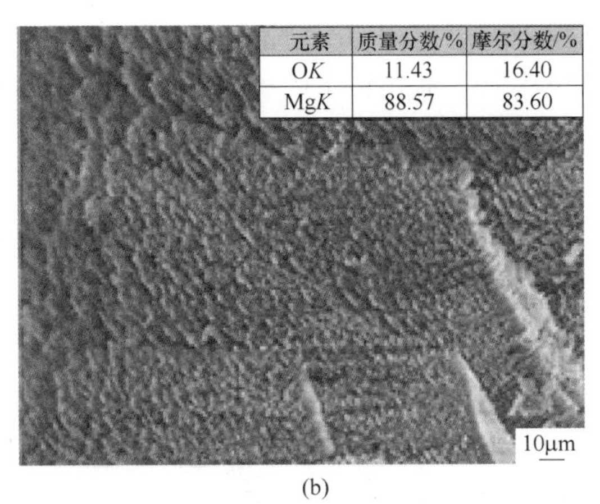

元素	质量分数/%	摩尔分数/%
O*K*	11.43	16.40
Mg*K*	88.57	83.60

(b)

图3-19　冷凝物实物图（a）和冷凝物的SEM、EDS图（b）

3.2.3　真空还原制备金属铝

氧化铝的熔盐电解生产铝一直以来是铝工业规模生产的唯一途径，但人们始终没有放弃寻找其他的炼铝方法。

氧化铝的直接碳热还原法是用固体C或CH_4作还原剂[15-17]，直接还原氧化铝，其反应可表示为：

$$Al_2O_3(s) + 3C(s) = 2Al(l) + 3CO(g) \tag{3-36}$$

$$Al_2O_3(s) + 3CH_4(g) = 2Al(l) + 3CO(g) + 6H_2(g) \tag{3-37}$$

Halmann等人[18]通过热力学计算和实验研究提出在常压、温度高于2200℃时，式（3-36）和式（3-37）都可以进行，但实践中铝的产率只能达到40%[19-20]。

后来，直接碳热还原氧化铝朝着两段法演变，Cochran和Fitzgerald[21]发明了堆叠式反应器：第一步，在上部反应区Al_2O_3和C反应形成Al_4C_3和Al_2O_3液态混合物；第二步，将液态混合物转移到下部反应区进行铝的提取。美铝公司和埃肯公司研究过堆叠式反应器中直接碳热生产铝[22-26]。首先在2000℃以上，对反应器中第一个反应室里的氧化铝进行直接碳热还原生成液态渣（50%Al_2O_3-50%Al_4C_3）；接着在第二个反应室里升温至2200℃以上，液态渣反应生成铝碳合金。各步反应如下：

$$3Al_2O_3(s) + 9C(s) = (Al_4C_3 \cdot Al_2O_3) + 6CO(g) \tag{3-38}$$

$$(Al_4C_3 \cdot Al_2O_3) = 6Al(l) + 3CO(g) \tag{3-39}$$

由于直接碳热还原法存在操作温度高、高温下对设备具有腐蚀性等问题，因此研究重心不断转向间接碳热还原氧化铝。

间接碳热还原法通常也包括两步：第一阶段将氧化铝或铝土矿转化为含铝中间化合物；第二阶段将含铝中间化合物还原为金属铝。

Weiss[27]提出在5mm汞柱下，将铝土矿与Al_2S_3的混合物与碳在1000~1200℃范围内进行碳硫化反应生成低价Al_2S气体，接着Al_2S气体冷凝歧化为固态金属铝和硫化铝，反应式如下：

$$2Al_2O_3(s) + Al_2S_3(s) + 6C(s) = 3Al_2S(g) + 6CO(g) \tag{3-40}$$

$$3Al_2S(g) = Al_2S_3(g) + 4Al(s) \tag{3-41}$$

Loutfy 等人[28]指出铝土矿和碳与含硫气体在 1027～1227℃范围内反应生成熔融 Al_2S_3 和 CO 气体，反应式如下：

$$2Al_2O_3(s) + 6C(s) + 3S_2(g) = 2Al_2S_3(l) + 6CO(g) \tag{3-42}$$

康力斯集团的 Sportel 和 Verstraten[29]研究表明在 850℃下，用 CS_2 气体与 γ-Al_2O_3 反应生成 Al_2S_3，反应式如下：

$$2Al_2O_3(s,\gamma) + 6CS_2(g) = 2Al_2S_3(l) + 6CO(g) + 3S_2(g) \tag{3-43}$$

Ferguson 和 Cranford[30]最早采用氧化铝碳热氯化反应连续生产氯化铝气体。Becker 和 Das[31]在 500～775℃范围内鼓吹氯气，用高纯活性炭与氧化铝反应，氧化铝 100%氯化为 $AlCl_3$ 气体，反应式如下：

$$Al_2O_3(s) + 3C(s) + 3Cl_2(g) = 2AlCl_3(g) + 3CO(g) \tag{3-44}$$

美铝公司的 Russell[32]提出了一种电解 $AlCl_3$ 提取铝的方法：在 660～730℃范围内，使用 NaCl-LiCl 电解液（NaCl 与 LiCl 的质量比为 50：50），电解槽中 $AlCl_3$ 的质量分数为 1%～15%，阴阳极之间的距离为 25mm，电流效率可以提高至 80%，避免杂质的沉积。在铅封电解槽里，液态金属铝在槽底被收集、移出，阳极上形成的氯气被循环再利用于生成 $AlCl_3$，也可以用一种较活泼的金属置换 $AlCl_3$ 中的铝。在 900～1000℃范围内，Toth[33]提出用锰置换 $AlCl_3$ 中的铝，生成的 $MnCl_2$ 在碳存在的条件下将与氧化铝发生碳氯化反应生成 $AlCl_3$，锰不断循环利用，反应式如下：

$$3Mn(l) + 2AlCl_3(g) = 2Al(l) + 3MnCl_2(l) \tag{3-45}$$

$$Al_2O_3(s) + 3MnCl_2(l) + 3C(s) = 3Mn(l) + 2AlCl_3(g) + 3CO(g) \tag{3-46}$$

昆明理工大学提出了氧化铝（铝土矿）真空碳热氯化歧化生产铝的思路，并开展了系统研究，确定了在 1760K、60Pa 的条件下该过程中可能发生的主要反应（见表 3-7）[34]。

表 3-7 氧化铝碳热还原氯化歧化反应过程中可能发生的主要反应及其 $\Delta_r G$-T 函数关系

编号	反应	T/K	$Y=A+B_1X+B_2X^2+B_3X^3+B_4X^4$				
			A	B_1	B_2	B_3	B_4
1	$Al_2O_3+2C \longrightarrow Al_2O(g)+2CO(g)$	1600～1800	1258.11	−0.75	-3.74×10^5	21.20×10^9	-22.93×10^{13}
2	$2Al_2O_3+9C \longrightarrow Al_4C_3+6CO(g)$	1600～1800	2462.16	−1.42	-8.43×10^5	42.76×10^9	-46.69×10^{13}
3	$4Al_2O_3+6C \longrightarrow 2Al_4CO_4+4CO(g)$	1600～1800	1577.05	−0.80	-24.2×10^5	96.93×10^9	-100.97×10^{13}
4	$Al_4CO_4+6C \longrightarrow Al_4C_3+4CO(g)$	1600～1800	1673.63	−1.02	3.67×10^5	-5.70×10^9	3.79×10^{13}
5	$Al_2O_3+3C \longrightarrow 2Al(g)+3CO(g)$	1600～1800	1994.69	−1.16	-3.29×10^5	20.78×10^9	-22.76×10^{13}
6	$3Al_2O(g) \longrightarrow Al_2O_3+4Al(l)$	933～1800	−1119.86	0.82	-5.11×10^5	-0.13×10^9	4.057×10^{13}
7	$2Al_2O(g)+5C \longrightarrow Al_4C_3+2CO(g)$	<1373	−54.05	0.05	-0.95×10^5	0.36×10^9	-0.82×10^{13}
8	$4Al_2O(g)+C \longrightarrow 4Al(l)+Al_4CO_4$	933～1557	−1538.59	1.06	-7.75×10^5	12.27×10^9	-9.79×10^{13}
9	$Al_4C_3+4CO(g) \longrightarrow Al_4CO_4+6C$	1600～1800	−1673.63	1.02	-3.67×10^5	5.70×10^9	-3.79×10^{13}

续表 3-7

编号	反应	T/K	$Y=A+B_1X+B_2X^2+B_3X^3+B_4X^4$				
			A	B_1	B_2	B_3	B_4
10	$2Al_2O(g)+2CO(g)=\!=\!=Al_4CO_4+C$	<1671	-1727.68	1.09	-4.62×10^5	6.06×10^9	-4.62×10^{13}
11	$Al_2O(g)+C=\!=\!=Al_2CO$	<1771	-492.74	0.30	-1.92×10^5	2.92×10^9	-2.37×10^{13}
12	$2Al_2O(g)+8CO(g)=\!=\!=Al_4C_3+5CO_2(g)$	<722	-928.48	1.31	-3.57×10^5	2.06×10^9	-1.06×10^{13}
13	$Al_2O_3+3C+AlCl_3(g)\longrightarrow3AlCl(g)+3CO(g)$	1600~1800	1765.89	-1.21	-2.26×10^5	18.87×10^9	-21.31×10^{13}
14	$Al_4CO_4+2AlCl_3(g)+3C\longrightarrow6AlCl(g)+4CO(g)$	1600~1800	2743.25	-1.99	7.57×10^5	-10.72×10^9	7.86×10^{13}
15	$Al_4C_3+3AlCl_3(g)+Al_2O_3\longrightarrow9AlCl(g)+3CO(g)$	1600~1800	2835.50	-2.145	1.64×10^5	13.86×10^9	-17.24×10^{13}
16	$Al_4C_3+4AlCl_3(g)+Al_4CO_4\longrightarrow12AlCl(g)+4CO(g)$	1600~1800	3812.86	-2.95	11.47×10^5	-15.73×10^9	11.93×10^{13}
17	$Al_4C_3+2AlCl_3(g)\longrightarrow6AlCl(g)+3C$	1600~1800	255.64	-0.40	0.93×10^5	-1.199×10^9	0.97×10^{13}
18	$2AlCl_2(g)\longrightarrow AlCl_3(g)+AlCl(g)$	500~1400	-153.75	0.04	-0.38×10^5	0.57×10^9	-0.42×10^{13}
19	$2AlCl(g)\longrightarrow AlCl_2(g)+Al(l)$	933~1400	-129.74	0.19	-1.33×10^5	2.43×10^9	-1.894×10^{13}
20	$AlCl_2(g)+AlCl(g)\longrightarrow AlCl_3(g)+Al(l)$	933~1400	-283.49	0.24	-1.71×10^5	3.004×10^9	-2.314×10^{13}

热力学计算结果显示，在碳热还原反应区域温度条件下能发生的主要反应（见表 3-7 中反应 1~4）均为 Al_2O_3 和 Al_4CO_4 与碳的直接反应，也存在如 Al_4C_3 与 CO 生成 Al_2CO 的反应。在实验条件下碳热还原反应区域进行的反应为直接碳热还原反应，还原剂为碳，而非 CO。表 3-7 中反应 1 所生成的 $Al_2O(g)$ 对整个碳热还原氯化歧化反应是不利的，要降低该反应的影响，只能尽量减少表 3-7 中后续反应 6~8 和反应 10 在冷凝区的发生。歧化过程应为两分子的 AlCl 气体反应后生成 $AlCl_2(g)$ 和 Al(l)，然后继续发生表 3-7 中的反应 18 及反应 20，这 3 个反应需在较低的温度条件下才可发生。

1773K 温度下氧化铝真空碳热还原主要产物的物相结果如图 3-20（a）所示。Al_2O_3 真空碳热还原反应后，气相冷凝物由 Al_4O_4C、Al_4C_3、Al_2O_3 和 C 组成，没有产物 Al 的存在，说明 Al_2O_3 碳热还原反应过程中产生的气相产物 Al_2O 与 CO 发生了反应。

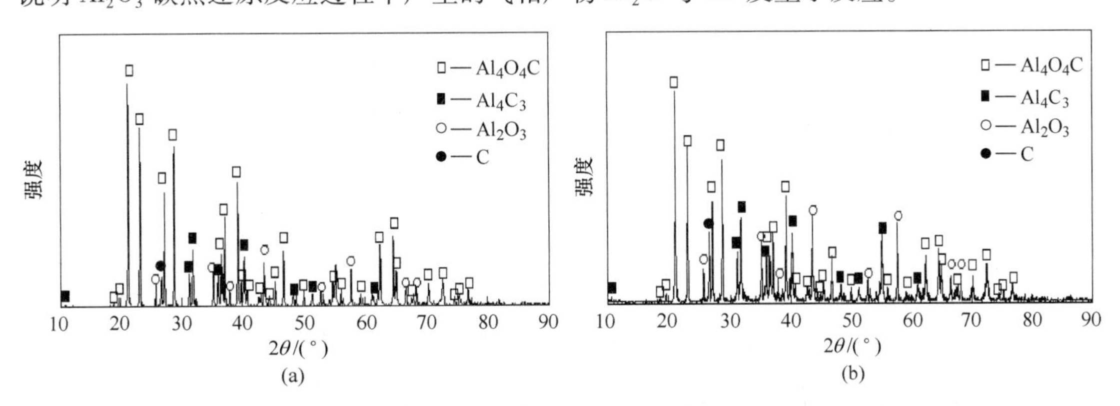

图 3-20 1773K 氧化铝真空碳热还原产物的 XRD 图

（a）冷凝盘底部收集挥发物；（b）坩埚内残留物

依据以上结果，可分析 Al_2O_3 真空碳热还原反应的机理：反应开始阶段以固-固反应形式进行，还原剂为 C，而非 CO，随着反应的进行，生成的 Al_2O 与 CO 在 C 表面吸附并

反应生成 Al_4CO_4，而 Al_2O 与 C 也可生成 Al_4C_3。参与反应的碳量对反应产物成分有显著影响，当 Al_2O_3 与 C 的摩尔比超过 1∶4.5 时，反应倾向于按式（3-47）和式（3-48）进行，因此 Al 的存在形式将由 Al_2O_3 更多地转变为 Al_4C_3。

$$2Al_2O_3 + 4C = 2Al_2O(g) + 4CO(g) \tag{3-47}$$

$$2Al_2O(g) + 5C = Al_4C_3 + 2CO(g) \tag{3-48}$$

总反应为：

$$2Al_2O_3 + 9C = Al_4C_3 + 6CO(g) \tag{3-49}$$

当 Al_2O_3 与 C 的摩尔比低于 1∶4.5 时，则反应倾向于按式（3-50）和式（3-51）进行，因此 Al 的存在形式将由 Al_2O_3 更多地转变为 Al_4CO_4。

$$4Al_2O_3 + 8C = 4Al_2O(g) + 8CO(g) \tag{3-50}$$

$$4Al_2O(g) + 4CO(g) = 2Al_4CO_4 + 2C \tag{3-51}$$

总反应为：

$$4Al_2O_3 + 6C = 2Al_4CO_4 + 4CO(g) \tag{3-52}$$

另外高温真空下部分 Al 由 Al_2O_3 转化为 Al_2O 后，Al_2O 会发生自歧化反应，且与 C、CO 的反应也会发生，生成 Al_4CO_4[40]。因此，真空高温条件下碳还原氧化铝很难直接得到金属铝。

为了得到金属铝，以 $AlCl_3$ 为氯化剂，分别研究了氧化铝真空碳热还原常见产物 Al_4C_3 和 Al_4O_4C 的氯化反应[41]。其中 Al_4C_3 是以纯铝粉与石墨为原料，经混合、预制成型，在 5~30Pa、1473K、保温 120min 的条件下制得。在氯化铝升华坩埚内放入足量的 $AlCl_3$，合成的 Al_4C_3 料块放置于石墨反应坩埚，将氯化铝升华坩埚内的温度升至 373~403K，同时石墨反应坩埚内温度达到 1573K，保温 60min，系统压强为 5~50Pa。Al_4C_3 经氯化反应前后的物相变化如图 3-21 所示。

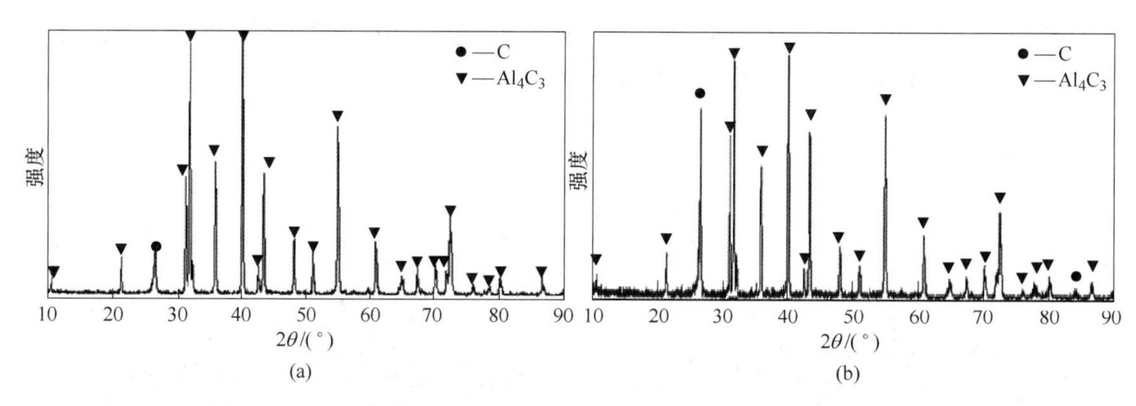

图 3-21 Al_4C_3 氯化反应前（a）和氯化反应后（b）残余物的 XRD 图

由图 3-21 可知，Al_4C_3 氯化反应前后衍射峰的强度有明显的减弱，而 C 的衍射峰强度相对增强，说明 Al_4C_3 的氯化反应 $Al_4C_3(s)+2AlCl_3(g)=6AlCl(g)+3C(s)$ 确有发生。氯化反应结束后在冷凝塔内有金属铝生成，其 XRD 图谱及实物分别如图 3-22 和图 3-23 所示，表明氯化反应过程中生成了低价氯化铝，其上升至冷凝塔在低温条件下歧化分解生成金属铝和气相三氯化铝。

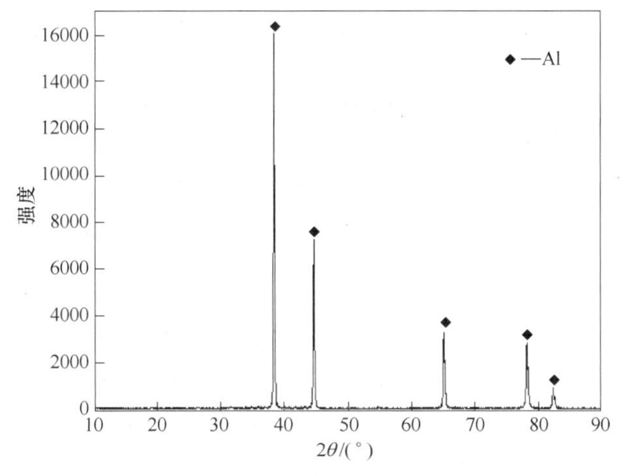

图 3-22 Al_4C_3 氯化歧化得到铝样品的 XRD 图

图 3-23 Al_4C_3 氯化歧化后冷凝器中铝样品实物

图 3-24（a）为合成 Al_4C_3 的 SEM 图[42]。从图 3-24（a）可以看出，Al_4C_3 呈现规则的六边形状，结晶效果良好。图 3-24（b）是氯化反应结束后料块表面 SEM 图。氯化后料块表面被黑色物质覆盖，SEM 图结合 EDS 分析，显示该物质为碳，也证实了 Al_4C_3 氯化反应的发生。图 3-24（c）是刨除氯化料块表面碳后的物料 SEM 图，与图 3-24（a）中 Al_4C_3

图 3-24 Al_4C_3 与 $AlCl_3$ 氯化反应前（a）、氯化反应后（b）和刨除氯化料块表面碳后（c）的 SEM 图

相比，氯化反应后 Al_4C_3 颗粒变小且被副产物碳包裹，从而导致 Al_4C_3 与 $AlCl_3$ 不能有效接触，阻碍了 Al_4C_3 氯化反应的进一步进行。

类似地，按照配料比（质量比）Al_2O_3 ∶ C＝3 ∶ 1 来称取氧化铝和石墨，混料后在 2～6MPa 压力下压制成预成型体，温度升至 1623K 后保温 120min，得到主要成分为 Al_4O_4C 和 Al_4C_3 的物质。将这些还原产物研磨混料后在 2～6MPa 下压制成块，料块放置于真空炉石墨反应坩埚内，在氯化铝升华坩埚内放入足量的 $AlCl_3$，在升华坩埚内温度为 373～403K，同时石墨反应坩埚内温度升至 1573K，保温 60min，系统压力变化范围为 5～50Pa。反应结束后，真空炉冷却至 323K 以下后开炉取料。

氧化铝真空碳热还原产物的 XRD 图如图 3-25（a）所示。图 3-25（b）是还原产物在 1573K 温度下保温 60min、系统压力为 5～50Pa 氯化后产物的 XRD 图。对比图 3-25（a）和（b），相比氯化前还原产物，氯化后产物中 Al_4C_3 和 Al_4O_4C 的衍射峰出现非常明显的减弱。其中 Al_4C_3 的衍射峰基本消失，表明还原产物中 Al_4C_3 与 $AlCl_3$ 发生反应生成 AlCl 和 C。氯化产物中 C 的衍射峰的增强说明了 Al_4C_3 氯化反应的进行。氯化后产物中 Al_4O_4C 衍射峰强度减弱，Al_2O_3 衍射峰增强；而且氯化前 Al_2O_3 衍射峰强度相对 C 较弱，氯化后 Al_2O_3 衍射峰强度比 C 强，反映出 Al_4O_4C 与 $AlCl_3$ 发生反应生成 AlCl、Al_2O_3 和 CO。

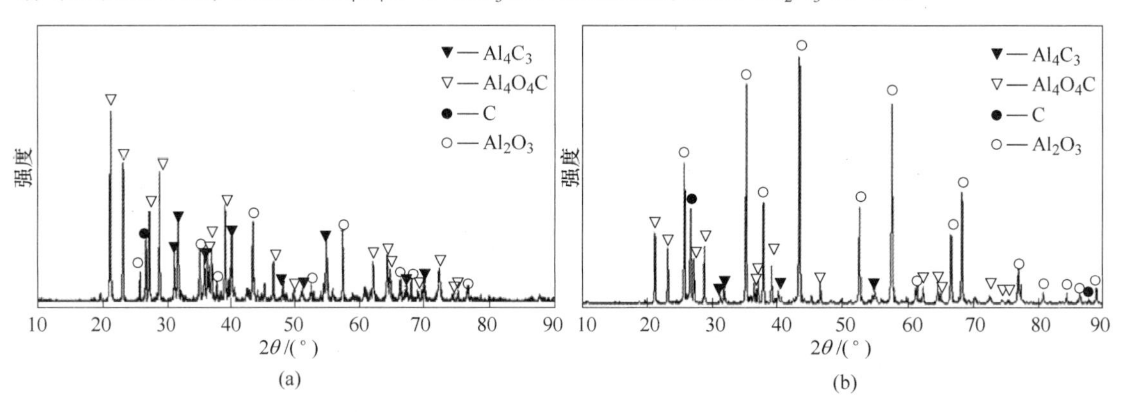

图 3-25　氧化铝碳热还原产物（a）及还原产物氯化后的产物（b）的 XRD 图

图 3-26 是在 Al_4O_4C 与 $AlCl_3$ 发生氯化反应前 Al_2O_3 碳热还原产物及氯化反应后产物的

(a)　　(b)

图 3-26　Al_4O_4C 氯化反应实验中氯化前后产物的实物图

（a）氧化铝碳热还原产物实物图；（b）还原产物氯化后实物图

实物图。氯化反应前，Al_2O_3 碳热还原产物呈现淡黄色。$AlCl_3$ 仅与表面的 Al_4C_3 和 Al_4O_4C 发生了反应，料块内部仍然保持跟氯化前的还原产物一样的表观颜色，生成的 Al_2O_3 和 C 覆盖在物料表面，阻碍了氯化反应的进行。

通过氧化铝碳热还原氯化歧化制得的金属铝珠 SEM 照片如图 3-27 所示。颗粒呈球状，由于蒸气在冷凝过程中经过液相，液体表面张力能使液滴收缩，从而得到表面积最小的球形液滴，得到的金属铝珠大小不一，并且存在金属光泽。

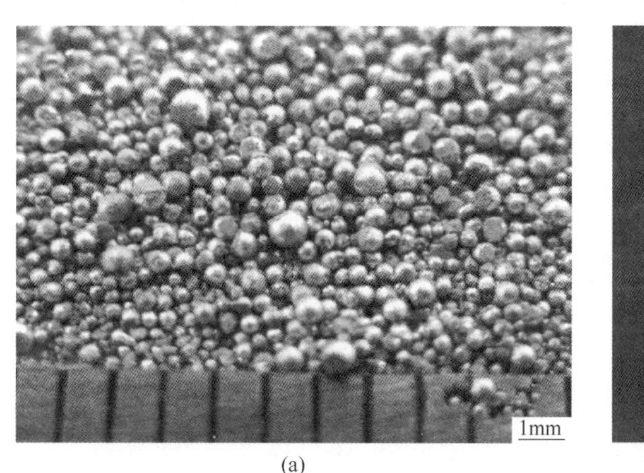

(a)

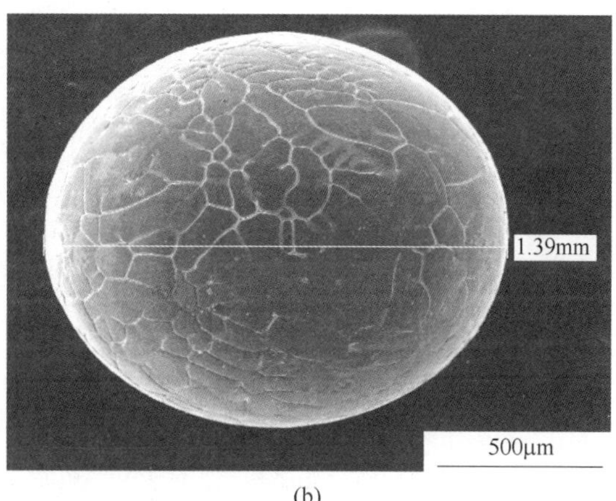

(b)

图 3-27 冷凝铝样品产物的实物（a）及 SEM 照片（b）

3.3 重金属的真空碳热还原

3.3.1 含氧化锌烟尘真空热还原

矿石、焦炭等炼铁原料中会含有一些铅、锌，在炼铁过程中，它们在高炉内积聚到一定程度后会逸出进入烟尘。

J. L. 德里米尤克斯等人研究了真空挥发回收高炉烟尘中铅锌的情况。通过热力学分析，得到部分氧化物分解氧压与温度的关系，如图 3-28 所示[43]。图中的曲线说明 PbO 的分解氧压高于 FeO，而且 ZnO 的分解氧压也有相当大的部分高于 FeO，因此，在一定的温度和压强下，可以把 PbO 和 ZnO 还原成金属，而铁仍然以 FeO 的形态存在。

图 3-28 中的线 7~线 9 与 ZnO 离解氧压线的关系表明，碳有可能还原 ZnO，且开始还原的温度（如点 a~点 c）也随压强降低而明显下降。

高炉烟尘组成见表 3-8，其中烟尘中的硫全部与锌结合，铅以 PbO，铁以 Fe_2O_3 和 Fe_3O_4 的形式存在。原料中的碳作为还原剂，不需要另加还原剂。

还原温度为 1123K，压力分别为 2.67×10^3Pa、1.33×10^4Pa、5.33×10^4Pa，还原时间 1~21h 的条件下，所得实验结果分别如图 3-29 和图 3-30 所示。由图 3-29 可以看到，压力减小，达到一定的提取率所需的时间更短。图 3-30 表明，铅、锌的提取率随压力的减小而增大，真空能大大加快锌和铅的挥发速率。铁被还原与铅、锌提取率的关系见表 3-9，说明提高温度对这三种元素的还原都是有利的，提高真空度可以保持较高的铅、锌提取率，并减少铁的还原。

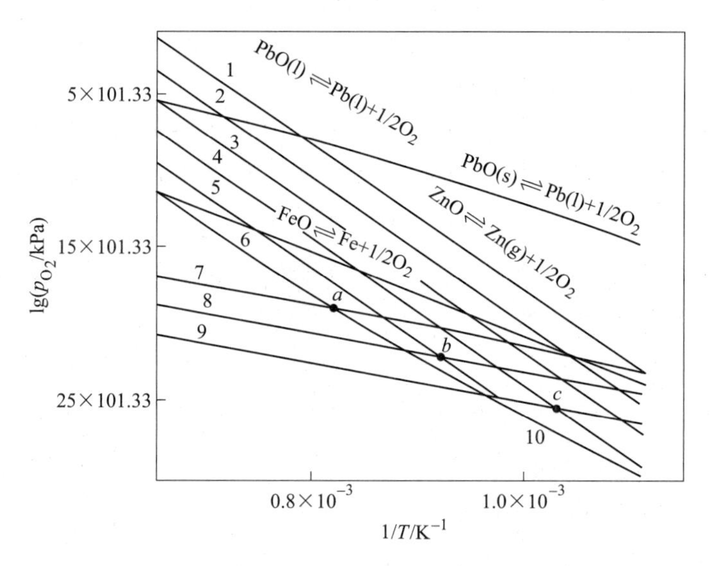

图 3-28 氧化物分解氧压与温度的关系

1—101.33×10^{-2}Pa 时的 ZnO 离解线；2—101.33×10^{-1}Pa 时的 ZnO 离解线；3—101.33Pa 时的 ZnO 离解线；4—101.33×10Pa 时的 ZnO 离解线；5—101.33×10^{2}Pa 时的 ZnO 离解线；6—101.33×10^{3}Pa 时的 ZnO 离解线；7—101.33×10^{3}Pa 时的 C-O 系平衡氧压线；8—101.33×10^{2}Pa 时的 C-O 系平衡氧压线；9—101.33×10Pa 时的 C-O 系平衡氧压线；10—Zn 的饱和蒸气压线

表 3-8 高炉烟尘组成

物质	Zn	Pb	Fe	CaO	Al_2O_3	SiO_2	MgO	S	C	P
质量分数/%	24.8	9.82	7.46	5.59	3.84	6.14	1.2	2.41	26.3	0.67

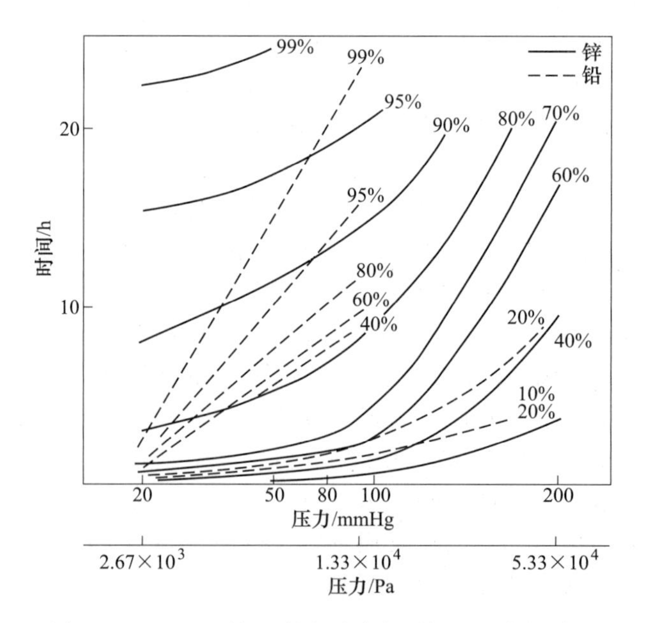

图 3-29 1123K 下铅、锌提取率与时间和压力的关系

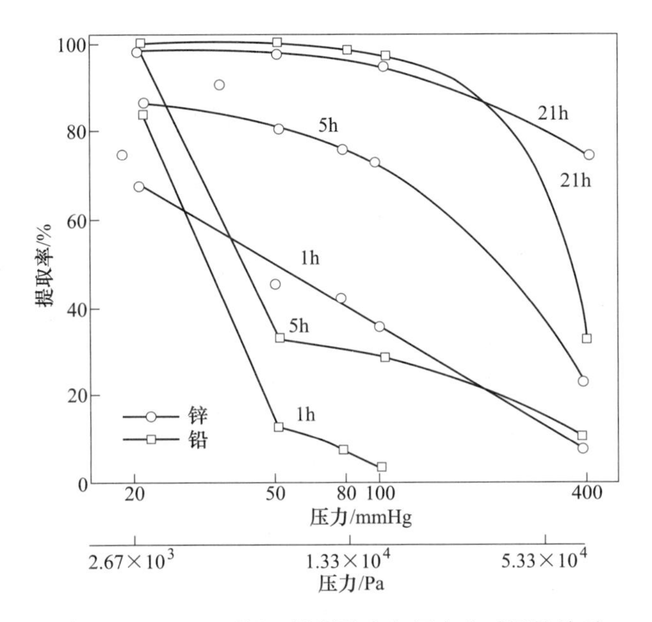

图 3-30 1123K 下铅、锌提取率与压力和时间的关系

表 3-9 作业条件对金属产出的影响

作业条件			提取率/%		金属铁占总铁量的质量分数/%
时间/h	压力/Pa	温度/K	Zn	Pb	
1	2.67×10^3	1123	69	85	6.5
3	2.67×10^3	1123	80	99	13
1	2.67×10^3	1123	86	99	21
3	1.33×10^4	1173	66	25	37
1	1.33×10^4	1173	72	12	50
3	1.33×10^4	1173	85	40	59

3.3.2 废弃 CRT 锥玻璃中回收金属铅

随着平板显示技术替代阴极射线显像管，导致大量废弃阴极射线管（cathode ray tube，CRT）锥玻璃产生，废弃 CRT 锥玻璃因含有大量氧化铅等重金属物质，成为危险固废，目前对其的无害化处理工业上最经济的方法是将其作为炼铅造渣剂，熔炼回收其中的氧化铅，但处理量有限，且受到炼铅工业的影响，尤其在缺少炼铅工业的国家和地区，无法满足处理需求。因此，许多研究者开展了废 CRT 锥玻璃无害化的研究工作。

采用真空碳热还原法可将锥玻璃中的金属氧化物还原、挥发，实现二次资源的回收。陈梦君等人[44-48]采用真空碳热还原法从 CRT 锥玻璃中回收金属铅，同时回收在真空中更易挥发的金属钾和钠。他们将锥玻璃粉与一定比例的碳粉混合均匀后倒入样品舟，通过真空热还原一定时间后，挥发的金属在石英管中分段冷凝。结果表明，铅回收率随温度的提高、压力的降低、碳加入量的增大及保温时间的延长而增大。当还原温度为1000℃，环境压力为10Pa时，加入9%的碳粉并保温4h，铅脱除率达98.6%，回收所得金属铅的纯度为99.32%。

CRT锥玻璃硅酸盐体系主要由$PbO \cdot SiO_2$、$Na_2O \cdot SiO_2$和$K_2O \cdot SiO_2$组成。王凤康、徐宝强等人[49-50]根据氧化铅以硅酸铅赋存的特点，提出了真空挥发—碳热还原工艺回收CRT玻璃中的铅，并系统研究了CRT锥玻璃真空气化、碳热还原等阶段脱除回收铅的主要影响因素。

CRT锥玻璃真空热处理过程中主要可能涉及以下反应：

$$PbO \cdot SiO_2(l) \longrightarrow PbO(g) + SiO_2(s) \tag{3-53}$$

$$Na_2O \cdot SiO_2(l) \longrightarrow Na_2O(g) + SiO_2(s) \tag{3-54}$$

$$K_2O \cdot SiO_2(l) \longrightarrow K_2O(g) + SiO_2(s) \tag{3-55}$$

不同环境压力下上述反应的吉布斯自由能与温度的关系如图3-31所示，表明10Pa时，$PbO \cdot SiO_2$在1205K以上即可分解出PbO和SiO_2，随着压力的增大，$PbO \cdot SiO_2$分解温度逐渐升高。

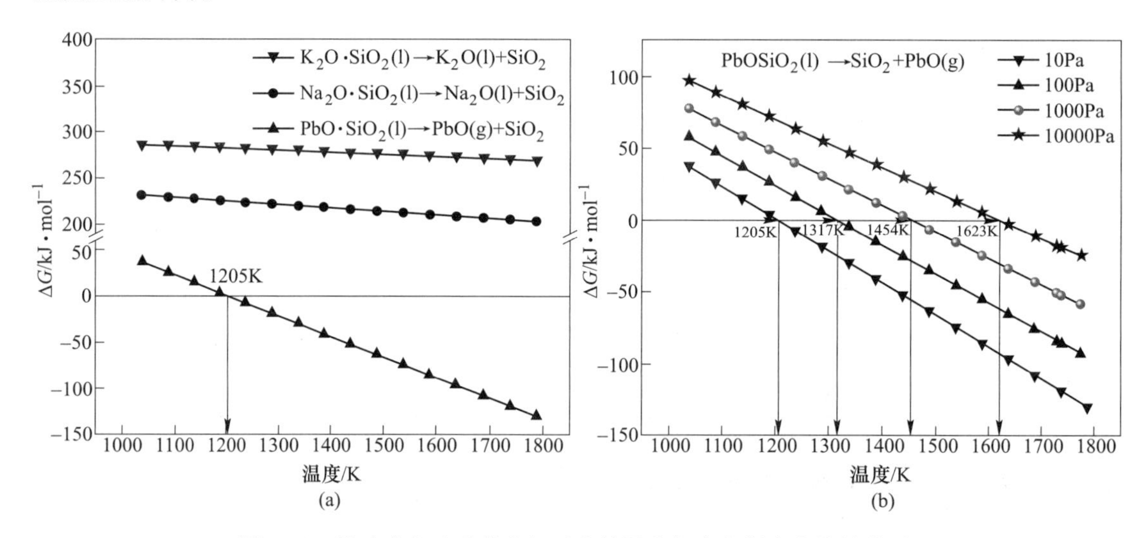

图3-31 锥玻璃中硅酸盐分解反应的温度与吉布斯自由能的关系

(a) $PbO \cdot SiO_2$、$Na_2O \cdot SiO_2$及$K_2O \cdot SiO_2$在10Pa时的分解反应；(b) $PbO \cdot SiO_2$在不同压力下的分解反应

图3-32为真空挥发温度对铅脱除率和残余玻璃中铅含量的关系图，表明随着温度的升高，铅的脱除率逐渐升高。当温度为1273K和1373K、保温60min时，真空热处理废弃CRT锥玻璃过程中铅的脱除率仅达到0.14%和6.25%，需要更高的温度和更长保温时间才能获得较高的铅脱除率。

当温度为1473K和1573K、保温时间0~120min时，锥玻璃中氧化铅的脱除情况如图3-33所示。结果表明，随着反应温度的提高和保温时间的延长，铅的脱除率逐渐提高。在

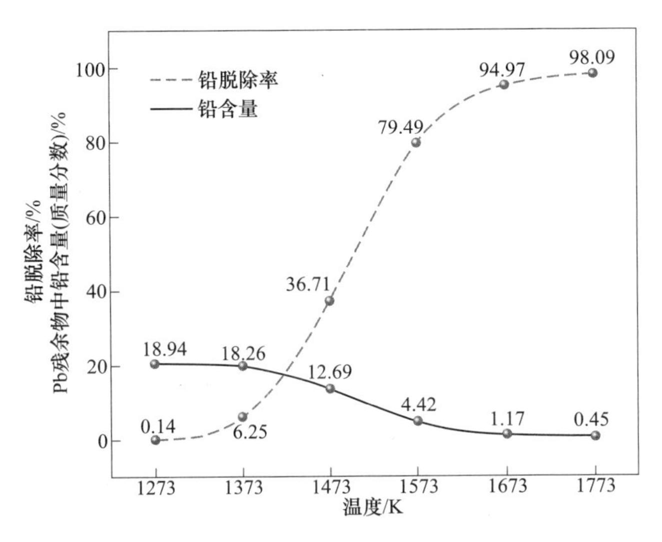

图 3-32　残余玻璃中铅的含量及铅脱除率随温度的变化规律
（系统压力为 5~20Pa，保温时间为 60min）

温度为 1573K、保温时间为 120min 时，铅的平均脱除率达到 96.96%。而温度为 1473K、保温时间为 120min 时，铅的平均脱除率为 62.76%。每间隔 20min 氧化铅的平均脱除速率变化如图 3-34 所示。当处理温度为 1473K，在 0~20min 时间段内，平均脱铅速率最大，为 6.27×10^{-3} g/(cm^2 · min)，保温 40min 后，铅的脱除速率接近于零，说明已达到此条件下脱铅的极限；当处理温度为 1573K，在 0~20min 时间段内，铅的平均脱除速率达到最大值 9.97×10^{-3} g/(cm^2 · min)，20min 以后脱铅速率变化波动较大，主要是更高的温度造成玻璃熔体中钾、钠等组分挥发加剧的影响。

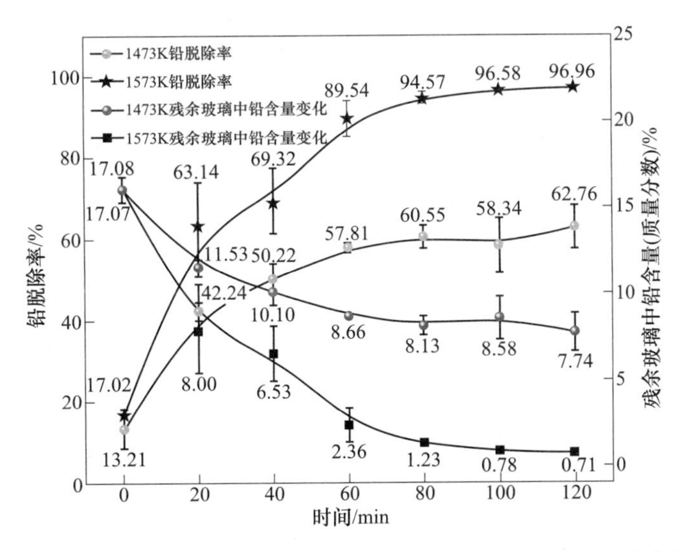

图 3-33　残余玻璃中铅的含量及铅脱除率随温度及保温时间的变化规律
（系统压力为 5~20Pa）

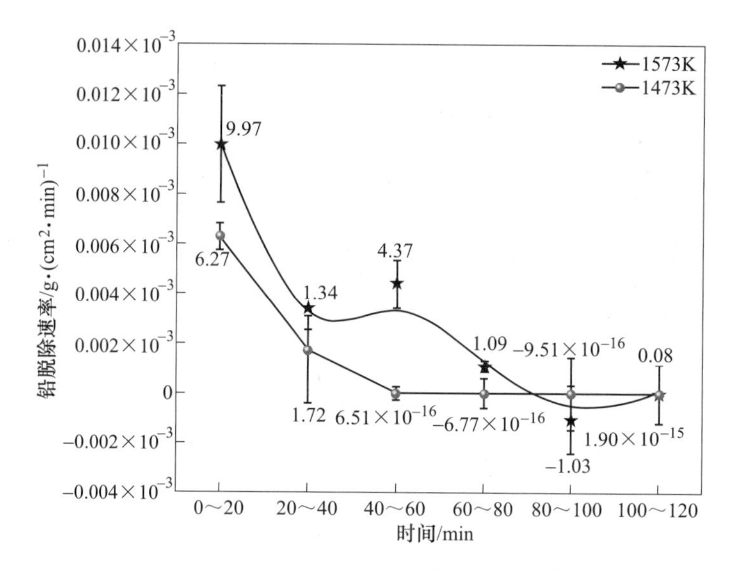

图 3-34 单位时间表面积上铅脱除量的变化曲线

CRT 锥玻璃熔体中真空挥发脱出的气态氧化铅通过碳层时，极易发生真空碳热还原反应，生成金属铅，见式（3-56）和式（3-57）：

$$PbO(g) + C(s) \xlongequal{} Pb(g) + CO(g) \tag{3-56}$$

$$PbO(g) + CO(g) \xlongequal{} Pb(g) + CO_2(g) \tag{3-57}$$

图 3-35 为加入碳层还原后，不同温度下冷凝物样品的 XRD 图，表明产物为金属铅。由图 3-36 中 SEM 照片可以看出，冷凝区获得的铅微球的大小范围是 1～50μm，并且微球的尺寸随温度的升高而迅速增大，产生这种现象的原因是由于温度的提高，冷凝区的热场温度梯度大更易凝结成大的铅球。系统压力为 5～20Pa，保温时间为 30min 条件下，铅样品的主要成分见表 3-10。当温度为 1423K 时，金属铅微球的纯度达到 99.36%，同时随着还原温度的提高，获得的金属铅中的钾钠含量逐渐升高。

表 3-10 不同温度下得到的铅样品的主要成分

温度/K	主要成分（质量分数）/%		
	Pb	K	Na
1423	99.36	0.01	—
1473	99.44	0.01	—
1523	99.46	0.01	—
1573	99.40	0.02	0.03
1623	99.48	0.02	0.04

上述结果表明，通过真空挥发—碳热还原工艺可将废弃 CRT 锥玻璃中氧化铅进行有效脱除，且能够回收得到金属铅。脱铅后的残余玻璃实物样品如图 3-37 所示，对其典型样品进行 TCLP 毒性浸出实验，结果见表 3-11。在 1523K 和 1573K、保温 120min 条件下处理得到的残余玻璃样品，铅的浸出浓度分别为 1.67mg/L 和 2.56mg/L，低于我国规定的最

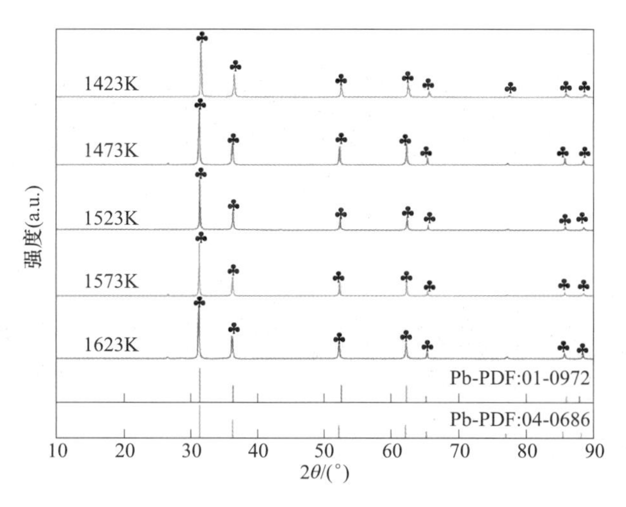

图 3-35 通过真空挥发—碳热还原工艺不同还原温度下冷凝产物的 XRD 图

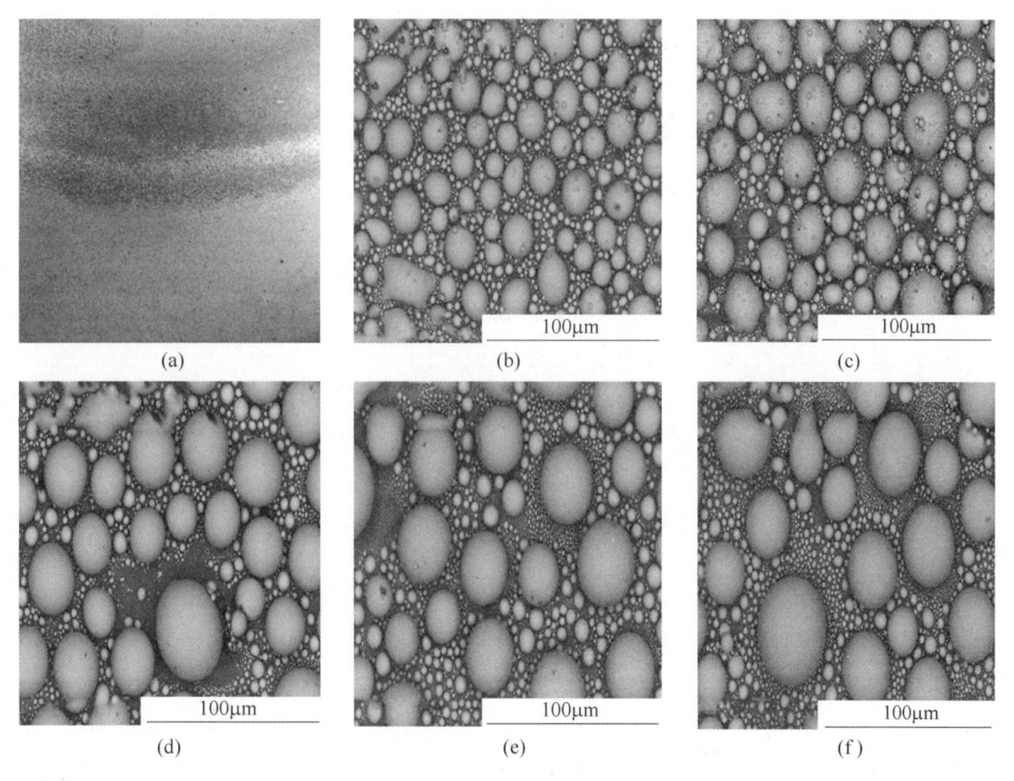

图 3-36 通过真空挥发—碳热还原工艺不同还原温度下冷凝产物的 SEM 照片

(a) 实物；(b) 1423K；(c) 1473K；(d) 1523K；(e) 1573K；(f) 1623K

大浸出量 5mg/L。

表 3-11 CRT 玻璃原料及典型脱铅后残余玻璃的毒性浸出结果

样品	CRT 锥玻璃	S1(1573K、80min)	S2(1573K、120min)	S3(1523K、120min)
Pb 浸出浓度/$mg \cdot L^{-1}$	194	4.03	1.67	2.56

图 3-37 1573K 下不同保温时间的实物照片

3.4 难熔金属氧化物的真空还原

3.4.1 真空钙热还原二氧化钛制备钛粉

目前，工业上生产金属钛仍采用镁还原四氯化钛（Kroll 法）。1945 年 Kroll 在美国的杜邦公司用该法首次生产了 2t 海绵钛，实现工业化生产，其工艺流程基本反应式为：

$$TiCl_4(g) + 2Mg(l) \xlongequal{} Ti(s) + 2MgCl_2(l) \tag{3-58}$$

Kroll 法生产海绵钛过程的还原操作是间歇式进行，镁热还原 $TiCl_4$ 反应是放热过程，在反应中期，除了能维持反应自热外，还需散出多余的热能，以维持正常的操作温度，故生产中需采用强制冷却措施。人们一直力图寻找更好的生产钛的途径。20 世纪 50 年代开始，人们开始了电解法制取金属钛的研究，但电解法制备钛的方法一直处于探索阶段，其中通过 $TiCl_4$ 电解还原生产钛曾达到半工业化生产，但最终还是未能实现工业化生产。2000 年，D. J. Fray 等人[51]提出 FFC 工艺后，全世界的研究者纷纷进行了熔盐电解法制备金属钛的研究。但这些研究目前都处于实验室研究阶段。直接还原 TiO_2 提取钛的方法已成为钛提取领域的研究热点，人们希望其能够早日在工业中实现应用。

2004 年，日本东京大学 Okabe 等人提出了预成型钙热还原法（PRP）[52]，这种方法是以钙热还原法为基础。将 99.97% TiO_2 粉、助熔剂 $CaCl_2$ 或 CaO、黏结剂（乙醇和乙醚中加入 5%的硝化纤维）按照一定比例充分混合，制成浆料，并注入不锈钢模具中，压制成型（如管形、球形、片状等）；预成型的混合原料在 800~1000℃下烧结，除去其中的黏结剂和水分；烧结后的原料放入如图 3-38 所示的反应装置中，同时加入还原剂金属钙，海绵钛作为气体吸收剂，用惰性钨极焊将反应器密封，形成密闭体系；而后在 800~1000℃下还原 6h；得到的还原产物经稀酸洗涤，除去副产物 CaO，而后真空干燥制得钛粉。PRP 法生产的海绵钛纯度能在 99%以上，能够控制产物的纯度、形态和反应物的量，并且由于反应物的预成型而使其与反应容器和还原剂不形成物理接触，避免了不必要杂质的引入。另外这种预成型的方法能使各个 TiO_2 片的反应速度大体一致，反应均匀，在一个反应容器内可以放置多片预成型的 TiO_2，提高反应的速度和效率。此外与 FFC 法等熔盐电解过程相比较，这种方法可以节省一部分 $CaCl_2$ 熔剂的用量。

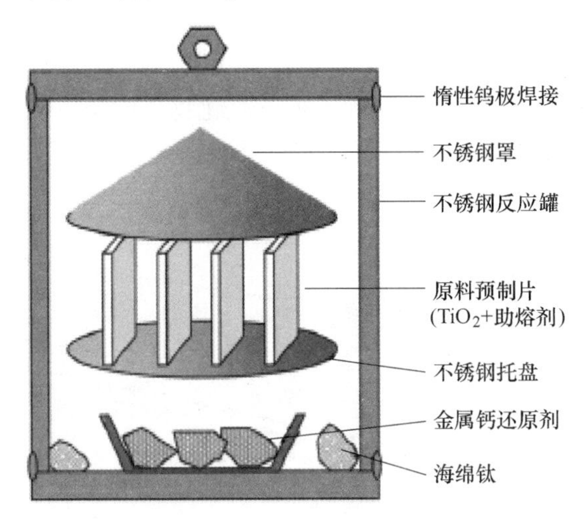

图 3-38 PRP 法反应装置示意图

3.4.1.1 钙蒸气还原二氧化钛的热力学分析

徐宝强等人[53]系统研究了低压密闭条件下，钙蒸气还原二氧化钛制备金属钛的过程，其主要反应见式（3-59）：

$$2Ca(g) + TiO_2(s) \xlongequal{} Ti(s) + 2CaO(s) \tag{3-59}$$

该反应的吉布斯自由能为：

$$\Delta_r G_T = \Delta_r G_T^{\ominus} + RT\ln \frac{a_{Ti} \cdot a_{CaO}^2}{a_{TiO_2} \cdot p_{Ca}^2/p^{\ominus 2}} \tag{3-60}$$

CaO、Ti 及反应物 TiO_2 均为凝聚相，故 $a_{CaO} \approx 1$、$a_{Ti} \approx 1$、$a_{TiO_2} \approx 1$，且 $p_{Ca} \approx p_{Ca}^* = 10^{(-8920T^{-1}-1.39\lg T+14.57)}$。将上述数值及关系式代入式（3-60），得到不同温度下反应式（3-59）的 $\Delta_r G_T$-T 曲线，如图 3-39 所示。可见，反应式（3-59）的 $\Delta_r G_T$ 随着温度的升高，不利于

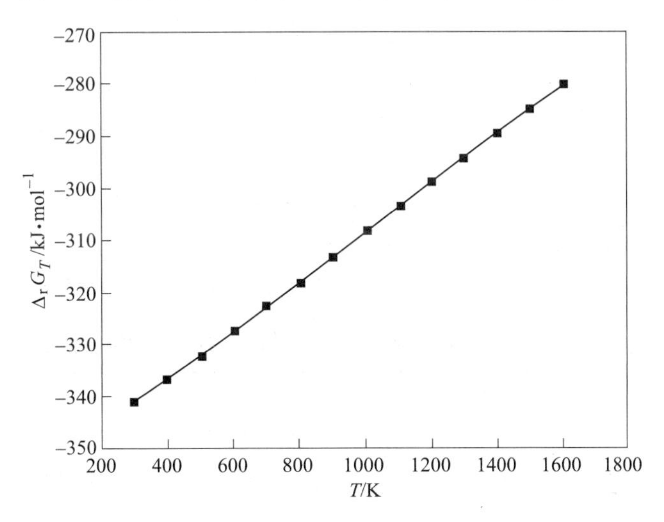

图 3-39 反应式（3-59）的 $\Delta_r G_T$-T 曲线

反应向右进行，但在1600K的温度范围内 $\Delta_r G_T < -280$kJ/mol，表明该反应在热力学上是完全可以发生的。

另外，钛有多种稳定的氧化物，常见的有 Ti_3O_5、Ti_2O_3、TiO、Ti_2O、Ti_3O 等，除此还有 Ti_4O_7 等。图3-40为热力学计算得到多种钛氧化物还原反应的自由能变化。热力学计算表明，钙蒸气还原二氧化钛更容易优先生成 Ti_4O_7、Ti_3O_5、Ti_2O_3 等高价氧化物，而后生成TiO等低价氧化物，最终生成单质Ti。

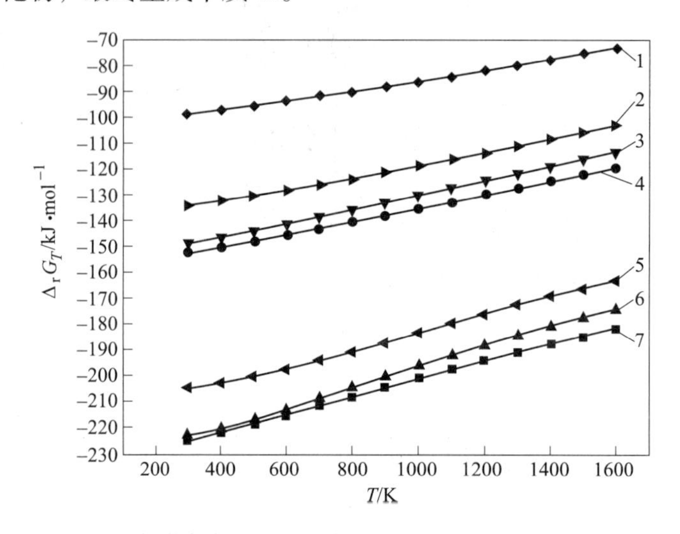

图3-40　钙蒸气与钛的多种氧化物反应的 $\Delta_r G_T$-T 曲线

1—Ca(g)+TiO ═ Ti+CaO(s)；2—Ca(g)+1/3Ti_2O_3 ═ 2/3Ti+CaO(s)；

3—Ca(g)+1/5Ti_3O_5 ═ 3/5Ti+CaO(s)；4—Ca(g)+1/7Ti_4O_7 ═ 4/7Ti+CaO(s)；

5—Ca(g)+Ti_2O_3 ═ 2TiO+CaO(s)；6—Ca(g)+1/2Ti_3O_5 ═ 3/2TiO+CaO(s)；

7—Ca(g) +1/3Ti_4O_7 ═ 4/3TiO+CaO(s)

3.4.1.2　不同还原工艺过程的比较

A　以粉状 TiO_2 为原料

分别考察了 TiO_2 粉末、TiO_2 和无水 $CaCl_2$ 混合粉末为原料的还原情况，对所得还原产物进行物相分析，结果如图3-41及表3-12所示。可知，当 TiO_2 粉为原料时，直接用金属钙蒸气还原后，未有Ti单质物相；钙热还原 TiO_2 过程会放出大量的热，钙蒸气还原表面及内层 TiO_2 粉体颗粒时放出的热量易使粉体表面烧结，形成硬壳，阻碍了钙蒸气向内部 TiO_2 粉体层的迁移及还原反应的进行。当在 TiO_2 粉中加入25%的 $CaCl_2$ 作为添加剂时，还原产物中出现了单质Ti相，此外还含有CaO、Ti_3O_5 和CaClOH，表明 $CaCl_2$ 的加入大大改善了钙蒸气还原 TiO_2 粉体颗粒层的效果，但料层表面仍存在结壳现象，难以均匀还原。

表3-12　1273K下二氧化钛不同原料被还原6h后产物的物相成分

实验编号	实验条件				还原产物物相成分
	TiO_2 性状	m_{CaCl_2} : m_{TiO_2}	还原温度/K	还原时间/h	
实验1	粉状	0	1273	6	TiO_2、TiO、Ti_2O、CaO、$CaTiO_3$
实验2	粉状	1 : 4	1273	6	Ti_3O_5、Ti、CaClOH、CaO

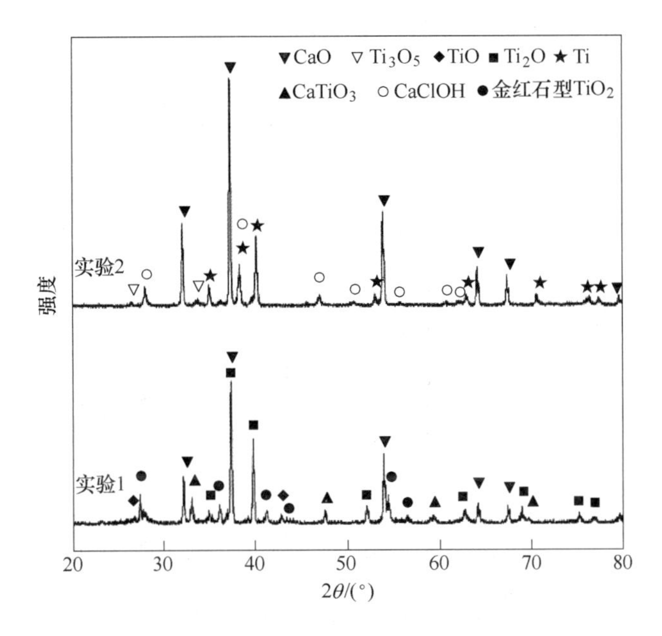

图 3-41 二氧化钛不同原料 1273K 被还原 6h 后产物的 XRD 图
（实验 1—TiO_2 粉为原料；实验 2—TiO_2 与 $CaCl_2$ 混合粉为原料，m_{CaCl_2}：m_{TiO_2}=1：4）

B 以 TiO_2 预成型片为原料

将一定比例混合的 TiO_2 和无水 $CaCl_2$ 粉末经研磨、在 2MPa 压力下制成 ϕ20mm×5mm 的预成型片，分别采用不同的烧结条件，而后再还原，考察不同块状原料被钙蒸气还原的情况。如图 3-42 所示，可以看出，当 TiO_2 颗粒在 2MPa 压力下制片后，直接在密闭反应器中被钙蒸气还原，其还原产物主要为 CaO、金红石型 TiO_2、少量单质 Ti，大部分 TiO_2 随温度的升高仅发生了晶型转变，未能被金属钙蒸气还原。当原料中添加一定量的 $CaCl_2$，在 2MPa 压片条件下压片成型后，无论是否经过单独的烧结处理，TiO_2 均已被还原为单质 Ti，其余主要为副产物 CaO 相。当物料不经过单独烧结，直接将 TiO_2 与 $CaCl_2$ 的块状混合物在密闭反应器经钙蒸气还原，其产物中除了主要的单质 Ti 和副产物 CaO 物相外，还会有少量的 CaClOH 存在。

利用扫描电子显微镜背散射电子探测，分别观察了实验 3、实验 5 和实验 7 的还原产物，其还原产物块体的纵向断面 SEM 照片如图 3-43 所示。在 1273K 温度下钙蒸气还原 TiO_2 块体 6h，只有原料块体表层下约 50μm 厚的料层内发生了反应，钙蒸气仅能还原表层 TiO_2 颗粒，难以扩散至块体料层内部。这与图 3-42 中对应的还原产物中仍残留有大量未被还原的金红石 TiO_2 相一致。

当原料中加入氯化钙后，无论是否经过单独的烧结过程，1273K 条件下还原 6h 得到的还原产物料层表面与内部状况一致，且布满大小不一的孔洞，表明 $CaCl_2$ 的加入促使原料层产生了大量的孔隙，利于钙蒸气不断地向料层内扩散，充分与 TiO_2 颗粒发生气-固反应。

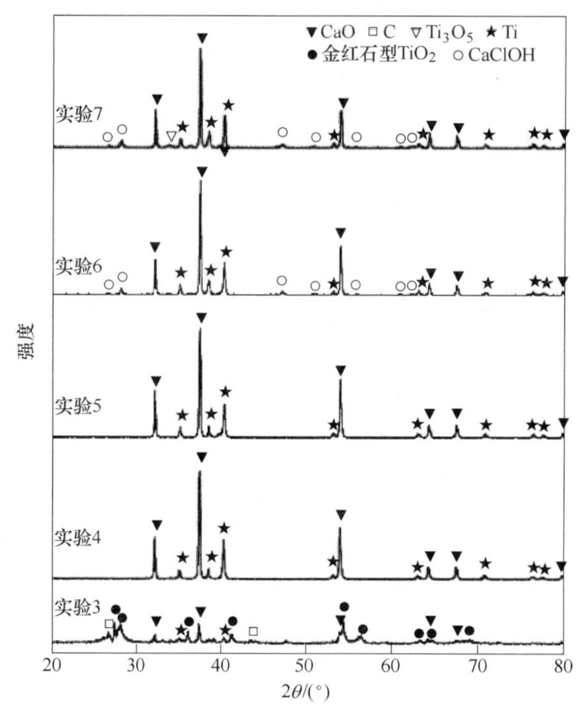

图 3-42　不同二氧化钛原料在 1273K 还原 6h 后产物的 XRD 图

实验 3—制片 TiO_2 为原料；实验 4—$m_{CaCl_2}:m_{TiO_2}=1:4$ 的 TiO_2 与 $CaCl_2$ 混合制片后经 1173K 常压烧结 1h 后的烧结料为原料；实验 5—$m_{CaCl_2}:m_{TiO_2}=1:4$ 的 TiO_2 与 $CaCl_2$ 混合制片后经 1173K、8~10Pa 条件下烧结 1h 后的烧结料为原料；实验 6—$m_{CaCl_2}:m_{TiO_2}=1:4$ 的 TiO_2 与 $CaCl_2$ 混合制片后经 1173K 密闭烧结 1h 后的烧结料为原料；实验 7—$m_{CaCl_2}:m_{TiO_2}=1:4$ 的 TiO_2 与 $CaCl_2$ 混合制片为原料

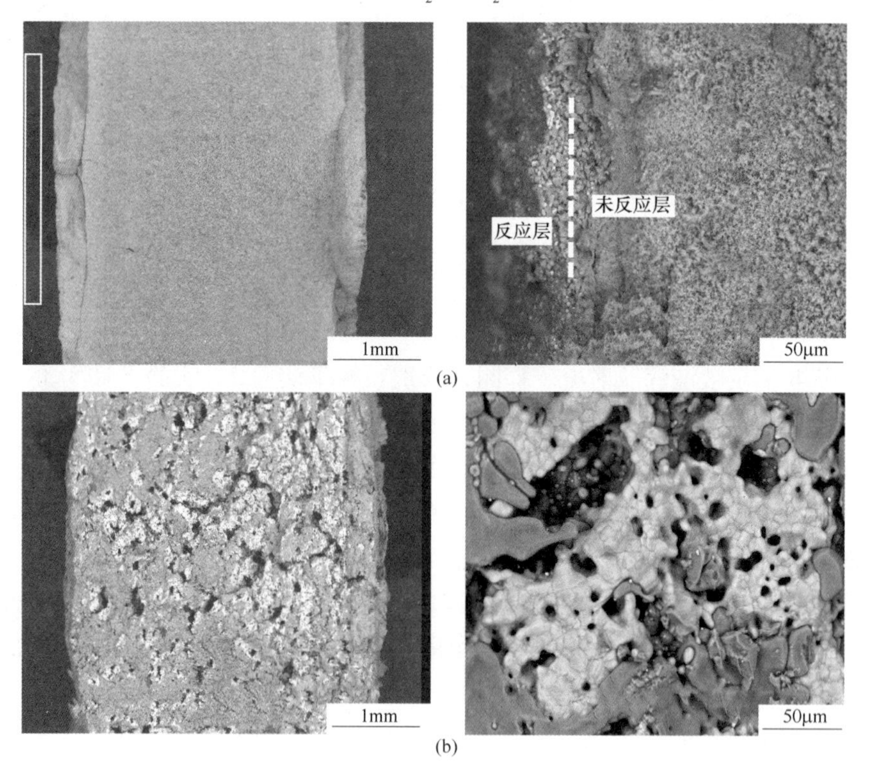

(c)

图 3-43 不同原料 1273K 还原 6h 得到还原产物的 SEM 照片

(a) 实验 3—制片 TiO_2 为原料；(b) 实验 5—m_{CaCl_2} : m_{TiO_2} = 1 : 4 的 TiO_2 与 $CaCl_2$ 混合制片后经 1173K、8~10Pa 条件下烧结 1h 后的烧结料为原料；(c) 实验 7—m_{CaCl_2} : m_{TiO_2} = 1 : 4 的 TiO_2 与 $CaCl_2$ 混合制片为原料

3.4.1.3 真空钙热还原过程主要参数的影响规律

A 不同还原温度的影响

图 3-44 为 m_{CaCl_2} : m_{TiO_2} = 1 : 4 的原料在不同反应温度还原 6h 后，还原产物经酸浸出、过滤、洗涤、干燥处理后最终产物的 XRD 图及物相组成。当还原温度为 1073K 和 1173K 时，经过 6h 还原，已经有部分钙金属转变为气相，参与还原二氧化钛的反应，但产物中

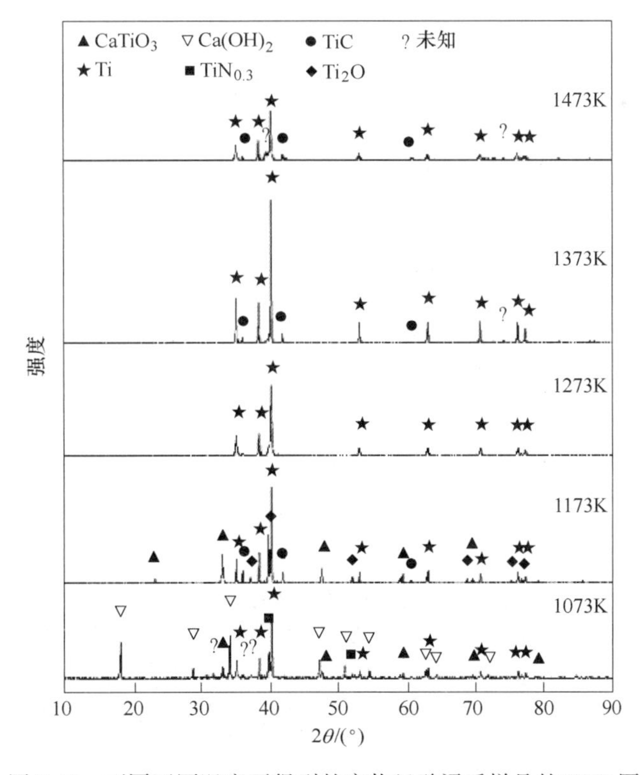

图 3-44 不同还原温度下得到的产物经酸浸后样品的 XRD 图

仍存在未被还原完全的 $CaTiO_3$、Ti_2O，且存在少量 $TiN_{0.3}$ 相的衍射峰。1073K 时产物中的 $Ca(OH)_2$ 相是因为酸浸时没有完全将还原产物中的副产物 CaO 除去，残留于酸浸残留物中的 CaO 吸湿后形成了 $Ca(OH)_2$；$TiN_{0.3}$ 相则应是温度较低时，密闭反应器中的 N 与 Ca 尚未完全作用，致使系统中残留 N_2 与还原得到的 Ti 结合；$CaTiO_3$ 存在则应是未被还原的 TiO_2 与 CaO 结合的结果。当还原温度达到 1273K 后，随着气相中钙蒸气的浓度升高，有利于钙蒸气与固体二氧化钛的气固反应过程，还原 6h 的 XRD 图中主要为单质钛的衍射峰，表明此条件下 TiO_2 已经完全被还原为单质钛。产物中不同程度地出现了 TiC 的衍射峰，主要是还原得到的金属钛与石墨相互作用所致。

B 不同保温时间的影响

以 $m_{CaCl_2}:m_{TiO_2}=1:4$ 的混合物为原料，在 1273K 条件下，分别还原 1h、4h、6h、8h 和 10h，得到的还原产物物相组成如图 3-45 所示。可见，在 1273K 温度下还原 1h、4h、6h、8h、10h，产物中均为 Ti 单质物相、副产物 CaO 相和 CaClOH 相。

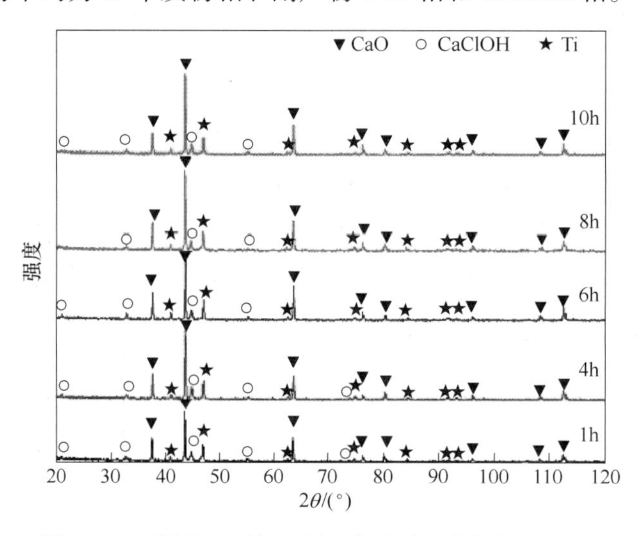

图 3-45 不同保温时间还原产物酸洗后产物的 XRD 图

C 氯化钙不同添加量的影响

氯化钙对二氧化钛的钙热还原效果影响显著[54]。从氯化钙不同添加量的原料经 1273K 还原 1h 所得产物的 XRD 图（见图 3-46）可知，当未添加 $CaCl_2$ 时，TiO_2 经过 1h 还原后，产物中仍存在大量未还原的金红石型 TiO_2。随着原料中加入 $CaCl_2$，其还原效率显著提高，原料中有 $CaCl_2$ 存在时，仅需较短的时间，就可以将 TiO_2 有效还原。同时，还出现了新的物相 CaClOH，物相中不同程度地存在 $CaCl_2\cdot nH_2O$（$n=2$、4）的特征峰，且 CaClOH 和 $CaCl_2\cdot nH_2O$ 的峰强随着原料中 $CaCl_2$ 添加量的增加呈现增强的趋势。

未添加氯化钙时，由 1273K 条件下还原 2h 后还原产物沿横断面的 X 射线线扫描图（见图 3-47）可以看出，元素 Ca 由表面向 TiO_2 固体内层约 220μm 厚度的料层中含量较高，平均约 50%，最高点接近 100%；大于 220μm 继续向内的固体层中，元素 Ca 含量几乎为零，元素 Ti 所占的平均质量分数约为 60%，元素 O 所占的平均质量分数接近 40%，符合 TiO_2 分子式的理论 Ti/O 质量比，说明经过 2h 的扩散、还原，钙蒸气仅向 TiO_2 固体

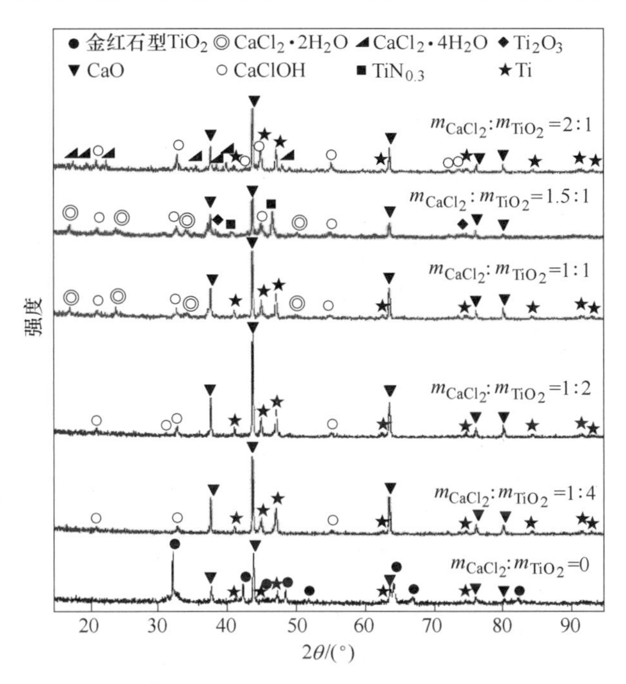

图 3-46 氯化钙不同添加量的原料经 1273K 钙蒸气还原 1h 的产物的 XRD 图

层内扩散了约 220μm 的距离，还原反应也仅集中于此厚度中，只有较少的 TiO_2 被还原。当二氧化钛中添加一定量的氯化钙后，如 $m_{CaCl_2}:m_{TiO_2}=1:4$ 的原料，1273K 条件下还原 2h 后还原产物沿横断面的 X 射线线扫描结果如图 3-48 所示。可见，原料固体层从表面向内层约 2000μm 的厚度中，均有钙存在，且整条扫描线由表及里钙含量均较大，平均质量分数为 62.58%，表明钙蒸气已完全扩散至原料内层大于 2000μm 的厚度，必将有大量的钛氧化合物被金属钙还原。类似地，$m_{CaCl_2}:m_{TiO_2}=1:2$（见图 3-49）、$m_{CaCl_2}:m_{TiO_2}=1:1$

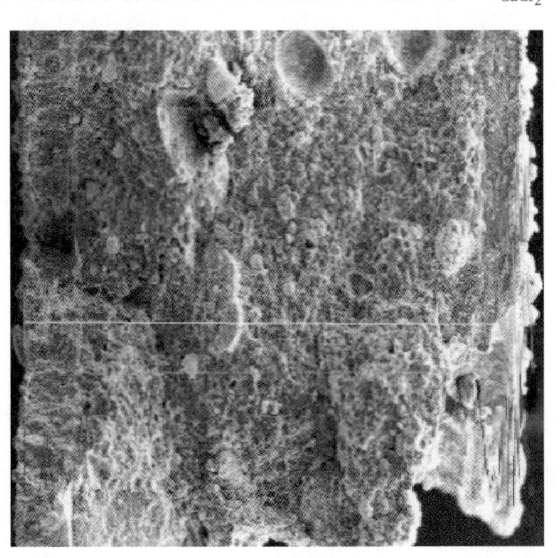

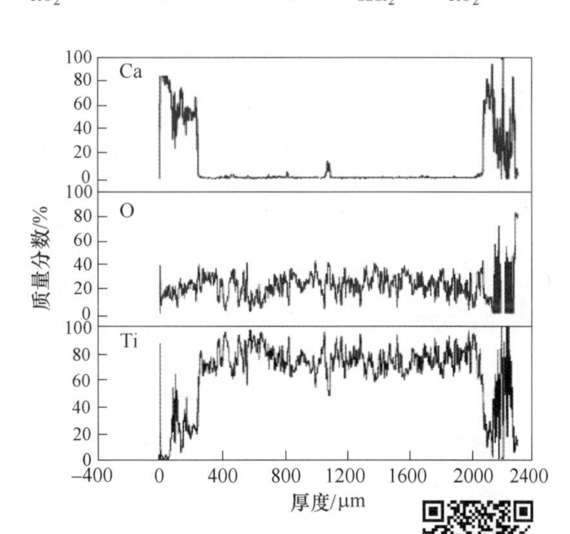

图 3-47 $m_{CaCl_2}/m_{TiO_2}=0$ 的原料经 1273K 还原 2h 产物横断面的 X 射线线扫描图

彩图

（见图 3-50）的原料经还原钙元素均已完全扩散至料层中，且随着氯化钙添加量的增加，氯元素在扫描线上的平均质量分数也随之增加，由图 3-48 的 20.03%提高至图 3-50 的 29.44%；钙元素在扫描线上的平均质量分数则因为氯元素质量分数的增加而有所降低，由图 3-47 的 46.69%降至图 3-50 的 38.59%。

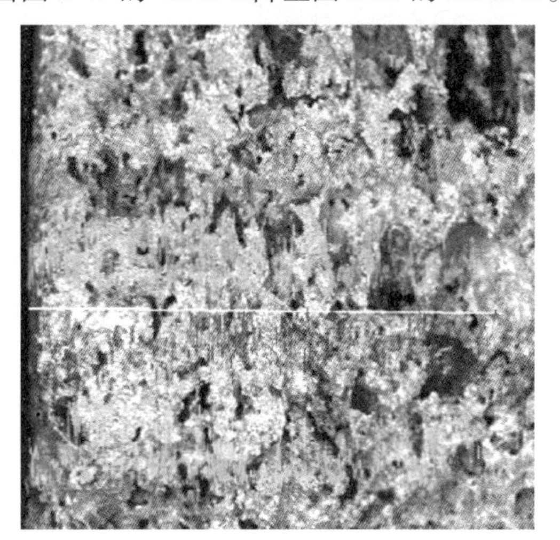
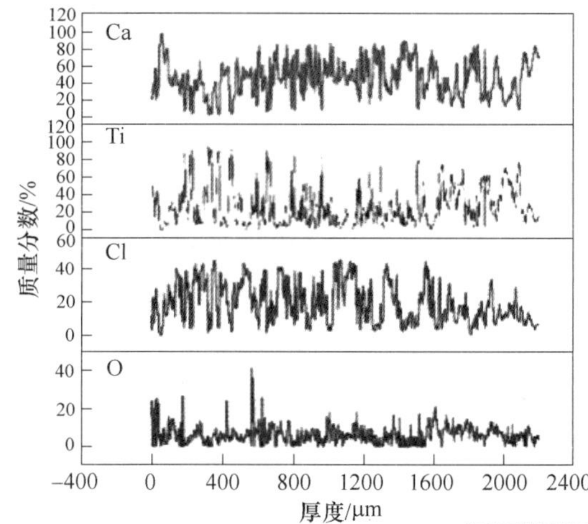

图 3-48　$m_{CaCl_2}:m_{TiO_2}=1:4$ 的原料经 1273K 还原 2h 产物横断面的 X 射线线扫描图

彩图

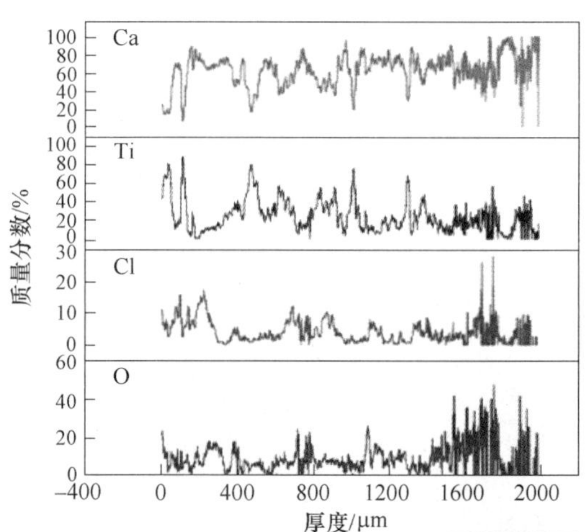

图 3-49　$m_{CaCl_2}:m_{TiO_2}=1:2$ 的原料经 1273K 还原 2h 产物横断面的 X 射线线扫描图

彩图

3.4.1.4　真空钙热还原二氧化钛的千克级试验

在上述研究结果的基础上，开展了真空钙热还原二氧化钛制备金属钛粉的千克级试验研究，不同保温时间条件下获得的钛粉成分见表 3-13。随着保温时间的延长，得到钛粉的氧含量逐渐降低，品质提高。主要原因是随着反应时间的延长，原料得到充分地还原，反

应的中间产物 $CaTiO_3$ 等能更好地与钙蒸气反应，从而降低了钛粉中的氧含量。

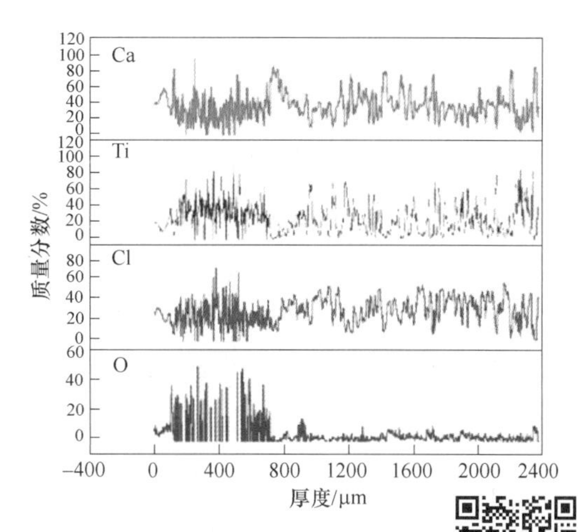

图 3-50　m_{CaCl_2} : m_{TiO_2} = 1 : 1 的原料经 1273K 还原 2h 产物横断面的 X 射线线扫描图

彩图

表 3-13　实验所得钛粉的成分

序号	保温时间/h	钛粉中杂质元素含量（质量分数）/%							
		O	N	Ca	Cl	Si	Fe	P	Zr
1	16	1.13	0.0033	0.81	<0.002	—	—	—	—
2	24	0.38	0.0043	0.056	<0.002	0.111	0.066	0.004	0.029

将保温 24h 后得到的还原产物经粉碎机破碎至一定粒度后，用配制好的盐酸进行浸出，再用去离子水和无水乙醇冲洗 3 次后，得到的浸出渣在 70℃ 真空干燥 24h，得到最终产物钛粉。图 3-51 为保温时间 24h 后盐酸浸出得到钛粉的 SEM 图。由图可见，得到的钛粉颗粒大小不均一，并且有不规则的几何外形，在所观察的区域内，钛粉颗粒的尺寸为 5~30μm。

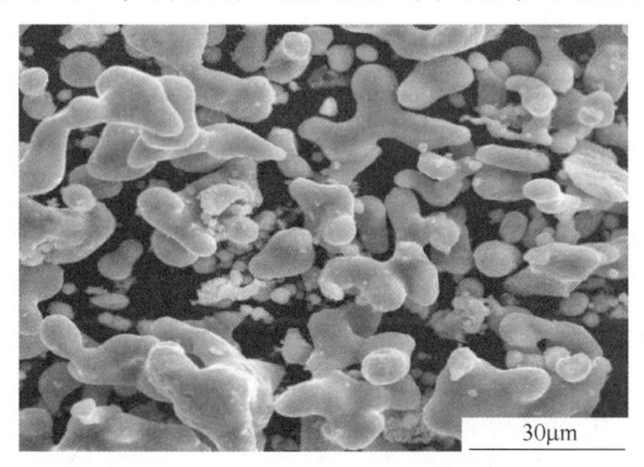

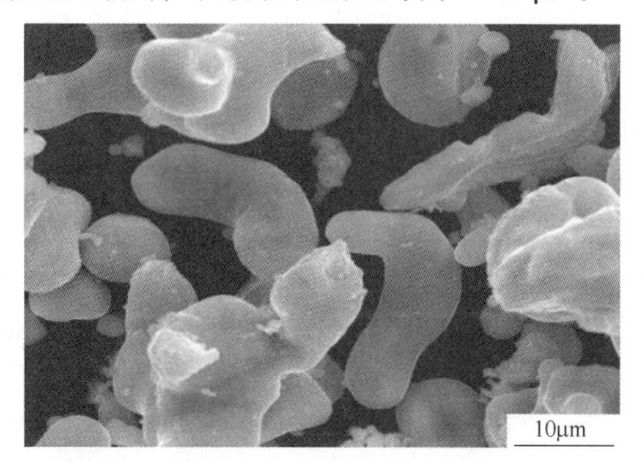

图 3-51　保温 24h 后浸出得到的钛粉 SEM 图

对浸出渣（钛粉）进行化学成分分析，结果见表 3-14。钛粉平均成分为：Ti 99.85%、O 0.38%、Ca 0.0565%、N 0.0043%、P 0.0037%、Fe 0.0657%、Zr 0.0293%、Si 0.1105%、Cl 0.002%，符合 YS/T 654—2007 钛粉标准。

以真空钙热还原二氧化钛制备得到的鹿角状钛粉为原料，进一步通过球化处理，可直接得到球形纯钛粉。例如，使用高温等离子进行球化处理，得到的典型球形钛粉的 SEM 图如图 3-52 所示，球形钛粉样品的氧含量小于 0.3%。

表 3-14　制备出的钛粉样品 N、O、Cl 元素含量

级别	牌号	钛含量/%	杂质元素含量/%					
			N	O				Cl
				250μm	150μm	44μm	25μm	
零级	TF-0	≥99.40	≤0.02	≤0.20	≤0.20	≤0.40	≤0.45	≤0.04
一级	TF-1	≥99.30	≤0.03	≤0.25	≤0.25	≤0.50	≤0.50	≤0.05
二级	TF-2	≥99.20	≤0.04	≤0.30	≤0.30	≤0.60	≤0.55	≤0.06
三级	TF-3	≥99.10	≤0.05	≤0.35	≤0.35	≤0.70	≤0.60	≤0.07
四级	TF-4	≥99.00	≤0.07	≤0.40	≤0.40	≤0.80	≤0.70	≤0.08
五级	TF-5	≥98.00	≤0.08	≤0.80	≤0.50	≤0.85	≤0.85	≤0.20
六级	TF-5	≥95.00	≤0.10	≤0.80	≤0.80	≤1.00	≤1.00	≤0.20
本书制备的钛粉样品	—	≥99.85	≤0.0043	≤0.38（颗粒尺寸小于 25μm）				≤0.0020

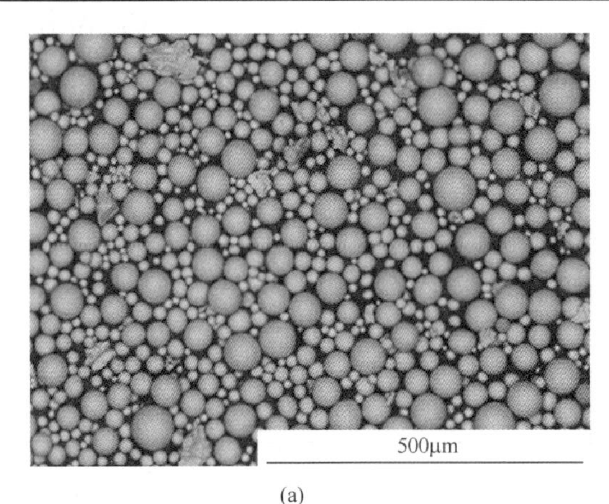

(a)

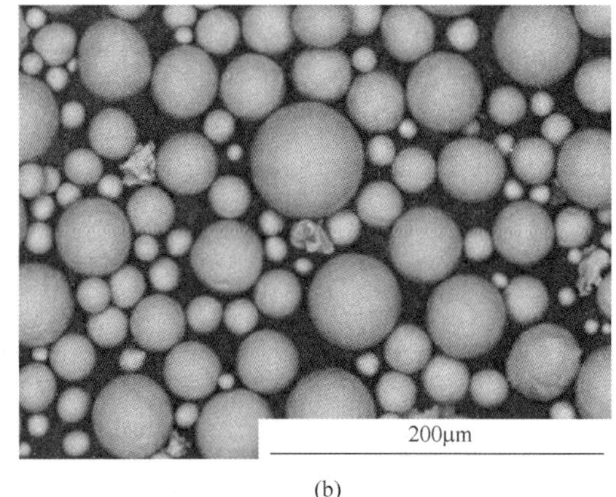

(b)

图 3-52　等离子球化制得的球形钛粉 SEM 图

（a）放大 200 倍；（b）放大 500 倍

3.4.2 真空钙热还原五氧化二钒制备钒粉

钙热还原制备金属钒粉是最早提出的生产钒的工艺[55-57]，主要反应为：

$$5Ca + V_2O_5 \xlongequal{} 2V + 5CaO \tag{3-61}$$

$$3Ca + V_2O_3 \xlongequal{} 2V + 3CaO \tag{3-62}$$

该方法是将钒氧化物、钙屑及助熔剂（$CaCl_2$ 或 I_2）混合后放入在氩气氛围保护下的密闭容器进行反应，可将钒氧化物还原为金属钒，但是获得的金属钒因杂质含量较高造成材质偏硬，不利于机械加工，从而限制产品的应用前景。20 世纪 70 年代初，Varhegyi 和 Campbell 等人以 Kroll 法为基础研究了金属钒粉的制取[58-59]，然而，此法用于生产钒具有工艺流程较复杂、能耗大、成本高、效率较低等特点，且钒的生产用量不足以支撑其产业化的应用。目前，商业化的工艺流程大多采用铝热法生产金属钒，一般先使钒氧化物经铝热还原生成钒铝合金，然后钒铝合金再经高温真空脱除铝，以及电子束熔炼脱除其他残余杂质而得到纯金属钒。这种方法虽然产业化得到广泛应用，但仍然存在着工艺流程复杂、金属钒的回收率（85%左右）较低等缺点。因此，近年来国内外研究人员致力于开发短流程、高效率制取金属钒的方法。Lee 等人[60]开发了一种以五氧化二钒为原料的工艺，首先在 873K 下用氢气还原 3h 得到三氧化二钒，然后在 1073K 下用液态镁进一步还原三氧化二钒 48h，得到氧含量为 0.5%、粒径接近 50μm 的钒粉。Suzuki 等人[61-62]研究了一种在熔融氯化钙中将五氧化二钒和三氧化二钒直接电化学还原为金属钒的工艺，用摩尔分数为 0.5% CaO-$CaCl_2$ 在 1173K 下熔化得到的金属粉末中含有 0.018%的氧。研究人员还证明了将钒酸钠（$NaVO_3$）电化学还原为金属钒是可行的[63-64]。Koyama 和 Tripathy 等人研究了三氧化二钒或五氧化二钒碳热还原法制备金属钒[65-66]，此法包括在 1773～1873K 下将五氧化二钒转化为氮化物（VN），2073K 下将 VN 热分解为纯钒，并在 873K 以上将杂质钒电解精炼至高纯度状态，但在钒产品中存在着碳氮含量超标致使产品不合格的可能，且处理条件较苛刻的弊端。

徐宝强等人研究了真空钙蒸气还原三氧化二钒制备金属钒粉，工艺包括真空钙蒸气还原、还原产物的盐酸浸出及浸出产物钒的真空脱氢等三个主要过程。在真空钙蒸气还原过程中，将三氧化二钒（V_2O_3）粉末与氯化钙（$CaCl_2$）以质量比为 4∶1 均匀混合，实验所使用的 V_2O_3 粉末纯度为 99.75%，其中含 Si 0.26%、Fe 0.44%、K 0.51%、Na 0.32%、Ca 0.16%、Al 0.14%。

真空钙热还原 V_2O_3 涉及的反应如下：

$$3Ca(g) + V_2O_3(s) = 2VO(s) + 3CaO(s) \tag{3-63}$$

$$Ca(g) + VO(s) = V(s) + CaO(s) \tag{3-64}$$

总反应为：

$$3Ca(g) + V_2O_3(s) = 2V(s) + 3CaO(s) \tag{3-65}$$

系统考察了还原温度、还原时间等多种因素对真空钙蒸气还原 V_2O_3 过程的影响规律。如图 3-53 所示，当 $m_{V_2O_3}$∶m_{CaCl_2} = 4∶1，还原时间为 6h 时，随着还原温度的提高，

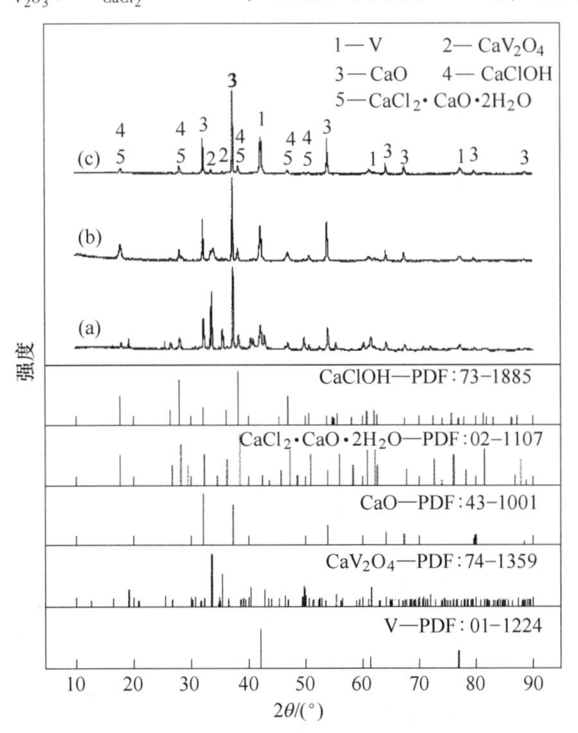

图 3-53 不同温度下钙蒸气还原三氧化二钒的产物 XRD 图

(a) 1173K；(b) 1273K；(c) 1373K

CaV_2O_4 的衍射峰逐渐减弱，钒的衍射峰在逐渐增强。发现的 CaClOH 衍射峰是由于氯化钙与结晶水在熔融 $CaCl_2$ 中分解所致[67-68]。CaO 作为钙热还原 V_2O_3 的副产物，它的衍射峰峰强随温度的升高而增大。此外，$CaCl_2 \cdot CaO \cdot 2H_2O$ 相的出现可促进 $CaCl_2$-CaO 中钙的溶解。V 及 CaO 的衍射峰在较高温度下更为明显，说明 V_2O_3 的还原率随着温度升高而提升。

电子显微镜下分别观察了还原温度为 1173～1373K 的还原产物，如图 3-54 所示。还原产物中发现两种不同的颗粒，白色物质颗粒嵌入深灰色颗粒中（图 3-54（a）～（c）），且白色物质随着温度的升高而增多。图 3-54（d）～（f）表明，在深灰色区域，Ca：Cl 的原子比分别约为 2：1、7：1、36：1，这些比值远高于 CaClOH（Ca：Cl＝1：1）和

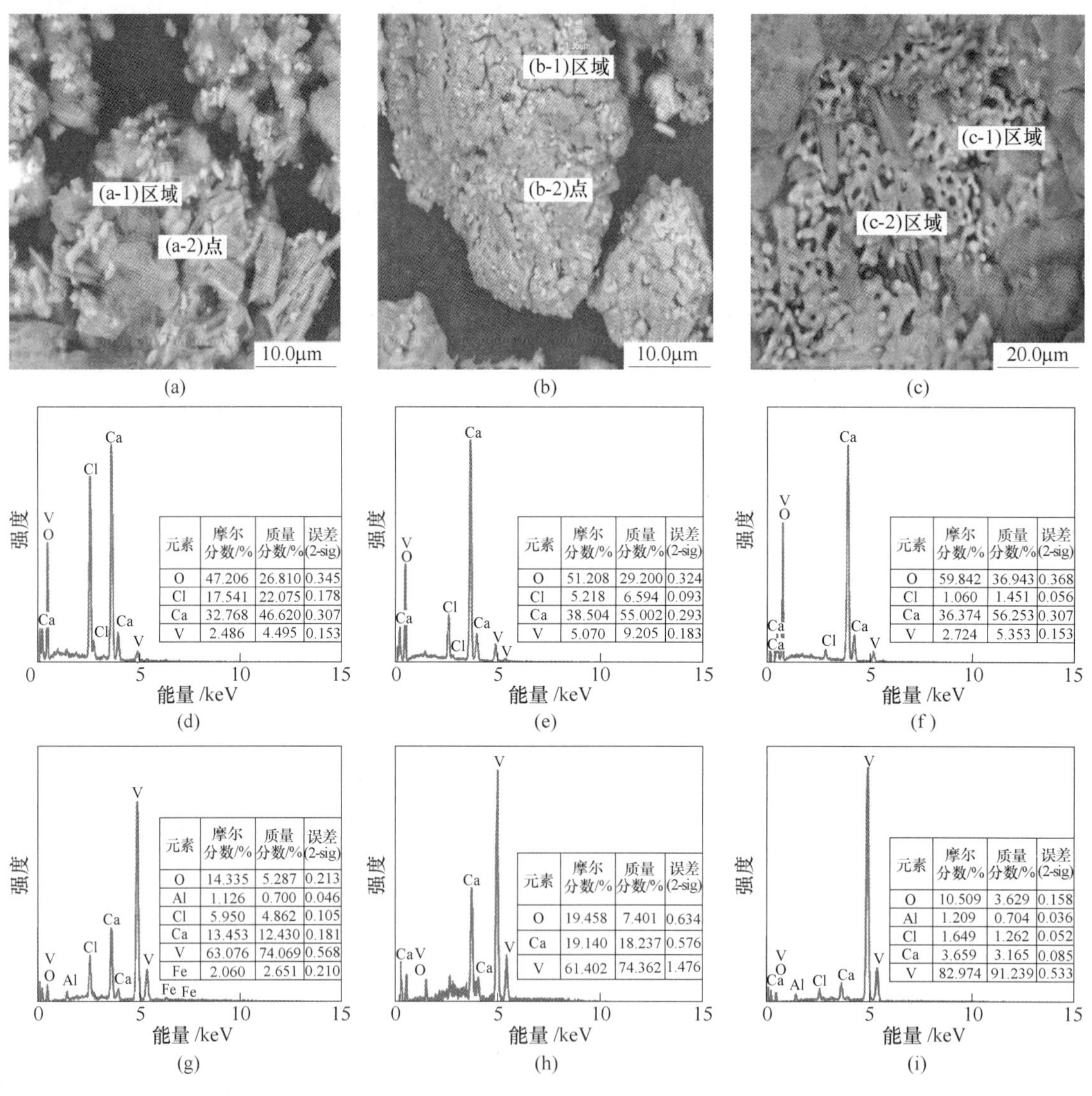

图 3-54　不同温度下钙蒸气还原产物的 SEM 和 EDS 图

（$m_{V_2O_3}:m_{CaCl_2}=4:1$）

（a）（d）（g）1173K；（b）（e）（h）1273K；（c）（f）（i）1373K

$CaCl_2$（Ca：Cl=1：2）的化学计量组成。因此，过量的钙原子决定了 CaO 含量增加。另外，如图 3-54（g）～（i）所示，在 1173K 和 1273K 还原温度下，钒在白斑中的质量分数分别为 63.067%和 61.492%，颗粒尺寸为 0.4～4μm。然而，当还原温度提高到 1373K 时，钒的含量显著增加（82.974%），钒颗粒的微观结构转变为清晰的鹿角状，且鹿角状颗粒之间出现烧结颈。较高的还原温度对钒颗粒的结晶度和粒径有积极的影响，即促进了 V_2O_3 还原为金属钒。

如图 3-55 所示，当 $m_{V_2O_3}:m_{CaCl_2}=4:1$，还原温度为 1273K、保温时间 0h 时，产物中形成 5 种不同的相，包括 V、CaO、CaClOH、$CaCl_2 \cdot CaO \cdot 2H_2O$ 和 CaV_2O_4（见图 3-55（a））。随着还原时间的延长，CaClOH、$CaCl_2 \cdot CaO \cdot 2H_2O$ 的峰值强度逐渐减弱。当还原时间为 6h 时，CaV_2O_4 的峰值强度急剧减弱，CaO 的峰值强度急剧增加（见图 3-55（b）），CaV_2O_4 被还原成 CaO 和金属 V。图 3-56 所示结果表明，还原时间显著影响了还原产物的微观结构。图 3-56（e）～（h）表明，随着温度的升高，深灰色颗粒中 Ca：Cl 的原子比大于 1：1（$CaCl_2$ 的 Ca：Cl=1：2，CaClOH 的 Ca：Cl=1：2）。与图 3-55 相比，图 3-56 分析表明，深灰色颗粒主要为 CaO、CaClO、$CaCl_2 \cdot CaO \cdot 2H_2O$ 相。另外，图 3-56 随着还原时间的延长，O 含量逐渐降低，V 含量逐渐增加。当还原时间为 18h 时，V 含量为 97.227%。可见，在 1173K 和 1273K 下，白色颗粒的尺寸为 0.4～2μm。随着还原时间的延长，白色颗粒逐渐增大。当还原时间超过 6h 时，白色颗粒尺寸大于 4μm，钒颗粒的微观结构转变为清晰的鹿角状颗粒。

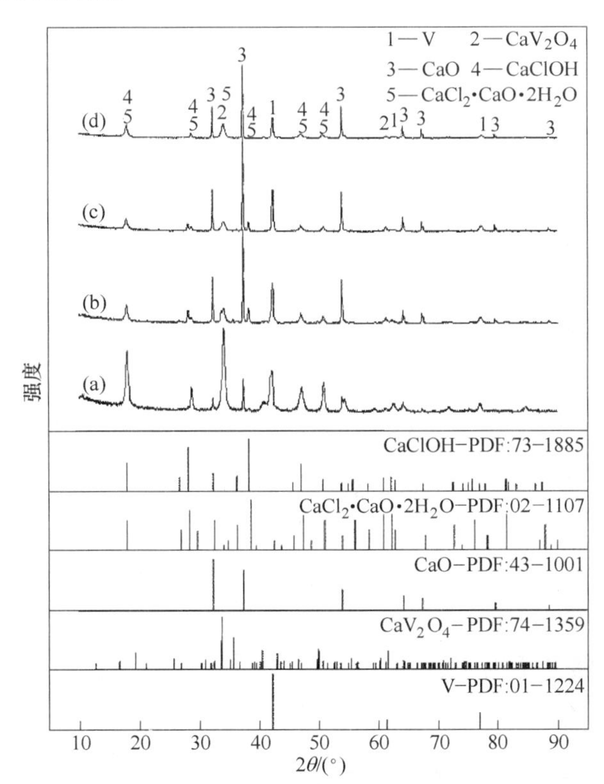

图 3-55 还原温度为 1273K 下不同还原时间的还原产物 XRD 图

（a）0h；（b）6h；（c）12h；（d）18h

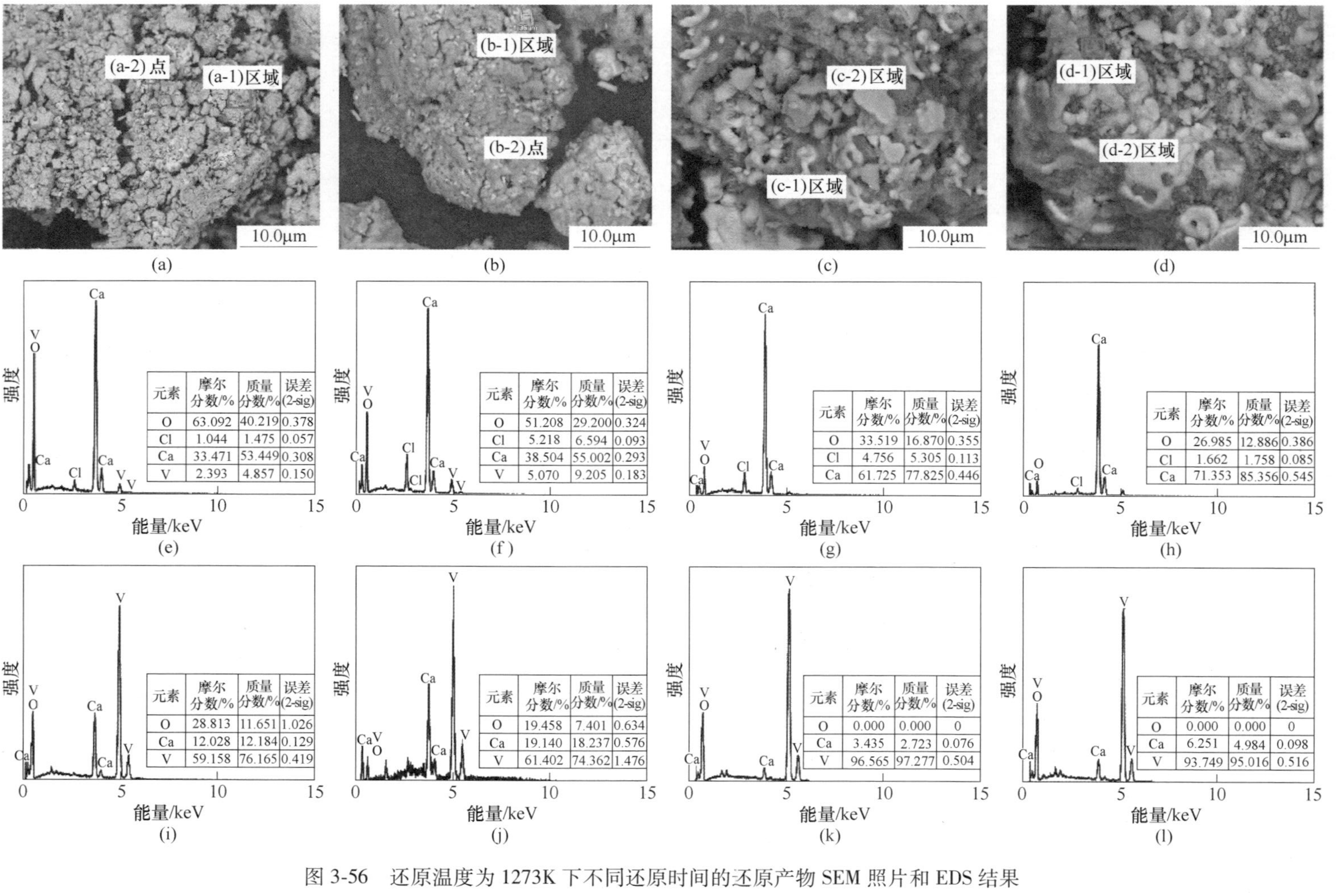

图 3-56　还原温度为 1273K 下不同还原时间的还原产物 SEM 照片和 EDS 结果

(a)(e)(i) 0h；(b)(f)(j) 6h；(c)(g)(k) 12h；(d)(h)(l) 18h

采用稀盐酸浸出 CaO、CaClOH、$CaCl_2$ 等钙热还原副产物。图 3-57 所示为 1273K 下不同还原时间下浸出产物的 SEM 照片和 EDS 结果，浸出产物主要为金属钒。在还原保温时间为 0h 和 6h 时，还存在 CaV_2O_4，并且随着还原时间的延长（还原时间为 12h 和 18h），CaV_2O_4 相消失。表明当还原时间超过 6h 时，CaV_2O_4 被钙还原成钒[69]。结合图 3-57 中的 SEM 图像可以得出，CaV_2O_4 颗粒具有枝状形貌。随着还原时间的延长，鹿角状组织相（金属钒颗粒）不断长大，颗粒尺寸逐渐增大。还原反应释放出大量热量，致使钒颗粒熔化成光滑的鹿角形状，且钒颗粒之间出现烧结现象[70]。同时，伴随着浸出，会有剩余钙与水溶液反应产生氢气，氢气被钒吸收，需经过脱氢处理。对脱氢样品中的氢、氧、氮、钒含量进行了分析，见表 3-15。当还原温度为 1273K、还原 18h 时可以获得纯度 98%以上的金属钒粉。

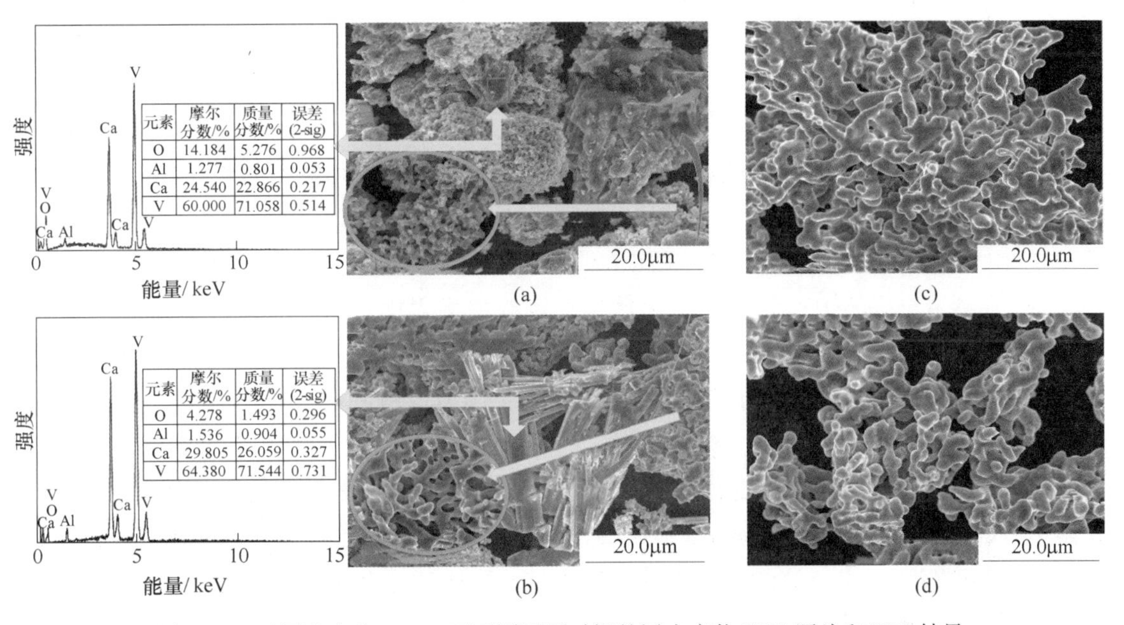

图 3-57 还原温度为 1273K 下不同还原时间的浸出产物 SEM 照片和 EDS 结果

(a) 0h；(b) 6h；(c) 12h；(d) 18h

表 3-15 脱氢产物的化学成分 (%)

实验条件	化学成分（质量分数）								
	V	H	O	N	Al	Si	Fe	Mn	Na
1000℃、12h	97.57	0.0025	0.18	0.13	0.23	0.56	0.46	0.36	0.02
1000℃、18h	98.00	0.0024	0.15	0.12	0.12	0.60	0.55	0.43	0.03

3.5 稀土金属的真空热还原

稀土金属是稀土功能材料的关键性原材料，金属纯度是材料性能重要影响因素之一，金属热还原法是制取中重稀土金属的主要方法，根据金属性质的不同，可分为氟化物钙热还原法、氯化物金属热还原法、氧化物金属热还原法及中间合金法等[71]。

3.5.1 稀土氟化物的钙热还原制备稀土金属

稀土氟化物不易吸湿，制备方便；其渣氟化钙与重稀土金属的熔点相近，流动性好，易与金属分离；还原剂钙易制，且便于提纯，因此稀土氟化物的钙热还原法在生产钇、钆、铽、镝、铁、铒、镥等重稀土金属方面获得了广泛应用。它的基本特点是还原作业必须在高于稀土金属和还原渣的熔点的温度下进行，使金属与渣保持熔化状态，靠密度差而分层，以实现金属与渣的分离。在还原过程中，反应产生的热量通常不足以维持金属和渣呈熔融状态，故还需外部加热。

金属稀土氟化物的钙热还原反应如下：

$$2REF_3 + 3Ca \longrightarrow 2RE + 3CaF_2 \tag{3-66}$$

还原反应在1400~1750℃下进行，随稀土金属的不同而异。由于反应的标准吉布斯自由能负值很大，因此在还原过程中，只要把反应物料加热至开始反应的温度，反应即可自发进行。

为保证氟化物还原比较彻底，还原剂的用量一般应大于理论需要量的10%~20%。因为CaF_2的熔点较高（1418℃），蒸气压小，所以反应进行比较平衡，还原过程易于控制。还原是在抽真空后充入纯惰性气体（压力约为66.5kPa）的感应电炉或电阻炉中进行的。由REF_3和钙屑组成的炉料装入炉内由薄钽片制成的坩埚中。为了获得含氧量低的金属，氟化物先以熔化或真空烧结以除去吸附气体，其含氧量应不超过0.1%；还原剂钙也需经过蒸馏提纯。还原过程的最终温度控制在高于稀土金属或渣的熔点50~100℃，使金属与渣获得良好分离。钇的还原温度为1580℃左右。对于钆、铽、镝等金属的还原，保持1450~1550℃的还原温度已经足够。此时反应进行很快，熔渣显著地轻于稀土金属，浮于金属上方，因此还原后保温15min，便能使金属与渣良好分层。还原钇时，由于钇的密度较小，而黏度较大，金属渣的分离较差，其回收率要比还原其他重稀土金属低约5%。还原钪时，钪的密度小于渣，因此金属浮于熔渣上方。

在正常操作条件下，稀土金属钙还原的回收率可达97%~99%。熔渣冷却后变脆，很容易与稀土金属锭分开。稀土金属含钙0.1%~2%、氧0.3%~0.1%、氮约0.03%。在原真空炉内进行熔炼，或通过自耗熔炼，可除去杂质钙[71]。

3.5.2 稀土氯化物的金属热还原制备稀土金属

3.5.2.1 钙热还原法

利用氯化稀土进行金属热还原反应制备稀土金属起源于1827年，是最早用于制备稀土金属的方法，瑞典科学家Mosander[72]开展了这项工作，采用钾、钠作为还原剂，与氯化铈进行金属热还原反应制备金属铈，虽然效果较不理想，所得铈粉末被高度污染且无法与盐类分离，但为日后的火法冶金制备稀土金属奠定了基础。1937年，Klemm和Bommer[73]利用强碱金属与稀土氯化物反应制备了除钷外的所有稀土金属，以颗粒状弥散在渣相中，少量收集后利用这些颗粒进行了X射线和磁性能研究。1944年，Trombe和

Mahn[74]用熔融镁还原铈、钕、钆的氯化物，获得了相应的镁稀土合金，再通过真空蒸馏得到了纯度为99%的铈、钕、钆金属。1952年，Ames实验室Spedding和Wilhelm等人[75]首次公开他们在稀土金属制备方面的研究成果，采用钙作还原剂，氯化物为原料，并对引入碘、氯化钾、氯化锌等辅助熔剂的种类和比例进行了系统研究，镧、铈、镨、钕等稀土金属的收率可达94%。

图3-58为钙热还原法制备稀土金属的工艺流程。将过量的金属钙粒或钙屑与稀土氟化物混合、压实，在真空条件下加热至400~600℃，充入氩气，继续升温至比还原稀土金属熔点高50℃左右，保持10~15min充分还原。该工艺一般使用真空感应炉或真空电阻炉，一般采用钨坩埚或钽坩埚[76-78]。

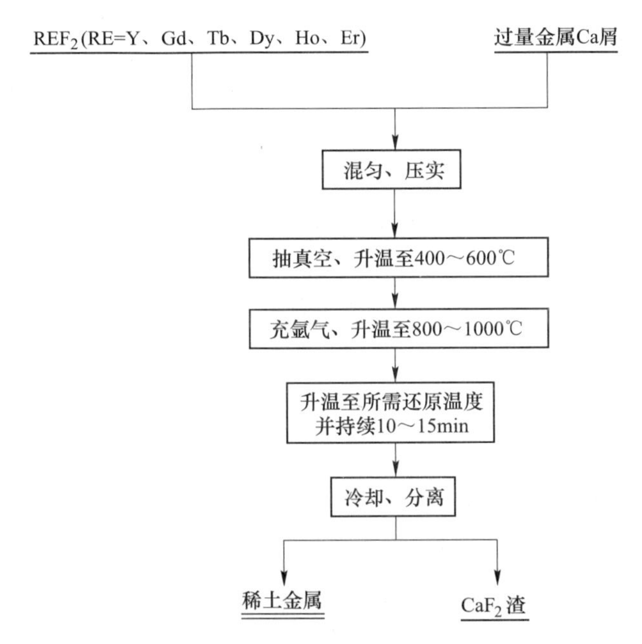

图3-58 钙热直接还原法制备稀土金属的工艺流程

3.5.2.2 锂热还原法

生产钇、镧、镨和钕可采用其氯化物的锂（或钙）热还原法。实践表明，用此法制得的稀土金属的质量比氟化物的钙热还原法更好。国外曾用高纯锂还原精制的无水氯化钇，获得了核纯金属钇。因此虽然稀土氯化物的锂热还原法的成本较高（还原剂锂价格较贵），其应用受到一定限制，但仍受到稀土冶金界的关注。

根据锂热还原反应的吉布斯自由能变化，锂在低温下（呈液态）便可与呈固态的稀土氯化物相互作用，其反应为：

$$RECl_3 + 3Li \longrightarrow RE + 3LiCl \tag{3-67}$$

还原过程的最高温度为1000℃。此时稀土金属为固态，而LiCl分别在约700℃和1400℃下熔化和沸腾，通过液-固分离和真空蒸馏即可实现稀土金属产品和氯化物分离。

作为还原物料，稀土氯化物缺点是吸湿性强，并有水解的倾向，这使得制取高质量的稀土氯化物的工艺技术相当复杂。但若用于还原的是稀土氯化物与KCl的二元氯化物，则基本上可以克服这些困难。除锂以外，钠、钾等碱金属也可以还原稀土氯化物为稀土金属。但是由于钠和钾的沸点低，将使还原过程变得复杂，导致金属回收率大幅度降低（比锂热还原法低约10%）。

为制取纯度高的稀土金属，二元氯化物用真空蒸馏法净化，锂可以在还原设备中直接精炼。还原过程在水平或竖式还原炉内的反应器中进行，反应器用耐蚀钢制造。通常竖式还原设备在操作和运转上更为方便。它不仅可以净化还原剂锂，而且能同时净化二元氯化物，还原产品为海绵状稀土金属，冷却后从设备中取出，再经过真空重熔，可制得纯度较高的稀土金属锭[71]。

3.5.3 稀土氧化物的镧（铈）热还原法制备稀土金属

钐、铕、镱、铥（简称钐类）这几种元素的共同特点是熔点适中、蒸气压较高，同时二价卤化物非常稳定。用钙、锂还原其卤化物的方法实际上得不到金属，这些金属在工业上是用镧（铈）热还原法生产的。

此法的实质是在真空条件下，利用蒸气压低的稀土金属镧、铈或铈组混合稀土金属来还原这些金属的氧化物，并且利用这些金属具有高蒸气压的性质，同时将它们蒸发出来。应用镧、铈热还原法制取铥、镝、钬等金属也获得不同程度的成功，但因这些金属的蒸发性能普遍较差，还原及蒸馏过程的温度要求很高，金属产率和纯度低，大多无实际意义。各种稀土金属的沸点、蒸发速度和蒸气压与温度之间的关系见表3-16。

表3-16 稀土金属的沸点、蒸发速度和蒸气压与温度之间的关系

金属	蒸气压为1.33Pa时的温度/K	蒸气压为133.3Pa时的温度/℃	蒸气压为133.3Pa时的蒸发速率/g·$(cm^2·h)^{-1}$	沸点/℃
La	1754	2217	53	3470
Ce	1744	2174	53	3470
Pr	1523	1968	56	3130
Nd	1341	1759	60	3030
Sm	722	964	83	1900
Eu	613	837	90	1440
Gd	1583	2022	59	3000
Tb	1524	1939	60	2800
Dy	1121	1439	71	2600
Ho	1197	1526	69	2600
Er	1271	1609	68	2900
Tm	850	1095	83	1730
Yb	471	651	108	1430
Lu	1657	2098	61	3330
Y	1637	2082	43	2930

由于镨、钕金属的蒸气压很低，而其还原金属氧化物的能力颇强，因此除镧、铈以外，镨、钕也可以作为钐、铕、镱等氧化物的还原剂。但因镨、钕价格较贵，通常用富镧铈混合稀土金属或铈组混合稀土金属代之[71]。

3.5.4　中间合金制取稀土金属

用于重稀土金属生产的氟化物钙热还原法一般要求在1450℃以上的高温下进行，这给工艺设备和操作都带来较大困难，特别是在高温下设备材料与稀土金属的作用加剧，还原金属常被污染导致纯度降低。因此降低还原温度常常是扩大生产、提高产品质量所需考虑的关键问题。而中间合金工艺比较广泛地用于熔点较高的稀土金属的生产，如图3-59所示。此法很早便已在金属钇的生产中获得应用，近年来还发展至用于镝、钆、铒、镥、铽、钪等的生产[71]。中间合金工艺是在钙热直接还原基础上建立的，主要向反应体系中引入氯化钙和金属镁，氯化钙与生成物氟化钙形成低熔点熔融盐，镁与稀土金属形成低熔点合金，两者均可使反应温度降低。其反应如下[77,79]：

$$2REF + Ca = CaF_2 + 2RE \tag{3-68}$$

$$CaF_2 + CaCl_2 = CaF_2 \cdot CaCl_2 \tag{3-69}$$

$$RE + Mg = RE \cdot Mg \tag{3-70}$$

$$RE \cdot Mg = RE + Mg\uparrow \tag{3-71}$$

中间合金工艺的优点是显著降低还原温度，在1000℃左右即可进行反应，从而减少了稀土金属对坩埚的腐蚀，对坩埚材料的要求也得以降低，可以使用相对便宜的钛材来代替昂贵的钽坩埚或钨坩埚，同时，较低的反应温度还使得还原设备的要求得以降低[79]。缺点是增加了镁合金蒸馏、海绵金属铸锭的工序，金属制备流程长。在所得稀土产品的质量和收率方面，中间合金工艺明显优于钙热直接还原工艺。

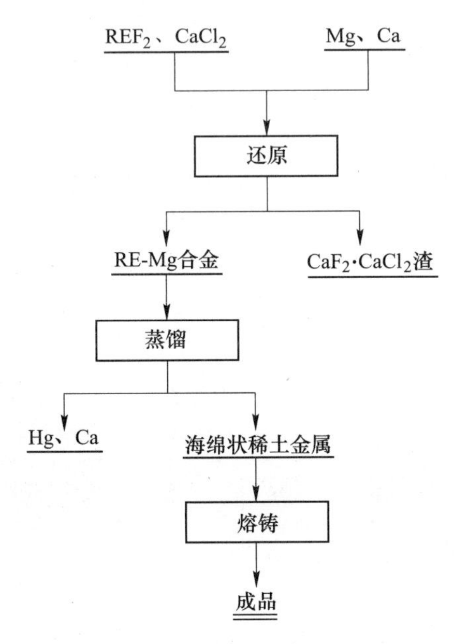

图3-59　中间合金制备稀土金属工艺流程

3.6 稀散金属的真空碳热还原

3.6.1 ITO 靶材真空还原回收铟、锡

ITO 靶材是生产氧化铟锡薄膜的原材料，约占铟消费量的 3/4。在磁控溅射生产 ITO 薄膜过程中对 ITO 靶材的利用率较低，60%～70%的 ITO 靶材成为废料，需要回收。典型的 ITO 靶材成分为质量比 92∶8 的氧化铟与氧化锡，金属铟含量超过 80%。实现 ITO 废靶材中金属铟、锡的绿色高效回收，是 ITO 行业发展的重大技术需求。昆明理工大学提出了“真空碳热还原—真空蒸馏”从 ITO 废靶材中回收金属铟、锡的技术思路[80]，开展了相关的理论及实验研究，实现了产业化。将 ITO 废靶材粉与活性炭粉混合均匀，保持真空度在 10～20Pa，碳添加量（质量分数）为 16%，保温时间为 60min，不同温度下进行 ITO 废靶材还原，结果如图 3-60 所示。当温度低于 860℃时，ITO 废靶材的还原率迅速升高，且 ITO 废靶材的还原率从 38%迅速升至 86%；当温度高于 900℃时，ITO 废靶材的还原率趋近于稳定，几乎彻底还原。

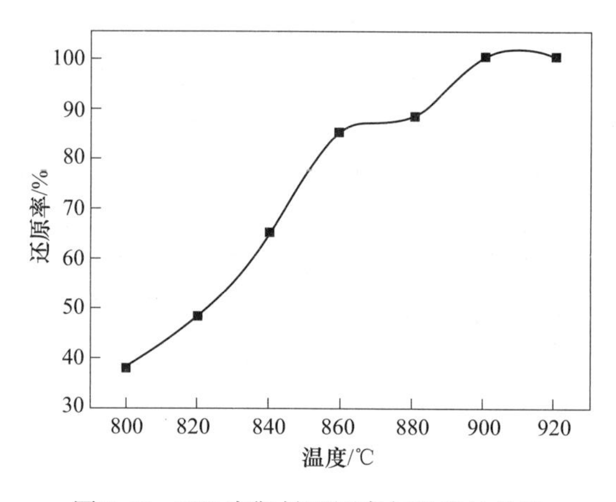

图 3-60　ITO 废靶材还原率与温度的关系

图 3-61 为温度在 840～920℃时，碳热还原 ITO 废靶材的产物实物图，从图中可以看出，还原得到的铟锡合金逐渐呈富集的状态，且还原得到的铟锡合金逐渐增多。温度较低时 ITO 粉末与活性炭的反应量较少且均匀分布在原料中，在温度较高的情况下，ITO 粉末与炭粉迅速反应产生大量的铟锡合金，并逐渐聚集在坩埚底部。

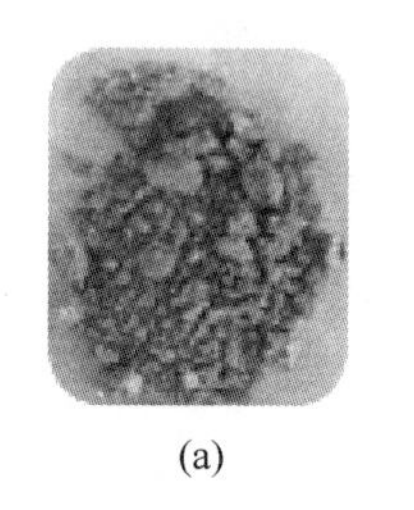
(a)

(b)
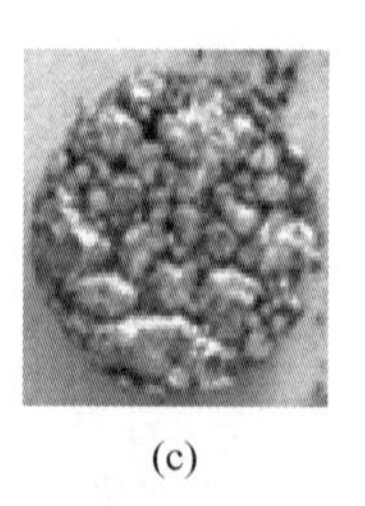
(c)
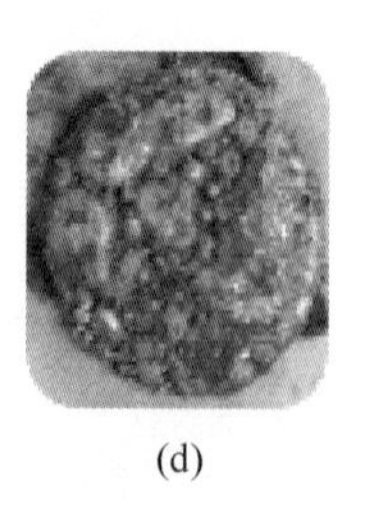
(d)
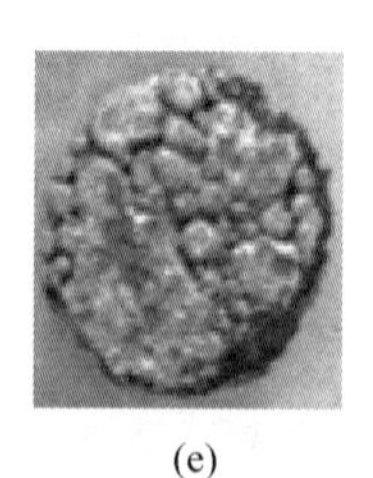
(e)

图 3-61　不同温度碳热还原 ITO 废靶材产物样品照片[81]
(a) 840℃；(b) 860℃；(c) 880℃；(d) 900℃；(e) 920℃

XRD 图（见图 3-62）显示，当温度为 800℃时，ITO 靶材的还原率不高，主要为氧化铟与氧化锡；当温度为 840℃时，已经有了金属铟和锡的生成但还存在着氧化铟与氧化锡的相；当温度为 860~880℃时，已经有大量的金属成聚集态存在于碳热还原残留物中；当温度高于 900℃，氧化铟与氧化锡已经被还原完全，所得合金中金属铟的含量为 89.8%，金属锡的含量为 8.9%，ITO 废靶材中氧化铟的还原率为 99.8%，氧化锡的还原率为 98.6%。

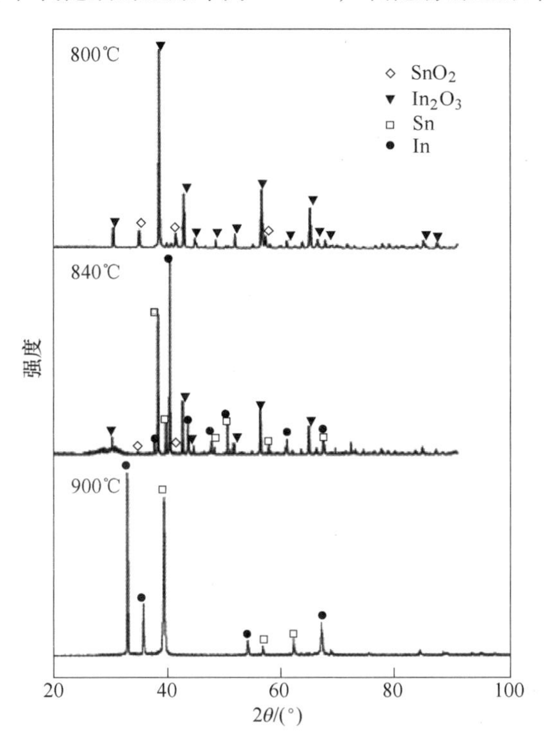

图 3-62 不同温度下碳热还原 ITO 靶材的残留物 XRD 图

图 3-63 为还原温度为 900℃、碳添加量为 16%、真空度为 10~20Pa 条件下，不同保温时间对 ITO 废靶材还原率的影响。保温时间为 10~60min 内，ITO 废靶材的还原率随着保温时间的延长而升高，达到 60min 后还原率趋于稳定。

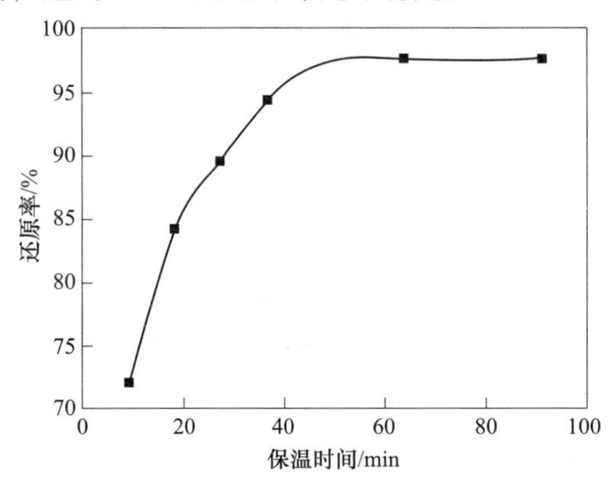

图 3-63 ITO 废靶材还原率与保温时间的关系

还原剂活性炭与ITO靶材固体粉末的接触面积对ITO靶材还原率也有着明显的影响，如图3-64所示。可以看出，随着ITO废靶材粉末粒径的减小，在相同条件下的ITO废靶材还原率逐渐升高。粉末粒径的大小影响着ITO废靶材与还原剂活性炭之间的接触面积，粒径越小接触面积越大，碳热还原反应的速率就越快。

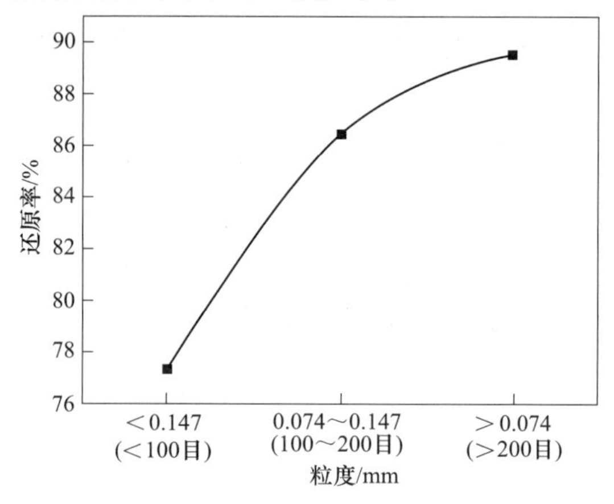

图3-64　还原率与ITO粉粒度的关系

对碳热还原ITO废靶材所得的铟锡合金（In 89.8%、Sn 8.9%），进一步通过真空蒸馏分离分别得到粗铟和粗锡[82]。在温度1250℃、保温时间60min、炉内压强为10~20Pa条件下蒸馏，可以得到金属铟，铟纯度大于99%，含锡小于0.5%，铟回收率大于96%；蒸馏残留物粗锡纯度大于99%、铟含量小于1%[81]。

3.6.2　二氧化碲真空碳热还原制备碲

碳热还原二氧化碲的反应见式（3-72），在真空条件下，碲与一氧化碳为气态，有利于降低反应界面碲与一氧化碳分压，促使反应正向进行，并且使碲挥发进入气相在冷凝区域凝结达到分离提纯金属碲的目的。

$$TeO_2(s) + 2C(s) = Te(g) + 2CO(g) \tag{3-72}$$

将干燥后的二氧化碲与炭粉混合，搅拌均匀后加入坩埚中，并在物料上方铺上200g木炭颗粒，防止二氧化碲直接蒸发。在压强100Pa、温度600℃、保温时间100min的条件下，进行千克级真空碳热还原实验，结果见表3-17。还原后所得挥发冷凝物碲纯度达到99.48%，碲直收率94.97%。表明，真空碳热还原在较低温度下能够还原二氧化碲得到单质碲。

表3-17　二氧化碲原料及真空碳热还原得到样品成分　（%）

成分	Sb	Te	Bi	Pb	Se	Cu	Ni	As
原料	0.13	68.53	0.011	0.021	0.39	0.0059	0.0003	0.11
挥发物	0.02	99.48	0.0039	0.024	0.33	0.0005	0.0001	0.067

3.7　其他金属化合物的真空还原

除有色金属常用到真空还原提取外，一些铁合金也常采用真空冶金技术脱除碳，如高碳锰铁、高碳铬铁等，曾有许多研究者研究它们的真空脱碳技术，生产低碳铁合金。以锰铁脱碳为例，锰铁脱碳基本都是在液相下进行的，硅热法在我国中低碳锰铁生产中成为主流，但热能利用率不高、锰回收率低、生产成本高。锰铁的固相脱碳由于能够减少金属锰的高温挥发损失而成为研究热点，其中研究最多的是以二氧化碳为脱碳剂对高碳锰铁脱碳，但难以解决锰被二氧化碳氧化的问题，而且脱碳效率低，气体消耗大。

徐宝强、马永博等人[83-84]采用预氧化—真空脱碳工艺对高碳锰铁进行脱碳，实现了低碳锰铁的制备。Mn_7C_3 是高碳锰铁中最主要的锰的碳化物，当高碳锰铁被预氧化焙烧时，主要涉及的反应包含碳化锰与氧气间的反应及金属相锰和铁的氧化。碳锰化合物的氧化过程中碳被逐级脱除，其顺序为 $Mn_7C_3 \rightarrow Mn_5C_2 \rightarrow Mn_{23}C_6 \rightarrow Mn$，反应如下：

$$5Mn_7C_3 + 1/2O_2 = 7Mn_5C_2 + CO \tag{3-73}$$

$$23/16Mn_5C_2 + 1/2O_2 = 5/16Mn_{23}C_6 + CO \tag{3-74}$$

$$1/6Mn_{23}C_6 + 1/2O_2 = 23/6Mn + CO \tag{3-75}$$

热力学研究表明，改变 CO 分压时，对脱碳反应的吉布斯自由能影响有限，对同一个反应来说，当 CO 分压增加时，反应吉布斯自由能有所增加；当高碳锰铁在流动空气中焙烧时，CO 及时排出，其分压始终保持较低水平，此时满足高碳锰铁脱碳的热力学条件，若碳化锰能与 O_2 接触，则脱碳反应将进行。除碳化物与氧的反应外，高碳锰铁中金属相还会发生氧化，金属相氧化时可能存在的化学反应及各反应的 $\lg(p_{O_2}/p^{\ominus})$-$1/T$ 关系见表 3-18。

表 3-18　高碳锰铁焙烧时可能发生金属相和一些氧化物的反应

序号	反应式	$\Delta G^{\ominus}$/J·mol^{-1}	$\lg(p_{O_2}/p^{\ominus})$-$1/T$ 关系
1	$2Mn+O_2=2MnO$	$-769860+149.40T$	$-40260/T+7.81$
2	$6MnO+O_2=2Mn_3O_4$	$-463580+236.01T$	$-24243/T+12.34$
3	$4Mn_3O_4+O_2=6Mn_2O_3$	$-194960+178.76T$	$-10763/T+7.96$
4	$2Fe+O_2=2FeO$	$-539080+140.55T$	$-28155/T+7.34$
5	$6FeO+O_2=2Fe_3O_4$	$-636040+255.42T$	$-33218/T+13.35$
6	$4Fe_3O_4+O_2=6Fe_2O_3$	$-586770+340.20T$	$-30645/T+17.77$
7	$3/2Fe+O_2=1/2Fe_3O_4$	$-563320+169.24T$	$-29421/T+8.85$

空气中氧分压条件下，升高温度将生成一系列锰氧化物，因此，脱碳反应将由最初的气-固相脱碳转为颗粒内部的碳化锰和表面氧化锰之间的固-固相反应，使高碳锰铁继续脱碳，具体反应见表 3-19。

表 3-19　高碳锰铁固相间脱碳反应及平衡温度

序号	反应式	$\Delta G^{\ominus}$/J·mol^{-1}	平衡温度/K
8	$1/3Mn_7C_3+MnO=10/3Mn+CO$	$311350-164.78T$	1889.49
9	$1/3Mn_7C_3+1/4Mn_3O_4=37/12Mn+CO$	$273065-175.61T$	1554.95
10	$1/2Mn_5C_2+MnO=7/2Mn+CO$	$312504-164.68T$	1897.64
11	$1/2Mn_5C_2+1/4Mn_3O_4=13/4Mn+CO$	$274219-175.51T$	1562.41
12	$1/6Mn_{23}C_6+MnO=29/6Mn+CO$	$333968-177.55T$	1880.98
13	$1/6Mn_{23}C_6+1/4Mn_3O_4=55/12Mn+CO$	$295683-188.38T$	1569.61

当表 3-19 中反应 8 在真空条件下进行时，表 3-19 中反应 11 的吉布斯自由能可表达为：

$$\Delta G_{(11)} = \Delta G^{\ominus}_{(11)} + RT\ln\left(\frac{p_{CO}}{p^{\ominus}} \cdot \frac{a_{Mn}^{10/3}}{a_{Mn_7C_3}^{1/3} \cdot a_{MnO}}\right) \tag{3-76}$$

上述反应式中，仅 CO 为气体，$p_V \approx p_{CO}$（p_V 为真空系统总压），Mn、Mn_7C_3、MnO 均为固相，将 $a_{Mn} \approx 1$、$a_{Mn_7C_3} \approx 1$、$a_{MnO} \approx 1$、$p^{\ominus} = 101325$Pa 代入式（3-76）并简化得：

$$\Delta G_{(11)} = 311350 - 164.78T + 8.314T\ln\frac{p_V}{101325} \tag{3-77}$$

根据式（3-77）代入不同 p_V 值，就可得出不同体系压力下表 3-19 中反应 11 的 ΔG。同理，表 3-19 中反应 9～反应 13 在不同体系压力下的 ΔG 也可以求出，并分别用 ΔG_9、ΔG_{10}、ΔG_{11}、ΔG_{12}、ΔG_{13} 表示。表 3-20 分别列出了当体系压力为 2Pa、10Pa、100Pa、1000Pa 时各式的 ΔG 及平衡温度。

表 3-20 不同压强下表 3-19 中反应 8～反应 13 的 ΔG 及平衡温度

p_V/Pa	ΔG_8/J·mol^{-1}	平衡温度 /K	ΔG_9/J·mol^{-1}	平衡温度/K	ΔG_{10}/J·mol^{-1}	平衡温度/K
2	311350−254.74T	1222.23	312504−254.64T	1227.24	333968−267.506T	1248.45
10	311350−241.36T	1289.98	312504−241.26T	1295.30	333968−254.13T	1314.16
100	311350−222.21T	1401.15	312504−222.21T	1406.35	333968−234.98T	1421.26
1000	311350−203.07T	1533.22	312504−202.97T	1539.66	333968−215.84T	1547.29
p_V/Pa	ΔG_{11}/J·mol^{-1}	平衡温度/K	ΔG_{12}/J·mol^{-1}	平衡温度/K	ΔG_{13}/J·mol^{-1}	平衡温度/K
2	273065−265.57T	1028.22	274219−265.47T	1032.96	295683−278.34T	1062.31
10	273065−252.19T	1082.77	274219−252.09T	1087.78	295683−264.96T	1115.96
100	273065−233.04T	1171.75	274219−232.94T	1177.21	295683−245.81T	1202.89
1000	273065−213.90T	1276.60	274219−213.80T	1282.60	295683−226.67T	1304.46

从表 3-20 可以看出，在真空下各反应的理论起始反应温度明显降低，且体系压力越小，起始反应温度越低，当残压为 2Pa 时，相比于常压下降低了 500K 左右，使得原本在高温下才能进行的脱碳反应在较低温度下就能进行，反应温度大幅度降低。

图 3-65 为不同粒度的高碳锰铁在空气中 873K 条件下焙烧，高碳锰铁的含碳量和脱碳率随焙烧时间的变化关系，可以看出，焙烧过程中碳含量降低，脱碳率相应地升高，表明焙烧过程中部分脱碳反应已开始发生。在金属相氧化的同时，碳化锰与氧气发生反应，脱除一部分碳，延长保温时间及焙烧时间有利于脱碳，焙烧时锰铁增重对物料脱碳效果有明显影响，物料颗粒越小、焙烧增重越多，焙烧过程中脱碳效果越好。但焙烧阶段的脱碳率较低，锰铁中的碳含量由 6%降至约 4.7%。

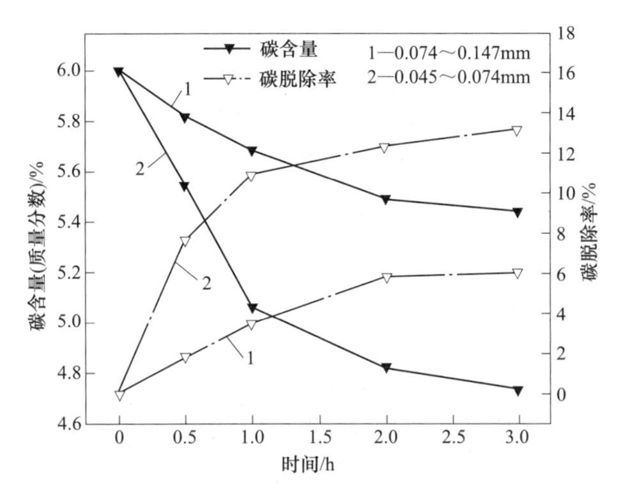

图 3-65 873K 下焙烧时间对碳含量及碳脱除率的影响

以焙烧 2h 的高碳锰铁粉为原料，将其进一步研磨后压成块状，进行能谱成分分析和颗粒微观观察，结果如图 3-66 所示。图中主要由灰色区域和白色区域组成，氧存在于灰色区域，而白色区域没有氧，说明碳化锰与氧化锰共存于锰铁颗粒中，碳与氧接触紧密，为后续真空脱碳提供良好条件。

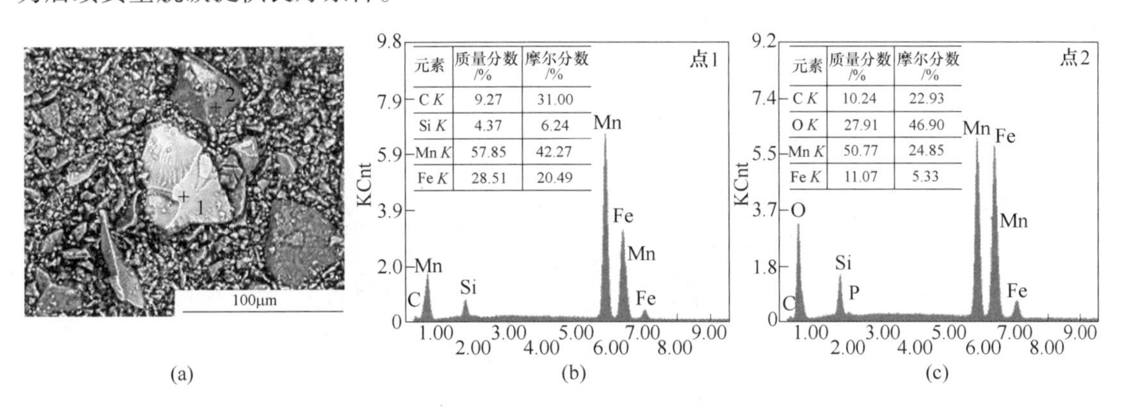

元素	质量分数/%	摩尔分数/%
C K	9.27	31.00
Si K	4.37	6.24
Mn K	57.85	42.27
Fe K	28.51	20.49

元素	质量分数/%	摩尔分数/%
C K	10.24	22.93
O K	27.91	46.90
Mn K	50.77	24.85
Fe K	11.07	5.33

(a) (b) (c)

图 3-66 873K 下焙烧 2h 物料的 SEM 照片和 EDS 图
(a) SEM；(b) 点 1 的 EDS 结果；(c) 点 2 的 EDS 结果

图 3-67 为不同目数的高碳锰铁焙烧预氧化后，在 15Pa、1373K 条件下真空脱碳，保温时间对碳含量及脱碳率的影响。

从图 3-67（a）中可看出，100～200 目高碳锰铁原料经氧化焙烧—真空脱碳保温 2h 时，其含碳量分别为 4.54%、4.36%、4.03%，相比于焙烧后 5.29%、4.54%、4.22%的碳含量仅有少量的降低，脱碳速率较慢，同时伴随着锰、磷、硫等元素的挥发损失，在其挥发速率高于碳脱除速率情况下，便出现碳含量增大的情况。图 3-67（b）可看出，随着反应时间的延长，产物中碳含量逐渐降低。当焙烧 3h 的高碳锰铁真空脱碳 1h 时，产物含碳 1.69%，脱碳 4h 时，产物含碳达到 0.47%，脱碳率达到 91.3%，小于低碳锰铁对碳含量的要求。焙烧时间越长，产物中碳含量就越低，空气中焙烧 2h 和焙烧 3h 的物料真空脱碳 1h 后分别含碳 2.07%、1.69%，真空脱碳 2h 时分别含碳 1.28%、1.26%，3h 分别含碳

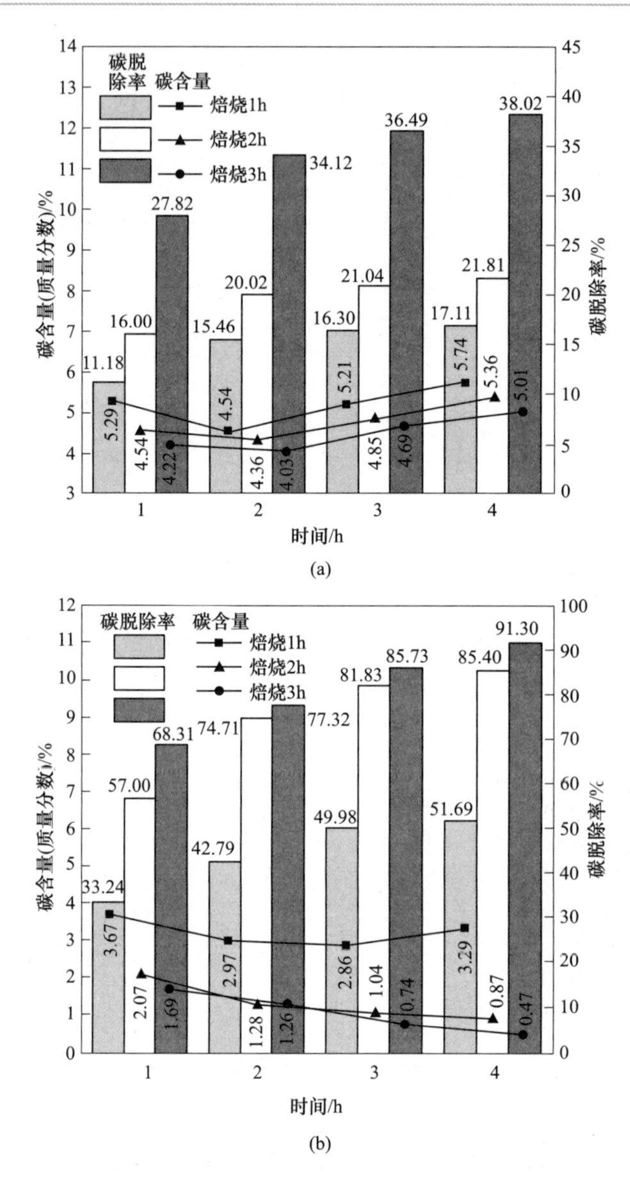

图 3-67　1373K 下不同脱碳时间下碳含量及碳脱除率变化

（a）0.074~0.147mm（100~200 目）；（b）0.045~0.074mm（200~325 目）

1.04%、0.74%。焙烧时间越长，物料含氧越多，碳化锰与氧化锰接触就越多，可以有效提高脱碳效率。但焙烧时间过长会导致最终产物中残留过多氧，真空脱碳时在产物表面易形成氧化物粉末。

同时，还考察了以增重 8.87%的 0.045~0.074mm（200~325 目）高碳锰铁在不同真空脱碳温度下保温 2h 下锰含量和损失率的变化，如图 3-68 所示。结果显示，在 1000~1150℃范围内，锰含量没有太大的变化，基本维持在 66%左右；在 1200℃时，锰含量下降，仅为 61.9%。对真空脱碳前后锰损失率进行计算，结果显示，在低于 1100℃进行脱碳实验时，锰损失率在 10%以下；当温度高于 1100℃时，20.659%锰会挥发损失，在 1200℃温度进行脱碳时，锰损失达 23.495%。

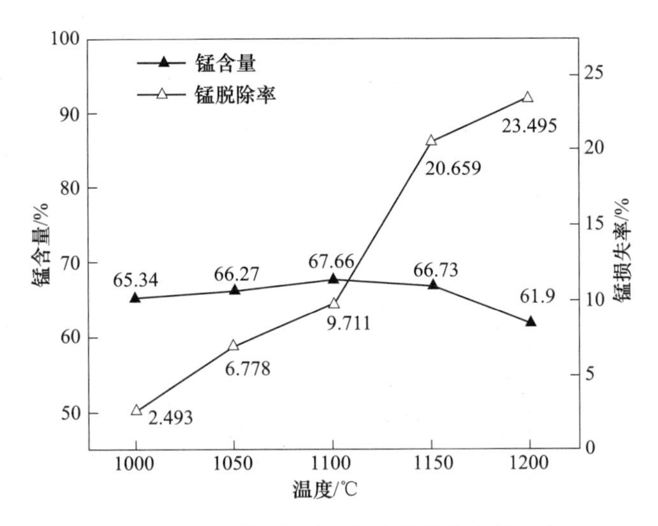

图 3-68　不同温度下锰含量及损失率的变化

参考文献

[1] 施磊. 铝酸锂真空碳热还原制备金属锂的工艺研究 [D]. 昆明：昆明理工大学，2020.

[2] 樊粉霞. 真空铁热还原制备金属锂的研究 [D]. 昆明：昆明理工大学，2012.

[3] 杨斌. 真空冶炼法提取金属锂的研究 [D]. 昆明：昆明理工大学，1998.

[4] 陈为亮. 真空精炼锂的研究与氧化锂真空碳热还原初探 [D]. 昆明：昆明理工大学，2000.

[5] 林智群. 真空热还原提取金属锂的新工艺 [D]. 昆明：昆明理工大学，2002.

[6] 徐宝强，裴红彬，杨斌，等. 红土镍矿真空碳热还原脱镁的热力学研究 [J]. 轻金属，2010 (7)：48-52.

[7] 薛怀生. 真空碳热还原煅白制取金属镁实验研究 [D]. 昆明：昆明理工大学，2004.

[8] 李一夫. 真空碳热还原菱镁矿制取金属镁的实验研究 [D]. 昆明：昆明理工大学，2008.

[9] 田阳. 氧化镁真空碳热还原法炼镁基础理论与实验研究 [D]. 昆明：昆明理工大学，2012.

[10] 高家诚，陈小华，唐祁峰. 氟化钙催化碳热还原氧化镁的实验研究 [J]. 功能材料，2012，43 (10)：1312-1315.

[11] 郁青春，戴永年，曲涛，等. 氧化镁真空碳热还原过程焦煤的热解行为研究 [J]. 真空科学与技术学报，2011，31 (5)：584-588.

[12] PRENTICE L H，NAGLE M W，BARTON T R D，et al. Carbothermal production of magnesium：Csiro's magsonictm process [J]. TMS2012，2012：31-34.

[13] 刘海. 真空碳热法炼镁过程中镁蒸气冷凝实验研究 [D]. 昆明：昆明理工大学，2016.

[14] 李康. CO 气氛下镁蒸气冷凝的机理研究 [D]. 昆明：昆明理工大学，2017.

[15] COX J H，PIDGEON L M. The aluminum-oxygen-carbon system [J]. Canadian Journal of Chemistry，1963，41 (3)：671-683.

[16] FRUEHAN T J，LI Y，CARGIN G. Mechanism and rate of reduction of Al_2O，Al，and CO vapors with carbon [J]. Metallurgical and Materials Transactions B，2004，35 (4)：617-623.

[17] CHOATE W T，GREEN J. Technoeconomic assessment of the carbothermic reduction process for aluminum production [J]. Essential Readings in Light Metals：Aluminum Reduction Technology，2006，2：

1070-1075.

[18] HALMANN M, STEINFELD A, EPSTEIN M, et al. Vacuum carbothermic reduction of alumina [J]. Mineral Processing & Extractive Metall. Rev., 2014, 35 (2): 126-135.

[19] HALMANN M, FREI A, STEINFELD A. Vacuum carbothermic reduction of Al_2O_3, BeO, MgO-CaO, TiO_2, ZrO_2, HfO_2+ZrO_2, SiO_2, $SiO_2+Fe_2O_3$, and GeO_2 to the metals: A thermodynamic study [J]. Mineral Processing & Extractive Metall. Rev., 2011, 32 (4): 247-266.

[20] RHAMDHANI M A, DEWAN M A, BROOKS G A, et al. Alternative Al production methods: Part 1-a review of indirect carbothermal routes [J]. Mineral Processing and Extractive Metallurgy (Trans. Inst. Min Metal. C), 2013, 122 (2): 87-104.

[21] COCHRAN B N, FITZGERALD N M. Energy Efficient Production of Aluminum by Carbothermic Reduction of Alumina [P]. US: 4299619A, 1981-11-10.

[22] JOHANSEN K, AUNE J A. Method and Reactor for Production of Aluminum by Carbothermic Reduction of Alumina [P]. US: 6440193B1, 2002-08-27.

[23] BRUNO M J. Aluminum carbothermic technology comparison hall-heroult process [C] //Light Metals-Warrendale-Proceedings. TMS, 2003: 395-400.

[24] JOHANSEN K, AUNE J A, BRUNO M, et al. Aluminum carbothermic technology alcon-elkem advanced reactor processes [C]//Light Metals-Warrendale- Proceedings. TMS, 2003: 401-406.

[25] AUNE J A, JOHANSEN K. Method and Reactor for Production of Aluminum by Carbothermic Reduction of Alumina [P]. US: 6805723B2, 2004-10-19.

[26] GARCIA-OSORIO V, YDSTIE B E. Vapor recovery reactor in carbothermic aluminum production: Model verification and sensitivity study for a fixed bed column [J]. Chemical Engineering Science, 2004, 59 (10): 2053-2064.

[27] WEISS P. Method of Producing Aluminium [P]. US: 2843475, 1958-08-30.

[28] LOUTFY R O, MINH N Q, HSU C, et al. Potential energy savings in the production of aluminum: Aluminum sulfide route [C]//Proc. Symp. on "Metallurgical thermodynamics and electrochemistry" at 110th AIME Ann. Meet., New York, The Metallurgical Society of AIME, 1981.

[29] SPORTEL H, VERSTRATEN C W F. Method and Apparatus for the Production of Aluminium [P]. US: 6565733, 2003-05-20.

[30] FERGUSON R P, CRANFORD N J. Producing Aluminum Halides by the Reaction of Alumina, Carbon, and Free Halogen [P]. US: 2446221, 1948-08-03.

[31] BECKER A J, DAS S K. Aluminum Chloride Production [P]. US: 4105752A, 1978-08-08.

[32] RUSSELL A S, KNAPP L L, HAUPIN W E. Production of Aluminum [P]. US: 3725222, 1973-04-03.

[33] TOTH A. Process for Producing Aluminum [P]. US: 3615359, 1971-10-26.

[34] Aluminum production by carbothermo-chlorination reduction of alumina in vacuum frans [J]. Nonferr. Met. Soc. China, 2010, 20 (8): 1505-1510.

[35] FENG Y B, YANG B, DAI Y N. Chlorination-disproportionation of Al_4O_4C and Al_4C_3 in vacuum [J]. Vacuum, 2014, 109: 206-211.

[36] YUAN H B, YANG B, XU B Q, et al. Aluminum production by carbothermo-chlorination reduction of alumina in vacuum [J]. Transactions of Nonferrous Metals Society of China, 2010, 20 (8): 1505-1510.

[37] 朱富龙，于文站，郁青春，等．氧化铝碳热还原-氯化法炼铝过程中冷凝区碳化铝的形成分析 [J]. 真空科学与技术学报，2011，31 (5)：598-602.

[38] 冯月斌，杨斌，戴永年．真空下碳热还原氧化铝的热力学 [J]. 中国有色金属学报，2011，

21 (7): 1748-1755.

[39] 冯月斌，杨斌，戴永年．真空下碳热还原氧化铝的二次反应 [J]. 中国有色金属学报，2011，21 (12): 3155-3161.

[40] JOHANSEN K, AUNE J A. Method and Reactor for Production of Aluminum by Carbothermic Reduction of Alumina [P]. US: 6440193B1, 2002-08-27.

[41] 袁海滨，冯月斌，杨斌，等．氧化铝在碳热还原-氯化法炼铝过程中的行为 [J]. 中国有色金属学报，2010，20 (4): 777-783.

[42] YU W Z, YANG B, ZHU F L, et al. Investigation of chlorination process in aluminum production by carbothermic-chlorination reduction of Al_2O_3 under vacuum [J]. Vacuum, 2012, 86 (8): 1113-1117.

[43] 戴永年，杨斌．有色金属真空冶金 [M]. 2 版．北京：冶金工业出版社，2009.

[44] 王建波，陈梦君，张付申，等．阴极射线管锥玻璃真空碳热还原除铅机理研究 [J]. 环境科学与技术，2013，36 (4): 125-128.

[45] XING M F, ZHANG F S. Nano-lead particle synthesis from waste cathode ray-tube funnel glass [J]. Journal of Hazardous Materials, 2011, 194: 407-413.

[46] SINGH N, LI J H. An efficient extraction of lead metal from waste cathode ray tubes (CRT) through mechano-thermal process by using carbon as a reducing agent [J]. Clean Prod., 2017, 148: 103-110.

[47] CHEN M, ZHANG F S, ZHU J. Lead recovery and the feasibility of foam glass production from funnel glass of dismantled cathode ray tube through pyrovacuum process [J]. Hazard. Mater., 2009, 161: 1109-1113.

[48] XING M F, ZHANG F S. Nano-lead particle synthesis from waste cathode ray-tube funnel glass [J]. Journal of Hazardous Materials, 2011, 194: 407-413.

[49] XU B Q, WANG F K, YANG J, et al. Enhancing removal of Pb from waste CRT funnel glass and synthesis of glass-ceramics by red mud [J]. Journal of Sustainable Metallurgy, 2020, 6: 367-374.

[50] 王凤康．真空冶金法处理废弃 CRT 锥玻璃回收铅及资源化利用研究 [D]. 昆明：昆明理工大学，2020.

[51] CHEN G Z, FRAY D J, FARTHING T W. Direct electrochemical reduction of titanium dioxide to titanium molten calcium chloride [J]. Nature, 2000, 4 (7): 361-364.

[52] OKABE T H, TAKASHI, YOSHITAKA M. Titanium power production by preform reduction process (PRP) [J]. Journal of Alloys and Compounds, 2004, 364: 156-163.

[53] 徐宝强．钙蒸气还原二氧化钛制备金属钛粉的研究 [D]. 昆明：昆明理工大学，2012.

[54] XU B Q, YANG B, JIA J G, et al. Behavior of calcium chloride in reduction process of titanium dioxide by calcium vapor [J]. Journal of Alloys and Compounds, 2013, 576 (29): 208-214.

[55] MARDEN J W, RICH M N. Vandium1. Ind. Eng [J]. Chem., 1927, 19 (7): 786-788.

[56] GREGORY E D, LILLIENDAHL W C, WROUGHTON D M. Production of ductile37vanadium by calcium reduction of vanadium trioxide [J]. Vacuum, 1951, 2 (1): 74.

[57] ROSTOKER W, KOLODNEY M. The metallurgy of vanadium [J]. Journal of the Electrochemical Society, 1958, 10 (9): 197-198.

[58] VARHEGYI G, FEKETE I, SANDOR I. Morphological investigation on a vanadium product of the magnesiothermic reduction [J]. Spine, 1971, 35 (18): 904-907.

[59] CAMPBELL T T, SCHALLER J L, BLOCK F E. Preparation of high-purity vanadium by magnesium reduction of vanadium dichloride [J]. Metallurgical Transactions, 1973, 4 (1): 237-241.

[60] LEE D W, LEE H S, YUN J Y. Synthesis of vanadium powder by magnesiothermic reduction [J]. Advanced Materials Research, 2014, 1025~1026: 509-514.

[61] TRIPATHY P K, SEHRA J C, BOSE D K. Electrodeposition of vanadium from a molten salt bath

[J]. Journal of Applied Electrochemistry, 1996, 26 (8): 887-890.

[62] SUZUKIA O R, ISHIKAWAA H. Direct reduction of vanadium oxide in molten $CaCl_2$ [J]. ECS Transactions, 2007, 3 (35): 347-356.

[63] WENG W, WANG M Y. One-step electrochemical preparation of metallic vanadium from sodium metavanadate in molten chlorides [J]. International Journal of Refractory Metals and Hard Materials, 2016, 55: 47-53.

[64] WENG W, WANG M Y. Thermodynamic analysis on the direct preparation of metallic vanadium from $NaVO_3$ by molten salt electrolysis [J]. Chinese Journal of Chemical Engineering, 2016, 24: 671-676.

[65] KOYAMA B K, HASHIMOTO Y. Carbothermic reduction of V_2O_3 under reduced pressure [J]. Transactions of the Japan Institute of Metals, 1982, 23 (8): 451-460.

[66] TRIPATHY P K, SURI A K. A new process for the preparation of vanadium metal [J]. High Temperature Materials & Processes, 2002, 21 (3): 127-138.

[67] XU B Q, YANG B. Behavior of calcium chloride in reduction process of titanium dioxide by calcium vapor [J]. Journal of Allays and Compounds, 2013, 576: 203-214.

[68] LEI X J, XU B Q. A novel method of synthesis and microstructural investigation of calcium titanate powders [J]. Journal of Alloys and Compounds, 2017, 690: 916-922.

[69] YANG G B, XU B Q. Preparation of porous titanium by direct in-situ reduction of titanium sesquioxide [J]. Vacuum, 2018, 157: 453-457.

[70] 赵秦生，李中军．钒冶金 [M]. 北京：冶金工业出版社，2015.

[71] 刘光华．稀土材料学 [M]. 北京：化学工业出版社，2007.

[72] 王祥生，王志强，陈德宏，等．稀土金属制备技术发展及现状 [J]. 稀土，2015，36 (5): 123-132.

[73] GUPTA C K, KRISHNAMRTHY N. Oxide reduction processes in the preparation of rate-earth metals [J]. Mining Mettllurgy & Exploration, 2013, 30 (1): 38-44.

[74] 侯庆烈，王振华．稀土金属的制备与提纯研究进展 [J]. 上海有色金属，1999 (3): 132-141.

[75] SPEDDING F H, WILHELM H A, Keller W H, et al. Production of pure rare earth metals [J]. Industrial & Engineering Chemiutry, 1952, 44 (3): 553-556.

[76] 常克，王存山，刘晓平．钙热法生产金属镝的工艺研究 [J]. 稀有金属，1994，18 (1): 78-80.

[77] 李宗安，颜世宏，李振海，等．层馏法制备高纯稀土金属的工艺及装置 [P]. 中国：200710099152.1，2008-1.

[78] 徐光宪．稀土（中册）[M]. 北京：冶金工业出版社，2012.

[79] 徐静，张炜，肖锋，等．中间合金-真空蒸馏法制备高纯金属镝工艺研究 [J]. 稀土，2003，8 (4): 36-38.

[80] 刘环，魏钦帅，刘大春，等．真空蒸馏铟锡合金回收金属铟的研究 [J]. 真空科学与技术学报，2012，32 (10): 5.

[81] 陈思峰．真空碳热还原法从 ITO 废靶中回收金属铟 [D]. 昆明：昆明理工大学，2020.

[82] 李冬生，刘大春，杨斌，等．铟锡合金真空蒸馏分离的研究 [J]. 真空科学与技术学报，2012，32 (2): 4.

[83] MA Y, XU B, YANG B, et al. Investigation of pre-oxidation vacuum decarburization process of high carbon ferromanganese [J]. Vacuum, 2014, 110: 136-139.

[84] 马永博．高碳锰铁预氧化-真空脱碳制备低碳锰铁的实验研究 [D]. 昆明：昆明理工大学，2015.

4 真 空 分 解

4.1 真空分解热力学

4.1.1 真空中化合物的吉布斯自由能

以金属硫化物为例，当金属硫化物 MeS 处于任意实际分压（p_{S_2}）条件下，可能发生分解反应：

$$2MeS(s) \xlongequal{} 2Me(s,l) + S_2(g) \tag{4-1}$$

根据经典热力学方法计算，该反应吉布斯自由能变量[1]为：

$$\Delta G_T = \Delta G_T^{\ominus} + RT\ln(p_{S_2}/p^{\ominus}) \tag{4-2}$$

在真空条件下，可近似认为 $p_{S_2} \approx p_{系}$，代入式（4-2）可得反应吉布斯自由能随压强变化关系：

$$\Delta G_T - \Delta G_T^{\ominus} = RT\ln(p_{S_2}/p^{\ominus}) = RT\ln(p_{系}/p^{\ominus}) = 19.146T\lg 10^{-m} = 19.146mT \tag{4-3}$$

式中，$p_{系}$ 为体系的压强，Pa；$p^{\ominus}$为大气压，1atm = 101325Pa。

当温度为 T(K) 和 1273K 时，式（4-2）的计算数值见表 4-1。

表 4-1 真空度和温度对分解反应的影响

$p_{系}$/Pa		101.33×10^{3}	101.33×10^{2}	101.33×10^{1}	101.33	101.33×10^{-1}
$p_{系}/p^{\ominus}$		10^{0}	10^{-1}	10^{-2}	10^{-3}	10^{-4}
$\Delta G_T - \Delta G_T^{\ominus}$ /kJ	T	0	$-19.146T$	$-38.292T$	$-57.438T$	$-76.584T$
	1273K	0	−24.37	−48.74	−73.12	−97.49

表 4-1 中数据表明，提高真空度（减小体系压强）和升高温度，均能使分解反应吉布斯自由能变量 ΔG_T 较标准状态下有明显减小，这将使金属硫化物的稳定性降低，促进分解反应进行。

4.1.2 化合物离解压/分解压

金属化合物的离解压即离解反应达到平衡时的分压，不仅可以表示体系实际存在的状态，同时又能作为衡量化合物稳定度的标准。离解压可直接由实验测定，也可由化学热力学方法计算[2]。一般当离解压的数值很小（如 10~15Pa 以下）时，只能由化学热力学计算间接求得。

对于任何一个化学反应，若已知反应的标准吉布斯自由能 $\Delta G^{\ominus}$，可以导出该反应平衡常数与温度的关系，进而作出平衡常数与温度的关系图（ln$K$-1/T 图）。对于简单金属硫化物的分解反应，还可以把平衡常数 K 换用为分解压，从而可作出 lg$p$-1/T 图。离解压和

$\lg p$-$1/T$图不仅可表示各种金属硫化物在不同温度下的稳定性，同时也可表示各种金属与硫亲和力的大小。下面以FeS为例来讲述分解反应$\lg p$-$1/T$关系图的做法，其原则可适用于任何物质真空分解反应的讨论。

FeS的分解反应一般可表示为：

$$2FeS(s) = 2Fe(s) + S_2(g) \tag{4-4}$$

根据经典热力学计算获得$\Delta G_T^\ominus$：

$$\Delta G_T^\ominus = 72800 - 37.5T \tag{4-5}$$

因$\Delta G_T^\ominus = -RT\ln K$，根据反应方程式$K = p_{S_2}$可得：

$$\lg p_{S_2} = -\frac{72800}{4.576T} + \frac{37.5T}{4.576T} = -\frac{15910}{T} + 8.195 \tag{4-6}$$

根据式（4-6）可计算得$1/T$和$\lg p_{S_2}$数值，见表4-2，进一步可以作出FeS分解反应的$\lg p$-$1/T$图，如图4-1所示。由于$1/T$值较小，故横坐标按$10^3/T$放大绘制。

表4-2　按式（4-6）计算得到的$1/T$与$\lg p_{S_2}$数值

T/K	2000	1400	1000	66.7	500
$1/T$	0.5×10^{-3}	0.714×10^{-3}	1×10^{-3}	1.5×10^{-3}	2×10^{-3}
$\lg p_{S_2}$	—	−3.169	−7.715	−15.658	−23.625

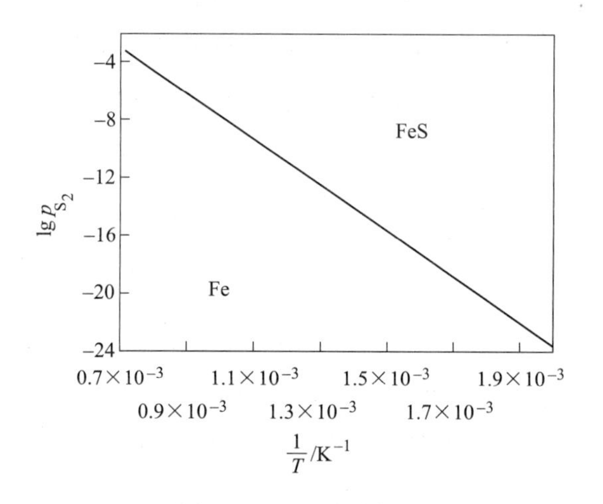

图4-1　Fe-S系平衡图

图4-1中平衡线上方区域任一温度下的实际硫分压p'_{S_2}均大于同温度时的平衡分压p_{S_2}，由等温方程式$\Delta G_T = -RT\ln p_{S_2} + RT\ln p'_{S_2}$可知，此时$\Delta G_T > 0$，即反应式（4-4）逆向进行生成FeS，因此平衡线上方区域FeS性质稳定。图4-1中平衡线下方区域，由于$p'_{S_2} < p_{S_2}$，反应正向生成铁，故平衡线下方区域为Fe的稳定区，即对于分解反应来说，在平衡线上方为反应物稳定区，下方则是生成物稳定区。

根据等温方程，若某反应的反应物和产物有相变，图中会相应出现多个相态区域，分析方法同上。

4.1.3 硫的存在形态与温度的关系

根据温度的不同，气态硫可以是多原子硫 S_8、S_6、S_2 和单原子硫[3]。各种气态硫在 101325Pa(1atm) 中所占的分压，可由以下 3 种平衡常数公式计算获得，即：

$$3S_8 = 4S_6 \qquad \lg p_{S_6}^4/p_{S_8}^3 = -29000/4.576T + 1.75\lg T + 3.9 \tag{4-7}$$

$$S_6 = 3S_2 \qquad \lg p_{S_2}^3/p_{S_6} = -64000/4.576T + 3.5\lg T + 5.3 \tag{4-8}$$

$$S_2 = 2S \qquad \lg p_{S_2}^2/p_{S_2} = -75610/4.576T + 1.75\lg T \tag{4-9}$$

其计算结果见表 4-3。

表 4-3 不同温度下，各种气态硫在 1atm 中所占的分压

T/K	p_{S_8}/atm	p_{S_6}/atm	p_{S_2}/atm	T/K	p_{S_2}/atm	p_S/atm
750	0.38	0.60	0.02	1200	约为 1	—
800	0.325	0.59	0.085	1500	约为 1	2.2×10^{-2}
850	0.11	0.48	0.41	2000	0.84	0.16
900	0.035	0.202	0.703	2500	0.69	0.31
950	0.0048	0.074	0.921	3000	0.29	0.71
1000	—	0.015	0.985	3500	0.08	0.92
1100	—	0.003	0.947	4000	0.02	0.98

注：1atm = 101325Pa。

由表 4-3 中数据可以看出，在 950~1500K 温度范围内，气态硫几乎只含有双原子硫，在以上温度范围内可只考虑双原子硫，当温度高于 1500K 时则必须考虑单体硫的存在。

4.1.4 化合物的真空分解

以硫酸锌为例，硫酸锌的真空分解是由下面两个平衡反应来确定的：

$$ZnSO_4(s) = ZnO(s) + SO_3(g) \tag{4-10}$$

$$\lg p_{SO_3} = -\frac{11879}{T} + 4.191\lg T - 1.437\times10^{-3}T - 2.168 \tag{4-11}$$

$$SO_3 = SO_2 + 1/2O_2 \tag{4-12}$$

$$\lg K_{p_{SO_3}} = -\frac{4812.2}{T} + 2.8254\lg T - 2.284\times10^{-3}T - 2.23 \tag{4-13}$$

硫酸锌分解反应是一个剧烈吸热反应，在整个体系中，只有 SO_3 是气体，属于分解反应，温度一定，p_{SO_3} 就一定，即 $p_{SO_3}=f(T)$，就是这个平衡分压（或分解压力）SO_3 与大气或炉气中 SO_3 气体分压数值的相对大小问题。若以 p_{SO_3} 代替代表反应式（4-10）中的平衡分压，而用 p'_{SO_3} 代表大气或炉气中 SO_3 的分压，则根据等温方程可知，若 $p'_{SO_3}>p_{SO_3}$，则 $ZnSO_4$ 是稳定的；若 $p_{SO_3}>p'_{SO_3}$，则 $ZnSO_4$ 是不稳定的，$ZnSO_4$ 将发生分解；若 $p'_{SO_3}=p_{SO_3}$，则反应处于平衡状态。所以在研究硫酸锌的稳定性时，要从两个方面入手：一方面要研究 $ZnSO_4$ 本身在该温度下的平衡分压；另一方面要研究大气或炉气中 SO_3 的分压。在不同温

度下的 $ZnSO_4$ 分解压（平衡分压）可由式（4-11）计算，在3个温度下计算 $ZnSO_4$ 分解压见表4-4。

表4-4　$ZnSO_4$ 的分解压

T/K	873	1000	1173
$\lg(p_{SO_3}/Pa)$	-4.7038	-2.911	-1.117
p_{SO_3}/Pa	1.97×10^{-5}	1.22×10^{-3}	0.0763

由表4-4可见，随温度升高，$ZnSO_4$ 的分解压增大，此时是把式（4-10）作为一个独立体系所得到的结论。然而 $ZnSO_4$ 在该温度下能否分解，还取决于炉气中 SO_3 的分压。

式（4-12）这个反应的独立组元数为2，但却只有一个相（气相），所以 $f=2-1+2=3$，即反应式（4-12）属于三变量体系，为了维持反应平衡，在5个变量 T、$p_{总}$、p_{SO_3}、p_{SO_2} 和 p_{O_2} 中有3个可以独立变化，此时5个变量中的 p_{SO_3}、p_{SO_2}、p_{O_2} 本应该表示为 $\phi(SO_3)$，$\phi(SO_2)$，$\phi(O_2)$，但因需要分压，这里依旧写成分压形式。因为分压（如 p_{SO_3}）和体积分数（$\phi(SO_3)$）之间可以通过总压换算，所以用分压作变量也是可以的。因为 $f=3$，这就表明在这个体系中，SO_3 的分压不是简单地仅由温度决定，而且同时还受到 SO_2 和 O_2 分压的影响，在温度选定之后，只有再把 SO_2 和 O_2 分压固定，SO_3 的分压才能确定，这从该反应的平衡表达式可以看出：

$$K_{p_{SO_3}}=\frac{p_{SO_2}\cdot p_{O_2}^{1/2}}{p_{SO_3}} \tag{4-14}$$

在温度一定时，$K_{p_{SO_3}}$ 一定，p_{SO_3} 还可随 p_{SO_2} 和 p_{O_2} 的改变而变化。可见 p_{SO_3} 具有多值性。因为 $ZnSO_4$ 的稳定性仅仅取决于规定温度下 SO_3 的平衡分压，所以，从热力学角度讲，可以使 $ZnSO_4$ 在任何适宜温度下发生分解。真空条件下，对于式（4-10）可近似认为 $p_{SO_3}=p_{系}$，此时，只需要把体系压强调整到低于该温度下的平衡分压，$ZnSO_4$ 就可以分解。

4.2　典型金属化合物的真空热分解

4.2.1　砷化镓的真空分解

镓是一种稀散金属，地壳中的含量为0.0015%，广泛应用于太阳能电池、磁材、石油化工、半导体材料、电子信息技术等领域。随着半导体工业迅速发展，镓成为当代信息技术发展的重要支撑材料，其中砷化镓模拟集成电路是镓最大的用途，约占金属镓消费总量的80%[4-6]。

镓在自然界中没有独立的矿床，只能从铝、锌等金属冶炼副产品中提取。世界上90%以上的镓是从氧化铝生产过程的循环母液中获得，采用萃取—电解配合提纯工艺可获得纯度大于99.9%的高纯镓[7]，其余是从锌电解阳极、钛铁矿和煤中获得。镓在生产提纯过程中会产生大量的砷化镓废料，导致镓的生产率通常低于20%，从砷化镓废料中回收镓是获取镓的一种重要途径。

目前从砷化镓废料中回收镓均采用酸浸、电解、萃取等湿法工艺，镓回收率高，但工艺流程长，会产生大量的废酸、废气，环境污染严重。与传统的处理方法[8-12]相比，采用真空热分解法处理砷化镓废料，可高效回收有价金属，为镓、砷等的综合回收提供了一种短流程、绿色环保的处理方法[13-23]。

4.2.1.1 砷化镓真空分解热力学分析

砷化镓热分解可能发生的反应见式（4-15）~式（4-18），在 10^5Pa 和 10Pa 下各反应的 ΔG-T 关系如图 4-2 所示。

$$GaAs(s) = Ga(l) + As(g) \tag{4-15}$$

$$2GaAs(s) = 2Ga(l) + As_2(g) \tag{4-16}$$

$$3GaAs(s) = 3Ga(l) + As_3(g) \tag{4-17}$$

$$4GaAs(s) = 4Ga(l) + As_4(g) \tag{4-18}$$

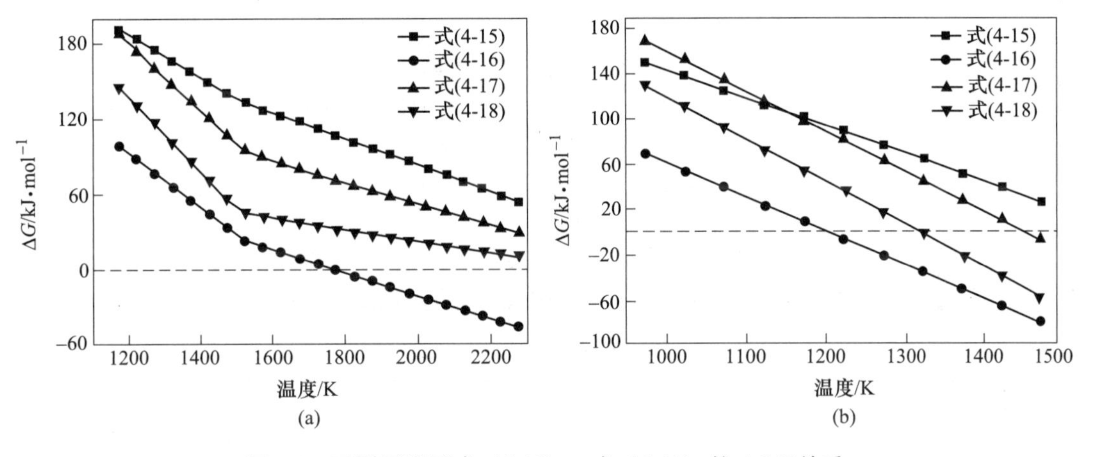

图 4-2 不同压强下式（4-15）~式（4-18）的 ΔG-T 关系

（a）$p=10^5$Pa；（b）$p=10$Pa

图 4-2 表明，理论上砷化镓真空热分解是可行的，不同压强条件下，式（4-16）最先进行，即砷化镓分解优先生成 As_2，然后依次是 As_4、As_3，最后是单体 As。在 10^5Pa 下式（4-16）的分解温度为 1771K，式（4-15）、式（4-17）和式（4-18）的分解温度超过 2273K；在 10Pa 下式（4-16）的分解温度为 1203K，式（4-17）和式（4-18）的分解温度分别为 1322K 和 1454K，1500K 内式（4-15）的 ΔG 恒为正值，反应不能进行。与常压相比，真空条件下砷化镓分解的温度降低了 560K 以上，并且在一定范围内，系统压强越低越好。

4.2.1.2 砷化镓真空热分解实践

原料采用某厂产生的 GaAs 废料，化学成分见表 4-5。

表 4-5 砷化镓废料成分

元素	Ga	As	Zn	Cu	Fe	Si	其他
含量/%	48.20	49.82	1.0	0.3	0.03	0.1	0.55

砷化镓废料在 300~1323K 的 TG-DSC 分析结果如图 4-3 所示。由图可知，废料的真空热分解存在两个失重平台，第一个温度区间为 867.2~968K，质量损失 0.94%，As 在沸点（887K）附近吸热升华；第二个温度区间为 1017.2~1197.2K ，质量损失 49.2%，GaAs 大量分解；温度自 1197.2K 增加到 1323K，质量损失速率变小，最后的残留物质量为 43.80%。

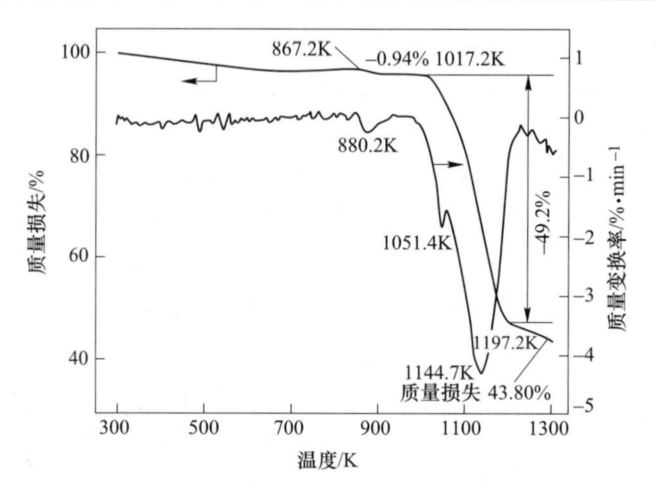

图 4-3 砷化镓废料的 TG-DSC

在 1273K，3~8Pa 条件下，砷化镓废料分解的冷凝物、残留物元素含量分析结果见表 4-6，残留镓的 GDMS 检测结果见表 4-7，粗镓品质标准见表 4-8。

表 4-6 冷凝物和残留物的元素含量 (%)

元素	Cu	Zn	In	Al	Fe	As	Ga
冷凝物	—	—	—	0.001	0.0003	86.10	5.44
残留物	0.0001	0.0002	0.0002	0.0051	0.0003	0.0025	>99.99

表 4-7 残留镓的 GDMS 检测结果

元素名	Fe	Si	Cu	Ti	Mn	Ni	Cr	Mg	Zn	Ca
分析值	0.049×10^{-6}	0.003×10^{-6}	3.9×10^{-6}	0.001×10^{-6}	0.004×10^{-6}	0.11×10^{-6}	0.001×10^{-6}	0.001×10^{-6}	0.001×10^{-6}	0.001×10^{-6}
元素名	V	Na	Pb	Al	Sn	Cd	Hg	Bi	In	Ge
分析值	0.001×10^{-6}	0.001×10^{-6}	0.09×10^{-6}	0.001×10^{-6}	5.9×10^{-6}	0.35×10^{-6}	0.001×10^{-6}	0.001×10^{-6}	0.8×10^{-6}	0.001×10^{-6}

表 4-8 粗镓品质标准

元素名	Fe	Si	Cu	Ti	Mn	Ni	Cr	Mg	Zn	Ca
分析值	$\leqslant10\times10^{-6}$	$\leqslant10\times10^{-6}$	$\leqslant10\times10^{-6}$	$\leqslant10\times10^{-6}$	$\leqslant1\times10^{-6}$	$\leqslant5\times10^{-6}$	$\leqslant1\times10^{-6}$	$\leqslant0.5\times10^{-6}$	$\leqslant1\times10^{-6}$	$\leqslant1\times10^{-6}$
元素名	V	Na	Pb	Al	Sn	Cd	Hg	Bi	In	Ge
分析值	$\leqslant10\times10^{-6}$	$\leqslant10\times10^{-6}$	$\leqslant5\times10^{-6}$	$\leqslant10\times10^{-6}$	$\leqslant10\times10^{-6}$	$\leqslant10\times10^{-6}$	$\leqslant10\times10^{-6}$	$\leqslant10\times10^{-6}$	$\leqslant10\times10^{-6}$	$\leqslant0.5\times10^{-6}$

对比表 4-6~表 4-8 可以看出，GaAs 废料真空分解残留物中镓的纯度在 99.99%以上，品质高于粗镓的标准。

4.2.2 硫化钼的真空分解

钼是一种银白色金属，具有强度高、熔点高、耐腐蚀等优点，被广泛应用于钢铁、石油、化工、电气、电子技术、医药和农业等领域。我国钼矿资源丰富，储量约 840 万吨，占全球钼矿储量的 56%[24]，主要有钼酸钙矿、钼酸铁矿、钼酸铅矿及辉钼矿，其中最具工业价值的是辉钼矿。目前，金属钼的制备原料为辉钼矿，冶炼工艺主要采取以下几种方法：

（1）氧化焙烧。氧化焙烧是将辉钼矿进行焙烧得到钼焙砂，然后通过升华法或湿法制得三氧化钼，用氨浸出时生成钼酸铵进入溶液，与不溶物加以分离。溶液经浓缩结晶得到钼酸铵晶体，或加酸酸化生成钼酸沉淀，从而与可溶性杂质分离。两者经煅烧后都生成纯净的三氧化钼，然后用氢还原法生产金属钼[25]。根据焙烧设备或添加组分的不同，可将该方法分为回转窑焙烧工艺、反射炉焙烧工艺、多膛炉焙烧工艺、流化床焙烧工艺和闪速炉焙烧工艺。该方法会产生大量的烟气，污染环境，钼回收率较低，伴生的稀有元素铼几乎全部随烟气损失，不适合处理低品位矿石和复杂矿。

（2）硝酸浸出法。硝酸浸出法是在高压釜内使 MoS_2 氧化为可溶性钼酸盐[26]，该方法主要是消耗廉价的氧化剂——空气或纯氧。该方法需要高温高压，对反应设备要求高，反应条件严苛，生产技术难度大，浸出过程的工艺条件也较难控制，生产过程中也存在一定的安全隐患，目前国内已暂停使用该方法。

（3）次氯酸钠浸出法。次氯酸钠浸出法主要用于处理低品位中矿和尾矿的浸出[27]。在氧化浸出过程中，次氯酸钠本身也会缓慢分解析出氧，其他一些金属硫化物也会被次氯酸钠氧化，这些金属的离子或氢氧化物又会与钼酸根生成钼酸盐沉淀。该方法反应条件温和、生产易于控制、对设备要求不高，但原料次氯酸钠消耗量大而造成生产成本过高。

（4）电氧化浸出法。电氧化浸出法是由次氯酸钠法改进而来，该方法是将已经浆化的辉钼矿物料加入装有氯化钠溶液的电解槽中，在电氧化过程中，阳极产物 Cl_2 又与水反应，生成次氯酸，次氯酸根再氧化矿物中的硫化钼，使钼以钼酸根形态进入溶液中。该方法继承了次氯酸钠浸出率高、反应条件温和、无污染的特点，并且能够较为方便的控制和调节反应的方向、限度、速率。

综上，现行的辉钼矿冶炼工艺存在流程长、设备复杂、环境污染严重等缺点，采用真空热分解处理辉钼矿具有流程短、金属回收率高、生产费用低、污染小、操作简单、占地面积小等优点，可简便、高效、环保地制备金属钼和硫黄[25-26]。

Mo-S 系中，有两种稳定化合物 MoS_2 和 Mo_2S_3。按照化合物的逐级分解原则，MoS_2 先分解为 Mo_2S_3，然后继续分解为金属 Mo。真空冶金法处理 MoS_2 可以简便、高效、环保地制备金属钼，有良好的工业应用前景。

MoS_2 的分解分两步进行，反应为：

$$4MoS_2(s) = 2Mo_2S_3(s) + S_2(g)$$

$$\Delta G = 418451 - 203.812T + 8.314T\ln(p_0/p^\ominus) \quad (298 \sim 2073K) \tag{4-19}$$

$$Mo_2S_3(s) = 2Mo(s) + 1.5S_2(g)$$

$$\Delta G = 584155 - 255.818T + 12.471T\ln(p_0/p^\ominus) \quad (298 \sim 2073K) \tag{4-20}$$

计算得到不同压强条件下的分解平衡温度见表 4-9。

表 4-9 不同压强下 MoS_2 和 Mo_2S_3 分解反应的平衡温度

方程式	分解平衡温度/K			
	10325Pa	1000Pa	100Pa	10Pa
$4MoS_2(s) = 2Mo_2S_3(s) + S_2(g)$	2053	1728	1601	1491
$2Mo_2S_3(s) = 4Mo(s) + 3S_2(g)$	2282	2052	1707	1575

10Pa 条件下，MoS_2 热分解得到 Mo_2S_3 的温度为 1491K，Mo_2S_3 分解得到金属 Mo 的温度为 1575K，比常压下分别降低了 562K 和 707K，可见，真空条件下 MoS_2 的分解温度显著降低，有利于 MoS_2 的分解。

原料采用我国河南省某矿业公司产出的经浮选处理后所得的辉钼矿精矿粉，其化学成分（质量分数）见表 4-10。

表 4-10　辉钼精矿的化学成分

元素	Mo	S	Al_2O_3	SiO_2	Fe	Cu	CaO	Sn	Pb	其他
质量分数/%	50.7	36.0	8.54	2.76	0.78	0.40	0.14	0.02	0.01	0.66

在 5~35Pa，1473~1973K 下分解 60min，分解温度与残留物中 Mo、S 含量的关系如图 4-4 所示。

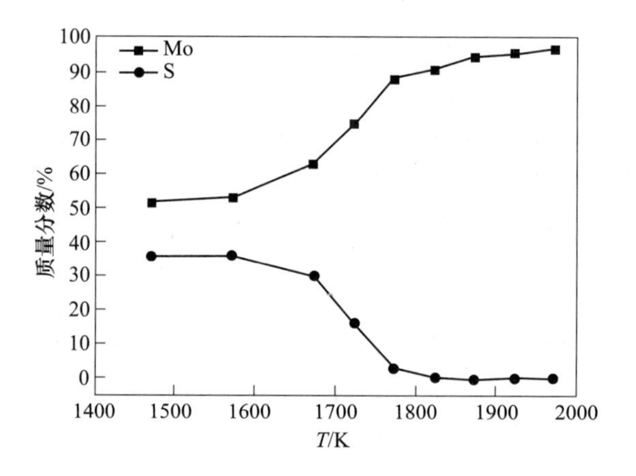

图 4-4　分解温度与残留物中 Mo 和 S 含量的关系

由图 4-4 可以看出，随着温度的升高，硫化钼在 1575K 开始分解生成金属钼和硫蒸气，残留物中 Mo 含量增加，S 含量减少，1823K 时 Mo 和 S 含量趋于稳定，分解完成，可得最优分解温度为 1823K。

在 5~35Pa、1823K 下，分解时间与残留物中 Mo 和 S 含量的关系如图 4-5 所示。

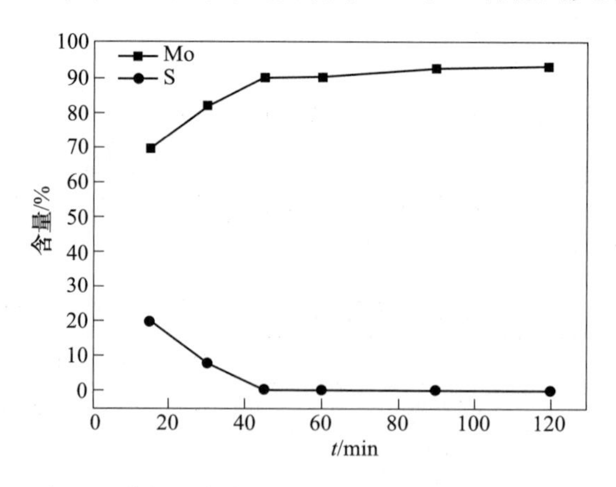

图 4-5　分解时间与残留物中 Mo 和 S 含量的关系

由图 4-5 可知，随着分解时间的延长，残留物中 Mo 含量增加，S 含量减少；60min 后残留物 Mo、S 含量稳定，硫化钼分解完成，即最佳分解时间为 60min。

在 5~35Pa、1823K、60min 下，硫化钼真空分解残留物中 Mo 质量分数为 90%，硫质量分数低于 0.5%，Mo 富集在残留物中，S 挥发进入冷凝物；在 300~650Pa、1973K、120min 下的千克级实验，得到纯度为 92.38%的粗钼，S 含量为 0.19%，Mo 的回收率为 95.94%，实现了 Mo 和 S 的有效分离[29-31]。

4.2.3　碳酸铅的真空分解

金属铅是一种重金属材料，熔点低、耐蚀性高、塑性好，常被加工成板材和管材，广泛用于化工、电缆、蓄电池和放射性防护等领域。结合全球铅矿资源开发和二次铅回收现状，约 80%的铅用于铅酸蓄电池制作[32]，铅酸蓄电池由于具有性能稳定可靠、生产成本低、资源循环利用、容量大等优良特性被广泛应用于交通、通信和医疗等行业[29]，产生的大量废旧铅酸蓄电池未经处理直接丢弃造成了环境污染及二次资源浪费等问题，因此废旧铅酸蓄电池的回收再利用至关重要。

废旧铅酸蓄电池的回收方法一般是火法和湿法工艺。火法以金属铅形式回收铅，处理量大、工艺完善，但存在能耗大、铅尘和 SO_2 气体污染等缺点；湿法处理工艺可以有效改善 SO_2 及铅尘污染，但也存在许多缺点。两种工艺获得的金属铅必须被再次氧化才能使用，能耗大，同时也会导致铅尘对环境的污染。真空冶金具有绿色环保无污染的特点，利用真空法分解碳酸铅不仅能降低反应温度、防止颗粒暴露、排除气体干扰，而且改善了火法工艺耗能大、铅尘和 SO_2 气体污染等问题[34-35]。

碳酸铅真空热分解法分为两步：$PbCO_3 \rightarrow PbCO_3 \cdot 2PbO \rightarrow \alpha\text{-}PbO \rightarrow \beta\text{-}PbO$，也可用以下反应方程式描述[36]：

$$3PbCO_3(s) = PbCO_3 \cdot 2PbO(s) + 2CO_2(g) \tag{4-21}$$

$$PbCO_3 \cdot 2PbO(s) = 3\alpha\text{-}PbO(s) + CO_2(g) \tag{4-22}$$

$$\alpha\text{-}PbO(s) = \beta\text{-}PbO(s) \tag{4-23}$$

碳酸铅热分解受压强和温度影响如图 4-6 所示。

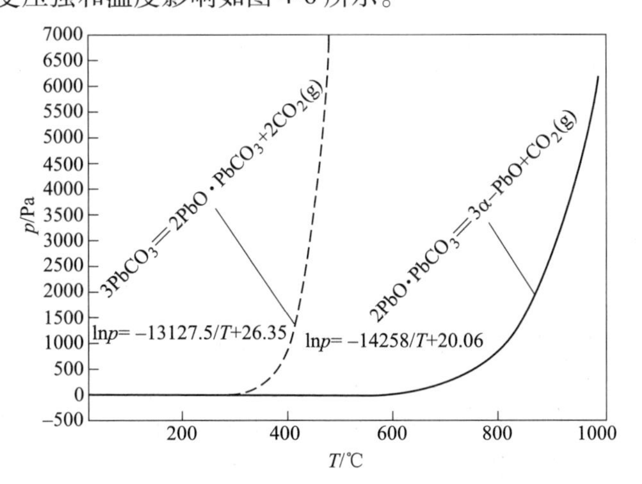

图 4-6　碳酸铅热分解过程中压强与温度的关系

在相同温度范围内，$PbCO_3$ 分解的平衡压强明显高于 $PbCO_3 \cdot 2PbO$，表明 $PbCO_3$ 的分解分为式（4-21）和式（4-22）两个阶段，且式（4-21）优先进行。随着压强的减小，反应所需的温度降低，真空条件有利于碳酸铅热分解，且真空度越高，分解越容易进行。

碳酸铅的真空热分解 TG/DTG 和 DSC 的结果如图 4-7 所示，存在两个失重平台，第一个温度区间为 260~306℃，质量损失为 10.56%；第二个温度区间为 306~370℃，质量损失为 5.90%；温度从 370℃继续升高，存在一个明显的吸热峰，无质量损失，说明该阶段存在晶型转变过程。陶东平等人[33]发现碳酸铅的热分解过程只产生 CO_2 气体，说明热分解过程产生 CO_2 气体。

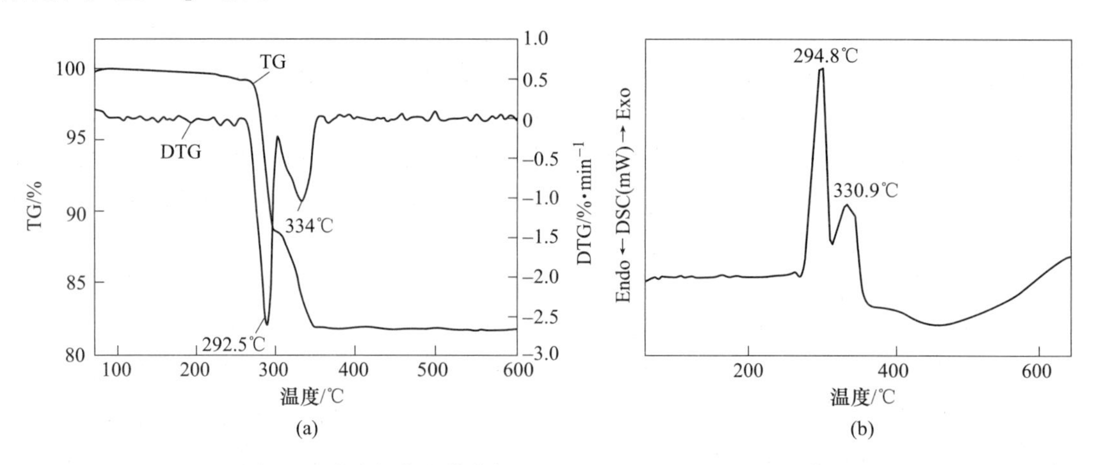

图 4-7　碳酸铅真空热分解 TG/DTG（a）和 DSC（b）曲线

陶东平等人[37]证明了碳酸铅的热分解过程只产生 CO_2 气体，且 CO_2 气体会产生包裹，导致颗粒内部碳酸铅热分解不完全[34]，因此分解温度、分解时间、颗粒尺寸等因素是影响热分解反应的关键。

图 4-8 表明不同加热温度下 $PbCO_3$ 分解产物的变化，在分解时间为 30min、加热温度为 310~490℃条件下，可得到 $PbCO_3 \cdot 2PbO$ 和 α-PbO；当加热温度为 490~580℃，发生相变可得 β-PbO。

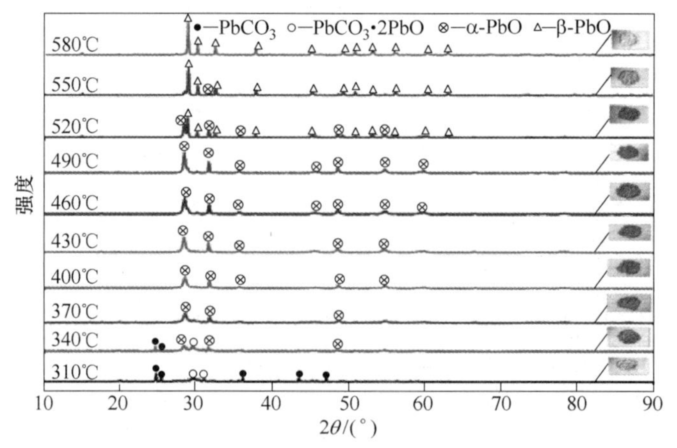

图 4-8　不同加热温度下 $PbCO_3$ 热分解产物 XRD 图

图 4-9 表明不同分解时间下 $PbCO_3$ 分解产物的变化，在 310℃时，当分解时间从 30min 增加到 180min 时，碳酸铅分解完全。产物的颜色能反映分解情况，产物颜色越深，分解率越高。

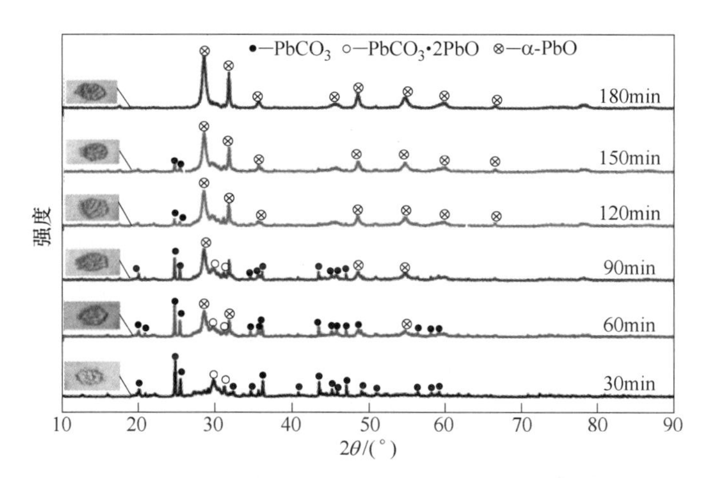

图 4-9 不同分解时间下 $PbCO_3$ 热分解产物 XRD 图

图 4-10 表明不同颗粒尺寸下 $PbCO_3$ 分解产物的变化，综合考虑颗粒团聚现象和导热阻力方面的影响，在加热温度为 400℃、分解时间为 30min 的条件下，不同颗粒尺寸混合的物料更有利于热分解反应进行。

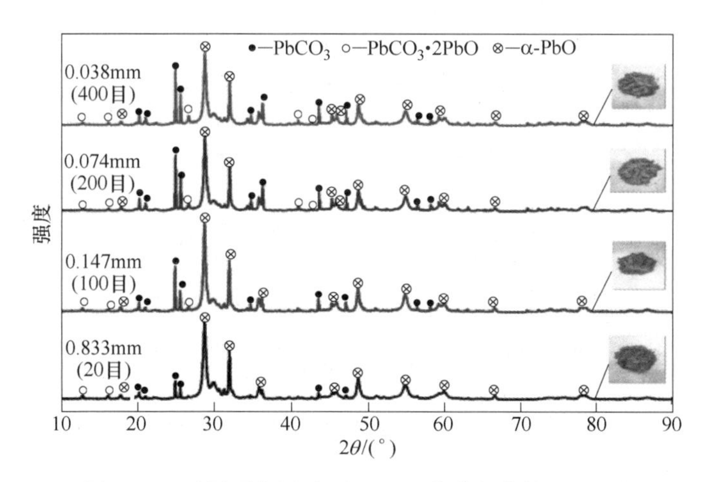

图 4-10 不同颗粒尺寸下 $PbCO_3$ 热分解产物 XRD 图

4.2.4 氮化铝的真空分解

生产铝的传统工艺是 Hall-Héroult 法，存在流程长、基建投资大、能耗高、温室气体及全氟碳化物的污染等问题，国内外研究者提出直接碳热还原法、间接碳热还原法、高炉炼铝法和离子液体电解法等，同样难以避免工作温度高、设备腐蚀、产率低等缺点[35]。

昆明理工大学针对氧化铝真空碳热还原—氯化—歧化制备金属铝开展了一系列研究工作，取得较好效果[40]，但冷凝产物中的碳氧化合物使铝难以分离。为解决铝不易分离和直收率低等问题，后续提出了氮化铝真空热分解制备铝的方法，工艺流程如图 4-11 所示。

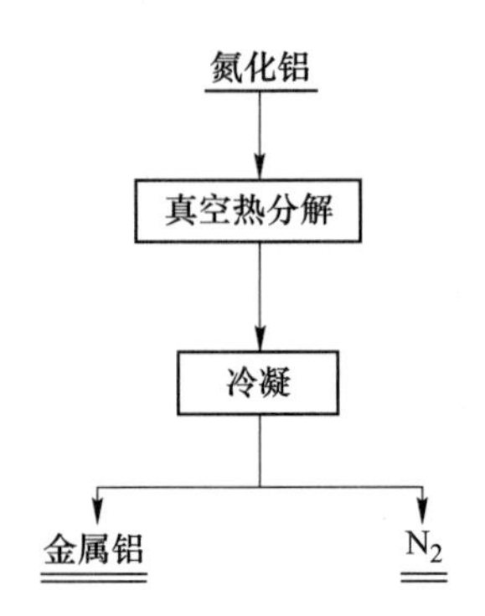

图 4-11　氮化铝真空热分解流程

4.2.4.1　氮化铝分解的热力学研究

氮化铝真空热分解反应见式（4-24）：

$$2AlN = 2Al(g) + N_2(g) \tag{4-24}$$

式（4-24）在不同压强下的 ΔG-T 关系如图 4-12 所示[37]。

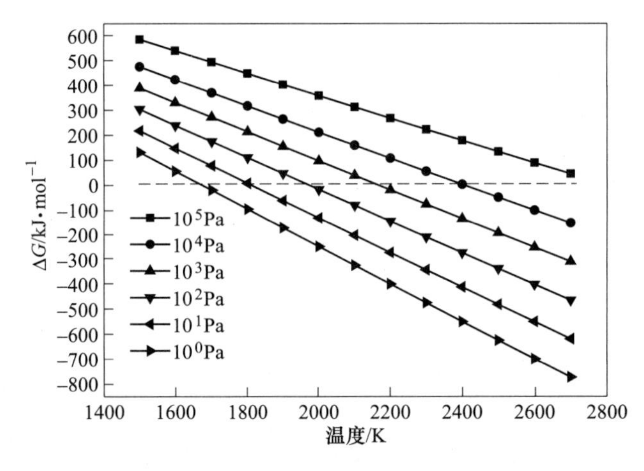

图 4-12　式（4-24）在不同压强下的 ΔG-T 关系

在 1400~2800K 内，分解温度保持不变，压强降低，吉布斯自由能显著降低；压强保持不变，分解温度越高，吉布斯自由能越低，由此可知，分解温度越高、压强越低，越有利于 AlN 分解。

4.2.4.2　氮化铝真空分解实践

基于热力学计算，采用昆明理工大学自主研发的立式真空炉和多级连续冷凝装置（见图 4-13）对 AlN 分解进行实验研究。

原料为纯 AlN（块状），成分（质量分数）见表 4-11，物相如图 4-14 所示。

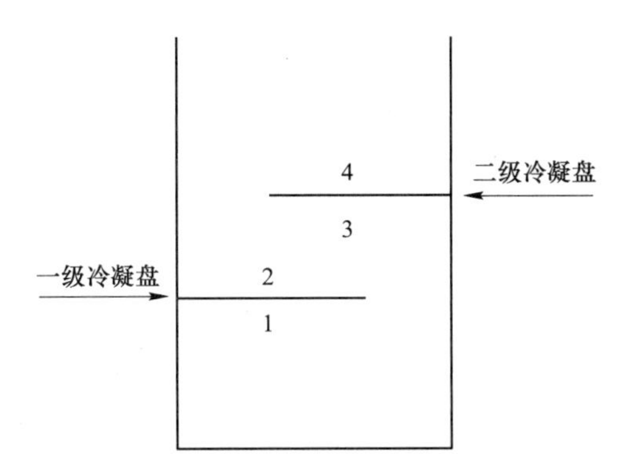

图 4-13 多级冷凝装置结构示意图

1—冷凝盘 1 的物料位置；2—冷凝盘 2 的物料位置；3—冷凝盘 3 的物料位置；4—冷凝盘 4 的物料位置

表 4-11 块状 AlN 成分

成分	AlN	C	O	Fe	其他
含量/%	97.4	0.05	1.2	1.1	0.25

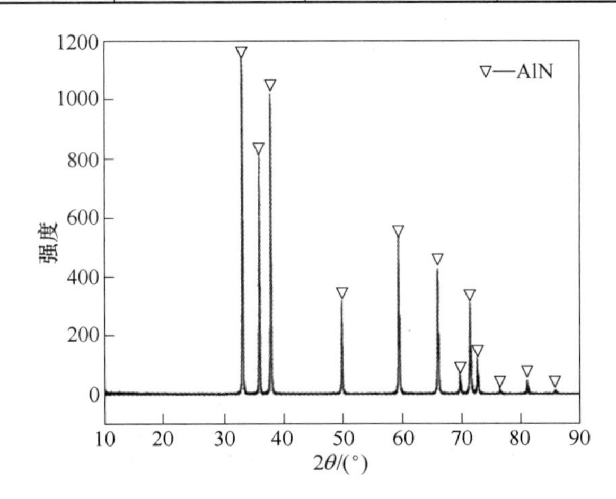

图 4-14 氮化铝原料 XRD 图

对 AlN 真空热分解后的产物进行分析，冷凝盘 1~4 处的物相如图 4-15 所示，元素含量见表 4-12。由 XRD 结果可以看出，冷凝盘 1~4 处的产物均为金属铝。

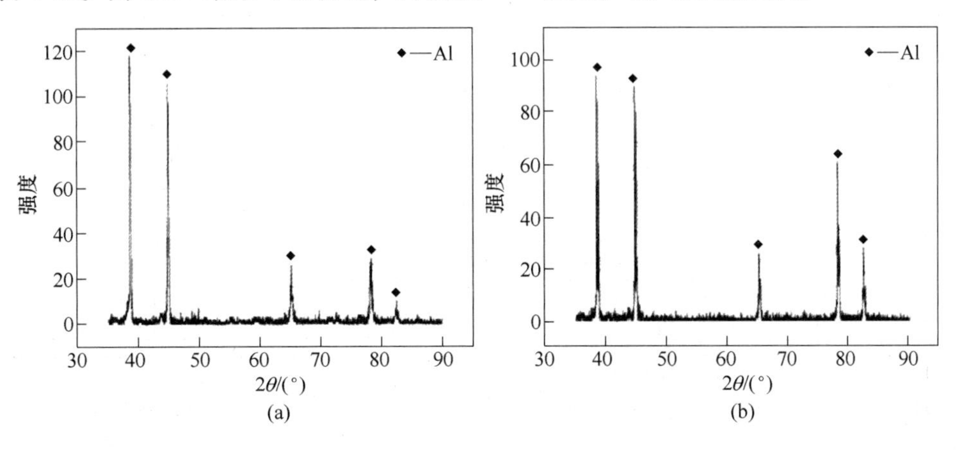

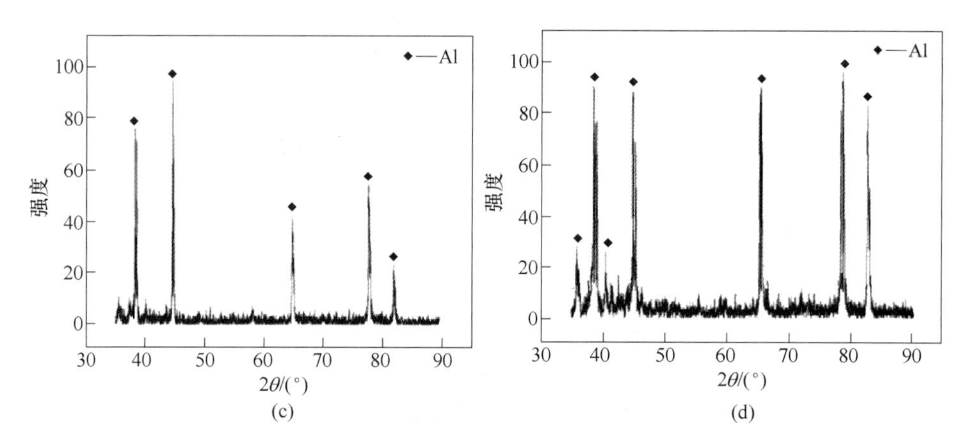

图 4-15　冷凝盘各位置产物 XRD 图
(a) 冷凝盘 1；(b) 冷凝盘 2；(c) 冷凝盘 3；(d) 冷凝盘 4

表 4-12　冷凝盘元素含量　(%)

元素	含量			
	1	2	3	4
N	0.000	0.000	0.000	0.000
O	71.867	4.174	9.935	26.247
Al	28.133	95.826	90.065	73.753

表 4-12 中检测到氧元素，因为铝易被氧化，在表面生成一层致密氧化物薄膜。

在 7.5~70Pa、1933K、60min 的条件下，AlN 真空热分解所得产物为金属铝，最高纯度为 95.826%，直收率为 98.83%。

4.2.5　硫化铅的真空分解

硫化铅为烟灰色，有金属光泽，熔点为 1387K，沸点为 1554K；Pb 熔点为 600K，沸点为 2022K，常呈立方体的晶型，集合体通常为粒状或致密块状。硫化铅在地壳中主要以方铅矿的形式存在，是冶炼铅的主要材料。真空条件下 PbS 可能发生的反应见表 4-13。

表 4-13　真空条件下 PbS 可能发生的主要反应

序号	反应	T/K
1	$PbS = PbS(g)$	298~600
2	$2PbS = Pb_2S_2(g)$	298~1692
3	$2PbS = 2Pb(l) + S_2(g)$	600~1392
4	$2PbS(g) = Pb_2S_2(g)$	298~1692
5	$2PbS(g) = 2Pb(l) + S_2(g)$	600~1692
6	$2PbS(g) = 2Pb(g) + S_2(g)$	298~1692
7	$Pb_2S_2(g) = 2Pb(l) + S_2(g)$	600~1692
8	$Pb_2S_2(g) = 2Pb(g) + S_2(g)$	600~2022

PbS 在真空（10Pa）下可能发生反应的热力学计算结果见表 4-14，ΔG 与 T 的关系如图 4-16 所示。

表 4-14 真空（10Pa）下表 4-13 中反应 1~反应 8 的开始温度

序号	1	2	3	4	5	6	7	8
$T_{开始}$/K	996	1188	1284	<2537	<3093	1643	<3156	1462

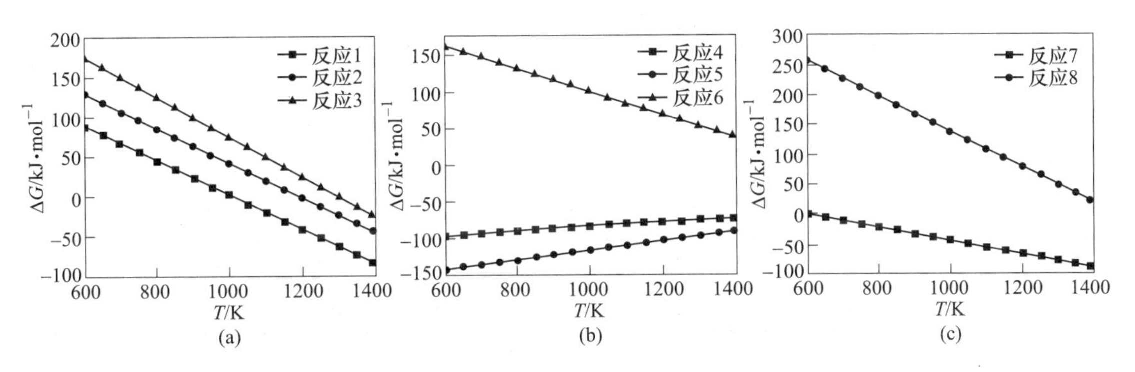

图 4-16 10Pa 下表 4-14 中反应 1~反应 8 的 ΔG 与 T 的关系

在 10Pa 条件下，PbS 真空热分解的温度区间为 1073~1273K，由表 4-14 可知，在实际反应条件下可发生的反应有 1、2、4、5 和 7。由图 4-16 可知，反应 3 在 10Pa 下吉布斯自由能为零的对应温度为 1289K，不在 PbS 真空热分解的温度区间内；反应 6 和反应 8 在 10Pa 下吉布斯自由能恒为正值，因此在该条件下 PbS 不可能直接分解为金属铅和单质硫，Pb_2S_2 也不可能直接分解为气态铅和单质硫。

热力学分析表明，硫化铅很容易升华，但这两种气态相有一个共同特点，容易分解为气态硫单质和液态铅，因此，通过热力学计算可得硫化铅可能的分解途径有：$2PbS(g)=2Pb(l)+S_2(g)$ 和 $Pb_2S_2(g)=2Pb(l)+S_2(g)$。但根据文献[42]-[43]报道，PbS 是气态硫化铅的主要相，Pb_2S_2 仅少量存在于高温且真空条件下，反应 $2PbS=Pb_2S_2$ 被抑制，故硫化铅真空热分解的主要途径为 $2PbS(g)=2Pb(l)+S_2(g)$。

在压强为 10Pa 下，硫化铅的离解温度低于 1273K，硫化铅的离解途径是 $2PbS(g)=Pb(l)+S_2(g)$，而不是 $2PbS(s)=Pb(l)+S_2(g)$，极少量的 $Pb_2S_2(g)$ 也能分解成 Pb(l) 和 $S_2(g)$。在真空分解最优条件下，硫化铅的分解率为 39.23%，分解得到的金属铅纯度达 99.9%。

4.2.6 脆硫铅锑矿的真空分解

脆硫铅锑矿（$Pb_4FeSb_6S_{14}$）是一种复杂的锑硫盐矿物，占我国锑资源总量的 30%~40%[44-45]。铅与锑的有效分离一直是这种矿物冶炼过程中难以突破和解决的技术难题，主要原因一方面在于脆硫铅锑矿的成分及结构复杂，矿物中铅、锑以天然硫化物固溶体形式存在，铅与锑相互嵌布；另一方面更为主要的原因在于铅与锑的物理化学性质相近，在冶金过程中的行为相似。鉴于脆硫铅锑矿火法冶炼过程中铅、锑难以有效分离的技术难题，昆明理工大学真空冶金国家工程研究中心根据脆硫铅锑矿独特的分子构成，利用真空分解的特性，可以使 $Pb_4FeSb_6S_{14}$ 分解为 PbS、Sb_2S_3 和 FeS。

4.2.6.1 典型脆硫铅锑矿的组成

脆硫铅锑矿中主要金属元素为 Fe、Pb、Sb、Zn，其他金属元素含量均在 2%及以下，结果见表 4-15。矿相结构主要为脆硫铅锑矿（$Pb_4FeSb_6S_{14}$）、闪锌矿（ZnS）、黄铁矿（FeS_2），结果如图 4-17 和图 4-18 所示。

表 4-15 精矿的元素组成 （%）

元素	Ag	Al	Bi	Ca	Cd	Cl	Cu	Fe
含量	0.07	0.3	0.1	2	0.09	0.05	0.4	12
元素	Hg	I	K	Mg	Mn	Mo	Na	Nd
含量	0.03	0.03	0.03	0.7	0.1	0.07	1	0.05
元素	P	Pb	S	Sb	Si	Sn	Zn	Zr
含量	0.03	21	22	17	0.9	0.2	9	0.09

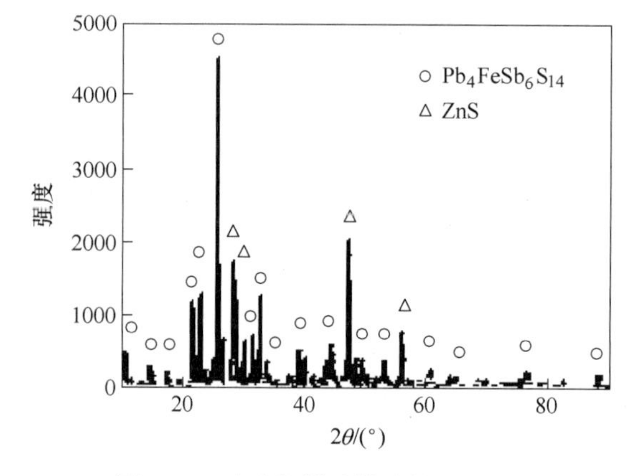

图 4-17 脆硫铅锑矿精矿的 XRD 图

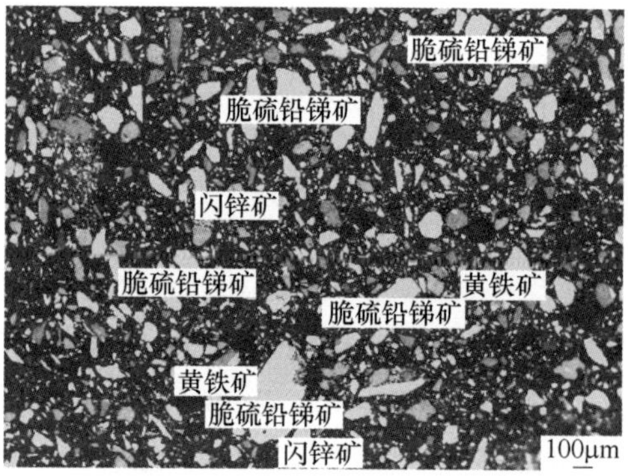

图 4-18 脆硫铅锑矿精矿的背散射电子图像

脆硫铅锑精矿化学成分见表 4-16，与光谱分析结果相一致，主要金属元素为 Pb、Sb 和 Fe。其中 Pb 与 Sb 的比为 1∶1.5，与理论值 1∶1.4 接近，但 Fe 含量远远高于理论值，说明精矿中 Fe 的载体除脆硫铅锑矿（$Pb_4FeSb_6S_{14}$）外，还有其他含 Fe 的物质。通过电子探针和 XRD 的分析表明，Fe 的另外一种载体为 FeS_2。

表 4-16 脆硫铅锑精矿的化学成分

成分	Pb	Sb	Fe	Zn	Cu	Ag	CaO	SiO_2	S
含量/%	23.43	15.60	13.52	10.36	0.11	41.3g/t	1.02	<0.5	26.46

脆硫铅锑精矿物相分析结果显示精矿中主要元素 Zn、Sb、Pb、Fe 分别以 ZnS、$Pb_4FeSb_6S_{14}$、FeS_2 形态存在，电子探针分析表明精矿中脆硫铅锑矿符合它的分子式（$Pb_4FeSb_6S_{14}$），根据化学分析结果对精矿进行了物相组成计算，以铅含量为依据计算结果可以看出，若硫含量不足，锑含量偏低；以锑含量为依据计算结果可以看出，若硫含量足够，铅含量偏高。化学分析结果中铅与锑的含量比为 1∶1.5，比理论比值 1∶1.4 高，铅含量偏高，以锑含量为依据计算的结果可信度更高。因此，脆硫铅锑精矿原料中含脆硫铅

锑矿（$Pb_4FeSb_6S_{14}$）44.221%、闪锌矿（ZnS）15.429%、黄铁矿（FeS_2）26.394%，其他单矿和脉石成分共计约 13.956%。

4.2.6.2 脆硫铅锑矿 TG-DSC 热分析

脆硫铅锑矿的 TG-DSC 热分析如图 4-19 所示。当温度为 309.4K 时，对应 DSC 曲线上出现了第一个小的吸热峰，此时 TG 曲线上没有明显的失重，可知此处出现的吸热峰为精矿中水分的挥发及部分结晶水的析出，从室温到 309.4K 失重量约为 6%。当温度为 856.3K 时，对应 DSC 曲线上出现了第二个吸热峰，温度从 309.4K 升高至 856.3K，失重量约为 2%，对应 TG 曲线的整个变化来看，可知温度为 856.3K，对应为 $Pb_4FeSb_6S_{14}$的热分解，失重量的改变主要由 PbS 和 Sb_2S_3 的挥发引起。当温度为 1260.8K 时，对应的 DSC 曲线上出现了第三个明显的吸热峰，由热力学计算可知，此温度对应为 FeS_2 的热分解，温度从 856.3K 升高至 1260.8K，失重量约为 49%。当温度为 1420.3K 时，对应 DSC 曲线上出现了第四个吸热峰，此阶段为 FeS 熔化吸热熔化，温度从 1260K 升高至 1420K，失重约为 21.08%，最终残留量约为 22.68%。

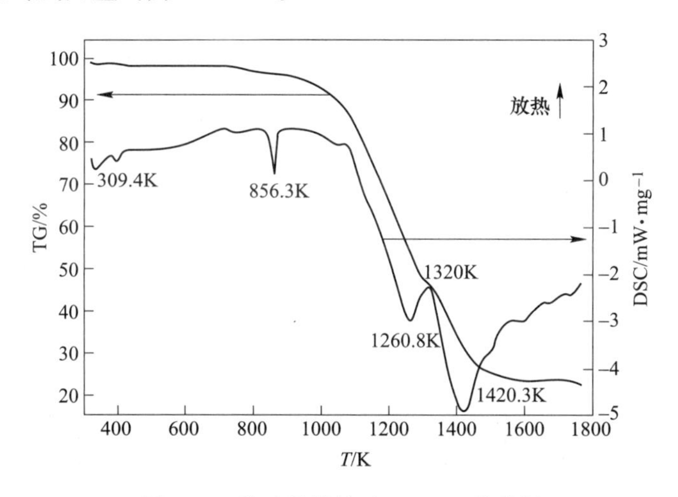

图 4-19 脆硫铅锑精矿 TG-DSC 热分析

4.2.6.3 脆硫铅锑矿常压热分解

采用自制真空炉开展了 10^5Pa 条件下脆硫铅锑矿热分解实验[46]。在压强为 10^5Pa、温度为 473~823K 时，对残留物检测，发现物相由 $Pb_4FeSb_6S_{14}$、FeS_2 和 ZnS 组成，表明这一温度范围内 $Pb_4FeSb_6S_{14}$没有发生热分解；当温度到达 873K 时，残留物中检测出了 PbS 和 FeS，表明 $Pb_4FeSb_6S_{14}$ 开始发生热分解；当温度超过 873K 以后，随着温度的升高 $Pb_4FeSb_6S_{14}$的衍射峰逐渐降低，表明 $Pb_4FeSb_6S_{14}$热分解加剧；当温度为 1123K 时，FeS_2 的衍射峰消失，表明 FeS_2 已经完全分解；温度继续升高至 1273K，$Pb_4FeSb_6S_{14}$衍射峰依然存在，表明 $Pb_4FeSb_6S_{14}$还没有分解完全。物相分析结果中，没有出现 Sb_2S_3 的衍射峰是由于 Sb_2S_3 已经挥发，无法达到检测限值。

4.2.6.4 脆硫铅锑矿真空分解实验

脆硫铅锑矿真空热分解实验原料和设备与 10^5Pa 压强条件下相同，实验样品的投入量和保温时间也相同，残余气体压强为 10~20Pa。在 10~20Pa 真空条件下，473~523K 范围内，对残留物检测发现无新物质生成，$Pb_4FeSb_6S_{14}$衍射峰强度也基本不变，表明$Pb_4FeSb_6S_{14}$没有发生热分解；当温度升高至573K时，检测出了Sb_2S_3，表明$Pb_4FeSb_6S_{14}$开始发生热分解，在573~723K温度范围内随着温度的升高$Pb_4FeSb_6S_{14}$的衍射峰逐渐下降，表明$Pb_4FeSb_6S_{14}$分解加剧；当温度为773K时，$Pb_4FeSb_6S_{14}$的衍射峰基本消失，并出现了明显的PbS衍射峰，表明$Pb_4FeSb_6S_{14}$分解完全；当温度为873K时，FeS_2的衍射峰消失；温度在873~1073K范围内，残留物的主要物相组成基本相同。当温度高于1173K以后，残留物主要物相组成基本相同，最终物相组成为FeS和$Fe_{0.96}S$。

4.2.6.5 脆硫铅锑矿热分解XRD衍射实时分析

对100mL/min氩气保护气氛下的脆硫铅锑矿进行了XRD实时分析，分析温度范围为673~883K，间隔10K，分析结果见表4-17。

表4-17 脆硫铅锑矿高温XRD实时分析

T/K	物相组成									
	$Pb_4FeSb_6S_{14}$	FeS_2	$Pb_2Sb_2S_5$	$Pb_{12}Sb_{10}S_{27}$	$Pb_9Sb_{21}S_{40}$	$Pb_5Sb_4S_{11}$	$Pb_4Sb_6S_{13}$	PbS	Sb_2S_3	FeS
673	√	√								
773	√	√								
823	√	√								√
833	√		√							√
843				√	√					√
853				√		√				√
863						√	√			√
873							√	√	√	√
883								√	√	√

由表4-17可以看出，在100mL/min氩气保护气氛下，$Pb_4FeSb_6S_{14}$的起始分解温度为833K。$Pb_4FeSb_6S_{14}$的分解并不是一步发生，反应中产生多种铅锑复杂硫化物，发生的反应见式（4-25）~式（4-30），最终分解产物为PbS、Sb_2S_3和FeS。

$$Pb_4FeSb_6S_{14} \xrightarrow{833K} Pb_2Sb_2S_5 + FeS \tag{4-25}$$

$$Pb_2Sb_2S_5 \xrightarrow{843K} Pb_{12}Sb_{10}S_{27} + Pb_9Sb_{21}S_{40} \tag{4-26}$$

$$Pb_9Sb_{21}S_{40} \xrightarrow{853K} Pb_5Sb_4S_{11} \tag{4-27}$$

$$Pb_{12}Sb_{10}S_{27} \xrightarrow{863K} Pb_5Sb_4S_{11} + Pb_4Sb_6S_{13} \tag{4-28}$$

$$Pb_5Sb_4S_{11} \xrightarrow{873K} Pb_4Sb_6S_{13} + PbS + Sb_2S_3 \tag{4-29}$$

$$Pb_4Sb_6S_{13} \xrightarrow{883K} PbS + Sb_2S_3 \tag{4-30}$$

以上分析表明：在10^5Pa条件下，脆硫铅锑矿的起始分解温度为873K；在10~20Pa真空条件下，脆硫铅锑矿的起始分解温度为573K；在氩气保护气氛下，脆硫铅锑矿的起始分解温度为833~873K。由实验结果可以看出，随温度的升高，$Pb_4FeSb_6S_{14}$逐步分解生

成 $Pb_2Sb_2S_5$、$Pb_4Sb_4S_{13}$、$Pb_5Sb_4S_{11}$ 等多种复杂铅锑硫化物及其混合物，最终分解产物为 PbS、Sb_2S_3 和 FeS；真空环境降低了 $Pb_4FeSb_6S_{14}$ 的分解温度。

参 考 文 献

[1] 徐祖耀，李麟. 材料热力学 [M]. 北京：科学出版社，2005.

[2] 戴永年，杨斌. 有色金属材料的真空冶金 [M]. 北京：冶金工业出版社，2008.

[3] 戴永年，杨斌. 有色金属真空冶金 [M]. 2 版. 北京：冶金工业出版社，2009.

[4] 北京师范大学，华中师范大学，南京师范大学. 无机化学 [M]. 北京：高等教育出版社，2003.

[5] 周令治，陈少纯. 稀散金属提取冶金 [M]. 北京：冶金工业出版社，2008.

[6] 李长江. 中国金属镓生产现状及前景展望 [J]. 轻金属，2013，8：9-11.

[7] 佟丽红. 镓的生产及需求 [J]. 有色金属工业，2002 (6)：57-58.

[8] 张向京，刘迎祥，田学芳. 砷化镓废渣生产氧化镓的实验研究 [J]. 矿产综合利用，2005，(1)：38-41.

[9] 郭学益，李平，黄凯，等. 从砷化镓工业废料中回收镓和砷的方法：中国，ZL200510031531.8 [P]. 2005-11-09.

[10] MITSUBISHI M C. Recovering of High-purity Gallium [P]. JpnKokaiTokkyo Koho. JP 0104 434. 1989-01.

[11] 苏毅，李国斌，罗康碧，等. 金属镓提取研究进展 [J]. 湿法冶金，2003，22 (1)：9-13.

[12] 胡亮，刘大春，陈秀敏，等. 砷化镓真空热分解的理论计算与实验 [J]. 中国有色金属学报，2014，24 (9)：2410-2417.

[13] BAUTISTA R G. 金属镓的回收 [J]. Miner. Met. Matter. Soc.，1989，41 (6)：30-31.

[14] 北京科技大学. 一种从含镓的钒渣中提取镓的方法：中国，CN 1083536 [P]. 1994-03.

[15] 蒋荣华，肖顺珍. 砷化镓材料的发展与前景 [J]. 世界有色金属，2002 (8)：7-13.

[16] KOZLOV S A，POTOLOKOV N A，FEDOROV V A，et al. Preparation of high-purity gallium from semiconductor fabrication waste [J]. Inorganic Materials，2003，39 (12)：1257-1266.

[17] MASAYOSHI I，YOKOHAMA. Process for Recovering Metallic Gallium from Gallium Compound-containing Waste：Japan，JP 4812167 [P]. 1989-03-14.

[18] MATSUMURA T，FUJIMOTO A，et al. Recovery of Gallium from Material Containing Intermetallic Compound of Gallium and Arsenic：JpnKokaiTokkyo Koho. JP 61215214A [P]. 1986-09.

[19] COLEMEN J P，MONZYK B F. Oxidative Dissolution of Gallium Arsen- ide and Separation of Gallium from Arsenic：US. US 4759917 [P]. 1988-07-26.

[20] CHARLTON T L，REDDEN R F，FRUITVALE. Recovery of Gallium from Gallium Compounds：US. US 4094753 [P]. 1978-06-13.

[21] 方鸿源. 废弃物砷化镓的镓及砷纯化回收方法：中国. CN101857918A [P]. 2010-10-13.

[22] CARVALHO M S，NETO K C，NOBREGA A W，et al. Recovery of gallium from aluminum industry residues [J]. Separation Scienceand Technology，2000，35 (1)：57-67.

[23] 刘大春，杨斌，戴永年，等. 真空法处理砷化镓废料回收镓的研究 [J]. 真空，2004 (3)：18-20.

[24] 周园园，王京，唐萍芝，等. 全球钼资源现状及供需形势分析 [J]. 中国国土资源经济，2018，31 (3)：32-37.

［25］陈洁．辉钼矿真空热分解脱硫的研究［D］．昆明：昆明理工大学，2015.

［26］周岳珍．辉钼矿真空热分解制备钼粉的研究［D］．昆明：昆明理工大学，2016.

［27］周岳珍，卢勇，刘大春，等．Mo_mS_n（$m+n\leqslant 8$）团簇的结构、稳定性和电子性质［J］．中国有色金属学报，2015，25（8）：2251-2258.

［28］周岳珍，卢勇，刘大春，等．真空条件下硫蒸气的从头算分子动力学模拟［J］．真空科学与技术学报，2015，35（10）：1270-1275.

［29］ZHOU Y Z，LU Y，LIU D C，et al. Thermodynamic analysis and experimental rules of vacuum decomposition of molybdenite concentrate［J］. Vacuum，2015，121：166-172.

［30］ZHOU Y，LU Y，LIU D，et al. Volatilization behaviors of molybdenum and sulfur in vacuum decomposition of molybdenite concentrate［J］. Journal of Central South University，2017，24（11）：2542-2549.

［31］YANG C，ZHOU Y，LIU D，et al. Preparation of molybdenum powder from molybdenite concentrate through vacuum decomposition-acid leaching combination process［M］//Rare Metal Technology 2017. Springer，Cham.，2017：235-246.

［32］王琴，杨丹妮，刘建文，等．铅粉在不同浓度硫酸电介质中电化学行为研究［J］．电池工业，2013，18（1）：73-77.

［33］SHAMSUDDIN. Thermodynamic studies on lead sulfide［J］. Metallurgical Transactions B，1977：349-352.

［34］雍波，田阳，杨斌，等．碳酸铅真空热分解的实验研究［J］．昆明理工大学学报（自然科学版），2018，43（6）：12-19.

［35］潘香英．阀控铅酸蓄电池早期容量衰减的研究［D］．天津：天津大学，2007.

［36］张波．铅蓄电池失效模式与修复的电化学研究［D］．上海：华东理工大学，2011.

［37］陶东平．碳酸铅的热分解研究［J］．昆明工学院学报，1986（3）：50-57.

［38］雍波．Experimental Study on Thermal Decomposition of Recycled Lead Carbonate from Waste Lead Acid Battery in Vacuum［D］．昆明：昆明理工大学，2019.

［39］北京矿冶研究总院测试研究所．有色冶金分析手册［M］．北京：冶金工业出版社，2008.

［40］王平艳，戴永年，蒋世新，等．真空下用碳热还原及低价氯化物分解法从工业氧化铝中炼铝的试验研究［J］．真空，2005（2）：8-11.

［41］王家驹．AlN 真空热分解反应机理研究［D］．昆明：昆明理工大学，2017.

［42］ZHOU Z G，XIONG H，CHEN X M，et al. Thermodynamic calculation and experimental investigation on the dissociation of lead sulfide under vacuum［J］. Vacuum，2018，155.

［43］ABE S，MASUMOTO K. Faceted vapor grown PbS single crystals under different vapor pressures［J］. Journal of Crystal Growth，2003（249）：544-548.

［44］张传福，李作刚，刘华中．硫化锌精矿直接还原蒸馏的热力学分析［J］．中国有色金属学报，1993（4）：16-19.

［45］北京有色冶金设计研究总院，等．重有色金属冶炼手册　锡锑汞贵金属卷［M］．北京：冶金工业出版社，1995.

［46］赵瑞昌，石西昌．锑冶金物理化学［M］．湖南：中南大学出版社，2006.

5 从头算分子动力学在真空冶金中的应用

5.1 从头算分子动力学基本原理

5.1.1 密度泛函理论基础

量子化学研究从微观的角度出发，基于原子和分子体系的Schrödinger方程求解出体系的波函数，并据此阐明和预测有关原子和分子的静态或动态性质。这些性质包括：分子的总能量和能级、分子中的电荷分布和化学成键、电子电离势和亲和势、键能和解离能、分子光谱、分子内与分子间相互作用及反应位置与活性等。为了求解实际分子体系的Schrödinger方程，人们引入了非相对论近似、Born-Oppenheimer近似和单电子近似三个近似。在这些近似的基础上，发展得到了Hartree-Fock方法。然而，一方面严格的Hartree-Fock方法在求解实际分子或原子体系的Schrödinger方程的过程中需消耗大量的计算资源；另一方面随着人们对计算精度要求的提高，HF方法中存在的部分相关能被忽略的问题也显得越来越突出。为了解决这两个问题，密度泛函理论方法和各种半经验方法得到了大力的发展和运用，其中密度泛函理论在一定的程度上克服了Hartree-Fock方法的缺点。

密度泛函理论的基本观点是以粒子的电子密度分布$\rho(r)$取代波函数构建密度泛函，然后解薛定谔方程，即可计算出原子和分子的电子结构及电子结构与相关性质的联系[1-2]。

5.1.2 Hohenberg-Kohn定理

P. Hohenberg和W. Kohn在1964年证明了两个重要的定理，它们分别是Hohenberg-Kohn第一定理和Hohenberg-Kohn第二定理[3]。Hohenberg-Kohn定理是密度泛函理论的基础。

5.1.2.1 Hohenberg-Kohn第一定理

Hohenberg-Kohn第一定理为：对于一个多粒子系统，外场$V_{ext(r)}$为粒子密度分布$\rho(r)$唯一的函数。当$V_{ext(r)}$确定后，哈密顿算符$\hat{H}$也确定了。因此，$\rho(r)$唯一确定多粒子系统的完整基态。

Hohenberg-Kohn第一定理的证明：对于两个不同的外场V_{ext}和V_{ext}，相对应的哈密顿算符分别是$\hat{H}=\hat{T}+\hat{V}_{ee}+\hat{V}_{ext}$和$\hat{H}'=\hat{T}+\hat{V}_{ee}+\hat{V}'_{ext}$，相对应的基态波函数分布为$\Psi_0$和$\Psi'_0$，相对应不同的基态能量分别为$E_0$和$E'_0$，但是它们具有相同的基态电子密度$\rho(r)$。

$$\rho = N\int\cdots\int\Psi(\tau_1,\tau_2,\cdots,\tau_N)\Psi^*(\tau_1,\tau_2,\cdots,\tau_N)\mathrm{d}s_1\mathrm{d}\tau_2\cdots\mathrm{d}\tau_N \tag{5-1}$$

利用变分原理，设Ψ'_0为$\hat{H}$的变分函数，那么

$$\begin{aligned}E_0 &< \langle\Psi'_0|\hat{H}|\Psi'_0\rangle = \langle\Psi'_0|\hat{H}'|\Psi'_0\rangle + \langle\Psi'_0|\hat{H}-\hat{H}'|\Psi'_0\rangle \\ &= E'_0 + \langle\Psi'_0|\hat{V}_{ext}-\hat{V}'_{ext}|\Psi'_0\rangle\end{aligned} \tag{5-2}$$

将式（5-2）右边最后一项用$\rho(r)$代替，那么有：

$$E_0 < E_0' + \int \rho(r)(V_{\text{ext}} - V_{\text{ext}}')\text{d}r \tag{5-3}$$

若Ψ_0为$\hat{H}'$的变分函数，同理有：

$$E_0' < E_0 - \int \rho(r)(V_{\text{ext}} - V_{\text{ext}}')\text{d}r \tag{5-4}$$

将式（5-3）和式（5-4）相加，可得$E_0+E_0'<E_0'+E_0$，这显然矛盾。因此，当基态电子密度$\rho(r)$确定，那么$\hat{H}$、Ψ_0和E_0也唯一确定了，其他的性质也一一确定了。

5.1.2.2 Hohenberg-Kohn 第二定理

Hohenberg-Kohn 第二定理为：真正的基态电子密度$\rho(r)$可以得到基态能量E_0。

Hohenberg-Kohn 第二定理的证明：Hohenberg-Kohn 第二定理可以用 M. Levy 在 1979 年提出的莱维受限搜索方法来证明[4]。根据波函数的变分法，当$\hat{H}=\hat{T}+\hat{V}_{\text{ee}}+\hat{V}_{\text{ext}}=\hat{T}+\hat{V}_{\text{ee}}+\hat{V}_{\text{ne}}$时，有：

$$E_0 = \min_{\rho\to N}(\min_{\Psi\to\rho}\langle\Psi|\hat{H}|\Psi\rangle) = \min_{\rho\to N}(\min_{\Psi\to\rho}\langle\Psi|\hat{T}+\hat{V}_{\text{ee}}+\hat{V}_{\text{ne}}|\Psi\rangle) \tag{5-5}$$

式中，$\rho\to N$为一个包含N个电子的系统；ρ为所有可能的电子密度；$\Psi\to\rho$为当电子密度为ρ时，Ψ为可能的反对称波函数。

式（5-5）在搜寻基态能量E_0的能量过程中分两步完成。第一步：在电子密度$\rho(r)$中找出所有可能的波函数Ψ，并找出基态能量E_0的波函数Ψ_0。第二步：在所有可能的电子密度$\rho(r)$中找出基态能量为E_0时N电子系统的密度$\rho_0(r)$。

用电子密度$\rho(r)$的积分取代外场算符或者原子核-电子的相互作用，且与波函数无关，则有：

$$\begin{aligned} E_0 &= \min_{\rho\to N}(\min_{\Psi\to\rho}\langle\Psi|\hat{T}+\hat{V}_{\text{ee}}|\Psi\rangle + \int\rho(r)V_{\text{ne}}\text{d}r) \\ &= \min_{\rho\to N}(F_{\text{intr}}[\rho(r)] + \int\rho(r)V_{\text{ne}}\text{d}r) = \min_{\rho\to N}E[\rho(r)] \end{aligned} \tag{5-6}$$

式（5-6）中，令$E[\rho(r)]=F_{\text{intr}}[\rho(r)]+\int\rho(r)V_{\text{ne}}\text{d}r$为能量泛函，其中，$F_{\text{intr}}[\rho(r)]$为内在自由能泛函，也称为 Hohenberg-Kohn 泛函（用$F_{\text{HK}}[\rho(r)]$表示，$F_{\text{HK}}[\rho(r)]=F_{\text{intr}}[\rho(r)]=\min\limits_{\Psi\to\rho}\langle\Psi|\hat{T}+\hat{V}_{\text{ee}}|\Psi\rangle$，内在表示不显含外场$V_{\text{ext}}$或者$V_{\text{ne}}$的直接贡献）。

5.1.3 Kohn-Sham 方法

1965 年，W. Kohn 和 L. J. Sham 提出了不包含相对论效应的密度泛函理论方法，简称为 KS 方法[5]。基于 Hartree-Fock 近似，引入了一个无相互作用的参考系统，用泛函来近似处理电子与电子之间的排斥作用。

Kohn-Sham 方程为$\hat{h}_{\text{KS}}\Psi_i=\varepsilon_i\Psi_i$。Kohn-Sham 算符为$\hat{h}_{\text{KS}}=-1/2\ \nabla^2+V_{\text{eff}}(r)$。

5.1.4 交换相关能泛函

众所周知，在密度泛函理论中，在构建能量泛函的时候，采用交换相关能泛函对未知项进行代替以便理论值与实验值能够比较地吻合。从而，交换相关能的构建决定了 Kohn-Sham 方法能否得到接近实际的值。

5.1.4.1 局域密度近似

局域密度近似（local density approximation，LDA）的交换相关能 E_{xc} 可以表示为：

$$E_{xc}^{LDA}[\rho(r)] = \int \rho(r)\varepsilon_{xc}[\rho(r)]dr \tag{5-7}$$

式中，$\varepsilon_{xc}[\rho(r)]$ 为电子密度为 $\rho(r)$ 的均匀电子气的单电子交换相关能（$\varepsilon_{xc}[\rho(r)]$ 不是泛函，只是 r 的函数）。另外，$\varepsilon_{xc}[\rho(r)]$ 可以被分解为交换的贡献 ε_x 和相关的贡献 ε_c：

$$\varepsilon_{xc}[\rho(r)] = \varepsilon_c[\rho(r)] + \varepsilon_x[\rho(r)] \tag{5-8}$$

局域自旋密度近似（local spin density approximation，LSDA）是局域自旋密度近似针对非限制性开壳层的体系（α 自旋与 β 自旋的电子数不相等）。此时，近似的泛函可由 α 自旋密度与 β 自旋密度表示：$\rho(r)=\rho_\alpha(r)+\rho_\beta(r)$。因此，采用自旋电子密度，式（5-7）可以表示为：

$$E_{xc}^{LSDA}[\rho_\alpha(r),\rho_\beta(r)] = \int \rho(r)\varepsilon_{xc}[\rho_\alpha(r),\rho_\beta(r)]dr \tag{5-9}$$

自旋参数极化 ξ(spin polarization parameter）被定义为：

$$\xi = \frac{\rho_\alpha(r) - \rho_\beta(r)}{\rho(r)} \tag{5-10}$$

当 $\xi=0$ 时，自旋完全抵消；当 $\xi=1$ 时，完全自旋极化（所有电子的自旋相同）。

5.1.4.2 梯度展开近似

梯度展开近似（gradient expansion approximation，GEA）对泰勒展开式的第二项进行改进，那么交换相关能 E_{xc} 可表示为：

$$E_{xc}^{GEA}[\rho_\alpha(r),\rho_\beta(r)] = \int \rho(r)\varepsilon_{xc}[\rho_\alpha(r),\rho_\beta(r)]dr + \sum_{\alpha,\beta}\int C_{xc}^{\alpha,\beta}[\rho_\alpha(r),\rho_\beta(r)]\rho_\alpha^{-2/3}(r)\nabla\rho_\alpha(r)\rho_\beta^{-2/3}(r)\nabla\rho_\beta(r)dr + \cdots \tag{5-11}$$

式（5-11）失去了对许多空穴的描述，交换相关空穴 h_X 也不再总为负值，交换相关能的误差也较大，GEA 没有 LDA 或 LSD 的效果好。

5.1.4.3 广义梯度近似

为了解决 GEA 出现的问题，对空穴采取必须满足真实空穴的限制，这被称为广义梯度近似（generalized gradient approximation，GGA）。这时交换相关能泛函 E_{xc} 可被写为：

$$E_{xc}^{GGA}[\rho_\alpha(r),\rho_\beta(r)] = \int f[\rho_\alpha(r),\rho_\beta(r),\nabla\rho_\alpha(r),\nabla\rho_\beta(r)]dr \tag{5-12}$$

另外，交换相关能泛函 E_{xc} 还可被分解为：

$$E_{xc}^{GGA}(\rho_\alpha,\rho_\beta) = E_x^{GGA}(\rho_\alpha,\rho_\beta) + E_c^{GGA}(\rho_\alpha,\rho_\beta) \tag{5-13}$$

式中，$E_x^{GGA}(\rho_\alpha,\rho_\beta)$ 为交换能泛函；$E_c^{GGA}(\rho_\alpha,\rho_\beta)$ 为相关能泛函。

5.1.5 从头算分子动力学

从头算分子动力学为经典分子动力学与密度泛函理论相结合的方法，它对复杂分子体系及过程的计算机模拟领域产生了重大的变革[6]。从头算分子动力学从简单想法变成强大计算方法的一个重要而关键的突破是由 Car 和 Parrinello 解决的。1985 年 Car 和 Parrinello[7]发表了一篇题为“Unified Approach for Molecular Dynamics and Density Functional Theory”的文章并引入了一个算法，通过一个增广拉格朗日量可将给定原子核位置所寻找的电子基态与追踪原子核的运动结合起来处理。该算法的核心思想为：基于分子动力学建立一个可同时追踪原子核和电子自由度的方程。从此，从头算分子动力学渗透到了许多的领域，特别是物理、化学和生物领域，标志着从头算分子动力学的成熟。

5.1.5.1 Car-Parrinello 分子动力学

Car-Parrinello 方法的主要特点为采用分子动力学和退火技术使电子的能量达到极小值，同时可以获得轨道集合的系数[8]。首先 Car-Parrinello 方法建立了关于分子轨道系数的“运动方程”，然后采用分子动力学将体系约束在轨道空间内进行运动，运动的初始点为随机的一个相对能量较高的系数集合，最终体系可运动至势能面的谷底。模拟退火可防止体系陷入定域的极小值。通过 SHAKE 算法对体系施加约束，可使轨道保持正交性。

为了能够很好地实现从头算分子动力学模拟，Car 和 Parrinello 构建了可同时测定电子和核运动的动力学方程[7]。基于 Car-Parrinello 运动方程，可允许分子动力学的每一时间步、电子组态在轨道系数空间内可不必同时达到极小的值，甚至对动力学模拟过程中核作用力的误差进行拟合。因为一个原子的运动以一个单占据的分子轨道进行考虑，Car-Parrinello 运动方程将电子和核运动进行联合处理可在一定程度上相互抵消核运动和电子运动的误差。若核以一恒定速率开始进行运动，轨道的初始运动将延迟且在核开始运动之后。当轨道的运动开始加速，轨道的运动速率超过核运动的速率时，轨道开始做减速运动；当核运动的速率超过轨道运动的速率时，轨道又开始做加速运动，如此重复下去……

Car-Parrinello 分子动力学有一重要的特点，必须将虚拟质量配分至轨道系数中，从而使电子运动的频率比核运动的频率高，这样可避免核发生能量交换。因此，Car-Parrinello 分子动力学的时间步长较小，但是比较耗费计算机机时。

5.1.5.2 系综

在从头算分子动力学中，常用的系综有正则系综（NVT）、微正则系综（NVE）和等温等压系综（NPT）。对于正则系综，在模拟过程中系统的粒子数保持不变，系统的体积恒定不变，且系统的温度保持恒定。正则系综用到的控温方法有 Nosé-hoover 热浴法（Nosé thermostat）、温度耦合算法（temperature coupling algorithm）和高斯热浴法（Gaussian thermostat）。对于微正则系综，在模拟的过程中系统的粒子数恒定不变，系统的体积恒定不变，且体系的能量不发生变化。对于等温等压系综，在模拟过程中系统的粒子数保持不变，系统的压力保持不变，且系统的温度恒定不变。等温等压系综的控温方法与正则系综的控温方法一致，等温等压系综的控压方法有 Paminello-Rahman、Anderson 和 Berendsen 法[8-10]。

5.2 从头算分子动力学在合金真空蒸馏研究中的应用

5.2.1 铅-锌-铟合金分离基础理论研究

5.2.1.1 Pb-In、Pb-Zn、Zn-In 团簇的分子动力学模拟

A Pb_nIn_n($n=2\sim10$)团簇的分子动力学模拟

按照等比例的 Pb 原子和 In 原子构建 Pb_nIn_n（$n=2\sim10$）团簇[11]，采用密度泛函理论（DFT）[12]方法对构建的团簇进行几何结构优化。优化计算采用 Materials Studio 软件中的 DMol3 模块，采用 GGA（generalized gradient approximation）泛函及 HCTH（Hamprecht, Cohen, Tozer and Handy functional）处理交换与关联效应[13]。采用双数值原子基组（DNP）进行全电子计算，自洽迭代收敛标准为 10^{-6} Ha❶。在几何优化过程中，位移收敛标准为 0.005，应力改变 0.02eV/A，能量的收敛标准 10^{-5} eV/atom。对初步优化得到的 Pb_nIn_n（$n=2\sim10$）团簇再进行从头算分子动力学模拟，动力学模拟条件为：温度 300K，常压，采用 NVT 系综、时间步长为 1fs、模拟时间为 10ps、温度控制采用 Missive GGM，通过分子动力学模拟获得团簇能量最低的稳定结构如图 5-1 所示。最后通过计算获得 Pb_nIn_n 的不同 n 值（$n=2\sim10$）团簇的总能量、最高占据轨道（HOMO）与最低未占据轨道（LUMO）间的能隙等性质。

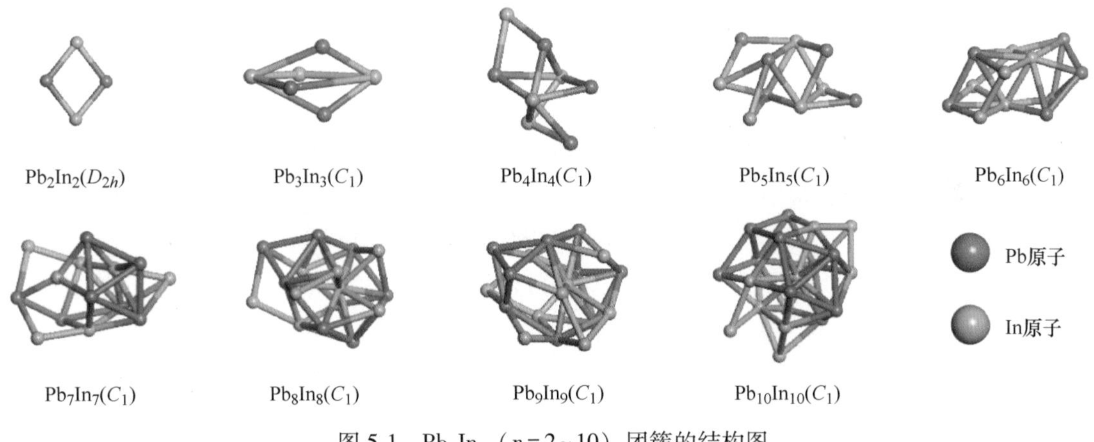

图 5-1 Pb_nIn_n（$n=2\sim10$）团簇的结构图

从图 5-1 可以看出，Pb_2In_2 团簇是平行四边形结构，Pb 原子和 In 原子分别在对角线的位置上，它的点群对称性是 D_{2h}。Pb_3In_3 团簇在 Pb_2In_2 团簇的基础上添加了一个 Pb 原子和一个 In 原子。Pb 原子和 In 原子分别在平行四边形的上方与 In 原子相连。从 $n=3\sim10$，团簇的点群对称性都是 C_1，并无较好的对称性。Pb_4In_4 团簇是由两个平行四边形和一个三角形组成的，它们之间有一个共用的 In 原子。两个平行四边形之间除了一根共用的 Pb—In 键之外，还有一根 Pb—In 键将它们连接了起来。另一个四边形通过一根 In—In 键将四

❶ Ha——Hartree-Fock 方法中能量的单位为 Hartree，以 Hartree-Fock 方法的提出者之一 D. Hartree 命名，简写为 Ha，1Ha=27.2114eV。

边形和三角形连接了起来。Pb_5In_5 团簇是由几个扭曲的三角形构成的，整体的几何形状不规则，Pb 原子和 In 原子相互交错在一起。Pb_6In_6 团簇是由两层扭曲缺边的五边形构成的，两个缺边五边形的中心都是 In 原子。Pb_7In_7 团簇由原来扁长的 Pb_6In_6 团簇向致密的球状结构发生了转变。$n=7\sim10$ 团簇都是类球状，In 原子集中在 Pb 原子中心，Pb 原子包裹一部分的 In 原子，中心的 Pb 原子与 In 原子形成包覆状，且团簇周围的部分 In 原子以双键的形式与团簇连接起来。

Pb_nIn_n（$n=2\sim10$）团簇中原子的平均结合能随团簇尺寸的变化如图 5-2 所示。

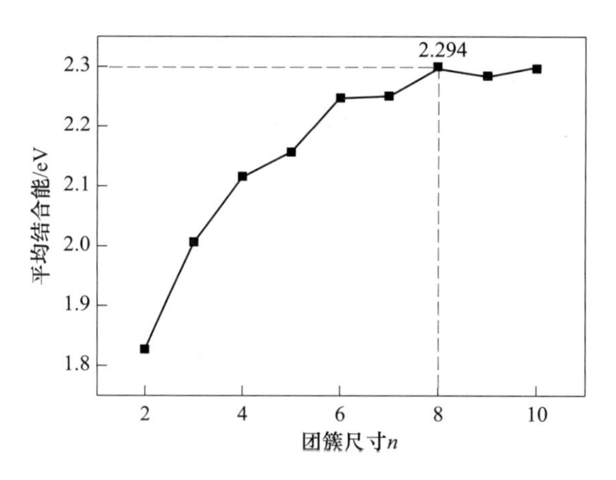

图 5-2　Pb_nIn_n（$n=2\sim10$）团簇中原子的平均结合能随团簇尺寸的变化

从图 5-2 可知，随着 n 的增大 Pb_nIn_n 团簇中原子的平均结合能增大，表明随着 n 值的增加原子的配位数增大，原子间相互作用增强。当 $n\geqslant8$ 时，团簇的结合能趋于稳定，表明 Pb_8In_8 团簇已经趋于稳定，此临界结构的性质在一定程度上可以反映块体或合金溶液的相关性质。因此，n 值大于 8 的 Pb_nIn_n 团簇可以作为研究 Pb-In 团簇的候选者。

Pb_nIn_n（$n=2\sim10$）团簇的 HL 能隙随团簇尺寸的变化图如图 5-3 所示。Pb_nIn_n 团簇的

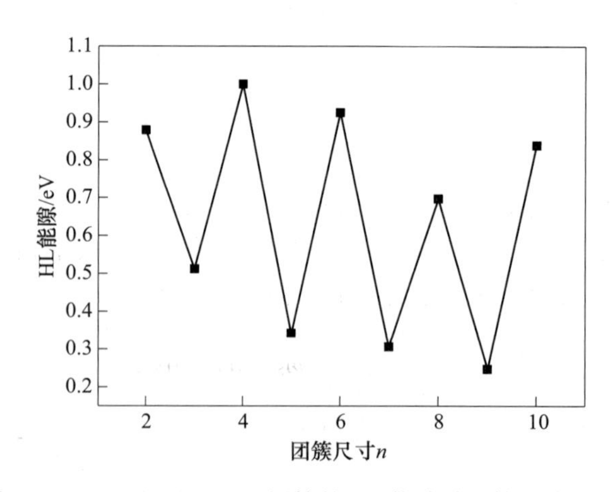

图 5-3　Pb_nIn_n（$n=2\sim10$）团簇的 HL 能隙随团簇尺寸的变化

HL 能隙显示出了明显的奇-偶振荡效应，这种现象在其他团簇中也存在。当 n 为偶数团簇的 HL 能隙与比它们相邻的 n 为奇数的团簇的 HL 能隙要大很多，即 n 为偶数的团簇要比 n 为奇数的团簇稳定，这种现象符合电子闭壳层模型：In 原子的最外层电子构型为 $5s^25p^1$，Pb 原子的最外层电子构型为 $6s^26p^2$，所以当 n 为偶数时，Pb_nIn_n 团簇总的电子数为偶数，满足电子闭壳层模型；当 n 为奇数时，Pb_nIn_n 团簇总的电子数为奇数，不满足电子闭壳层模型，外层电子不能很好地配对，即 n 为偶数的 Pb_nIn_n 团簇比 n 为奇数的 Pb_nIn_n 团簇稳定。同时随着 n 的增大，HL 能隙是减小的。表明随着 n 的增大，Pb_nIn_n 团簇的非金属性在减弱而金属性在不断地加强。

HOMO 图和 LUMO 图（见图 5-4）可以反映 HOMO 和 LUMO 的电子密度。从图 5-4 中可以看出，随着 n 的增大，在原子上的 HOMO 及 LUMO 电子云的数目和密度是减小的。由于同一原子上 HOMO 及 LUMO 的电子云密度越大，重叠性越好，表明 s、p、d 等轨道的杂化越强。团簇原子上的 HOMO 及 LUMO 电子云的数目和密度随 n 的增大而减小。可知，团簇的杂化现象在不断减弱，即随着 n 的增大，团簇的非金属性在减弱而金属性在不断加强。

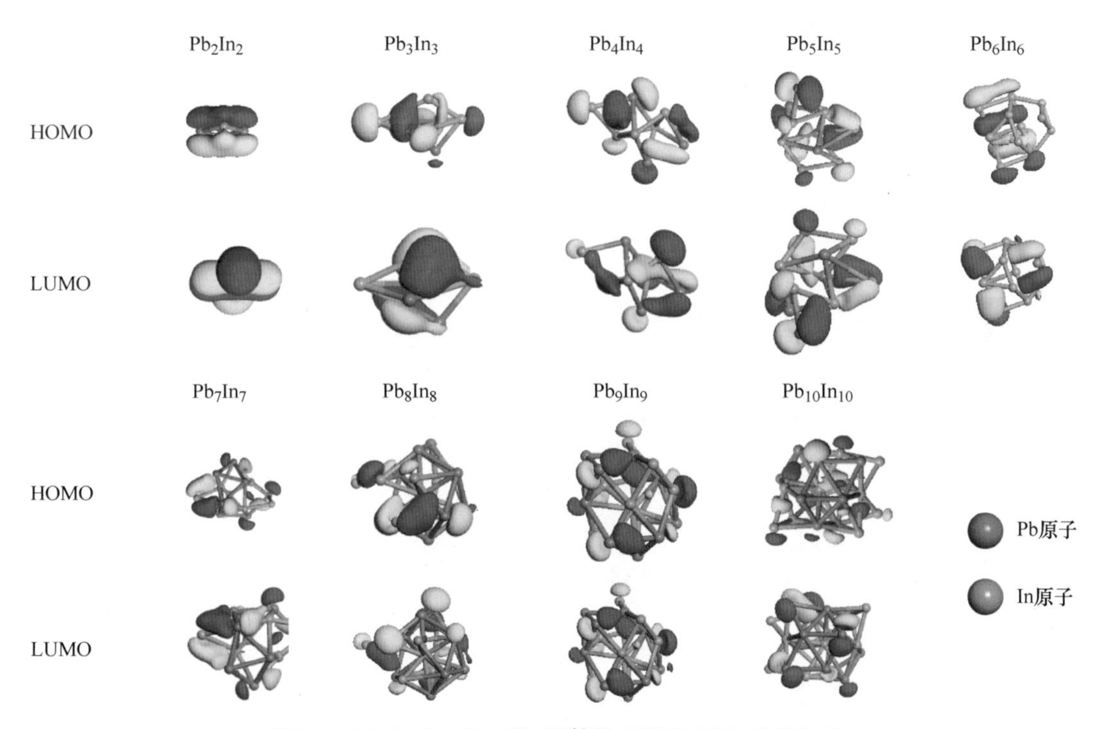

图 5-4 Pb_nIn_n（$n=2\sim10$）团簇的 HOMO 图和 LUMO 图

由于 Pb 原子的价电子构型为 $6s^26p^2$，In 原子的价电子构型为 $4d^{10}5s^25p^1$。图 5-5 为 Pb_nIn_n（$n=2\sim10$）团簇的态密度图。从图中可以看出，态密度主要由三段组成，当 n 很小时，态密度的局域化很强。随着 n 的增大，态密度的局域化越来越弱，连续性在不断变强，最后态密度形成了连续性且态密度有左移的趋势。In 的态密度与 Pb 的态密度变化趋势基本一致。随着 n 的增大，态密度的局域化减弱，连续性不断加强，当 $n>6$ 时，态密度也表现出了连续性且有左移的趋势，这与前面 Pb_nIn_n（$n=2\sim10$）团簇的 HOMO-LUMO 能隙的变化趋势是一致的。同时，Pb 的 5d、6s、6p 轨道与 In 的 4d、5s、5p 轨道有较好的重叠，可知 Pb_nIn_n（$n=2\sim10$）团簇中存在一定的 d、s、p 杂化成分，从而使得 Pb-In 间有较强的相互作用，这巩固了团簇的化学稳定。

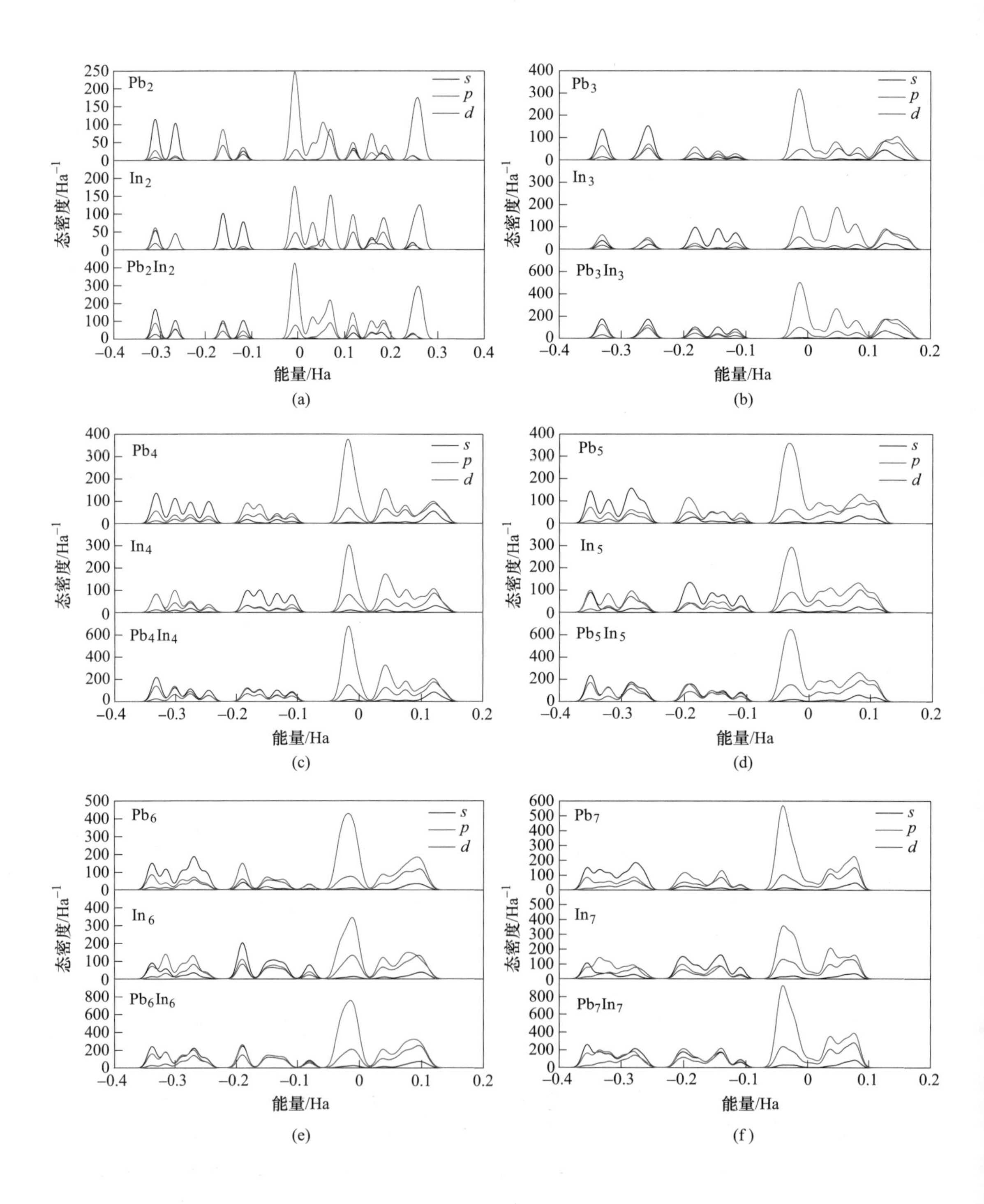

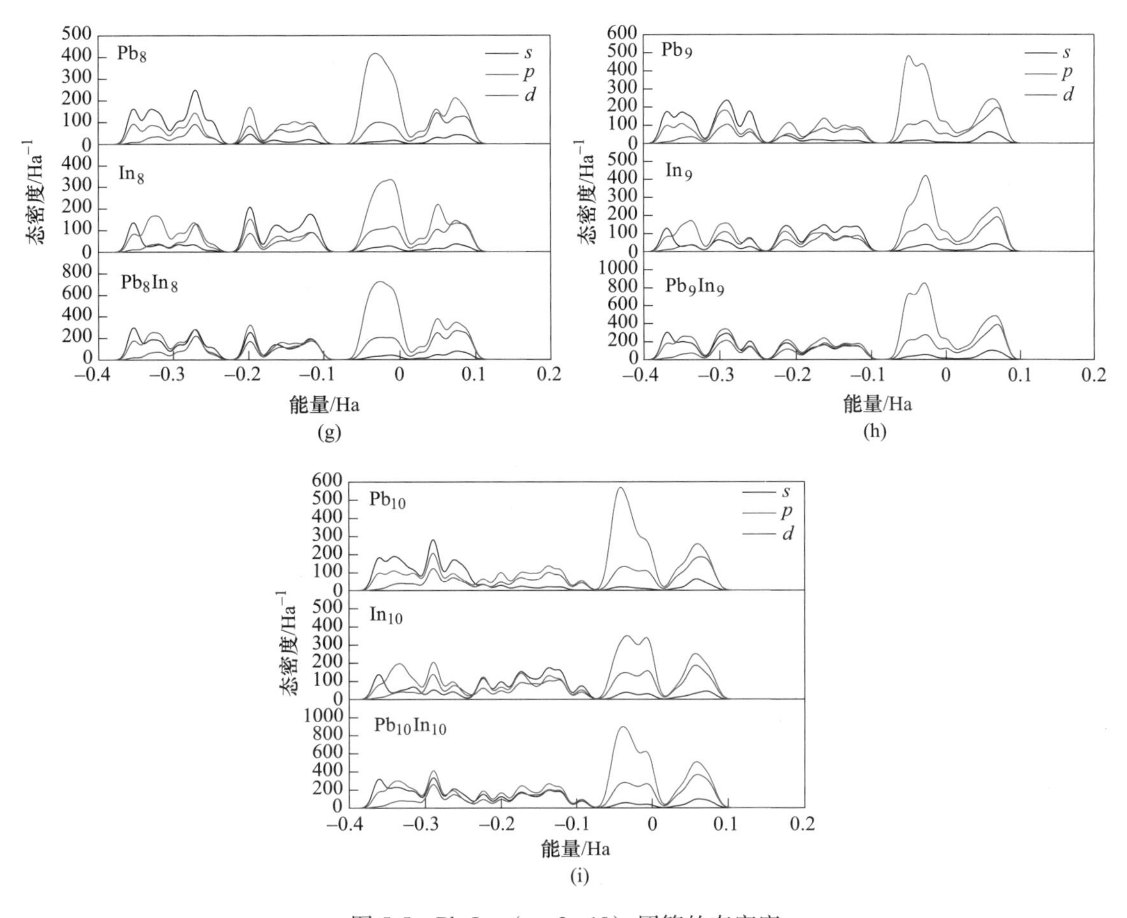

图 5-5 Pb_nIn_n（$n=2\sim10$）团簇的态密度

（a）$n=2$；（b）$n=3$；（c）$n=4$；（d）$n=5$；（e）$n=6$；（f）$n=7$；（g）$n=8$；（h）$n=9$；（i）$n=10$

B $Pb_nZn_n(n=2\sim10)$ 团簇的分子动力学模拟

构建了等比例的 $Pb_nZn_n(n=2\sim10)$ 的团簇，计算条件设置与 Pb-In 相同，获得 $Pb_nZn_n(n=2\sim10)$ 团簇的所有可能稳定结构，如图 5-6 所示，再计算 $Pb_nZn_n(n=2\sim10)$ 的不同 n 值团簇的总能量、最高占据轨道（HOMO）与最低未占据轨道（LUMO）间的能隙、结合能等。

从图 5-6 可以看出，Pb_2Zn_2 团簇的结构与 Pb_2In_2 团簇的结构的形状类似，Pb 原子与 Zn 原子分别在平行四边形的对角线的位置上。但是 Pb_2Zn_2 团簇的点群对称性与 Pb_2In_2 团簇不同，Pb_2Zn_2 团簇的点群对称性为 C_{2h}。Pb_3Zn_3 团簇是由一个扭曲的平行四边形和一个三角形组成，另外一个 Zn 原子以戴帽的形式，加在四边形和三角形的头上。Pb_3Zn_3 团簇的点群对称性是 C_s。Pb_4Zn_4 团簇近似为一个缺边的四棱柱且 Zn 原子均匀分布在四棱柱的 8 个顶点上。当 $n=5\sim10$，团簇的点群对称性都是 C_1。Pb_5Zn_5 团簇的由两个平面组成的双层结构，其中上层面是以 Pb 原子为中心的，下层面是以 Zn 原子为中心的。从 $n=6$ 开始，团簇由原来简单的平面结构向 3D 结构发生了转变。Pb_6Zn_6 团簇为椭球形。Pb_7Zn_7 团簇、Pb_8Zn_8 团簇、Pb_9Zn_9 团簇和 $Pb_{10}Zn_{10}$团簇都是球状的。从整体来看，随着 n 值的增大，团

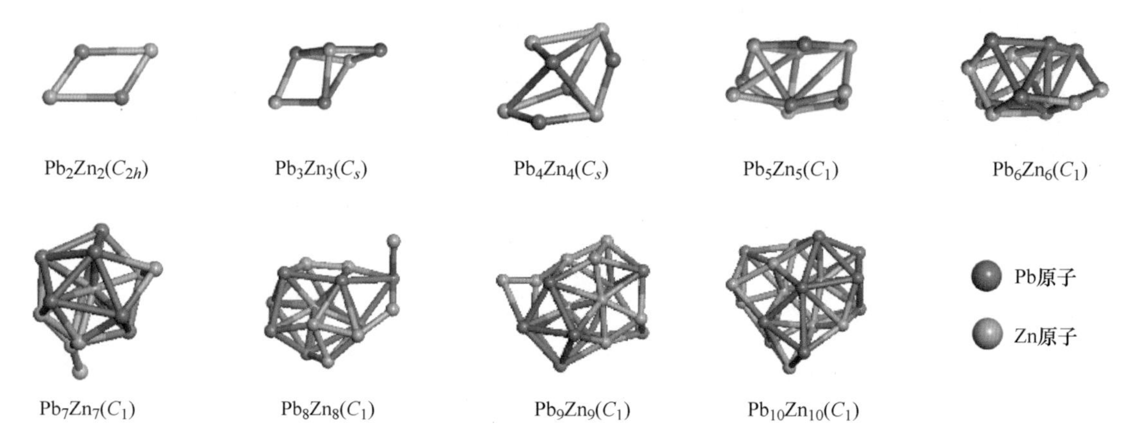

图 5-6　$Pb_nZn_n(n=2\sim10)$ 团簇的结构

簇由平面结构向立体结构过渡，然后又向 3D 扭曲的球形发生了转变；点群对称性减弱。

图 5-7 为 Pb_nZn_n 团簇中原子的平均结合能随团簇尺寸的变化，从图中可知，结合能是随着团簇尺寸的增大而增大，表明原子的配位数是增大的且原子与周围原子的相互作用是增大的。且当 $n\geqslant7$ 时，结合能趋于稳定。因此，$n>7$ 的 Pb_nZn_n 团簇可作为研究 $Pb_nZn_n(n=2\sim10)$ 团簇的候选者。

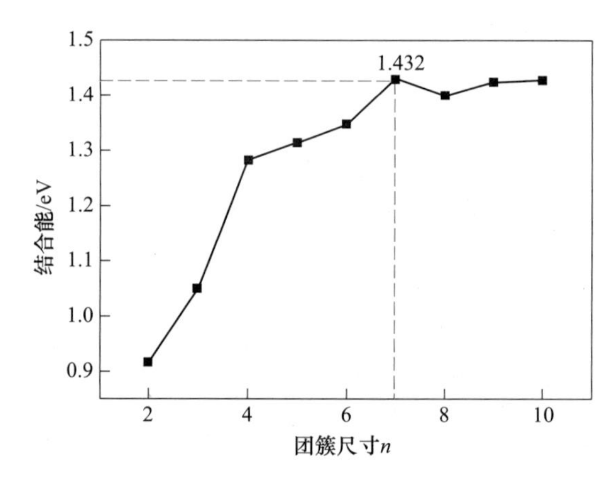

图 5-7　$Pb_nZn_n(n=2\sim10)$ 团簇中原子的平均结合能随团簇尺寸的变化

图 5-8 为 $Pb_nZn_n(n=2\sim10)$ 团簇的 HL 能隙，$Pb_nZn_n(n=2\sim10)$ 团簇的 HL 能隙不存在奇偶振荡现象。由于 Pb 的最外层电子构型为 $6s^26p^2$，Zn 的最外层电子构型为 $4s^2$，Pb_nZn_n 团簇的外层电子数都为偶数。HL 能隙先增大然后稳定，然后再增大，最后再减小，当 $n=7$ 时达到最大，当 $n=8$ 时达到谷底，然后强势反弹，到 $n=9$ 到达峰顶，然后再下降。可以看出，Pb_7Zn_7 团簇是 Pb_nZn_n（$n=2\sim10$）这些团簇中化学稳定性最好的团簇，与 $Pb_nZn_n(n=2\sim10)$ 团簇的结合能随团簇尺寸变化显示的 Pb_7Zn_7 是稳定的结果一致。Pb_9Zn_9 团簇的稳定性次于 Pb_7Zn_7 团簇，但较 Pb_8Zn_8 团簇好。

$Pb_nZn_n(n=2\sim10)$ 的 HOMO 图和 LUMO 图如图 5-9 所示。与 $Pb_nIn_n(n=2\sim10)$ 的

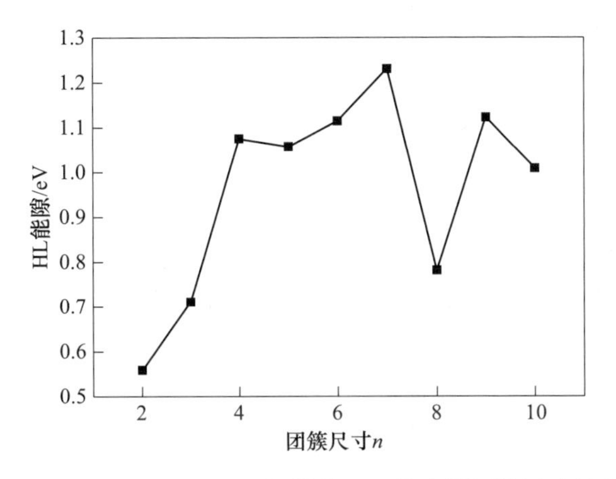

图 5-8 $Pb_nZn_n(n=2\sim10)$ 团簇的 HL 能隙随团簇尺寸的变化

HOMO 图和 LUMO 图相似，随着 n 的增大，团簇原子上的 HOMO 及 LUMO 电子云的数目和密度随 n 的增大而减小。$Pb_nZn_n(n=2\sim10)$ 团簇的杂化现象在不断减弱，其非金属性在减弱而金属性在不断加强。

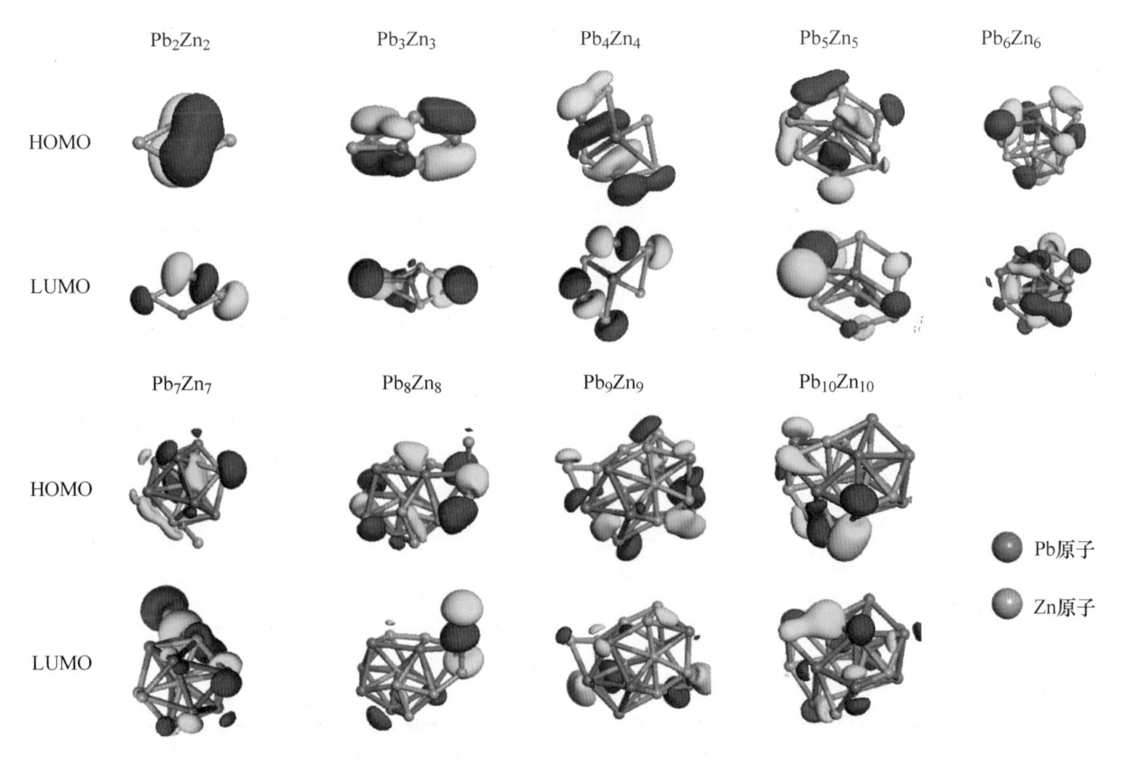

图 5-9 $Pb_nZn_n(n=2\sim10)$ 的 HOMO 图和 LUMO 图

由于 Pb 原子的价电子构型为 $6s^26p^2$，Zn 原子的价电子构型为 $3d^{10}4s^2$。$Pb_nZn_n(n=2\sim10)$ 团簇在费米能级附近（-0.4~0.3Ha）的态密度如图 5-10 所示。

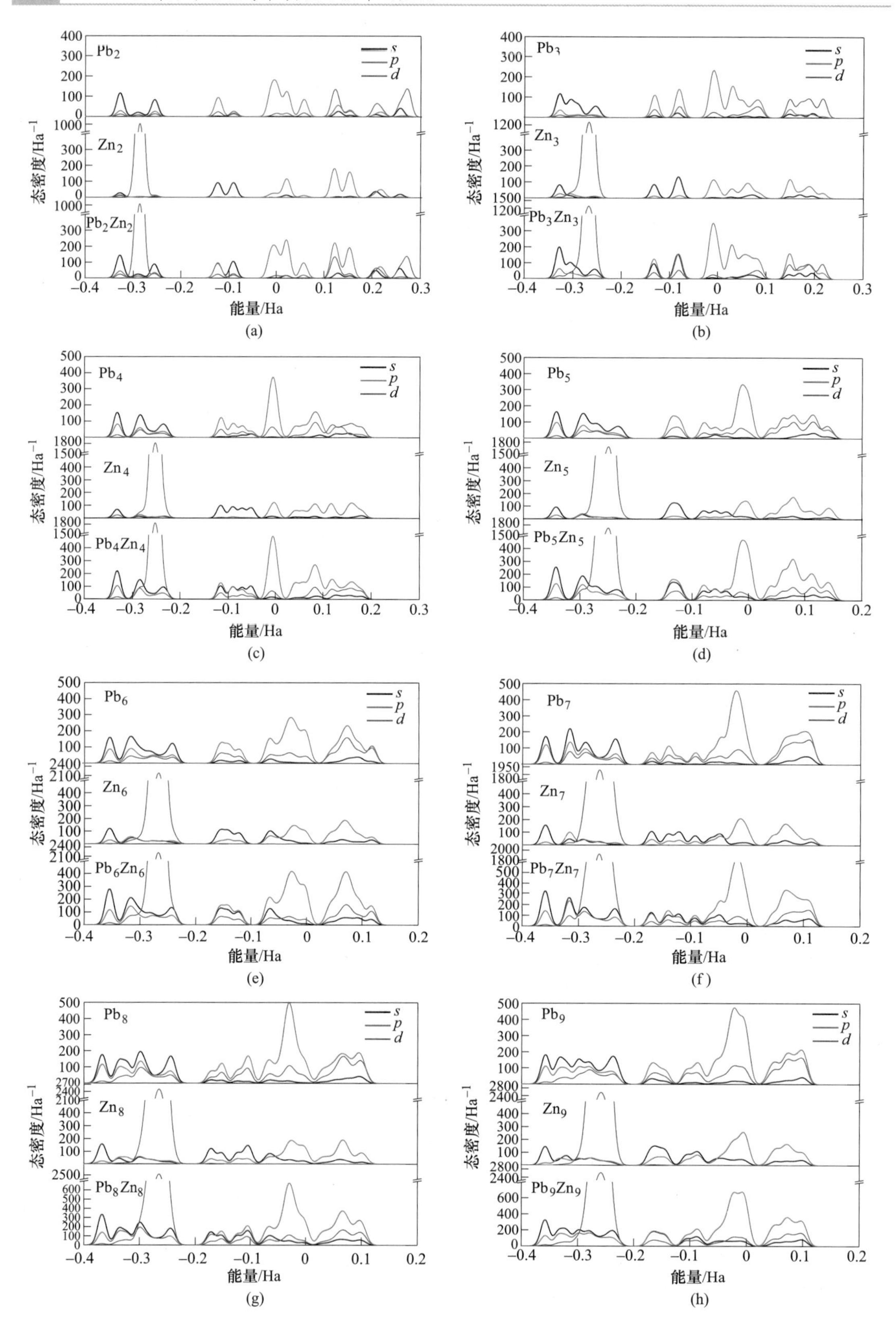

Pb2
Zn2
Pb2Zn2
Pb3
Zn3
Pb3Zn3
Pb4
Zn4
Pb4Zn4
Pb5
Zn5
Pb5Zn5
Pb6
Zn6
Pb6Zn6
Pb7
Zn7
Pb7Zn7
Pb8
Zn8
Pb8Zn8
Pb9
Zn9
Pb9Zn9
s
p
d
态密度/Ha⁻¹
能量/Ha
(a)
(b)
(c)
(d)
(e)
(f)
(g)
(h)

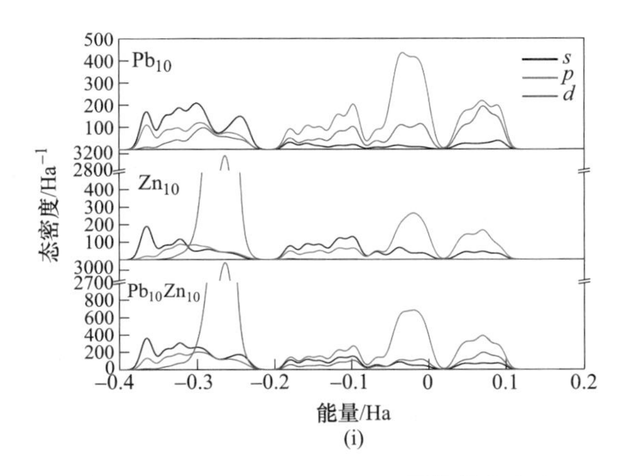

图 5-10 Pb_nZn_n（$n=2\sim10$）团簇的态密度

（a）$n=2$；（b）$n=3$；（c）$n=4$；（d）$n=5$；（e）$n=6$；（f）$n=7$；（g）$n=8$；（h）$n=9$；（i）$n=10$

随着 n 的增大，态密度不断左移，最右端的态密度在 0.1Ha 附近趋于稳定。同时，随着 n 的增大，态密度的连续性也变得越来越好，可知 Pb_nZn_n（$n=2\sim10$）团簇的金属性是在不断增强的，与 Pb_nZn_n（$n=2\sim10$）团簇的 HOMO-LUMO 能隙的变化趋势是一致的。同时，由图 5-10 可见，虽然铅的 $5d$、$6s$、$6p$ 轨道与锌的 $4s$、$4p$ 轨道在 $-0.15\sim0.16$Ha 有较好的重叠，但锌的 $3d$ 轨道在此范围内并未参与成键，这在一定程度上使得 Pb_nZn_n（$n=2\sim10$）间的相互作用较弱。

C　Zn_nIn_n（$n=2\sim10$）团簇的分子动力学模拟

构建了 Zn 原子和 In 原子等比例的 Zn_nIn_n（$n=2\sim10$）团簇，模拟条件设置与 Pb_nIn_n（$n=2\sim10$）相同，优化得到了 Zn_nIn_n（$n=2\sim10$）团簇的各种所有可能稳定结构，如图 5-11 所示。通过计算得到 Zn_nIn_n（$n=2\sim10$）的不同 n 值团簇的总能量、最高占据轨道（HOMO）与最低未占据轨道（LUMO）间的能隙、结合能等。

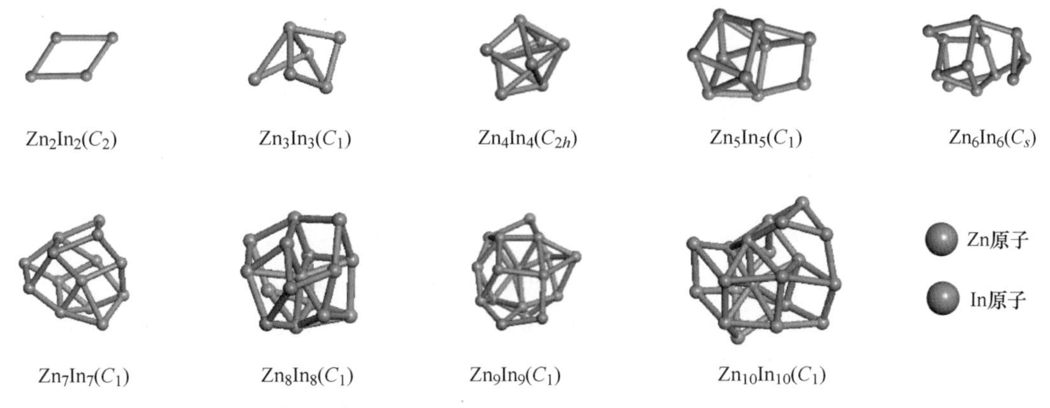

图 5-11　Zn_nIn_n（$n=2\sim10$）团簇的结构

从图 5-11 可知，Zn_2In_2 团簇与 Pb_2Zn_2 团簇和 Pb_2In_2 团簇的形状一致，都为异种原子在平行四边形的对角线上。Zn_2In_2 团簇的点群对称性为 C_2。Zn_3In_3 团簇是由一个扭曲的四边形和两个 Zn 原子构成的，其中平行四边形在团簇的中央由 3 个 In 原子和 1 个 Zn 原子构成，剩余的两个 Zn 原子分别在平行四边形的两侧，其中一个 Zn 原子通过戴帽的形式与四边形对角线上的两个 In 原子连接在一起，另一个 Zn 原子通过四边形上相邻的一个 Zn 与一个 In 原子连接在一起。Zn_3In_3 团簇的点群对称性为 C_1。Zn_4In_4 团簇是一个形状不规则的近似方形的结构，它的点群对称为 C_{2h}。Zn_5In_5 团簇是由一个形状扭曲的四棱柱和两个共边的三角形和四边形组成的。它的点群对称性为 C_1。Zn_6In_6 团簇是由几个环状部分构成的，环与环之间形成层状，层与层之间通过键连接在一起。从 $n=7\sim10$，团簇的点群对称性都是 C_1，它们的几何结构也都是近似于球形的结构。从整体来看，团簇的对称性是下降的，但是出现一些特例，如 Zn_3In_3 团簇和 Zn_5In_5 团簇的点群对称性都是 C_1。从形状方面，由 2D 向 3D 发生了转变，同时 Zn 原子有慢慢聚集在一起并与 In 原子分离的趋势，说明 Zn 和 In 之间的结合能力较弱。

图 5-12 为 $Zn_nIn_n(n=2\sim10)$ 团簇中原子的平均结合能随团簇尺寸的变化关系图，随着 n 的增大，团簇的结合能是递增的，表明原子的配位数是增大的且原子与周围原子的相互作用是增大的。在 Zn_4In_4 处出现拐点，这由于 Zn_4In_4 团簇要比 Zn_5In_5 团簇更加的紧密，因此 Zn_4In_4 团簇的原子之间的结合能要大一些。当 $n\geqslant8$ 时，团簇的结合能趋于稳定。同理，$n>8$ 的 Zn_nIn_n 团簇可作为研究 $Zn_nIn_n(n=2\sim10)$ 团簇的候选者。

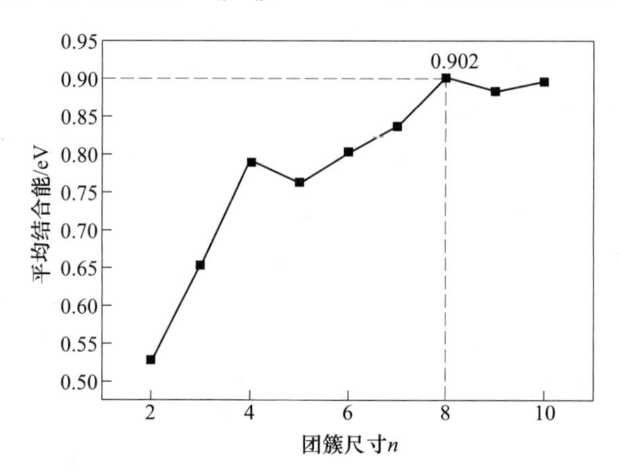

图 5-12　$Zn_nIn_n(n=2\sim10)$ 团簇中原子的平均结合能随团簇尺寸的变化

图 5-13 为 $Zn_nIn_n(n=2\sim10)$ 团簇的 HL 能隙随团簇的尺寸变化图，$Zn_nIn_n(n=2\sim10)$ 团簇的 HL 能隙与 $Pb_nIn_n(n=2\sim10)$ 团簇的 HL 能隙一样，存在明显的奇-偶振荡的现象，n 为奇数的团簇要比与之相邻团簇稳定。与 $Pb_nIn_n(n=2\sim10)$ 团簇类似，符合电子闭壳层模型。其中，Zn_4In_4 团簇和 Zn_8In_8 团簇比其他团簇的稳定性好很多。随着 n 的增大，HL 能隙也显示出了减小的趋势，这也表明 Zn_nIn_n（$n=2\sim10$）团簇的非金属性在减弱而金属性在加强。

$Zn_nIn_n(n=2\sim10)$ 的 HOMO 图和 LUMO 图如图 5-14 所示。与 $Pb_nIn_n(n=2\sim10)$ 的 HOMO 图和 LUMO 图相似，随着 n 的增大，在原子上的 HOMO 及 LUMO 电子云的数目和密度是减小的，团簇原子上的 HOMO 及 LUMO 电子云的数目和密度是随 n 的增大而减小。$Zn_nIn_n(n=2\sim10)$ 团簇的杂化现象在不断减弱，非金属性在减弱而金属性在不断加强。

Pb 原子的价电子构型为 $6s^26p^2$，In 原子的价电子构型为 $5s^25p^1$。在费米能级附近（$-0.4\sim-0.3$Ha）的态密度图如图 5-15 所示。

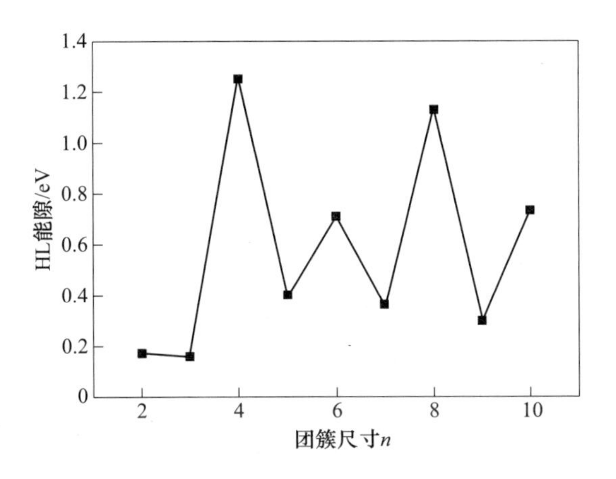

图 5-13 Zn_nIn_n(n=2~10) 团簇的 HL 能隙随团簇尺寸的变化

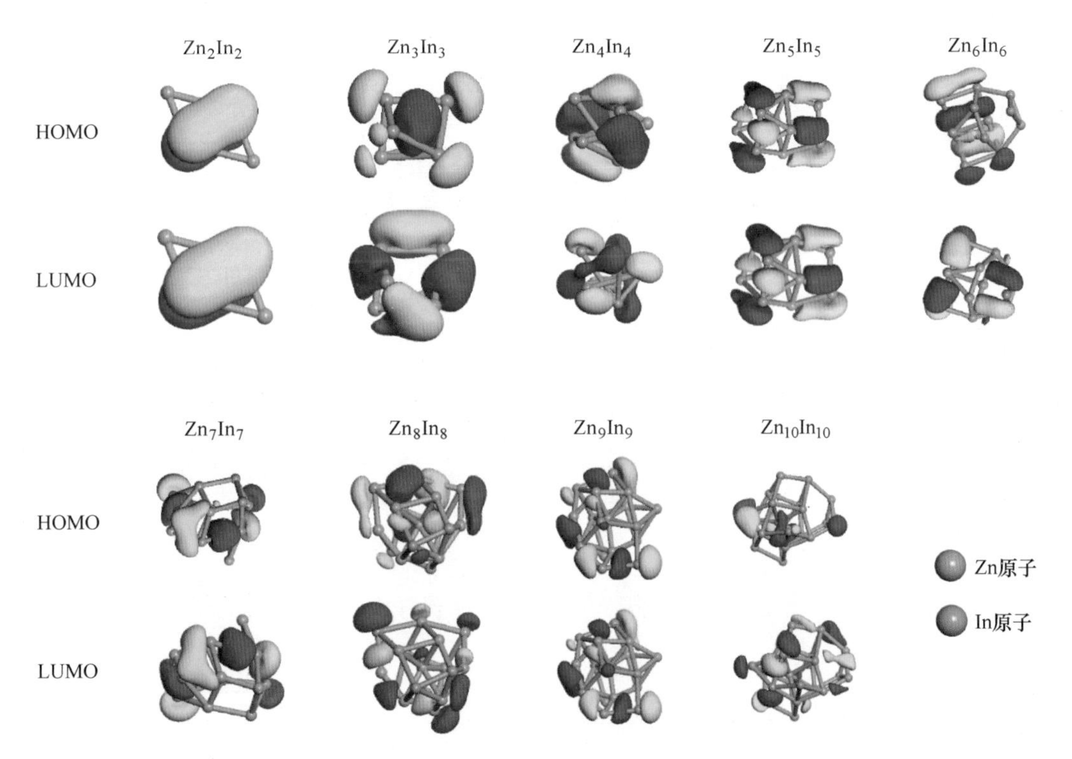

图 5-14 Zn_nIn_n(n=2~10) 的 HOMO 图和 LUMO 图

从图 5-15 可以看出，对于 Zn_nIn_n 团簇，随着 n 的增大，态密度的局域化也在不断减弱，连续性在不断增强。同时，最右端的态密度也有左移的趋势，直至接近 0.1Ha。同样，虽然铟的 4d、5s、5p 轨道与锌的 4s、4p 轨道在−0.2~0.1Ha 有较好的重叠，但锌的 3d 轨道在此范围内并未参与成键，这在一定程度上使得 Zn-In 间的相互作用较弱。

表 5-1 为 Pb_nIn_n 团簇、Pb_nZn_n 团簇和 Zn_nIn_n 团簇稳定时的平均结合能，Pb_nIn_n 团簇在稳定时平均结合能为 2.294eV，Pb_nZn_n 团簇在稳定时平均结合能为 1.432eV，由此可以

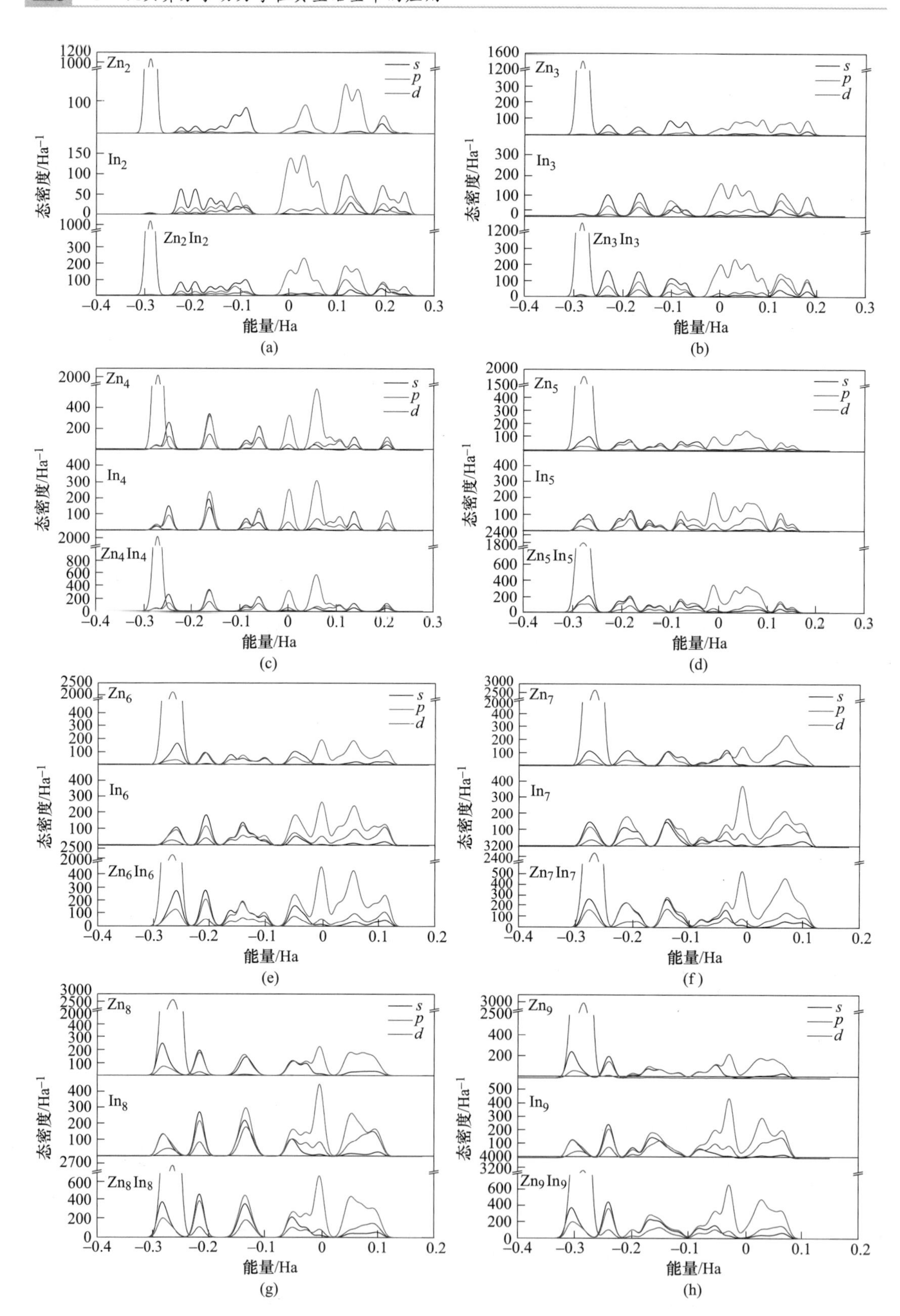

Zn$_2$
In$_2$
Zn$_2$In$_2$
Zn$_3$
In$_3$
Zn$_3$In$_3$
Zn$_4$
In$_4$
Zn$_4$In$_4$
Zn$_5$
In$_5$
Zn$_5$In$_5$
Zn$_6$
In$_6$
Zn$_6$In$_6$
Zn$_7$
In$_7$
Zn$_7$In$_7$
Zn$_8$
In$_8$
Zn$_8$In$_8$
Zn$_9$
In$_9$
Zn$_9$In$_9$
s
p
d
态密度/Ha^{-1}
能量/Ha
(a)
(b)
(c)
(d)
(e)
(f)
(g)
(h)

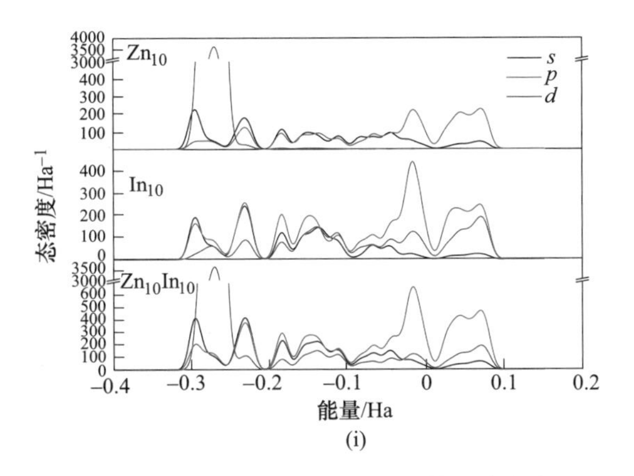

图 5-15 Zn_nIn_n（$n=2\sim10$）团簇的态密度

（a）$n=2$；（b）$n=3$；（c）$n=4$；（d）$n=5$；（e）$n=6$；（f）$n=7$；（g）$n=8$；（h）$n=9$；（i）$n=10$

看出，Pb_nIn_n 团簇比 Pb_nZn_n 团簇的结合更稳固，Pb-In 的结合力比 Pb-Zn 的结合力强。同时，Zn_nIn_n 团簇在稳定时平均结合能为 0.902eV，比 Pb_nZn_n 团簇在稳定时平均结合能小，说明 Pb-Zn 的结合力比 Zn-In 的结合力强。

表 5-1 Pb_nIn_n 团簇、Pb_nZn_n 团簇和 Zn_nIn_n 团簇稳定时的平均结合能

团簇稳定	Pb_nIn_n	Pb_nZn_n	Zn_nIn_n
n 值	8	7	8
平均结合能/eV	2.294	1.432	0.902

通过以上对 Pb-In 团簇、Pb-Zn 团簇和 Zn-In 团簇的结构、态密度及结合能的分析可知，Pb-In 的结合力较强，Pb-Zn 的结合力较弱；Zn-Zn、In-In 有分别聚集在一起的倾向，而 Zn-In 之间的成键数目少，说明其结合力较弱。在二元团簇 Pb_nIn_n、Pb_nZn_n 和 Zn_nIn_n 中原子间结合力大小为 Pb-In>Pb-Zn>Zn-In，为了明确 Zn-In-Pb 之间的相互作用信息，对 Zn-In-Pb 三元团簇的性质进行了研究。

5.2.1.2 Zn-In-Pb 团簇的分子动力学模拟

采用 Materials Studio 软件中的 DMol3 模块分别对 $Zn_{12}In_6Pb_2$（In：Pb=3：1）团簇、$Zn_{14}In_2Pb_4$（In：Pb=1：2）团簇、$Zn_{12}In_2Pb_6$（In：Pb=1：3）团簇和 $Zn_{15}InPb_4$（In：Pb=1：4）团簇进行了从头算分子动力学模拟。从头算分子动力学模拟的参数如下：采用 GGA-PBE 交换相关能[13]，采用 DFT-semi-core pesuodopots 赝势，基组采用 Double numerical plus d-functions（DND），Thermostat 为 Massive GGM，动力学模拟的温度为 773K，步长为 1fs，模拟时间为 100ps。

A 动力学模拟前后团簇的结构变化

图 5-16 为 $Zn_{12}In_6Pb_2$ 团簇动力学模拟结果，从图可以看出，动力学模拟前，一个 Pb 原子位于团簇的中心，另一个 Pb 原子与 In、Zn 原子均匀地分布在 $Zn_{12}In_6Pb_2$ 团簇的表面上。动力学模拟之后，团簇中央的 Pb 原子并未发生明显的变化，Zn 原子被推挤到团簇的外侧，并有 4 个 Zn 原子离开了团簇的本体，剩余的 8 个 Zn 原子仍然具有一定脱离团簇本

体的趋势；In 原子分布在团簇的周围并与位于团簇中央的 Pb 原子结合在一起。

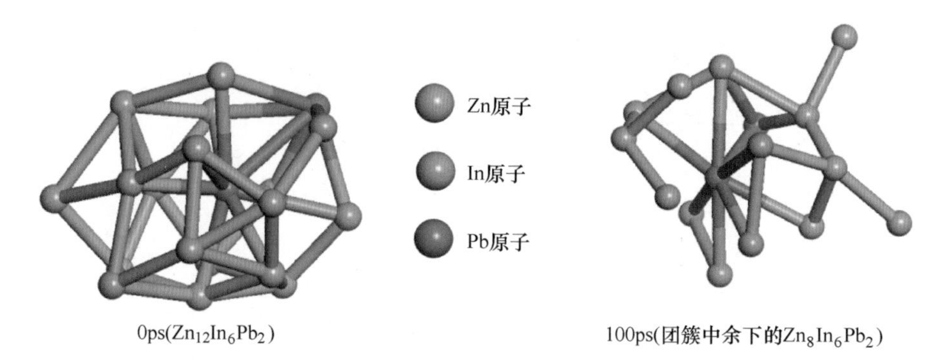

图 5-16　$Zn_{12}In_6Pb_2$ 团簇动力学模拟结果

图 5-17 为 $Zn_{14}In_2Pb_4$ 团簇动力学模拟结果，从图中可以看出，动力学模拟前，一个 Pb 原子位于团簇的中心，另外 3 个 Pb 原子和 Zn 原子聚集在团簇的表面上，两个 In 原子离散地分布在团簇表面两侧。动力学模拟后，团簇中的 Zn—Zn 键发生了改变，Zn 原子被推挤到团簇的外侧，并有 5 个 Zn 原子脱离了团簇本体，但与 Zn—Pb 和 Zn—In 中的 Zn 并未显示出明显变化；团簇中心的 Pb 原子移动到了团簇的表面上并与其他 3 个 Pb 原子聚集在了一起；两个 In 原子通过一个 Zn 原子间接的连接在了一起且动力学模拟之后它们之间的距离缩短了。

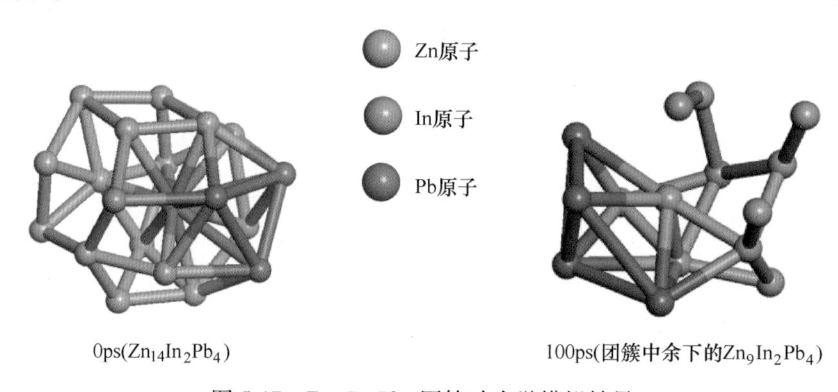

图 5-17　$Zn_{14}In_2Pb_4$ 团簇动力学模拟结果

图 5-18 为 $Zn_{12}In_2Pb_6$ 团簇动力学模拟结果，从图中可以看出，动力学模拟之前，一个 In 原子处于团簇的中心，一个 In 原子在团簇的表面上，Pb 原子和 Zn 原子均匀分布在团簇的外表面上。动力学模拟之后，Pb 原子与 In 原子的结合并无明显的变化，有 5 个 Zn 原子脱离了团簇本体，而余下的 7 个 Zn 原子与 Pb 原子和 In 原子形成了一个明显的界面。

图 5-19 为 $Zn_{15}InPb_4$ 团簇动力学模拟结果，从图中可以看出，在动力学模拟之前，In 原子处于团簇的中心被 Pb 原子和 Zn 原子包围。经过 100ps 的动力学模拟后，Zn 原子被推挤到团簇的外侧，有 4 个 Zn 原子脱离了团簇本体，剩余的 Zn 原子也存在脱离团簇本体的趋势，而 Pb 原子与 In 原子牢牢地结合在一起。可知，Pb-In 原子之间的相互用力很强，Zn-Pb 原子及 Zn-In 原子之间的相互作用力较弱。

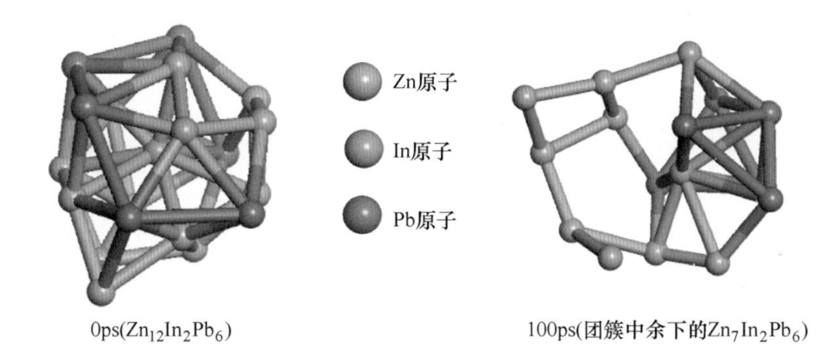

图 5-18 $Zn_{12}In_2Pb_6$ 团簇的动力学模拟结果

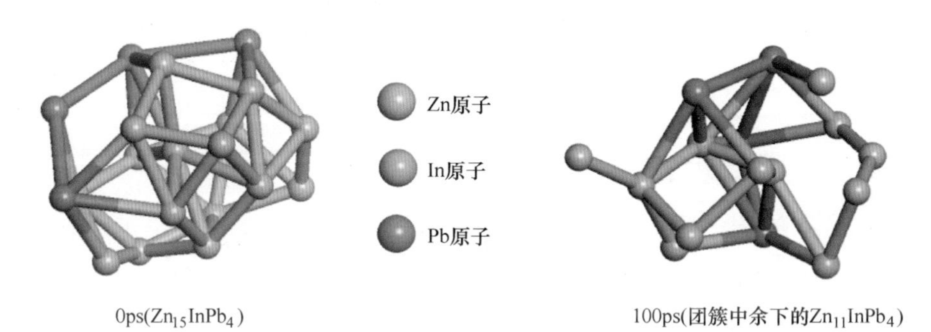

图 5-19 $Zn_{15}InPb_4$ 团簇的动力学模拟结果

B 动力学模拟前后团簇的态密度变化

图 5-20 为 $Zn_{12}In_6Pb_2$ 团簇动力学模拟前后的态密度图，从图中可以看出，动力学模拟前后电子性质的变化，模拟前 $Zn_{12}In_6Pb_2$ 团簇的态密度图主要由较为局域的 5 个部分组成，且-0.1Ha 以下 *s*、*p* 和 *d* 轨道贡献几乎相等，-0.1Ha 以上 *p* 轨道的贡献大于 *d* 轨道，*d* 轨道的贡献大于 *s* 轨道。动力学模拟后 $Zn_{12}In_6Pb_2$ 团簇的态密度图，在-0.2~0.0Ha 能

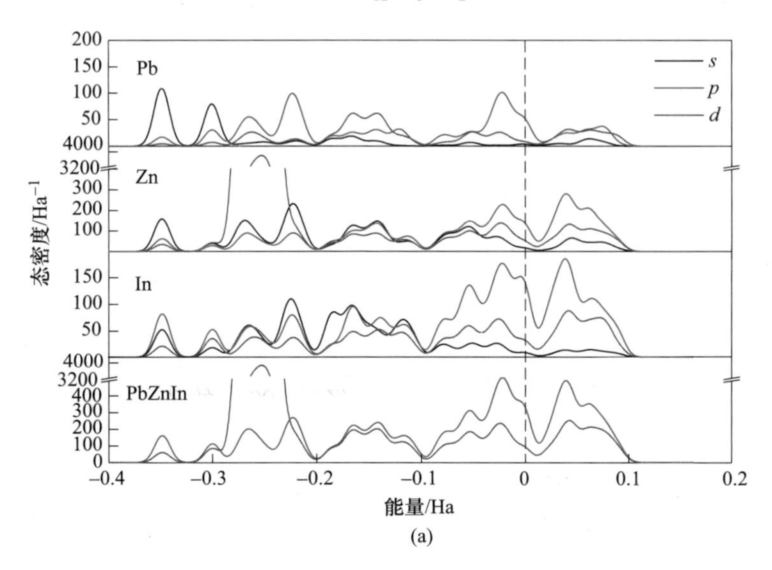

(a)

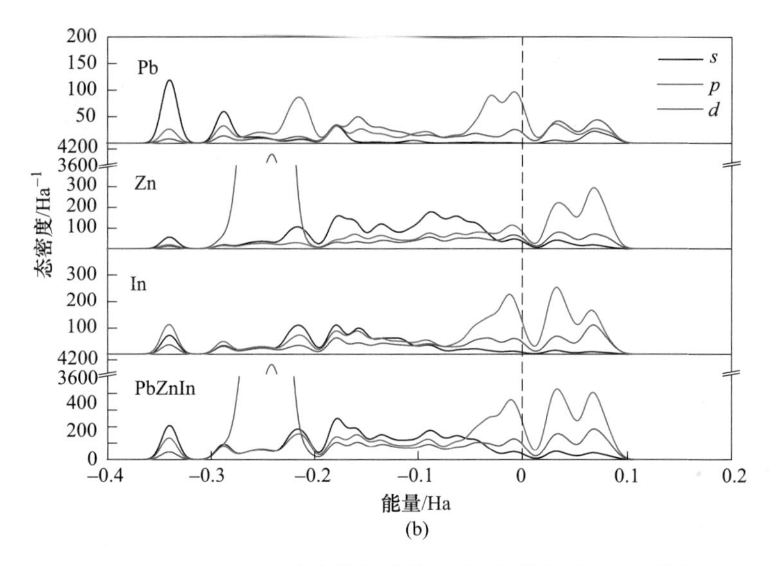

图 5-20　$Zn_{12}In_6Pb_2$ 团簇动力学模拟前（a）和模拟后（b）的态密度

量区间，连续变得非常的好。动力学模拟前后 Pb 原子的态密度图并未发生明显的变化，除了-0.2～-0.1Ha 能量区间的态密度，动力学模拟之后态密度变得更加平缓；Zn 原子和 In 原子动力学模拟前后的态密度图与 Pb 原子的态密图的变化基本一致。

图 5-21 为 $Zn_{14}In_2Pb_4$ 团簇动力学模拟前后的态密度图，从图中可以看出，动力学模拟前，Pb 原子的态密度在费米能级以下主要由相对比较局域的 *s*、*p* 和 *d* 轨道组成且它们的贡献比较均衡；费米能级以上，主要由 *p*、*d* 轨道组成且 *s* 轨道的贡献很少；Zn 原子动力学模拟前的态密度在-0.4～0.2Ha，主要由 *s*、*p* 和 *d* 轨道组成，且 *s*、*p* 和 *d* 轨道的组成比较均匀，特别的是，*d* 轨道在-0.3～-0.2Ha 组成非常的强，而远远大于 *s* 和 *p* 轨道的贡献；$Zn_{14}In_2Pb_4$ 的态密度在-0.4～-0.1Ha，*s*、*p* 和 *d* 轨道的贡献几乎相等，除了-0.3～-0.2Ha 的 *d* 轨道的贡献特别的突出；在-0.1Ha 以上，*p* 轨道的贡献大于 *d* 轨道的贡献，而 *s* 轨道的贡献最小。

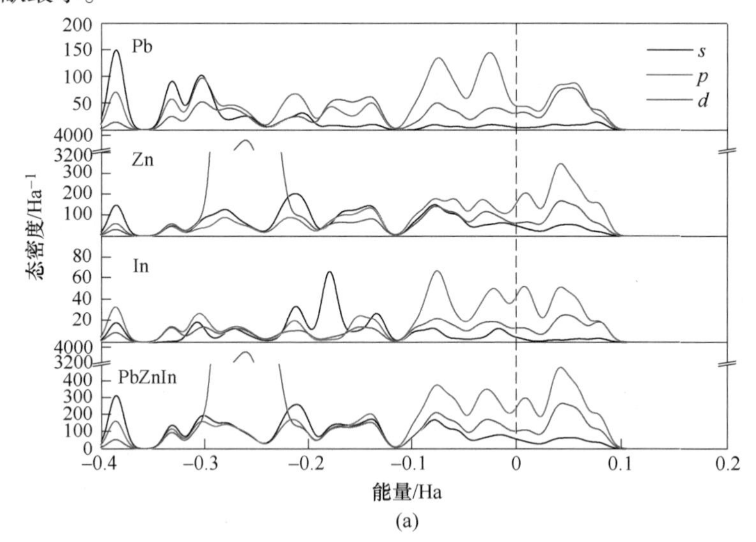

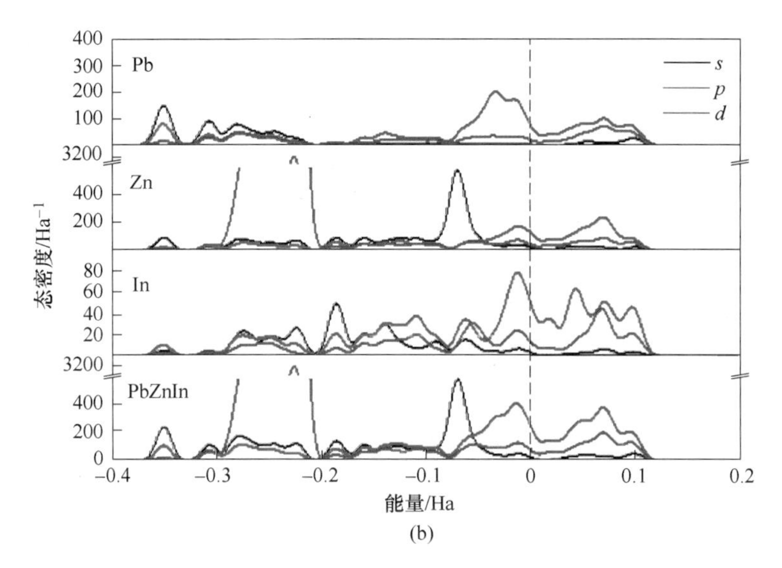

(b)

图 5-21 $Zn_{14}In_2Pb_4$ 团簇动力学模拟前（a）和模拟后（b）的态密度

动力学模拟后，Pb 原子整体的态密度变得更加连续且整体有所负移，费米能级附近主要由 p 轨道组成；Zn 原子动力学模拟后的态密度整体有所正移，s 电子在−0.1～−0.2Ha 发生了聚集效应而其贡献远远超出了 p 和 d 轨道的贡献；In 原子的动力学模拟前后的态密度并未发生明显的变化，但是整体的态密度图发生了正移。对于 $Zn_{14}In_2Pb_4$ 团簇整体的态密度发生了右移且比动力学模拟前态密度的连续性要好，s 电子在−0.1～0.04Ha 发生了聚集效应而在此能量区间 s 轨道的贡献要远远大于 p 和 d 轨道。

图 5-22 为 $Zn_{12}In_2Pb_6$ 团簇动力学模拟前后的态密度图。从图中可以看出，动力学模拟前，Pb 原子在−0.4～−0.3Ha 较为连续；动力学模拟后 Pb 原子在该区间的态密度连续性减弱，变得非常的局域，且在−0.16～0.1Ha 之间，p 电子的贡献削弱了；动力学模拟后，Zn 原子在−0.2Ha 附近出现了一个明显的 s 电子尖峰且远高于 p 电子峰，表明其他区域的

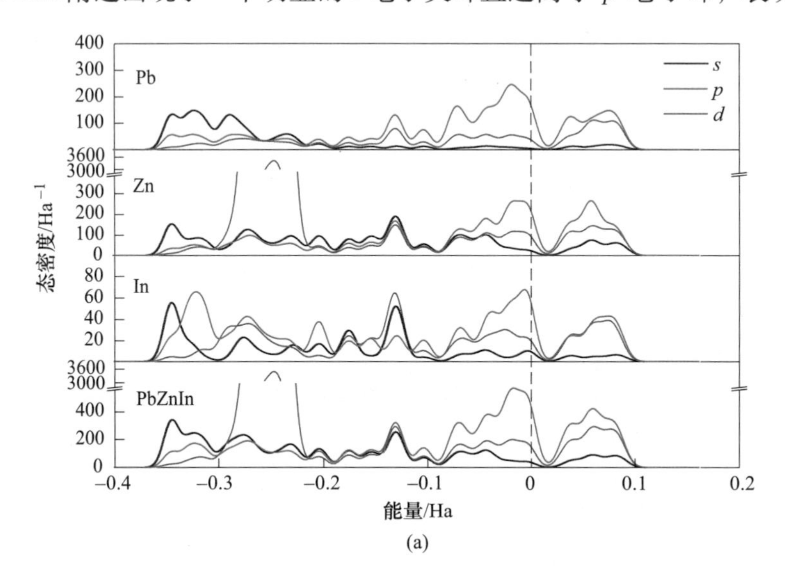

(a)

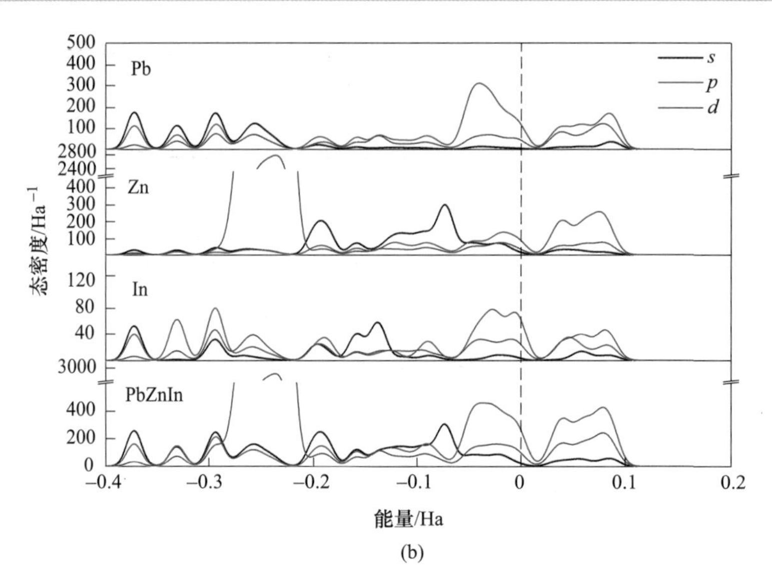

图 5-22　$Zn_{12}In_2Pb_6$ 团簇动力学模拟前（a）和模拟后（b）的态密度

电子向该能量区间发生了转移；动力学模拟前，In 原子在−0.4～−0.2Ha区间的 *p* 电子由两个较为连续的峰组成，动力学模拟后，此区间的 *p* 电子变成了 3 个非常尖锐的峰且局域性非常的强。

动力学模拟前，Zn、In、Pb 原子的总态密度在−0.4～−0.2Ha 区间的 *s*、*p* 电子较为连续；动力学模拟后，Zn、In、Pb 原子的总态密度在−0.4～−0.2Ha 区间的 *s*、*p* 电子变得不连续、局域性增强且 *s* 电子峰与 *p* 电子峰的重叠性增强。动力学模拟前后，Zn、In、Pb 原子的总态密度在−0.1～0.1Ha 区间的 *s* 电子峰基本上没发生什么变化；动力学模拟后，Zn、In、Pb 原子的总态密度在−0.1～0Ha 区间的 *p* 电子峰变得更尖锐且峰宽变窄了，说明 *p* 电子在此区间发生了聚集。动力学模拟后，−0.1～0Ha 区间的 *p* 电子峰的变化不明显。Zn 的 3*d* 及 4*s* 轨道的态密度在动力学模拟后，呈现整体负移，也反映出了团簇中 Zn—Pb 及 Zn—In 键的破坏。

图 5-23 为 $Zn_{15}InPb_4$ 团簇动力学模拟前后的态密度图，从图中可以看出，动力学模拟

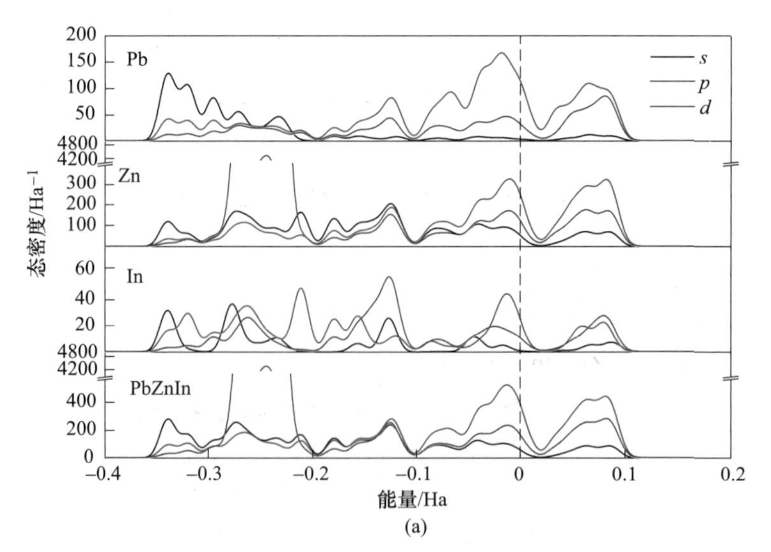

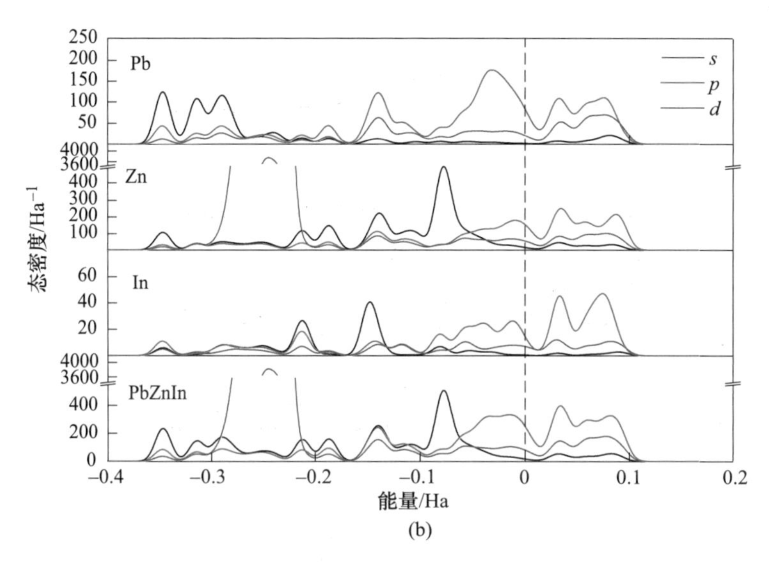

图 5-23 $Zn_{15}InPb_4$ 团簇动力学模拟前（a）和模拟后（b）的态密度

前后电子性质的变化。动力学模拟前，Pb 原子的 *s* 电子较为连续，在动力学模拟后 *s* 电子在该区间内明显地被劈裂为两个尖峰，在其他能量区间 *s* 电子和 *p* 电子无明显的变化；Zn 原子在 -0.1～0.1Ha 之间的态密度主要由 *p* 电子组成，且 *p* 电子由两个尖峰构成；$Zn_{15}InPb_4$ 团簇总态密度主要由-0.4～0.12Ha 的 *s* 电子、*p* 电子和 *d* 电子组成。

动力学模拟后，Zn 原子在该区间的态密度平缓了很多而不再那么尖锐；In 原子在动力学模拟前后 *s* 电子和 *p* 电子产生了较大的变化，*p* 电子在-0.26～-0.1Ha 之间新增了两个尖峰，表明动力学模拟后，*p* 电子在此区间发生了聚集效应。动力学模拟前后，$Zn_{15}InPb_4$团簇总的态密度在-0.4～-0.1Ha 之间 *s*、*p* 电子的贡献几乎一致，但 *s* 电子的贡献略微大于 *p* 电子；在-0.1～0.2Ha 之间，态密度主要由 *p* 电子贡献。

图 5-24 为三元团簇动力学模拟后 In 的态密度图，图 5-25 为三元团簇动力学模拟后 Pb 的态密度图。从图中可以看出，$Zn_{12}In_6Pb_2$、$Zn_{14}In_2Pb_4$、$Zn_{12}In_2Pb_6$、$Zn_{15}InPb_4$ 团簇动力学模拟后 In 的态密度图，$Zn_{12}In_2Pb_6$ 显示出了明显的负移，即 In 原子的 *p* 轨道与 Zn、Pb 原子的 *p* 轨道形成的杂化现象较强，表现为 $Zn_{12}In_2Pb_6$ 中 In 与 Zn、Pb 的作用较强。动力学模拟后 In 的态密度图和动力学模拟后 Pb 的态密度图的对比可以看出，在 $Zn_{12}In_6Pb_2$、$Zn_{14}In_2Pb_4$、$Zn_{12}In_2Pb_6$、$Zn_{15}InPb_4$ 四种组分的态密度图中，$Zn_{12}In_2Pb_6$ 的 In 的态密度和 Pb 的态密度峰的对应性最好，In-Pb 的结合力最好，而 $Zn_{15}InPb_4$ 的 In 的态密度和 Pb 的态密度峰值的对应性较差，即在 $Zn_{12}In_6Pb_2$、$Zn_{14}In_2Pb_4$、$Zn_{12}In_2Pb_6$、$Zn_{15}InPb_4$ 四种组分的 $Zn_{15}InPb_4$ 中 In-Pb 的结合力最弱。

图 5-26 为 $Zn_{15}InPb_4$、$Zn_{12}In_2Pb_6$、$Zn_{14}In_2Pb_4$ 和 $Zn_{12}In_6Pb_2$ 团簇动力学模拟前后的 HOMO 和 LUMO 轨道图。从图中可以看出，HOMO 和 LUMO 轨道主要由 *s* 轨道和 *p* 轨道组成，集中在 Pb 原子、Pb 原子附近的 In 原子和 Pb 原子附近的 Zn 原子上。这表明了 Pb 原子和与 Pb 原子结合的 Zn 原子、In 原子的 HOMO 与 LUMO 之间的杂化较强，Pb-Pb、Pb-Zn、Pb-In 的化学稳定性相对也是比较强的；而团簇中的 Zn 原子处于不稳定状态。

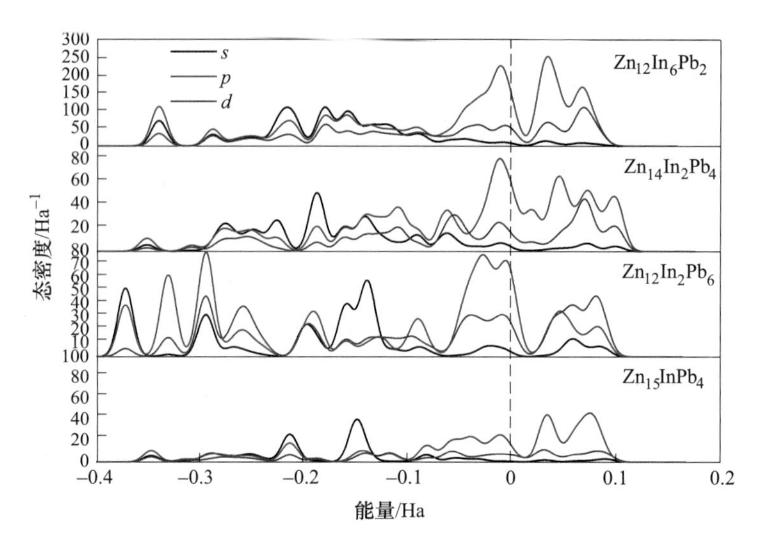

图 5-24　三元团簇动力学模拟后 In 的态密度

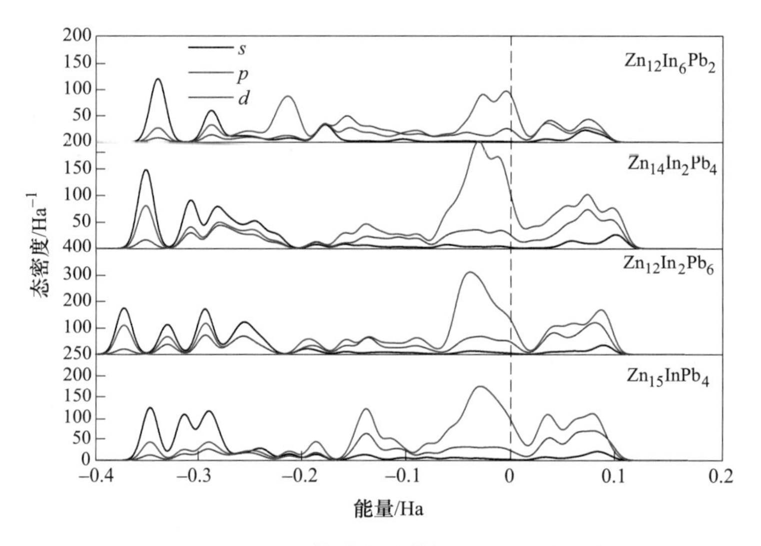

图 5-25　三元团簇动力学模拟后 Pb 的态密度

$Zn_{15}InPb_4$、$Zn_{12}In_2Pb_6$、$Zn_{14}In_2Pb_4$ 和 $Zn_{12}In_6Pb_2$ 团簇动力学模拟前后的 HOMO 和 LUMO 与上述动力学模拟前后 $Zn_{15}InPb_4$、$Zn_{12}In_2Pb_6$、$Zn_{14}In_2Pb_4$ 和 $Zn_{12}In_6Pb_2$ 团簇结构图分析结果相同，动力学模拟之后，离 Pb 原子较远的 Zn 原子基本上都离开了团簇的本体，表明了团簇中 Zn 原子是不稳定的。

5.2.1.3　Zn-In-Pb 合金的分子动力学模拟

为了验证 Zn-In-Pb 合金团簇中 Zn-In、In-Pb、Zn-Pb 间的相互作用，搭建了 $Zn_{106}In_{11}Pb_{11}$ 三元合金超胞并进行了从头算分子动力学模拟。计算采用 Material Studio 中的 CASTEP 模块，应用基于密度泛函（DFT）理论框架下的广义梯度近似 GGA-PBE 近似[14]，算法选用 Broyden-Fletcher-Goldfarb-Shanno（BFGS）[15]，K 点取为 2×2×1，energy cutoff 设定为 290eV。收敛性标准为位移的收敛精度优于 0.0001nm，能量的收敛精度优于 1.0×10^{-5}eV/atom，对结构

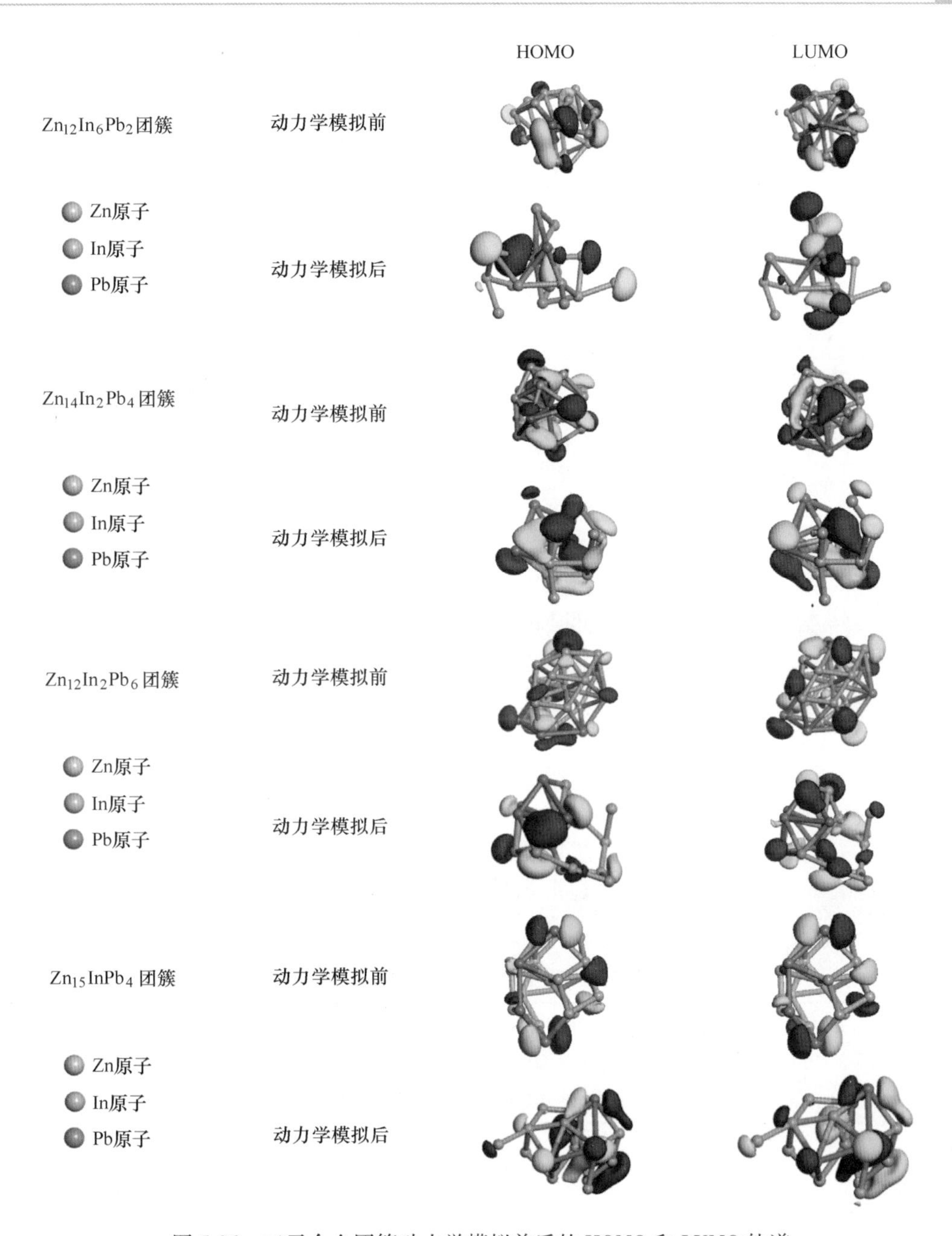

图 5-26 三元合金团簇动力学模拟前后的 HOMO 和 LUMO 轨道

优化后的 Zn-In-Pb 三元合金进行从头算分子动力学模拟，模拟过程选用 Nosé 控温方法及 Andersen 控压方法[8-9]，选择 NVT 系综，温度设置为 773K，模拟时间设置为 10ps，时间步长设置为 1fs。

图 5-27 为 $Zn_{106}In_{11}Pb_{11}$ 三元合金动力学模拟前的结构图，图 5-28 为 $Zn_{106}In_{11}Pb_{11}$ 三元合金动力学模拟 10ps 后的结构图。图 5-27 中 Zn、In、Pb 三种原子分布均匀，而经过 10ps 的模拟后，In 原子大部分围绕在 Pb 原子周围，说明与三元合金团簇的模拟结果相似，在 Zn-In-Pb 三元合金 In-Pb 原子间的作用力较 Zn-In、Zn-Pb 强。

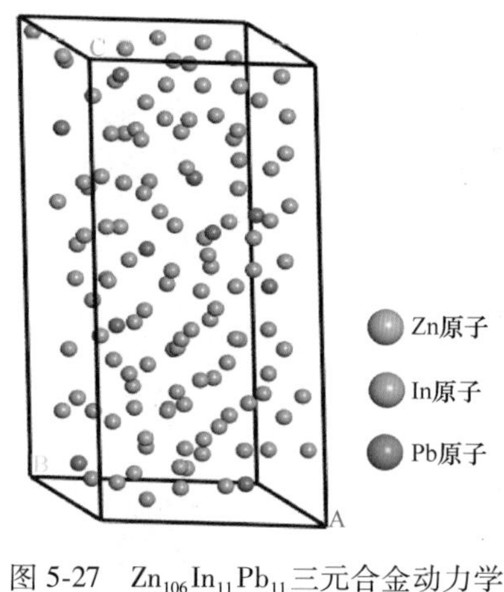

图 5-27　$Zn_{106}In_{11}Pb_{11}$三元合金动力学模拟前的结构（0ps）

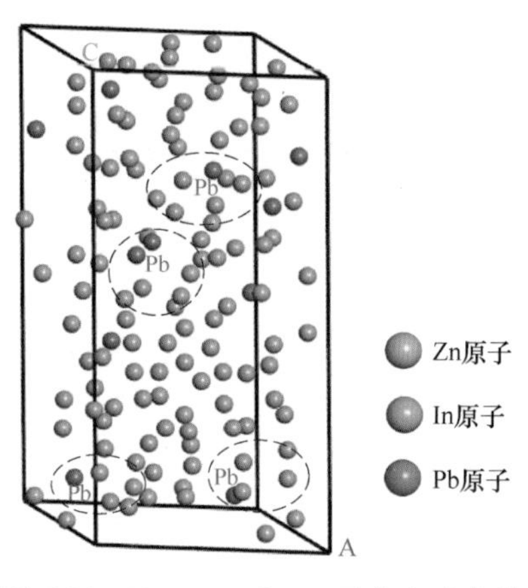

图 5-28　$Zn_{106}In_{11}Pb_{11}$三元合金动力学模拟后的结构（10ps）

表 5-2 为 Zn-In-Pb 合金的扩散系数，可以看出 Zn-Zn、In-In 扩散系数比 Pb-Pb 扩散系数小，随着合金中 Pb 的加入，Zn-In、Zn-Pb 合金组元的扩散系数表现出增大的趋势，In-Pb 合金组元的扩散系数呈减小的趋势，说明 Pb 的加入有利于 Zn-In 的分离，而 In-Pb 的相互作用较强。图 5-29 为 Zn-In-Pb 三元合金组分的均方位移图，从图中可以看出 Zn-In-Pb 三元合金的均方位移随模拟时间延长呈直线上升的趋势，表明合金原子扩散加快，原子间作用力降低。

Zn-In-Pb 合金分离的基础理论研究阐明了 Zn-In-Pb 的相互作用，在理论计算的基础上，通过对铅锌混合熔炼过程不同铅锌比（In：Pb=3：1、1：2、1：3、1：4）下粗锌中铟的富集率的实验研究，结果显示富集还原熔炼在 In：Pb=1：3 时铅的含量为 0.18%～0.2%，铟的富集效果最好。实现了还原熔炼过程中铟的强化富集，且富集铟后的铅可通过真空蒸馏分离得到铟和铅[11,16-17]。

表 5-2　Zn-In-Pb 合金的扩散系数

温度/K	扩散系数/$m^2 \cdot s^{-1}$						
	Zn-Zn	In-In	Pb-Pb	Zn-In	In-Pb	Zn-Pb	Zn-In-Pb
773	8.04×10^{-9}	1.252×10^{-8}	1.726×10^{-8}	1.739×10^{-8}	9.90×10^{-9}	1.392×10^{-8}	8.82×10^{-9}

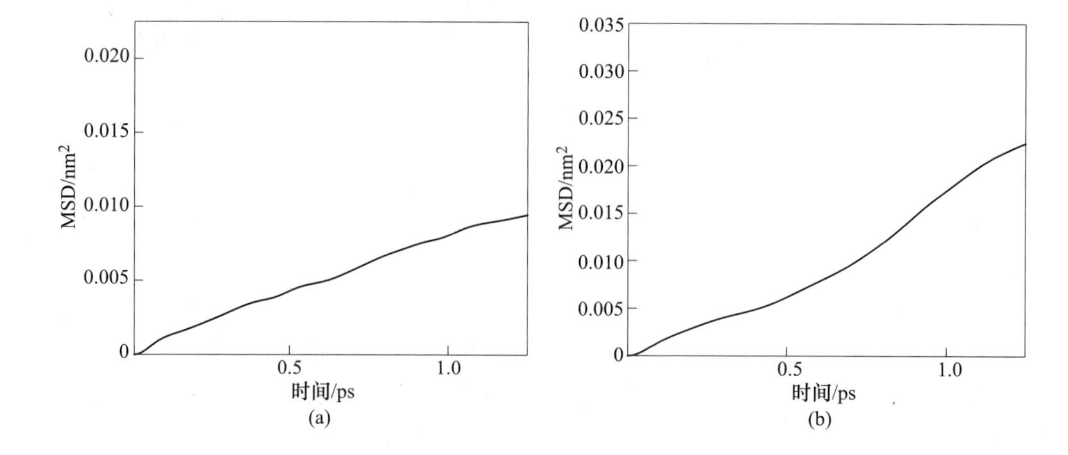

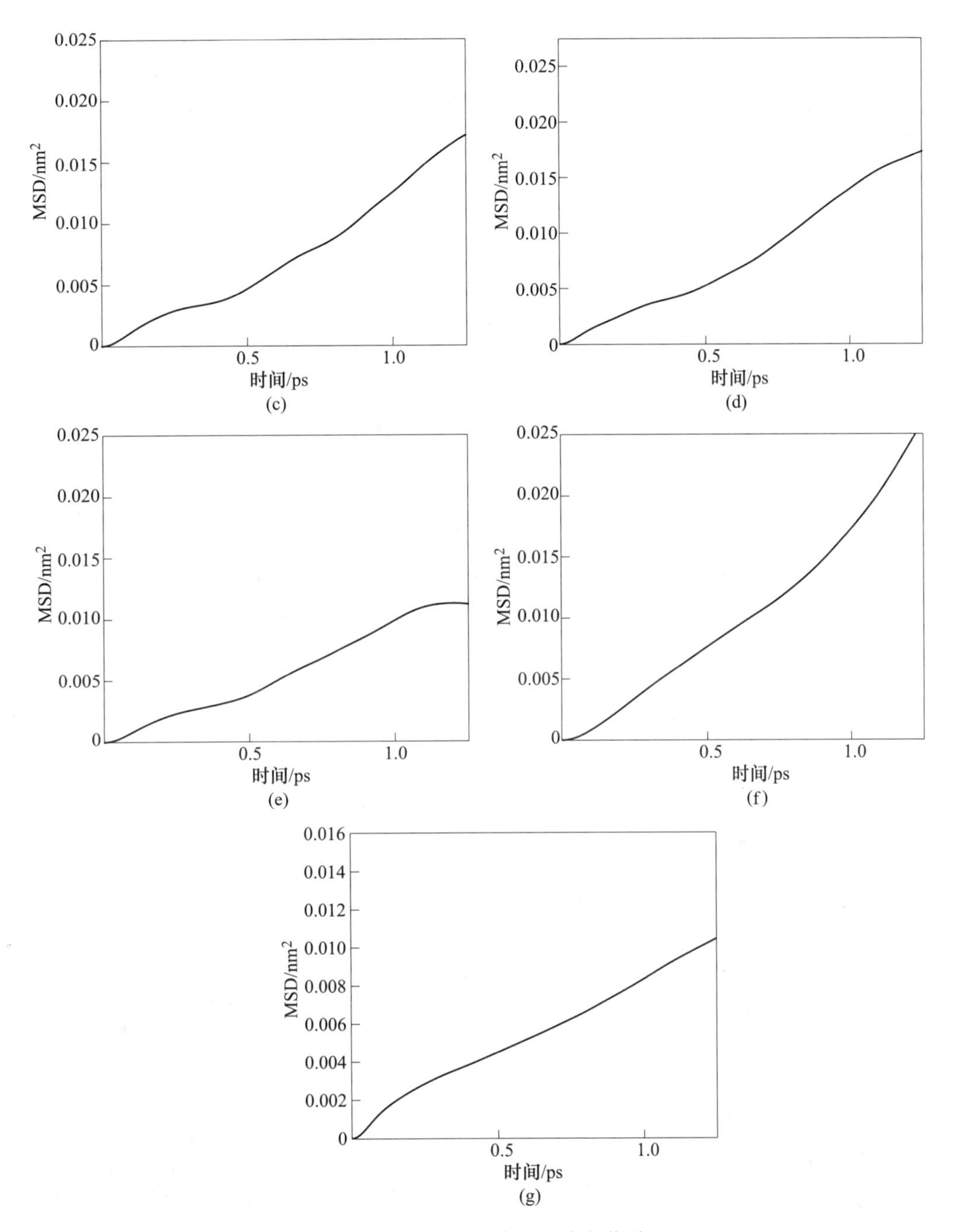

图 5-29 Zn-In-Pb 合金的均方位移

(a) Zn-Zn；(b) Zn-In；(c) In-In；(d) Zn-Pb；(e) In-Pb；(f) Pb-Pb；(g) Zn-In-Pb

5.2.2 锡基合金分离基础理论研究

5.2.2.1 锡基合金团簇微观作用机制研究

结合量子化学、从头算分子动力学等计算方法，研究了锡基合金中 Sn 与 Cu、Ag 等杂质元素间的相互作用，优化得到最低能量结构，分析了体系微观结构尺寸变化导致的稳定性变化，获得了锡基合金的基态结构、键合特征和电子性质，包括 HOMO-LUMO 能隙、前线轨道的贡献、键级分析、Mulliken 电荷分析、态密度等。

为了验证实验方法的可靠性，分别对 Cu_2、Ag_2 和 Sn_2 的键长 R、结合能 E_b、振动频率 ω 及垂直电离势 VIP 进行了计算（见表 5-3）。

表 5-3 Cu_2、Ag_2 和 Sn_2 团簇的键长 R、结合能 E_b、振动频率 ω 及垂直电离势 VIP 的计算与实验值

实验值和理论值	R/nm	E_b/eV	ω/cm^{-1}	VIP/eV
Cu_2 团簇实验值	0.222	2.21±0.11	266.43±0.59	7.89
Cu_2 团簇理论计算值	0.227	2.02	251.8	8.06
Ag_2 团簇实验值	0.260	1.78±0.10	157	7.9
Ag_2 团族理论计算值	0.264	1.61	165.4	7.86
Sn_2 团簇实验值	0.276	1.962±0.01	180±15	7.06
Sn_2 团簇理论计算值	0.285	1.96	151.4	6.95

由图 5-30 和图 5-31 可知，Sn_2Cu_2 和 Sn_2Ag_2 均为四面体结构，Sn_3Cu_3 和 Sn_4Cu_4 都是具有一定对称性的分子，而 Sn_3Ag_3 和 Sn_4Ag_4 也分别具有 C_s 和 C_{3v} 结构。团簇尺寸从 Sn_5Cu_5 和 Sn_5Ag_5 起所有结构的对称性都具备并表现出以下特点：（1）由于金属原子间强烈的库仑排斥作用，锡原子被排挤外层，配位数为 3 或 4，形成三角锥或四角锥结构；（2）铜原子和银原子多位于团簇中部，配位数均不小于 3，这是由于过渡系金属易形成多配位的电子给受体配合物；（3）同比例锡、银和锡、铜原子相互掺杂，改变原有单质团簇中稳定的电子排布后产生对称性很低的合金团簇；（4）合金团簇中银、锡原子和铜、锡原子并不是在空间中均匀分布，而是各自形成团簇后再相互结合得到稳定结构。

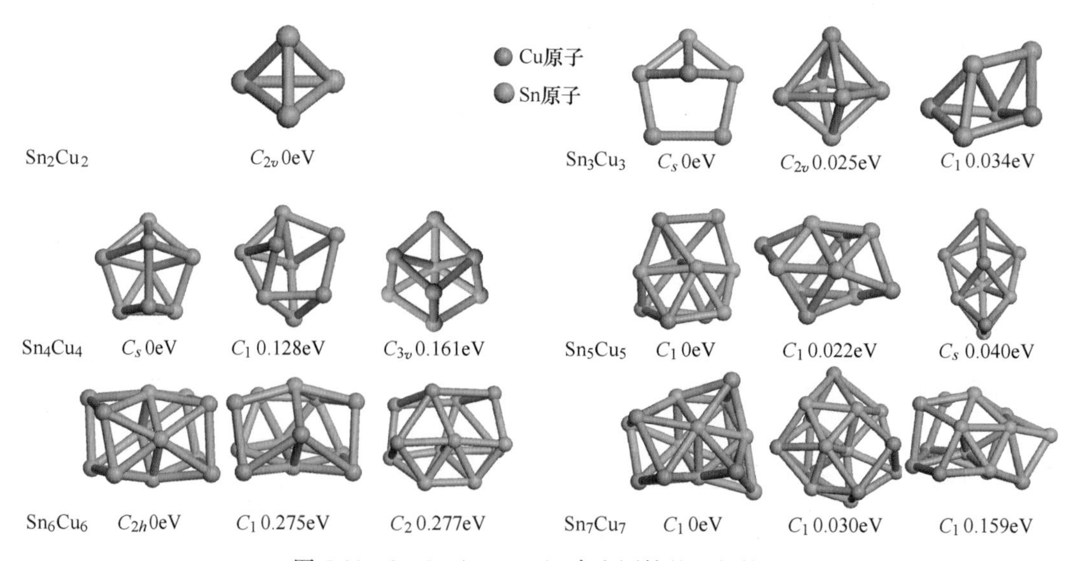

图 5-30 Sn_nCu_n（$n=2\sim7$）合金团簇的几何构型

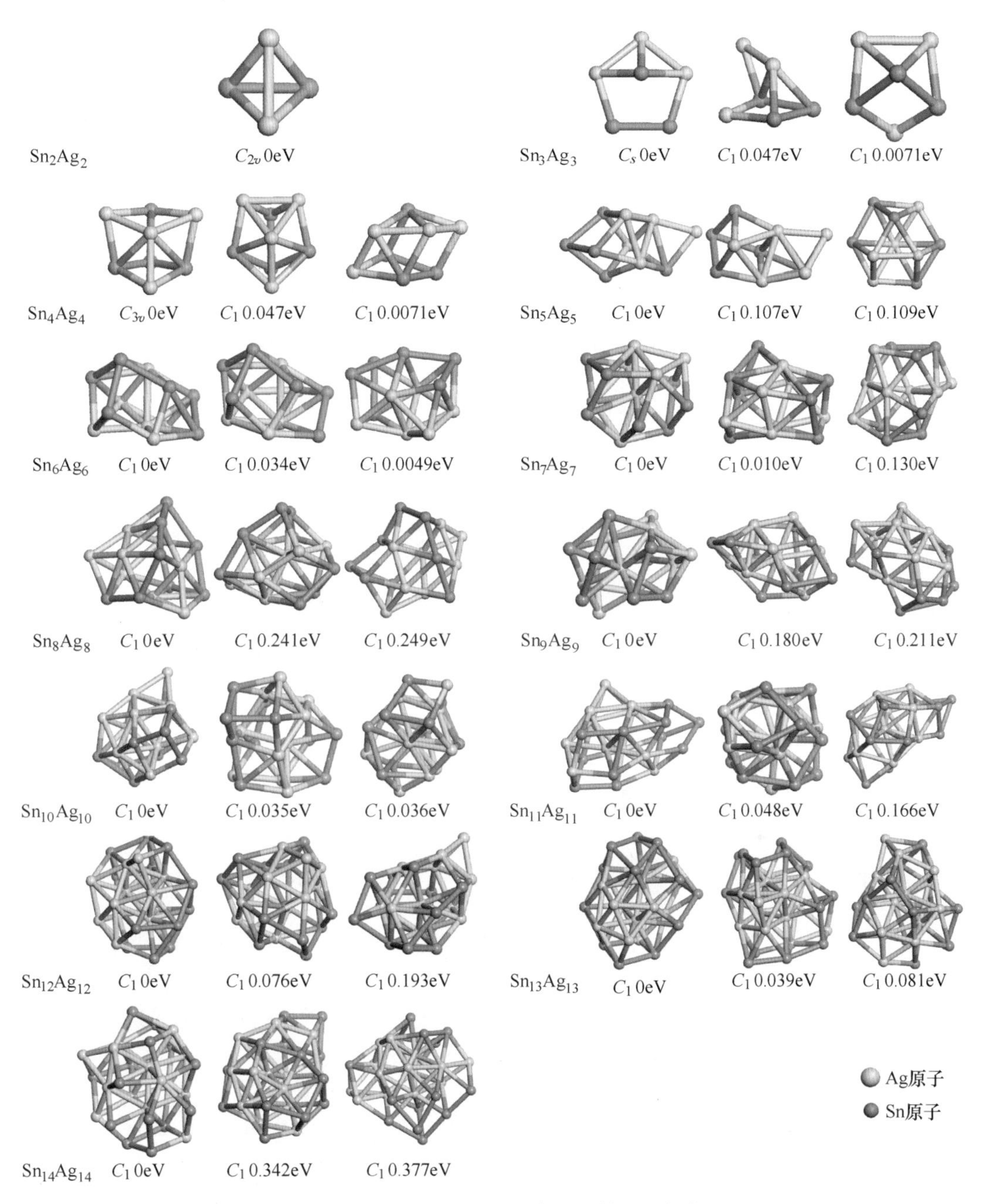

图 5-31　Sn_nAg_n($n=2\sim14$) 合金团簇的几何构型

为了更深刻地理解合金团簇的相对稳定性，定义团簇的平均束缚能为:

$$E_b(AB)_n = n[nE(A) + nE(B) - E(AB)]/(2n) \tag{5-14}$$

式中, $E(A)$, $E(B)$, $E(AB)$ 分别为单原子与合金团簇总能。

由图 5-32 和图 5-33 可知，当原子总数增加时，平均束缚能呈增大趋势。主要是在原子结合成团簇过程中，小尺寸原子均达不到饱和的配位数，平均束缚能因此显著增大，随着原子数的增多，处于价态的 p 轨道和 s 轨道逐渐被填满，配位数增多，团簇构型的能量降低。因此，足够多而且短的化学键能使合金团簇更加稳定。同时，原子数增加平均束缚能的增幅减小，主要是表面效应的作用，在能量上使小团簇逐渐收敛至块体。

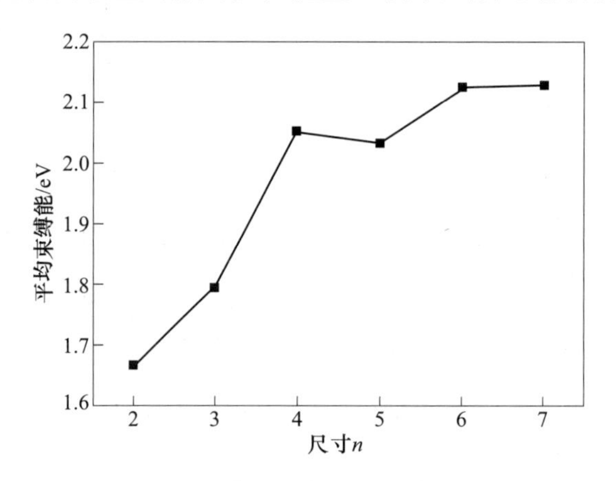

图 5-32　$Sn_nCu_n(n=2\sim7)$ 合金团簇的平均束缚能随尺寸的演化曲线

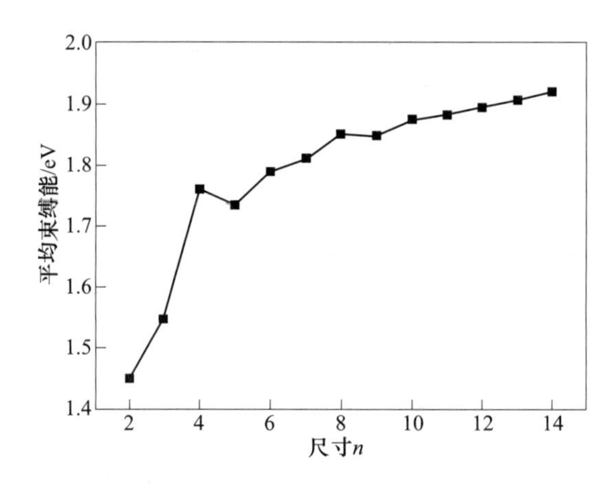

图 5-33　$Sn_nAg_n(n=2\sim14)$ 合金团簇的平均束缚能随尺寸的演化曲线

为寻找团簇的幻数尺寸即最稳定团簇结构，进一步研究了合金团簇的二阶差分能量（见图 5-34 和图 5-35），其定义为：

$$\Delta E^2(AP)_n = E(AB)_{n+1} + E(AB)_{n-1} - 2E(AB)_n \tag{5-15}$$

由图 5-34 和图 5-35 可知，二阶差分能量呈现奇偶震荡，这是由于 Cu 和 Ag 的价电子层分别为 $4s^1$ 和 $5s^1$，当原子数为偶数时团簇为闭壳层，原子数为奇数时团簇为开壳层。对于 $Sn_nAg_n(n=2\sim13)$ 合金团簇，幻数尺寸分别为 4 和 8，在已有的研究中银团簇和锡团簇的幻数尺寸分别为 4 和 7，说明同比例合金团簇的结构受银团簇的影响更为明显。

$Sn_nAg_n(n=2\sim14)$ 合金团簇的 HOMO-LUMO 能隙呈明显的奇偶震荡（见图 5-36），原子数为偶数时的能量明显大于原子数为奇数时，这也是因为外层价电子数未成对更容易激发，所以闭壳层相对于开壳层结构更稳定。而原子数为 $n=4$ 时 HOMO-LUMO 能隙最大，这与二阶差分能量所体现出的体系幻数尺寸 $n=4$ 相互呼应。能隙值由 1.21eV 逐步减小至 0.56eV，说明伴随着团簇的尺寸增加金属性也逐步增强，这是微观向宏观演化，小分子团簇向块状金属演化的表现。

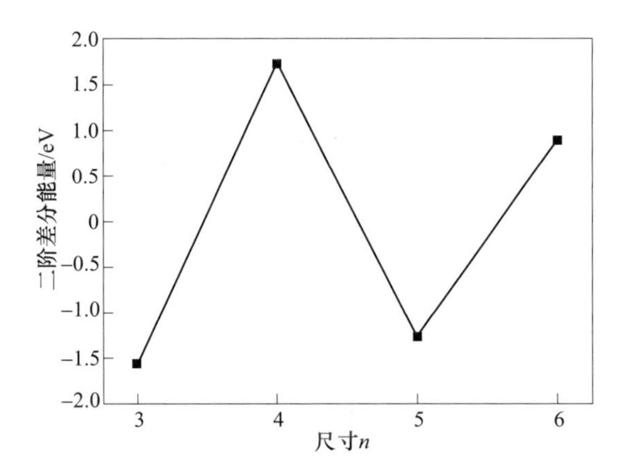

图 5-34 Sn_nCu_n($n=3\sim6$) 合金团簇的二阶差分能量随尺寸的演化规律

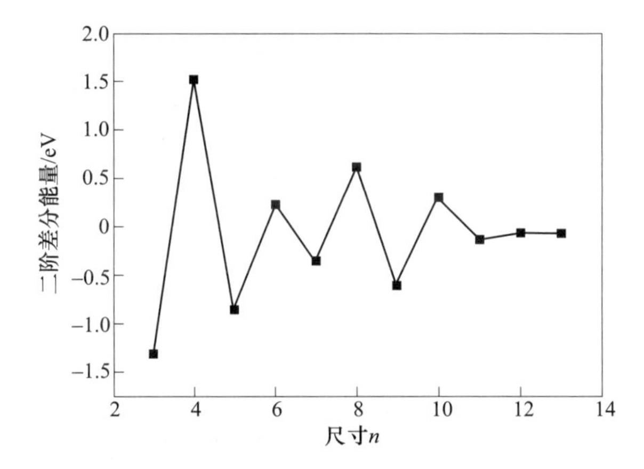

图 5-35 Sn_nAg_n($n=3\sim13$) 合金团簇的二阶差分能量随尺寸的演化规律

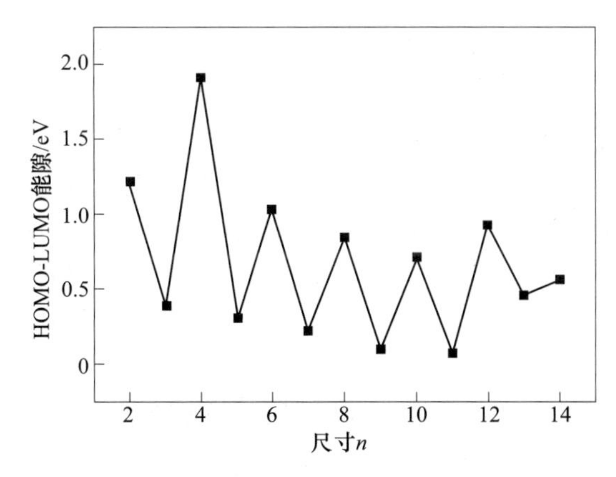

图 5-36 Sn_nAg_n($n=2\sim14$) 合金团簇的 HOMO-LUMO 能隙随尺寸的演化规律

为深入探讨 Sn_nAg_n($n=2\sim14$) 合金团簇的电子信息，计算了态密度，如图 5-37 所示。

在费米能级附近 Ag 原子的 4d 电子和 Sn 原子的 5p 电子占主导地位，Ag 原子的 5s 电子能量相对较低。而 Ag 原子的 5s 电子和 Sn 原子的 5p 电子重叠说明团簇分子中 sp 杂化在分子轨道的形成上占主导地位。当 $n=2\sim5$ 时 Ag 原子的 5s 电子和 Sn 原子的 5p 电子强度差异较小；当 $n=6\sim14$ 时电子强度差异较大，说明小团簇的 sp 杂化更强，化学稳定性更好，这与幻数尺寸为 4 相一致。同时，费米能级附近的态密度不断向负值演化，团簇的金属性在逐步增加，这也吻合了 HOMO-LUMO 能隙大的趋势。

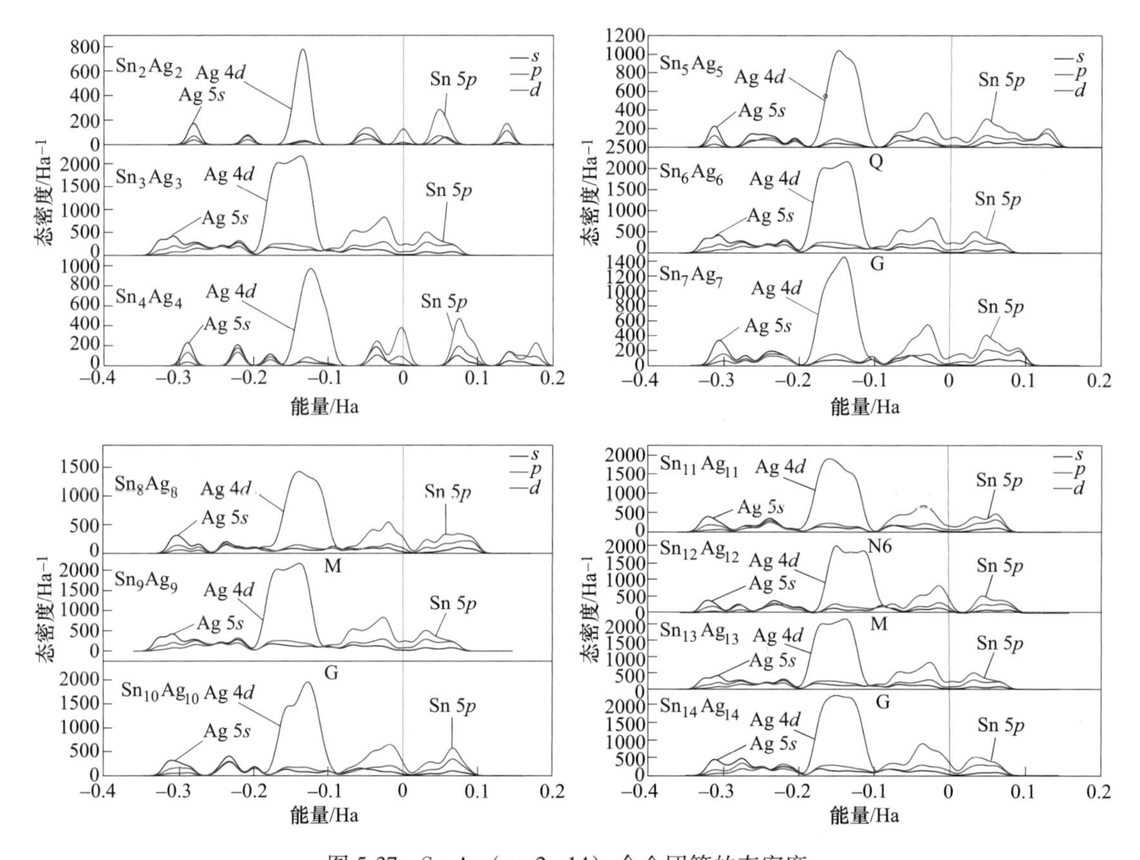

图 5-37　Sn_nAg_n($n=2\sim14$) 合金团簇的态密度

通过对 Sn_nCu_n($n=2\sim7$) 和 Sn_nAg_n($n=2\sim14$) 团簇的理论计算，结果显示：(1) 合金团簇中银、锡原子和铜、锡原子并不是在空间中均匀分布，而是以易形成团簇的过渡金属银或铜原子在团簇中心形成核，然后由主族金属原子锡包裹在外得到稳定结构的；(2) Sn_4Cu_4、Sn_4Ag_4 为幻数尺寸，其在能量和化学稳定性上都好于其他；(3) 伴随着原子数的增加，团簇的金属性逐渐增强；(4) Sn_nAg_n($n=2\sim14$) 合金团簇态密度随原子数增加连续性增强并逐渐负移。

5.2.2.2　二元锡基合金体系中组元扩散行为模拟研究

A　Sn-4.8%Sb 合金

图 5-38 为 Sn-4.8%Sb 合金体系的分波态密度图。可以看出，随温度升高，分波态密度图中 Sn 的 s 轨道往左移动而 p 轨道有些微右移趋势，Sb 的 p 轨道在费米能级附近有所扩展，表明体系稳定性有所降低；随温度升高 Sn-Sb 结合力削弱，稳定性降低。

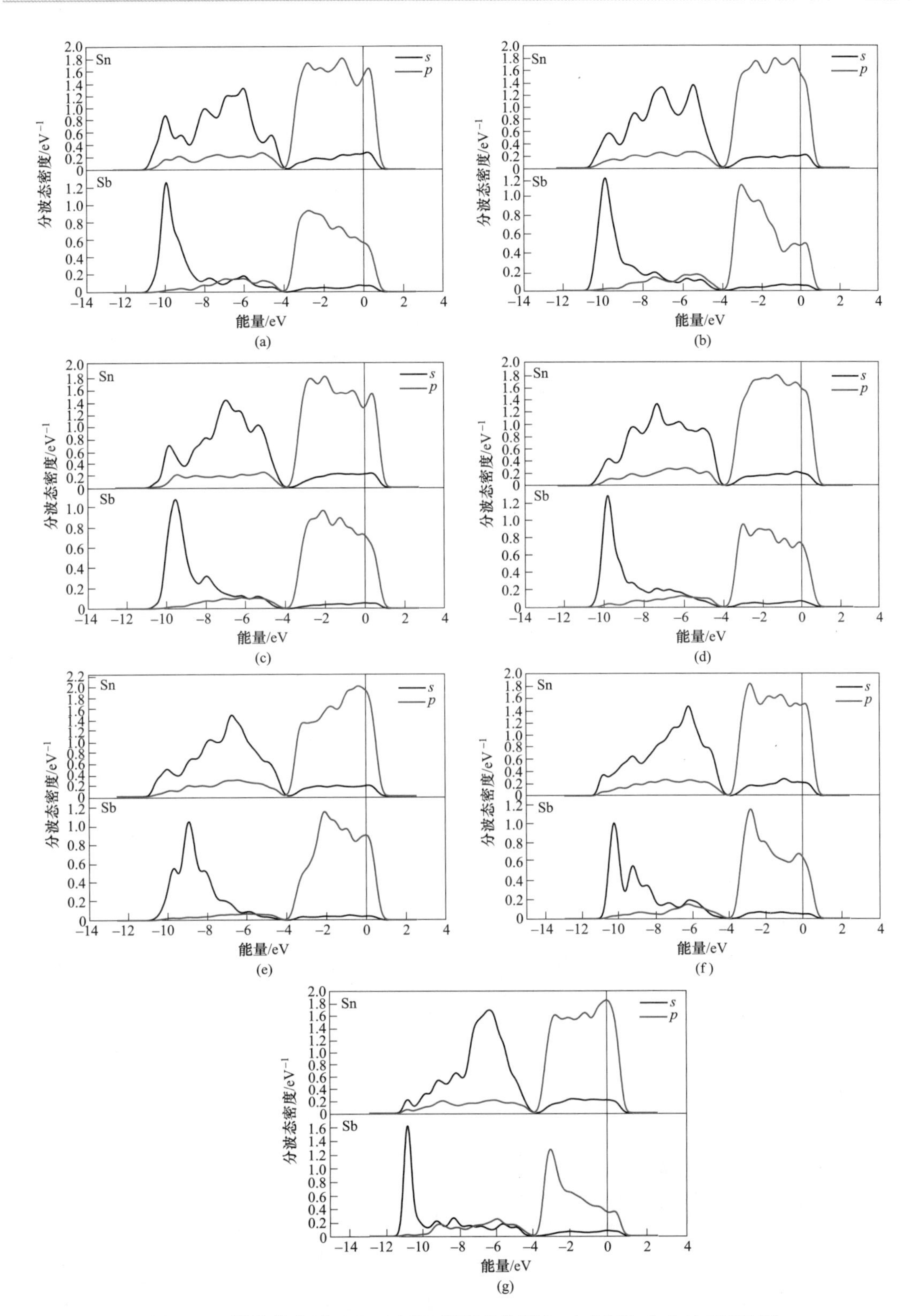

图 5-38 结构优化及 673~1673K 温度条件下 Sn-4.8%Sb 合金的 PDOS 图

(a) 结构优化；(b) 673K；(c) 873K；(d) 1073K；(e) 1273K；(f) 1473K；(g) 1673K

由图 5-39 可看出，均方位移与时间的关系接近直线，表明该体系为液态结构。且 MSD 随着时间而增大，即图形随时间呈上升趋势。根据爱因斯坦方程可以计算出不同温度时 Sn-4.8%Sb 中各组元的互扩散系数 D，见表 5-4。

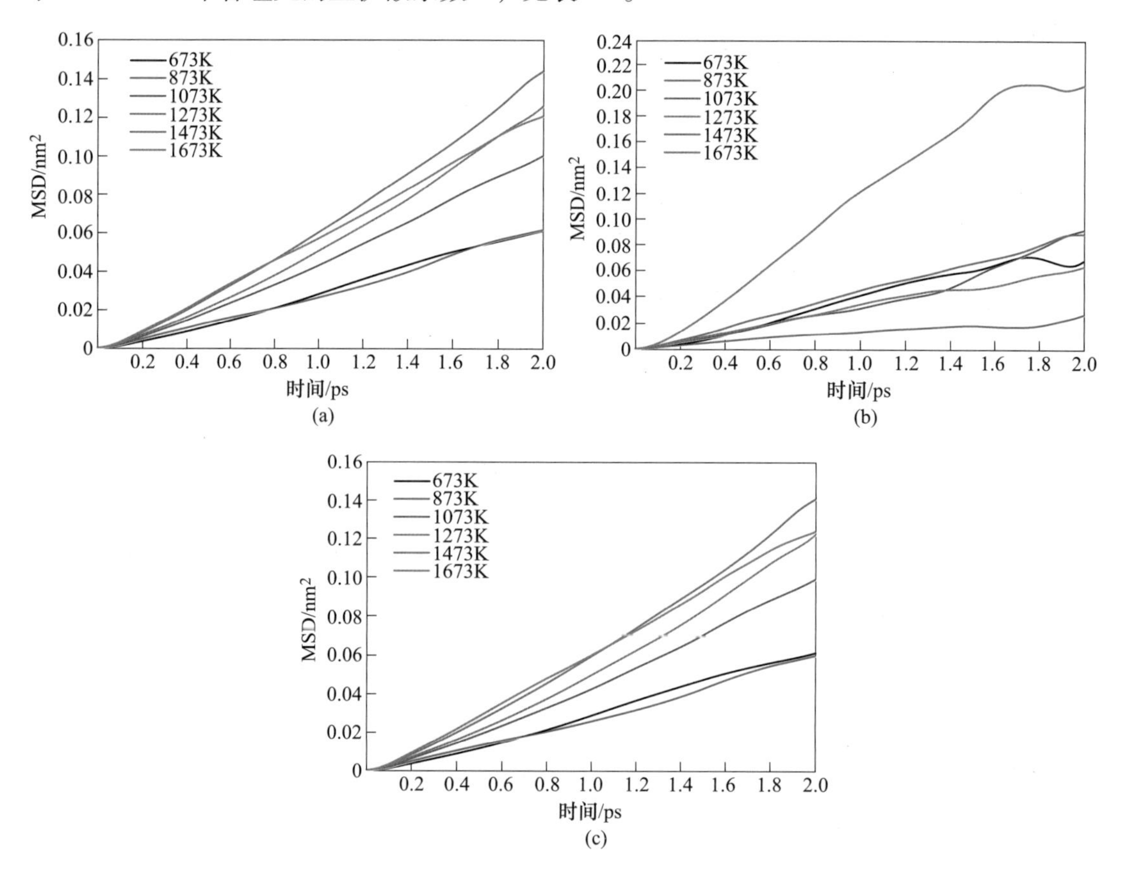

图 5-39　673~1673K 温度条件下 Sn-4.8%Sb 合金的均方位移

(a) 合金熔体中 Sn 的均方位移；(b) 合金熔体中 Sb 的均方位移；(c) 合金熔体中 Sn-Sb 的均方位移

表 5-4　Sn-4.8%Sb 中各组元的扩散系数

温度/K	扩散系数 $D/m^2 \cdot s^{-1}$		
	Sn	Sb	Sn-Sb
673	0.546×10^{-8}	0.682×10^{-8}	0.553×10^{-8}
873	0.521×10^{-8}	0.179×10^{-8}	0.505×10^{-8}
1073	0.859×10^{-8}	0.733×10^{-8}	0.853×10^{-8}
1273	1.062×10^{-8}	0.529×10^{-8}	1.037×10^{-8}
1473	1.207×10^{-8}	0.761×10^{-8}	1.186×10^{-8}
1673	1.035×10^{-8}	1.975×10^{-8}	1.079×10^{-8}

由表 5-4 可知，随温度升高，Sn-Sb 间扩散系数呈增加趋势，表明体系扩散越来越容易，组元间相互作用力减弱。综上所述，随着温度升高，Sn-Sb 之间的共价键是削弱的，Sn 和 Sb 趋于分离。

由图 5-40 可看出，对于 Sn 和 Sn-Sb 的径向分布函数，在 0.310nm 处有尖锐的主峰。随温度升高，主峰的高度呈降低趋势，表明体系的有序度是降低的。

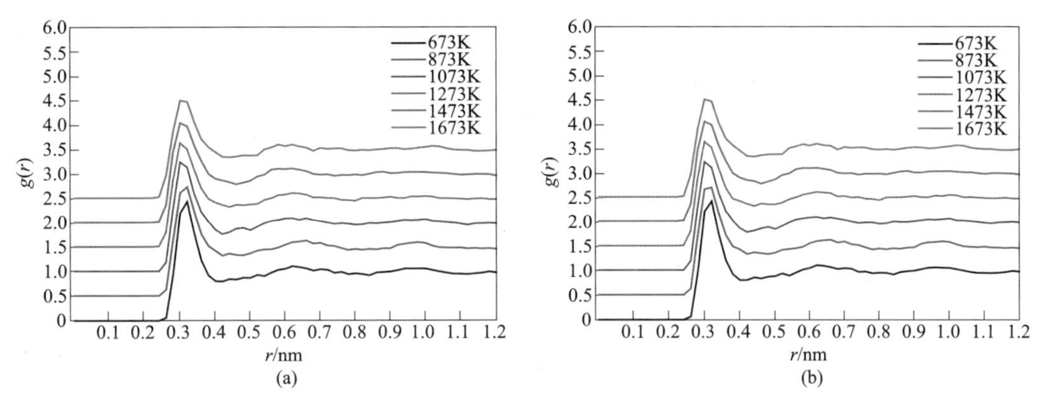

图 5-40 673~1673K 温度条件下 Sn-4.8%Sb 合金的偏径向分布

（a）Sn；（b）Sn-Sb

B Sn-6.4%Sb 合金

图 5-41 给出了 Sn-6.4%Sb 合金体系中分波态密度图。图 5-41 表明，随温度升高分波态密度图中 Sn 的 *s* 轨道往左移动而 *p* 轨道有些微右移趋势，Sb 的 *p* 轨道在费米能级附近有所扩展，表明体系稳定性有所降低；随温度升高 Sn-Sb 结合力削弱，稳定性降低。与图 5-39 对比，可看到相同温度下，随合金中 Sb 含量增加，Sn-Sb 结合力呈现增强的趋势，稳定性增加。

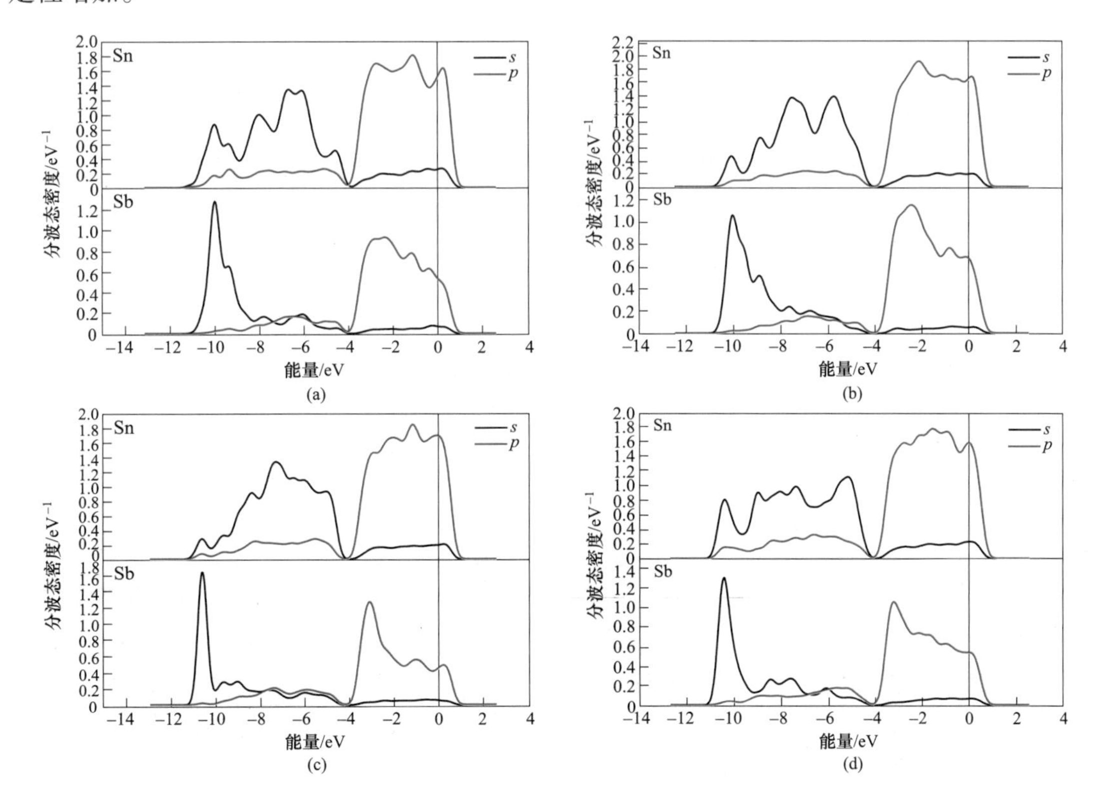

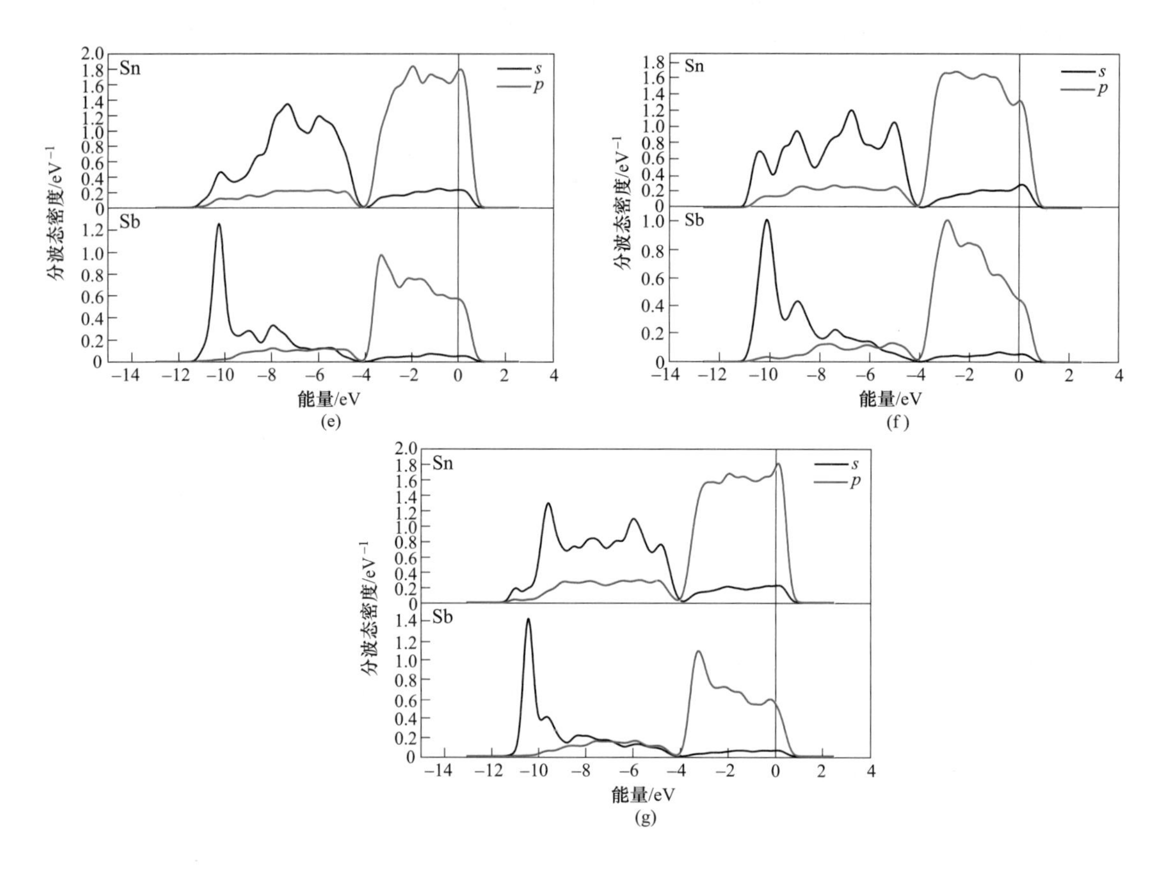

图 5-41　结构优化及 673～1673K 温度条件下 Sn-6.4%Sb 合金的分波态密度

(a) 结构优化；(b) 673K；(c) 873K；(d) 1073K；(e) 1273K；(f) 1473K；(g) 1673K

由图 5-42 可看出，均方位移与时间的关系接近直线，表明该体系为液态结构。且 MSD 随着时间而增大，即图形随时间呈上升趋势。根据爱因斯坦方程可以计算出不同温度下 Sn-6.4%Sb 合金中组元的扩散系数 D，见表 5-5。

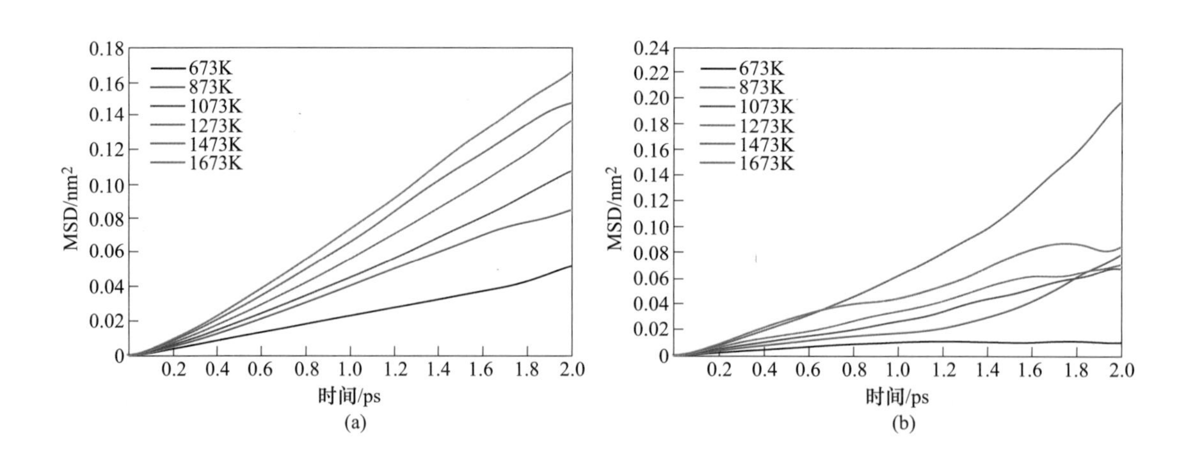

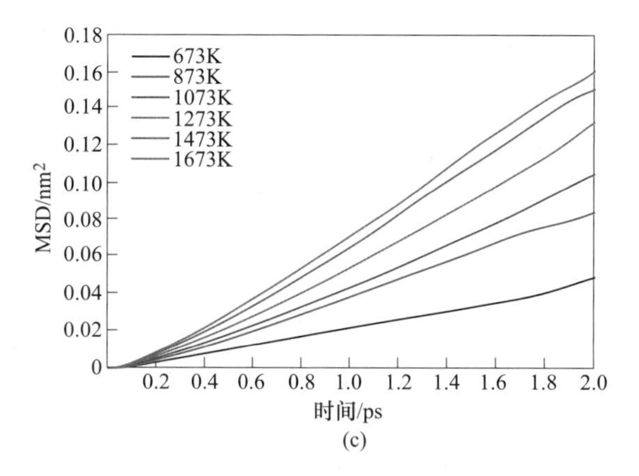

图 5-42 673~1673K 温度条件下 Sn-6.4%Sb 合金的均方位移

(a) Sn；(b) Sb；(c) Sn-Sb

表 5-5 Sn-6.4%Sb 中各组元的扩散系数

温度/K	扩散系数 $D/m^2 \cdot s^{-1}$		
	Sn	Sb	Sn-Sb
673	0.415×10^{-8}	0.088×10^{-8}	0.395×10^{-8}
873	0.764×10^{-8}	0.551×10^{-8}	0.751×10^{-8}
1073	0.916×10^{-8}	0.581×10^{-8}	0.895×10^{-8}
1273	1.159×10^{-8}	0.625×10^{-8}	1.125×10^{-8}
1473	1.321×10^{-8}	1.551×10^{-8}	1.336×10^{-8}
1673	1.457×10^{-8}	0.778×10^{-8}	1.414×10^{-8}

由表 5-5 可知，随着温度升高，Sn-6.4%Sb 间扩散系数呈增加趋势，表明体系扩散越来越容易，相互之间作用力减弱。综上所述，随着温度升高，Sn-6.4%Sb 之间的共价键是削弱的，Sn 和 Sb 趋于分离。

由图 5-43 可看出，对于 Sn 和 Sn-Sb 的径向分布函数，在 0.310nm 处有尖锐的主峰。随着温度升高，主峰的高度呈降低趋势，表明体系的有序度是降低的。

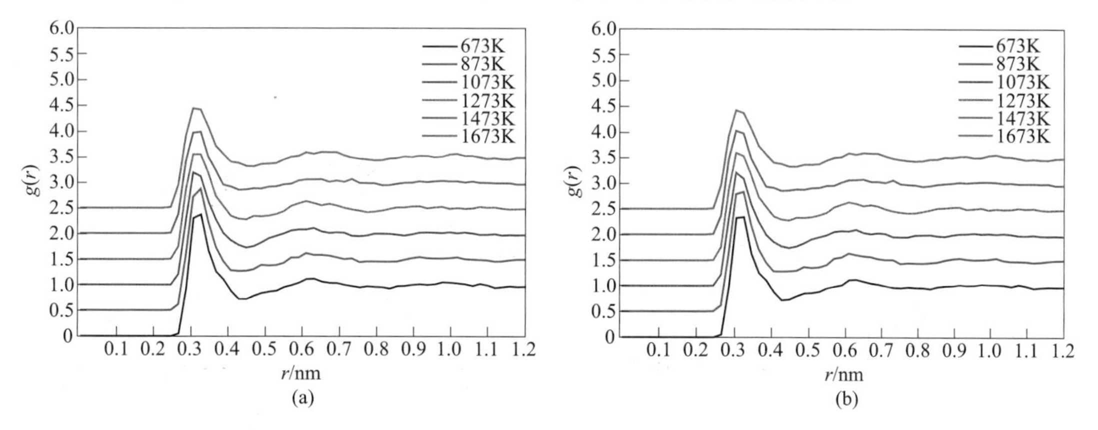

图 5-43 673~1673K 温度条件下 Sn-6.4%Sb 合金的偏径向分布

(a) Sn；(b) Sn-Sb

C　Sn-8%Sb 合金

图 5-44 为 Sn-8%Sb 合金体系中的分波态密度图。随着温度的升高，分波态密度图中 Sn 的 s 轨道往左移动而 p 轨道有些微右移趋势，Sb 的 p 轨道在费米能级附近有所扩展，表明体系稳定性有所降低；随温度升高 Sn-Sb 结合力削弱，稳定性降低。与图 5-39 和图 5-41 对比，可看到相同温度下，随合金中 Sb 含量增加，Sn-Sb 结合力呈现增强的趋势，稳定性增加。

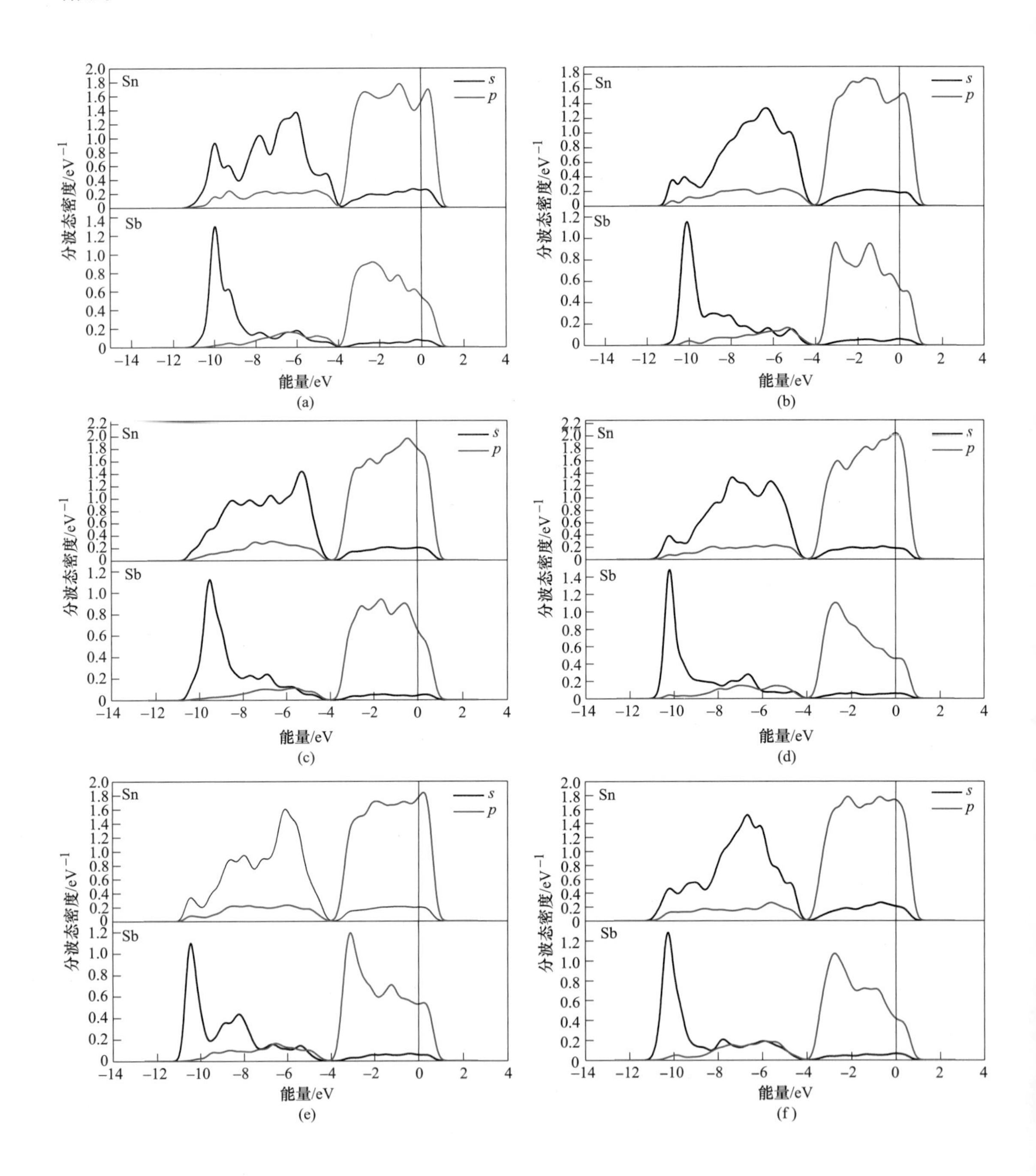

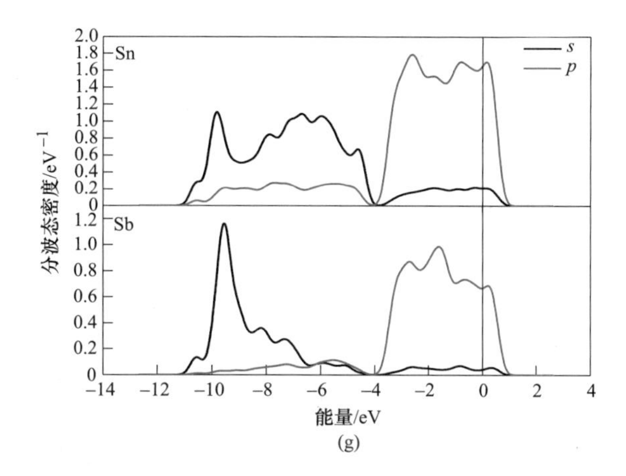

图 5-44 结构优化及 673~1673K 温度条件下 Sn-8%Sb 合金的分波态密度

(a) 结构优化; (b) 673K; (c) 873K; (d) 1073K; (e) 1273K; (f) 1473K; (g) 1673K

由图 5-45 可看出，均方位移与时间的关系接近直线，表明该体系为液态结构。且 MSD 随着时间而增大，即图形随时间呈上升趋势。根据爱因斯坦方程可以计算出不同温度下 Sn-8%Sb 合金的扩散系数 D，见表 5-6。

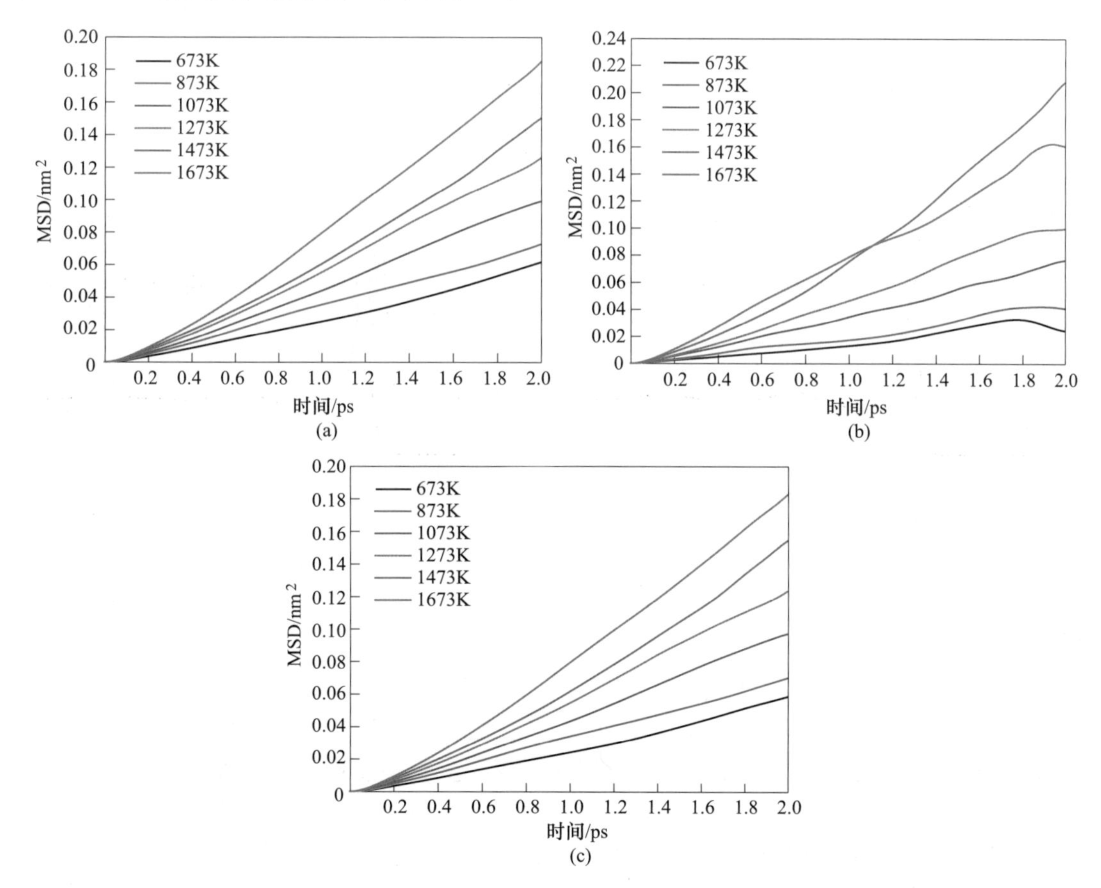

图 5-45 673~1673K 温度条件下 Sn-8%Sb 合金的均方位移

(a) Sn; (b) Sb; (c) Sn-Sb

表 5-6 Sn-8%Sb 中各组元的扩散系数

温度/K	扩散系数 $D/m^2 \cdot s^{-1}$		
	Sn	Sb	Sn-Sb
673	0.510×10^{-8}	0.289×10^{-8}	0.492×10^{-8}
873	0.611×10^{-8}	0.380×10^{-8}	0.593×10^{-8}
1073	0.872×10^{-8}	0.646×10^{-8}	0.854×10^{-8}
1273	1.098×10^{-8}	0.920×10^{-8}	1.084×10^{-8}
1473	1.266×10^{-8}	1.756×10^{-8}	1.304×10^{-8}
1673	1.601×10^{-8}	1.407×10^{-8}	1.585×10^{-8}

由表 5-6 可知，随温度升高 Sn-8%Sb 间扩散系数呈增加趋势，表明体系扩散越来越容易，相互之间作用力减弱。

综上所述，随着温度升高，Sn-8%Sb 之间的共价键是削弱的，Sn 和 Sb 趋于分离。但在此过程中，Sn 和 Sb 之间有聚集现象，即出现较强的相互作用力。

由图 5-46 可看出，对于 Sn、Sn-Sb 的径向分布函数，在 0.310nm 处有尖锐的主峰。随温度升高主峰的高度呈降低趋势，表明体系的有序度是降低的。

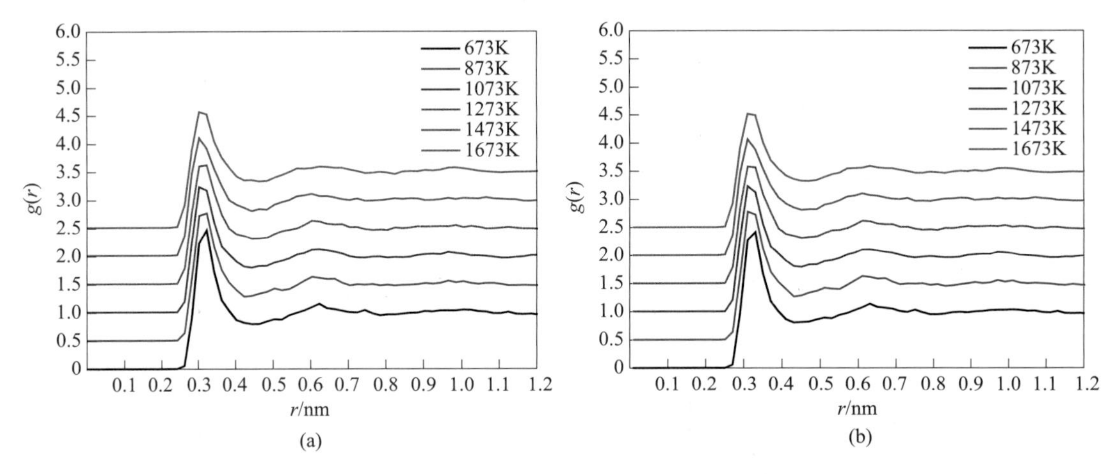

图 5-46 673~1673K 温度条件下 Sn-8%Sb 合金的偏径向分布函数
(a) Sn; (b) Sn-Sb

D Sn-7.14%Ag

图 5-47 为 Sn-7.14%Ag 合金体系中分波态密度图。图 5-47 表明，随温度升高分波态密度图中 Sn 的 *s* 轨道往左移动而 *p* 轨道有些微右移趋势，Ag 的 *p* 轨道在费米能级附近有所扩展，表明体系稳定性有所降低；随温度升高 Sn-Ag 结合力削弱，稳定性降低。

由图 5-48 可看出，均方位移与时间的关系接近直线，表明该体系为液态结构。且 MSD 随着时间而增大，即图形随时间呈上升趋势。根据爱因斯坦方程可以计算出不同温度下 Sn-7.14%Ag 中各组元的扩散系数 *D*，见表 5-7。

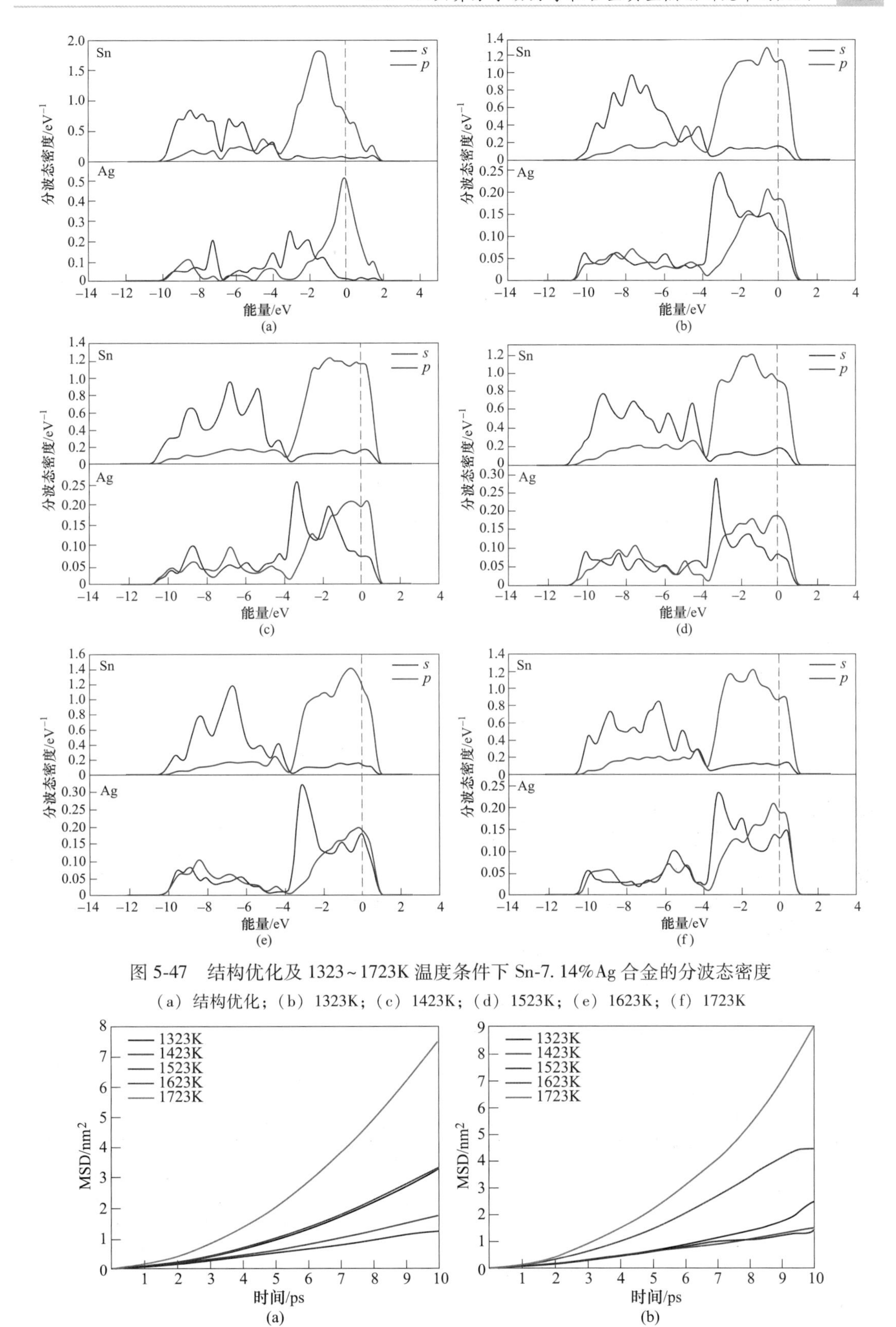

图 5-47 结构优化及 1323~1723K 温度条件下 Sn-7.14%Ag 合金的分波态密度

(a) 结构优化；(b) 1323K；(c) 1423K；(d) 1523K；(e) 1623K；(f) 1723K

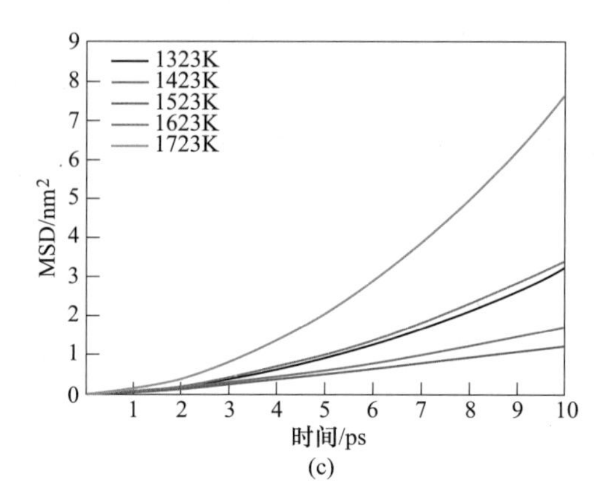

图 5-48 1323~1723K 温度条件下 Sn-7.14%Ag 合金的均方位移
（a）Sn；（b）Ag；（c）Sn-Ag

表 5-7 Sn-7.14%Ag 中各组元的扩散系数

温度/K	扩散系数 $D/\mathrm{m}^2\cdot\mathrm{s}^{-1}$		
	Sn	Ag	Sn-Ag
1323	33.061×10^{-8}	21.823×10^{-8}	32.184×10^{-8}
1423	17.805×10^{-8}	14.958×10^{-8}	17.582×10^{-8}
1523	12.843×10^{-8}	14.640×10^{-8}	12.983×10^{-8}
1623	33.568×10^{-8}	49.221×10^{-8}	34.791×10^{-8}
1723	75.417×10^{-8}	57.502×10^{-8}	76.128×10^{-8}

由表 5-7 可知，随温度的升高，Sn-7.14%Ag 间扩散系数呈增加趋势，表明体系扩散越来越容易，相互之间作用力减弱。

综上所述，随着温度升高，Sn-Ag 之间的共价键是削弱的，Sn 和 Ag 趋于分离。但在此过程中，Sn 和 Ag 之间有聚集现象，即出现较强的相互作用力。

由图 5-49 可看出，对于 Sn-Sn、Sn-Ag 的径向分布函数，在 0.320nm 处有尖锐的主峰。

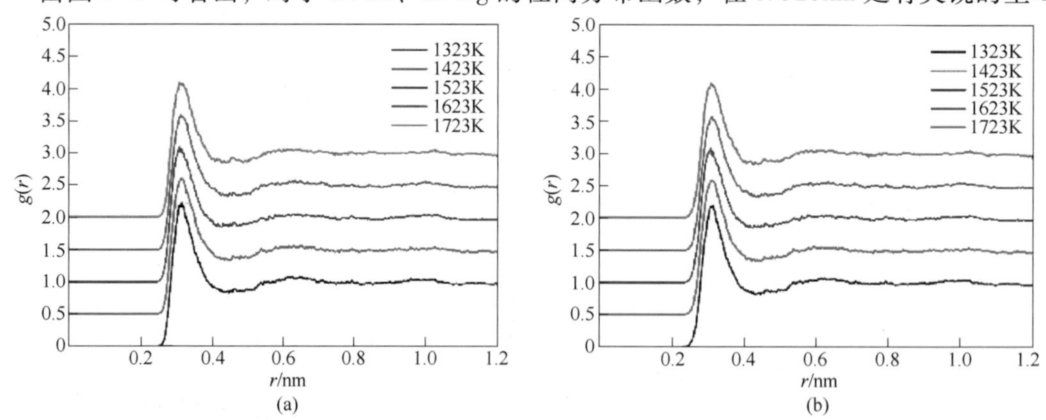

图 5-49 1323~1723K 温度条件下 Sn-7.14%Ag 合金的偏径向分布函数
（a）Sn；（b）Sn-Ag

随温度升高主峰的高度呈降低趋势，表明体系的有序度是降低的。

E Sn-37%Pb

图 5-50 为 Sn-37%Pb 合金体系中分波态密度图。图 5-50 表明，随温度的升高，分波态密度图中 Sn 的 *s* 轨道往左移动而 *p* 轨道有些微右移趋势，Pb 的 *p* 轨道在费米能级附近有所扩展，表明体系稳定性有所降低；随温度升高 Sn-Pb 结合力削弱，稳定性降低。

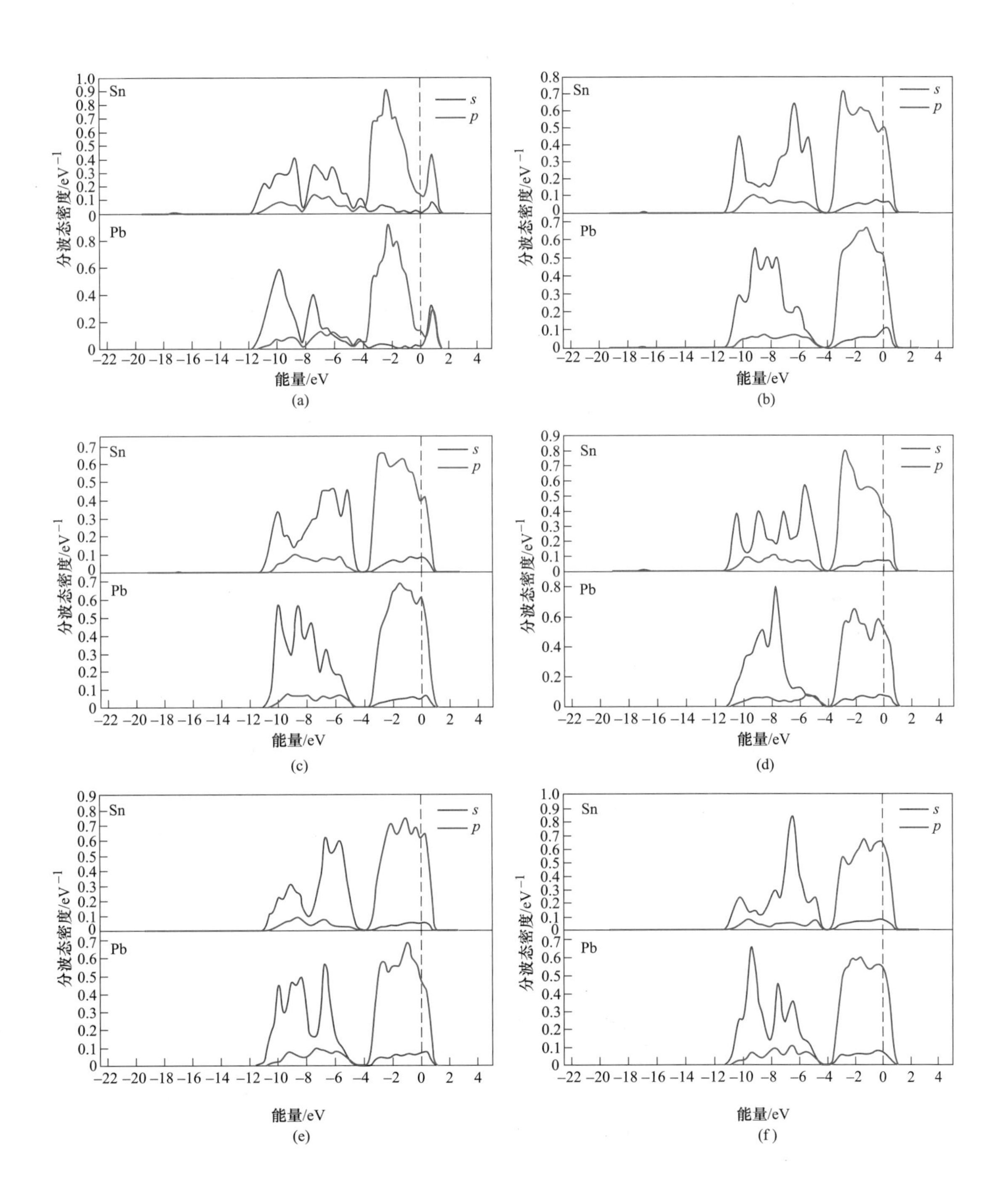

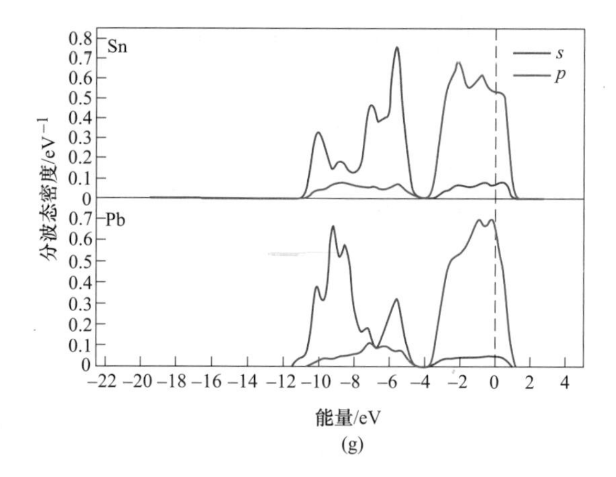

图 5-50　结构优化及 673～1673K 温度条件下 Sn-37%Pb 合金的分波态密度
（a）结构优化；（b）673K；（c）873K；（d）1073K；（e）1273K；（f）1473K；（g）1673K

由图 5-51 可看出，均方位移与时间的关系接近直线，表明该体系为液态结构。且 MSD 随着时间而增大，即图形随时间呈上升趋势。根据爱因斯坦方程可以计算出不同温度下 Sn-37%Pb 中各组元的扩散系数 D，见表 5-8。

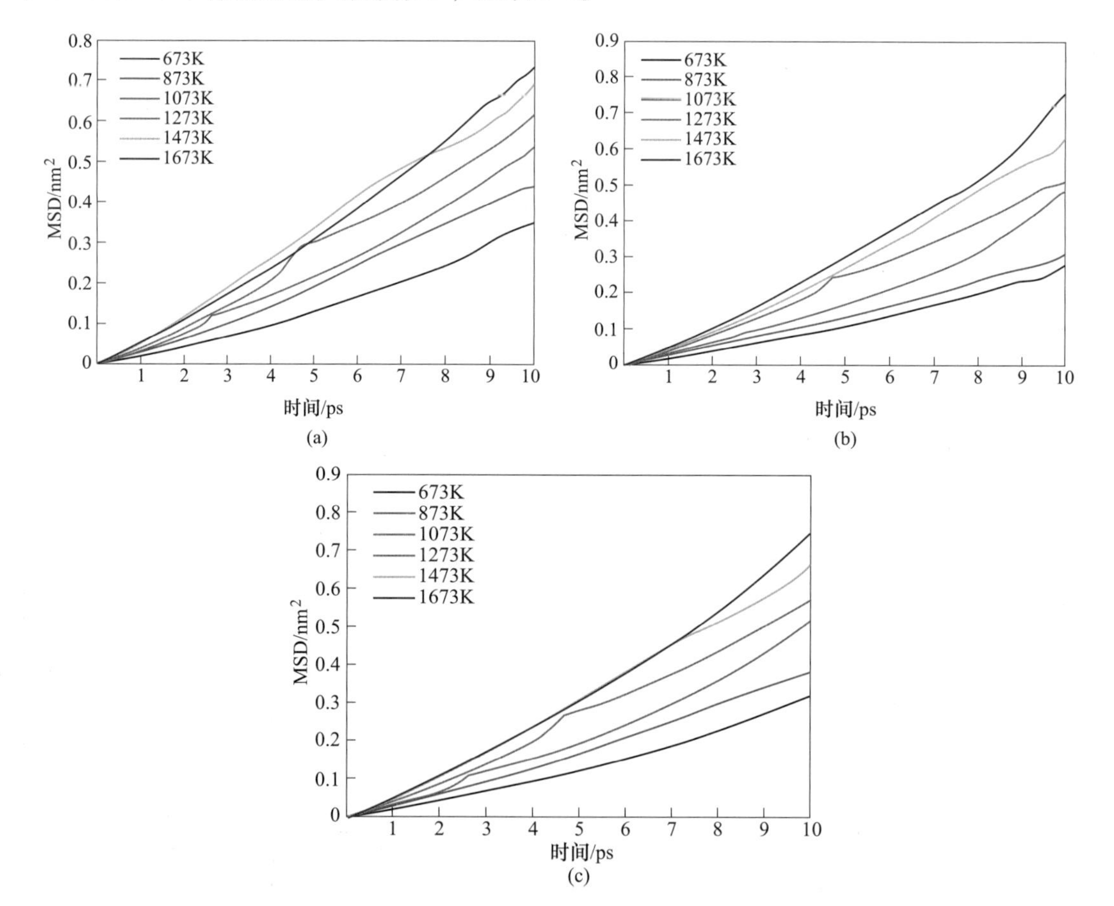

图 5-51　673～1673K 温度条件下 Sn-37%Pb 合金的均方位移
（a）Sn；（b）Pb；（c）Sn-Pb

表 5-8 Sn-37%Pb 中各组元的扩散系数

温度/K	扩散系数 D/m^2·s^{-1}		
	Sn	Pb	Sn-Pb
673	3.474×10^{-8}	2.679×10^{-8}	3.114×10^{-8}
873	4.648×10^{-8}	3.027×10^{-8}	3.914×10^{-8}
1073	5.278×10^{-8}	4.502×10^{-8}	4.927×10^{-8}
1273	6.201×10^{-8}	5.260×10^{-8}	5.774×10^{-8}
1473	6.929×10^{-8}	6.424×10^{-8}	6.700×10^{-8}
1673	7.383×10^{-8}	7.168×10^{-8}	7.286×10^{-8}

由表 5-8 可知，随温度的升高，Sn-37%Pb 间扩散系数呈增加趋势，表明体系扩散越来越容易，相互之间作用力减弱。

综上所述，随着温度升高，Sn-37%Pb 之间的共价键是削弱的，Sn 和 Pb 趋于分离。但在此过程中，Sn 和 Pb 之间有聚集现象，即出现较强的相互作用力。

由图 5-52 可看出，对于 Sn、Pb、Sn-Pb 的径向分布函数，在 0.320nm 处有尖锐的主峰。随温度升高，主峰的高度呈降低趋势，表明体系的有序度是降低的。

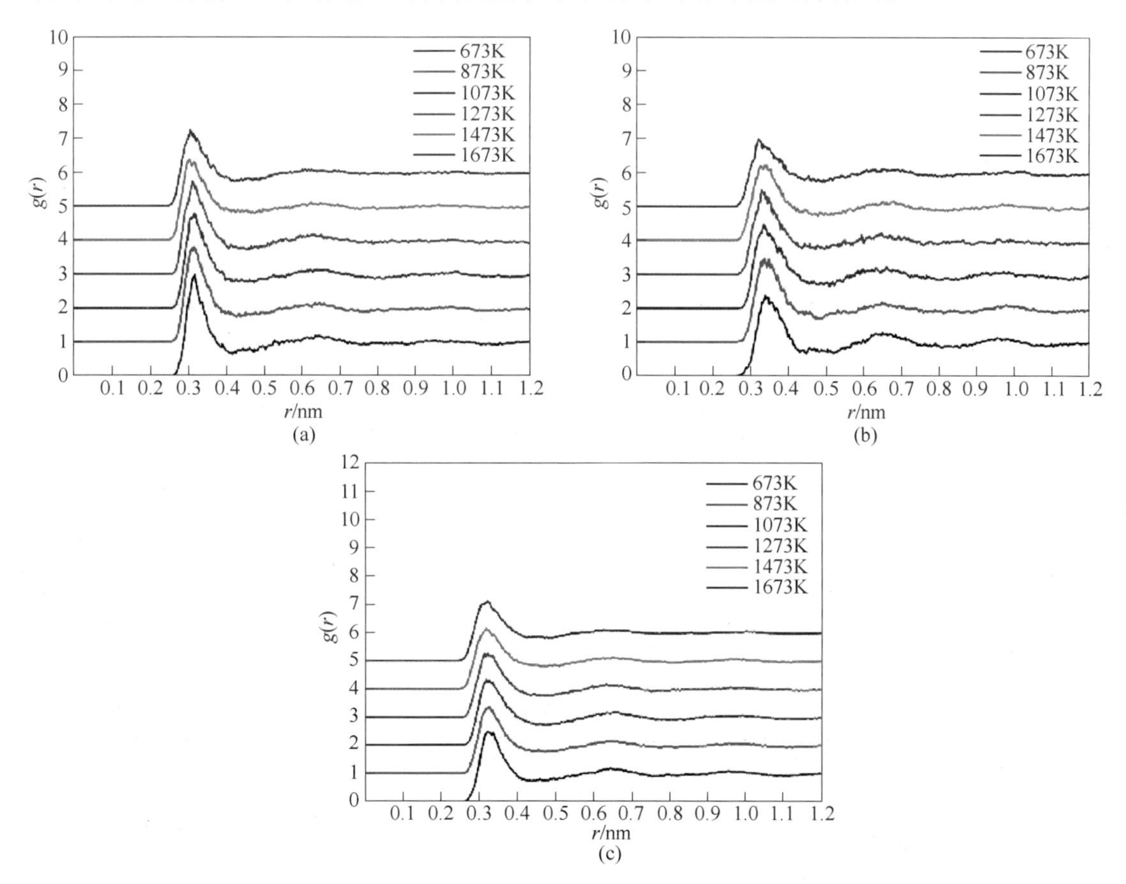

图 5-52 673~1673K 温度条件下 Sn-37%Pb 合金的偏径向分布函数

(a) Sn；(b) Pb；(c) Sn-Pb

5.2.2.3　多元锡基合金体系中组元扩散行为模拟研究

A　Sn-35.45%Sb-14.29%Ag 合金

图 5-53 为 Sn-35.45%Sb-14.29%Ag 合金体系中分波态密度图。图 5-53 表明，Ag 的加入使 Sn—Sn 及 Sn—Sb 键均有所增强。但随温度升高，分波态密度图中 Sn 及 Sb 的 *s* 轨道往左移动而 *p* 轨道有些微右移趋势，Ag 的 *p* 轨道在费米能级附近有所扩展，而 *s* 及 *d* 轨道左移，表明体系稳定性有所降低；随温度升高 Sn—Sb、Sn—Ag、Ag—Sb 结合力削弱，稳定性降低。

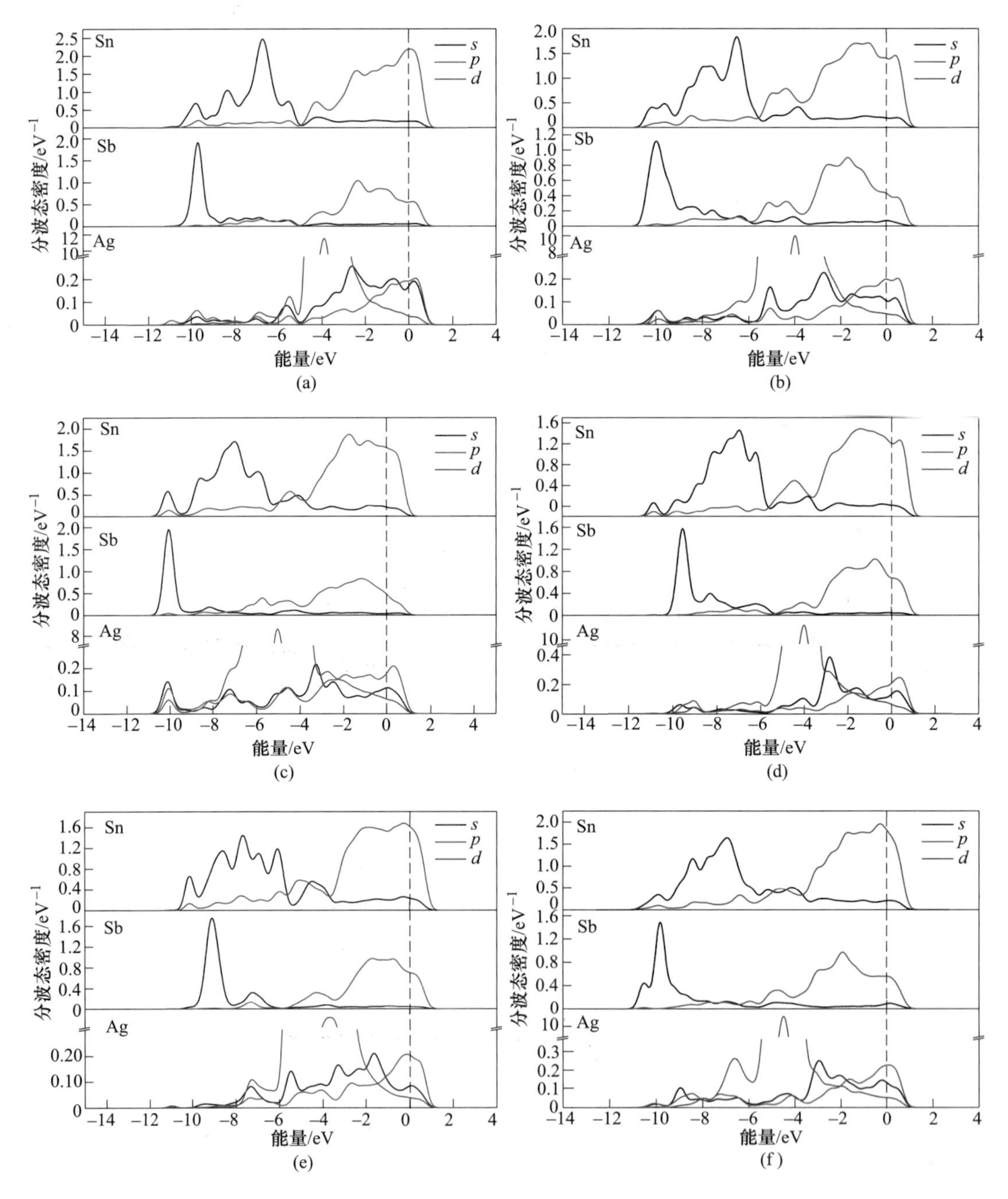

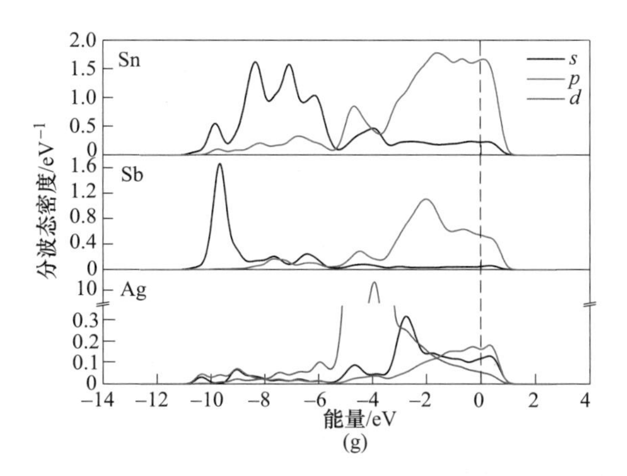

图 5-53 结构优化及 673~1673K 温度条件下 Sn-35.45%Sb-14.29%Ag 合金的分波态密度

(a) 结构优化；(b) 673K；(c) 873K；(d) 1073K；(e) 1273K；(f) 1473K；(g) 1673K

由图 5-54 可看出，均方位移与时间的关系接近直线，表明该体系为液态结构。且 MSD 随着时间而增大，即图形随时间呈上升趋势。根据爱因斯坦方程可以计算出不同温度下 Sn-35.45%Sb-14.29%Ag 中各组元的扩散系数 D，见表 5-9。

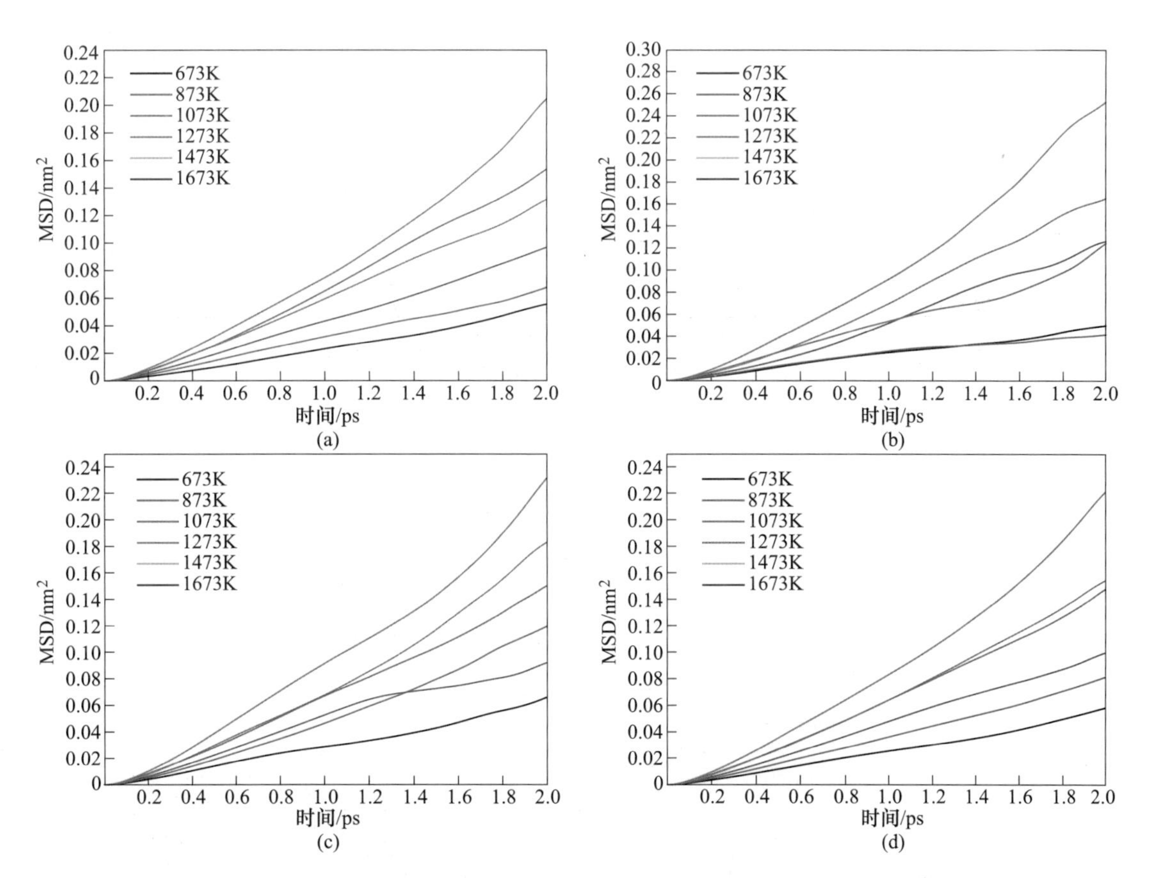

图 5-54 673~1673K 温度条件下 Sn-35.45%Sb-14.29%Ag 合金的分波态密度

(a) Sn；(b) Sb；(c) Ag；(d) Sn-Sb-Ag

表 5-9　Sn-35.45%Sb-14.29%Ag 中各组元的扩散系数

温度/K	扩散系数 $D/m^2 \cdot s^{-1}$			
	Sn	Sb	Ag	Sn-Sb-Ag
673	0.456×10^{-8}	0.406×10^{-8}	0.523×10^{-8}	0.471×10^{-8}
873	0.560×10^{-8}	0.352×10^{-8}	1.017×10^{-8}	0.684×10^{-8}
1073	0.817×10^{-8}	1.123×10^{-8}	0.797×10^{-8}	0.858×10^{-8}
1273	1.128×10^{-8}	1.490×10^{-8}	1.513×10^{-8}	1.317×10^{-8}
1473	1.334×10^{-8}	0.933×10^{-8}	1.260×10^{-8}	1.246×10^{-8}
1673	1.661×10^{-8}	2.158×10^{-8}	1.843×10^{-8}	1.801×10^{-8}

由表 5-9 可知，随温度升高，Sn-35.45%Sb-14.29%Ag 间扩散系数呈增加趋势，表明体系扩散越来越容易，相互之间作用力减弱。综上所述，随着温度升高，Sn-35.45%Sb-14.29%Ag 之间的共价键是削弱的，Sn 和 Sb 趋于分离。但在此过程中，Ag 的加入，会增强 Sn 和 Sb 之间的相互作用力。

由图 5-55 可看出，对于 Sn、Ag、Sn-Sb-Ag 的径向分布函数，在 0.3nm 处有尖锐的主峰。随温度升高主峰的高度呈降低趋势，表明体系的有序度是降低的。

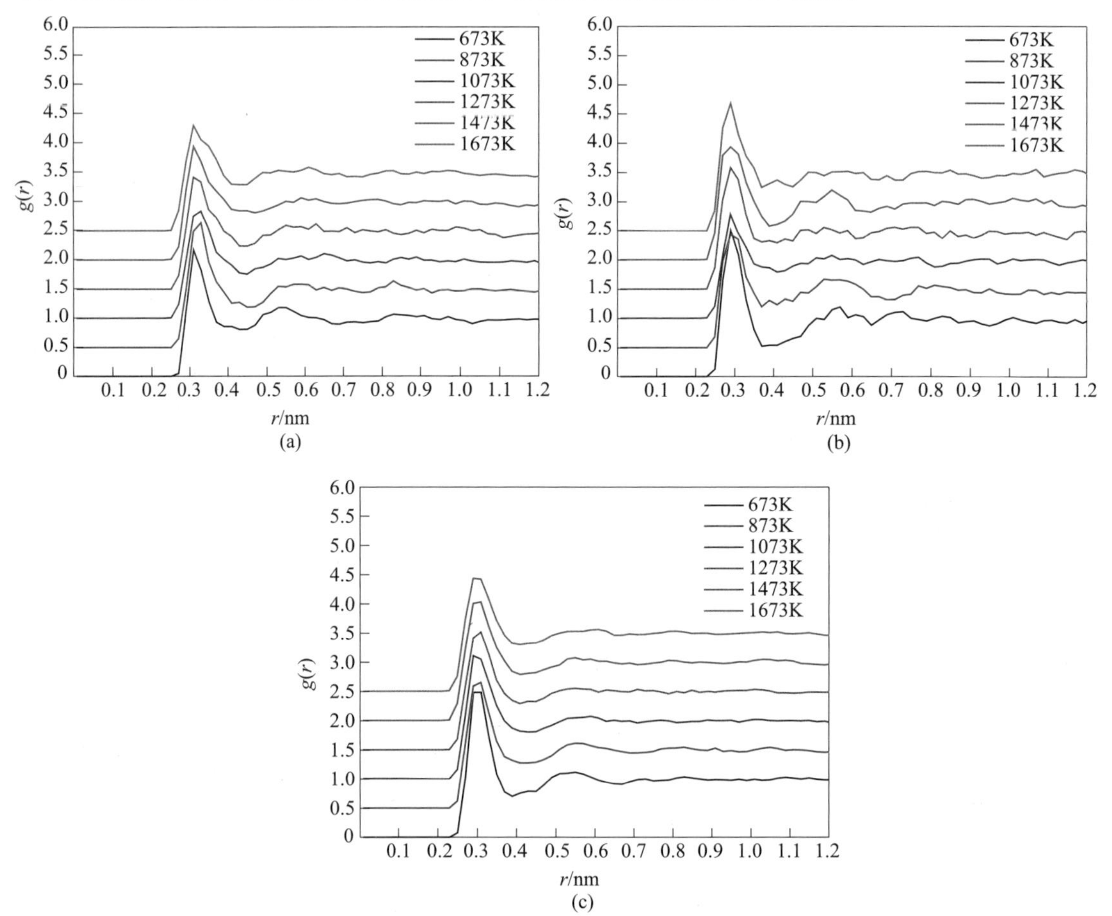

图 5-55　673~1673K 温度条件下 Sn-35.45%Sb-14.29%Ag 合金的偏径向分布函数

(a) Sn; (b) Ag; (c) Sn-Sb-Ag

B Sn-9.7%Sb-1.7%Cu 合金

图 5-56 为 Sn-9.7%Sb-1.7%Cu 合金体系中分波态密度图。图 5-56 表明，Cu 的加入使 Sn—Sn 及 Sn—Sb 键均有所削弱。但随温度升高，分波态密度图中 Sn 及 Sb 的 *s* 轨道往左移动而 *p* 轨道有些微右移趋势，Cu 的 *p* 轨道在费米能级附近有所扩展，而 Cu 的 *s* 及 *d* 轨道左移，表明体系稳定性有所降低；随温度升高 Sn—Sb、Sn—Cu、Cu—Sb、Cu—Sn 结合力削弱，稳定性降低，即 Cu 的加入会削减 Sn 和 Sb 之间的相互作用力。

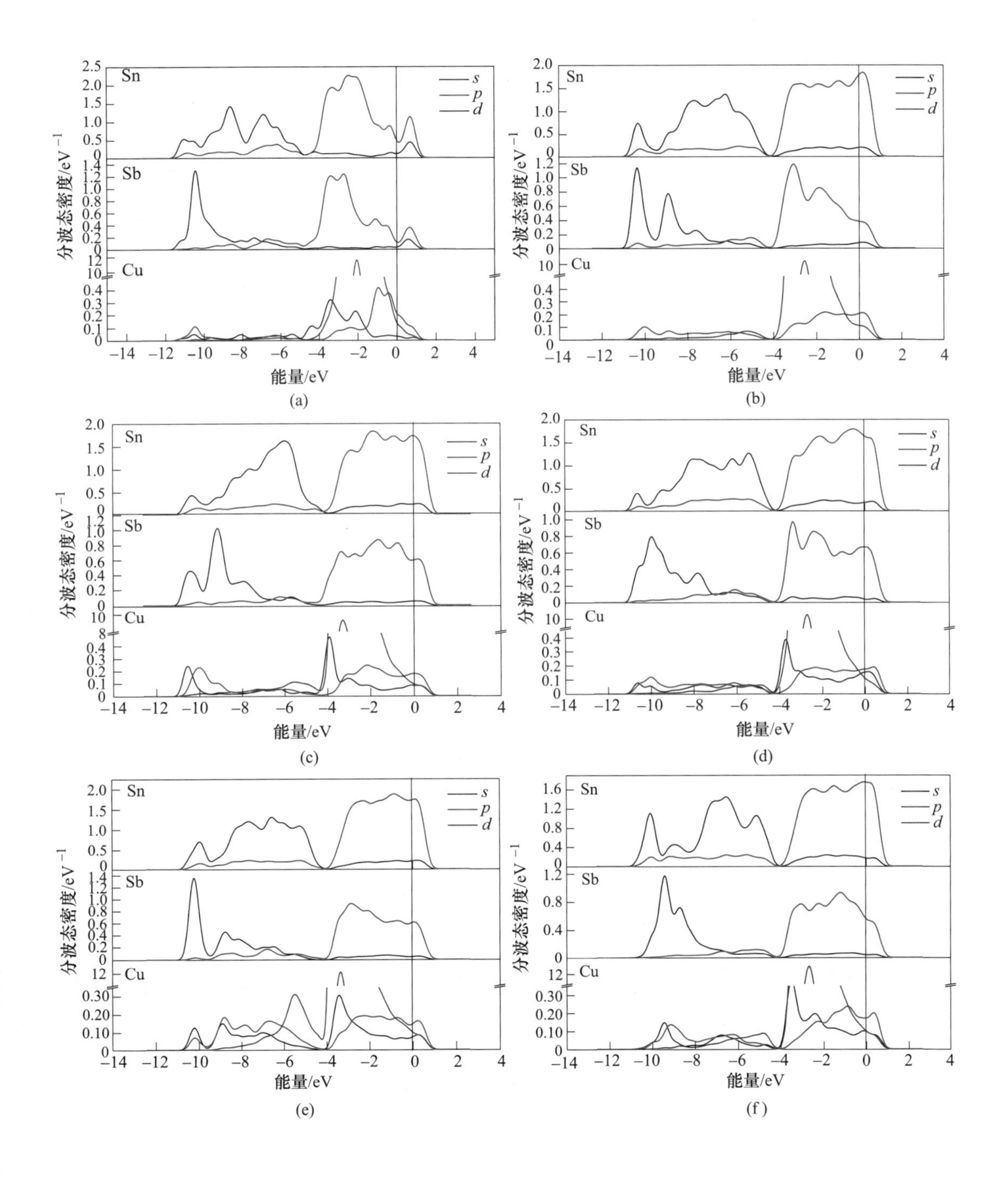

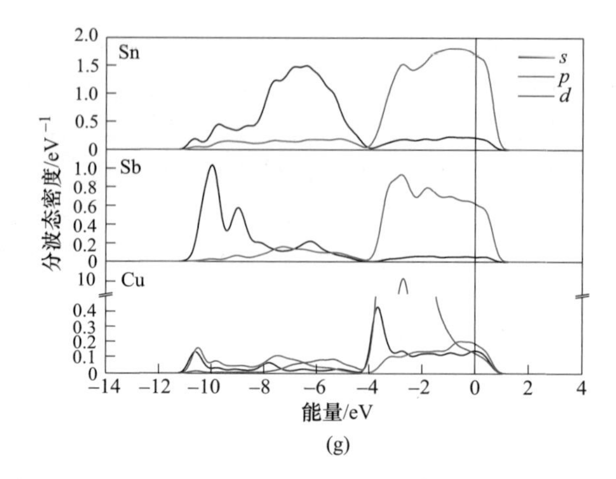

图 5-56　结构优化及 673~1673K 温度条件下 Sn-9. 7%Sb-1. 7%Cu 合金的分波态密度

(a) 结构优化；(b) 673K；(c) 873K；(d) 1073K；(e) 1273K；(f) 1473K；(g) 1673K

由图 5-57 可看出，均方位移与时间的关系接近直线，表明该体系为液态结构。且

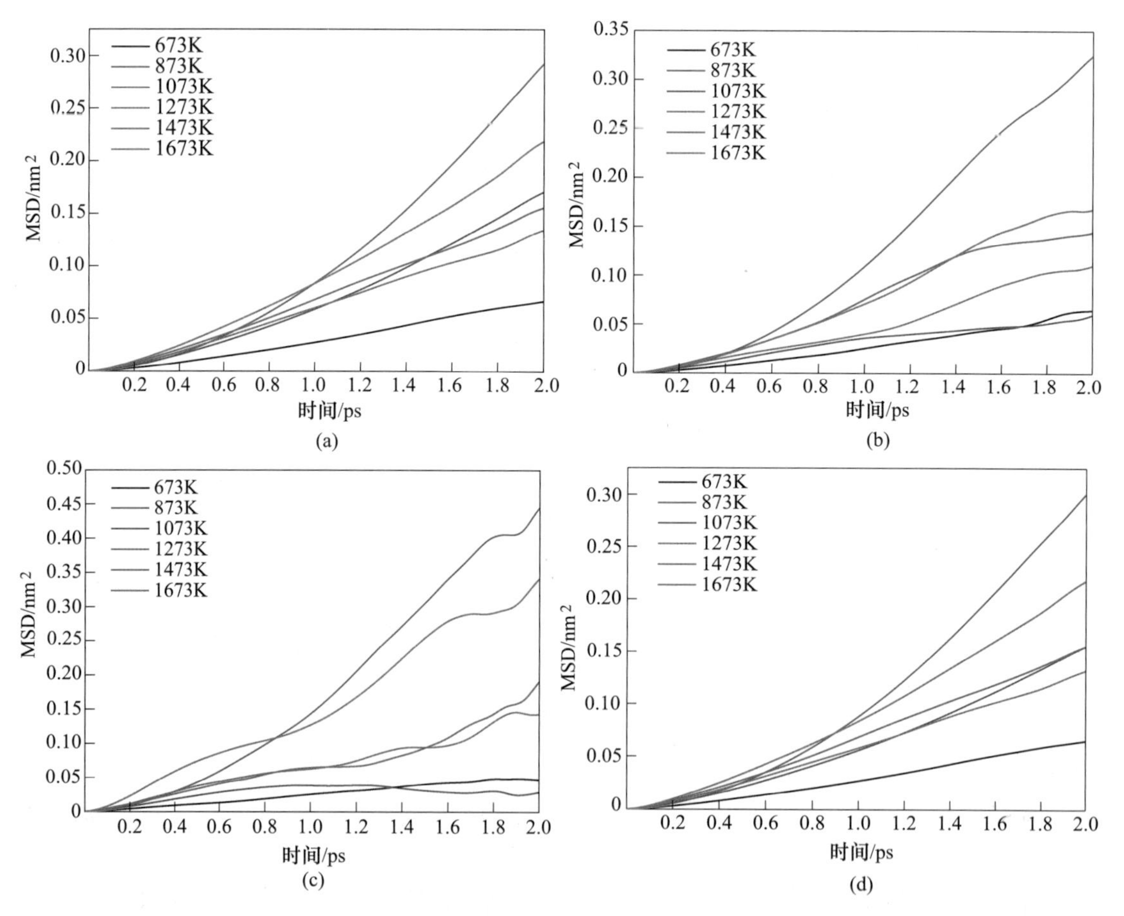

图 5-57　673~1673K 温度条件下 Sn-9. 7%Sb-1. 7%Cu 合金的均方位移

(a) Sn；(b) Sb；(c) Cu；(d) Sn-Sb-Cu

MSD 随着时间而增大，即图形随时间呈上升趋势。根据爱因斯坦方程可以计算出不同温度下各组元的扩散系数 D，见表 5-10。

表 5-10　Sn-9.7%Sb-1.7%Cu 中各组元的扩散系数

温度/K	扩散系数 $D/m^2 \cdot s^{-1}$			
	Sn	Sb	Cu	Sn-Sb-Cu
673	0.593×10^{-8}	0.546×10^{-8}	0.452×10^{-8}	0.584×10^{-8}
873	2.481×10^{-8}	2.956×10^{-8}	4.044×10^{-8}	2.574×10^{-8}
1073	1.454×10^{-8}	0.483×10^{-8}	0.193×10^{-8}	1.324×10^{-8}
1273	1.151×10^{-8}	0.975×10^{-8}	1.149×10^{-8}	1.134×10^{-8}
1473	1.337×10^{-8}	1.414×10^{-8}	1.292×10^{-8}	1.343×10^{-8}
1673	1.846×10^{-8}	1.604×10^{-8}	2.854×10^{-8}	1.855×10^{-8}

由表 5-10 可知，随温度升高，Sn-9.7%Sb-1.7%Cu 间扩散系数呈增加趋势，表明体系扩散越来越容易，相互之间作用力减弱。随着温度升高，Sn-9.7%Sb-1.7%Cu 之间的共价键是削弱的，Sn 和 Sb 趋于分离。

由图 5-58 可看出，对于 Sn、Sn-Sb-Cu 的径向分布函数，在 0.3nm 处有尖锐的主峰。随温度升高，主峰的高度呈降低趋势，表明体系的有序度是降低的。

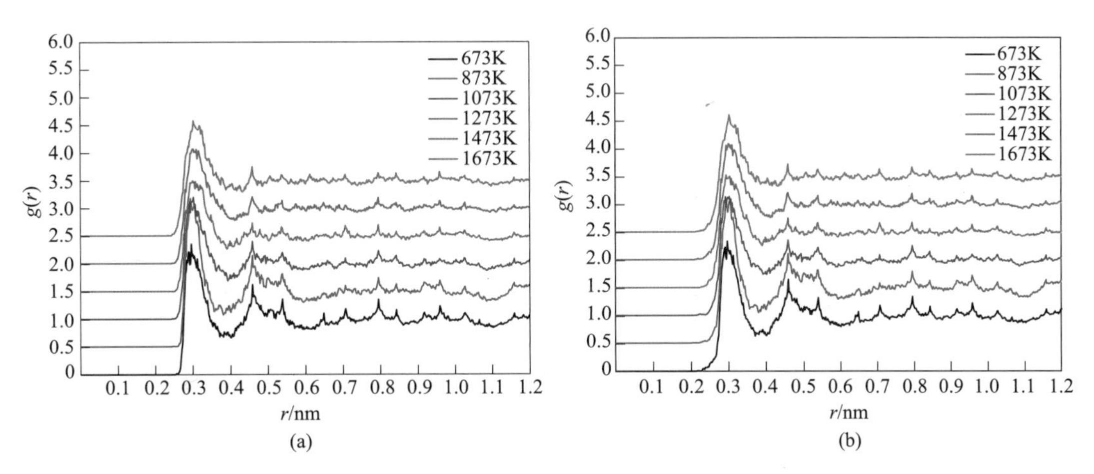

图 5-58　673~1673K 温度条件下 Sn-9.7%Sb-1.7%Cu 合金的径向分布函数
（a）Sn；（b）Sn-Sb-Cu

C　Sn-5%Sb-1.21%Bi 合金

图 5-59 为 Sn-5%Sb-1.21%Bi 合金体系中分波态密度图。图 5-59 表明，Bi 的加入使 Sn—Sn 及 Sn—Sb 键均有所增强。但随温度升高，分波态密度图中 Sn 及 Sb 的 s 轨道往左移动而 p 轨道有些微右移趋势，Bi 的 p 轨道在费米能级附近有所扩展，而 s 及 d 轨道左移，表明体系稳定性有所降低；随温度升高 Sn—Sb、Sn—Bi、Bi—Sb 的结合力削弱，稳定性降低。

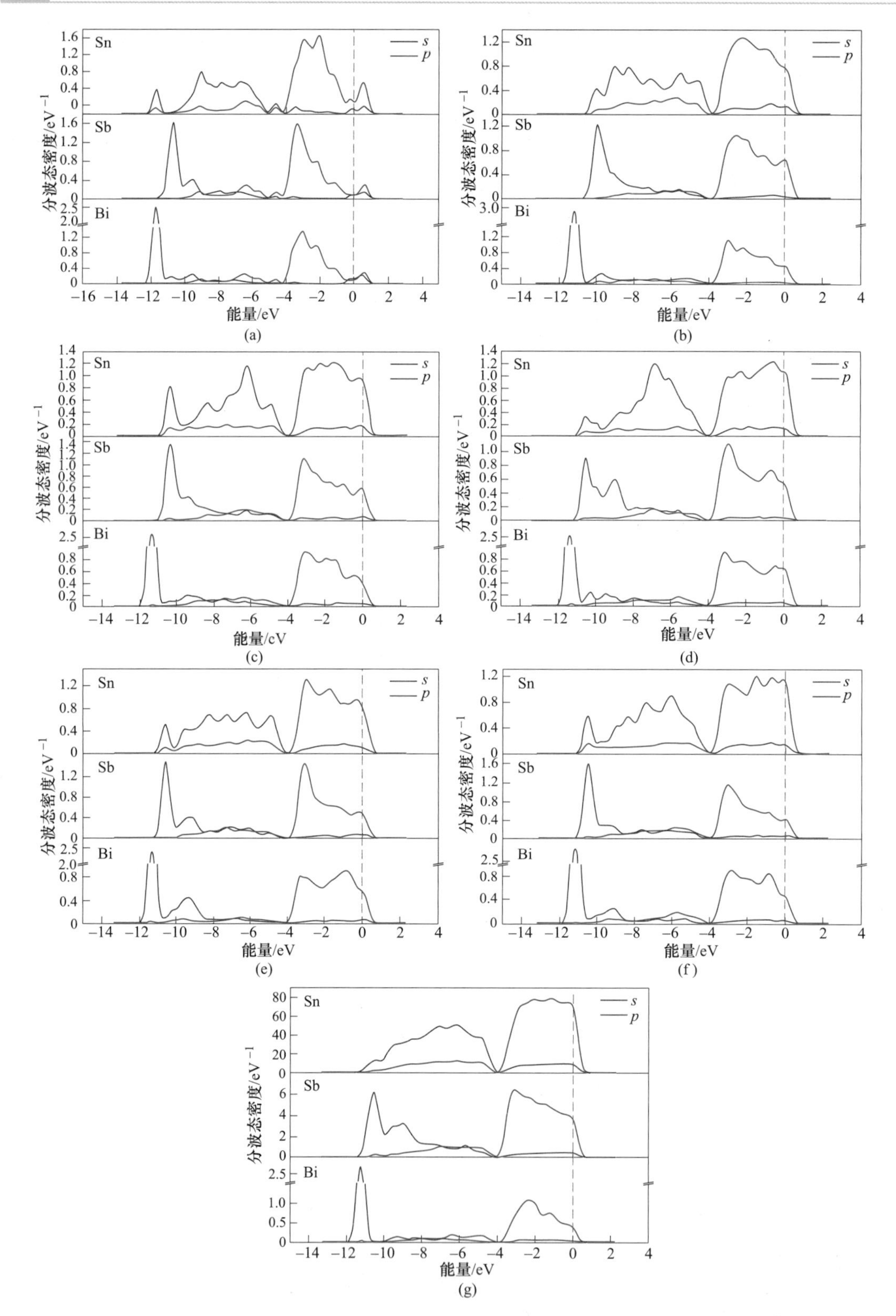

图 5-59　结构优化及 673～1673K 温度条件下 Sn-5%Sb-1.21%Bi 合金的分波态密度

(a) 结构优化；(b) 673K；(c) 873K；(d) 1073K；(e) 1273K；(f) 1473K；(g) 1673K

由图 5-60 可看出，均方位移与时间的关系接近直线，表明该体系为液态结构。且 MSD 随着时间而增大，即图形随时间呈上升趋势。根据爱因斯坦方程可以计算出不同温度下各组元的扩散系数 D，见表 5-11。

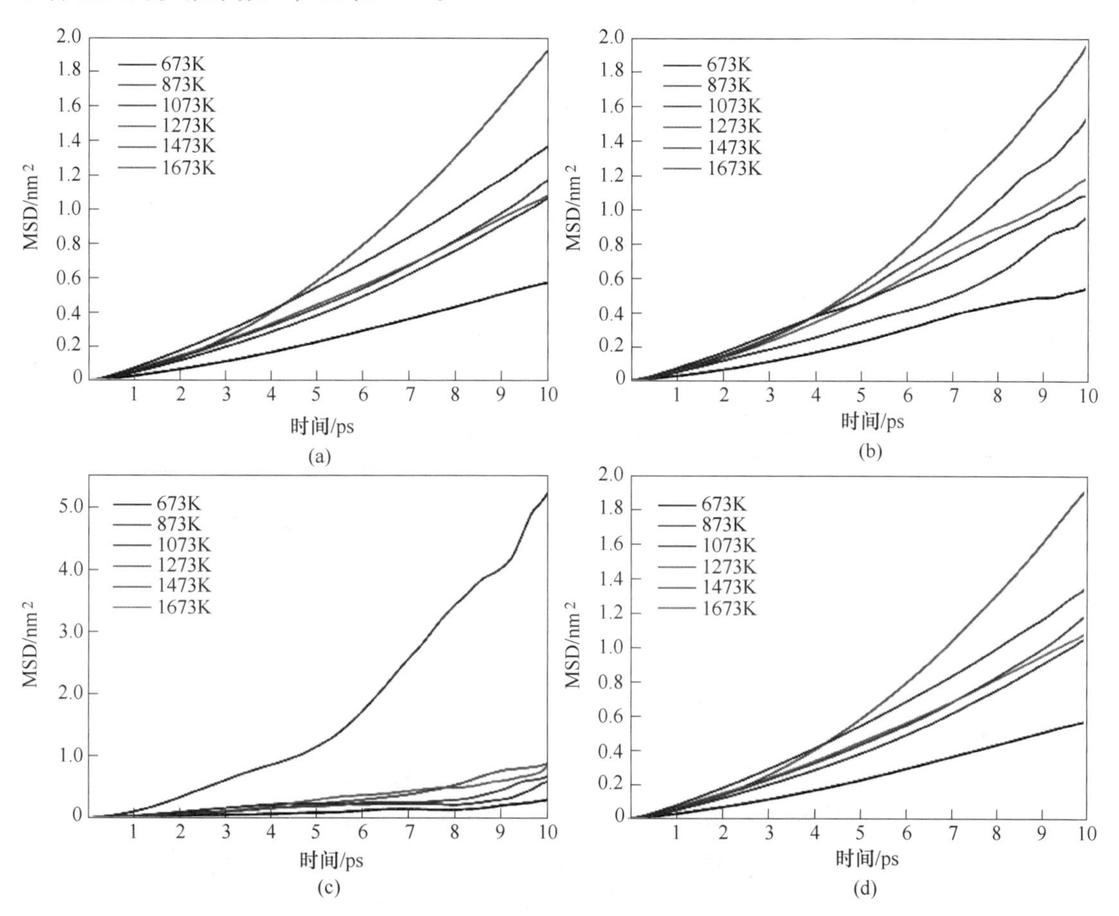

图 5-60 673~1673K 温度条件下 Sn-5%Sb-1.21%Bi 合金的均方位移

(a) Sn；(b) Sb；(c) Bi；(d) Sn-Sb-Bi

表 5-11 Sn-5%Sb-1.21%Bi 中各组元的扩散系数

温度/K	扩散系数 $D/\mathrm{m^2 \cdot s^{-1}}$			
	Sn	Sb	Bi	Sn-Sb-Bi
673	5.979×10^{-8}	6.041×10^{-8}	2.310×10^{-8}	5.953×10^{-8}
873	19.484×10^{-8}	20.769×10^{-8}	8.487×10^{-8}	19.423×10^{-8}
1073	10.695×10^{-8}	9.548×10^{-8}	3.441×10^{-8}	10.573×10^{-8}
1273	11.490×10^{-8}	15.642×10^{-8}	5.153×10^{-8}	11.628×10^{-8}
1473	11.010×10^{-8}	12.542×10^{-8}	7.444×10^{-8}	11.053×10^{-8}
1673	13.781×10^{-8}	11.179×10^{-8}	50.6064×10^{-8}	13.600×10^{-8}

由表 5-11 可知，随温度升高，Sn-Sb-Bi 间扩散系数呈增加趋势，表明体系扩散越来越容易，相互之间作用力减弱。

综上所述，随着温度升高，Sn-Sb-Bi 之间的共价键是削弱的，Sn 和 Sb 趋于分离。但在此过程中，Bi 的加入，会增强 Sn 和 Sb 之间的相互作用力。

由图 5-61 可看出，对于 Sn、Sn-Sb-Bi 的径向分布函数，在 0.32nm 处有尖锐的主峰。随温度升高，主峰的高度呈降低趋势，表明体系的有序度是降低的。

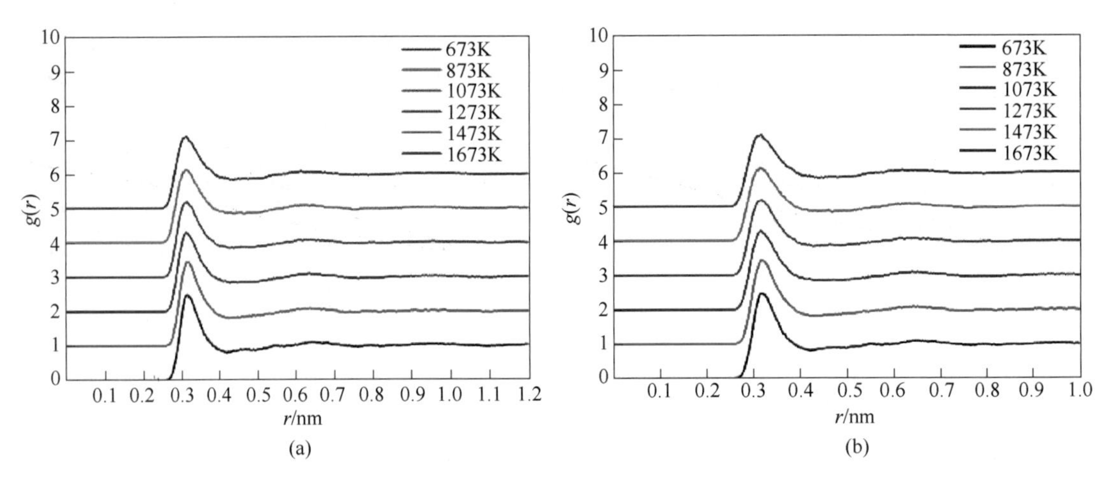

图 5-61 673~1673K 温度条件下 Sn-5%Sb-1.21%Bi 合金的径向分布函数

（a）Sn；（b）Sn-Sb-Bi

D Sn-30.44%Sb-13.07%Cu-11.11%Ag 合金

图 5-62 为 Sn-30.44%Sb-13.07%Cu-11.11%Ag 合金体系的分波态密度图。图 5-62 表明，Ag 及 Cu 的加入使 Sn—Sn 及 Sn—Sb 键均有所增强。但随温度升高，分波态密度图中 Sn 及 Sb 的 s 轨道往左移动而 p 轨道有些微右移趋势，Ag 及 Cu 的 p 轨道在费米能级附近有所扩展，而 Ag 及 Cu 的 s 及 d 轨道均左移，表明体系稳定性有所降低；随着温度升高 Sn—Sb、Sn—Ag、Ag—Sb 结合力削弱。

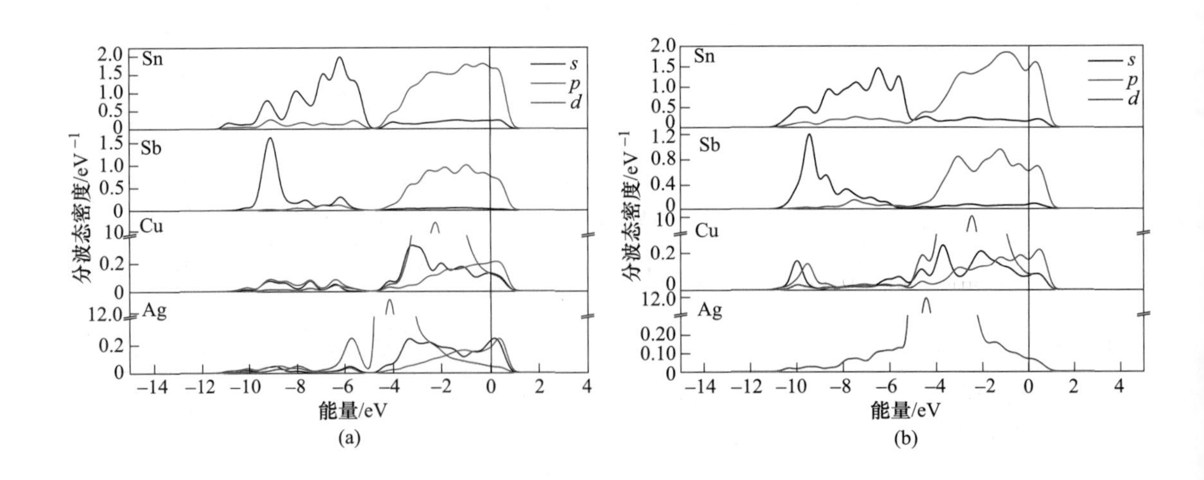

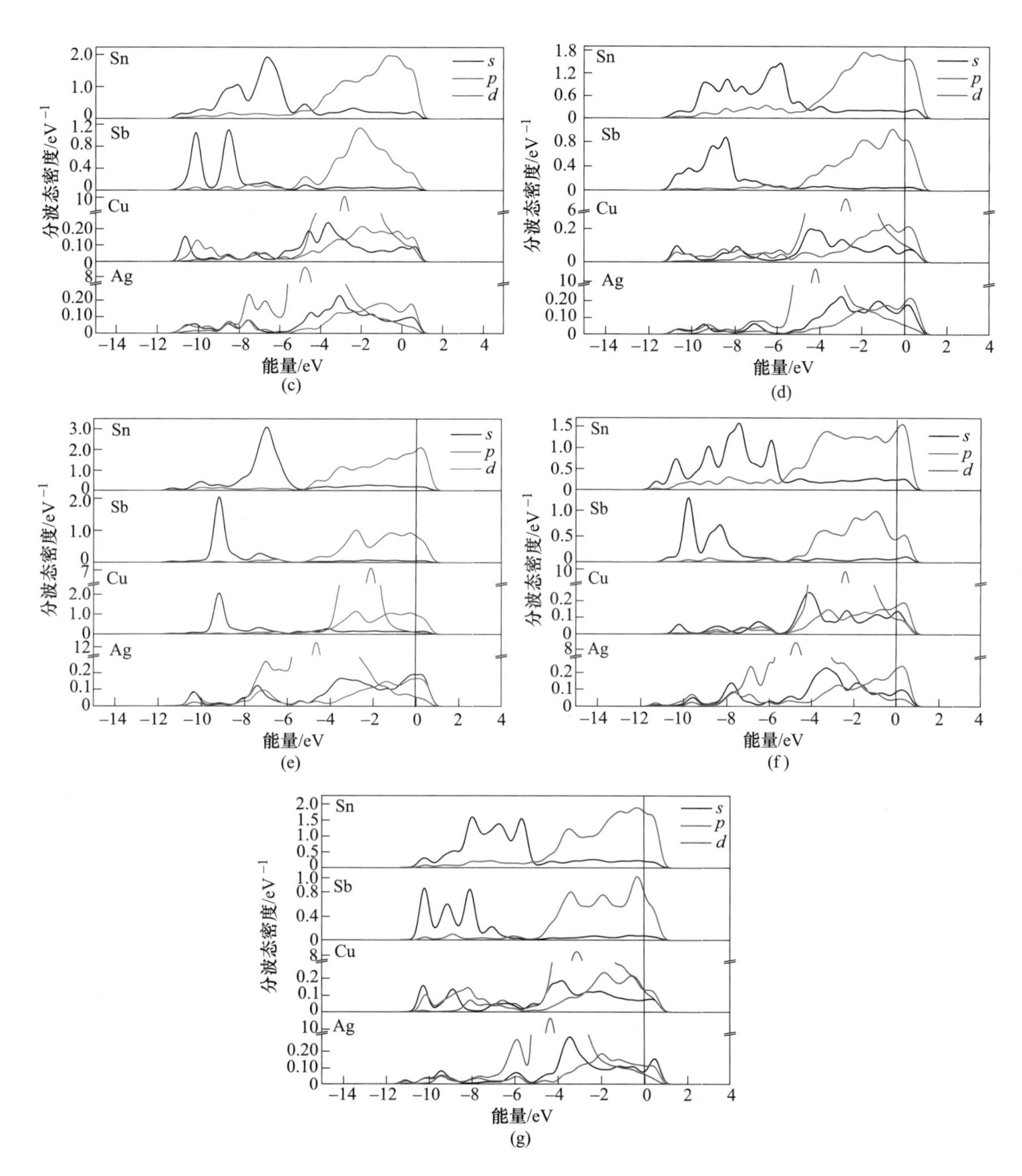

图 5-62 结构优化及 673～1673K 温度条件下 Sn-30.44%Sb-13.07%Cu-11.11%Ag 合金的分波态密度
(a) 结构优化；(b) 673K；(c) 873K；(d) 1073K；(e) 1273K；(f) 1473K；(g) 1673K

由图 5-63 可看出，均方位移与时间的关系接近直线，表明该体系为液态结构。且 MSD 随着时间而增大，即图形随时间呈上升趋势。根据爱因斯坦方程可以计算出不同温度下各组元的扩散系数 D，见表 5-12。

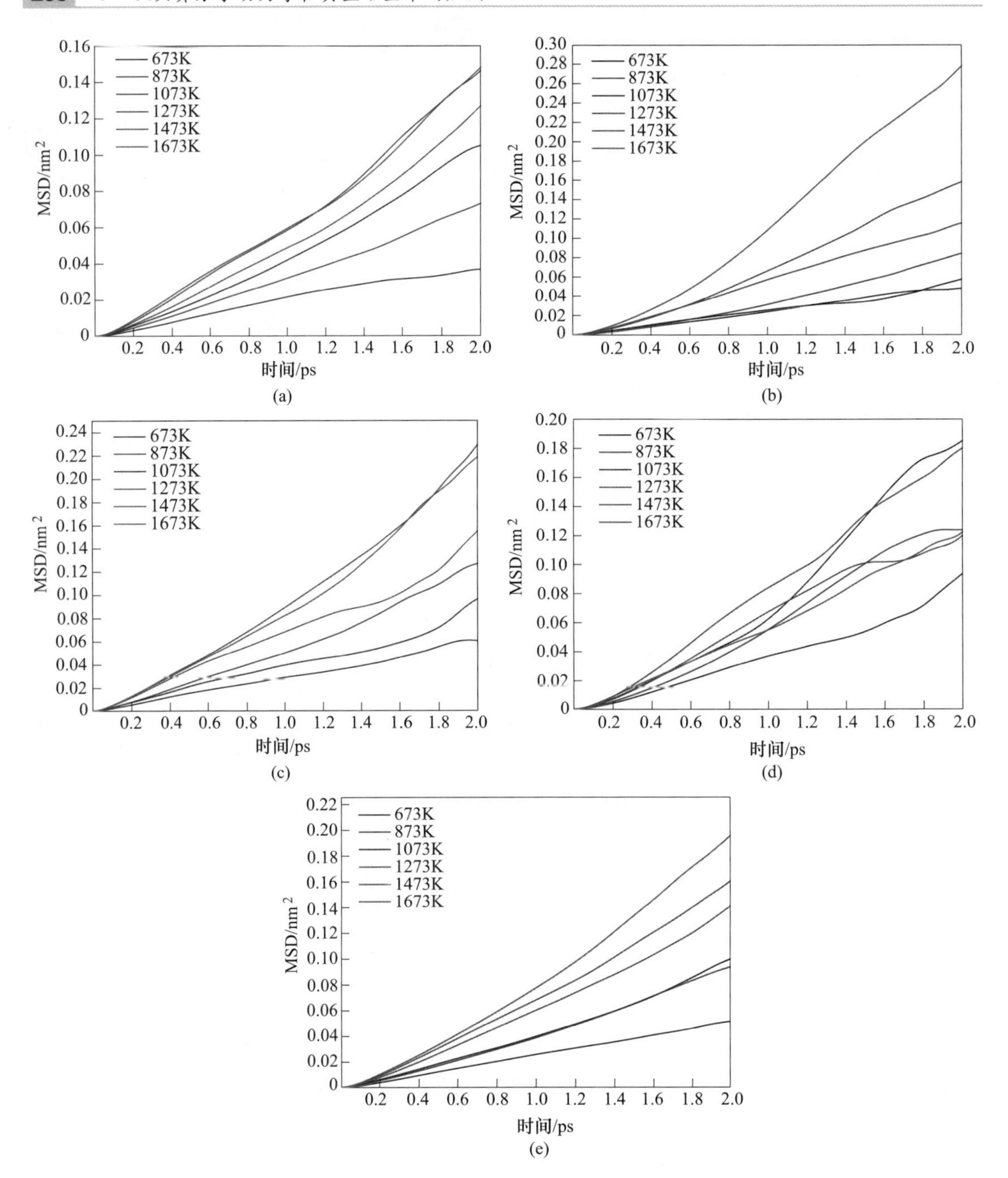

图 5-63　673~1673K 温度条件下 Sn-30.44%Sb-13.07%Cu-11.11%Ag 合金的均方位移

(a) Sn；(b) Sb；(c) Cu；(d) Ag；(e) Sn-Sb-Cu-Ag

表 5-12　Sn-30.44%Sb-13.07%Cu-11.11%Ag 中各组元的扩散系数

温度/K	扩散系数 D/m²·s⁻¹				
	Sn	Sb	Cu	Ag	Sn-Sb-Cu-Ag
673	0.322×10^{-8}	0.441×10^{-8}	0.499×10^{-8}	0.700×10^{-8}	0.434×10^{-8}
873	0.613×10^{-8}	0.710×10^{-8}	1.048×10^{-8}	1.207×10^{-8}	0.799×10^{-8}

续表 5-12

温度/K	扩散系数 $D/m^2 \cdot s^{-1}$				
	Sn	Sb	Cu	Ag	Sn-Sb-Cu-Ag
1073	0.900×10^{-8}	0.424×10^{-8}	0.673×10^{-8}	1.690×10^{-8}	0.810×10^{-8}
1273	1.031×10^{-8}	1.411×10^{-8}	1.141×10^{-8}	1.078×10^{-8}	1.161×10^{-8}
1473	1.234×10^{-8}	1.000×10^{-8}	1.849×10^{-8}	1.569×10^{-8}	1.343×10^{-8}
1673	1.206×10^{-8}	2.491×10^{-8}	1.801×10^{-8}	1.040×10^{-8}	1.659×10^{-8}

由表 5-12 可知，随温度升高，Sn-30.44%Sb-13.07%Cu-11.11%Ag 间扩散系数呈增加趋势，表明体系扩散越来越容易，相互之间作用力减弱。

由图 5-64 可看出，对于 Sn-Sb、Sn-Sb-Cu-Ag 的径向分布函数在 0.3nm 处有尖锐的主峰。随温度升高，主峰的高度呈降低趋势，表明体系的有序度是降低的。

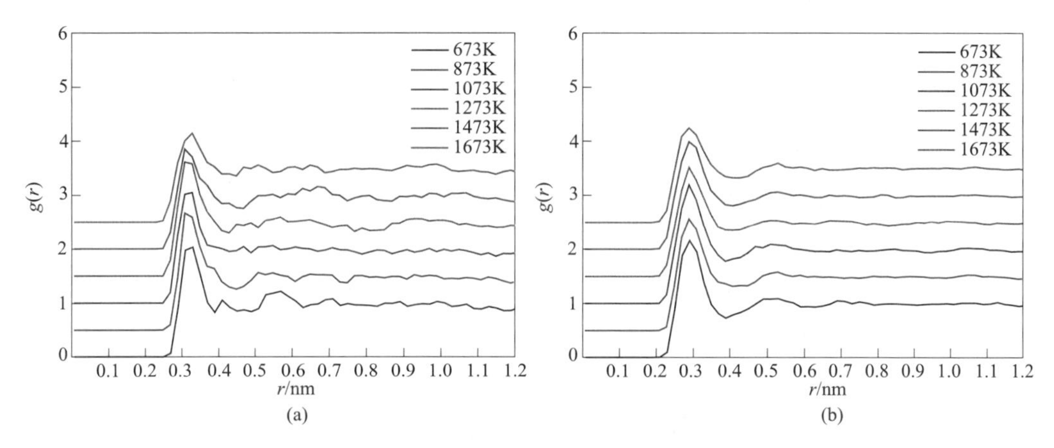

图 5-64 673~1673K 温度条件下 Sn-30.44%Sb-13.07%Cu-11.11%Ag 合金的径向分布函数
（a）Sn-Sb；（b）Sn-Sb-Cu-Ag

采用分子动力学模拟计算获得了高温下合金组元的扩散动力学数据及热力学数据，依据计算结果从电子结构层面对 Sn 与 Pb、Cu、Ag、Sb、As 间相互作用强弱顺序进行了解释，可以得到如下结论：

（1）Sn 与 Pb、Cu、Ag、Sb、Bi 的相互作用强弱与 Sn 和这些金属及半金属元素相互作用时价电子层上的电子转移有密切关系。

（2）对于 Sn-Sb 二元合金体系，随着温度升高，Sn-Sb 之间的共价键是削弱的，Sn 和 Sb 趋于分离。但在此过程中，Sb 和 Sb 之间有聚集现象，即出现较强的相互作用力，因此在蒸馏实验中，Sn-Sb 合金的分离不如 Sn-Pb 彻底。

（3）Sn-Pb 二元合金体系的模拟结果表明，随着计算温度升高，Sn-Pb 之间共价键是削弱的，Sn 和 Pb 是趋于分离的。且在此过程中，当温度达到 1673K 时稍弱现象最显著，与 Sn-Pb 合金蒸馏实验结果相吻合。

对锡基合金体系开展的从头算分子动力学模拟的研究结果阐明了锡熔体中组元间的微观作用机制，从理论上获得了组元在锡熔体中的相关动力学参数及杂质元素在锡熔体中的赋存、分布特征和规律，为真空蒸馏提纯粗锡提供了理论支撑[18-19]。

5.3　从头算分子动力学在化合物真空热分解研究中的应用

砷化镓的晶体结构为面心立方闪锌矿结构，其空间群为 $F\bar{4}3m$，分子动力学模拟的计算模型如下：截取 GaAs(100）面，构建 2×2×1 的超晶胞，在优化步骤过程中，使各原子充分弛豫到能量和应力最低的位置。采用 Materials Studio 的 CASTEP （cambridge sequential total energy package）模块进行结构优化和性质计算。计算中交换关联能采用广义梯度近似 GGA 与 PBE 泛函[14]，利用平面波赝势方法，使用超软赝势，平面波截断能取为 280eV，真空层厚度 1.0nm，能带结构在布里渊区 K 点选取为 1×1×1。在模型的结构优化中，采用了 BFGS（Broyden、Fletcher、Goldfarb 和 Shanno）算法[15]，能量收敛的准确性优于 2×10^{-5}eV/atom，在分子动力学模拟中，在温度为 1273K、系统压力为 10Pa 的条件下，对已优化过后的 GaAs 超晶胞进行从头算分子动力学模拟计算，先在 NPT 系综下模拟，步长为 1.0fs，共 10000 步，然后在 NVT 系综中模拟，步长为 1.0fs，共 2000 步，选用 Nosé 热浴和 Andersen 控压法[8-9]。

5.3.1　砷化镓真空分解机理研究

图 5-65 为结构优化后 GaAs 的超晶胞，图 5-66 为动力学模拟后得到的最后构型，图 5-67为 Ga-As 布居随键长变化的关系图，表 5-13 为 GaAs 动力学模拟前后的键长和布居。

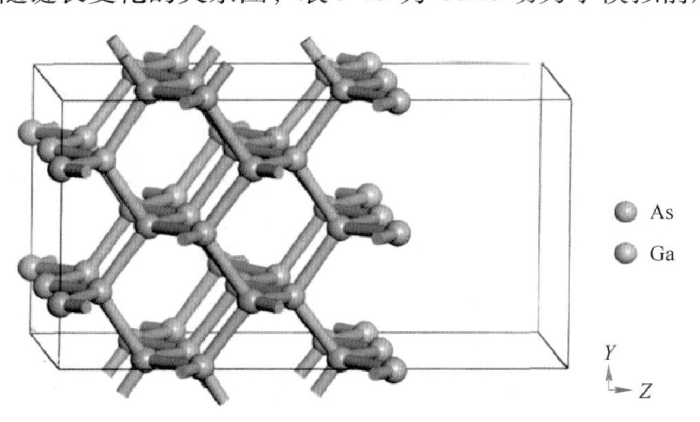

图 5-65　结构优化后 GaAs 的超晶胞

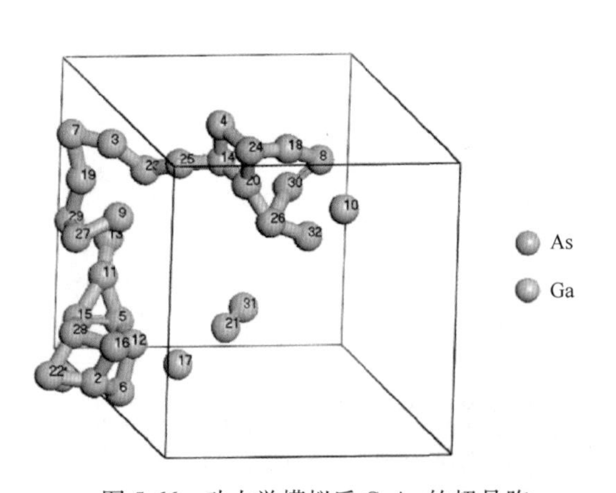

图 5-66　动力学模拟后 GaAs 的超晶胞

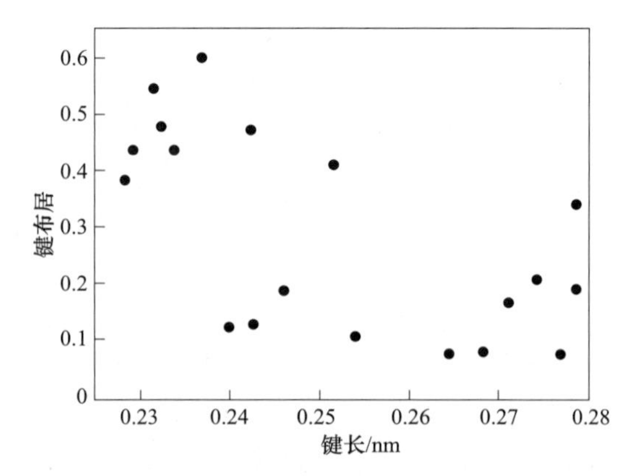

图 5-67　Ga-As 布居随键长变化关系图

表 5-13 GaAs 动力学模拟前后的键长和布居

模拟状态	化学键	布居	键长/nm
最优结构	全部 Ga—As	0.54	0.2395
	Ga(12)—As(5)	0.39	0.2282
	Ga(25)—As(23)	0.44	0.2289
	Ga(18)—As(24)	0.54	0.2315
	Ga(11)—As(13)	0.48	0.2323
	Ga(3)—As(7)	0.44	0.2339
	Ga(20)—As(14)	0.60	0.2378
	Ga(3)—As(23)	0.13	0.2413
	Ga(26)—As(32)	0.47	0.2436
	Ga(28)—As(16)	0.13	0.2438
反应后	Ga(2)—As(24)	0.08	0.2678
	Ga(27)—As(29)	0.17	0.2708
	Ga(10)—As(32)	0.21	0.2744
	Ga(3)—As(6)	0.08	0.2769
	Ga(9)—As(13)	0.19	0.2785
	Ga(12)—As(16)	0.34	0.2786

与优化得到的超晶胞结构（见图 5-65）相比，由表 5-13、图 5-66 和图 5-67 可知，Ga—As 键的键长计算结果表明优化后结构的键长均为 0.240nm，但是动力学模拟后得到的大部分键如 Ga(27)—As(29)、Ga(18)—As(8)等的键长增大，且与反应前键的密立根布居 0.54 相比，这些键的布居减小，大多在 0.08~0.25 之间，键间作用力变弱，这意味着在模拟时间的进一步延长后，这些键将可能发生断裂，生成 Ga 和 As 原子。

与优化后得到的 GaAs 超晶胞结构（见图 5-64）相比，图 5-65 中显示 GaAs 超晶胞在分子动力学模拟后有 Ga 和 As_2 分子的形成，表 5-14 中生成的 4 个键 As—As 的键长分别为 0.208nm、0.231nm、0.250nm、0.233nm，但是 As(8)—As(30)键的密立根布居为-0.50，可知其电子处于反键态填充，不稳定，而其他键的布居都为正，说明电子填充于成键轨道上，这些键可能在模拟时间延长后与另一端的 Ga 断开，生成 As_2。与正常 As_2 分子的实验键长 0.210nm 相比，除 As(21)—As(31)键的键长为 0.208nm，与其接近外，其他的都要比它大，因为它们受到了另外两端原子的吸引力，还有可能是由于热分解过程导致键长的进一步弱化。接着，我们对其中生成的 As_2 做差分电荷密度分析，其结果如图 5-68 所示。从图中可以看出，As_2 分子的电子云均匀分布在中间，说明 As 原子间以共价键形式存在，比较稳定。

表 5-14 As_2 的键长和键布居

键类型		As(21)—As(31)	As(13)—As(29)	As(5)—As(15)	As(8)—As(30)
结构优化	键长/nm	无			
	布居	0.54			
反应后	键长/nm	0.208	0.231	0.250	0.233
	布居	1.12	0.56	0.12	-0.50

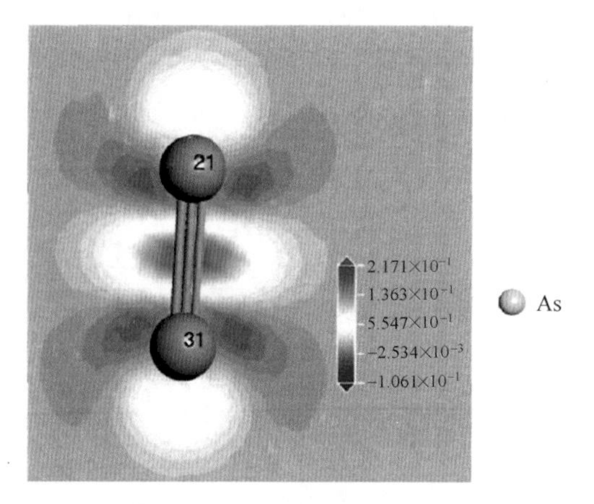

图 5-68 动力学模拟后结构中 As_2 的差分电荷密度
(1273K，10Pa)

由优化后结构的态密度图（见图 5-69）可知，能量为-13.3～-9.8eV 内主要由 As 4*s* 电子组成；在-7.3～-4.5eV 内主要是由 Ga 4*s* 和 As 4*p* 电子组成，并已杂化；在-4.5eV 费米能级附近主要是由 Ga 和 As 的 4*p* 电子组成；导带主要由 As、Ga 的 4*s* 和 4*p* 共同构

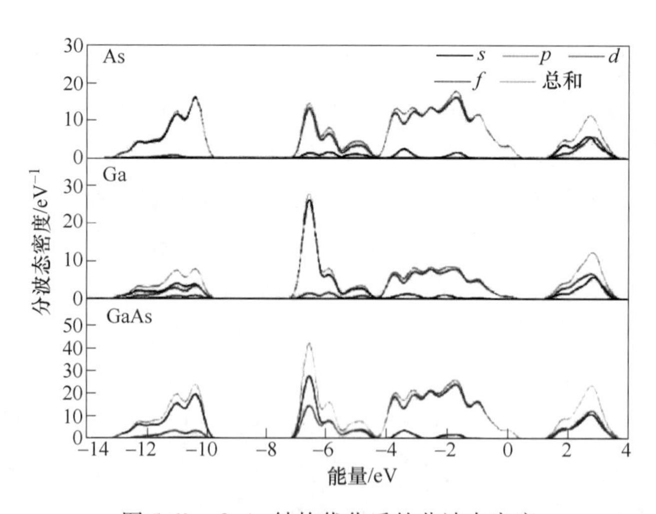

图 5-69 GaAs 结构优化后的分波态密度

成，同时杂化了 s 和 p 态电子。由图 5-70 可知，GaAs 动力学模拟后，在-9.8~-7.7eV 费米能级以下区域相连，表明电子的非局域化加强；在-3.3~1.8eV 费米能级附近，主要由 As 4p 和 Ga 4p 电子组成，各自的 4s 轨道电子的贡献变小；在 1.3~3.6eV 区域的态密度整体负移，且 Ga、As 的 4s 轨道电子贡献也相应变小，Ga 和 As 间作用力变弱，已呈现出金属化的特征。反应后总能量变得更负，趋向稳定。

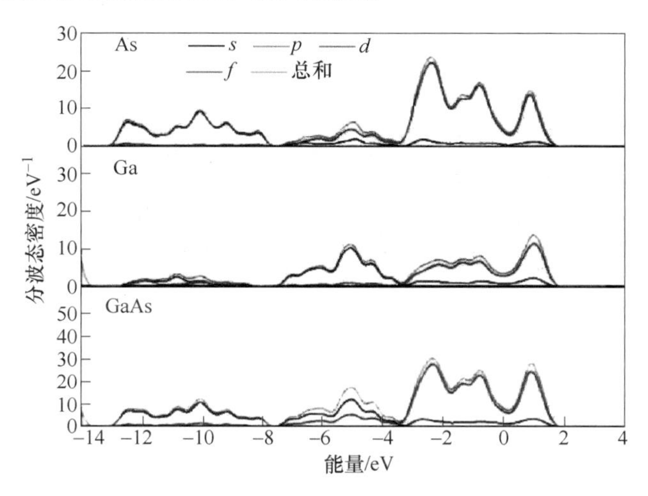

图 5-70 GaAs 动力学模拟后的分波态密度

在动力学模拟后发现，有少部分键的密立根布居在 0.47~0.60 之间，与反应前的布居相差无几，且这些键的键长相比反应前减小了，如表 5-13 中的 Ga(26)—As(32)、Ga(20)—As(14)等键。说明在该模拟条件下，经过 2ps 的 NVT 系综模拟后的这部分 Ga—As 键间作用力仍然很强，较难断裂分解，可能以气态小团簇形式挥发，导致冷凝物中含有镓，造成镓的损失，这与第 4.2.1 节的实验现象一致。

通过从头算分子动力学模拟得知，在温度为 1273K、系统压强为 10Pa 的实验条件下，在 NPT 系综下模拟 10ps 及 NVT 系综下模拟 2ps 后，GaAs 中大部分 Ga—As 键的键长增大，布居变小，键间作用力变弱，容易分解生成 Ga 和 As，而且分解是分步进行的。总之，在真空高温的实验条件下，热分解过程是可以进行的。GaAs 在真空分解机理的研究结果为 GaAs 废料真空分解回收 Ga 和 As 的实验方案及设备的改进提供了理论依据。

5.3.2 硫化钼真空分解机理研究

采用密度泛函理论对 MoS_2 超晶胞和 Mo_2S_3 超晶胞进行结构优化和从头算分子动力学模拟，全部计算均在量子化学计算程序 Materials Studio 的 CASTEP 模块中进行。在结构优化过程中，交换关联泛函为 GGA，关联梯度修正为 PW91[12]，平面波截断能设定为 180eV，K 点设定为 1×1×1，自洽过程以体系的能量和电荷密度分布是否收敛为依据。从头算分子动力学模拟过程中，采用 GGA-PW91 交换关联泛函和超软赝势。在 NPT 系综下模拟 3.0ps，步长 1.0fs，共计 3000 步。采用 Nosé 热浴和 Andersen 控压法[8-9]，模拟温度和压强分别为 1823K 和 10Pa。真空板厚度设定为 1.0nm，平面波截断能设定为 180eV，K 点设定为 1×1×1。

MoS_2 超晶胞结构优化后的几何构型如图 5-71 所示。动力学模拟后 MoS_2 超晶胞的几何构型如图 5-72 所示[13]。

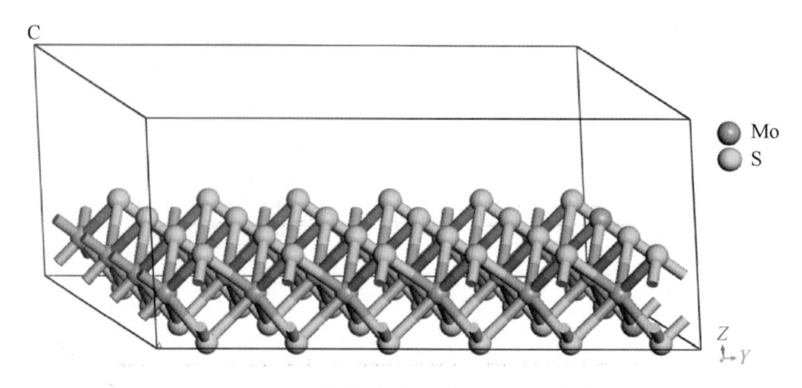

图 5-71　结构优化后的 MoS_2 超晶胞

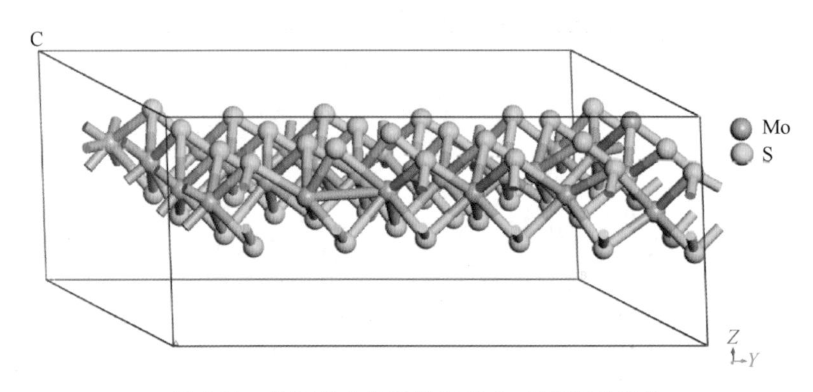

图 5-72　分子动力学模拟后 MoS_2 超晶胞的结构
（1823K，10Pa）

由图 5-71 和图 5-72 可知，相比于结构优化后 MoS_2 超晶胞的结构，动力学模拟后 MoS_2 超晶胞的结构并未发生显著变化。一方面，Mo—S 键的键长总体上增大，但未见单原子硫分子或多原子硫分子的出现，表明 MoS_2 超晶胞在高温、真空下无法通过一步真空热分解反应生成 Mo 和 S_2。另一方面，Mo—S 键的键长总体上增大，少部分 Mo—S 键发生断裂，表明 MoS_2 超晶胞的结构在高温、真空下逐步向 Mo_2S_3 超晶胞的结构转变。

5.3.3　Mo_2S_3 超晶胞模拟前后的结构变化

Mo_2S_3 超晶胞结构优化后的几何构型如图 5-73 所示。动力学模拟后 Mo_2S_3 超晶胞的几何构型如图 5-74 所示。

由图 5-73 和图 5-74 可知，相比于结构优化后 Mo_2S_3 超晶胞的结构，高温、真空下 Mo_2S_3 超晶胞的结构发生了显著变化。Mo—S 键的键长显著增大，大部分 Mo—S 键发生断裂，并观察到单原子硫分子或多原子硫分子的出现，表明 Mo_2S_3 超晶胞在高温、真空下不稳定，易生成 Mo 和 S_2。

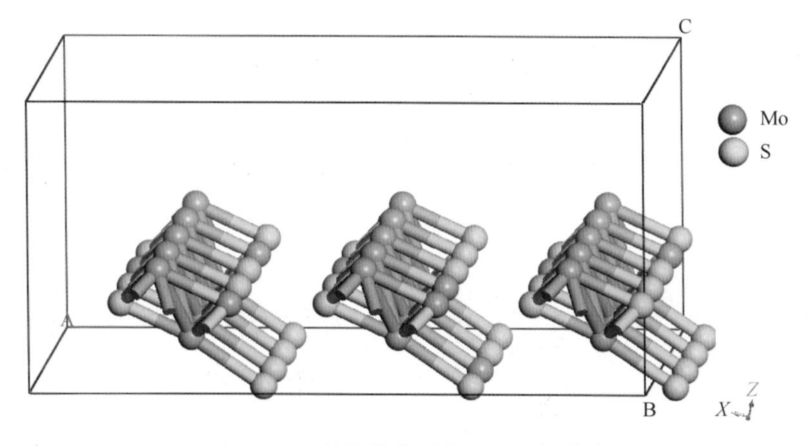

图 5-73 结构优化后的 Mo_2S_3 超晶胞

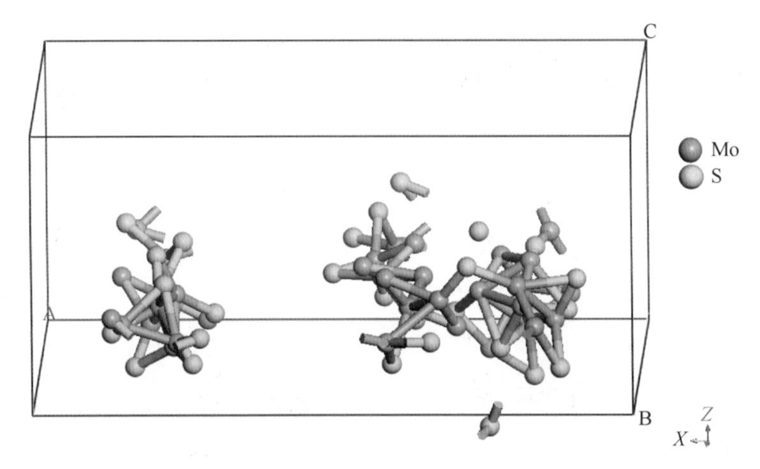

图 5-74 分子动力学模拟后 Mo_2S_3 超晶胞的结构
（1823K，10Pa）

为考察高温、真空下硫蒸气的组成，研究了 S_n 团簇在分子动力学模拟前后结构与稳定性的变化，采用密度泛函理论对 S_n 团簇及硫超胞的结构进行分子动力学模拟，全部计算均在量子化学计算程序 Materials Studio 的 CASTEP 模块中进行。采用 GGA-PW91 交换关联泛函和超软赝势。在 NVT 系综下模拟 10.0ps，步长 1.0fs，共计 10000 步。采用 Nosé 热浴和 Andersen 控压法，模拟温度为 1373K、1423K、1473K、1523K、1573K、1623K、1673K、1723K、1773K、1823K、1873K 和 1923K。真空板厚度设定为 1.0nm，平面波截断能设定为 180eV，K 点设定为 1×1×1。自洽过程体系的能量和电荷密度分布是否收敛为依据。

高温、真空下 S_n 团簇的几何构型如图 5-75 所示。模拟前后 S_n 团簇的主要键长见表 5-15。

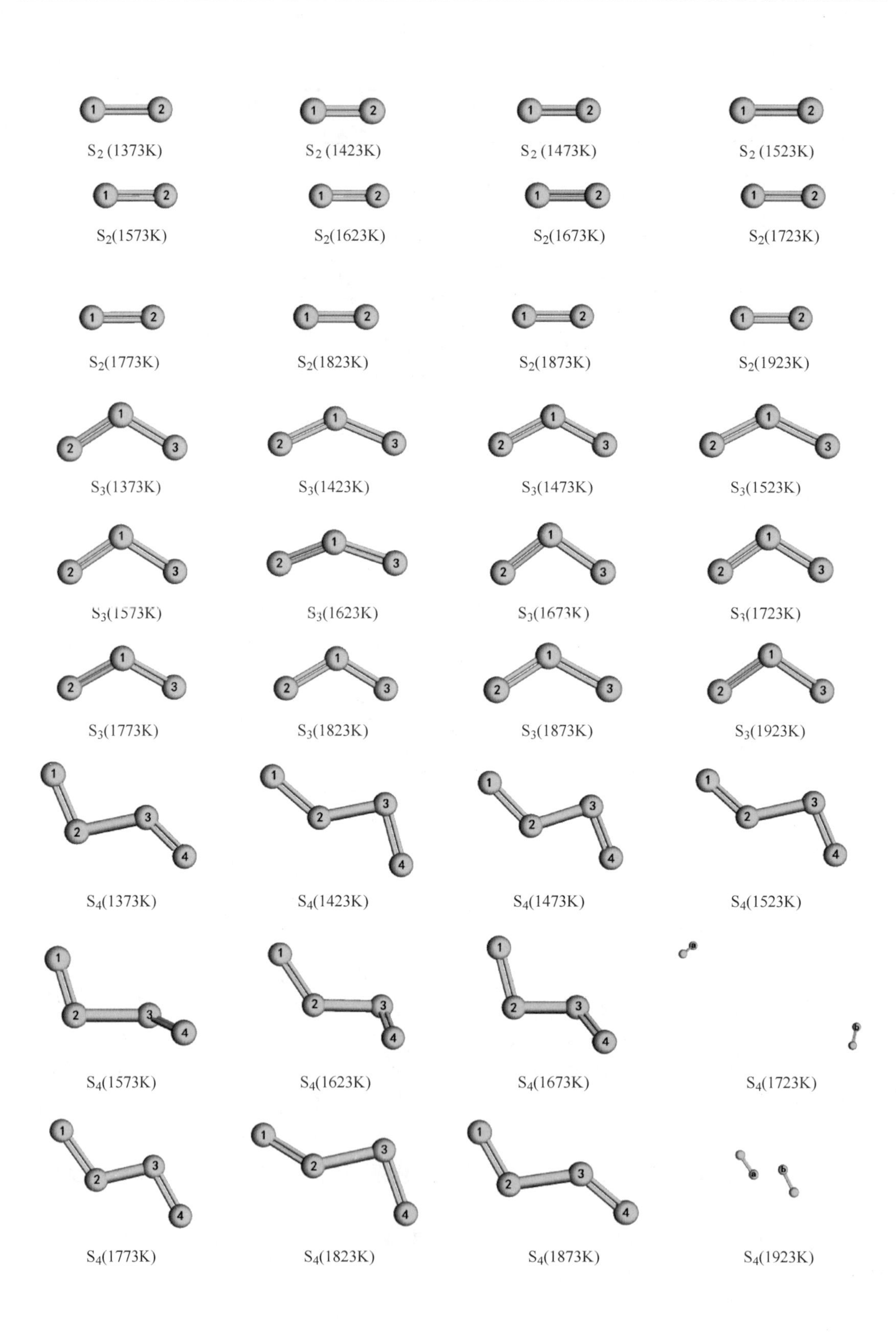

1
2
S_2(1373K)
S_2(1423K)
S_2(1473K)
S_2(1523K)
S_2(1573K)
S_2(1623K)
S_2(1673K)
S_2(1723K)
S_2(1773K)
S_2(1823K)
S_2(1873K)
S_2(1923K)
3
S_3(1373K)
S_3(1423K)
S_3(1473K)
S_3(1523K)
S_3(1573K)
S_3(1623K)
S_3(1673K)
S_3(1723K)
S_3(1773K)
S_3(1823K)
S_3(1873K)
S_3(1923K)
4
S_4(1373K)
S_4(1423K)
S_4(1473K)
S_4(1523K)
S_4(1573K)
S_4(1623K)
S_4(1673K)
S_4(1723K)
S_4(1773K)
S_4(1823K)
S_4(1873K)
S_4(1923K)

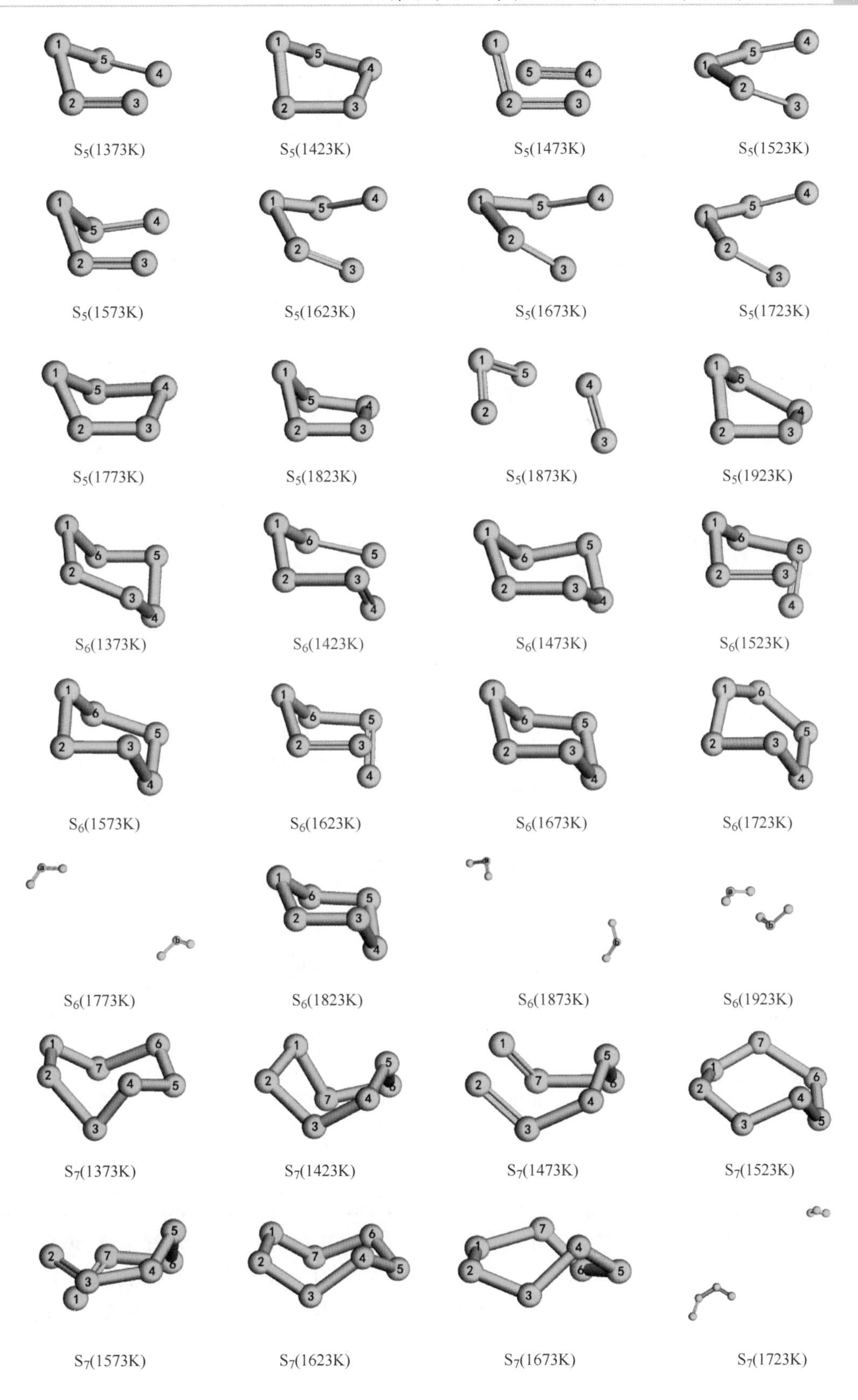
S5(1373K)
S5(1423K)
S5(1473K)
S5(1523K)
S5(1573K)
S5(1623K)
S5(1673K)
S5(1723K)
S5(1773K)
S5(1823K)
S5(1873K)
S5(1923K)
S6(1373K)
S6(1423K)
S6(1473K)
S6(1523K)
S6(1573K)
S6(1623K)
S6(1673K)
S6(1723K)
S6(1773K)
S6(1823K)
S6(1873K)
S6(1923K)
S7(1373K)
S7(1423K)
S7(1473K)
S7(1523K)
S7(1573K)
S7(1623K)
S7(1673K)
S7(1723K)

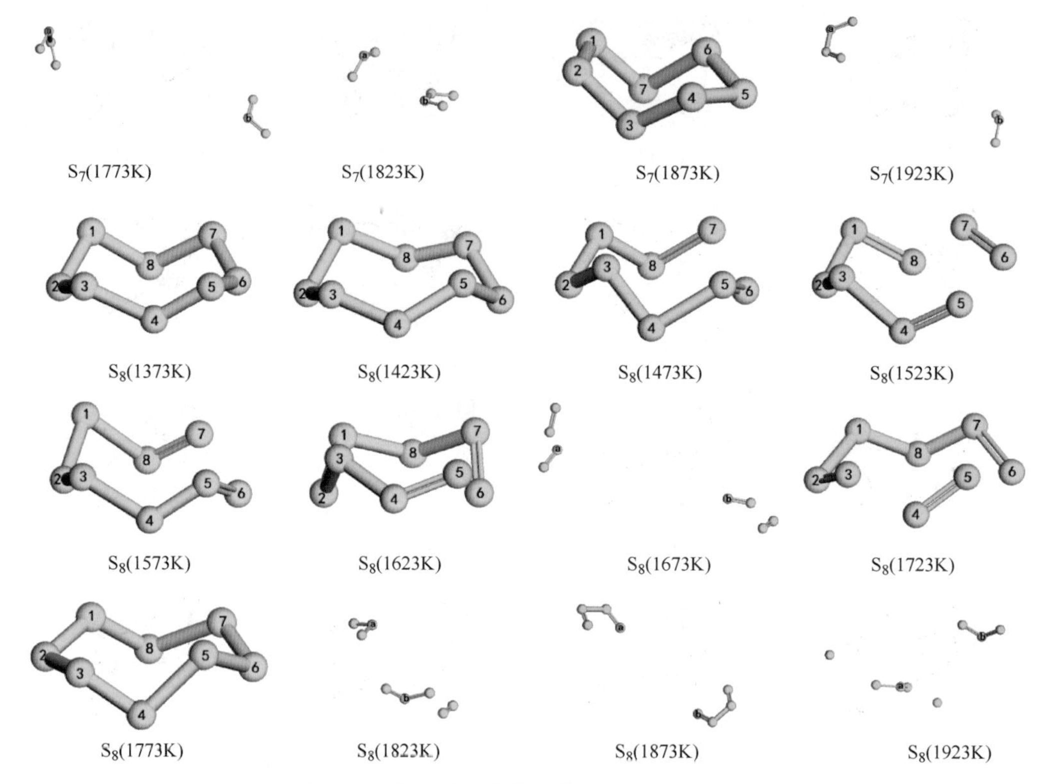

图 5-75　分子动力学模拟前后 S_n 团簇的结构

表 5-15　分子动力学模拟前后 S_n 团簇的主要键长

T/K	键长/nm						
	S_2	S_3	S_4	S_5	S_6	S_7	S_8
基态	$0.194_{(1-2)}$	$0.196_{(1-3)}$	$0.216_{(2-3)}$	$0.227_{(3-4)}$	$0.210_{(1-2)}$	$0.226_{(1-2)}$	$0.209_{(1-2)}$
1373	$0.209_{(1-2)}$	$0.198_{(1-3)}$	$0.225_{(2-3)}$	$0.265_{(3-4)}$	$0.226_{(1-6)}$	$0.236_{(2-3)}$	$0.216_{(2-3)}$
1423	$0.178_{(1-2)}$	$0.206_{(1-3)}$	$0.218_{(2-3)}$	$0.218_{(3-4)}$	$0.243_{(4-5)}$	$0.221_{(2-3)}$	$0.223_{(1-8)}$
1473	$0.185_{(1-2)}$	$0.191_{(1-3)}$	$0.209_{(2-3)}$	$0.243_{(3-4)}$	$0.231_{(3-4)}$	$0.249_{(1-2)}$	$0.250_{(5-6)}$
1523	$0.204_{(1-2)}$	$0.210_{(1-3)}$	$0.226_{(2-3)}$	$0.280_{(3-4)}$	$0.246_{(3-4)}$	$0.231_{(6-7)}$	$0.246_{(5-6)}$
1573	$0.193_{(1-2)}$	$0.213_{(1-3)}$	$0.231_{(2-3)}$	$0.304_{(3-4)}$	$0.235_{(1-2)}$	$0.241_{(1-2)}$	$0.249_{(6-7)}$
1623	$0.187_{(1-2)}$	$0.202_{(1-3)}$	$0.229_{(2-3)}$	$0.255_{(3-4)}$	$0.242_{(3-4)}$	$0.222_{(1-2)}$	$0.243_{(5-6)}$
1673	$0.191_{(1-2)}$	$0.205_{(1-3)}$	$0.206_{(2-3)}$	$0.289_{(3-4)}$	$0.229_{(1-2)}$	$0.226_{(1-7)}$	$1.221_{(a-b)}$
1723	$0.197_{(1-2)}$	$0.194_{(1-3)}$	$1.77_{(a-b)}$	$0.344_{(3-4)}$	$0.221_{(4-5)}$	$0.221_{(4-5)}$	$0.241_{(5-6)}$
1773	$0.197_{(1-2)}$	$0.201_{(1-3)}$	$0.201_{(2-3)}$	$0.218_{(3-4)}$	$2.67_{(a-b)}$	$2.70_{(a-b)}$	$0.235_{(2-3)}$
1823	$0.190_{(1-2)}$	$0.193_{(1-3)}$	$0.236_{(2-3)}$	$0.225_{(3-4)}$	$0.210_{(4-5)}$	$0.611_{(a-b)}$	$0.737_{(a-b)}$
1873	$0.189_{(1-2)}$	$0.209_{(1-3)}$	$0.230_{(2-3)}$	$0.190_{(3-4)}$	$1.54_{(a-b)}$	$0.233_{(5-6)}$	$0.951_{(a-b)}$
1923	$0.192_{(1-2)}$	$0.216_{(1-3)}$	$0.247_{(a-b)}$	$0.212_{(3-4)}$	$0.2458_{(a-b)}$	$3.28_{(a-b)}$	$3.66_{(a-b)}$

由图 5-75 和表 5-15 可知：（1）随着模拟温度的升高，S_2 分子内部未出现双键的断裂，即反应 $2S(g)=S_2$ 正向进行，与热力学计算结果相一致；1—2 键键长总体上呈减小趋势，即随着模拟温度的升高，S_2 分子稳定性提高。（2）S_3 分子内部未出现双键的断裂，1—3 键键长总体上呈增大趋势且比基态大，即随着模拟温度的升高，S_3 分子稳定性降低，趋于生成更少原子组成的硫分子。（3）对于 S_4、S_5、S_6、S_7 和 S_8 分子，当温度较低时，

分子内部并未出现键的断裂，温度较高时，分子结构产生较大的变化，进而分子内部出现键的断裂，最终观察到较多原子组成的硫分子发生键的断裂从而形成多个较少原子组成的硫分子；同时，分子内部主要键长总体上呈增大趋势且比基态大。上述现象的显著程度随硫分子所含原子数的增大而增大，表明随着模拟温度的升高，较多原子组成的硫分子稳定性降低，更易趋于生成更少原子组成的硫分子。

计算不同模拟温度下 Sn 团簇的 E'_t 值，以考察团簇的稳定性与温度的关系，计算结果如图 5-76 所示。

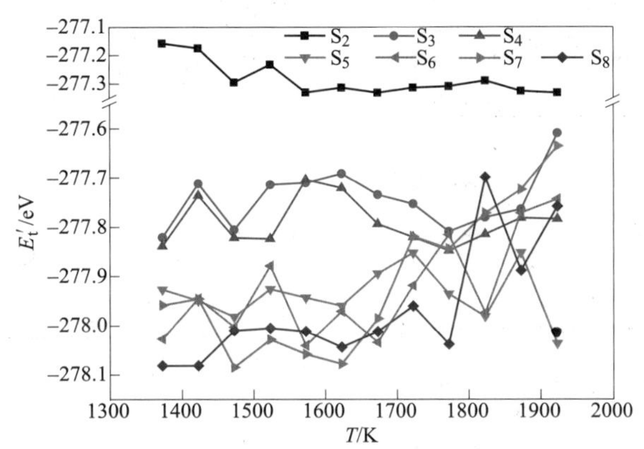

图 5-76　分子动力学模拟后 S_n 团簇的总能量（原子）

由图 5-76 可知，随着模拟温度的升高，S_2 分子稳定性逐渐提高；S_3 ~ S_8 分子的稳定性总体上呈降低趋势。又因为 S_2 ~ S_8 分子基态结构的 E'_t 值在−10836.08 ~ −10835.21eV 范围内，其值远低于 S_2 ~ S_8 分子在不同温度下模拟后结构对应的 E'_t 值，即较基态结构而言，S_2 ~ S_8 分子稳定性显著降低。上述分析所得到的结论与基于 S_n 团簇结构和主要键长变化所得到的结论相一致。

采用密度泛函理论研究 S 超晶胞在分子动力学模拟前后结构的变化，以进一步考察高温、真空下硫蒸气组成。S 超晶胞结构优化后的几何构型如图 5-77 所示。

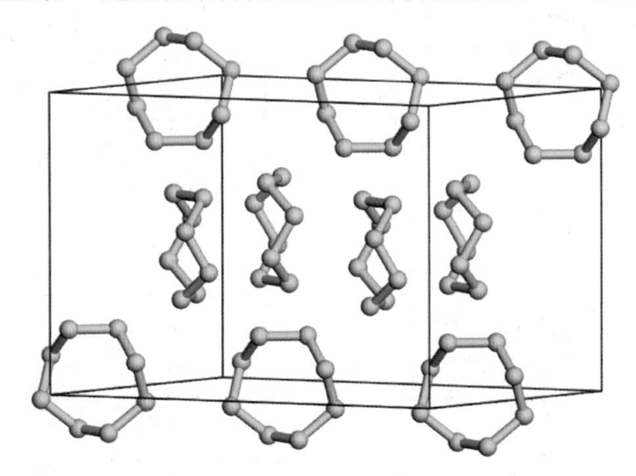

图 5-77　结构优化后的 S 超晶胞

高温、真空下 S 超晶胞的几何构型如图 5-78 所示。

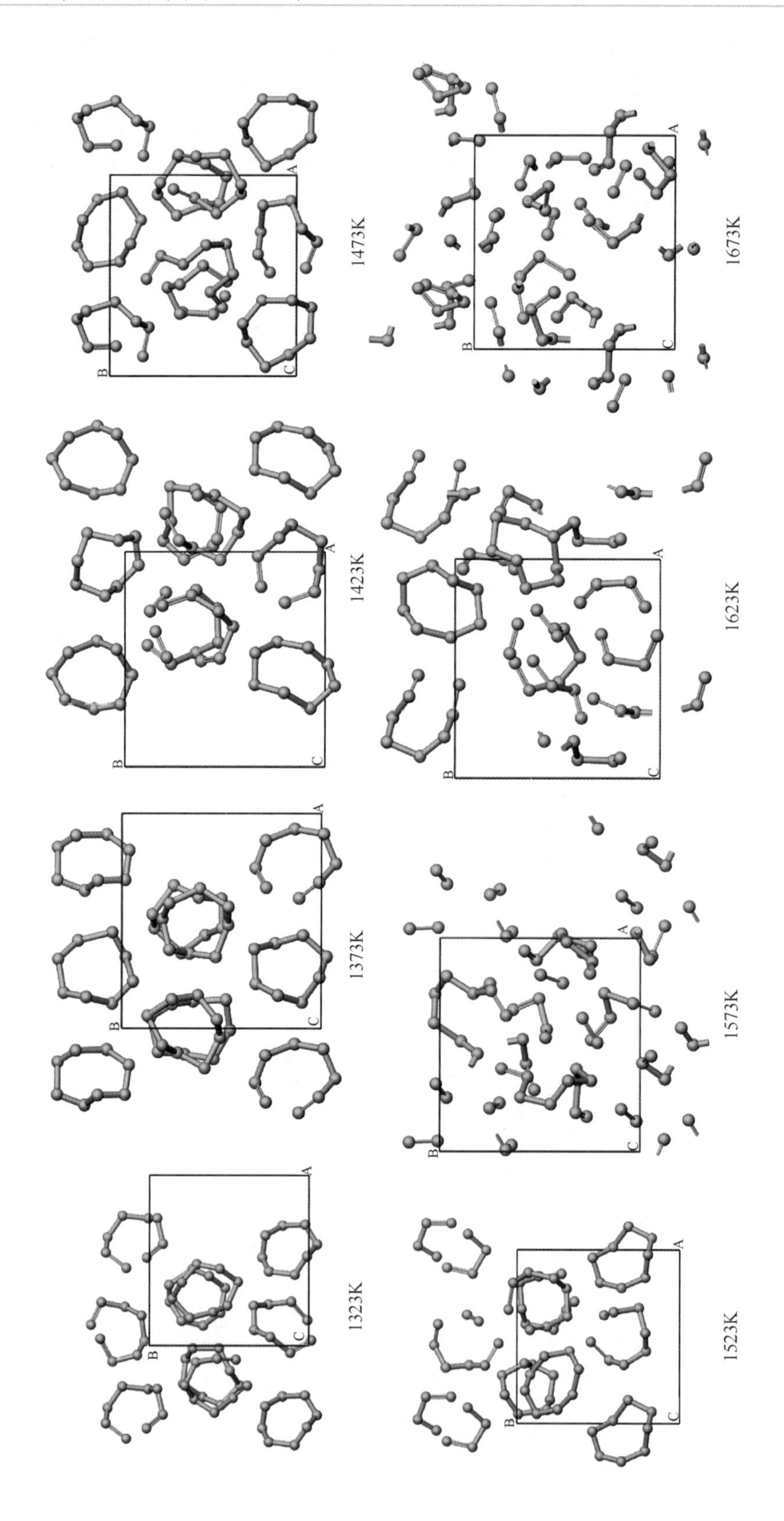
1473K
1673K
1423K
1623K
1373K
1573K
1323K
1523K
A
B
C

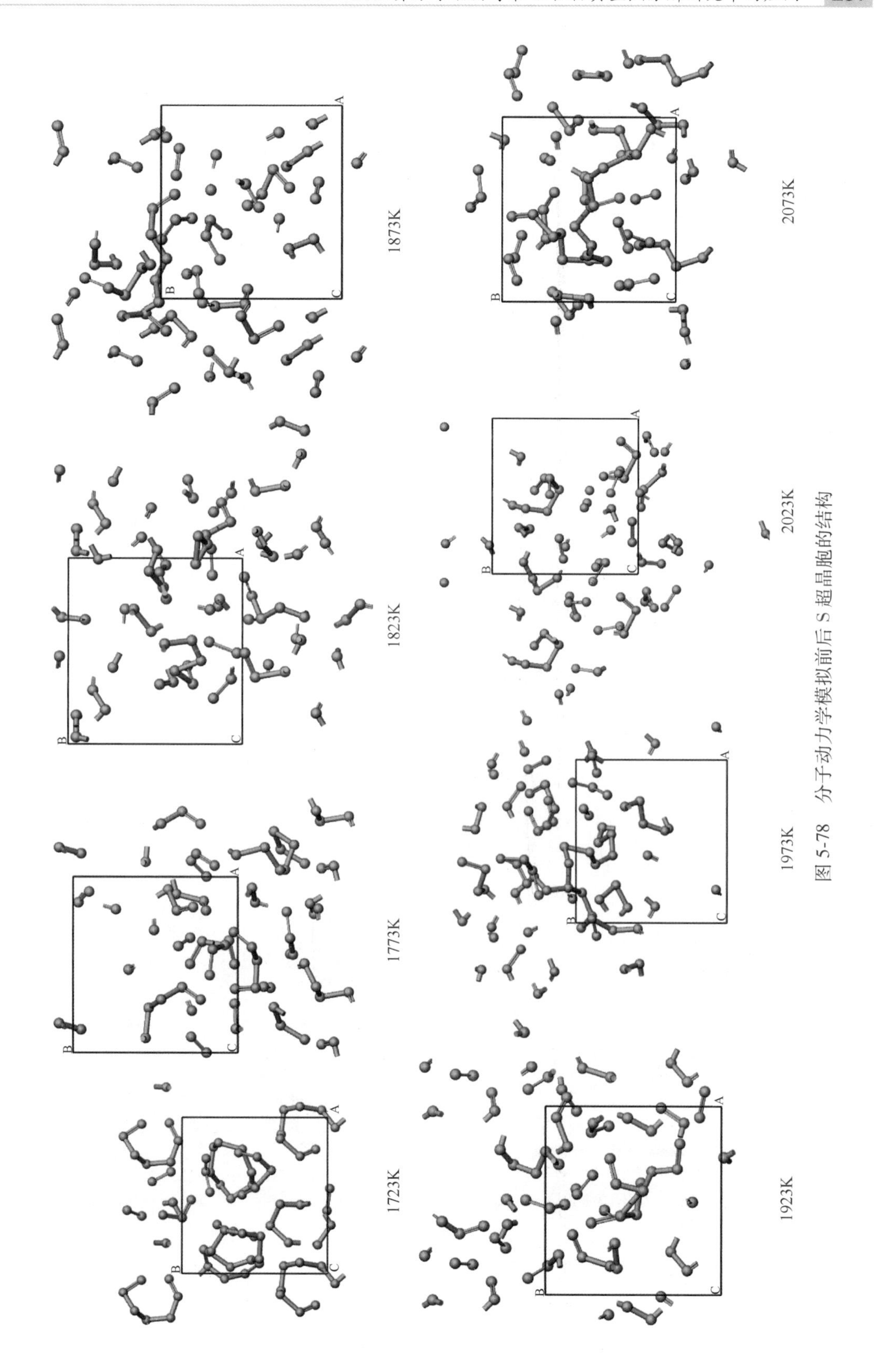

图 5-78 分子动力学模拟前后 S 超晶胞的结构

由图 5-77 和图 5-78 可知，相比于结构优化后 S 超晶胞的结构，高温、真空下 S 超晶胞的结构发生了显著的变化。随着模拟温度的升高，S 超晶胞内部的 S—S 键断裂数目越来越多；环状 S_8 分子越来越少；链状的 S_n 分子越来越多，且链状 S_n 分子所含的 S 原子数目越来越少；S_2 分子和单原子 S 原子的总数越来越多，且单原子硫分子的数目越来越多。

上述分析表明，在高温、真空下的硫蒸气中，一方面较多原子组成的硫分子稳定性降低，更易趋于生成更少原子组成的硫分子，与基于高温、真空下 S_n 团簇的结构及其稳定性的分析结果相一致；另一方面，S_2 分子和单原子 S 原子的总数越来越多，且单原子硫分子的数目越来越多，与热力学计算结果相一致。

因此，基于热力学计算和分子动力学模拟可知，高温、真空下的硫蒸气主要是由 S_1 和 S_2 组成，并且随着反应体系温度的升高，S_1 的含量逐渐增大，S_2 的含量逐渐减小。

针对辉钼矿真空热分解过程的关键性步骤进行了分子动力学模拟，结合前述的热力学计算结果，模拟验证了硫化钼真空热分解的机理、可行性及效果、硫化钼真空热分解过程中 Mo 和 S 的挥发行为和高温、真空条件下硫蒸气的组成及含量，可以得到如下结论：

（1）硫化钼热分解反应遵循二步反应机理；

（2）在 10Pa 压强条件下，硫化钼的真空热分解是可行的，该热分解反应的较优反应温度约为 1823K；

（3）高温、真空下的硫蒸气主要是由 S_1 和 S_2 组成，并且随着反应体系温度的升高，S_1 的含量逐渐增大，S_2 的含量逐渐减小。

硫化钼真空分解机理的研究结果，较好地对辉钼精矿真空热分解回收金属钼的小型和工程型实验的条件选择提供了理论依据。

5.3.4　氮化铝真空分解机理研究

5.3.4.1　w-AlN 真空热分解反应理论研究

氮化铝常温常压下的稳定相为 w-AlN，即六方纤锌矿结构，w-AlN 结构如图 5-79 所示，w-AlN（$10\bar{1}0$）表面结构模型如图 5-80 所示[14]。

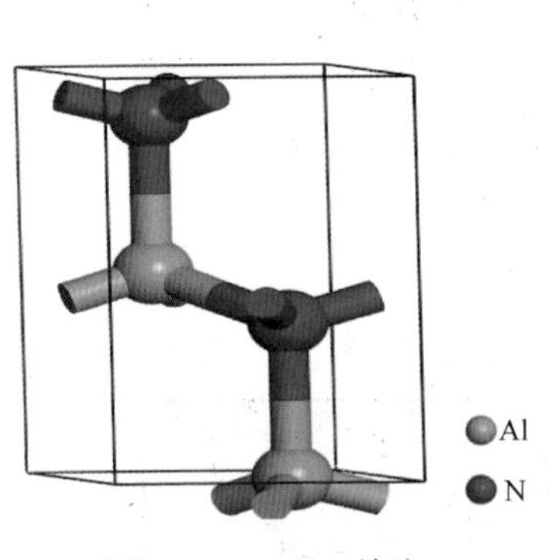

图 5-79　w-AlN 单胞

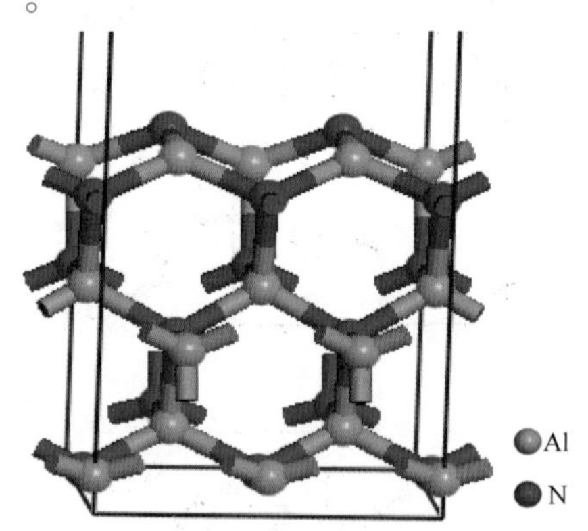

图 5-80　w-AlN 超胞

计算采用 Material Studio 中的 CASTEP 模块，应用基于密度泛函（DFT）理论框架下的广义梯度近似 GGA-PBE[14]，算法选用 Broyden-Fletcher-Goldfarb-Shanno（BFGS）[15]，K 点取为 3×4×1，energy cutoff 设定为 280eV。为了保证计算结果的可靠性，结构优化前，对

平面波截断能和 K 点取样进行了收敛性测试。收敛性标准为：位移的收敛精度优于 0.0001nm，能量的收敛精度优于 1.0×10^{-5}eV/atom，对结构优化后的 AlN(10$\bar{1}$0) 结构进行从头算分子动力学模拟，模拟过程选用 Nosé 控温方法及 Andersen 控压方法[8-9]，选择 NPT 系综，温度设置为 1873K、1923K、1973K、2023K 和 2073K，压强分别设置为 30Pa、60Pa，模拟时间设置为 10ps，时间步长设置为 1fs。

A 30Pa 条件下动力学模拟结构分析

图 5-81 为不同温度条件下 AlN（10$\bar{1}$0）动力学模拟前后的结构变化图，由图 5-81 中可以很明显地观察到，10ps 动力学模拟后，随着模拟温度的升高，部分 Al—N 键键长增大，部分 Al—N 键发生断裂；且有新的单质 Al 和 N 生成。对比图 5-81(a) 和 (b)，可以看出 Al(1)—N(1)、Al(2)—N(2)、Al(1)—N(3)、Al(2)—N(4) 键均未发生明显增大，但 Al(1)—N(3)、Al(2)—N(4) 键键长有增大趋势。对比图 5-81(a) 和(c)，可以观察到 Al(1)—N(3) 键键长明显变长，表面 Al(1)—N(1)、Al(2)—N(2) 键未发生明显变化；对比图 5-81(a) 和 (d)，可以看出 Al(1)—N(3) 键已发生断裂，且第二、三层间 Al—N 键也发生断裂；对比图 5-81(a) 和 (e) 可知，Al(1)—N(3) 键长明显增大且 Al(2)—N(4) 键发生断裂；对比图 5-81(a) 和 (f) 可知，Al(1)—N(1)、Al(2)—N(2)、Al(1)—N(3)、Al(2)—N(4) 键均发生断裂，且有单质 N 和单质 Al 的逸出。

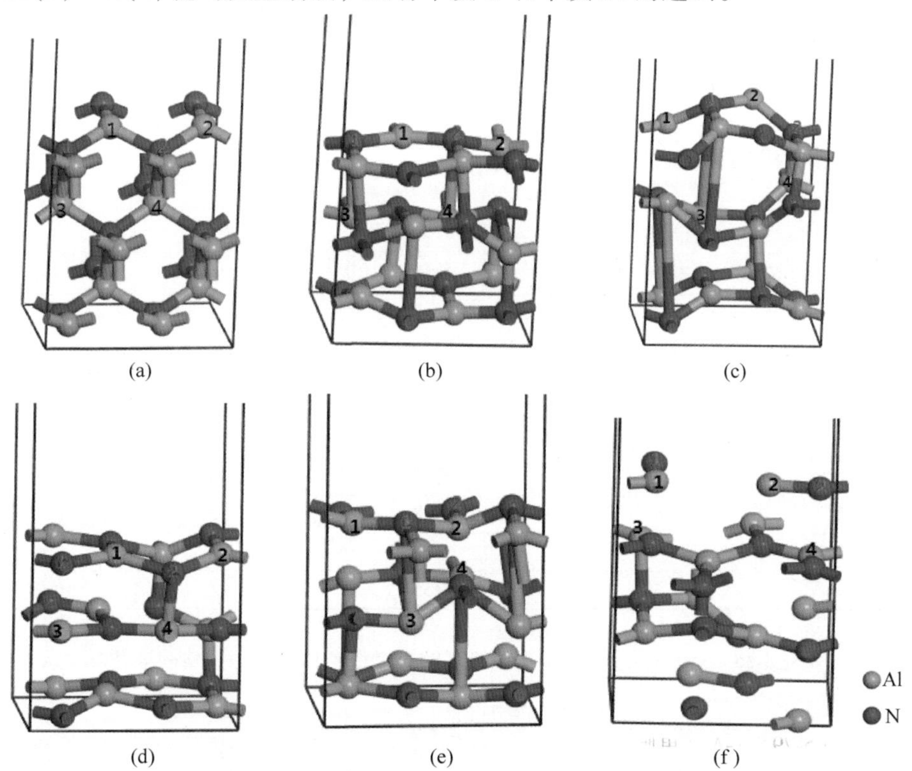

图 5-81 30Pa 条件下动力学模拟前后 AlN（10$\bar{1}$0）的结构

(a) AlN（10$\bar{1}$0）结构优化后；(b) 1873K 时动力学模拟后；(c) 1923K 时动力学模拟后；(d) 1973K 时动力学模拟后；(e) 2023K 时动力学模拟后；(f) 2073K 时动力学模拟后

表 5-16~表 5-20 分别为 30Pa 时 1873K、1923K、1973K、2023K、2073K 时 AlN（$10\bar{1}0$）动力学模拟前后布居和键长变化，从表中可以看出 AlN（$10\bar{1}0$）结构优化后 Al(1)—N(1)、Al(2)—N(2)键的布居为 0.60，键长为 0.183705nm；Al(1)—N(3)、Al(2)—N(4)键的布居为 0.50，键长为 0.197156nm。从表 5-16 中可以看出，10ps 动力学模拟后，Al(1)—N(1)、Al(2)—N(2)、Al(1)—N(3)、Al(2)—N(4)键的布居呈现出整体减小趋势，键长呈现出整体增大趋势，与图 5-81（b）中观察到的结构变化是符合的。从表 5-17 中观察到 10ps 动力学模拟后，Al(1)—N(3)键已发生断裂，Al(1)—N(1)、Al(2)—N(2)和 Al(2)—N(4)键的布居整体减小，键长增大，与图 5-81（c）中观察到的结构变化是一致的。从表 5-18 中观察到 10ps 动力学模拟后，Al(1)—N(3)键已发生断裂，Al(1)—N(1)、Al(2)—N(2)和 Al(2)—N(4)键的布居整体减小，键长增大，与图 5-81（d）中呈现出的结构变化是相映证的。从表 5-19 中观察到 10ps 动力学模拟后，Al(2)—N(4)键已发生断裂，Al(1)—N(1)、Al(2)—N(2)和 Al(1)—N(3)键的布居整体减小，键长增大，与图 5-81（e）中呈现出的结构变化是一致的。从表 5-20 中观察到 10ps 动力学模拟后，Al(1)—N(1)、Al(1)—N(3)和 Al(2)—N(4)键已发生断裂，Al(2)—N(2)键的布居未发生变化，而键长呈现出减小趋势，可能是由于生成的 Al(2) 和 N(2) 键又结合在一起，与图 5-81（f）中呈现出的结构变化是相吻合的。

表 5-16　1873K 时 w-AlN（$10\bar{1}0$）动力学模拟前后布居和键长变化

键类型	结构优化后		动力学模拟后	
	布居	键长/nm	布居	键长/nm
Al(1)—N(1)	0.60	0.183705	0.54	0.204263
Al(2)—N(2)	0.60	0.183705	0.52	0.212354
Al(1)—N(3)	0.50	0.197156	0.40	0.203552
Al(2)—N(4)	0.50	0.197156	0.37	0.218075

表 5-17　1923K 时 w-AlN（$10\bar{1}0$）动力学模拟前后布居和键长变化

键类型	结构优化后		动力学模拟后	
	布居	键长/nm	布居	键长/nm
Al(1)—N(1)	0.60	0.183705	0.55	0.191802
Al(2)—N(2)	0.60	0.183705	0.53	0.203834
Al(1)—N(3)	0.50	0.197156	—	—
Al(2)—N(4)	0.50	0.197156	0.19	0.243029

表 5-18　1973K 时 w-AlN（$10\bar{1}0$）动力学模拟前后布居和键长变化

键类型	结构优化后		动力学模拟后	
	布居	键长/nm	布居	键长/nm
Al(1)—N(1)	0.60	0.183705	0.57	0.190864
Al(2)—N(2)	0.60	0.183705	0.59	0.194707
Al(1)—N(3)	0.50	0.197156	—	—
Al(2)—N(4)	0.50	0.197156	0.22	0.232881

表 5-19 2023K 时 w-AlN（10$\bar{1}$0）动力学模拟前后布居和键长变化

键类型	结构优化后		动力学模拟后	
	布居	键长/nm	布居	键长/nm
Al(1)—N(1)	0.60	0.183705	0.55	0.199992
Al(2)—N(2)	0.60	0.183705	0.58	0.184667
Al(1)—N(3)	0.50	0.197156	0.10	0.261524
Al(2)—N(4)	0.50	0.197156	—	—

表 5-20 2073K 时 w-AlN（10$\bar{1}$0）动力学模拟前后布居和键长变化

键类型	结构优化后		动力学模拟后	
	布居	键长/nm	布居	键长/nm
Al(1)—N(1)	0.60	0.183705	—	—
Al(2)—N(2)	0.60	0.183705	0.60	0.169222
Al(1)—N(3)	0.50	0.197156	—	—
Al(2)—N(4)	0.50	0.197156	—	—

结合 w-AlN（10$\bar{1}$0）动力学模拟前后的结构变化图和 w-AlN（10$\bar{1}$0）动力学模拟前后布居和键长变化的结果可以得出，在 w-AlN 真空热分解动力学模拟过程中第一、二层间的 Al—N 键先发生断裂，其次是最表层中的 Al—N 键断裂。随着模拟温度的不断升高，Al—N 键分离的现象越来越明显，且有单质 N 和单质 Al 的生成，这与前述热力学计算结果是相符合的。

B 30Pa 条件下态密度分析

图 5-82 为 30Pa、不同温度条件下 w-AlN（10$\bar{1}$0）动力学模拟前后的分波态密度（PDOS）变化图。从图 5-82 中可以看出 w-AlN（10$\bar{1}$0）的 PDOS 主要由下价带-15.5~-12eV、上价带-6.5~0.5eV 和导带 2.5~7eV 三个区域组成。在下价带-15.5~-12eV 区域，w-AlN（10$\bar{1}$0）的 PDOS 主要是由 N 的 2s、Al 的 3s 及少量 Al 的 3p 轨道贡献；在上价带

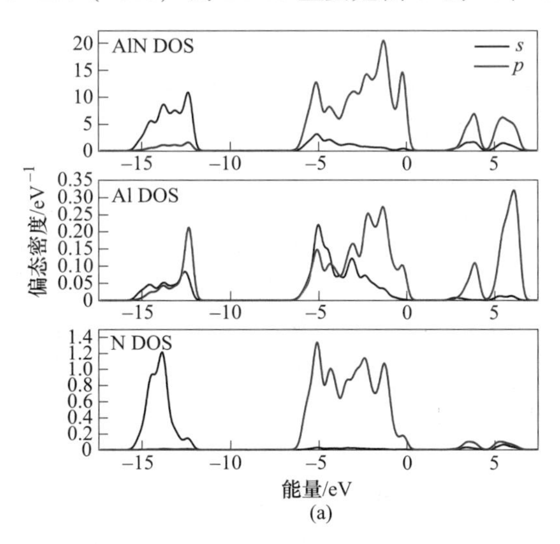

(a)

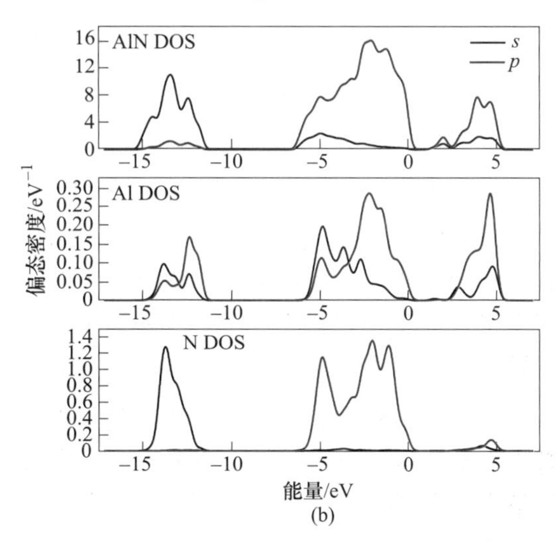

(b)

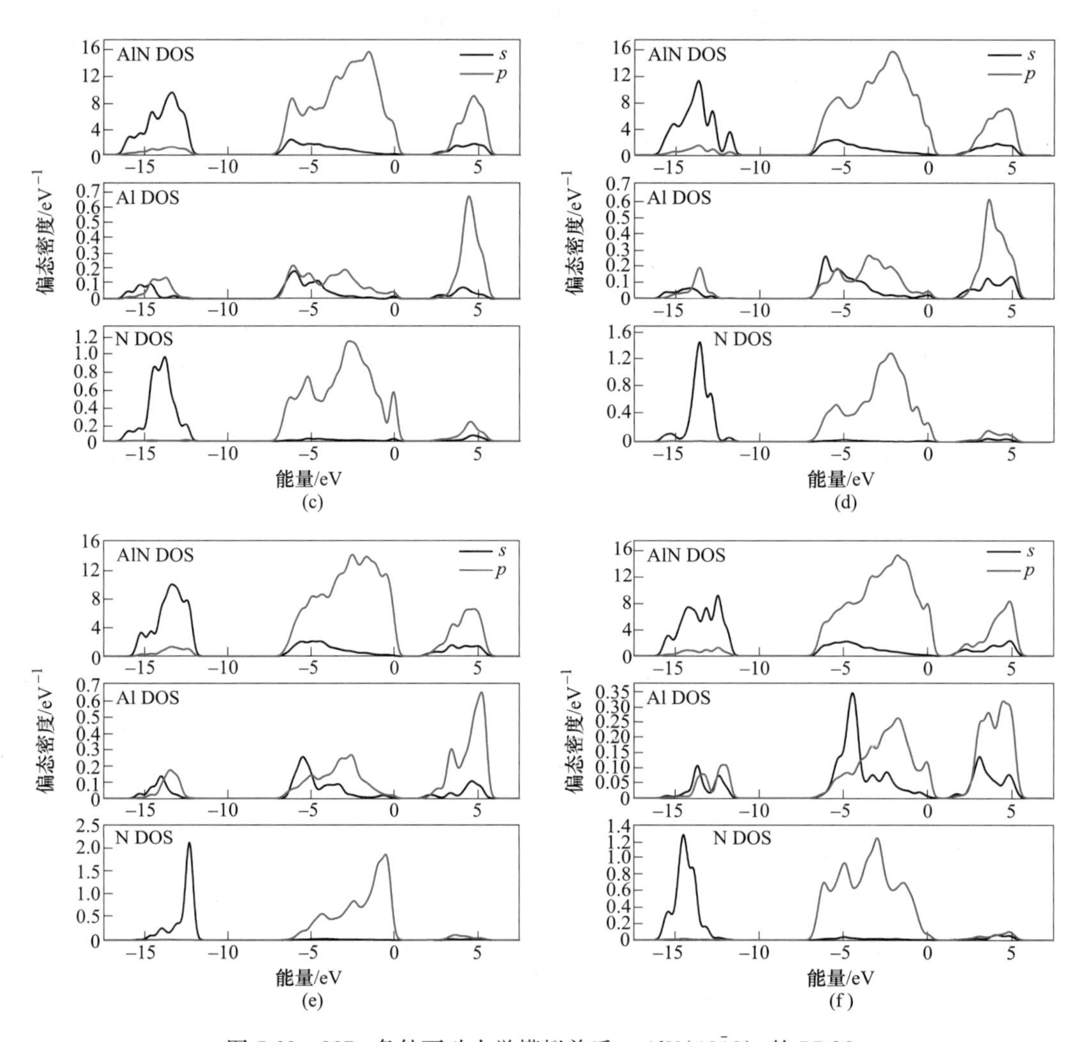

图 5-82　30Pa 条件下动力学模拟前后 w-AlN(10$\bar{1}$0) 的 PDOS

(a) w-AlN(10$\bar{1}$0) 结构优化后 PDOS；(b) 1873K 时 w-AlN(10$\bar{1}$0) 动力学模拟后 PDOS；(c) 1923K 时 w-AlN(10$\bar{1}$0) 动力学模拟后 PDOS；(d) 1973K 时 W-AlN(10$\bar{1}$0) 动力学模拟后 PDOS；(e) 2023K 时 w-AlN(10$\bar{1}$0) 动力学模拟后 PDOS；(f) 2073K 时 w-AlN(10$\bar{1}$0) 动力学模拟后 PDOS

-6.5~0.5eV 区域，w-AlN(10$\bar{1}$0) 的 PDOS 主要是由 N 的 2p、Al 的 3p 和 Al 的 3s 轨道贡献；在导带-6.5~0.5eV区域，w-AlN(10$\bar{1}$0) 的 PDOS 主要是由 N 的 2p 和 Al 的 3p 轨道贡献。在费米能级附近存在两个明显的态带，一个带位于费米能级以下 0.15eV 处，属于由阴离子 N 引起的成键态，另一个态位于费米能级以上 2.5eV 处，属于由阳离子 Al 引起的反键态。

对比图 5-82(a) 和 (b) 可以观察到，经过 10ps 动力学模拟，w-AlN(10$\bar{1}$0) 的 PDOS 基本没有展宽或收窄，但出现了不同程度的负移，上价带由-6.5~0.5eV 变为-7.2~0eV，导带由 2.5~7eV 变为 1~5.5eV，且 Al 的 PDOS 和 N 的 PDOS 在重叠区域减少，说明 Al—N 键键能受到削弱。对比图 5-82(a) 和 (c) 可以看出，10ps 动力学模拟后，w-AlN(10$\bar{1}$0) 的

PDOS 整体呈现明显负移，下价带变为-17～-12eV，上价带变为-7.5～0eV，且在导带区域 w-AlN(10$\bar{1}$0) 的 PDOS 有所收窄，Al 的上价带重叠区域明显减少。对比图 5-82（a）和（d）可以得出，10ps 动力学模拟后，w-AlN(10$\bar{1}$0) 的 PDOS 整体呈现不同程度负移，Al 的 3*s*、3*p* 和 N 的 2*s*、2*p* 轨道重叠区域减少，呈现出分离的趋势。对比图 5-82（a）和（e）可以看出，10ps 动力学模拟后，w-AlN(10$\bar{1}$0) 和 Al 的 PDOS 在导带区域有所收窄，说明 Al 的 3*s*、3*p* 轨道与 N 的 2*s*、2*p* 轨道相互作用减弱。对比图 5-82（a）和（f）可以看出，10ps 动力学模拟后，w-AlN(10$\bar{1}$0) 的 PDOS 出现负移，尤其是费米能级附近变化最明显，表明电子的非局域化加强，电子发生了转移。

结合表 5-16～表 5-20、图 5-79～图 5-82 可知，随着模拟温度的不断升高，w-AlN(10$\bar{1}$0) 的 PDOS 出现不同程度负移，Al 的 PDOS 和 N 的 PDOS 在整个区域内的重叠部分呈现出减少的趋势，部分 Al—N 键键能受到削弱，且部分 Al—N 键有断裂的趋势。

C　30Pa 条件下 Mulliken 布居分析

表 5-21～表 5-25 分别为 30Pa 时 1873K、1923K、1973K、2023K 和 2073K 条件下 w-AlN(10$\bar{1}$0) 结构优化后和动力学模拟后 Al、N 原子中电荷的 Mulliken 布居变化。从表 5-21～表 5-25 中可以看出，结构优化后，N 的 2*s*、2*p* 轨道占有的电子数分别为 1.73 和 4.70，N 的总电子数为 6.43，净电荷数为-1.43。Al 的 3*p*、3*s* 轨道占有的电子数分别为 0.60 和 1.06，Al 的总电子数为 1.66，净电荷数为 1.34。10ps 动力学模拟后，5 种模拟温度条件下 Al、N 原子的 *s*、*p* 轨道电子都发生了转移，转移的电子又重新参与了轨道的杂化，结果表明电子的非局域化加强。

表 5-21　1873K 时 Al、N 原子中电子和电荷的 Mulliken 布居

模拟状态	原子种类	*s* 电子	*p* 电子	合计	电荷数
结构优化后	N	1.73	4.70	6.43	-1.43
	Al	0.60	1.06	1.66	1.34
动力学模拟后	N	1.73	4.56	6.30	-1.30
	Al	0.62	1.03	1.66	1.34

表 5-22　1923K 时 Al、N 原子中电子和电荷的 Mulliken 布居

模拟状态	原子种类	*s* 电子	*p* 电子	合计	电荷数
结构优化后	N	1.73	4.70	6.43	-1.43
	Al	0.60	1.06	1.66	1.34
动力学模拟后	N	1.74	4.59	6.33	-1.33
	Al	0.53	0.98	1.51	1.49

表 5-23　1973K 时 Al、N 原子中电子和电荷的 Mulliken 布居

模拟状态	原子种类	*s* 电子	*p* 电子	合计	电荷数
结构优化后	N	1.73	4.70	6.43	-1.43
	Al	0.60	1.06	1.66	1.34
动力学模拟后	N	1.74	4.72	6.46	-1.46
	Al	0.53	1.09	1.62	1.38

表 5-24 2023K 时 Al、N 原子中电子和电荷的 Mulliken 布居

模拟状态	原子种类	*s* 电子	*p* 电子	合计	电荷数
结构优化后	N	1.73	4.70	6.43	-1.43
	Al	0.60	1.06	1.66	1.34
动力学模拟后	N	1.74	4.59	6.37	-1.33
	Al	0.69	1.07	1.75	1.25

表 5-25 2073K 时 Al、N 原子中电子和电荷的 Mulliken 布居

模拟状态	原子种类	*s* 电子	*p* 电子	合计	电荷数
结构优化后	N	1.73	4.70	6.43	-1.43
	Al	0.60	1.06	1.66	1.34
动力学模拟后	N	1.77	4.74	6.51	-1.51
	Al	0.74	1.04	1.78	1.22

D 差分电荷密度分析

图 5-83 为 w-AlN($10\bar{1}0$) 结构优化后和动力学模拟后的差分电荷密度图，从图 5-83 中可以看出，大部分电子都聚集在 Al 原子和 N 原子之间，更靠近 N 原子周围，部分 N 原子已经被电子包围。Al—N 键的布居也反映了成键原子间电子云的重叠厚度，一般可以用来衡量化学键的离子性或共价性，结合图 5-83 和表 5-16 可知，Al、N 原子之间主要以离子共价键成键。

图 5-84～图 5-88 分别为 30Pa 条件下不同温度的 w-AlN($10\bar{1}0$) 结构优化后和动力学模拟后的差分电荷密度图，图 5-83 和图 5-84 对比可知，10ps 动力学模拟后，Al(1)—N(1) 和 Al(2)—N(2) 键间的差分电荷密度颜色变浅，特别是 N 原子周围变化最明显，Al—N 间电荷发生了转移，表明 Al(1)—N(1) 和 Al(2)—N(2) 键间成键减弱。由图 5-85、图 5-86 和图 5-83 对比可知，10ps 动力学模拟后，整个差分电荷密度图颜色变浅，Al(1)—N(1)

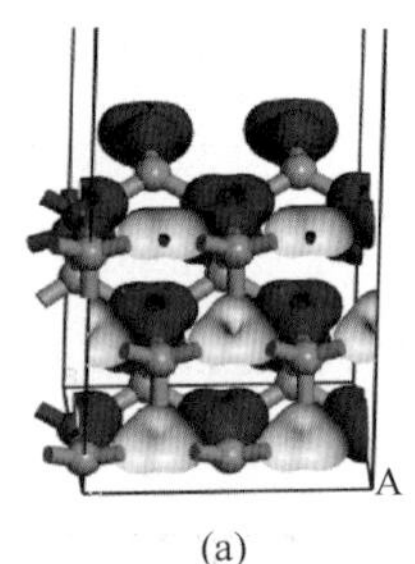

(a)

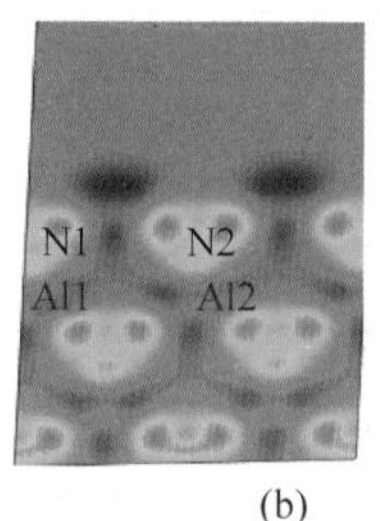

(b)

图 5-83 结构优化后 w-AlN($10\bar{1}0$) 的差分电荷密度
(a) 立体图；(b) 局部切面图

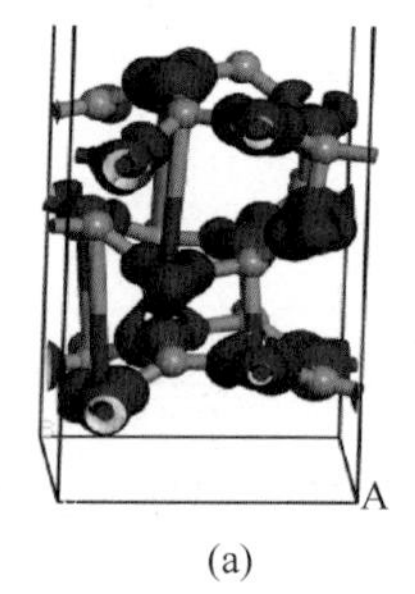

(a)

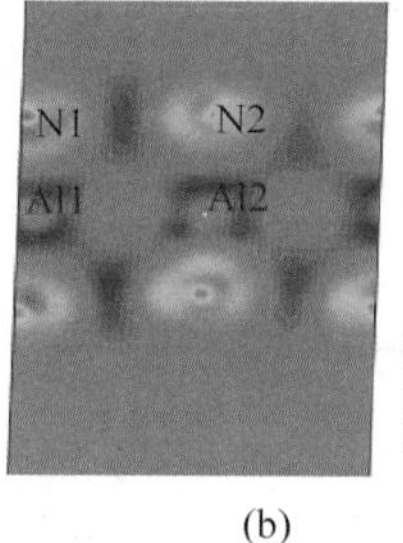

(b)

图 5-84 1873K 时动力学模拟后 w-AlN($10\bar{1}0$) 的差分电荷密度
(a) 立体图；(b) 局部切面图

键间距离变长，说明 Al(1)—N(1) 和 Al(2)—N(2) 键的成键受到削弱且有分离趋势。图 5-87 和图 5-83 对比可知，10ps 动力学模拟后，Al(1)—N(1) 和 Al(2)—N(2) 键间的差分电荷密度颜色变浅。图 5-88 和图 5-83 对比可知，10ps 动力学模拟后，Al(1)—N(1) 和 Al(2)—N(2) 键间已经不存在差分电荷密度分布，说明 Al—N 不存在化学键，Al—N 键已经断裂。

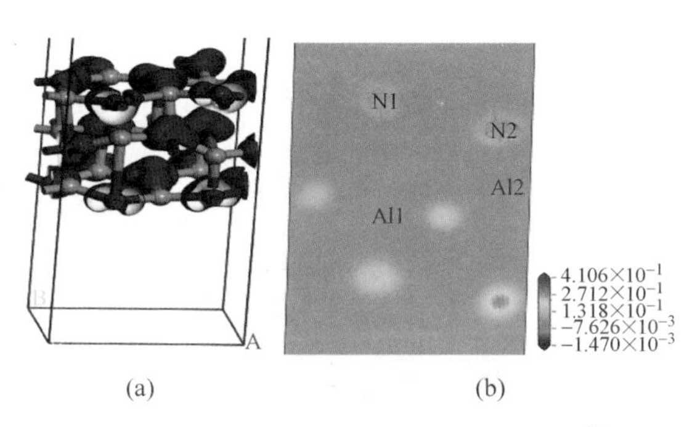

图 5-85 1923K 时动力学模拟后 w-AlN(10$\bar{1}$0) 的差分电荷密度

（a）立体图；（b）局部切面图

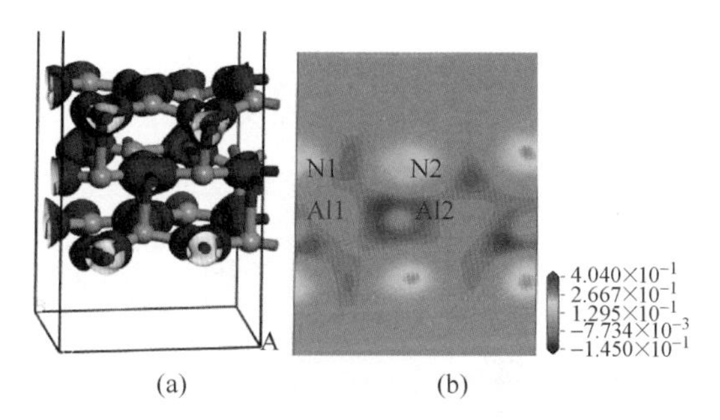

图 5-86 1973K 时动力学模拟后 w-AlN(10$\bar{1}$0) 的差分电荷密度

（a）立体图；（b）局部切面图

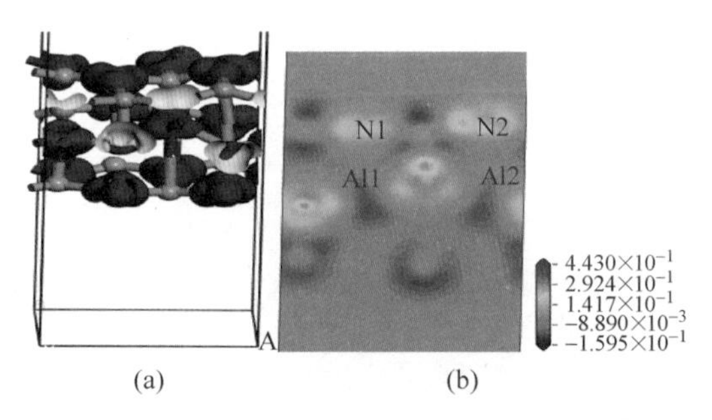

图 5-87 2023K 时动力学模拟后 w-AlN(10$\bar{1}$0) 的差分电荷密度

（a）立体图；（b）局部切面图

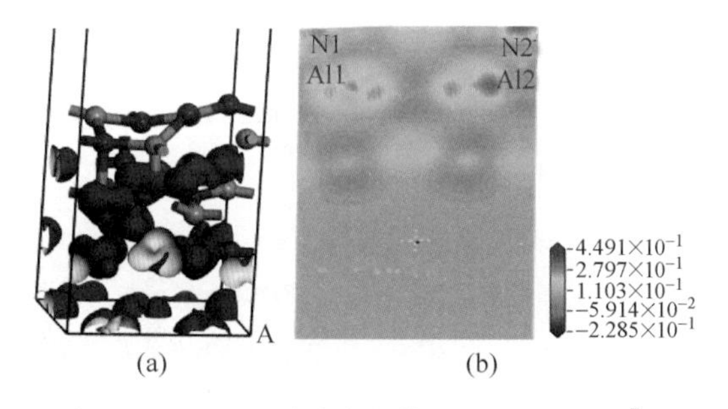

图 5-88 2073K 时动力学模拟后 w-AlN(10$\bar{1}$0) 的差分电荷密度

（a）立体图；（b）局部切面图

图 5-89～图 5-93 分别为 60Pa 条件下不同温度的 w-AlN(10$\bar{1}$0) 结构优化后和动力学模拟后的差分电荷密度图。由图 5-89 和图 5-83 对比可知，10ps 动力学模拟后，Al(1)—N(1) 和 Al(2)—N(2) 键间的差分电荷密度颜色变化不大，表明 Al(1)—N(1) 和 Al(2)—N(2) 键间依然有较强的成键作用。图 5-90 和图 5-83 对比可知，10ps 动力学模拟后，Al(1)—N(1) 和 Al(2)—N(2) 键间的差分电荷密度颜色变浅，特别是 N 原子周围变化最明显，Al—N 间电荷发生了转移，表明 Al(1)—N(1) 和 Al(2)—N(2) 键间成键减弱。图 5-91、图 5-92 和图 5-83 对比可知，Al(1)—N(1) 和 Al(2)—N(2) 间的差分电荷密度颜色变浅。图 5-93 和图 5-83 对比可知，10ps 动力学模拟后，Al(1)—N(1) 和 Al(2)—N(2) 间已经不存在差分电荷密度分布，说明 Al—N 键已经断裂。

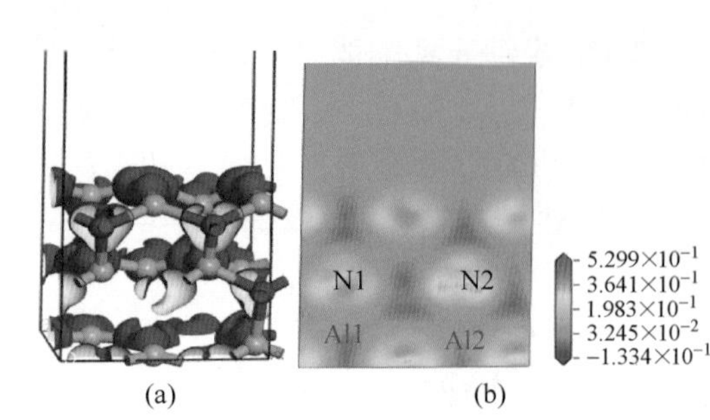

图 5-89　1873K 时动力学模拟后 w-AlN$(10\bar{1}0)$ 的差分电荷密度

（a）立体图；（b）局部切面图

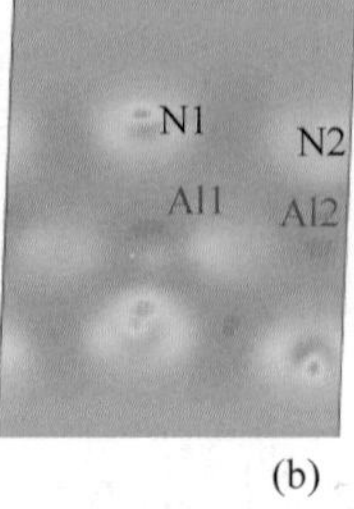

图 5-90　1923K 时动力学模拟后 w-AlN$(10\bar{1}0)$ 的差分电荷密度

（a）立体图；（b）局部切面图

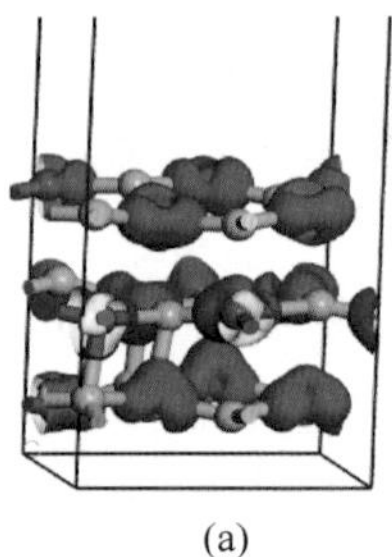
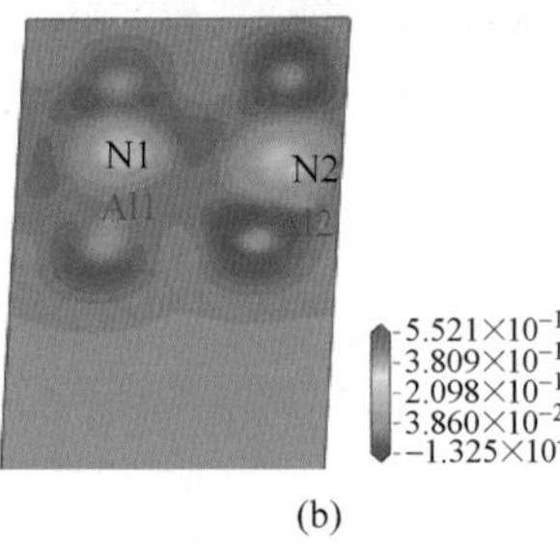

图 5-91　1973K 时动力学模拟后 w-AlN$(10\bar{1}0)$ 的差分电荷密度

（a）立体图；（b）局部切面图

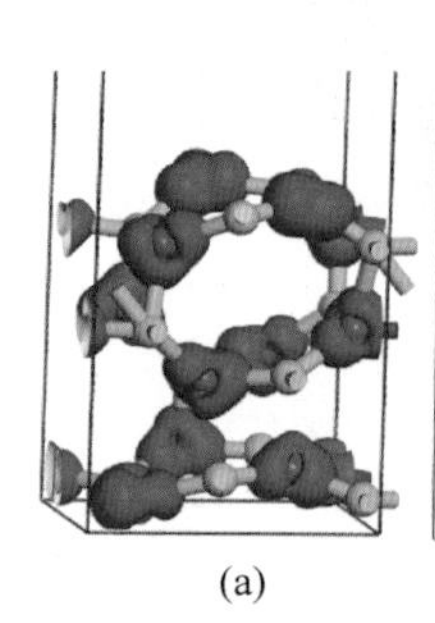
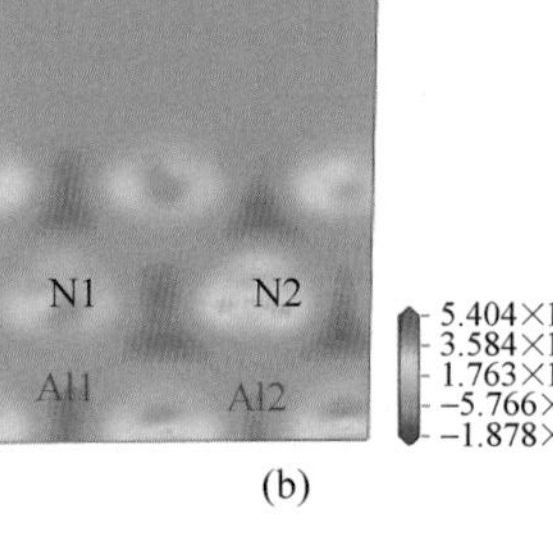

图 5-92　2023K 时动力学模拟后 w-AlN$(10\bar{1}0)$ 的差分电荷密度

（a）立体图；（b）局部切面图

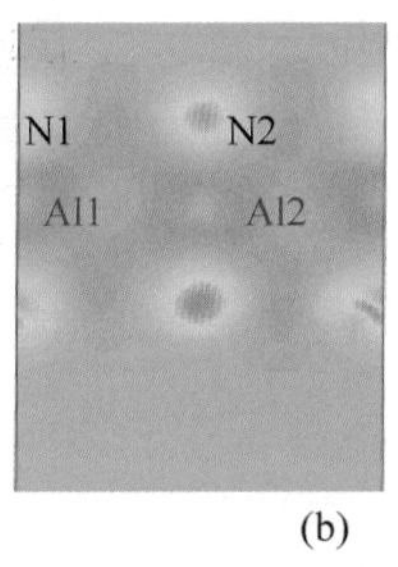

图 5-93　2073K 时动力学模拟后 w-AlN$(10\bar{1}0)$ 的差分电荷密度

（a）立体图；（b）局部切面图

通过对不同真空度及不同温度下结构优化后和 10ps 动力学模拟后晶体结构、分波态密度、电荷 Mulliken 布居及差分电荷密度等计算结果进行分析，其结果很好地验证了 w-AlN 真空热分解的机理、可行性及效果。可以得出以下结论：

（1）30Pa 条件下，w-AlN 真空热分解是可行的。随着模拟温度的不断升高，w-AlN$(10\bar{1}0)$ 晶体结构、偏态密度、电荷 Mulliken 布居及差分电荷密度变化越来越明显，Al—N 键的布居呈现整体减小，键长呈现整体增大的趋势，有的 Al—N 键已经发生断裂，且有单质 Al 和 N 的生成。

（2）在 30Pa 条件下，动力学模拟过程中层与层间的 Al—N 键最先发生断裂，接着是同一层中的 Al—N 键断裂。

5.3.4.2 z-AlN 真空热分解反应理论研究

z-AlN 为亚稳相，即四方闪锌矿结构，如图 5-94 所示。z-AlN(10$\bar{1}$0) 表面结构模型如图 5-95 所示，计算方法同前。

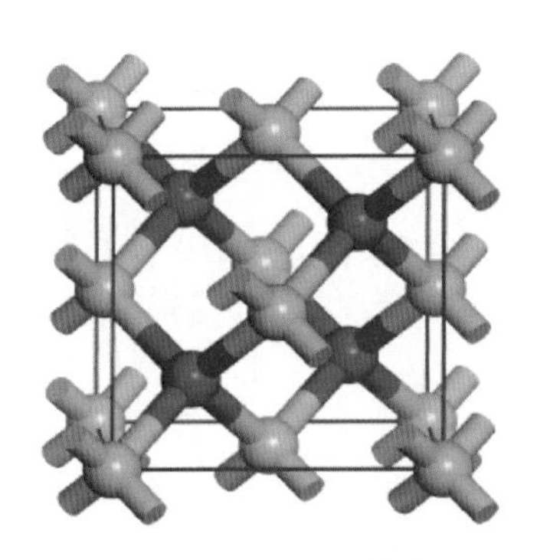

图 5-94 z-AlN 单胞

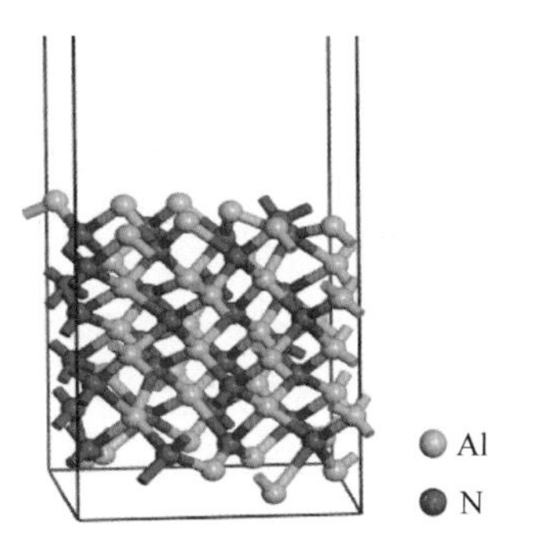

图 5-95 z-AlN 超胞

A 动力学结构分析

图 5-96 为 1973K、30Pa 条件下 z-AlN(10$\bar{1}$0) 结构优化后和动力学模拟后的结构变化图，从图中可以观察到，10ps 动力学模拟后，z-AlN(10$\bar{1}$0) 结构变化不明显，整个体系中 Al—N 键基本未发生断裂，且只有少量单质 Al 的逸出。

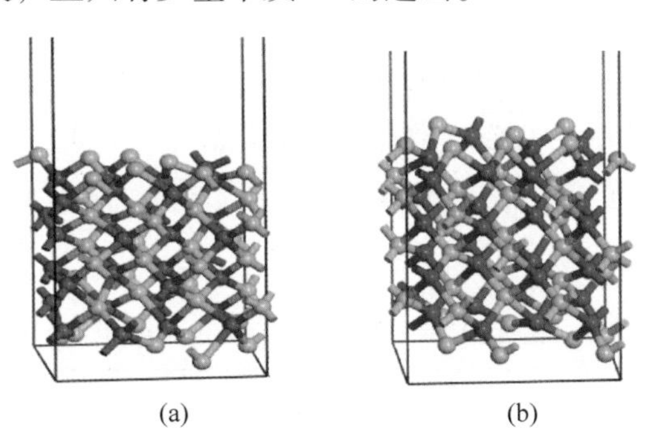

图 5-96 1973K、30Pa 条件下结构优化后和动力学模拟后 z-AlN(10$\bar{1}$0) 的结构
（a）结构优化后；（b）1973K 时动力学模拟后

表 5-26 为 1973K、30Pa 时 z-AlN(10$\bar{1}$0) 结构优化后和动力学模拟后布居和键长变化，从表中可以看出 z-AlN(10$\bar{1}$0) 结构优化后 Al—N 键的 Mulliken 布居分别为 0.52、0.56、0.53 和 0.50，键长分别为 0.167430nm、0.183998nm、0.195959nm 和 0.198353nm。10ps 动力学模拟后可得，Al(2)—N(2) 键已经断裂，Al(1)—N(1)、Al(3)—N(3)、Al(4)—N(4) 布居和键长都呈现出增大趋势，表明在 1973K、30Pa 下 z-AlN(10$\bar{1}$0) 分离效果微弱。

表 5-26 1973K 时 z-AlN(10$\bar{1}$0) 结构优化后和动力学模拟后布居和键长变化

类型	结构优化后		动力学模拟后	
	布居	键长/nm	布居	键长/nm
Al(1)—N(1)	0.52	0.167430	0.57	0.180288
Al(2)—N(2)	0.56	0.183998	—	—
Al(3)—N(3)	0.53	0.195959	0.57	0.206531
Al(4)—N(4)	0.50	0.198353	0.54	0.200641

图 5-97 为 1973K、60Pa 条件下 z-AlN(10$\bar{1}$0) 动力学模拟后的结构变化图，图 5-97 和图 5-96（a）对比可知，经过 10ps 动力学模拟，z-AlN(10$\bar{1}$0) 结构基本没有变化，整个体系中 Al—N 键未发生明显增大和减小趋势，表明 Al—N 键受到削弱程度较小。

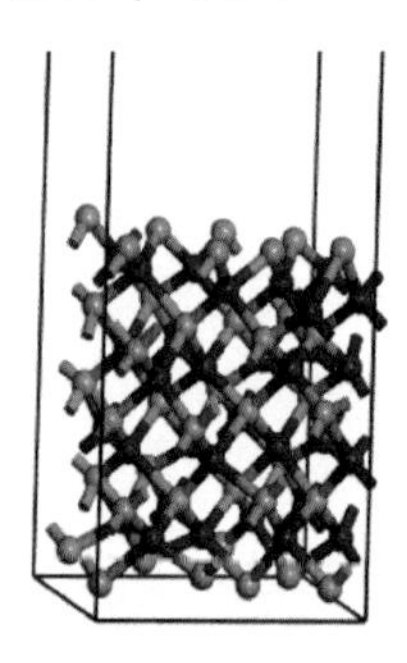

图 5-97 1973K、60Pa 条件下 z-AlN(10$\bar{1}$0) 动力学模拟后的结构

表 5-27 为 1973K、60Pa 时 z-AlN(10$\bar{1}$0) 结构优化后和动力学模拟后布居和键长变化，经过 10ps 动力学模拟，Al(1)—N(1)键长呈增大趋势，布居呈减小趋势，Al(2)—N(2)键已经断裂，表明 Al(1、2)—N(1、2)键有分离倾向，而 Al(3)—N(3)、Al(4)—N(4)键长呈减小趋势，布居呈增大趋势。结果说明 1973K、60Pa 时 z-AlN(10$\bar{1}$0) 分离效果不明显，这与图 5-97 中观察到的结构变化是一致的。

表 5-27 1973K 时 z-AlN(10$\bar{1}$0) 结构优化后和动力学模拟后布居和键长变化

类型	结构优化后		动力学模拟后	
	布居	键长/nm	布居	键长/nm
Al(1)—N(1)	0.52	0.167430	0.39	0.198007
Al(2)—N(2)	0.56	0.183998	—	—
Al(3)—N(3)	0.53	0.195959	0.65	0.172837
Al(4)—N(4)	0.50	0.198353	0.57	0.197641

B 分波态密度及 Mulliken 电荷布居分析

图 5-98 为 1973K、30Pa 条件下 z-AlN(10$\bar{1}$0) 结构优化后和动力学模拟后的分波态密度（PDOS）变化图。从图 5-98 中可以看出，z-AlN(10$\bar{1}$0) 的 PDOS 主要由 -17.5～-12.5eV 和-8～2.5eV 两个区域组成。在-17.5～-12.5eV 区域，z-AlN(10$\bar{1}$0) 的 PDOS 主

要是由 N 的 2*s*、Al 的 3*p* 及少量 Al 的 3*s* 轨道贡献；在-8～2.5eV 区域，z-AlN(10$\bar{1}$0) 的 PDOS 主要是由 N 的 2*p*、Al 的 3*p* 和少量 Al 的 3*s* 轨道贡献。由图 5-98（a）和（b）对比可知，10ps 动力学模拟后，z-AlN(10$\bar{1}$0) 的 PDOS 峰基本没有发生左右移动，但费米能级附近出现了不同程度的展宽，Al 的 PDOS 和 N 的 PDOS 重叠区域减少，表明 Al—N 键键能受到一定程度削弱，Al—N 键有微弱分离倾向。

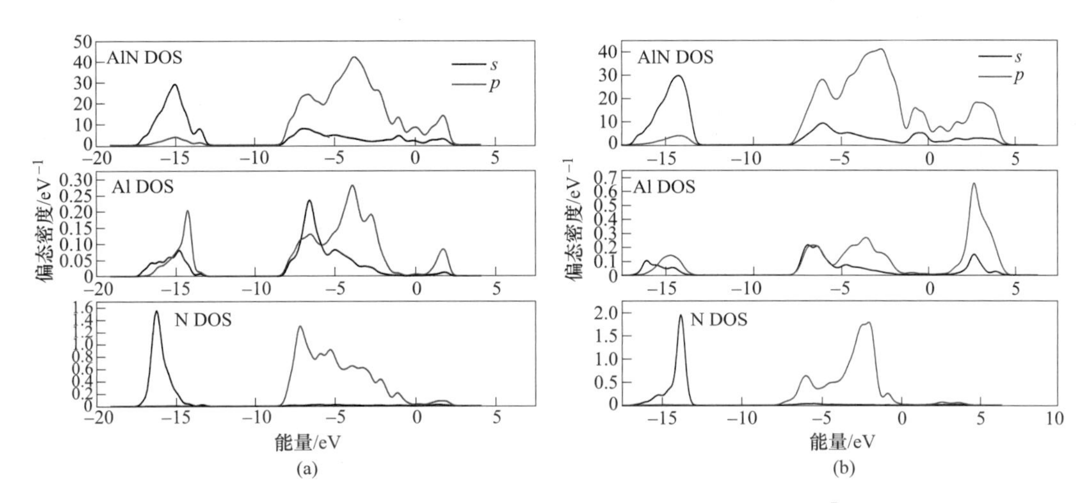

图 5-98 1973K、30Pa 条件下结构优化后和动力学模拟后 z-AlN(10$\bar{1}$0) 的 PDOS

（a）z-AlN(10$\bar{1}$0) 结构优化后的 PDOS；（b）1973K 时 z-AlN(10$\bar{1}$0) 动力学模拟后的 PDOS

表 5-28 为 1973K、30Pa 时 z-AlN(10$\bar{1}$0) 结构优化后和动力学模拟后 Al、N 原子中电荷的 Mulliken 布居变化，从表中可以看出，结构优化后，N 的 2*s*、2*p* 轨道占有的电子数分别为 1.72 和 4.60，Al 的 3*p*、3*s* 轨道占有的电子数分别为 0.61 和 1.07，N 和 Al 的净电荷数为-1.32 和 1.31。10ps 动力学模拟后，Al、N 原子的电荷都发生了转移，而转移的电子参与了电子轨道的重新杂化。

表 5-28 1973K 时 Al、N 原子中电子和电荷的 Mulliken 布居

动力学模拟	原子种类	*s* 电子	*p* 电子	合计	电荷数
结构优化后	N	1.72	4.60	6.32	-1.32
	Al	0.61	1.07	1.69	1.31
动力学模拟后	N	1.72	4.48	6.20	-1.20
	Al	0.63	1.05	1.68	1.32

图 5-99 为 1973K、60Pa 条件下 z-AlN(10$\bar{1}$0) 结构优化后和动力学模拟后的偏态密度图（PDOS）变化图，从图 5-99 可以看出，z-AlN(10$\bar{1}$0) 的 PDOS 主要由-17.5～-12.5eV 和-8～2.5eV 两个区域组成。在-17.5～-12.5eV 区域，z-AlN(10$\bar{1}$0) 的 PDOS 主要是由 N 的 2*s*、Al 的 3*p* 及少量 Al 的 3*s* 轨道贡献；在-8～2.5eV 区域，z-AlN(10$\bar{1}$0) 的 PDOS 主要是由 N 的 2*p*、Al 的 3*p* 和少量 Al 的 3*s* 轨道贡献。对比图 5-99（a）和（b）可以看出，10ps 动力学模拟后，z-AlN(10$\bar{1}$0) 的 PDOS 峰基本没有负移，但出现了不同程度的展宽，

特别是费米能级附近-8～2.5eV 展宽为-8～5eV，且 Al 的 PDOS 和 N 的 PDOS 重叠区域减少，表明 Al—N 键受到一定程度削弱。

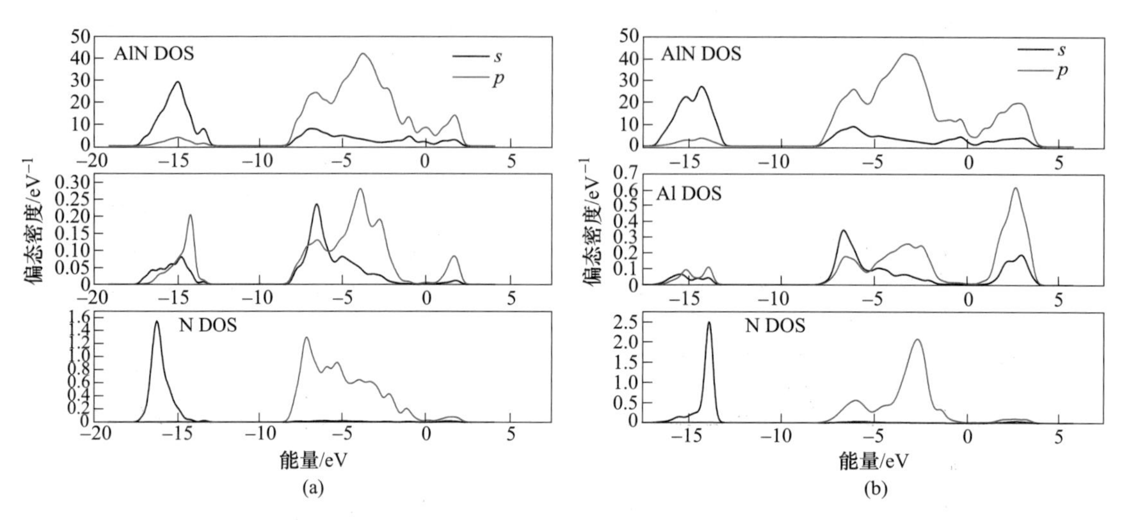

图 5-99　1973K、60Pa 条件下结构优化后和动力学模拟后 z-AlN$(10\bar{1}0)$ 的 PDOS

（a）z-AlN$(10\bar{1}0)$ 结构优化后 PDOS；（b）1973K 时 z-AlN$(10\bar{1}0)$ 动力学模拟后 PDOS

表 5-29 为 1973K、60Pa 时 z-AlN$(10\bar{1}0)$ 结构优化后和动力学模拟后 Al、N 原子中电荷的 Mulliken 布居变化，从表中可以看出，10ps 动力学模拟后，N 的 2s、2p 轨道占有的电子数转移较少，且动力学模拟前后 N 的净电荷数未发生变化，而 Al 的 3s、3p 轨道占有的电子数转移比较明显，表明在 1973K、60Pa 条件下，Al—N 键不易分离。

表 5-29　1973K 时 Al、N 原子中电子和电荷的 Mulliken 布居

模拟状态	原子种类	s 电子	p 电子	合计	电荷数
结构优化后	N	1.72	4.60	6.32	-1.32
	Al	0.61	1.07	1.69	1.31
动力学模拟后	N	1.73	4.58	6.32	-1.32
	Al	0.78	1.15	1.93	1.07

C　差分电荷密度分析

图 5-100 为 z-AlN$(10\bar{1}0)$ 结构优化后的差分电荷密度图，其中图 5-100（a）为结构优化后 z-AlN$(10\bar{1}0)$ 的差分电荷密度立体图，图 5-100（b）为结构优化后 z-AlN$(10\bar{1}0)$ 的差分电荷密度截面图。从图 5-100 中可以看出，大部分电子都聚集在 Al 原子和 N 原子之间，并且更靠近 N 原子周围，N 原子已经被电子包围。因此 Al、N 原子之间主要以离子共价键成键。

图 5-101 为 1973K、30Pa 时 z-AlN$(10\bar{1}0)$ 动力学模拟后的差分电荷密度图，对比图 5-101 和图 5-100 可得，10ps 动力学模拟后，Al(1)—N(1) 和 Al(2)—N(2) 键间的差分电荷密度部分颜色变浅，表明 Al(1)—N(1) 和 Al(2)—N(2) 键间依然有较强的成键作用，Al—N 键并没有发生解离。

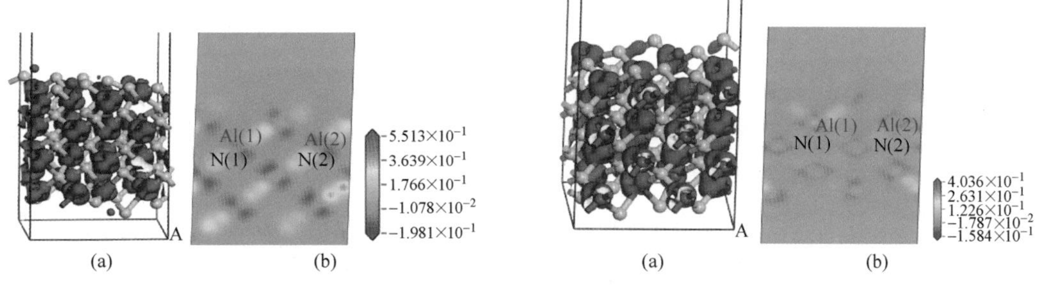

图 5-100　结构优化后 z-AlN(10$\bar{1}$0) 的差分电荷密度
（a）立体图；（b）局部切面图

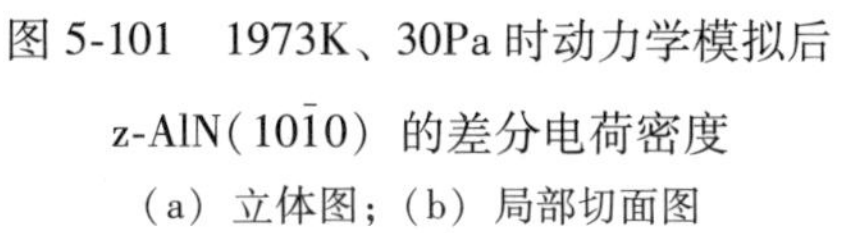

图 5-101　1973K、30Pa 时动力学模拟后 z-AlN(10$\bar{1}$0) 的差分电荷密度
（a）立体图；（b）局部切面图

图 5-102 为 1973K、60Pa 时 z-AlN(10$\bar{1}$0) 动力学模拟后的差分电荷密度图，对比图 5-102和图 5-100 可得，10ps 动力学模拟后，Al(1)—N(1)和 Al(2)—N(2)键间的差分电荷密度颜色变化不是很明显，表明 Al(1)—N(1)和 Al(2)—N(2)键间依然有较强的成键作用。

图 5-102　1973K、60Pa 时动力学模拟后 z-AlN(10$\bar{1}$0) 的差分电荷密度图
（a）立体图；（b）局部切面图

通过对 z-AlN 结构优化后和不同真空度 10ps 动力学模拟后晶体结构、分波态密度、电荷 Mulliken 布居及差分电荷密度等计算结果进行对比分析，得到以下结论：

（1）1973K、30Pa 条件下，10ps 动力学模拟前后 z-AlN(10$\bar{1}$0) 晶体结构、分波态密度、电荷 Mulliken 布居及差分电荷密度有不同程度的变化，但效果不明显。

（2）对比 w-AlN 和 z-AlN 的真空热分解模拟结果可知，相同模拟条件下，w-AlN 比 z-AlN 变化更明显。表明 w-AlN 更易分解，为 AlN 真空热分解实验研究提供了原料（晶型）选择的理论依据[22-27]。

5.4　从头算分子动力学在化合物真空热还原研究中的应用

采用 Material Studio 软件包的 CASTEP 模块，应用密度泛函（DFT）理论中的广义梯度近似（GGA），选择 Perdew、Burke 和 Ernzerhof[14] 交换梯度修正，采用了超软赝势，energy cutoff 设置为 300eV，真空板厚度设为 1.0nm。分别对构建得到的模型进行结构优化，自洽过程以体系的能量和电荷密度分布是否收敛为依据，位移的收敛精度优于 0.0002nm，能量的收敛精度优于 2×10^{-5}eV/atom。结构优化采用了 BFGS 算法[15]。在得到上述模型的稳定构型的基础上，对稳定构型进行态密度等性质及动力学模拟计算。计算采用了 NPT 系综，温度为 1760K，压力为 60Pa，时间步长 1fs，模拟时间 1ps，采用 Andersen

控压方法[9]及 Nosé 控温方法[8]。以便为氧化铝碳热还原的进一步实验研究提供依据。

5.4.1 Al-O-C 体系化合物与 $AlCl_n$ 间微观相互作用研究

研究了氧化铝真空碳热还原得到的 Al_4CO_4、Al_2CO 及 Al_4C_3 等多种 Al-O-C 化合物被 $AlCl_n$（n=1，2，3）氯化过程中，Al-O-C-Cl 体系的物质组成、物质结构、元素间相互作用的变化规律及氯化机理，阐明了碳热还原产物氯化反应过程中 Al 元素的演变规律[15-16]。

5.4.1.1 Al_4CO_4、Al_2CO 及 Al_4C_3 与 $AlCl_3$、$AlCl_2$ 及 AlCl 的相互作用

从 Al_4CO_4、Al_2CO 及 Al_4C_3 与 $AlCl_3$、中间产物 $AlCl_2$ 及产物 AlCl 的相互作用计算的结果显示（见图 5-103），$AlCl_3$、$AlCl_2$ 在 Al_4C_3(001) 表面上能发生解离反应，而 $AlCl_3$ 和 $AlCl_2$ 在 Al_4CO_4(001) 和 Al_2CO(001) 表面上则没有明显的化学反应发生，$AlCl_3$ 和 $AlCl_2$ 在 Al_4CO_4、Al_2CO、Al_4C_3 表面上解离的趋势应为：Al_4C_3 > Al_2CO > Al_4CO_4；AlCl 不易在 Al_4C_3(001) 表面上产生吸附，而 AlCl 在 Al_4CO_4(001)、Al_2CO(001) 表面上倾向于以吸附状态存在[15]。

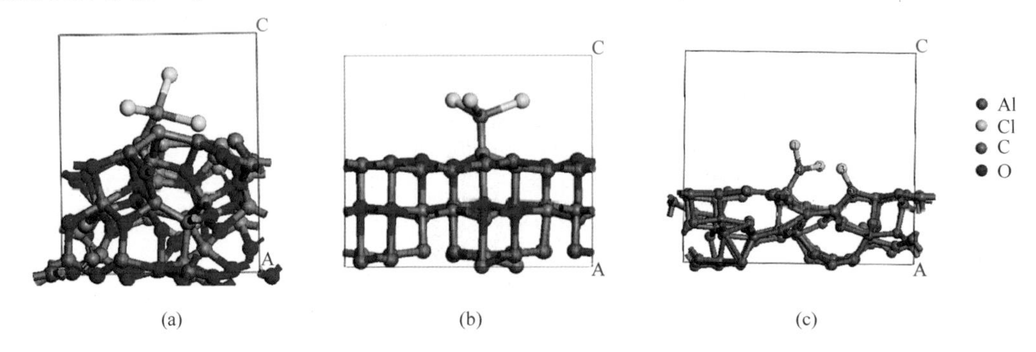

图 5-103 优化获得的 Al_4CO_4、Al_2CO 、Al_4C_3(001) 与 $AlCl_3$ 的稳定结构

(a) Al_4CO_4；(b) Al_2CO；(c) Al_4C_3

从图 5-103 可知，优化获得的 Al_4CO_4 与 $AlCl_3$ 的稳定结构中 $AlCl_3$ 仍以分子形态存在。在 Al_2CO(001) 与 $AlCl_3$ 稳定结构的 PDOS 图中（见图 5-104），$AlCl_3$ 以铝原子吸附在

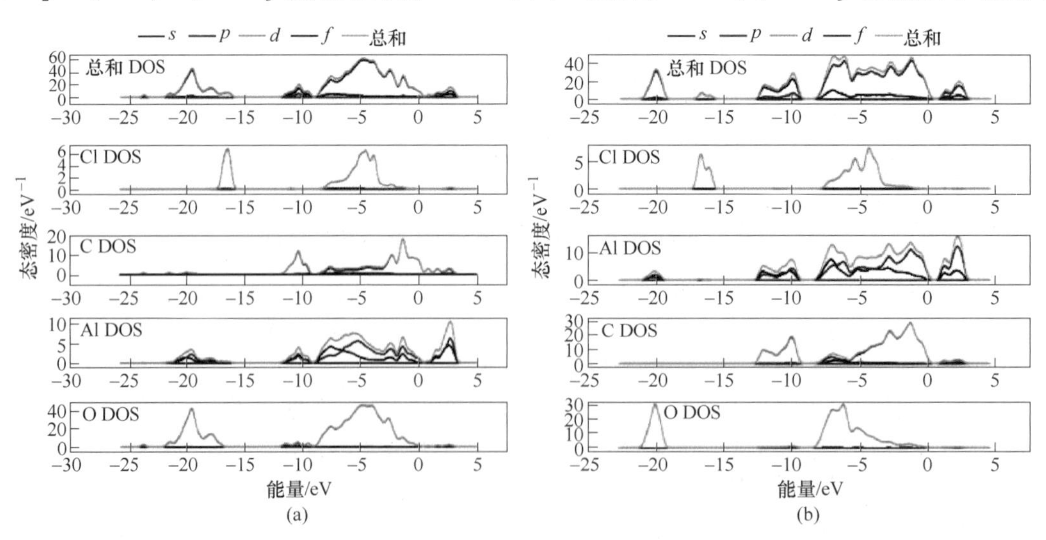

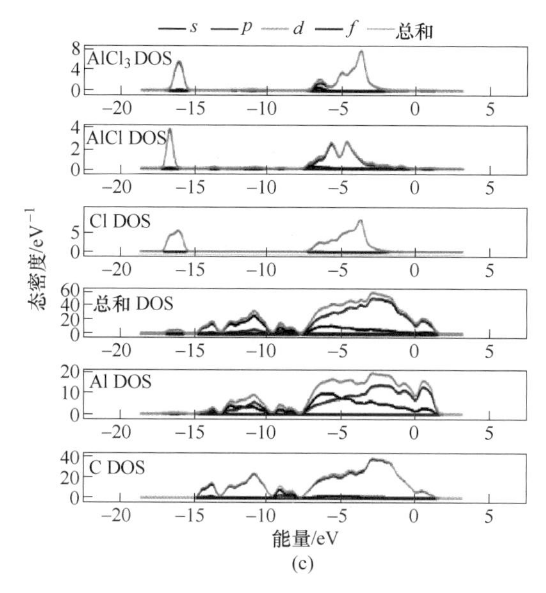

图 5-104 Al_4CO_4（a）、Al_2CO（b）、Al_4C_3(001)（c）与 $AlCl_3$ 稳定结构的 PDOS 图

Al_2CO(001) 面的碳原子上，而 $AlCl_3$ 仍以分子形态存在。优化获得的 Al_4C_3(001) 面与 $AlCl_3$ 的稳定结构，$AlCl_3$ 已发生了解离，Cl(3) 已经与 Al(6) 形成了新的 Al—Cl 键。

由表 5-30 可知，$AlCl_3$ 分别吸附在 Al_4CO_4、Al_2CO、Al_4C_3 表面上的稳定结构及游离态 $AlCl_3$ 的 Al—Cl 键长及吸附形成的 Al—C 键长和 Cl 的 PDOS 的对比可见，$AlCl_3$ 在 Al_4CO_4、Al_2CO、Al_4C_3 表面上解离的趋势应为：Al_4C_3 > Al_2CO > Al_4CO_4，且吸附于 Al_4C_3(001) 表面上发生了明显的解离，解离为 AlCl 与 $AlCl_2$。

表 5-30 $AlCl_3$ 在 Al_4CO_4、Al_2CO 及 Al_4C_3 上优化后的结构及 Cl 态密度对比

$AlCl_3$	Al—Cl 键长/nm			Al—C 键长/nm	PDOS(Cl)
	1	2	3		
吸附于 Al_4CO_4 上	0.2213	0.2289	0.2241	0.1870	Cl(Al_4CO_4)DOS
吸附于 Al_2CO 上	0.2177	0.2273	0.2260	0.1892	Cl(Al_2CO)DOS
吸附于 Al_4C_3 上	0.2115	0.2149	0.3570	0.1885 ($AlCl_2$)	Cl(Al_4Cl_3)DOS
游离态	0.2079	0.2087	0.2079		Cl($AlCl_3$)DOS

由图 5-105 和图 5-106 可知，优化获得的 Al_4CO_4(001) 面与 $AlCl_2$ 的稳定结构中，$AlCl_2$ 以分子形态存在，优化获得的 Al_2CO(001) 面与 $AlCl_2$ 的稳定结构中，$AlCl_2$ 仍以分子形态存在；优化获得的 Al_4C_3(001) 面与 $AlCl_2$ 的稳定结构中，$AlCl_2$ 已发生了解离，Cl(1) 已经与 Al(6) 形成了新的 Al—Cl 键，且 Al(3)—Cl(2) 分子呈现游离态。

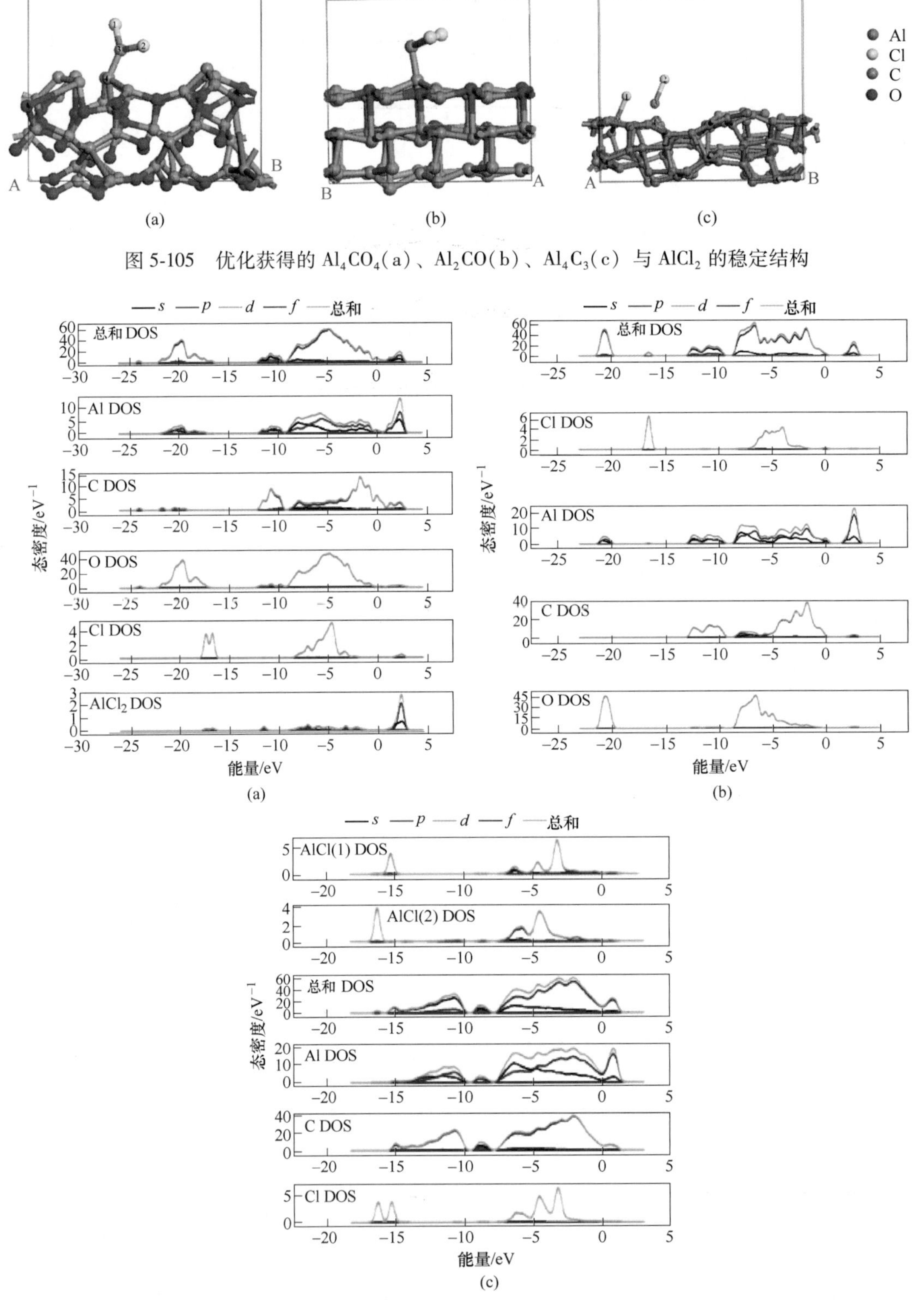

(a)　(b)　(c)

图 5-105　优化获得的 Al_4CO_4(a)、Al_2CO(b)、Al_4C_3(c) 与 $AlCl_2$ 的稳定结构

(a)　(b)　(c)

图 5-106　Al_4CO_4(a)、Al_2CO(b)、Al_4C_3(001)(c) 与 $AlCl_2$ 稳定结构的 PDOS 图

由表 5-31 可知，$AlCl_2$ 分别吸附在 Al_4CO_4、Al_2CO、Al_4C_3 表面上的稳定结构及游离态 $AlCl_2$ 的 Al—Cl 键长及吸附形成的 Al—C 键长和 Cl 的 PDOS 的对比可见（见图 5-107），$AlCl_2$ 在 Al_4CO_4、Al_2CO、Al_4C_3 表面上解离的趋势应为：Al_4C_3 > Al_2CO > Al_4CO_4，且吸附于 Al_4C_3(001) 表面上发生了明显的解离，解离为 AlCl，而在 Al_4CO_4(001)、Al_2CO(001) 表面上的 $AlCl_2$ 仍以分子形态存在，但 Al_2CO(001) 表面上的 $AlCl_2$ 中的 Al—Cl 键已有解离倾向。

表 5-31 $AlCl_2$ 在 Al_4CO_4、Al_2CO 及 Al_4C_3 上优化后的结构及 Cl 态密度对比

$AlCl_2$	Al—Cl 键长/nm		Al—C 键长/nm	PDOS(Cl)
	1	2		
吸附于 Al_4CO_4 上	0.2140	0.2166	0.1838	
吸附于 Al_2CO 上	0.2417	0.2447	0.1982	
吸附于 Al_4C_3 上	0.2154	0.2453	未成键	
游离态	0.2112	0.2112		

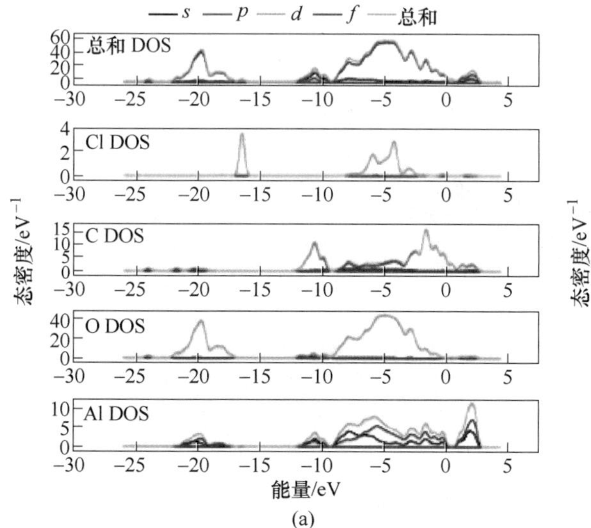

(a)

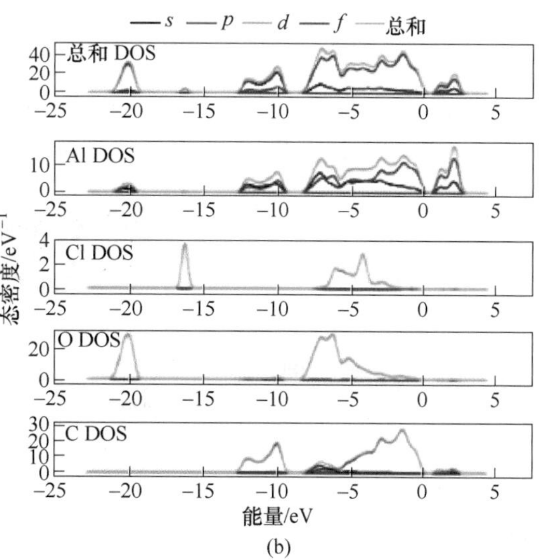

(b)

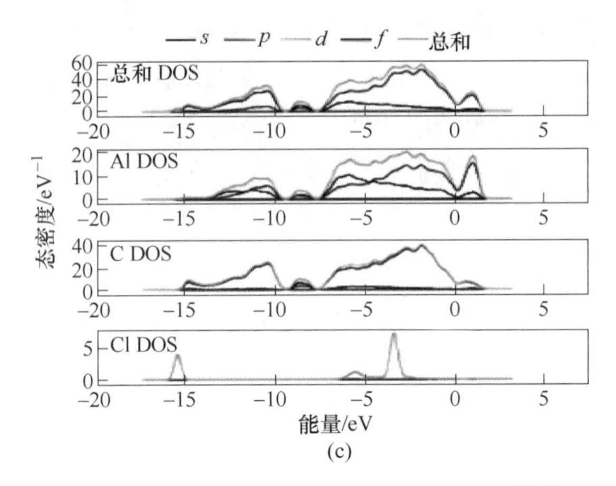

图 5-107 Al_4CO_4、Al_2CO 、Al_4C_3(001) 与 AlCl 稳定结构的 PDOS 图
(a) Al_4CO_4；(b) Al_2CO；(c) Al_4C_3

由图 5-108 可知，计算得到的 Al_4CO_4(001) 与 AlCl 稳定结构显示吸附态 AlCl 未发生解离；优化获得的 Al_2CO(001) 面与 AlCl 的稳定结构中，AlCl 仍以分子形态存在；优化获得的 Al_4C_3(001) 面与 AlCl 的稳定结构中，Al—Cl 键的键长略短了一些，相应吸附态 AlCl 以分子形态存在。

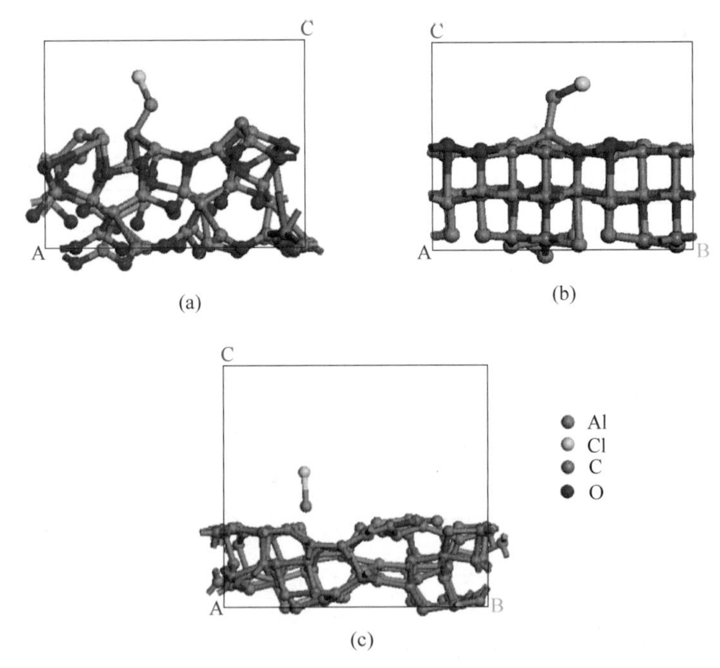

图 5-108 优化获得的 Al_4CO_4、Al_2CO 、Al_4C_3(001) 与 AlCl 的稳定结构
(a) Al_4CO_4；(b) Al_2CO；(c) Al_4C_3

在表 5-32 中，由 AlCl 分别吸附在 Al_4CO_4、Al_2CO、Al_4C_3 表面上的稳定结构及游离态 AlCl 的 Al—Cl 键长及吸附形成的 Al—C 键长和 Cl 的 PDOS 的对比可见，AlCl 在 Al_4CO_4、Al_2CO 表面上发生了吸附，未解离。但在 Al_4C_3 表面上则没有发生吸附，以游离态存在。

表 5-32 AlCl 在 Al_4CO_4、Al_2CO 及 Al_4C_3 上优化后的结构及 Cl 态密度对比

AlCl	Al—Cl 键长/nm	Al—C 键长/nm	PDOS(Cl) —s —p —d —f —总和
吸附于 Al_4CO_4 上	0.2341	0.1902	$Cl(Al_4CO_4)DOS$
吸附于 Al_2CO 上	0.2359	0.1966	$Cl(Al_2CO)DOS$
吸附于 Al_4C_3 上	0.2151	未成键	$Cl(Al_4C_3)DOS$
游离态	0.2166		Cl(AlCl)DOS

注：PDOS 图纵轴为态密度/eV^{-1}，横轴为能量/eV（−20～5）。

综合以上计算结果，可以认为 $AlCl_3$、$AlCl_2$ 可以在其上发生解离反应的表面的强弱顺序为 Al_4CO_4 < Al_2CO < Al_4C_3，而与 AlCl 发生相互作用的强弱顺序则为 Al_4CO_4 > Al_2CO > Al_4C_3，两者顺序相反。

5.4.1.2 Al_4CO_4、Al_2CO 及 Al_4C_3 氯化反应的从头算分子动力学模拟

从头算分子动力学模拟计算表明，在 1760K、60Pa 条件下，Al_2O_3、Al_4CO_4、Al_2CO 及 Al_4C_3 与 $AlCl_3$ 氯化生成 AlCl 的强弱顺序为 Al_2O_3(碳) < Al_4CO_4(碳) < Al_2CO < Al_4C_3 < Al_4C_3(氧)。实验证明，Al_4C_3 易被氯化。

针对 Al_2O_3、Al_4CO_4、Al_2CO 及 Al_4C_3 在温度为 1760K、压力为 60Pa 的条件下进行了相关反应的从头算分子动力学模拟计算（见图 5-109 和图 5-110），可知 Al_4CO_4 与碳及 $AlCl_3$ 反应模型在经过 1ps 的动力学模拟后，结构发生了较为明显的变化，可直接观察到有游离态 Cl(2) 生成。此外，还观察到有类似 CO 分子的形成（见图 5-109 中黑圈标注处），但 CO 分子尚未逸出，因其尚与 Al_4CO_4 面有相互作用。Al_2CO（001）面与 $AlCl_3$ 反应模型在经过 1ps 的动力学模拟后，结构发生了较为明显的变化。Al(4)—Cl(3) 键已趋向解离，但未完全断开。Al_4C_3(001) 面与 $AlCl_3$ 反应模型在经过 1ps 的动力学模拟后，结构发生了较为明显的变化。可见 $AlCl_3$ 已全部解离为吸附态的 AlCl，但尚未逸出。

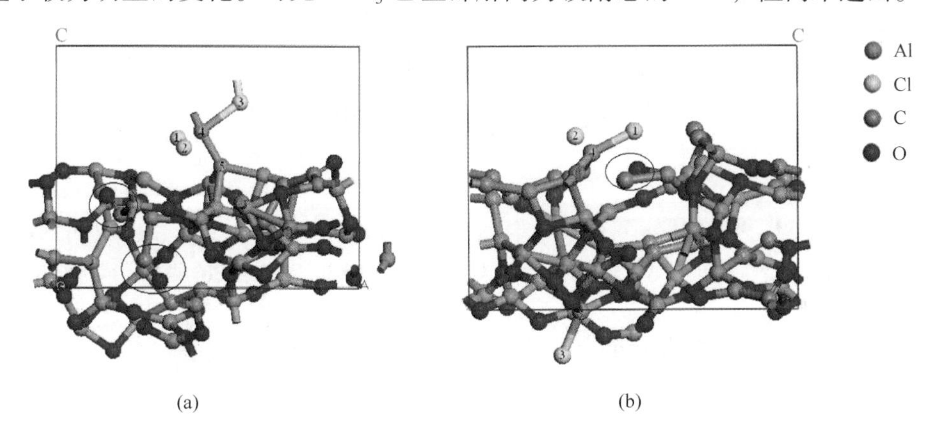

(a) (b)

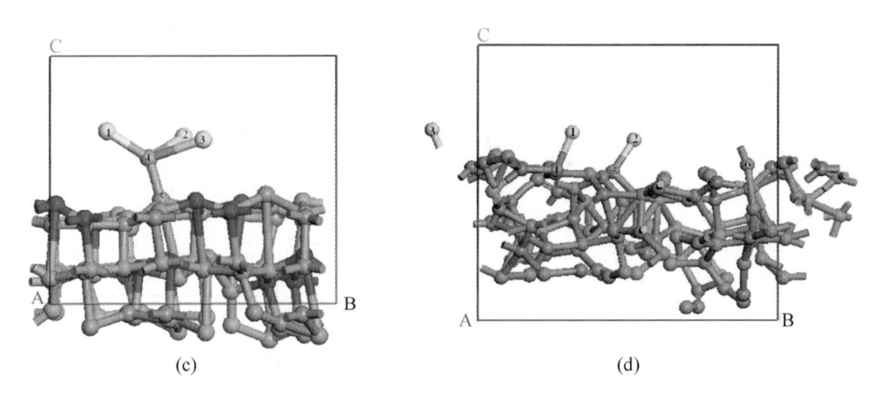

(c) (d)

图 5-109 Al_2O_3（a）、Al_4CO_4（b）、Al_2CO（c）及 Al_4C_3（d）与 $AlCl_3$ 反应的动力学模拟结果

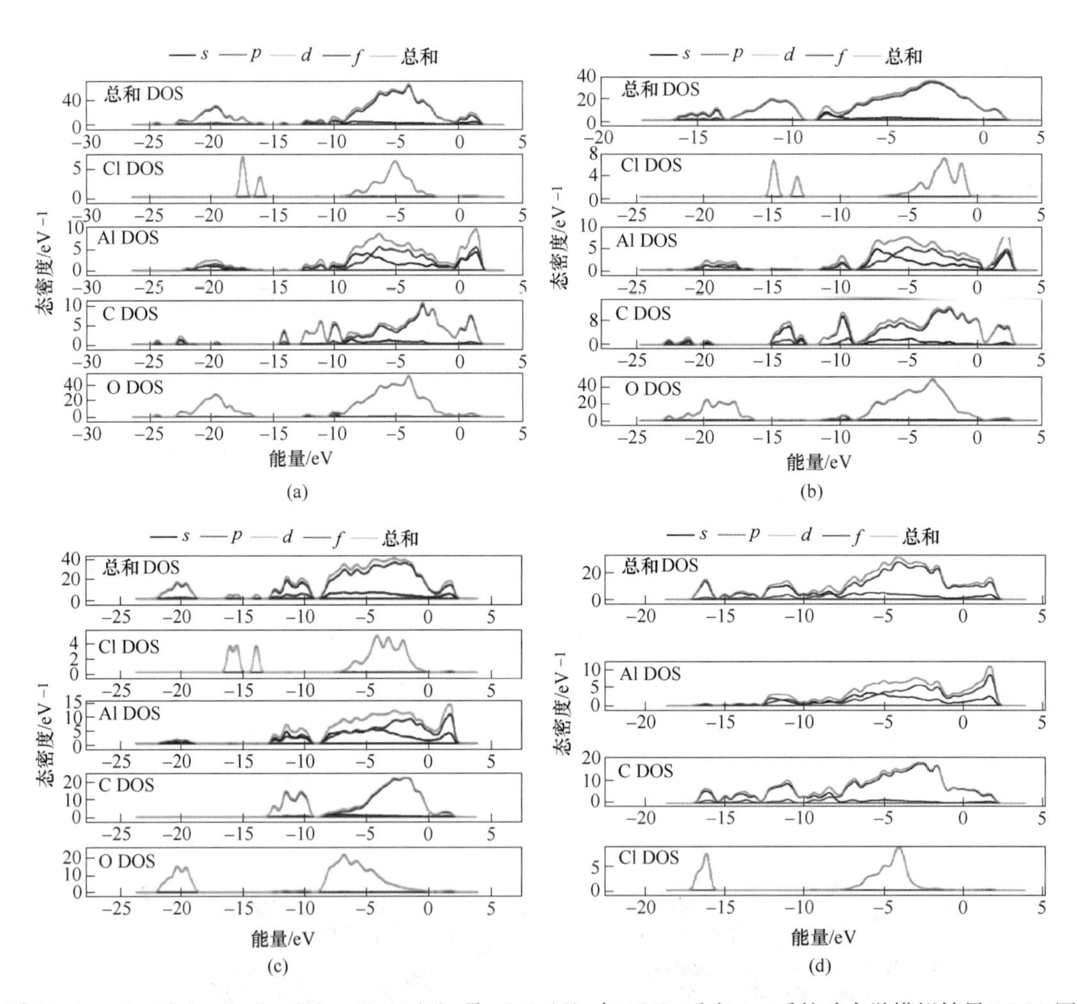

图 5-110 Al_2O_3(a)、Al_4CO_4(b)、Al_2CO(c) 及 Al_4C_3(d) 与 $AlCl_3$ 反应 1ps 后的动力学模拟结果 PDOS 图

5.4.1.3 有 O 元素存在时的 Al_4C_3 氯化的从头算分子动力学模拟

由图 5-111 可看出，Al_4C_3 与氧及 $AlCl_3$ 反应模型在经过 1ps 的动力学模拟后，结构发

生了较为明显的变化，可以判断形成了游离态 CO 分子[16]。

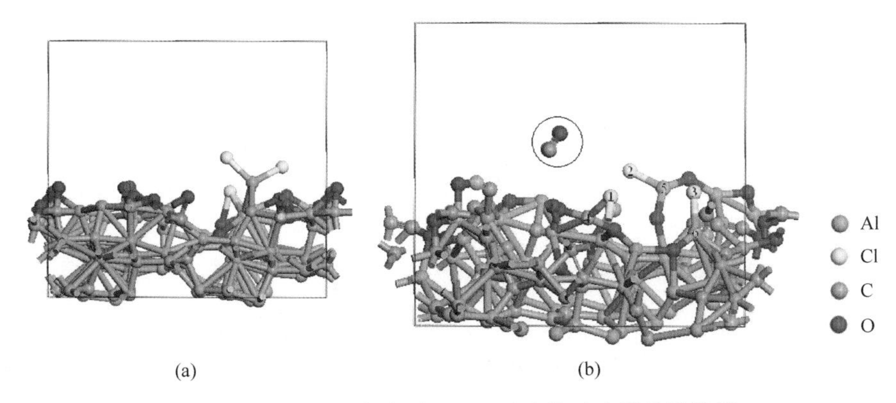

图 5-111 Al_4C_3 与氧及 $AlCl_3$ 反应的动力学模拟结果

（a）0ps；（b）1ps

5.4.1.4 Al_2O_3 与 C 及 $AlCl_3$ 反应的从头算分子动力学模拟

由图 5-112 可看出，Al_2O_3 与碳及反应模型在经过 1ps 的动力学模拟后，结构发生了较为明显的变化。此外，还观察到有类似 CO 分子结构的形成，但尚未逸出（见图 5-112 中黑圈标注处）。针对 Al_2O_3、Al_4CO_4、Al_2CO 及 Al_4C_3 在温度为 1760K，压强为 60Pa 下与 $AlCl_3$ 进行相关反应的从头算分子动力学模拟计算，结果显示，在实验条件下，Al_4CO_4 在有碳存在时，Al_4C_3 在有氧存在时均较无氧（或碳）时更倾向与 $AlCl_3$ 反应生成 AlCl。以上结果阐明，实验条件下 $AlCl_3$ 在其上发生解离反应的表面的强弱顺序为：Al_2O_3(碳) < Al_4CO_4(碳) < Al_2CO < Al_4C_3 < Al_4C_3(氧)。

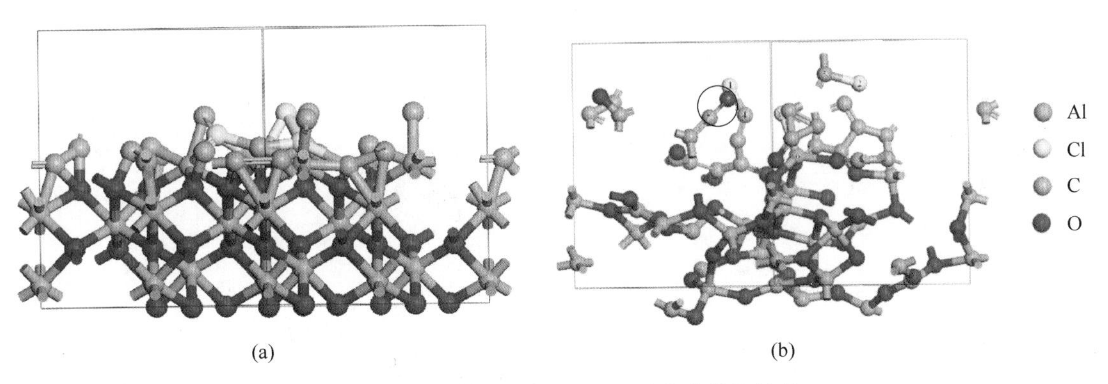

图 5-112 Al_2O_3 与碳及 $AlCl_3$ 动力学模拟结果

（a）0ps；（b）1ps

5.4.2 AlCl 的歧化反应机理

采用密度泛函（DFT）方法的广义梯度近似（GGA），选择 Perdew、Burke 和 Ernzerhof[14]交换梯度修正，采用 DMol3 模块，在缺省轨道占据 Smearing 参数下，对 $[AlCl]_n$(n=1~10) 团簇所有几何结构进行优化，并计算其能量、振动光谱和过渡态。采用带极化的双数值原子基组（DNP）进行全电子计算，自洽过程以体系的能量和电荷密度分布是否收敛为依据，精度优于 10^{-5}（a. u.），梯度和位移的收敛精度优于 5×10^{-3}（a. u.），能量的收敛精度优于 10^{-5}（a. u.）。在确定基态构型的基础上，采用 DMol3 模块分别对［AlCl］$_n$（$n=2\sim10$）的形成过程的反应物、过渡态及产物进行了几何构型全优化，通过振动频率分析，找出了上述团簇的形成过程的过渡态。并对各过渡态结构进行了内禀反应坐标（IRC）解析，验证了反应势能面上各过渡态与反应物、产物之间的连接关系。

5.4.2.1　［AlCl］$_n$ 团簇形核机理

模拟研究揭示了 AlCl 并非单分子直接歧化生成 Al 及 $AlCl_3$，而是由 AlCl 逐渐生成［AlCl］$_n$ 团簇过渡态（见式（5-16）），当 n 值为 1~3 时，与反应物结构相比较，过渡态结构形变较大，而 n 值大于 3 的过渡态结构形变与反应物结构相比较则较小；与 AlCl 反应形成 n 值更大的团簇时，所产生的结构形变更小、团簇更为稳定。［AlCl］$_n$ 团簇可能存在的基态结构大都是以［Al］$_n$ 骨架外接 Al—Cl 键的 n 个 Cl 原子成型，且具有较好的几何对称性，［AlCl］$_n$ 团簇可以以［Al］$_n$ 骨架为基础持续长大[9]，见表 5-33。

$$[AlCl]_n + AlCl \longrightarrow [AlCl]_{n+1} \quad (n = 1 \sim 9) \tag{5-16}$$

表 5-33　团簇［AlCl］$_n$（$n=1\sim10$）的基态结构、最大强度振动频率及能量

结构	f/cm^{-1}	E(a. u.)	结构	f/cm^{-1}	E(a. u.)
	452.6	-702.3984760	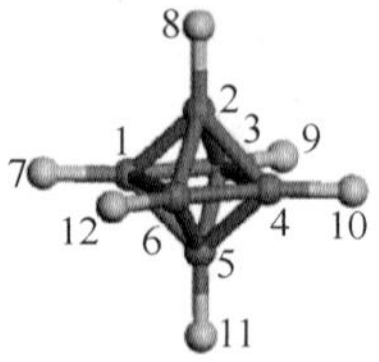	517.79	-4214.5773816
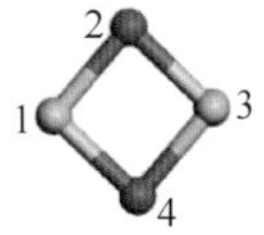	282.3	-1404.8074214	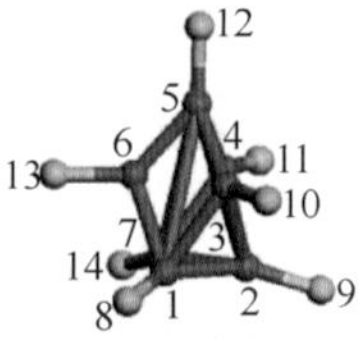	582.10	-4917.0463279
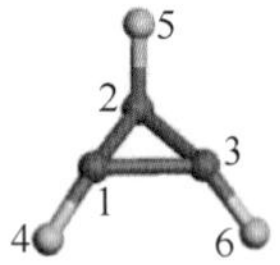	514.0	-2107.2478471	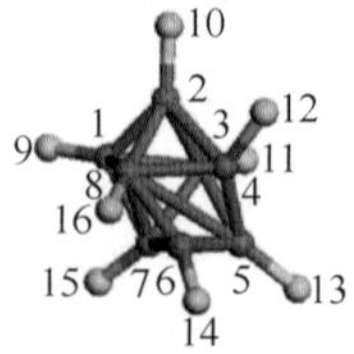	558.8	-5619.5125669
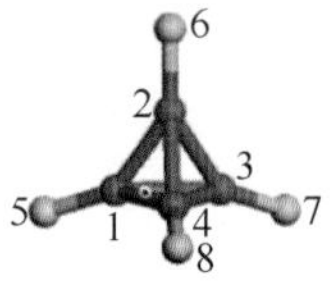	519.4	-2809.7318343	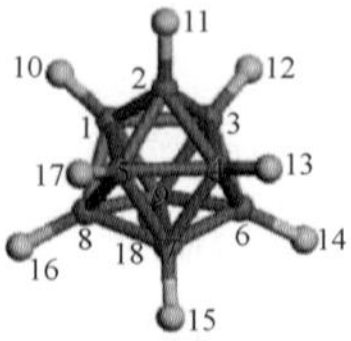	548.7	-6321.9893794

续表 5-33

结构	f/cm^{-1}	E(a. u.)	结构	f/cm^{-1}	E(a. u.)
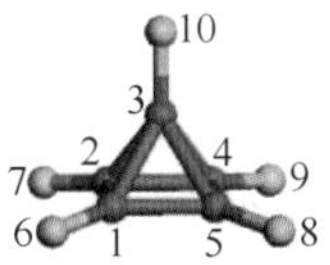	537.8	-3512.1325169	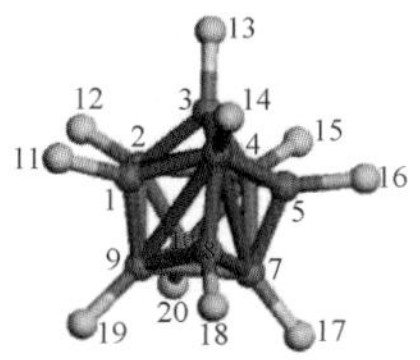	565.0	-7024.4143654

采用 DMol3 模块分别对［AlCl］$_n$(n=2～10）的形成过程的反应物、过渡态及产物进行了几何构型全优化，找出了上述团簇的形成过程的过渡态。并对各过渡态结构进行了内禀反应坐标（IRC）解析，验证了反应势能面上各过渡态与反应物、产物之间的连接关系。

A ［AlCl］$_n$(n=1～10）的基态结构及 HOMO 和 LUMO 轨道分析

从［AlCl］$_n$(n=1～10）团簇的几何构型计算结果来看，结构均以 Al_n 为骨架，外接 n 个氯原子以 Al—Cl 键成型，且都具有较好的对称性。这样的结构类似于 Schnöckel 等人由 AlCl 出发所制备的［Al_{77}{N—($SiMe_3$)$_2$}$_{20}$］$^{2-}$团簇结构，经实验检测证实存在的［Al_{77}{N—($SiMe_3$)$_2$}$_{20}$］$^{2-}$团簇也以 Al_{77} 为骨架，外接{N-($SiMe_3$)$_2$}$_{20}$成型。

为了更好地解释［AlCl］$_n$ 团簇为何具有成长的趋势，且稳定结构均以［Al］$_n$ 为骨架，采用密度泛函方法对计算得到的［AlCl］$_n$(n=1～10）团簇的基态稳定结构进行了分子轨道计算，获得了［AlCl］$_n$（n=1～10）团簇的 HOMO 及 LUMO，见表 5-34。

表 5-34 团簇［AlCl］$_n$(n=1～10）基态结构的 HOMO 及 LUMO

类型	[AlCl]	[AlCl]$_2$	[AlCl]$_3$	[AlCl]$_4$	[AlCl]$_5$
HOMO	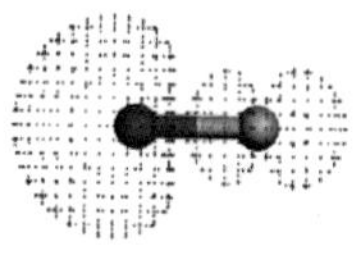	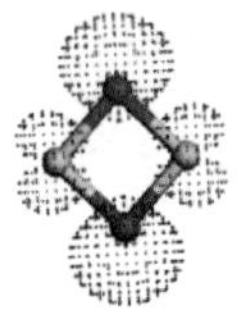	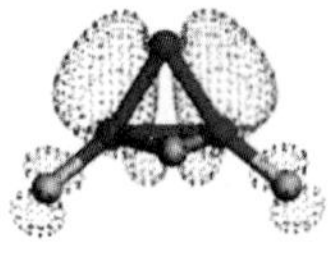		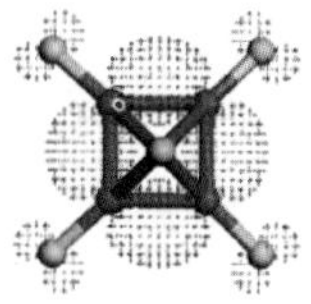
LUMO			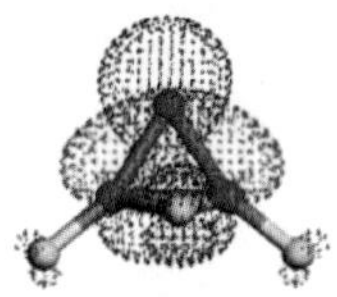	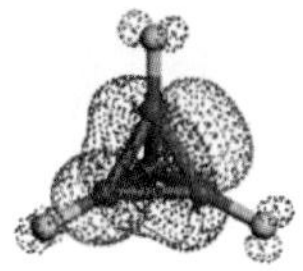	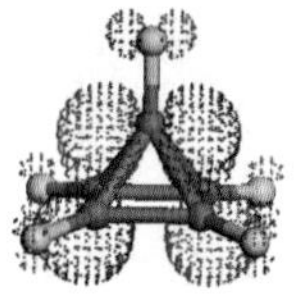

续表 5-34

类型	$[AlCl]_6$	$[AlCl]_7$	$[AlCl]_8$	$[AlCl]_9$	$[AlCl]_{10}$
HOMO	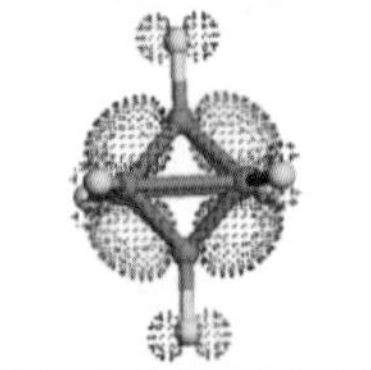				
LUMO	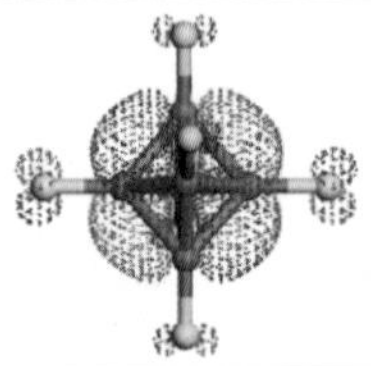	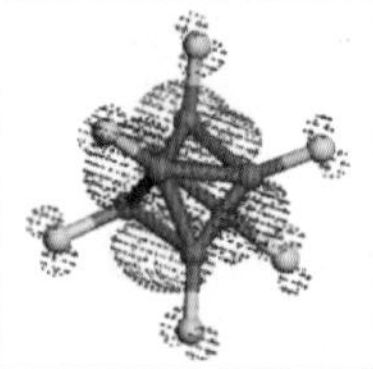			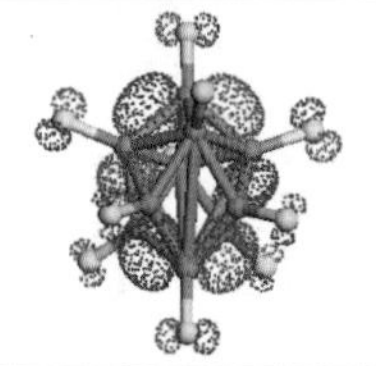

由计算结果还可看出，在低价氯化铝的气相中形成的 $[AlCl]_n$ 团簇中的 $[Al]_n$ 骨架是团簇的 HOMO 及 LUMO 的主要提供者，而气相中的 AlCl 分子的 HOMO 及 LUMO 的主要提供者也是金属铝原子，即 $[AlCl]_n$ 团簇的反应活性位是 $[Al]_n$ 骨架上的金属铝原子。因此在氧化铝真空还原氯化歧化法制备金属铝过程中，当气相中的 AlCl 分子和团簇发生相互作用时 AlCl 分子中的铝原子易于和 $[Al]_n$ 骨架上的铝原子作用，因此团簇的 $[Al]_n$ 骨架可以进一步长大。为进一步说明 $[AlCl]_n$ 团簇的成长趋势，还对 $[AlCl]_n$ 团簇成长过程进行了过渡态计算。

B $[AlCl]_n$ 团簇成长过程和过渡态计算结果

$[AlCl]_n$(n=1~10) 团簇的生成反应可用式（5-17）进行表示：

$$[AlCl]_n + AlCl \longrightarrow [AlCl]_{n+1} \quad (n = 1 \sim 9) \tag{5-17}$$

上述反应式中各反应物、过渡态和产物的优化构型如图 5-113 所示。

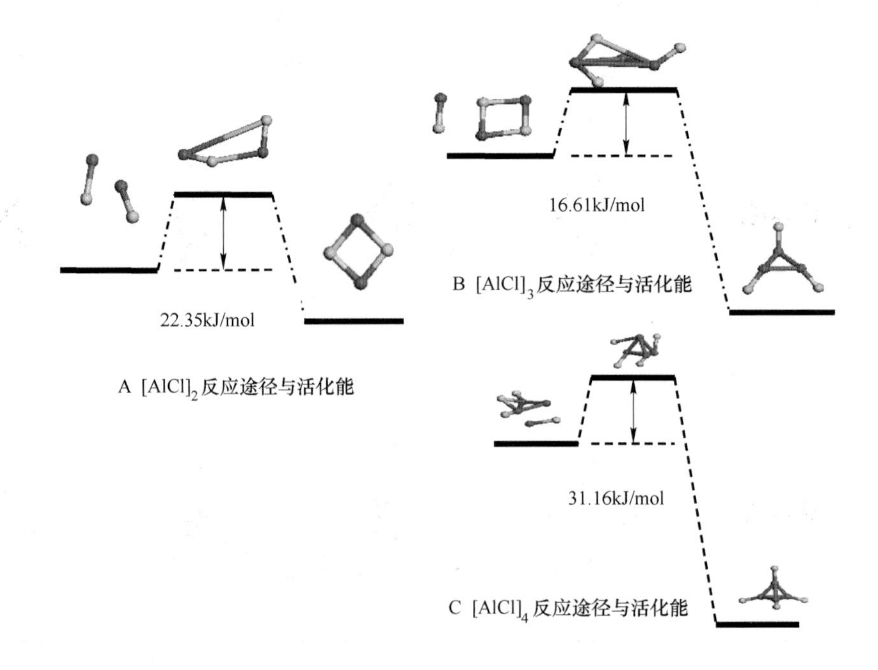

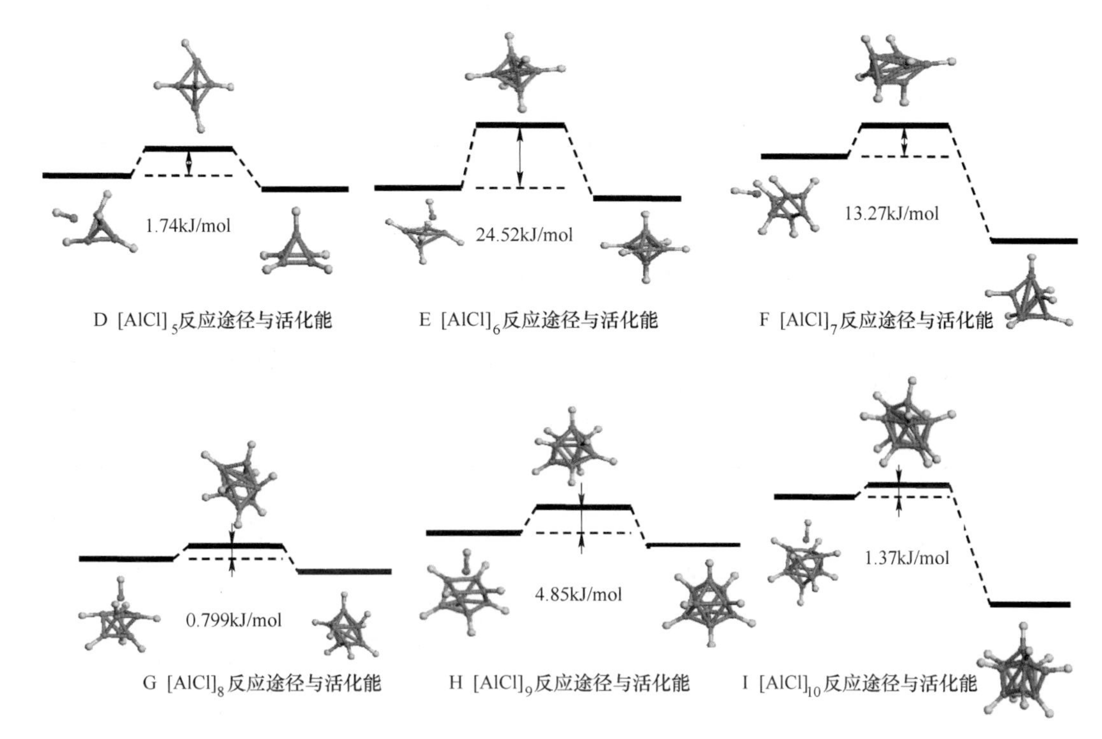

图 5-113 $[\mathrm{AlCl}]_n$（$n=2\sim10$）团簇形成过程各反应物、过渡态和产物几何构型及反应途径和能垒

对优化的过渡态 TS1 ~ TS9 进行频率分析，结果表明每个过渡态有且只有一个虚频。通过 IRC 解析，确认了各过渡态与反应物、产物的连接关系。

表 5-35 为 $[\mathrm{AlCl}]_n$ 团簇的反应物、过渡态及产物能量，以及正、逆反应活化能，可以看出在 $[\mathrm{AlCl}]_n$ 的形成过程中 E_a 总是比 E_a^{-1} 小，因此反应（5-17）偏向于正过程，即 $[\mathrm{AlCl}]_n$ 团簇有较好的成长趋势。这一结果进一步证明在氧化铝真空还原氯化歧化法制备金属铝过程中，气相中的低价氯化铝可形成 $[\mathrm{AlCl}]_n$ 团簇。

表 5-35 $[\mathrm{AlCl}]_n$（$n=1\sim9$）团簇形成过程中的反应物、过渡态及产物能量，以及正、逆反应活化能

n	E_R/Ha	E_{TS}/Ha	E_P/Ha	E_a/kJ · mol^{-1}	E_a^{-1}/kJ · mol^{-1}
1	−7024. 4096404	−7024. 4091198	−7024. 4143654	1. 4	13. 8
2	−1404. 8007065	−1404. 7921922	−1404. 8074214	22. 4	39. 9
3	−2107. 2178362	−2107. 2056321	−2107. 2478471	16. 6	75. 4
4	−2809. 6976858	−2809. 6858937	−2809. 7318343	30. 9	120. 6
5	−3512. 1324231	−3512. 1317634	−3512. 1325169	1. 7	1. 9
6	−4214. 5772406	−4214. 5679016	−4214. 5773816	24. 5	24. 9
7	−4917. 0373541	−4917. 0323192	−4917. 0463279	13. 2	36. 8
8	−5619. 5116542	−5619. 5113507	−5619. 5125669	0. 8	3. 2
9	−6321. 9892764	−6321. 9874377	−6321. 9893794	4. 8	5. 1

以上研究结果说明，在氧化铝真空还原氯化歧化法制备金属铝过程中，气相的低价氯化铝可形成 $[AlCl]_n$ 团簇，$[AlCl]_n$ 团簇可能存在的基态结构大都是以 $[Al]_n$ 骨架外接 Al—Cl 键的 n 个 Cl 原子成型，且具有较好的几何对称性。$[AlCl]_n$ 团簇可以以 $[Al]_n$ 骨架为基础持续长大。这一研究结果对于了解碳热还原氯化歧化法制备金属铝的过程中 AlCl 的歧化反应历程及 AlCl 气相中金属铝新相的形成有着重要意义。

5.4.2.2　AlCl 气体歧化反应速控步骤

采用基于密度泛函（DFT）理论的赝势平面波方法[22-23]的 CASTEP 模块对 AlCl 在金属铝（100）晶面上的歧化反应机理进行了研究，计算采用了 GGA-PBE 泛函[24-25]和超软赝势，energy cutoff 设置为 300eV，真空层厚度为 1.0nm。自洽过程以体系的能量和电荷密度分布是否收敛为依据，能量的收敛精度优于 2×10^{-5}（a.u.）。过渡态的寻找采用“TS search”中的“Complete LST/QST”过渡态搜寻方法[26]。

基于密度泛函理论的赝势平面波方法计算得到了 AlCl 在金属铝（100）晶面上的歧化反应（见式（5-18））的三个反应机理（见表 5-36）。计算表明，降温对正反应有利；三个机理表面反应的总能量大小为 A(−42.81eV)>B(−43.63eV)>C(−44.14eV)，表面反应能大小为 A(0.41eV)>B(−0.41eV)>C(−0.92eV)，表面反应能大小与总反应能大小顺序一致。表明，主要以反应机理 C 进行，其次为反应机理 B，反应机理 A 所占比例很小。进一步阐明了反应机理 C 在金属铝（100）表面上的步骤 4 为速控步骤；对反应机理 B 的步骤 2 为速控步骤。

$$AlCl(g) \longrightarrow Al^* + AlCl_3(g) \tag{5-18}$$

表 5-36　低价氯化铝在金属铝表面歧化反应可能的三个反应机理

步骤	机理 A	机理 B	机理 C
1	$AlCl(g) \longrightarrow AlCl^*$	$AlCl(g) \longrightarrow AlCl^*$	$AlCl(g) \longrightarrow AlCl^*$
2	$AlCl^* \longrightarrow Al^* + Cl^*$	$AlCl^* \longrightarrow AlCl_2^* + Al^*$	$AlCl^* \longrightarrow AlCl_2^* + Al^*$
3	$AlCl^* + Cl^* \longrightarrow AlCl_2^*$	$AlCl_2^* + AlCl^* \longrightarrow AlCl_3^* + Al^*$	$AlCl_2^* \longrightarrow AlCl^* + AlCl_3^*$
4	$AlCl_2^* + Cl^* \longrightarrow AlCl_3^*$	$AlCl_3^* \longrightarrow AlCl_3(g)$	$AlCl_3^* \longrightarrow AlCl_3(g)$
5	$AlCl_3^* \longrightarrow AlCl_3(g)$		$AlCl^* \longrightarrow AlCl(g)$
总反应	$AlCl(g) \longrightarrow Al^* + AlCl_3(g)$	$AlCl(g) \longrightarrow Al^* + AlCl_3(g)$	$AlCl(g) \longrightarrow Al^* + AlCl_3(g)$

注：* 号表示吸附态。

结合上述研究结果及实验现象，进一步对金属铝表面 AlCl 的歧化反应机理进行研究，以阐明 $[AlCl]_n$ 团簇表面的 AlCl 是否能发生歧化反应生成 $AlCl_3$ 气体，以及该歧化反应的反应机理。

对 AlCl 在金属铝（110）晶面歧化反应可能存在的上述三个反应机理进行了研究，优化得到了各反应机理的反应物和产物在（110）和（100）晶面上的结构，并进一步计算得到了各反应的过渡态结构及反应能量，以及反应物和产物在（110）和（100）晶面上的吸附能和脱附能，如图 5-114～图 5-119 所示。计算得到的结果帮助确立了反应 $3AlCl(g) = AlCl_3(g) + 2Al(s)$ 的歧化反应机理及速控步骤，为碳热还原及低价氯化物分解法炼铝歧化反应的实验提供理论依据。

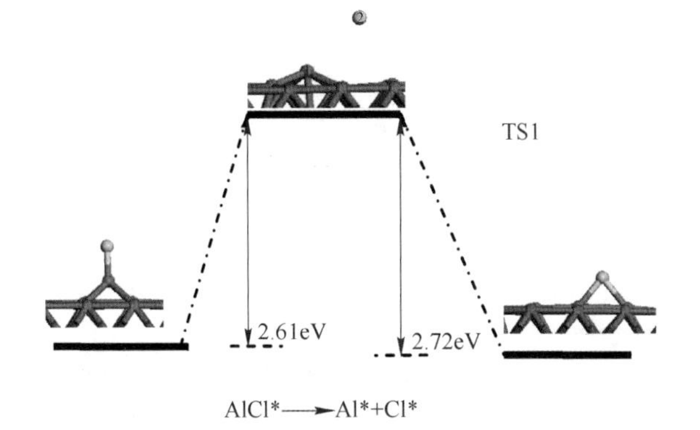

图 5-114 AlCl 在金属铝的（100）晶面上的反应路径

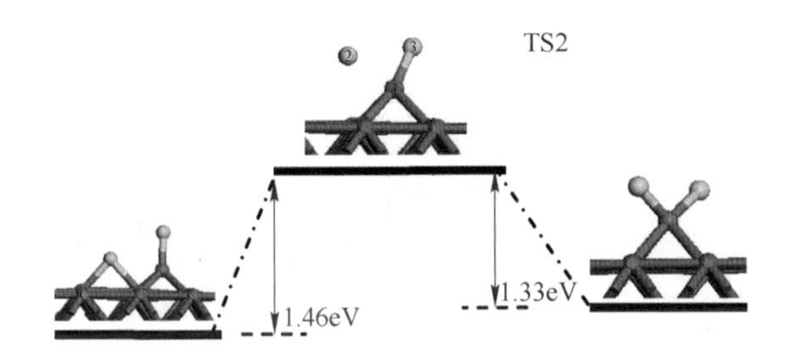

图 5-115 AlCl 与 Cl 金属铝的（100）晶面上的反应路径

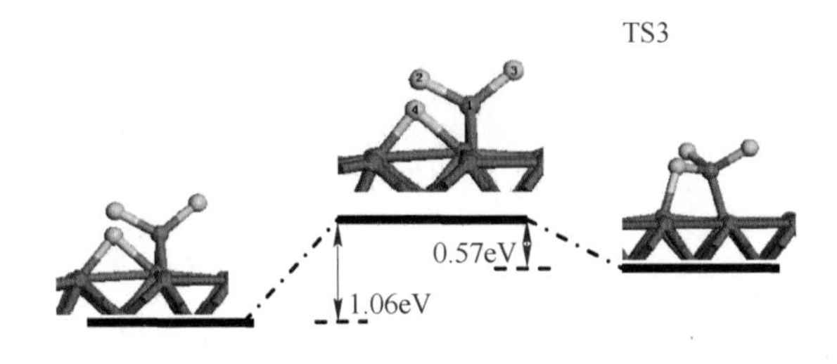

图 5-116 $AlCl_2$ 与 Cl 金属铝的（100）晶面上的反应路径

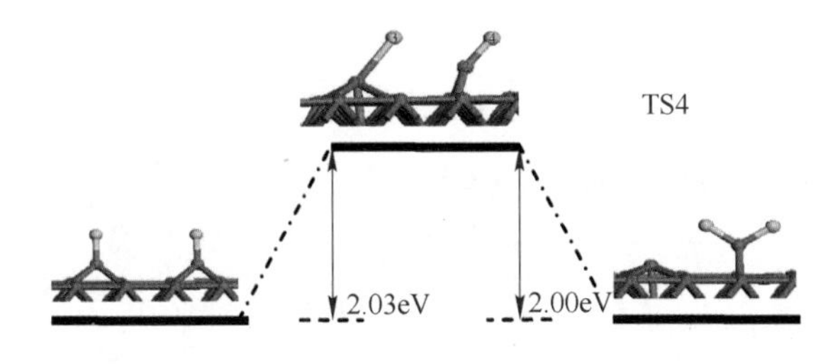

图 5-117 AlCl 与 AlCl 在金属铝的（100）晶面上的反应路径

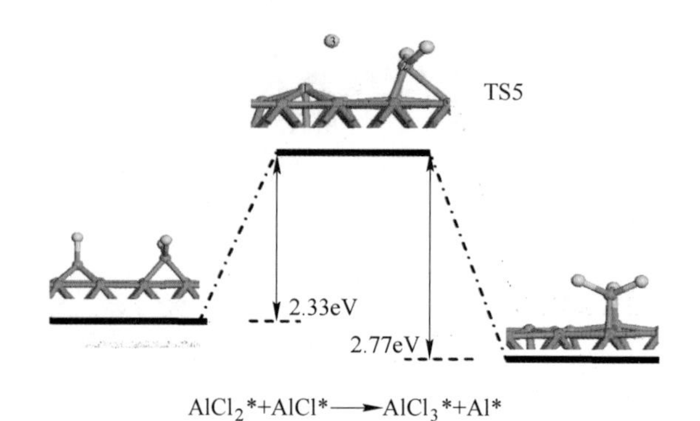

图 5-118 AlCl 与 $AlCl_2$ 在金属铝的（100）晶面上的反应路径

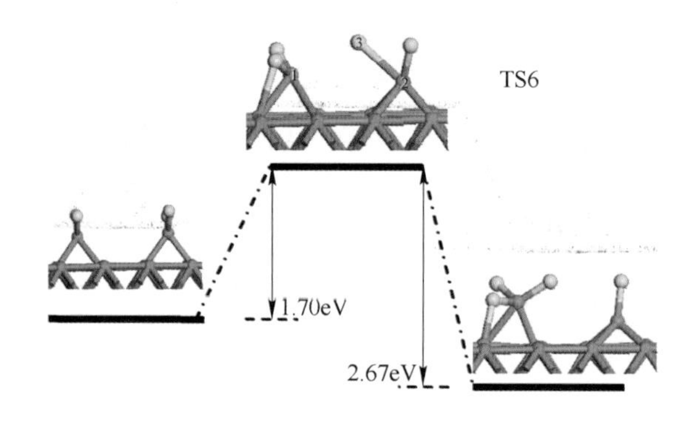

图 5-119 $AlCl_2$ 与 $AlCl_2$ 在金属铝的（100）晶面上的反应路径

依据过渡态计算结果，表 5-37 列出了 A、B、C 三个反应机理中在金属铝的（100）晶面上发生的各反应的反应物、过渡态及产物能量，以及各基元反应正、逆反应的活化能和各反应的反应能。

表 5-37 A、B、C 三个反应机理中在金属铝的（100）晶面上发生的各反应的相关能量

步骤	Al(100)面上的反应	反应物能量/eV	产物能量/eV	过渡态能量/eV	E_a/eV	E_a^{-1}/eV	反应能/eV
A2	$AlCl^* \longrightarrow Al^* + Cl^*$	-9039.76776	-9039.87286	-9037.15558	2.61218	2.71728	-0.10510
A3	$AlCl^* + Cl^* \longrightarrow AlCl_2^*$	-9452.81352	-9452.68954	-9451.35507	1.45845	1.33447	0.12398
A4	$AlCl_2^* + Cl^* \longrightarrow AlCl_3^*$	-9865.93390	-9865.44294	-9864.87398	1.05991	0.56895	0.49096
B2C2	$2AlCl^* \longrightarrow AlCl_2^* + Al^*$	-9510.03200	-9510.00957	-9508.00357	2.02843	2.00600	0.02243
B3	$AlCl_2^* + AlCl^* \longrightarrow AlCl_3^* + Al^*$	-9922.54800	-9922.97998	-9920.21212	2.33588	2.76786	-0.43198
C3	$2AlCl_2^* \longrightarrow AlCl^* + AlCl_3^*$	-10335.05874	-10336.02404	-10333.35558	1.70315	2.66846	-0.96531

注：* 表示吸附态。

表 5-38 为用于计算 AlCl 与 $AlCl_3$ 吸附能和脱附能的能量。

表 5-38 用于计算 AlCl 与 $AlCl_3$ 吸附能和脱附能的能量

物质	AlCl	$AlCl_3$	Al(100)（超级单体）	$AlCl_3$+ Al(100)（超级单体）	AlCl + Al(100)（超级单体）
能量/eV	-468. 507	-1295. 181	-8548. 153	-9865. 442	-9039. 767

由计算得到的三个反应机理在铝（100）晶面上各反应步骤的反应能及反应物、产物的吸附能和脱附能，分别计算式（5-18）的三个反应机理总的反应能和不包含吸附能及脱附能的反应能，结果见表 5-39。

表 5-39 式（5-18）三个反应机理在金属铝的（100）晶面上的反应能

机理	步骤	反应	能量/eV	表面反应能（不含吸附与脱附能）/eV	总反应	总反应的反应能/eV
A	A1	$AlCl(g) \longrightarrow AlCl^*$(吸附)	-66. 32		$AlCl(g) \longrightarrow Al^* + AlCl_3(g)$	-42. 81
	A2	$AlCl^* \longrightarrow Al^* + 2Cl^*$	0. 022	0. 41		
	A3	$AlCl^* + Cl^* \longrightarrow AlCl_2^*$	-0. 11			
	A4	$AlCl_2^* + Cl^* \longrightarrow AlCl_3^*$	0. 49			
	A5	$AlCl_3^* \longrightarrow AlCl_3(g)$(脱附)	23. 11			
B	B1	$AlCl(g) \longrightarrow AlCl^*$(吸附)	-66. 32		$AlCl(g) \longrightarrow Al^* + AlCl_3(g)$	-43. 63
	B2	$AlCl^* \longrightarrow AlCl_2^* + Al^*$	0. 022	-0. 41		
	B3	$AlCl_2^* + AlCl^* \longrightarrow AlCl_3^* + Al^*$	-0. 43			
	B4	$AlCl_3^* \longrightarrow AlCl_3(g)$(脱附)	23. 11			
C	C1	$AlCl(g) \longrightarrow AlCl^*$(吸附)	-88. 43		$AlCl(g) \longrightarrow Al^* + AlCl_3(g)$	-44. 14
	C2	$AlCl^* \longrightarrow AlCl_2^* + Al^*$	0. 045	-0. 92		
	C3	$AlCl_2^* \longrightarrow AlCl^* + AlCl_3^*$	-0. 97			
	C4	$AlCl_3^* \longrightarrow AlCl_3(g)$(脱附)	23. 11			
	C5	$AlCl^* \longrightarrow AlCl(g)$(脱附)	22. 11			

从三个反应机理能量的计算结果来看，首先，AlCl 与 $AlCl_3$ 的吸附能与脱附能与反应物在金属铝（100）表面的反应能相比较要大得多，因此可认为反应物与生成物的吸附与脱附过程对 AlCl 在金属铝表面的歧化反应的进行有较大的影响。其次，计算得到的三个反应机理的总能量均为负值，即反应为放热反应，也即反应在升温时，对逆反应有利，降温时，对正反应有利。这一计算结果与实验事实是吻合的，因为 AlCl 在高温时稳定，低温下则歧化生成 $AlCl_3$。再次，从三个反应机理的总能量来看，因其数值相差不大，考虑到吸附能和脱附能对反应总能量的影响较大，且三个机理均包含有相同的吸附及脱附行为，因此单独对三个机理不包含吸附能和脱附能的反应能量进行了计算，三个机理表面反应的总能量大小为 A(-42. 81eV)>B(-43. 63eV)>C(-44. 14eV)，同时给出了三个反应机理的表面反应能的大小顺序 A(0. 41eV)>B(-0. 41eV)>C(-0. 92eV)，可以看出其与总反应能顺序一致，即对反应 $AlCl(g) \rightarrow Al^* + AlCl_3(g)$ 而言，正向进行时，主要以反应机理 C 进

行，其次为反应机理 B，反应机理 A 所占比例应很小，反应逆向进行时则反之。最后，对反应机理 C 来说，其在金属铝（100）表面上的两个反应 $4AlCl^* = 2AlCl_2^* + 2Al^*$ 和 $2AlCl_2^* = AlCl^* + AlCl_3^*$ 的反应能量分别为 0.045eV 和-0.965eV，可见反应 $4AlCl^* = 2AlCl_2^* + 2Al^*$ 较反应 $2AlCl_2^* = AlCl^* + AlCl_3^*$ 要难于进行，因此应为速控步骤。对反应机理 B 来说，其在金属铝（100）表面上的两个反应 $2AlCl^* = AlCl_2^* + Al^*$ 和 $AlCl_2^* + AlCl^* = AlCl_3^* + Al^*$ 的反应能量分别为 0.0224eV 和-0.432eV，可见反应 $2AlCl^* = AlCl_2^* + Al^*$ 较反应 $2AlCl_2^* = AlCl^* + AlCl_3^*$ 要难于进行，因此也应为速控步骤，由此可认为对反应 $3AlCl(g) = 2Al^* + AlCl_3(g)$ 而言，其正向反应，即 AlCl 在金属铝表面的歧化反应的速控步骤应为 $2AlCl^* = AlCl_2^* + Al^*$。

参 考 文 献

[1] 帅志刚，邵久书．理论化学原理与应用［M］．北京：科学出版社，2008.

[2] 胡英，刘洪来．密度泛函理论［M］．北京：科学出版社，2016.

[3] HOHENBERG P，KOHN W．Inhomogeneous electron gas［J］．Physical Review，1964，136：B864-B871.

[4] LEVY M．Universal variational functionals of electron densities，first-order density matrices，and natural spin-orbitals and solution of the v-representability problem［J］．Proceedings of the National Academy of Sciences，1979，76：6062-6065.

[5] KOHN W，SHAM L J．Self-consistent equations including exchange and correlation effects［J］．Physical Review，1965，140：A1133-A1138.

[6] MARX D，HUTTER J．Ab Initio Molecular Dynamics：Basic Theory and Advanced Methods［M］．Cambridge：Cambridge University Press，2009.

[7] CAR R，PARRINELLO M．Unified approach for molecular dynamics and density-functional theory［J］．Physical Review Letters，1985，55：2471-2474.

[8] NOSÉ S. A molecular dynamics method for simulations in the canonical ensemble［J］. Mol. Phys.，1984（52）：255-268.

[9] ANDERSEN H C. Molecular dynamics simulations at constant pressure and/or temperature［J］. Chem. Phys.，1980（72）：2384-2393.

[10] PARRINELLO M，RAHMAN A. Polymorphic transitions in single crystals：A new molecular dynamics method［J］. Journal of Applied Physics，1981（52）：7182.

[11] 邓勇．高铁闪锌矿中铟、镉的综合利用研究［D］．昆明：昆明理工大学，2017.

[12] PERDEW J P，CHEVARY J A，VOSKO S H，et al. Fiolhais，atoms，molecules，solids，and surfaces：Applications of the generalized gradient approximation for exchange and correlation［J］. Phys. Rev. B，1992b，46：6671.

[13] BOESE A D，HANDY N C. A new parametrization of exchange-correlation generalized gradient approximation functional［J］. Chem. Phys.，2001，114：5497.

[14] PERDEW J P，BURKE K，ERNZERHOF M. Generalized gradient approximation made simple［J］. Phys. Rev. Lett.，1996，77：3865.

[15] PFROMMER B G，COTE M，LOUIE S G，et al. Relaxation of crystals with the quasi-newton method［J］. Comput Phys.，1997，131：233-240.

[16] WANG W，DENG Y，CHEN X，et al. Density functional theory study on the interaction between lead and

indium in Pb_nIn_n (n=2-10) alloy clusters [J]. Russ. Phys. Chem., 2022, 96: 1028-1034.

[17] WANG W J, DENG Y, CHEN X M, et al. Density functional theory study of Zn_nIn_n (n = 2-10) alloy clusters [J]. Journal of Molecular Structure, 2022, 1247: 131345.

[18] 原野. 锡基合金从头算分子动力学模拟的理论研究 [D]. 昆明: 昆明理工大学, 2019.

[19] YUAN Y, CHEN X M, ZHOU Z Q, et al. Theoretical study on Sn-Sb-based lead-free solder by Ab initio molecular dynamics simulation [J]. Journal of Materials Research, 2019, 34: 2543-2553.

[20] 胡亮. 砷化镓真空热分解过程研究 [D]. 昆明: 昆明理工大学, 2014.

[21] 周岳珍. 辉钼矿真空热分解制备钼粉的研究 [D]. 昆明: 昆明理工大学, 2016.

[22] 王家驹, 卢勇, 陈秀敏, 等. 氮化铝真空热分解反应机理研究 [J]. 真空科学与技术学报, 2016, 36 (8): 929-934.

[23] ZHOU Z Q, CHEN X M, YUAN Y, et al. A comparison of the thermal decomposition mechanism of wurtzite AlN and zinc blende AlN [J]. J. Mater. Sci., 2018, 53: 11216-11227.

[24] ZHOU Z Q, CHEN X M, ZHAO Z Q, et al. Ab initio and experimental study of the mechanism of alumina carbothermal reduction and nitridation under vacuum [J]. Ceramics International, 2021, 47 (19): 27972-27978.

[25] ZHOU Z Q, XU Y L, CHEN X M, et al. Preparation of AlN under vacuum by the alumina carbothermal reduction nitridation method [J]. Ceramics International, 2020, 46: 4095-4103.

[26] XU Y L, ZHOU Z Q, CHEN X M, et al. Ultrafine AlN synthesis by alumina carbothermal reduction under vacuum: Mechanism and experimental study [J]. Powder Technology, 2020, 377: 843-846.

[27] LU Y, ZHOU Y Z, WU C H, et al. Dynamic simulation and experimental study of a novel Al extraction method from AlN under vacuum [J]. Vacuum, 2015, 119: 102-105.

[28] 陈秀敏. 氧化铝真空碳热还原氯化歧化反应的理论研究 [D]. 昆明: 昆明理工大学, 2012.

附　　录

附表 1　物质的蒸气压及它们的一些常数

$(\lg p^* = AT^{-1} + B\lg T + CT + D)$

物质	$\lg(p^*/\text{Pa})$				温度范围/K	熔点/℃	沸点/℃	气化热（沸点时）/kJ·mol^{-1}	熔化热/kJ·mol^{-1}
	A	*B*	*C*	*D*					
Ag	−14400	−0.85		13.82	熔点~沸点	960.8	2147	258	11.1±0.4
Al	−16380	−1.0		14.44	熔点~沸点	660	2450	290.8±8	10.46±0.13
Am	−13700	−1.0		16.09	1103~1453	1176	2011	238.5±16	
(As_4)	−6160			11.94	600~900	603	603	114.2±10（在熔点时）	110.86
Au	−19280	−1.01		14.50	熔点~沸点	1064	2857	343	12.76±0.4
Ba	−9340			9.54	熔点	729	(1805)	(185.3)（在熔点时）	7.65±0.4
Be	−17000	−0.775		14.02	1557~2670	1287	2472	292.5	12.21
Bi	−10400	−1.26		14.47	熔点~沸点	271	1564	179±8	10.87±0.2
Bi_2	−10730	−3.02		20.22	熔点~沸点		1790	153.6±12	
Br_2	−2200	−4.15		22.08	298~390	−7	61	30.5±5	10.54±0.4
Ca	−8920	−1.39		14.57	熔点~沸点	839	1483	150.6±4	8.4±0.4
Cd	−5819	−1.257		14.407	594~1050	321	765	100±1.2	6.4±0.04
Ce	−20304			10.32	1611~2038	793	(3470)	397.7	5.23±1.2
Co	−22209		-0.223×10^3	12.93	298~熔点	1495	(2900)	411.7±12	15.5±0.4
Cr	−20680	−1.31		16.68	298~熔点	1857	2690	342	20.92±2.5
Cs	−4075	−1.45		13.50	280~1000	30	671	66.52±0.2	2.09±0.04
Cu	−17520	−1.21		15.33	熔点~沸点	1083	2927	306.7±6	12.97±0.4
Fe	−19710	−1.27		15.39	熔点~沸点	1536	3070	340.2±12	13.76±0.4
Ga	−14330	−0.844		13.54	298~熔点	30	2205	267.8±12	5.8±0.04
Ge	−18700	−1.16		14.99	熔点~沸点	937	2820	327.6±12	36.8±1.2
Hf	−29830			11.32	熔点~沸点	2230	4450	570.7±25	24.06
Hg	−3305	−0.795		12.475	298~沸点	−38.86	357	59.1±0.4	2.30±0.02
I_2	−3205	−5.18		25.77	熔点~沸点	114	183	41.7±0.9	15.77±0.33
In	−12580	−0.45		11.91	熔点~沸点	157	2062	231±8	3.26±0.08
Ir	−35070	−0.7		15.3	298~沸点	2443	4390	612.1±12	(26.35)
K	−4470	−1.37		13.7	350~1050	63.2	779	79±2	12.93
La	−21530	−0.33		12.01	熔点~沸点	920	3420	402±8	8.5±1.2
Li	−8415	−1.0		13.46	熔点~沸点	181	1329	147.7±8	2.93±0.12
Mg	−7550	−1.41		14.91	熔点~沸点	649	1105	127.6±6	8.78±0.4

续附表 1

物质	lg(p^*/Pa)				温度范围/K	熔点/℃	沸点/℃	气化热（沸点时）/kJ · mol^{-1}	熔化热 /kJ · mol^{-1}
	A	*B*	*C*	*D*					
Mn	−14520	−3. 02	21. 37		熔点～沸点	1246	2062	220. 5±8	14. 64
Mo	−34700	−0. 236	-0.145×10^3	13. 78	298～沸点	2620	4650	590. 8±21	35. 6±1. 2
Na	−5780	−1. 18		13. 62	298～沸点	98	882	99. 16±1. 6	2. 6±0. 04
Nb	−37650	0. 715	-0.166×10^3	11. 06	298～熔点	2463	4750		29. 3±4. 0
Ni	−22400	−2. 01		19. 07	熔点～沸点	1453	2920	374. 8±16. 7	17. 1±0. 3
Os	−39880			12. 48	2157～2592	3030	5012	783. 3	31. 8
P_4	−2740			9. 96	熔点～沸点	44	280	51. 88±2. 92	2. 63
Pb	−10130	−0. 985		13. 28	熔点～沸点	327	1740	177. 8±2	4. 81±0. 12
Pd	−17500	−1. 01		6. 94	298～熔点	1552	2940	371. 9	17. 1±0. 4
Po	−5810	−1. 0		12. 82	熔点～沸点	254	965	100. 8±0. 8	
Pr	−17190			10. 22	1425～1692	931	(3520)		11. 29±2
Pt	−27890	−1. 77		17. 83	熔点～沸点	1769	4170	469±25	22. 1±11. 2
Pu	−17590			10. 02	1329～1793	640	(3230)	343. 5±33. 4	2. 8±0. 12
Rb	−4688	−1. 76		15. 19	813～1258	38	673	75. 7±4	2. 2±0. 04
Re	−40800	−1. 16		16. 32	298～3000	3180	(5650)		33. 47±4. 0
Rh	−29369	−0. 88		15. 62	298～熔点	1960	3760	560. 9	27. 3
Ru	−32770			12. 5	1940～2377	2250	4150	647. 4	38. 3
S_2	−6975	−1. 53	-1.0×10^3	18. 34	熔点～沸点	115	625	106. 3±4	1. 67±0. 12
S_x	−4830	−5. 0		26	熔点～沸点				
Sb_x	−6500			8. 49	熔点～沸点	631	Sb_2, 1675	16. 5±3. 2	39. 2±0. 8
Sc(β)	−19700	−1. 0		15. 19	1607～熔点	1539	(2870)	360. 7	(16. 7)
Se_x	−4990			10. 21	熔点～沸点	220	Se, 695	(90)	5. 85±0. 8
Si	−20900	−0. 565		12. 9	熔点～沸点	1412	3280	383. 2±10. 4	50. 6±1. 6
Sm	−11170	−1. 56		15. 88	298～熔点	1072	1800	164. 8±16	8. 9±0. 4
Sn	−15500			10. 35	505～沸点	232	2623	296. 2±8	6. 98±0. 12
Sr	−9000	−1. 31		14. 75	熔点～沸点	768	1350	154. 4±12	10
Ta	−40800			12. 41	298～熔点	3015	5458	781. 6	24. 7±2. 8
Te_2	−7830	−4. 27		24. 41	熔点～沸点	450	998	104. 6±8	34. 9±1. 2
Th	−3020	−1. 0		5. 07	298～熔点	1750	(4850)		13. 93
Tl	−9300	−0. 892		13. 22	熔点～沸点	1670	3285	425. 5±10	14. 6±2
Tm	−12550			11. 3	807～1219	1545	1950		
Ti	−23200	−0. 66		13. 86	700～1800	304	1460	166. 1±3. 2	4. 31±0. 12
U	−24090	−1. 26		15. 32	熔点～沸点	1132	3930	417. 1±16	12. 55±2. 9
V	−26900	0. 33	-0.265×10^3	12. 24	298～熔点	1902	3350	501. 2	16. 7±2. 4
W	−44000	0. 5		10. 88	298～熔点	3410	(5500)	824. 2±21	(35. 1)
Y	−22280	−1. 97		18. 25	熔点～沸点	1526	3300	367. 4±12	11. 5±0. 4
Zn	−6620	−1. 255		16. 52	熔点～沸点	426	907	114. 2±1. 6	7. 28±0. 12
Zr	−30300			11. 5	熔点～沸点	1857	4400	599. 4	19. 2±2. 8

附表 2 不同温度下主要金属元素的饱和蒸气压

(Pa)

元素	分子式	温度/K												
		673	773	873	973	1073	1173	1273	1373	1473	1573	1673	1773	1873
银	Ag	1.05×10^{-10}	5.45×10^{-8}	6.69×10^{-6}	3.02×10^{-4}	6.66×10^{-3}	8.61×10^{-2}	7.40×10^{-1}	4.62×10^{0}	2.24×10^{1}	8.88×10^{1}	2.97×10^{2}	8.65×10^{2}	2.24×10^{3}
铝	Al	1.88×10^{-13}	2.30×10^{-10}	5.45×10^{-8}	4.14×10^{-6}	1.39×10^{-4}	2.55×10^{-3}	2.94×10^{-2}	2.36×10^{-1}	1.42×10^{0}	6.76×10^{0}	2.67×10^{1}	8.97×10^{1}	2.64×10^{2}
镅	Am	8.04×10^{-8}	3.01×10^{-5}	2.86×10^{-3}	1.05×10^{-1}	1.96×10^{0}	2.19×10^{1}	1.67×10^{2}	9.42×10^{2}	4.18×10^{3}	1.53×10^{4}	4.76×10^{4}	1.30×10^{5}	3.18×10^{5}
砷	As_4	6.12×10^{2}	9.36×10^{3}	7.65×10^{4}	4.07×10^{5}	1.58×10^{6}	4.88×10^{6}	1.26×10^{7}	2.84×10^{7}	5.73×10^{7}	1.06×10^{8}	1.81×10^{8}	2.92×10^{8}	4.48×10^{8}
金	Au	9.91×10^{-18}	4.38×10^{-14}	2.78×10^{-11}	4.65×10^{-9}	2.96×10^{-7}	9.19×10^{-6}	1.65×10^{-4}	1.94×10^{-3}	1.63×10^{-2}	1.03×10^{-1}	5.25×10^{-1}	2.21×10^{0}	7.96×10^{0}
钡	Ba	4.59×10^{-5}	2.87×10^{-3}	6.94×10^{-2}	8.73×10^{-1}	6.85×10^{0}	3.78×10^{1}	1.60×10^{2}	5.46×10^{2}	1.58×10^{3}	4.00×10^{3}	9.06×10^{3}	1.87×10^{4}	3.58×10^{4}
铍	Be	3.70×10^{-14}	6.16×10^{-11}	1.85×10^{-8}	1.71×10^{-6}	6.73×10^{-5}	1.41×10^{-3}	1.82×10^{-2}	1.61×10^{-1}	1.06×10^{0}	5.43×10^{0}	2.29×10^{1}	8.20×10^{1}	2.56×10^{2}
铋	Bi	2.84×10^{-5}	2.38×10^{-3}	7.10×10^{-2}	1.04×10^{0}	9.10×10^{0}	5.45×10^{1}	2.44×10^{2}	8.75×10^{2}	2.62×10^{3}	6.77×10^{3}	1.56×10^{4}	3.24×10^{4}	6.22×10^{4}
	Bi_2	5.44×10^{-5}	4.14×10^{-3}	1.11×10^{-1}	1.47×10^{0}	1.17×10^{1}	6.36×10^{1}	2.60×10^{2}	8.50×10^{2}	2.33×10^{3}	5.55×10^{3}	1.18×10^{4}	2.28×10^{4}	4.06×10^{4}
溴	Br_2	1.19×10^{7}	1.77×10^{7}	2.26×10^{7}	2.62×10^{7}	2.84×10^{7}	2.93×10^{7}	2.93×10^{7}	2.86×10^{7}	2.74×10^{7}	2.60×10^{7}	2.44×10^{7}	2.28×10^{7}	2.11×10^{7}
钙	Ca	2.43×10^{-3}	1.04×10^{-1}	1.84×10^{0}	1.77×10^{1}	1.11×10^{2}	5.00×10^{2}	1.77×10^{3}	5.15×10^{3}	1.29×10^{4}	2.86×10^{4}	5.72×10^{4}	1.06×10^{5}	1.81×10^{5}
镉	Cd	1.61×10^{2}	1.77×10^{3}	1.11×10^{4}	4.68×10^{4}	1.49×10^{5}	3.87×10^{5}	8.57×10^{5}	1.68×10^{6}	2.98×10^{6}	4.89×10^{6}	7.53×10^{6}	1.10×10^{7}	1.54×10^{7}
铈	Ce	1.41×10^{-20}	1.13×10^{-16}	1.15×10^{-13}	2.84×10^{-11}	2.50×10^{-9}	1.02×10^{-7}	2.35×10^{-6}	3.40×10^{-5}	3.43×10^{-4}	2.58×10^{-3}	1.53×10^{-2}	7.38×10^{-2}	3.02×10^{-1}
钴	Co	1.20×10^{-20}	2.35×10^{-16}	4.84×10^{-13}	2.10×10^{-10}	2.96×10^{-8}	1.81×10^{-6}	5.86×10^{-5}	1.15×10^{-3}	1.52×10^{-2}	1.45×10^{-1}	1.07×10^{0}	6.30×10^{0}	3.09×10^{1}
铬	Cr	1.77×10^{-18}	1.39×10^{-14}	1.38×10^{-11}	3.25×10^{-9}	2.73×10^{-7}	1.07×10^{-5}	2.33×10^{-4}	3.22×10^{-3}	3.09×10^{-2}	2.22×10^{-1}	1.25×10^{0}	5.76×10^{0}	2.25×10^{1}
铯	Cs	3.35×10^{6}	1.66×10^{7}	5.59×10^{7}	1.44×10^{8}	3.08×10^{8}	5.70×10^{8}	9.48×10^{8}	1.45×10^{9}	2.09×10^{9}	2.85×10^{9}	3.72×10^{9}	4.69×10^{9}	5.74×10^{9}
铜	Cu	7.51×10^{-15}	1.48×10^{-11}	5.04×10^{-9}	5.11×10^{-7}	2.16×10^{-5}	4.79×10^{-4}	6.46×10^{-3}	5.93×10^{-2}	4.00×10^{-1}	2.11×10^{0}	9.06×10^{0}	3.29×10^{1}	1.04×10^{2}
铁	Fe	3.25×10^{-18}	1.67×10^{-14}	1.20×10^{-11}	2.18×10^{-9}	1.49×10^{-7}	4.89×10^{-6}	9.20×10^{-5}	1.12×10^{-3}	9.67×10^{-3}	6.31×10^{-2}	3.27×10^{-1}	1.40×10^{0}	5.14×10^{0}
镓	Ga	7.25×10^{-11}	3.67×10^{-8}	4.40×10^{-6}	1.95×10^{-4}	4.24×10^{-3}	5.41×10^{-2}	4.60×10^{-1}	2.85×10^{0}	1.37×10^{1}	5.39×10^{1}	1.79×10^{2}	5.20×10^{2}	1.34×10^{3}
锗	Ge	8.38×10^{-17}	2.81×10^{-13}	1.44×10^{-10}	2.02×10^{-8}	1.11×10^{-6}	3.07×10^{-5}	5.00×10^{-4}	5.38×10^{-3}	4.17×10^{-2}	2.48×10^{-1}	1.18×10^{0}	4.73×10^{0}	1.62×10^{1}
铪	Hf	9.91×10^{-34}	5.37×10^{-28}	1.41×10^{-23}	4.59×10^{-20}	3.31×10^{-17}	7.75×10^{-15}	7.71×10^{-13}	3.93×10^{-11}	1.17×10^{-9}	2.27×10^{-8}	3.09×10^{-7}	3.13×10^{-6}	2.48×10^{-5}
汞	Hg	2.07×10^{5}	8.00×10^{5}	2.24×10^{6}	5.04×10^{6}	9.67×10^{6}	1.65×10^{7}	2.57×10^{7}	3.74×10^{7}	5.16×10^{7}	6.80×10^{7}	8.65×10^{7}	1.07×10^{8}	1.28×10^{8}

续附表 2

元素	分子式	温度/K												
		673	773	873	973	1073	1173	1273	1373	1473	1573	1673	1773	1873
碘	I_2	2.28×10^{6}	4.60×10^{6}	7.32×10^{6}	9.95×10^{6}	1.21×10^{7}	1.38×10^{7}	1.48×10^{7}	1.52×10^{7}	1.52×10^{7}	1.49×10^{7}	1.43×10^{7}	1.36×10^{7}	1.28×10^{7}
铟	In	8.81×10^{-9}	2.17×10^{-6}	1.50×10^{-4}	4.33×10^{-3}	6.64×10^{-2}	6.37×10^{-1}	4.27×10^{0}	2.17×10^{1}	8.79×10^{1}	2.98×10^{2}	8.71×10^{2}	2.25×10^{3}	5.26×10^{3}
铱	Ir	1.62×10^{-39}	8.12×10^{-33}	1.17×10^{-27}	1.46×10^{-23}	3.12×10^{-20}	1.79×10^{-17}	3.78×10^{-15}	3.64×10^{-13}	1.88×10^{-11}	5.85×10^{-10}	1.21×10^{-8}	1.76×10^{-7}	1.93×10^{-6}
钾	K	1.53×10^{3}	9.13×10^{3}	3.55×10^{4}	1.03×10^{5}	2.41×10^{5}	4.83×10^{5}	8.61×10^{5}	1.40×10^{6}	2.11×10^{6}	3.01×10^{6}	4.09×10^{6}	5.35×10^{6}	6.76×10^{6}
镧	La	1.22×10^{-21}	1.60×10^{-17}	2.38×10^{-14}	7.88×10^{-12}	8.80×10^{-10}	4.39×10^{-8}	1.18×10^{-6}	1.97×10^{-5}	2.23×10^{-4}	1.85×10^{-3}	1.19×10^{-2}	6.23×10^{-2}	2.72×10^{-1}
锂	Li	1.34×10^{-2}	4.85×10^{-1}	7.58×10^{0}	6.66×10^{1}	3.86×10^{2}	1.65×10^{3}	5.56×10^{3}	1.56×10^{4}	3.79×10^{4}	8.20×10^{4}	1.61×10^{5}	2.92×10^{5}	4.95×10^{5}
镁	Mg	5.06×10^{-1}	1.18×10^{1}	1.30×10^{2}	8.65×10^{2}	3.99×10^{3}	1.40×10^{4}	3.99×10^{4}	9.70×10^{4}	2.08×10^{5}	4.01×10^{5}	7.11×10^{5}	1.18×10^{6}	1.84×10^{6}
锰	Mn	3.23×10^{-45}	9.60×10^{-45}	6.90×10^{-45}	1.86×10^{-45}	2.49×10^{-46}	1.98×10^{-47}	1.06×10^{-48}	4.18×10^{-50}	1.29×10^{-51}	3.28×10^{-53}	7.09×10^{-55}	1.34×10^{-56}	2.28×10^{-58}
钼	Mo	2.85×10^{-39}	1.25×10^{-32}	1.63×10^{-27}	1.87×10^{-23}	3.71×10^{-20}	2.01×10^{-17}	4.02×10^{-15}	3.69×10^{-13}	1.83×10^{-11}	5.47×10^{-10}	1.09×10^{-8}	1.53×10^{-7}	1.62×10^{-6}
钠	Na	4.95×10^{1}	5.43×10^{2}	3.38×10^{3}	1.42×10^{4}	4.54×10^{4}	1.18×10^{5}	2.61×10^{5}	5.10×10^{5}	9.07×10^{5}	1.49×10^{6}	2.30×10^{6}	3.36×10^{6}	4.70×10^{6}
铌	Nb	1.06×10^{-43}	1.95×10^{-36}	7.78×10^{-31}	2.19×10^{-26}	9.12×10^{-23}	9.18×10^{-20}	3.11×10^{-17}	4.51×10^{-15}	3.32×10^{-13}	1.41×10^{-11}	3.82×10^{-10}	7.13×10^{-9}	9.72×10^{-8}
镍	Ni	1.26×10^{-20}	1.94×10^{-16}	3.16×10^{-13}	1.10×10^{-10}	1.27×10^{-8}	6.37×10^{-7}	1.71×10^{-5}	2.81×10^{-4}	3.13×10^{-3}	2.54×10^{-2}	1.59×10^{-1}	8.06×10^{-1}	3.41×10^{0}
锇	Os	1.67×10^{-47}	7.74×10^{-40}	6.29×10^{-34}	3.11×10^{-29}	2.06×10^{-25}	3.03×10^{-22}	1.42×10^{-19}	2.72×10^{-17}	2.55×10^{-15}	1.34×10^{-13}	4.39×10^{-12}	9.71×10^{-11}	1.54×10^{-9}
磷	P_4	7.74×10^{5}	2.60×10^{6}	6.63×10^{6}	1.39×10^{7}	2.55×10^{7}	4.21×10^{7}	6.42×10^{7}	9.21×10^{7}	1.26×10^{8}	1.65×10^{8}	2.10×10^{8}	2.60×10^{8}	3.14×10^{8}
铅	Pb	2.77×10^{-5}	2.14×10^{-3}	6.02×10^{-2}	8.43×10^{-1}	7.15×10^{0}	4.18×10^{1}	1.84×10^{2}	6.48×10^{2}	1.92×10^{3}	4.91×10^{3}	1.12×10^{4}	2.33×10^{4}	4.45×10^{4}
钯	Pd	4.51×10^{-14}	3.21×10^{-10}	3.02×10^{-7}	7.02×10^{-5}	5.96×10^{-3}	2.39×10^{-1}	5.37×10^{0}	7.73×10^{1}	7.76×10^{2}	5.84×10^{3}	3.46×10^{4}	1.68×10^{5}	6.91×10^{5}
钋	Po	2.29×10^{1}	2.60×10^{2}	1.67×10^{3}	7.26×10^{3}	2.37×10^{4}	6.27×10^{4}	1.42×10^{5}	2.82×10^{5}	5.10×10^{5}	8.51×10^{5}	1.33×10^{6}	1.97×10^{6}	2.79×10^{6}
镨	Pr	4.76×10^{-16}	9.59×10^{-13}	3.38×10^{-10}	3.57×10^{-8}	1.58×10^{-6}	3.68×10^{-5}	5.21×10^{-4}	5.01×10^{-3}	3.55×10^{-2}	1.96×10^{-1}	8.81×10^{-1}	3.35×10^{0}	1.10×10^{1}
铂	Pt	2.42×10^{-29}	4.34×10^{-24}	4.75×10^{-20}	7.54×10^{-17}	2.97×10^{-14}	4.18×10^{-12}	2.66×10^{-10}	9.19×10^{-9}	1.94×10^{-7}	2.76×10^{-6}	2.84×10^{-5}	2.24×10^{-4}	1.40×10^{-3}
钚	Pu	7.64×10^{-17}	1.84×10^{-13}	7.43×10^{-11}	8.75×10^{-9}	4.23×10^{-7}	1.06×10^{-5}	1.59×10^{-4}	1.62×10^{-3}	1.20×10^{-2}	6.88×10^{-2}	3.21×10^{-1}	1.26×10^{0}	4.25×10^{0}
铷	Rb	1.77×10^{3}	1.10×10^{4}	4.40×10^{4}	1.30×10^{5}	3.07×10^{5}	6.19×10^{5}	1.10×10^{6}	1.79×10^{6}	2.70×10^{6}	3.83×10^{6}	5.18×10^{6}	6.73×10^{6}	8.46×10^{6}
铼	Re	2.60×10^{-48}	1.54×10^{-40}	1.49×10^{-34}	8.35×10^{-30}	6.03×10^{-26}	9.48×10^{-23}	4.66×10^{-20}	9.21×10^{-18}	8.84×10^{-16}	4.72×10^{-14}	1.56×10^{-12}	3.46×10^{-11}	5.50×10^{-10}

续附表 2

元素	分子式	温度/K												
		673	773	873	973	1073	1173	1273	1373	1473	1573	1673	1773	1873
铑	Rh	3.11×10^{-31}	1.22×10^{-25}	2.46×10^{-21}	6.40×10^{-18}	3.82×10^{-15}	7.61×10^{-13}	6.56×10^{-11}	2.94×10^{-9}	7.83×10^{-8}	1.37×10^{-6}	1.69×10^{-5}	1.57×10^{-4}	1.15×10^{-3}
钌	Ru	6.42×10^{-37}	1.28×10^{-30}	9.18×10^{-26}	6.62×10^{-22}	9.11×10^{-19}	3.66×10^{-16}	5.72×10^{-14}	4.29×10^{-12}	1.79×10^{-10}	4.65×10^{-9}	8.17×10^{-8}	1.04×10^{-6}	1.01×10^{-5}
硫	S_2	9.46×10^{2}	1.33×10^{4}	9.50×10^{4}	4.23×10^{5}	1.35×10^{6}	3.35×10^{6}	6.88×10^{6}	1.22×10^{7}	1.92×10^{7}	2.77×10^{7}	3.68×10^{7}	4.60×10^{7}	5.45×10^{7}
	S_x	4.82×10^{4}	2.05×10^{5}	5.78×10^{5}	1.25×10^{6}	2.22×10^{6}	3.43×10^{6}	4.80×10^{6}	6.22×10^{6}	7.59×10^{6}	8.83×10^{6}	9.90×10^{6}	1.08×10^{7}	1.14×10^{7}
锑	Sb_x	6.79×10^{-2}	1.21×10^{0}	1.11×10^{1}	6.45×10^{1}	2.71×10^{2}	8.88×10^{2}	2.42×10^{3}	5.70×10^{3}	1.19×10^{4}	2.28×10^{4}	4.02×10^{4}	6.67×10^{4}	1.05×10^{5}
钪	Sc(β)	1.23×10^{-17}	6.56×10^{-14}	4.82×10^{-11}	9.02×10^{-9}	6.30×10^{-7}	2.12×10^{-5}	4.07×10^{-4}	5.06×10^{-3}	4.44×10^{-2}	2.95×10^{-1}	1.55×10^{0}	6.76×10^{0}	2.51×10^{1}
硒	Se_x	6.24×10^{2}	5.68×10^{3}	3.12×10^{4}	1.21×10^{5}	3.63×10^{5}	9.04×10^{5}	1.95×10^{6}	3.76×10^{6}	6.64×10^{6}	1.09×10^{7}	1.69×10^{7}	2.49×10^{7}	3.51×10^{7}
硅	Si	1.77×10^{-20}	1.70×10^{-16}	1.99×10^{-13}	5.39×10^{-11}	5.12×10^{-9}	2.23×10^{-7}	5.34×10^{-6}	8.04×10^{-5}	8.34×10^{-4}	6.41×10^{-3}	3.86×10^{-2}	1.89×10^{-1}	7.81×10^{-1}
钐	Sm	7.43×10^{-6}	8.40×10^{-4}	3.14×10^{-2}	5.48×10^{-1}	5.52×10^{0}	3.71×10^{1}	1.83×10^{2}	7.08×10^{2}	2.26×10^{3}	6.19×10^{3}	1.50×10^{4}	3.25×10^{4}	6.47×10^{4}
锡	Sn	2.08×10^{-13}	1.99×10^{-10}	3.94×10^{-8}	2.63×10^{-6}	8.03×10^{-5}	1.37×10^{-3}	1.49×10^{-2}	1.15×10^{-1}	6.72×10^{-1}	3.13×10^{0}	1.22×10^{1}	4.05×10^{1}	1.19×10^{2}
锶	Sr	4.70×10^{-3}	2.11×10^{-1}	3.87×10^{0}	3.85×10^{1}	2.47×10^{2}	1.14×10^{3}	4.10×10^{3}	1.22×10^{4}	3.09×10^{4}	6.93×10^{4}	1.40×10^{5}	2.62×10^{5}	4.55×10^{5}
钽	Ta	6.11×10^{-49}	4.25×10^{-41}	4.73×10^{-35}	3.00×10^{-30}	2.43×10^{-26}	4.24×10^{-23}	2.29×10^{-20}	4.94×10^{-18}	5.15×10^{-16}	2.97×10^{-14}	1.05×10^{-12}	2.50×10^{-11}	4.23×10^{-10}
碲	Te_2	5.01×10^{0}	8.87×10^{1}	7.63×10^{2}	4.01×10^{3}	1.49×10^{4}	4.26×10^{4}	1.00×10^{5}	2.04×10^{5}	3.68×10^{5}	6.06×10^{5}	9.24×10^{5}	1.32×10^{6}	1.80×10^{6}
钍	Th	5.68×10^{-3}	1.88×10^{-2}	4.67×10^{-2}	9.51×10^{-2}	1.68×10^{-1}	2.67×10^{-1}	3.92×10^{-1}	5.40×10^{-1}	7.10×10^{-1}	8.98×10^{-1}	1.10×10^{0}	1.31×10^{0}	1.53×10^{0}
铊	Tl	7.56×10^{-4}	4.10×10^{-2}	8.78×10^{-1}	9.92×10^{0}	7.07×10^{1}	3.58×10^{2}	1.40×10^{3}	4.44×10^{3}	1.20×10^{4}	2.86×10^{4}	6.11×10^{4}	1.19×10^{5}	2.17×10^{5}
铥	Tm	4.49×10^{-8}	1.16×10^{-5}	8.40×10^{-4}	2.52×10^{-2}	4.02×10^{-1}	3.99×10^{0}	2.76×10^{1}	1.44×10^{2}	6.03×10^{2}	2.10×10^{3}	6.29×10^{3}	1.67×10^{4}	3.98×10^{4}
钛	Ti	3.32×10^{-23}	8.73×10^{-19}	2.21×10^{-15}	1.11×10^{-12}	1.73×10^{-10}	1.14×10^{-8}	3.86×10^{-7}	7.80×10^{-6}	1.04×10^{-4}	1.00×10^{-3}	7.33×10^{-3}	4.27×10^{-2}	2.06×10^{-1}
铀	U	9.16×10^{-25}	3.29×10^{-20}	1.05×10^{-16}	6.26×10^{-14}	1.12×10^{-11}	8.23×10^{-10}	3.05×10^{-8}	6.62×10^{-7}	9.41×10^{-6}	9.49×10^{-5}	7.23×10^{-4}	4.36×10^{-3}	2.16×10^{-2}
钒	V	1.06×10^{-27}	1.54×10^{-22}	1.47×10^{-18}	2.10×10^{-15}	7.69×10^{-13}	1.02×10^{-10}	6.25×10^{-9}	2.09×10^{-7}	4.30×10^{-6}	5.98×10^{-5}	6.05×10^{-4}	4.68×10^{-3}	2.89×10^{-2}
钨	W	8.22×10^{-54}	2.53×10^{-45}	8.90×10^{-39}	1.42×10^{-33}	2.45×10^{-29}	8.02×10^{-26}	7.39×10^{-23}	2.52×10^{-20}	3.92×10^{-18}	3.21×10^{-16}	1.55×10^{-14}	4.87×10^{-13}	1.06×10^{-11}
钇	Y	3.74×10^{-21}	5.46×10^{-17}	8.61×10^{-14}	2.92×10^{-11}	3.28×10^{-9}	1.62×10^{-7}	4.28×10^{-6}	6.94×10^{-5}	7.64×10^{-4}	6.14×10^{-3}	3.82×10^{-2}	1.92×10^{-1}	8.09×10^{-1}
锌	Zn	1.36×10^{3}	2.14×10^{4}	1.76×10^{5}	9.25×10^{5}	3.52×10^{6}	1.06×10^{7}	2.65×10^{7}	5.76×10^{7}	1.12×10^{8}	1.99×10^{8}	3.29×10^{8}	5.12×10^{8}	7.56×10^{8}
锆	Zr	3.00×10^{-34}	2.00×10^{-28}	6.20×10^{-24}	2.29×10^{-20}	1.83×10^{-17}	4.66×10^{-15}	4.99×10^{-13}	2.70×10^{-11}	8.51×10^{-10}	1.73×10^{-8}	2.45×10^{-7}	2.57×10^{-6}	2.10×10^{-5}

附表 3　不同压强下沸腾蒸发的温度

(K)

元素	气体分子组成	压强/Pa													
		1.33×10^{-8}	1.33×10^{-7}	1.33×10^{-6}	1.33×10^{-5}	1.33×10^{-4}	1.33×10^{-3}	1.33×10^{-2}	1.33×10^{-1}	1.33	1.33×10^{1}	1.33×10^{2}	1.33×10^{3}	1.33×10^{4}	1.01×10^{5}
锂	Li	451	477	507	541	579	623	675	737	811	902	1017	1167	1371	1623
	Li_2	553	584	618	658	702	752	814	885	970	1075	1207	1378	1610	1857
钠	Na	309	327	347	370	397	428	465	509	562	628	712	823	977	1173
	Na_2	379.3	401.3	426.0	454.1	486.2	523	567	618	680	575	855	985	1171	1391
钾	K	262.6	278.1	295.6	315.1	338.5	365.6	397.7	436.0	482.9	542	617	719	862	1049
	K_2	349	369	392	418	448	483	524	573	633	707	804	934	1120	1372
铷	Rb	239	253	270	288	310	335	364	400	443	497	568	663	799	978
	Rb_2	319.0	337.0	357.9	381.5	408.8	440.7	478.6	581	581	652	744	867	1035	1231
铯	Cs	227	241	257	274	295	319	348	332	424	476	545	637	772	959
	Cs_2	308.6	326.6	347.0	370.2	396.9	428.0	464.7	509	563	631	712	843	1062	1290
钫	Fr	206	218	232	248	267	289	315	364	384	434	497	583	708	879
铜	Cu	897	945	1000	1060	1130	1207	1298	1406	1537	1692	1890	2183	2585	3150
银	Ag	759	800	846	898	957	1024	1101	1191	1301	1436	1603	1816	2098	2436
金	Au	973	1026	1035	1151	1226	1311	1413	1533	1676	1847	2059	2328	2685	3120
铍	Be	871	918	971	1030	1097	1173	1261	1364	1485	1634	1821	2058	2370	2744
镁	Mg	407	930	455	484	517	554	598	649	710	783	875	996	1165	1376
钙	Ca	490	518	594	585	525	672	726	790	867	962	1081	1243	1472	1762
锶	Sr	457	483	512	545	582	625	676	735	806	884	1006	1150	1370	1630
钡	Ba	497	526	558	595	638	687	744	812	895	997	1134	1317	1575	1907
镭	Ra	462	489	519	553	593	638	691	754	832	928	1058	1234	1479	1809
锌	Zn	358	377	399	424	453	485	523	566	618	681	763	869	1011	1186
镉	Cd	310	327	346	368	393	421	545	492	538	594	667	761	888	1043

续附表 3

元素	气体分子组成	压强/Pa													
		1. 33×10^{-8}	1. 33×10^{-7}	1. 33×10^{-6}	1. 33×10^{-5}	1. 33×10^{-4}	1. 33×10^{-3}	1. 33×10^{-2}	1. 33×10^{-1}	1. 33	1. 33×10^{1}	1. 33×10^{2}	1. 33×10^{3}	1. 33×10^{4}	1. 01×10^{5}
汞	Hg	184	194	205	218	231	248	267	290	319	355	398	475	527	630
硼	B	1468	1543	1626	1718	1821	1939	2072	2226	2409	2631	2898	3230	3654	4133
铝	Al	824	868	917	974	1039	1114	1200	1301	1421	1566	1745	1972	2269	2621
镓	Ga	749	792	840	893	954	1024	1106	1201	1315	1453	1625	1846	2144	2517
铟	In	663	700	745	794	850	914	989	1078	1185	1315	1478	1687	1961	2323
铊	Tl	493	523	555	591	675	681	736	801	881	979	1101	1261	1477	1745
钪	Sc	885	912	987	1045	1110	1187	1275	1375	1497	1636	1820	2050	2370	2700
钇	Y	993	1046	1105	1171	1246	1392	1430	1544	1678	1842	2048	2310	2652	3055
镧	La	1130	1192	1263	1343	1485	1540	1661	1803	1972	2177	2429	2747	3160	3643
铈	Ce	—	—	—	—	—	—	—	—	—	—	—	—	—	—
镨	Pr	—	—	—	—	—	—	—	—	—	—	—	—	—	—
钕	Nd	895	946	1044	1070	1144	1231	1335	1463	1618	1808	2049	2364	2803	3384
钷	Pm	—	—	—	—	—	—	—	—	—	—	—	—	—	—
钐	Sm	577	610	646	687	733	786	846	917	1001	1103	1229	1390	1611	1874
铕	Eu	503	532	566	599	640	687	741	805	881	975	1093	1253	1468	1742
钆	Gd	578	609	644	684	728	779	838	906	986	1082	1199	1347	1537	1770
铽	Tb	—	—	—	—	—	—	—	—	—	—	—	—	—	—
镝	Dy	—	—	—	—	—	—	—	—	—	—	—	—	—	—
钬	Ho	—	—	—	—	—	—	—	—	—	—	—	—	—	—
铒	Er	—	—	—	—	—	—	—	—	—	—	—	—	—	—
铥	Tm	661	696	734	778	827	885	953	1025	1121	1237	—	—	—	—
镱	Yb	470	496	526	561	599	644	695	757	830	920	1032	1182	1394	1660

续附表 3

元素	气体分子组成	压强/Pa													
		1.33×10^{-8}	1.33×10^{-7}	1.33×10^{-6}	1.33×10^{-5}	1.33×10^{-4}	1.33×10^{-3}	1.33×10^{-2}	1.33×10^{-1}	1.33	1.33×10^{1}	1.33×10^{2}	1.33×10^{3}	1.33×10^{4}	1.01×10^{5}
镥	Lu	841	886	937	993	1057	1130	1213	1310	1424	1560	1726	1932	2211	2535
锕	Ac	—	—	—	—	—	—	—	—	—	—	—	—	—	—
碳	C_1	1781	1870	1968	2077	2200	2336	2491	2669	2874	3114	3397	3737	4151	4500
	C_2	1920	2010	2109	2218	2339	2475	2628	2802	3001	3232	3502	3823	4156	4440
	C_3	1716	1791	1873	1962	2061	2171	2293	2430	2586	2763	2968	3207	3489	3788
硅	Si	970	1020	1075	1136	1204	1282	1370	1475	1600	1750	1938	2183	2512	2800
锗	Ge	985	1036	1092	1157	1230	1319	1422	1543	1687	1861	2075	2347	2703	3125
锡	Sn	855	905	961	1024	1096	1179	1275	1387	1521	1685	1890	2155	2518	2995
铅	Pb	551	583	619	660	708	762	827	903	995	1110	1250	1444	1704	2024
钛	Ti	1207	1270	1340	1419	1508	1609	1726	1861	2021	2219	2464	2763	3106	3442
锆	Zr	1578	1662	1754	1858	1975	2109	2265	2447	2662	2918	3227	3608	4081	4598
铪	Hf	1690	1780	1880	1990	2117	2260	2430	2627	2860	3143	3478	3975	4710	5960
钍	Th	—	—	—	—	—	—	—	—	—	—	—	—	—	—
磷	P_4（白）	156	166	178	191	205	220	238	259	282	311	348	396	463	548
	P_4（红）	299	312	327	343	361	380	403	428	457	491	530	577	634	696
	P_2（红）	427	448	470	496	524	556	592	633	680	735	800	878	974	1078
	P_1（红）	942	990	1045	1106	1174	1250	1337	1435	1547	1675	1822	1992	2184	2378
砷	As_4	342	359	377	397	420	445	474	507	546	590	644	710	792	885
	As_2	492	515	545	578	613	649	686	722	758	793	827	860	905	950
	As	747	779	812	846	881	937	1012	1110	1246	1440	1696	1970	2222	2392
锑	ΣSb	486	516	547	580	617	656	700	749	806	783	1004	1233	1562	1898
	Sb_4	486	516	547	580	617	656	700	749	808	880	1024	1280	1828	2925

续附表 3

元素	气体分子组成	压强/Pa													
		1.33×10^{-8}	1.33×10^{-7}	1.33×10^{-6}	1.33×10^{-5}	1.33×10^{-4}	1.33×10^{-3}	1.33×10^{-2}	1.33×10^{-1}	1.33	1.33×10^{1}	1.33×10^{2}	1.33×10^{3}	1.33×10^{4}	1.01×10^{5}
锑	Sb_2	579	608	641	677	717	763	816	877	958	1063	1198	1378	1632	1960
	Sb	693	730	770	818	870	933	1008	1097	1204	1334	1498	1710	1993	2335
铋	$\sum Bi$	484	501	521	543	569	600	638	688	760	887	1040	1220	1417	1700
	Bi_2	510	546	579	617	660	709	768	837	922	1027	1161	1341	1593	1940
	Bi	491	518	548	583	624	671	726	790	868	963	1083	1238	1448	1705
钒	V	1293	1358	1431	1513	1604	1708	1826	1963	2133	2317	2555	2851	3226	3665
铌	Nb	1820	1950	2091	2125	2250	2400	2560	2750	2980	3250	3570	4000	4510	5115
钽	Ta	2015	2120	2237	2366	2511	2675	2862	3077	3329	3625	3978	4408	4950	5565
镤	Pa	—	—	—	—	—	—	—	—	—	—	—	—	—	—
硫	$\sum S$	231	245	260	275	292	310	330	352	377	410	455	516	604	718
	S_8	—	—	261	278	294	312	332	355	380	413	458	524	626	756
	S_2	—	—	347	366	387	411	439	472	511	557	613	682	771	874
	S	—	—	699	742	390	846	911	988	1080	1190	1330	1514	1770	1930
硒	$\sum Se$	—	340	357	377	394	417	432	471	504	560	623	701	807	930
	Se_6	—	346	362	379	398	419	443	470	508	561	629	721	—	—
	Se_2	—	351	369	389	410	435	464	497	539	590	652	729	831	953
	Se	546	576	610	648	691	741	798	867	948	1047	1170	1330	1548	1823
碲	Te_2	403	423	445	469	497	527	562	602	649	705	790	905	1065	1285
钋	Po	356	375	396	421	448	479	515	560	616	684	771	885	1041	1235
	Po_2	364	383	404	427	453	483	517	564	623	698	796	929	1125	1409
铬	Cr	986	1037	1094	1158	1229	1311	1403	1511	1637	1786	1968	2195	2494	2840
钼	Mo	1677	1764	1861	1969	2090	2228	2386	2572	2797	3046	—	—	—	5100

续附表 3

元素	气体分子组成	压强/Pa													
		1.33×10^{-8}	1.33×10^{-7}	1.33×10^{-6}	1.33×10^{-5}	1.33×10^{-4}	1.33×10^{-3}	1.33×10^{-2}	1.33×10^{-1}	1.33	1.33×10^{1}	1.33×10^{2}	1.33×10^{3}	1.33×10^{4}	1.01×10^{5}
钨	W	2151	2263	2383	2517	2667	2837	3029	3249	3502	3798	1147	4567	5083	5645
铀	U	1265	1337	1409	1498	1600	1717	1854	2014	2206	2439	2729	3097	3579	4135
氟	F_2	—	—	—	—	—	—	—	—	—	—	50.5	59	70.5	85.2
氯	Cl	—	—	—	—	—	—	103	112	123	136	153	172	201	239
溴	Br_2	127	131	136	142	148	155	163	174	186	2020	222	247	281	332
碘	I_2	161	169	178	188	199	212	226	242	262	285	312	345	388	456
砹	At_2	228	238	250	263	279	296	315	388	365	396	433	479	542	607
锰	Mn	738	777	820	869	924	988	1060	1146	1247	1369	1522	1735	2017	2392
锝	Tc	1660	1745	1840	1950	2070	2200	2360	2540	2760	—	—	—	—	5000
铼	Re	1982	2085	2201	2332	2480	2649	2844	3069	3333	3648	4036	4522	5155	5915
铁	Fe	1019	1072	1131	1197	1271	1356	1453	1566	1698	1859	2063	2318	2649	3045
钴	Co	886	930	978	1033	1095	1166	1247	1342	1454	1586	1744	1950	2213	2528
镍	Ni	855	898	946	1000	1061	1129	1207	1296	1402	1528	1681	1875	2125	2415
钌	Ru	1657	1741	1833	1936	2051	2180	2328	2496	2692	2929	3213	3561	4000	4500
铑	Rh	1395	1467	1546	1635	1735	1847	1976	2124	2303	2529	2794	3116	3543	3940
钯	Pd	1056	1114	1180	1253	1336	1430	1539	1667	1820	2011	2246	2544	2931	3385
锇	Os	1805	1896	1996	2108	2234	2375	2535	2719	2932	3193	3512	3900	4381	4880
铱	Ir	1568	1648	1737	1835	1944	2071	2214	2379	2570	2798	3082	3437	3899	4450
铂	Pt	1403	1475	1555	1644	1744	1858	1988	2140	2322	2540	2804	3130	3539	3980

附表 4　不同温度下部分元素的饱和蒸气压和熔点

元素	p_i^*/Pa							熔点/K
	773K	873K	973K	1073K	1173K	1273K	1373K	
Zn	1.87×10^{2}	1.55×10^{3}	8.15×10^{3}	3.09×10^{4}	9.32×10^{4}	2.33×10^{5}	5.09×10^{5}	693
Cd	1.77×10^{3}	1.11×10^{4}	4.68×10^{4}	1.49×10^{5}	3.87×10^{5}	8.57×10^{5}	1.68×10^{6}	594
Pb	2.16×10^{-3}	6.08×10^{-2}	8.52×10^{-1}	7.22	5.02×10^{1}	1.86×10^{2}	6.55×10^{2}	600
In	2.18×10^{-6}	1.52×10^{-4}	8.93×10^{-4}	6.7×10^{-2}	6.44×10^{-1}	4.32	2.18×10^{1}	430
Ag	5.51×10^{-6}	6.67×10^{-6}	3.05×10^{-4}	6.74×10^{-3}	8.67×10^{-2}	4.48×10^{-1}	4.67	1234
Sn	1.99×10^{-10}	3.94×10^{-8}	2.63×10^{-6}	8.03×10^{-5}	1.37×10^{-3}	1.49×10^{-2}	1.15×10^{-1}	505
Al	2.32×10^{-10}	5.5×10^{-6}	4.18×10^{-6}	1.04×10^{-4}	2.57×10^{-3}	2.97×10^{-2}	2.38×10^{-1}	933
Cu	1.43×10^{-11}	5.1×10^{-9}	5.83×10^{-8}	2.19×10^{-5}	4.84×10^{-4}	6.58×10^{-3}	5.99×10^{-2}	1356
Ge	2.84×10^{-13}	1.45×10^{-10}	2.04×10^{-8}	1.13×10^{-6}	3.11×10^{-5}	5.05×10^{-4}	5.42×10^{-3}	1233
Fe	3.65×10^{-15}	3.75×10^{-12}	6.77×10^{-11}	7.63×10^{-8}	2.99×10^{-6}	6.47×10^{-5}	8.84×10^{-4}	1809

附表 5　铟和杂质元素的饱和蒸气压

T		铟和杂质元素的饱和蒸气压/Pa									
℃	K	镉（Cd）	锌（Zn）	铊（Tl）	铅（Pb）	铟（In）	铝（Al）	铜（Cu）	锡（Sn）	铁（Fe）	镍（Ni）
500	773	1.79×10^{3}	1.89×10^{2}	0.036	1.9×10^{-3}	1.8×10^{-6}		—	2.0×10^{-10}	—	—
600	873	1.12×10^{4}	1.55×10^{3}	0.312	0.017	3.1×10^{-5}	—	—	5.0×10^{-9}	—	—
700	973	4.74×10^{4}	8.15×10^{3}	9.97	0.849	4.3×10^{-3}	4.2×10^{-6}	—	2.6×10^{-6}	—	—
800	1073	—	3.10×10^{4}	71.61	7.228	6.7×10^{-2}	1.4×10^{-4}	—	8.1×10^{-5}	—	—
900	1173	—	9.32×10^{4}	362.24	42.27	0.644	2.5×10^{-3}	—	1.4×10^{-3}	—	—
1000	1273	—	2.33×10^{5}	1.4×10^{3}	185.78	4.32	2.9×10^{-2}	—	0.0149	—	—
1100	1373	—	5.08×10^{5}	4.5×10^{3}	659.17	21.9	0.241	0.061	0.118	—	—
1200	1473	—	9.88×10^{5}	1.2×10^{4}	1.9×10^{3}	88.92	1.428	0.41	0.68	—	—
1300	1573	—	—	2.8×10^{4}	4.9×10^{3}	298.53	6.766	2.109	3.141	—	—
1400	1673	—	—	6.1×10^{4}	1.1×10^{4}	883.08	26.7	9.18	12.3	—	—
1500	1773	—	—	1.2×10^{5}	2.4×10^{4}	2.3×10^{3}	90.78	33.343	41.02	—	0.815
1600	1873	—	—	2.2×10^{5}	4.5×10^{4}	5.3×10^{3}	267.3	104.95	119.95	5.19	3.44
1700	1973	—	—	3.7×10^{5}	8.0×10^{4}	1.1×10^{4}	699.84	291.74	313.33	16.482	12.445
1800	2073	—	—		—	2.3×10^{4}	1.7×10^{3}	739.61	755.09	47.21	39.99
1900	2173	—	—	—	—	4.2×10^{4}	3.7×10^{3}	1.7×10^{3}	1.7×10^{3}	123.03	115.61
2000	2273	—	—	—	—	7.3×10^{4}	7.6×10^{3}	3.7×10^{3}	3.4×10^{3}	289.07	296.48

附表 6　二元合金（A-B）组分的活度系数 γ 与浓度 x_A 的关系

二元系 A-B	温度/K	γ_A	1.00	0.9	0.8	0.7	0.6	0.5	0.4	0.3	0.2	0.1	0.0
Ag-Al	1273	γ_{Ag}	1.000	0.967	0.845	0.640	0.468	0.372	0.329	0.311	0.306	0.317	0.341
		γ_{Al}	0.041	0.075	0.158	0.366	0.657	0.877	0.972	1.009	1.009	1.004	1.000
Ag-Au	800	γ_{Ag}	1.000	0.972	0.898	0.793	0.673	0.553	0.443	0.347	0.269	0.206	0.158
		γ_{Au}	0.094	0.160	0.251	0.366	0.496	0.631	0.757	0.863	0.941	0.986	1.000

续附表 6

二元系 A-B	温度/K	γ_A	1.00	0.9	0.8	0.7	0.6	0.5	0.4	0.3	0.2	0.1	0.0
Ag-Au	1350	γ_{Ag}	1.000	0.987	0.953	0.901	0.839	0.772	0.703	0.637	0.576	0.522	0.474
		γ_{Au}	0.354	0.452	0.555	0.655	0.749	0.830	0.896	0.945	0.977	0.995	1.000
Ag-Bi	1000	γ_{Ag}		0.929	0.918	0.863	0.849	0.896	1.005	1.159	1.360	1.836	3.519
		γ_{Bi}		1.098	1.156	1.397	1.448	0.358	1.238	1.146	1.087	1.033	1.000
Ag-Cd	673	γ_{Ag}	1.000	0.983	0.848	0 622	0.372	0.364		0.136	0.031	0.194	
		γ_{Cd}	0.018	0.020	0.045	0.112	0.289	0.308		0.583	0.939		
	1223	γ_{Ag}	1.002	0.970	0.877	0.758	0.636	0.527	0.439	0.374	0.331	0.310	0.308
		γ_{Cd}	0.096	0.155	0.274	0.427	0.592	0.747	0.868	0.947	0.987	0.999	1.000
Ag-Cu	1423	γ_{Ag}	1.000	1.014	1.052	1.113	1.203	1.334	1.525	1.790	2.154	2.656	3.375
		γ_{Cu}	3.046	2.604	2.112	1.782	1.541	1.354	1.218	1.118	1.051	1.013	1.000
Ag-Ga	1000	γ_{Ag}			0.760	0.551	0.485	0.432	0.391	0.345	0.284	0.210	0.137
		γ_{Ga}			0.193	0.551	0.651	0.750	0.815	0.871	0.929	0.979	1.000
Ag-Ge	1250	γ_{Ag}	1.000	0.978	0.930	0.871	0.893	0.850	0.882	0.941	1.008	1.137	1.646
		γ_{Ge}	0.412	0.658	0.878	1.070	1.142	1.131	1.099	1.061	1.037	1.017	1.000
Ag-Hg	500	γ_{Ag}	1.000	0.966	0.809	0.567	0.422						
		γ_{Hg}	0.052	0.097	0.259	0.774	1.347						
Ag-In	1300	γ_{Ag}	1.000	0.920	0.760	0.605	0.491	0.419	0.383	0.373	0.378	0.382	0.361
		γ_{In}	0.016	0.084	0.253	0.507	0.753	0.916	0.989	1.004	1.000	0.998	1.000
Ag-Zn	1100	γ_{Ag}			0.925	0.852	0.781	0.728	0.694	0.701	0.758	0.876	1.083
		γ_{Zn}			0.621	0.799	0.939	1.026	1.067	1.063	1.036	1.011	1.000
Ag-Mg	773	γ_{Ag}	1.000	0.966	0.773	0.482	0.535	0.282	0.058				
		γ_{Mg}	0.0003	0.00051	0.0017	0.0075	0.0060	0.013	0.045				
Ag-Mn	1150	γ_{Ag}	1.000	0.987	0.953	0.893	0.818						494
		γ_{Mn}	1.091	1.429	1.746	2.113	2.629						1.000
Ag-Pb	1273	γ_{Ag}	1.000	0.985	0.984	0.992	1.028	1.089	1.139	1.257	1.443	1.696	2.031
		γ_{Pb}	0.994	1.377	1.389	1.358	1.281	1.190	1.146	1.088	1.079	1.010	1.000
Ag-Pd	1200	γ_{Ag}	1.000	0.994	0.881	0.732	0.593	0.516	0.500	0.544	0.610	0.750	0.983
		γ_{Pd}	0.086	0.181	0.355	0.620	0.922	1.101	1.133	1.092	1.049	1.009	1.000
Ag-Pt	2100	γ_{Ag}	1.000	1.028	1.094	1.181	1.281	1.404	1.577	1.867	2.427	3.647	6.762
		γ_{Pt}	5.926	3.421	2.386	1.891	1.622	1.451	1.320	1.206	1.107	1.031	1.000
Ag-Rh	2800	γ_{Ag}	1.000	1.020	1.083	1.196	1.373	1.639	2.032	2.618	3.501	4.860	6.999
		γ_{Rh}	7.213	4.931	3.514	2.610	2.019	1.627	1.364	1.190	1.080	1.019	1.000
Ag-Ru	2700	γ_{Ag}	1.000	1.005	1.022	1.059	1.121	1.220	1.371	1.598	1.941	2.471	3.310
		γ_{Ru}	2.217	2.033	1.844	1.662	1.495	1.349	1.227	1.130	1.059	1.015	1.000
Ag-Sb	1250	γ_{Ag}	1.000	0.948	0.816	0.659	0.540	0.529	0.522	0.523	0.541	0.579	0.605
		γ_{Sb}	0.054	0.151	0.354	0.676	0.988	1.014	1.026	1.026	1.015	1.003	1.000

续附表 6

二元系 A-B	温度/K	γ_A	1.00	0.9	0.8	0.7	0.6	0.5	0.4	0.3	0.2	0.1	0.0
Ag-Si	1700	γ_{Ag}	1.000	1.000	1.000	1.000	1.031	1.118	1.254	1.527	1.936	2.595	3.695
		γ_{Si}	1.664	1.660	1.655	1.649	1.569	1.421	1.278	1.160	1.072	1.018	1.000
Ag-Sn	900	γ_{Ag}	1.000	1.034	1.102	0.784	0.683	0.674	0.703	0.766	0.827	1.054	1.354
		γ_{Sn}	0.000	0.079	0.106	0.900	1.162	1.183	1.143	1.093	1.046	1.013	1.000
	1250	γ_{Ag}	1.000	1.026	1.076	1.104	1.079	1.041	0.941	0.765	0.550	0.342	0.187
		γ_{Sn}	1.490	0.874	0.662	0.609	0.633	0.662	0.717	0.801	0.892	0.969	1.000
Ag-Ti	2000	γ_{Ag}	1.000	1.016	1.065	1.152	1.285	1.476	1.747	2.127	2.665	3.433	4.545
		γ_{Ti}	4.748	3.507	2.680	2.118	1.730	1.460	1.272	1.144	1.061	1.015	1.000
Ag-Tl	975	γ_{Ag}				1.011	1.053	1.138	1.286	1.535	1.953	2.674	3.982
		γ_{Tl}				1.675	1.558	1.418	1.283	1.168	1.078	1.021	1.000
Ag-Zn	873	γ_{Ag}	1.000	1.015	1.013	0.861	0.807	0.562	0.454	0.269			
		γ_{Zn}	0.199	0.144	0.139	0.222	0.263	0.406	0.498	0.679			
	1023	γ_{Ag}				0.840	0.727	0.553	0.416	0.317	0.251	0.215	0.203
		γ_{Zn}				0.285	0.435	0.610	0.722	0.894	0.967	0.996	1.000
Ag-Zr	2200	γ_{Ag}	1.000	1.029	1.101	1.189	1.264	1.295	1.253	1.128	0.931	0.698	0.472
		γ_{Zr}	3.116	1.747	1.185	0.937	0.833	0.808	0.828	0.875	0.932	0.980	1.000
Al-As	2100	γ_{Al}	1.000	0.951	0.818	0.637	0.449	0.286	0.165	0.086	0.041	0.017	0.007
		γ_{As}	0.007	0.017	0.041	0.086	0.165	0.286	0.449	0.637	0.818	0.951	1.000
Al-Au	1338	γ_{Al}	1.000	0.948	0.803	0.590	0.325	0.103	0.019	0.0026	0.00023	0.00002	0.00000
		γ_{Au}	0.0001	0.00030	0.00078	0.0019	0.0058	0.0231	0.0908	0.268	0.596	0.900	1.000
Al-B	2500	γ_{Al}	1.000	1.011	1.053	1.125	1.206	1.245	1.171	0.928	0.565	0.236	0.059
		γ_{B}	1.288	1.052	0.838	0.687	0.603	0.577	0.605	0.684	0.804	0.934	1.000
Al-Be	1600	γ_{Al}					0.981	1.016	1.109	1.307	1.715	2.596	4.710
		γ_{Be}					1.447	1.417	1.321	1.211	1.107	1.030	1.000
Al-Bi	1173	γ_{Al}	1.000							3.050	3.755	4.410	4.605
		γ_{Bi}	21.003							1.109	1.034	1.014	0.000
Al-Ca	1400	γ_{Al}	1.000	0.957	0.824	0.631	0.434	0.275	0.169	0.107	0.077	0.069	0.089
		γ_{Ca}	0.011	0.025	0.059	0.131	0.263	0.461	0.689	0.882	0.9988	1.010	1.000
Al-Cd	950	γ_{Al}	1.000					19.046					22.766
		γ_{Cd}	56.204										1.000
Al-Ce	1800	γ_{Al}	1.000	0.915	0.726	0.527	0.369	0.263	0.202	0.175	0.182	0.238	0.414
		γ_{Ce}	0.005	0.027	0.103	0.271	0.528	0.802	1.002	1.085	1.074	1.027	1.000
Al-Co	1873	γ_{Al}							0.115	0.064	0.029	0.012	0.005
		γ_{Co}							0.464	0.626	0.818	0.953	1.000
Al-Cr	1273	γ_{Al}			0.777	0.818	0.129		0.135	0.053	0.021	0.009	0.003
		γ_{Cr}			0.015	0.014	0.415		0.360	0.598	0.812	0.951	1.000

续附表 6

二元系 A-B	温度/K	γ_A	1.00	0.9	0.8	0.7	0.6	0.5	0.4	0.3	0.2	0.1	0.0
Al-Cu	1373	γ_{Al}	1000	0.988	0.949	0.870	0.735	0.532	0.290	0.095	0.029	0.008	0.002
		γ_{Cu}	0.092	0.052	0.065	0.084	0.115	0.170	0.277	0.503	0.750	0.932	1.000
Al-Fe	1173	γ_{Al}				0.206		0.131	0.056	0.021	0.007	0.002	0.000
		γ_{Fe}				0.060		0.152	0.308	0.517	0.754	0.938	1.000
	1873	γ_{Al}	1.000	0.954	0.841	0.695	0.549	0.421	0.316	0.230	0.157	0.099	0.058
		γ_{Fe}	0.027	0.067	0.138	0.244	0.380	0.526	0.666	0.790	0.896	0.972	1.000
Al-Ga	1023	γ_{Al}	1.000	1.001	1.006	1.013	1.024	1.038	1.055	1.075	1.099	1.127	1.159
		γ_{Ga}	1.159	1.127	1.099	1.075	1.055	1.038	1.024	1.013	1.006	1.001	1.000
Al-Ge	1200	γ_{Al}	1.000	0.983	0.934	0.854	0.753	0.636	0.513	0.400	0.317	0.260	0.252
		γ_{Ge}	0.174	0.240	0.322	0.419	0.530	0.651	0.776	0.887	0.963	0.996	0.999
Al-In	1300	γ_{Al}	1.000	1.029	1.112	1.247	1.438	1.699	2.054	2.550	3.269	4.374	6.190
		γ_{In}	9.444	5.371	3.451	2.446	1.875	1.528	1.308	1.164	1.072	1.018	1.000
Al-Li	1000	γ_{Al}	1.000	1.015	1.015	0.949	0.805	0.612	0.423	0.276	0.181	0.130	0.115
		γ_{Li}	0.298	0.211	0.208	0.252	0.341	0.475	0.643	0.809	0.933	0.991	1.000
Al-Mn	1600	γ_{Al}	1.000	0.979	0.925	0.851	0.764	0.667	0.562	0.449	0.335	0.226	0.134
		γ_{Mn}	0.162	0.248	0.343	0.441	0.539	0.636	0.732	0.825	0.909	0.974	1.000
Al-Mo	2900	γ_{Al}	1.000	1.004	1.015	1.028	1.041	1.051	1.053	1.045	1.023	0.985	0.929
		γ_{Mo}	1.219	1.123	1.059	1.017	0.993	0.982	0.980	0.984	0.991	0.997	1.000
Al-Nb	2800	γ_{Al}	1.000	1.037	1.109	1.166	1.163	1.079	0.926	0.742	0.569	0.443	0.346
		γ_{Nb}	2.256	1.078	0.723	0.618	0.618	0.675	0.764	0.861	0.941	0.987	1.000
Al-Nd	1800	γ_{Al}	1.000	0.905	0.704	0.503	0.354	0.263	0.221	0.225	0.298	0.547	1.499
		γ_{Nd}	0.005	0.034	0.143	0.396	0.765	1.107	1.282	1.275	1.167	1.051	1.000
Al-Zn	1173	γ_{Al}	1.000	1.028	1.111	1.251	1.457	1.774	2.145	2.728	3.634	5.120	6.604
		γ_{Zn}	10.102	5.905	3.793	2.653	1.999	1.603	1.353	1.189	1.081	1.017	1.000
Al-Mg	1073	γ_{Al}	1.000	0.971	0.900	0.817	0.732	0.658	0.599	0.555	0.530	0.522	0.526
		γ_{Mg}	0.168	0.301	0.464	0.623	0.763	0.871	0.942	0.982	0.997	1.000	1.000
Al-Ni	1273	γ_{Al}					0.224	0.0207	0.000189			0.0000314	0.0000011
		γ_{Ni}					0.000371	0.00688	0.518			0.839	1.000
Al-Pb	1200	γ_{Al}	1.000										22.065
		γ_{Pb}	78.524										1.000
Al-Sb	1400	γ_{Al}	1.000	1.020	1.053	1.063	1.024	0.925	0.780	0.615	0.459	0.332	0.240
		γ_{Sb}	1.015	0.669	0.552	0.534	0.571	0.645	0.741	0.842	0.928	0.983	1.000
Al-Si	1100	γ_{Al}	1.000	0.954	0.872	0.719							
		γ_{Si}	0.040	0.155	0.255	0.424							
Al-Sn	973	γ_{Al}	1.000	1.028	1.104	1.219	1.368	1.558	1.784	2.049	2.361	2.744	2.700
		γ_{Sn}	6.639	3.845	2.553	1.894	1.526	1.301	1.163	1.080	1.029	1.002	1.000

续附表 6

二元系 A-B	温度/K	γ_A	1.00	0.9	0.8	0.7	0.6	0.5	0.4	0.3	0.2	0.1	0.0
Al-Ta	3300	γ_{Al}	1.000	0.996	0.989	0.983	0.985	1.000	1.035	1.097	1.198	1.357	1.061
		γ_{Ta}	1.000	1.079	1.128	1.149	1.145	1.125	1.095	1.061	1.031	1.009	1.000
Al-Ti	2000	γ_{Al}	1.000	1.019	1.026	0.969	0.834	0.654	0.478	0.344	0.262	0.234	0.279
		γ_{Ti}	0.451	0.295	0.278	0.328	0.431	0.580	0.749	0.896	0.984	1.006	1.000
Al-V	1273	γ_{Al}					0.932	1.127	1.113	1.140	1.220	1.405	1.683
		γ_V					1.379	1.058	1.070	1.058	1.033	1.010	1.000
Al-W	3700	γ_{Al}	1.000	1.037	1.130	1.259	1.419	1.622	1.910	2.390	3.321	5.436	11.265
		γ_W	11.265	5.436	3.321	2.390	1.910	1.622	1.419	1.259	1.130	1.037	1.000
Al-Y	1800	γ_{Al}	1.000	0.948	0.781	0.512	0.255	0.104	0.042	0.021	0.015	0.014	0.008
		γ_Y	0.001	0.002	0.007	0.025	0.092	0.276	0.588	0.863	0.967	0.982	1.000
Al-Zn	653	γ_{Al}	1.000	1.028	1.111	1.243	1.443	1.682	1.827				26.711
		γ_{Zn}	8.724	5.410	3.465	2.467	1.865	1.544	1.437				1.000
	1000	γ_{Al}	1.000	1.005	1.030	1.084	1.165	1.257	1.347	1.427	1.540	1.805	2.681
		γ_{Zn}	2.161	1.968	1.719	1.478	1.291	1.175	1.110	1.076	1.050	1.018	1.000
Al-Zr	2200	γ_{Al}	1.000	1.007	0.985	0.890	0.726	0.535	0.366	0.244	0.172	0.141	0.152
		γ_{Zr}	0.194	0.158	0.177	0.239	0.347	0.503	0.687	0.855	0.963	1.001	1.000
As-Au	1400	γ_{As}	1.000	0.996	0.996	1.012	1.043	1.078	1.088	1.032	0.877	0.627	0.350
		γ_{Au}	0.884	0.983	0.987	0.943	0.890	0.855	0.848	0.871	0.918	0.972	1.000
As-Cu	1273	γ_{As}											
		γ_{Cu}								0.415	0.696	0.920	
As-Fe	1873	γ_{As}	1.000	1.020	1.002	0.916	0.732	0.462	0.211	0.065	0.020	0.009	0.005
		γ_{Fe}	1.000	0.043	0.047	0.061	0.092	0.160	0.302	0.566	0.840	0.970	1.000
As-Ga	1550	γ_{As}	1.000	0.965	0.874	0.748	0.613	0.484	0.373	0.283	0.213	0.161	0.123
		γ_{Ga}	0.055	0.109	0.192	0.306	0.444	0.592	0.734	0.852	0.937	0.986	1.000
As-Ge	1300	γ_{As}	1.000	0.992	0.968	0.929	0.878	0.816	0.746	0.671	0.594	0.518	0.444
		γ_{Ge}	0.444	0.518	0.594	0.671	0.746	0.816	0.878	0.929	0.968	0.992	1.000
As-In	1250	γ_{As}	1.000	0.969	0.882	0.757	0.614	0.473	0.346	0.241	0.161	0.103	0.063
		γ_{In}	0.050	0.092	0.156	0.247	0.364	0.501	0.648	0.786	0.900	0.975	1.000
As-P	1100	γ_{As}	1.000	1.010	1.035	1.074	1.121	1.172	1.221	1.264	1.292	1.298	1.277
		γ_P	1.884	1.569	1.358	1.217	1.123	1.063	1.027	1.008	1.000	0.999	1.000
As-Sb	1373	γ_{As}	1.000	0.985	0.949	0.903	0.857	0.822	0.803	0.808	0.848	0.935	1.098
		γ_{Sb}	0.456	0.610	0.757	0.881	0.971	1.024	1.044	1.041	1.025	1.008	1.000
Au-Bi	973	γ_{Au}				0.937	0.932	0.922	0.903	0.877	0.845	0.792	0.750
		γ_{Bi}				0.916	0.926	0.940	0.955	0.971	0.983	0.993	1.000
Au-Cr	2200	γ_{Au}	1.000	0.967	0.898	0.828	0.773	0.733	0.703	0.667	0.607	0.504	0.361
		γ_{Cr}	0.184	0.363	0.556	0.713	0.814	0.868	0.899	0.924	0.953	0.984	1.000

续附表 6

二元系 A-B	温度/K	γ_A	1.00	0.9	0.8	0.7	0.6	0.5	0.4	0.3	0.2	0.1	0.0
Au-Cd	700	γ_{Au}	1.000	0.997	0.868	0.583		0.0858	0.02	0.018		0.00046	0.000275
		γ_{Cd}	0.00090	0.0013	0.00255	0.00793		0.0788	0.26	0.313		0.972	1.000
	1000	γ_{Au}					0.447	0.207	0.0882	0.040	0.0168	0.00773	0.00382
		γ_{Cd}					0.0786	0.203	0.401	0.620	0.837	0.962	1.000
Au-Co	1150	γ_{Au}	1.000	1.051									
		γ_{Co}	12.429	8.860									
Au-Cu	800	γ_{Au}	1.000	0.998	0.974	0.903	0.775	0.598	0.400	0.204	0.082	0.050	0.045
		γ_{Cu}	0.128	0.130	0.148	0.185	0.245	0.335	0.464	0.664	0.902	0.992	1.000
	1550	γ_{Au}	1.000	0.982	0.928	0.845	0.742	0.627	0.511	0.401	0.303	0.220	0.155
		γ_{Cu}	0.155	0.220	0.303	0.401	0.511	0.627	0.742	0.845	0.928	0.982	1.000
Au-Fe	1123	γ_{Au}	1.000	0.983	0.951	0.929	0.935	0.992					
		γ_{Fe}	1.118	1.575	1.918	2.073	2.050	1.909					
	1473	γ_{Au}	1.000	0.960	0.878	0.794	0.743	0.752					
		γ_{Fe}	0.324	0.720	1.210	1.640	1.863	1.842					
Au-Ge	1400	γ_{Au}	1.000	0.904	0.712	0.530	0.395	0.305	0.248	0.209	0.177	0.142	0.100
		γ_{Ge}	0.004	0.029	0.117	0.287	0.499	0.687	0.816	0.895	0.946	0.983	1.000
Au-Hg	500	γ_{Au}	1.000	0.954	0.821								
		γ_{Hg}	0.762	1.042	2.315								
Au-In	1400	γ_{Au}	1.000	0.950	0.819	0.645	0.466	0.311	0.193	0.112	0.061	0.031	0.015
		γ_{In}	0.009	0.025	0.057	0.117	0.215	0.353	0.522	0.700	0.857	0.963	1.000
Au-Mn	1535	γ_{Au}	1.000	1.011	1.043	1.089	0.374	0.407	0.111	0.034	0.022	0.022	0.032
		γ_{Mn}	0.062	0.058	0.048	0.042	0.062	0.156	0.408	0.867	1.014	1.017	1.000
Au-Ni	1150	γ_{Au}	1.000	1.015	1.060	1.141	1.257	1.434	1.731	2.277	3.364	5.568	10.21
		γ_{Ni}	5.140	3.884	3.036	2.429	2.032	1.731	1.484	1.283	1.127	1.032	1.00
Au-Pb	1200	γ_{Au}		0.978	0.937	0.868	0.787	0.708	0.653	0.598	0.515	0.390	0.314
		γ_{Pb}		0.369	0.464	0.585	0.702	0.799	0.854	0.897	0.941	0.988	1.000
Au-Pt	1423	γ_{Au}		1.048	1.117	1.154	1.256				3.680	6.623	17.294
		γ_{Pt}		4.293	2.951	2.683	2.315				1.166	1.049	1.000
Au-Rh	2500	γ_{Au}	1.000	1.013	1.056	1.140	1.283	1.514	1.884	2.489	3.510	5.316	8.701
		γ_{Rh}	5.255	4.161	3.290	2.615	2.101	1.717	1.437	1.237	1.104	1.026	1.000
Au-Ru	2700	γ_{Au}	1.000	1.018	1.076	1.179	1.339	1.579	1.930	2.447	3.218	4.390	6.211
		γ_{Ru}	6.211	4.390	3.218	2.447	1.930	1.579	1.339	1.179	1.079	1.018	1.000
Au-Sb	1400	γ_{Au}	1.000	0.975	0.918	0.844	0.761	0.667	0.557	0.432	0.298	0.174	0.081
		γ_{Sb}	0.137	0.225	0.319	0.410	0.498	0.585	0.677	0.775	0.876	0.962	1.000
Au-Si	1700	γ_{Au}	1.000	0.869	0.645	0.464	0.345	0.270	0.218	0.177	0.141	0.111	0.089
		γ_{Si}	0.001	0.018	0.102	0.277	0.484	0.658	0.785	0.878	0.946	0.988	1.000

续附表 6

二元系 A-B	温度/K	γ_A	1.00	0.9	0.8	0.7	0.6	0.5	0.4	0.3	0.2	0.1	0.0
Au-Sn	823	γ_{Au}			0.553	0.334	0.179	0.089	0.044	0.022	0.012	0.0072	0.0052
		γ_{Sn}			0.0080	0.037	0.118	0.277	0.500	0.728	0.896	0.981	1.000
Au-Te	1350	γ_{Au}	1.000	0.997	1.020	1.032	0.971	0.845	0.724	0.685	0.783	1.014	1.009
		γ_{Te}	0.713	0.838	0.738	0.709	0.788	0.934	1.062	1.097	1.052	1.005	1.000
Au-Tl	973	γ_{Au}					0.925	0.841	0.740	0.633	0.529	0.433	0.348
		γ_{Tl}					0.662	0.744	0.827	0.899	0.954	0.989	1.000
Au-Zn	1080	γ_{Au}			0.748	0.469	0.245	0.097	0.0293	0.0086	0.00281	0.0011	0.00057
		γ_{Zn}			0.00257	0.0104	0.0339	0.107	0.286	0.557	0.813	0.962	1.000
B-C	3500	γ_B	1.000	0.989	0.958	0.912	0.856	0.794	0.729	0.666	0.607	0.553	0.549
		γ_C	0.190	0.295	0.436	0.616	0.833	1.080	1.350	1.629	1.904	2.161	2.177
B-Cr	2500	γ_B	1.000	0.983	0.896	0.729	0.523	0.336	0.203	0.123	0.083	0.070	0.088
		γ_{Cr}	0.033	0.044	0.073	0.135	0.249	0.428	0.649	0.852	0.975	1.008	1.000
B-Fe	2400	γ_B	1.000	1.037	1.068	1.000	0.814	0.575	0.367	0.230	0.160	0.148	0.222
		γ_{Fe}	0.485	0.216	0.177	0.213	0.310	0.473	0.684	0.882	0.997	1.016	1.000
B-Mo	3000	γ_B	1.000	0.978	0.886	0.724	0.531	0.356	0.227	0.148	0.106	0.095	0.119
		γ_{Mo}	0.036	0.053	0.091	0.166	0.295	0.481	0.696	0.880	0.985	1.009	1.000
B-Nd	3000	γ_B	1.000	0.964	0.883	0.796	0.731	0.706	0.744	0.885	1.228	2.060	4.320
		γ_{Nd}	0.249	0.515	0.852	1.171	1.379	1.442	1.385	1.264	1.135	1.038	1.000
B-Ni	2400	γ_B	1.000	1.033	1.082	1.086	1.006	0.847	0.652	0.473	0.339	0.259	0.230
		γ_{Ni}	1.089	0.551	0.414	0.406	0.466	0.574	0.710	0.844	0.944	0.992	1.000
B-Sc	2600	γ_B	1.000	0.722	0.310	0.095	0.025	0.007	0.002	0.001	0.001	0.001	0.004
		γ_{Sc}	0.000	0.000	0.000	0.004	0.053	0.264	0.664	1.014	1.118	1.055	1.000
B-Si	2400	γ_B	1.000	1.003	1.015	1.039	1.080	1.144	1.237	1.371	1.564	1.839	2.239
		γ_{Si}	1.711	1.614	1.511	1.408	1.311	1.223	1.147	1.086	1.039	1.010	1.000
B-Ti	3500	γ_B	1.000	1.009	0.840	0.501	0.224	0.088	0.037	0.020	0.014	0.014	0.012
		γ_{Ti}	0.003	0.002	0.005	0.021	0.096	0.304	0.624	0.882	0.981	0.995	1.000
B-V	3200	γ_B	1.000	1.003	0.949	0.798	0.585	0.384	0.241	0.162	0.136	0.175	0.437
		γ_V	0.097	0.084	0.113	0.188	0.333	0.558	0.819	1.018	1.083	1.043	1.000
B-W	3700	γ_B	1.000	0.883	0.634	0.395	0.228	0.129	0.078	0.052	0.042	0.043	0.060
		γ_W	0.000	0.003	0.021	0.088	0.247	0.496	0.758	0.942	1.017	1.015	1.000
Ba-Cu	1400	γ_{Ba}	1.000	0.991	0.958	0.898	0.824	0.749	0.689	0.652	0.647	0.679	0.756
		γ_{Cu}	0.406	0.470	0.571	0.692	0.813	0.913	0.979	1.010	1.013	1.005	1.000
Ba-Eu	1100	γ_{Ba}	1.000	1.000	1.000	1.000	1.000	1.000	1.000	1.000	1.000	1.000	1.000
		γ_{Eu}	1.000	1.000	1.000	1.000	1.000	1.000	1.000	1.000	1.000	1.000	1.000
Ba-Sr	1100	γ_{Ba}	1.000	0.998	0.992	0.982	0.969	0.952	0.932	0.908	0.882	0.853	0.821
		γ_{Sr}	0.821	0.853	0.882	0.908	0.932	0.952	0.969	0.982	0.992	0.998	1.000

续附表 6

二元系 A-B	温度/K	γ_A	1.00	0.9	0.8	0.7	0.6	0.5	0.4	0.3	0.2	0.1	0.0
B-Hf	3700	γ_B	1.000	0.927	0.734	0.498	0.295	0.157	0.079	0.040	0.022	0.015	0.013
		γ_{Hf}	0.001	0.004	0.016	0.052	0.137	0.297	0.521	0.752	0.919	0.990	1.000
Be-Cu	1073	γ_{Be}	1.000	0.921	1.073			0.312				0.073	0.000
		γ_{Cu}	0.000	0.004	1.001		0.32	0.432				0.757	1.000
Be-Fe	1645	γ_{Be}	1.000	0.999									
		γ_{Fe}	0.055										
Be-Ni	1100	γ_{Be}	1.000		0.155			7.51×10^{-4}					1.13×10^{-8}
		γ_{Ni}	7.08×10^{-9}		0.00239			0.666					1.000
Bi-Cd	773	γ_{Bi}	1.000	1.004	1.011	1.017	1.013	0.984	0.931	0.854	0.811	0.816	1.167
		γ_{Cd}	1.000	0.928	0.889	0.873	0.878	0.908	0.950	0.997	1.014	1.015	1.000
Bi-Cu	1200	γ_{Bi}	1.000	1.013	1.043	1.099	1.187	1.315	1.500	1.783	2.149		
		γ_{Cu}	3.236	2.624	2.193	1.875	1.629	1.437	1.290	1.176	1.100		
Bi-Ga	600	γ_{Bi}	1.000	1.001	1.025	1.093	1.219	1.419	1.729	2.243	3.218	5.475	12.322
		γ_{Ga}	3.438	3.519	3.094	2.556	2.090	1.737	1.478	1.286	1.141	1.041	1.000
Bi-Ge	1300	γ_{Bi}	1.000	1.016	1.066	1.154	1.285	1.472	1.733	2.093	2.591	3.282	4.250
		γ_{Ge}	4.701	3.447	2.624	2.073	1.696	1.436	1.256	1.135	1.057	1.014	1.000
Bi-Hg	594	γ_{Bi}	1.000	1.001	1.007	1.020	1.036	1.071	1.116	1.103	1.351	1.767	3.274
		γ_{Hg}	1.410	1.386	1.336	1.289	1.245	1.201	1.161	1.121	0.076	1.029	1.000
Bi-In	600	γ_{Bi}	1.000	0.997	0.978	0.937	0.878	0.805	0.723	0.631	0.527	0.407	0.275
		γ_{In}	0.455	0.475	0.529	0.600	0.677	0.752	0.821	0.883	0.938	0.981	1.000
Bi-Zn	900	γ_{Bi}	1.000	1.003	0.993	0.963	0.904	0.857	0.715	0.603	0.496	0.406	0.340
		γ_{Zn}	0.500	0.498	0.527	0.577	0.648	0.732	0.817	0.895	0.956	0.99	1.000
Bi-K	848	γ_{Bi}	1.000	0.974	0.883	0.674	0.533	0.104	0.014				
		γ_K	0.00003	0.00004	0.00007	0.00016	0.0005	0.0022	0.0114				
Bi-Li	1000	γ_{Bi}	1.000	0.994	0.943	0.855	0.712	0.392	0.435				0.000
		γ_{Li}	0.000	0.00028	0.00038	0.00051	0.00071	0.0014	0.0012				1.000
Bi-Mg	975	γ_{Bi}	1.000	0.999	0.999	0.956	0.957	0.658		0.0024	0.00058	0.0002	0.0001
		γ_{Mg}	0.0057	0.0061	0.006	0.006	0.007	0.011		0.493	0.789	0.960	1.000
Bi-Na	773	γ_{Bi}	1.000	0.98	0.871	0.656	0.571	0.353					
		γ_{Na}	0.000097	0.00013	0.00025	0.00058	0.00075	0.00135					
Bi-Pb	700	γ_{Bi}	1.000	0.994	0.974	0.937	0.883	0.812	0.649	0.649	0.574	0.518	0.494
		γ_{Pb}	0.467	0.518	0.582	0.654	0.730	0.809	0.879	0.939	0.978	0.996	1.000
Bi-Sb	1200	γ_{Bi}	1.000	1.032	1.082	1.071	0.951	0.794	0.696	0.625	0.562	0.504	0.451
		γ_{Sb}	1.293	0.672	0.505	0.514	0.638	0.795	0.888	0.941	0.975	0.994	1.000

续附表 6

二元系 A-B	温度/K	γ_A	1.00	0.9	0.8	0.7	0.6	0.5	0.4	0.3	0.2	0.1	0.0
Bi-Sn	600	γ_{Bi}	1.000	1.000	1.002	1.009	1.021	1.039	1.065	1.104	1.160	1.241	1.356
		γ_{Sn}	1.158	1.159	1.145	1.122	1.097	1.075	1.053	1.033	1.016	1.004	1.000
Bi-Tl	423	γ_{Bi}					1.348			0.514	0.100	0.009	0.014
		γ_{Tl}					1.148			0.340	0.584	0.892	1.000
	750	γ_{Bi}	1.000	1.013	1.010	0.967	0.842	0.652	0.437	0.248	0.109	0.049	0.027
		γ_{Tl}	0.238	0.176	0.170	0.194	0.250	0.341	0.472	0.638	0.837	0.967	1.000
Bi-Zn	873	γ_{Bi}	1.000	1.006	1.023	1.055	1.111	1.202	1.376	1.724	2.574	4.938	32.661
		γ_{Zn}	2.822	2.538	2.310	2.102	1.913	1.740	1.561	1.384	1.214	1.084	1.000
C-Fe	1873	γ_{C}									4.125	1.370	0.573
		γ_{Fe}									0.781	0.953	1.000
C-Si	3500	γ_{C}	1.000	0.999	0.995	0.989	0.980	0.969	0.956	0.941	0.923	0.904	0.883
		γ_{Si}	0.883	0.904	0.923	0.941	0.956	0.969	0.980	0.989	0.995	0.999	1.000
Ca-Cu	1400	γ_{Ca}	1.000	0.983	0.940	0.878	0.792	0.676	0.527	0.358	0.200	0.085	0.026
		γ_{Cu}	0.136	0.192	0.247	0.304	0.367	0.445	0.545	0.670	0.812	0.941	1.000
Ca-Mg	1200	γ_{Ca}	1.000	0.997	0.983	0.959	0.919	0.874	0.828	0.706	0.481	0.218	0.001
		γ_{Mg}	0.381	0.413	0.447	0.483	0.522	0.556	0.581	0.631	0.715	0.811	1.000
Ca-Ni	1750	γ_{Ca}							1.100	0.860	0.720	0.640	0.576
		γ_{Ni}							0.801	0.917	0.973	0.995	1.000
Ca-Si	1700	γ_{Ca}	1.000	0.985	0.890	0.664	0.371	0.147	0.042	0.010	0.002	0.001	0.001
		γ_{Si}	0.002	0.002	0.004	0.010	0.028	0.087	0.244	0.536	0.855	1.004	1.000
Ca-Sn	1223	γ_{Ca}							0.006	0.003	0.0009	0.0003	0.0001
		γ_{Sn}							0.409	0.525	0.780	0.949	1.000
Ca-Zn	1100	γ_{Ca}											
		γ_{Zn}						0.127	0.239	0.390	0.601	0.854	1.000
Cd-Cu	873	γ_{Cd}	1.000	1.013	1.047	1.087	1.107	1.083	0.678				
		γ_{Cu}	1.434	1.103	0.913	0.815	0.785	0.805	0.859				
Cd-Er	800	γ_{Cd}											
		γ_{Er}	5.9×10^{-6}										
Cd-Ga	700	γ_{Cd}	1.000	1.044	1.112	1.206	1.352	1.567	1.910	2.412	3.225	4.679	7.759
		γ_{Ga}	10.965	4.450	3.028	2.379	1.924	1.606	1.366	1.205	1.095	1.026	1.000
Cd-Ge	1223	γ_{Cd}	1.000	1.009	1.040	1.098	1.192	1.336	1.551	1.873	2.361	3.118	4.330
		γ_{Ge}	3.184	2.685	2.270	1.931	1.658	1.442	1.277	1.154	1.068	1.017	1.000
Cd-Hg	600	γ_{Cd}	1.000	0.977	0.911	0.813	0.696	0.576	0.467	0.377	0.327	0.282	0.244
		γ_{Hg}	0.126	0.197	0.292	0.411	0.549	0.692	0.822	0.923	0.967	0.993	1.000
	298.15	γ_{Cd}	1.000	0.966	0.792	0.899	0.681	0.437	0.241	0.114	0.010		0.0496
		γ_{Hg}	0.031	0.057	0.165	0.122	0.197	0.340	0.551	0.829	0.879		1.000

续附表 6

二元系 A-B	温度/K	γ_A	1.00	0.9	0.8	0.7	0.6	0.5	0.4	0.3	0.2	0.1	0.0
Cd-In	800	γ_{Cd}	1.000	1.017	1.055	1.102	1.154	1.201	1.248	1.332	1.442	1.582	1.761
		γ_{In}	2.578	1.811	1.468	1.285	1.179	1.122	1.087	1.050	1.022	1.006	1.000
Cd-Mg	543	γ_{Cd}	1.000	0.990	0.924	0.770	0.554	0.344	0.191	0.104	0.062	0.042	0.035
		γ_{Mg}	0.036	0.042	0.061	0.104	0.191	0.342	0.555	0.772	0.922	0.988	1.000
	923	γ_{Cd}	1.000	0.985	0.929	0.823	0.679	0.528	0.394	0.290	0.215	0.161	0.126
		γ_{Mg}	0.113	0.146	0.203	0.291	0.415	0.564	0.717	0.847	0.937	0.987	1.000
Cd-Na	673	γ_{Cd}	1.000	0.942	0.779	0.657	0.588	0.579	0.633	0.753	0.964	1.378	2.273
		γ_{Na}	0.070	0.223	0.650	1.101	1.366	1.395	1.300	1.185	1.091	1.026	1.000
Cd-Pb	773	γ_{Cd}	1.000	1.024	1.083	1.171	1.291	1.449	1.650	1.911	2.257	2.723	3.376
		γ_{Pb}	5.208	3.212	2.328	1.838	1.533	1.331	1.196	1.105	1.045	1.011	1.000
Cd-Pu	850	γ_{Cd}	1.000										
		γ_{Pu}	6.47×10^{-4}	8.24×10^{-4}	1.04×10^{-3}	1.31×10^{-3}							
Cd-Sb	773	γ_{Cd}		1.007	0.972	0.867	0.703	0.537	0.448	0.400			
		γ_{Sb}		0.217	0.262	0.367	0.540	0.752	0.875	0.452			
Cd-Sn	773	γ_{Cd}	1.000	1.008	1.031	1.065	1.111	1.169	1.243	1.330	1.442	1.559	1.619
		γ_{Sn}	1.927	1.641	1.446	1.310	1.212	1.139	1.083	1.044	1.017	1.003	1.000
Cd-Te	1400	γ_{Cd}	1.000	0.999	0.999	1.007	1.000	0.151	0.007	0.005	0.005	0.006	0.007
		γ_{Te}	0.007	0.007	0.007	0.007	0.007	0.054	0.843	1.031	1.031	1.009	1.000
Cd-Tl	750	γ_{Cd}	1.000	1.021	1.068	1.162	1.259	1.377	1.513	1.664	1.813	1.995	1.932
		γ_{Tl}	3.826	2.516	1.971	1.538	1.323	1.186	1.097	1.042	1.012	1.001	1.000
Cd-Zn	800	γ_{Cd}	1.000	1.012	1.049	1.114	1.208	1.334	1.505	1.748	2.130	2.802	4.154
		γ_{Zn}	3.304	2.633	2.149	1.796	1.545	1.367	1.238	1.142	1.070	1.020	1.000
Cd-Zn	1100	γ_{Cd}										0.743	0.661
		γ_{Zn}										0.993	1.000
	1200	γ_{Cd}										0.910	0.912
		γ_{Zn}										1.000	1.000
Ca-Mg	700	γ_{Ca}	1.000										
		γ_{Mg}	0.864										
Ce-Mg	1100	γ_{Ce}	1.000	0.954	0.882	0.832	0.810	0.779	0.680	0.469	0.214	0.051	0.005
		γ_{Mg}	0.071	0.188	0.301	0.361	0.381	0.398	0.444	0.539	0.696	0.890	1.000
Ce-Pb	800	γ_{Ce}	−0.014									−0.014	
		γ_{Pb}	4.8×10^{-10}									4.8×10^{-10}	
Ce-Pu	1500	γ_{Ce}											
		γ_{Pu}	1.85										

续附表 6

二元系 A-B	温度/K	γ_A	1.00	0.9	0.8	0.7	0.6	0.5	0.4	0.3	0.2	0.1	0.0
Co-Cr	2200	γ_{Co}	1.000	0.993	0.971	0.934	0.884	0.820	0.746	0.665	0.580	0.493	0.410
		γ_{Cr}	0.453	0.518	0.587	0.659	0.731	0.800	0.864	0.920	0.963	0.990	1.000
Co-Cu	1300	γ_{Co}	1.000	1.046								17.906	17.906
		γ_{Cu}	33.971	10.183								1.000	1.000
Co-Fe	1153	γ_{Co}											
		γ_{Fe}				0.800	0.850	0.920	0.967	1.000	1.000	1.000	1.000
Co-Fe	1863	γ_{Co}	1.000	1.006	1.024	1.051	1.097	1.151	1.226	1.230	1.199	1.136	1.051
		γ_{Fe}	1.590	1.416	1.282	1.183	1.095	1.035	0.981	0.979	0.987	0.996	1.000
Co-In	1800	γ_{Co}	1.000	1.022	1.089	1.204	1.375	1.624	2.006	2.654	3.928	6.943	16.076
		γ_{In}	8.341	5.505	3.837	2.838	2.217	1.808	1.522	1.310	1.151	1.043	1.000
Co-Mn	1023	γ_{Co}	1.000	0.965	0.874	0.764	0.655	0.558	0.460	0.289	0.147	0.087	0.069
		γ_{Mn}	0.056	0.112	0.197	0.295	0.394	0.841	0.562	0.711	0.893	0.982	1.000
Co-Mo	1350	γ_{Co}	1.000	1.010									
		γ_{Mo}	4.441	3.575									
Co-Nb	2800	γ_{Co}	1.000	0.970	0.891	0.784	0.667	0.554	0.455	0.372	0.306	0.257	0.221
		γ_{Nb}	0.094	0.170	0.275	0.404	0.547	0.686	0.807	0.900	0.961	0.992	1.000
Co-Ni	1900	γ_{Co}	1.000	1.001	1.003	1.008	1.014	1.021	1.031	1.042	1.055	1.071	1.088
		γ_{Ni}	1.088	1.071	1.055	1.042	1.031	1.021	1.014	1.008	1.003	1.001	1.000
Co-Pt	1273	γ_{Co}	1.000	0.954	0.824	0.656	0.472	0.310	0.185	0.100	0.050	0.022	0.009
		γ_{Pt}	0.009	0.022	0.050	0.100	0.185	0.310	0.472	0.656	0.829	0.956	1.000
Co-Si	1800	γ_{Co}	1.000	0.935	0.706	0.413	0.195	0.082	0.034	0.016	0.010	0.008	0.008
		γ_{Si}	0.000	0.001	0.004	0.022	0.089	0.261	0.533	0.798	0.952	0.998	1.000
Co-Ta	3300	γ_{Co}	1.000	1.009	0.991	0.907	0.757	0.582	0.425	0.313	0.253	0.252	0.353
		γ_{Ta}	0.285	0.227	0.246	0.319	0.445	0.614	0.795	0.939	1.010	1.014	1.000
Co-Ti	1873	γ_{Co}			0.0941	0.762	0.580	0.290	0.144				
		γ_{Ti}						1.25×10^{-4}					7.9×10^{-4}
Co-V	2200	γ_{Co}	1.000	0.968	0.886	0.774	0.652	0.536	0.434	0.351	0.285	0.236	0.200
		γ_{V}	0.083	0.153	0.254	0.382	0.526	0.669	0.795	0.893	0.958	0.991	1.000
Co-W	3800	γ_{Co}	1.000	1.003	1.012	1.027	1.049	1.078	1.114	1.158	1.212	1.275	1.350
		γ_{W}	1.350	1.275	1.212	1.158	1.114	1.078	1.049	1.027	1.012	1.003	1.000
Cr-Cu	2200	γ_{Cr}	1.000	1.026	1.091	1.185	1.306	1.466	1.694	2.059	2.711	4.019	7.038
		γ_{Cu}	6.308	3.811	2.673	2.081	1.735	1.507	1.339	1.206	1.101	1.029	1.000
Cr-Fe	1600	γ_{Cr}	1.000	1.005	1.020	1.040	1.062	1.088	1.137	1.272	1.437	1.679	2.197
		γ_{Fe}	1.609	1.441	1.327	1.251	1.203	1.169	1.126	1.058	1.016	0.988	0.976
Cr-Mn	2200	γ_{Cr}	1.000	1.012	1.046	1.102	1.177	1.272	1.386	1.517	1.662	1.817	1.975
		γ_{Mn}	2.622	2.085	1.723	1.476	1.304	1.186	1.105	1.052	1.021	1.005	1.000

续附表 6

二元系 A-B	温度/K	γ_A	1.00	0.9	0.8	0.7	0.6	0.5	0.4	0.3	0.2	0.1	0.0
Cr-Mo	1470	γ_{Cr}	1.000	1.029	1.099	1.197	1.321	1.487	1.709	2.000	2.369	2.898	3.644
		γ_{Mo}	6.245	3.573	2.434	1.881	1.565	1.354	1.208	1.110	1.049	1.012	1.000
Cr-Nb	2900	γ_{Cr}	1.000	0.989	0.961	0.924	0.885	0.851	0.826	0.817	0.827	0.865	0.940
		γ_{Nb}	0.523	0.651	0.768	0.865	0.938	0.985	1.009	1.016	1.012	1.004	1.000
Cr-Ni	1550	γ_{Cr}					1.205	1.567	1.152	1.290	0.951	0.625	0.390
		γ_{Ni}					1.049	0.735	0.754	0.820	0.906	0.975	1.000
Cr-P	2200	γ_{Cr}	1.000	0.885	0.683	0.500	0.340	0.191	0.071	0.013	0.001	0.000	0.000
		γ_{P}	0.000	0.000	0.002	0.005	0.011	0.022	0.049	0.123	0.319	0.707	1.000
Cr-Pd	2273	γ_{Cr}	1.000	1.001	1.009	1.028	1.052	1.069	1.057	0.989	0.845	0.633	0.394
		γ_{Pd}	1.006	0.997	0.953	0.902	0.863	0.846	0.853	0.883	0.929	0.997	1.000
Cr-Pt	2200	γ_{Cr}	1.000	0.940	0.777	0.558	0.345	0.182	0.081	0.030	0.009	0.002	0.000
		γ_{Pt}	0.001	0.004	0.010	0.028	0.068	0.148	0.287	0.488	0.722	0.920	1.000
Cr-Si	2200	γ_{Cr}	1.000	0.927	0.753	0.551	0.372	0.239	0.150	0.095	0.062	0.043	0.032
		γ_{Si}	0.003	0.014	0.046	0.119	0.246	0.423	0.620	0.796	0.920	0.984	1.000
Cr-Sn	2200	γ_{Cr}	1.000	0.971	0.935	0.938	0.997	1.101	1.198	1.177	0.923	0.495	0.150
		γ_{Sn}	0.445	0.840	1.061	1.057	0.947	0.838	0.781	0.786	0.849	0.944	1.000
Cr-Ta	3300	γ_{Cr}	1.000	0.999	0.999	0.999	1.001	1.005	1.015	1.029	1.051	1.080	1.120
		γ_{Ta}	1.022	1.033	1.038	1.038	1.035	1.029	1.021	1.014	1.007	1.002	1.000
Cr-Ti	2200	γ_{Cr}	1.000	1.005	1.019	1.040	1.066	1.097	1.129	1.160	1.189	1.212	1.228
		γ_{Ti}	1.446	1.313	1.214	1.142	1.089	1.053	1.028	1.013	1.004	1.001	1.000
Cr-V	1550	γ_{Cr}	1.000	0.981	0.925	0.844	0.751	0.666	0.607	0.575	0.554	0.526	0.490
		γ_{V}	0.229	0.331	0.460	0.608	0.755	0.875	0.946	0.975	0.987	0.996	1.000
Cr-W	3800	γ_{Cr}	1.000	1.014	1.053	1.112	1.187	1.270	1.354	1.429	1.481	1.499	1.471
		γ_{W}	2.601	1.978	1.593	1.351	1.197	1.101	1.045	1.014	1.002	0.999	1.000
Cr-Zn	2200	γ_{Cr}	1.000	1.001	1.005	1.014	1.028	1.049	1.080	1.123	1.180	1.255	1.353
		γ_{Zn}	1.213	1.190	1.163	1.135	1.106	1.078	1.053	1.032	1.015	1.004	1.000
Cr-Zr	2200	γ_{Cr}	1.000	0.988	0.969	0.957	0.953	0.948	0.919	0.840	0.689	0.477	0.260
		γ_{Zr}	0.522	0.670	0.753	0.784	0.791	0.796	0.815	0.854	0.911	0.970	1.000
Cs-Hg	298.15	γ_{Cs}											9.4×10^{-16}
		γ_{Hg}											1.000
	550	γ_{Cs}								0.326	0.0075	0.00003	
		γ_{Hg}								0.079	0.276	0.727	1.000
Cs-K	340	γ_{Cs}	1.000	1.007	1.026	1.054	1.087	1.124	1.159	1.189	1.208	1.213	1.199
		γ_{K}	1.595	1.394	1.253	1.156	1.090	1.046	1.020	1.006	1.000	1.000	1.000
Cs-Na	385	γ_{Cs}	1.000	0.985	0.966	0.965	0.994	1.063	1.201	1.482	2.119	3.867	10.400
		γ_{Na}	1.175	1.628	1.835	1.846	1.752	1.615	1.463	1.309	1.164	1.050	1.000

续附表 6

二元系 A-B	温度/K	γ_A	1. 00	0. 9	0. 8	0. 7	0. 6	0. 5	0. 4	0. 3	0. 2	0. 1	0. 0
Cs-Rb	384	γ_{Cs}	1. 000	1. 012	1. 050	1. 115	1. 214	1. 355	1. 548	1. 813	2. 175	2. 673	3. 367
		γ_{Rb}	3. 367	2. 673	2. 175	1. 813	1. 548	1. 355	1. 214	1. 115	1. 050	1. 012	1. 000
Cu-Fe	1823	γ_{Cu}	1. 000	1. 032	1. 120	1. 254	1. 428	1. 657	2. 010	2. 598	3. 641	5. 75	9. 512
		γ_{Fe}	10. 570	5. 728	3. 582	2. 542	1. 996	1. 663	1. 421	1. 237	1. 107	1. 028	1. 000
Cu-In	1373	γ_{Cu}	1. 000	0. 939	0. 820	0. 713	0. 645	0. 619	0. 631	0. 668	0. 701	0. 682	0. 561
		γ_{In}	0. 068	0. 244	0. 535	0. 822	0. 997	1. 051	1. 036	1. 005	0. 988	0. 992	1. 000
Cu-Zn	1073	γ_{Cu}		0. 840	0. 775	0. 647	0. 582	0. 563	0. 582	0. 640	0. 753	0. 958	1. 328
		γ_{Zn}		0. 412	0. 537	0. 943	1. 154	1. 206	1. 177	1. 118	1. 060	1. 018	1. 000
Cu-Li	1400	γ_{Cu}	1. 000	1. 003	1. 012	1. 027	1. 048	1. 075	1. 110	1. 153	1. 205	1. 266	1. 338
		γ_{Li}	1. 338	1. 266	1. 205	1. 153	1. 110	1. 075	1. 048	1. 027	1. 012	1. 003	1. 000
Cu-Mg	1100	γ_{Cu}		0. 872	0. 826	0. 664	0. 504	0. 373	0. 275	0. 209	0. 171	0. 154	0. 149
		γ_{Mg}		0. 103	0. 131	0. 252	0. 422	0. 611	0. 787	0. 913	0. 978	0. 998	1. 000
Cu-Mn	1100	γ_{Cu}	1. 000	0. 982	0. 944	0. 904	0. 876	0. 874	0. 917	1. 064	1. 494	2. 526	
		γ_{Mn}	0. 669	0. 964	1. 224	1. 396	1. 485	1. 491	1. 436	1. 328	1. 190	1. 081	
	1500	γ_{Cu}	1. 000	0. 972	0. 905	0. 854	0. 851	0. 879	0. 951	1. 133	1. 637	3. 011	6. 261
		γ_{Mn}	0. 511	0. 887	1. 342	1. 608	1. 627	1. 565	1. 470	1. 344	1. 189	1. 071	1. 021
Cu-Nb	2773	γ_{Cu}	1. 000	1. 044	1. 142	1. 236	1. 251	1. 116	0. 830	0. 486	0. 211	0. 064	0. 013
		γ_{Nb}	1. 554	0. 658	0. 389	0. 304	0. 295	0. 337	0. 428	0. 569	0. 749	0. 922	1. 000
Cu-Ni	973	γ_{Cu}	1. 000	1. 009	1. 044	1. 096	1. 188	1. 319	1. 526	1. 888	2. 531	3. 693	5. 900
		γ_{Ni}	3. 286	2. 773	2. 345	2. 002	1. 725	1. 521	1. 351	1. 206	1. 095	1. 024	1. 000
	1823	γ_{Cu}	1. 000	1. 002	1. 017	1. 058	1. 128	1. 222	1. 334	1. 480	1. 669	1. 912	2. 227
		γ_{Ni}	1. 906	1. 864	1. 704	1. 517	1. 347	1. 222	1. 136	1. 075	1. 032	1. 008	1. 000
Cu-Pb	1473	γ_{Cu}	1. 000	1. 013	1. 065	1. 188	1. 359	1. 581	1. 886	2. 304	2. 884	3. 702	4. 872
		γ_{Pb}	5. 271	4. 166	3. 148	2. 278	1. 772	1. 472	1. 273	1. 143	1. 060	1. 015	1. 000
Cu-Pb	1350	γ_{Cu}	1. 000	0. 947	0. 813	0. 643	0. 477	0. 367	0. 314	0. 321	0. 343	0. 427	0. 627
		γ_{Pb}	0. 008	0. 081	0. 194	0. 395	0. 686	0. 948	1. 082	0. 089	1. 057	1. 019	1. 000
Cu-Pt	1350	γ_{Cu}	1. 000	0. 929	0. 770	0. 594	0. 444	0. 326	0. 237	0. 177	0. 124	0. 080	0. 048
		γ_{Pt}	0. 008	0. 032	0. 095	0. 208	0. 359	0. 526	0. 683	0. 801	0. 901	0. 974	1. 000
Cu-Sb	1190	γ_{Cu}		0. 912	0. 934	0. 518	0. 387	0. 319	0. 306	0. 295	0. 297	0. 320	0. 378
		γ_{Sb}		0. 045	0. 153	0. 437	0. 768	0. 972	1. 002	1. 022	1. 020	1. 008	1. 000
Cu-Sr	1373	γ_{Cu}	1. 000	1. 004	1. 024	1. 067	1. 141	1. 252	1. 403	1. 596	1. 824	2. 062	2. 267
		γ_{Sr}	2. 170	2. 018	1. 813	1. 603	1. 416	1. 265	1. 152	1. 075	1. 028	1. 005	1. 000
Cu-Sn	1400	γ_{Cu}	1. 000	0. 891	0. 674	0. 556	0. 474	0. 440	0. 422	0. 417	0. 403	0. 379	0. 317
		γ_{Sn}	0. 007	0. 072	0. 362	0. 656	0. 849	0. 934	0. 966	0. 973	0. 979	0. 991	1. 000
Cu-Ti	1473	γ_{Cu}										1. 604	1. 790
		γ_{Ti}										1. 005	1. 000

续附表 6

二元系 A-B	温度/K	γ_A	1. 00	0. 9	0. 8	0. 7	0. 6	0. 5	0. 4	0. 3	0. 2	0. 1	0. 0
Cu-Tl	1573	γ_{Cu}	1. 000	1. 024	1. 098	1. 229	1. 425	1. 693	2. 024	2. 409	2. 807	3. 163	3. 403
		γ_{Tl}	7. 385	4. 685	3. 141	2. 242	1. 700	1. 376	1. 188	1. 081	1. 026	1. 004	1. 000
Cu-V	2200	γ_{Cu}	1. 000	1. 017	1. 070	1. 168	1. 323	1. 559	1. 912	2. 446	3. 268	4. 567	6. 686
		γ_{V}	5. 905	4. 299	3. 217	2. 476	1. 964	1. 608	1. 361	1. 192	1. 082	1. 020	1. 000
Cu-Y	1823	γ_{Cu}	1. 000	0. 937	0. 777	0. 581	0. 407	0. 278	0. 198	0. 156	0. 150	0. 194	0. 372
		γ_{Y}	0. 009	0. 032	0. 094	0. 225	0. 438	0. 699	0. 929	1. 057	1. 074	1. 031	1. 000
Cu-Zn	773	γ_{Cu}	1. 000	0. 974	0. 847	0. 655	0. 505	0. 413	0. 312	0. 035	0. 030		
		γ_{Zn}	0. 014	0. 024	0. 050	0. 108	0. 179	0. 219	0. 250	0. 871	0. 877		
	1200	γ_{Cu}					0. 557	0. 438	0. 348	0. 284	0. 245	0. 229	0. 235
		γ_{Zn}					0. 517	0. 695	0. 841	0. 939	0. 986	1. 000	1. 000
Cu-Zr	2200	γ_{Cu}	1. 000	0. 983	0. 933	0. 851	0. 745	0. 623	0. 497	0. 377	0. 271	0. 184	0. 118
		γ_{Zr}	0. 151	0. 208	0. 280	0. 368	0. 471	0. 586	0. 705	0. 818	0. 913	0. 977	1. 000
Dy-Er	1850	γ_{Dy}	1. 000	1. 000	1. 000	1. 000	1. 000	1. 000	1. 000	1. 000	1. 000	1. 000	1. 000
		γ_{Er}	1. 000	1. 000	1. 000	1. 000	1. 000	1. 000	1. 000	1. 000	1. 000	1. 000	1. 000
Dy-Mg	800	γ_{Dy}	1. 000										
		γ_{Mg}	0. 811										
Dy-Ho	1750	γ_{Dy}	1. 000	1. 000	1. 000	1. 000	1. 000	1. 000	1. 000	1. 000	1. 000	1. 000	1. 000
		γ_{Ho}	1. 000	1. 000	1. 000	1. 000	1. 000	1. 000	1. 000	1. 000	1. 000	1. 000	1. 000
Er-Ho	1850	γ_{Er}	1. 000	1. 000	1. 000	1. 000	1. 000	1. 000	1. 000	1. 000	1. 000	1. 000	1. 000
		γ_{Ho}	1. 000	1. 000	1. 000	1. 000	1. 000	1. 000	1. 000	1. 000	1. 000	1. 000	1. 000
Er-Pb	800	γ_{Er}											0. 0053
		γ_{Pb}											2.994×10^{-6}
Er-Tb	1850	γ_{Er}	1. 000	1. 000	0. 999	0. 998	0. 996	0. 994	0. 992	0. 989	0. 986	0. 982	0. 978
		γ_{Tb}	0. 978	0. 982	0. 986	0. 989	0. 992	0. 994	0. 996	0. 998	0. 999	1. 000	1. 000
Er-Zn	800	γ_{Er}											0. 021
		γ_{Zn}											1.15×10^{-1}
Fe-Zr	1473	γ_{Fe}	1. 000	0. 966	0. 843	0. 609	0. 386	0. 245	0. 155	0. 098	0. 062	0. 039	0. 025
		γ_{Zr}	0. 010	0. 018	0. 038	0. 101	0. 237	0. 415	0. 603	0. 772	0. 900	0. 976	1. 000
Fe-Mn	1450	γ_{Fe}	1. 000	1. 004	1. 015	1. 037	1. 069	1. 113	1. 172	1. 250	1. 361	1. 521	1. 765
		γ_{Mn}	1. 543	1. 441	1. 350	1. 269	1. 199	1. 141	1. 099	1. 057	1. 027	1. 008	1. 000
	1863	γ_{Fe}	1. 00	1. 00	1. 01	1. 03	1. 05	1. 07	1. 11	1. 15	1. 20	1. 26	1. 33
		γ_{Mn}	1. 33	1. 26	1. 20	1. 15	1. 11	1. 07	1. 05	1. 03	1. 01	1. 00	1. 00
Fe-Nb	2800	γ_{Fe}	1. 000	1. 004	1. 006	0. 992	0. 950	0. 871	0. 755	0. 609	0. 452	0. 303	0. 182
		γ_{Nb}	0. 576	0. 531	0. 523	0. 544	0. 589	0. 653	0. 734	0. 823	0. 909	0. 974	1. 000

续附表 6

二元系 A-B	温度/K	γ_A	1.00	0.9	0.8	0.7	0.6	0.5	0.4	0.3	0.2	0.1	0.0
Fe-Nd	1900	γ_{Fe}	1.000	1.023	1.073	1.124	1.157	1.161	1.136	1.095	1.058	1.055	1.123
		γ_{Nd}	2.467	1.546	1.170	1.014	0.959	0.954	0.970	0.990	1.001	1.003	1.000
Fe-Ni	1200	γ_{Fe}		0.96	0.96	0.986	1.027						
		γ_{Ni}											
	1873	γ_{Fe}	1.000	0.996	0.992	0.990	0.978	0.941	0.858	0.726	0.581	0.454	0.355
		γ_{Ni}	0.617	0.675	0.692	0.697	0.712	0.745	0.802	0.877	0.945	0.987	1.000
Fe-P	1823	γ_{Fe}	1.000	0.946	0.763	0.505	0.275	0.129	0.057	0.027	0.017	0.016	0.033
		γ_{P}	0.001	0.003	0.011	0.037	0.116	0.293	0.573	0.859	1.019	1.030	1.000
Fe-Pd	1273	γ_{Fe}	1.000	1.054	1.171	1.258	1.193	0.866	0.388	0.106	0.021	0.0031	0.0004
		γ_{Pd}	0.409	0.142	0.076	0.061	0.066	0.096	0.185	0.371	0.640	0.893	1.000
	1873	γ_{Fe}	1.000	1.014	1.038	1.090	1.159	1.243	1.346	1.498	1.723	1.995	2.306
		γ_{Pd}	2.805	1.985	1.732	1.497	1.335	1.225	1.148	1.084	1.034	1.008	1.000
Fe-Pr	1900	γ_{Fe}	1.000	1.020	1.070	1.139	1.216	1.286	1.335	1.351	1.326	1.255	1.143
		γ_{Pr}	2.893	1.970	1.493	1.234	1.092	1.019	0.987	0.980	0.986	0.995	1.000
Fe-Pt	1123	γ_{Fe}	1.000	0.908	0.823	0.659	0.400	0.155	0.0275	0.0183		0.0008	0.0008
		γ_{Pt}	0.00030	0.00518	0.00929	0.0180	0.0418	0.132	0.533	0.682		1.000	1.000
	1880	γ_{Fe}	1.000	1.025	0.957	0.778	0.513	0.220	0.0395	0.0470	0.0085	0.0077	0..00085
		γ_{Pt}	0.0138	0.0064	0.0099	0.0183	0.0394	0.109	0.432	0.410	0.727	0.954	1.000
Fe-Si	1873	γ_{Fe}	1.000	0.955	0.776	0.476	0.214	0.102	0.0622	0.0428	0.0307	0.0222	0.0162
		γ_{Si}	0.00132	0.00297	0.00950	0.0406	0.178	0.446	0.677	0.830	0.928	0.983	1.000
Fe-Sn	1820	γ_{Fe}	1.000	1.002	1.010	1.05020	1.130	1.171	1.551				6.650
		γ_{Sn}	2.804	2.710	2.550	2.270	2.000	1.910	1.440				1.000
	1873	γ_{Fe}	1.000	0.980	0.963	0.989	1.077	1.240	1.487	1.831	2.299	2.968	4.072
		γ_{Sn}	1.252	1.984	2.226	2.067	1.767	1.489	1.283	1.147	1.063	1.016	1.000
Fe-Ti	1823	γ_{Fe}	1.000	0.967	0.881	0.764	0.636	0.511	0.397	0.299	0.218	0.153	0.103
		γ_{Ti}	0.063	0.120	0.205	0.314	0.442	0.578	0.711	0.828	0.920	0.979	1.000
Fe-V	1600	γ_{Fe}	1.000	0.957	0.859	0.737	0.612	0.498	0.400	0.316	0.243	0.180	0.129
		γ_{V}	0.045	0.117	0.212	0.344	0.488	0.628	0.751	0.853	0.932	0.983	1.000
Fe-Zn	1066	γ_{Fe}	1.000	1.038	1.123	1.231	1.338	1.358					
		γ_{Zn}	6.185	3.576	2.455	1.829	1.467	1.415					
Fe-Zr	2173	γ_{Fe}	1.000	1.003	0.942	0.804	0.646	0.519	0.436	0.379	0.304	0.175	0.047
		γ_{Zr}	0.174	0.145	0.203	0.325	0.489	0.641	0.741	0.799	0.859	0.941	1.000
Ga-Mg	923	γ_{Ga}	1.000	0.987	0.922	0.783	0.635	0.394	0.184	0.074	0.030	0.014	0.008
		γ_{Mg}	0.027	0.033	0.048	0.078	0.115	0.205	0.380	0.620	0.842	0.969	1.000
Ga-Ge	1240	γ_{Ga}	1.000	0.999	0.995	0.989	0.981	0.970	0.955	0.936	0.910	0.876	0.832
		γ_{Ge}	0.870	0.895	0.915	0.932	0.946	0.959	0.971	0.982	0.991	0.997	1.000

续附表 6

二元系 A-B	温度/K	γ_A	1.00	0.9	0.8	0.7	0.6	0.5	0.4	0.3	0.2	0.1	0.0
Ga-Hg	600	γ_{Ga}	1.000	1.031	1.113	1.239	1.414	1.651	1.985	2.478	3.250	4.536	6.816
		γ_{Hg}	9.395	5.153	3.320	2.399	1.877	1.552	1.335	1.185	1.083	1.021	1.000
Ga-In	443	γ_{Ga}	1.000	1.017	1.065	1.144	1.259	1.419	1.640	1.953	2.407	3.098	4.201
		γ_{In}	4.339	3.147	2.417	1.947	1.629	1.408	1.250	1.138	1.062	1.016	1.000
Ga-Ni	1223	γ_{Ga}						0.0091	0.00349				
		γ_{Ni}											
Ga-Pb	923	γ_{Ga}	1.000	1.036	1.131	1.276	1.479	1.763	2.182	2.844	3.969	6.033	10.148
		γ_{Pb}	13.317	6.591	3.986	2.765	2.101	1.695	1.424	1.235	1.105	1.027	1.000
Ga-Sb	1023	γ_{Ga}	1.000	0.997	0.976	0.927	0.849	0.752	0.649	0.556	0.483	0.439	0.434
		γ_{Sb}	0.410	0.427	0.479	0.559	0.657	0.763	0.860	0.936	0.981	0.998	1.000
Ga-Sn	723	γ_{Ga}	1.000	1.008	1.030	1.065	1.113	1.173	1.245	1.329	1.422	1.525	1.634
		γ_{Sn}	1.895	1.639	1.449	1.310	1.206	1.131	1.077	1.040	1.016	1.004	1.000
Ga-Te	1130	γ_{Ga}	1.000	1.040	1.147	1.239	1.058	0.445	0.075	0.018	0.007	0.004	0.832
		γ_{Te}	0.086	0.041	0.023	0.018	0.024	0.066	0.281	0.626	0.855	0.947	1.000
Ga-Zn	750	γ_{Ga}	1.000	1.004	1.015	1.034	1.065	1.108	1.167	1.252	1.379	1.592	2.252
		γ_{Zn}	1.557	1.453	1.363	1.288	1.221	1.163	1.115	1.074	1.040	1.015	1.000
Ge-In	443	γ_{Ge}	1.000	0.997	0.989	0.984	0.985	0.997	1.026	1.079	1.166	1.299	1.503
		γ_{In}	0.988	1.060	1.105	1.124	1.123	1.107	1.082	1.053	1.027	1.007	1.000
Ge-Pb	1243	γ_{Ge}	1.000	1.015	1.065	1.155	1.297	1.513	1.835	2.319	3.057	4.213	6.080
		γ_{Pb}	5.244	3.920	2.999	2.352	1.895	1.570	1.341	1.183	1.079	1.019	1.000
Ge-Sb	1243	γ_{Ge}	1.000	0.995	0.984	0.975	0.976	0.996	1.042	1.128	1.273	1.510	1.897
		γ_{Sb}	0.982	1.096	1.170	1.203	1.201	1.174	1.132	1.085	1.042	1.012	1.000
Ge-Si	1723	γ_{Ge}	1.000	1.004	1.017	1.038	1.069	1.110	1.163	1.228	1.307	1.404	1.520
		γ_{Si}	1.520	1.404	1.307	1.228	1.163	1.110	1.069	1.038	1.017	1.004	1.000
Ge-Sn	1273	γ_{Ge}	1.000	1.001	1.003	1.008	1.018	1.032	1.053	1.083	1.122	1.174	1.241
		γ_{Sn}	1.135	1.124	1.109	1.092	1.074	1.055	1.038	1.023	1.011	1.003	1.000
Ge-Te	1213	γ_{Ge}	1.000	1.014	1.061	1.142	1.192	0.992	0.550	0.254	0.132	0.081	0.056
		γ_{Te}	0.539	0.419	0.325	0.260	0.238	0.294	0.473	0.718	0.896	0.979	1.000
Ge-Tl	1273	γ_{Ge}	1.000	1.009	1.039	1.096	1.187	1.325	1.530	1.832	2.284	2.973	4.055
		γ_{Tl}	3.086	2.604	2.206	1.882	1.623	1.419	1.262	1.145	1.065	1.016	1.000
Ge-Zn	1273	γ_{Ge}	1.000	0.997	0.989	0.975	0.955	0.931	0.902	0.869	0.833	0.793	0.752
		γ_{Zn}	0.752	0.793	0.833	0.869	0.902	0.931	0.955	0.975	0.989	0.997	1.000
H-Zr	1000	γ_H					0.425		0.257	0.251	0.257		0.732
		γ_{Zr}					0.599		1.103	1.118	1.112		1.000
Hf-Si	2800	γ_{Hf}	1.000	0.932	0.755	0.533	0.328	0.177	0.083	0.034	0.013	0.004	0.001
		γ_{Si}	0.001	0.004	0.013	0.034	0.083	0.177	0.328	0.533	0.755	0.932	1.000

续附表 6

二元系 A-B	温度/K	γ_A	1.00	0.9	0.8	0.7	0.6	0.5	0.4	0.3	0.2	0.1	0.0
Hf-Ta	3300	γ_{Hf}	1.000	0.991	0.972	0.955	0.950	0.969	1.025	1.137	1.338	1.691	2.321
		γ_{Ta}	0.883	1.057	1.183	1.250	1.263	1.234	1.180	1.117	1.059	1.016	1.000
Hf-Tl	2600	γ_{Hf}	1.000	0.989	0.958	0.907	0.841	0.762	0.677	0.588	0.499	0.415	0.338
		γ_{Tl}	0.338	0.415	0.499	0.588	0.677	0.762	0.841	0.907	0.958	0.989	1.000
In-Hg	298.15	γ_{In}				0.820	0.673	0.485	0.310	0.187	0.108	0.057	0.0297
		γ_{Hg}				0.179	0.256	0.382	0.550	0.722	0.867	0.965	1.000
Hg-K	298.15	γ_{Hg}	1.000										
		γ_K	6.31×10^{-17}										
	600	γ_{Hg}	1.000	0.780	0.358	0.118	0.037	0.015	0.008	0.007	0.007	0.008	0.007
		γ_K	0.000	0.001	0.020	0.020	0.175	0.563	0.929	1.025	1.004	0.995	1.000
Hg-Li	298.15	γ_{Hg}	1.000										
		γ_{Li}	3.5×10^{-15}										
Hg-Mg	673	γ_{Hg}	1.000	0.920	0.733	0.523							
		γ_{Mg}											
Hg-Na	298.15	γ_{Hg}	1.000										
		γ_{Na}	1.26×10^{-13}										
	673	γ_{Hg}	1.000	0.879	0.572	0.278	0.110	0.037	0.012	0.006	0.004	0.003	0.002
		γ_{Na}	0.00001	0.0001	0.001	0.011	0.060	0.224	0.558	0.807	0.936	0.987	1.000
Hg-Pb	600	γ_{Hg}	1.00	1.04	1.13	1.22	1.31	1.40	1.47	1.50	1.46	1.34	1.13
		γ_{Pb}	6.44	2.54	1.61	1.28	1.11	1.02	0.98	0.97	0.98	0.99	1.00
Hg-Sn	450	γ_{Hg}	1.000	1.054	1.138	1.245	1.372	1.513	1.680	1.864			
		γ_{Sn}	13.768	3.412	2.172	1.656	1.380	1.220	1.121	1.059			
	298.15	γ_{Hg}	1.000										
		γ_{Sn}	32.36										
Hg-Tl	298.15	γ_{Hg}	1.000	0.950	0.869	0.783	0.743	0.736					
		γ_{Tl}	0.120	0.331	0.560	0.766	0.844	0.911					
Hg-Zn	573	γ_{Hg}	1.000	1.012	1.039	1.073	1.115	1.167	1.231	1.525			
		γ_{Zn}	1.304	1.821	1.560	1.416	1.318	1.246	1.198	1.077			
Ho-Tb	1773	γ_{Ho}	1.000	1.000	0.999	0.998	0.996	0.994	0.991	0.988	0.985	0.981	0.977
		γ_{Tb}	0.977	0.981	0.985	0.988	0.991	0.994	0.996	0.998	0.999	1.000	1.000
In-Mg	923	γ_{In}	1.000	0.953	0.885	0.791	0.671	0.529	0.374	0.223	0.106	0.036	0.009
		γ_{Mg}	0.033	0.089	0.137	0.192	0.261	0.348	0.462	0.608	0.777	0.931	1.000
In-Na	713	γ_{In}	1.000	0.978	0.900	0.752	0.554	0.365	0.248	0.207	0.227	0.356	0.863
		γ_{Na}	0.063	0.097	0.151	0.258	0.454	0.757	1.044	1.156	1.126	1.044	1.000

续附表 6

二元系 A-B	温度/K	γ_A	1.00	0.9	0.8	0.7	0.6	0.5	0.4	0.3	0.2	0.1	0.0
In-P	1360	γ_{In}	1.000	0.994	0.979	0.962	0.949	0.945	0.957	0.991	1.056	1.165	1.340
		γ_{P}	0.799	0.907	0.989	1.043	1.070	1.076	1.065	1.046	1.024	1.007	1.000
In-Pb	673	γ_{In}	1.000	1.007	1.029	1.064	1.103	1.151	1.201	1.251	1.296	1.329	1.949
		γ_{Pb}	1.754	1.511	1.334	1.220	1.133	1.076	1.040	1.017	1.006	1.000	1.000
In-Sb	900	γ_{In}	1.000	0.983	0.913	0.782	0.645	0.521	0.418	0.338	0.282	0.242	0.231
		γ_{Sb}	0.114	0.152	0.229	0.365	0.522	0.679	0.815	0.914	0.972	0.996	1.000
In-Si	1700	γ_{In}	1.000	1.017	1.068	1.160	1.302	1.511	1.812	2.246	2.877	3.810	5.214
		γ_{Si}	5.214	3.810	2.877	2.246	1.812	1.511	1.302	1.160	1.068	1.017	1.000
In-Sn	700	γ_{In}	1.000	0.982	0.946	0.902	0.858	0.815	0.728	0.648	0.655	0.825	1.241
		γ_{Sn}	0.376	0.540	0.672	0.778	0.854	0.908	0.994	1.061	1.060	1.020	1.000
In-Tl	723	γ_{In}	1.000	1.010	1.036	1.073	1.114	1.158	1.214	1.286	1.382	1.471	1.512
		γ_{Tl}	1.958	1.613	1.392	1.252	1.167	1.112	1.071	1.038	1.013	1.002	1.000
In-Zn	700	γ_{In}	1.000	1.010	1.043	1.106	1.213	1.383	1.656	2.048	2.792	4.760	11.456
		γ_{Zn}	3.919	3.280	2.726	2.292	1.930	1.645	1.420	1.267	1.145	1.044	1.000
Ir-Pd	1350	γ_{Ir}	1.000	1.010	1.039	1.090	1.166	1.271	1.413	1.601	1.849	2.176	2.612
		γ_{Pd}	2.612	2.176	1.849	1.601	1.413	1.271	1.166	1.090	1.039	1.010	1.000
K-Na	384	γ_{K}	1.000	1.008	1.033	1.078	1.148	1.250	1.393	1.592	1.870	2.260	2.816
		γ_{Na}	2.438	2.107	1.835	1.615	1.437	1.295	1.186	1.103	1.046	1.012	1.000
K-Pb	848	γ_{K}	1.000	1.003	0.945	0.754	0.459	0.194	0.0622	0.0231	0.0108	0.0068	0.0065
		γ_{Pb}	0.0099	0.0086	0.0118	0.0228	0.0565	0.161	0.410	0.703	0.909	0.993	1.000
K-Tl	789	γ_{K}	1.000	1.024	1.066	1.070	0.959	0.713	0.410	0.175	0.064	0.021	0.006
		γ_{Tl}	0.271	0.167	0.131	0.128	0.156	0.222	0.348	0.544	0.769	0.939	1.000
K-Rb	384	γ_{K}	1.000	1.007	1.028	1.065	1.119	1.192	1.287	1.410	1.567	1.766	2.018
		γ_{Rb}	2.018	1.766	1.567	1.410	1.287	1.192	1.119	1.065	1.028	1.007	1.000
La-Mg	800	γ_{La}	1.000										
		γ_{Mg}	0.698										
La-Ni	1800	γ_{La}	1.000	0.971	0.716	0.485	0.289	0.155	0.076	0.035	0.015	0.006	0.003
		γ_{Ni}	0.001	0.003	0.013	0.041	0.106	0.227	0.406	0.619	0.818	0.954	1.000
La-Pu	1500	γ_{La}											
		γ_{Pu}	2.75										
Li-Mg	1000	γ_{Li}	1.000	0.962	0.861	0.728	0.589	0.464	0.365	0.298	0.265	0.270	0.332
		γ_{Mg}	0.054	0.115	0.216	0.358	0.532	0.712	0.869	0.970	1.011	1.009	1.000
Li-Sn	1000	γ_{Li}				0.0518	0.0264	0.0137	0.00755	0.00461	0.0034	0.0026	0.00195
		γ_{Sn}				0.0483	0.177	0.398	0.633	0.847	0.938	0.984	1.000
Lu-Mg	800	γ_{Lu}	1.000										
		γ_{Mg}	2.354										

续附表 6

二元系 A-B	温度/K	γ_A	1.00	0.9	0.8	0.7	0.6	0.5	0.4	0.3	0.2	0.1	0.0
Mg-Ni	1000	γ_{Mg}	1.000	0.916	0.853								
		γ_{Ni}	0.00645	0.0784	0.120								
	1750	γ_{Mg}	1.000	0.981	0.925	0.838	0.729	0.609	0.487	0.374	0.275	0.194	0.131
		γ_{Ni}	0.137	0.198	0.277	0.373	0.482	0.601	0.721	0.831	0.921	0.979	1.000
Mg-Pb	973	γ_{Mg}	1.000	0.902	0.687	0.466	0.298	0.189	0.126	0.093	0.080	0.086	0.120
		γ_{Pb}	0.001	0.010	0.046	0.147	0.741	0.198	0.835	0.972	1.024	1.014	1.000
Mg-Sb	800	γ_{Mg}					6.92×10^{-4}						
		γ_{Sb}					2.50						
Mg-Sc	1823	γ_{Mg}	1.000	1.003	1.010	1.024	1.043	1.067	1.098	1.136	1.182	1.235	1.298
		γ_{Sc}	1.298	1.235	1.182	1.136	1.098	1.067	1.043	1.024	1.010	1.003	1.000
Mg-Si	2200	γ_{Mg}	1.000	0.984	0.914	0.781	0.607	0.431	0.285	0.183	0.119	0.085	0.072
		γ_{Si}	0.059	0.078	0.117	0.186	0.297	0.452	0.633	0.805	0.930	0.989	1.000
Mg-Sn	1073	γ_{Mg}	1.000	0.878	0.620	0.375	0.207	0.110	0.0601	0.0356	0.0237	0.0189	0.0186
		γ_{Sn}	0.0001	0.0017	0.0126	0.0573	0.105	0.379	0.625	0.832	0.955	0.997	1.000
Mg-Tl	923	γ_{Mg}	1.000	0.975	0.875	0.695	0.478	0.303	0.202	0.140	0.103	0.079	0.065
		γ_{Tl}	0.025	0.039	0.072	0.142	0.284	0.497	0.696	0.849	0.944	0.989	1.000
Mg-Zn	923	γ_{Mg}	1.000	0.963	0.934	0.876	0.788	0.673	0.543	0.403	0.266	0.150	0.065
		γ_{Zn}	0.085	0.258	0.304	0.368	0.447	0.542	0.645	0.756	0.867	0.959	1.000
Mn-Ni	1050	γ_{Mn}			0.996	0.804	0.773	0.278	0.173	0.073	0.036	0.008	0.002
		γ_{Ni}			0.035	0.067	0.080	0.228	0.344	0.545	0.765	0.936	1.000
Na-Pb	700	γ_{Na}	1.000	0.968	0.713	0.346	0.166	0.0689	0.0301	0.0128	0.0062	0.00376	0.00318
		γ_{Pb}	0.00027	0.0042	0.00217	0.0196	0.0776	0.216	0.443	0.705	0.901	0.988	1.000
Na-Sn	773	γ_{Na}	1.000	1.014	0.824	0.524	0.230		0.0269	0.0145	0.0079	0.0051	0.0062
		γ_{Sn}	0.00094	0.00072	0.00224	0.00863	0.0377		0.546	0.757	0.928	1.009	1.000
Na-Tl	673	γ_{Na}	1.000	1.003	0.962	0.820	0.574	0.308	0.123	0.0452	0.0163	0.00652	0.0034
		γ_{Tl}	0.0220	0.0197	0.0244	0.0388	0.0744	0.159	0.337	0.578	0.813	0.960	1.000
Nd-Pu	1500	γ_{Nd}											
		γ_{Pu}	2.05										
Ni-Pd	1273	γ_{Ni}	1.000	1.015	1.040	1.046	1.008	0.919	0.783	0.620	0.460	0.313	0.191
		γ_{Pd}	0.866	0.635	0.547	0.536	0.572	0.639	0.728	0.826	0.911	0.975	1.000
	1873	γ_{Ni}	1.000	1.006	1.022	1.048	1.085	1.135	1.198	1.269	1.350	1.445	1.546
		γ_{Pd}	1.683	1.488	1.357	1.261	1.182	1.118	1.070	1.037	1.016	1.004	1.000
Ni-Pt	1625	γ_{Ni}	1.000	0.963	0.866	0.736	0.597	0.469	0.360	0.273	0.208	0.160	0.126
		γ_{Pt}	0.084	0.100	0.184	0.300	0.442	0.595	0.740	0.859	0.942	0.987	1.000
	1850	γ_{Ni}	1.000	0.996	0.950	0.776	0.573	0.400					
		γ_{Pt}											

续附表 6

二元系 A-B	温度/K	γ_A	1.00	0.9	0.8	0.7	0.6	0.5	0.4	0.3	0.2	0.1	0.0
Ni-Te	873	γ_{Ni}											
		γ_{Te}						0.00760	0.00763	0.847			
Ni-Zn	1100	γ_{Ni}	1.000	0.972	0.866	0.714		0.318		0.186			
		γ_{Zn}	0.0141	0.0238	0.0460	0.0820		0.203		0.366			
Pb-Pd	1273	γ_{Pb}											
		γ_{Pd}				0.770	0.683	0.440	0.142				
Pb-Pt	1273	γ_{Pb}	1.000	0.972	0.893	0.773	0.617	0.440	0.232	0.188			
		γ_{Pt}	0.043	0.073	0.119	0.183	0.278	0.418	0.698	0.800			
Pb-Sb	905	γ_{Pb}	1.000	0.998	0.990	0.978	0.961	0.939	0.914	0.885	0.852	0.817	0.779
		γ_{Sb}	0.779	0.817	0.852	0.885	0.941	0.939	0.961	0.978	0.990	0.998	1.000
Pb-Sn	1050	γ_{Pb}	1.000	1.035	1.124	1.246	1.382	1.514	1.641	1.764	1.899	2.043	2.195
		γ_{Sn}	6.816	3.458	2.151	1.571	1.293	L156	1.084	1.042	1.017	1.004	1.000
Pb-Tl	523	γ_{Pb}	1.000	1.008	1.026	1.035	1.026	0.973	0.862	0.660	0.429	0.360	0.061
		γ_{Tl}	0.749	0.636	0.575	0.557	0.567	0.604	0.666	0.768	0.884	0.930	1.000
	773	γ_{Pb}	1.000	1.000	1.001	0.993	0.970	0.931	0.878	0.813	0.752	0.714	0.714
		γ_{Tl}	0.796	0.789	0.785	0.802	0.839	0.882	0.926	0.964	0.990	1.000	1.000
Pb-Zn	923	γ_{Pb}	1.000	1.014	1.067	1.083						28.16	34.6
		γ_{Zn}	7.940	6.273	4.707	4.447						1.009	1.000
Pd_S-Zn_S	1050	γ_{Pd}	1.000	0.917			0.171	0.205					
		γ_{Zn}	2×10^{-55}	9×10^{-5}			0.0128	0.0103					
Pd_L-Sn_L	1050	γ_{Pd}				0.00077	0.00188		0.00188	0.00077	0.00049	0.00041	0.00024
		γ_{Sn}							0.482	0.808	0.939	0.977	1.000
Pu-Zn	800	γ_{Pu}											1.43×10^{-7}
		γ_{Zn}											
Sb-Sn	905	γ_{Sb}	1.000	0.991	0.965	0.923	0.847	0.800	0.726	0.647	0.566	0.486	0.411
		γ_{Sn}	0.411	0.486	0.561	0.647	0.726	0.800	0.867	0.923	0.965	0.991	1.000
Sb-In	850	γ_{Sb}		0.983	0.974	0.935	0.834	0.666	0.452	0.309	0.273	0.384	1.262
		γ_{In}		0.335	0.349	0.393	0.485	0.636	0.868	1.064	1.115	1.055	1.000
Sn-Tl	723	γ_{Sn}	1.000	1.010	1.038	1.084	1.149	1.232	1.336	1.460	1.607	1.778	1.972
		γ_{Tl}	2.306	1.918	1.640	1.438	1.291	1.185	1.109	1.057	1.024	1.006	1.000
Sn-Zn	750	γ_{Sn}	1.000	1.003	1.014	1.037	1.080	1.153	1.279	1.501	1.914	2.741	4.578
		γ_{Zn}	1.956	1.859	1.751	1.635	1.517	1.401	1.289	1.183	1.092	1.026	1.000
V-W	3700	γ_V	1.000	1.000	1.000	1.000	1.000	1.000	1.000	1.000	1.000	1.000	1.000
		γ_W	1.000	1.000	1.000	1.000	1.000	1.000	1.000	1.000	1.000	1.000	1.000
W-Zr	3700	γ_W	1.000	1.000	1.002	1.009	1.024	1.049	1.089	1.149	1.234	1.354	1.521
		γ_{Zr}	1.212	1.212	1.199	1.175	1.144	1.111	1.077	1.047	1.022	1.006	1.000

附表 7　金属氧化物的蒸气压与温度的关系

氧化物	熔点/K	lg(p/Pa)	温度范围/K
〈CaO〉		$-\frac{27400}{T}+11.89$	1635~1753
(Al_2O_3)	2316 ±10	$-\frac{27320}{T}+13.42$	2600~2900
MgO		$-\frac{14025}{T}+15.39\lg T-2.36\times 10^{-3}T+1.13\times 10^{-7}/T^3-41.27$	3105~5950
(SiO_2)		$-\frac{26430}{T}+15.55$	2133~2503
(TiO_2)		$-\frac{29945}{T}+13.61$	
ZnO		$-\frac{15790}{T}-3.01\times 10^{-2}\lg T-6.57\times 10^{-6}T-5.49\times 10^{-10}/T^3-10.07$	1773.10~2223.10
ZrO_2		$-\frac{37100}{T}+13.16$	2470~2900
HfO_2		$-\frac{42700}{T}+12.88$	
$2(V_2O_5)=V_4O_{10}(g)$		$-\frac{5905}{T}+4.64$	1215~1530
FeO	1641	$-\frac{21000}{T}+9.66$	1853~1953
(MoO_3)		$-\frac{14110}{T}-7.08\lg T+36.66$	
〈MoO_3〉	1068	$-\frac{16150}{T}-5.53\lg T+34.20$	
Li_2O	1700 ±15	$-\frac{16200}{T}+15.31$	1233~1573
Na_2O	1190 ±10	$-\frac{24044}{T}+13.74$	298~1190
〈CdO〉	1099	$-\frac{14590}{T}-1.76\lg T+18.95$	
〈PbO〉	1159	$-\frac{13480}{T}-0.92\lg T-0.35\times 10^{-3}T+16.48$	296~熔点
(PbO)		$-\frac{13300}{T}-0.81\lg T-0.43\times 10^{-3}T+16.93$	熔点~沸点
SnO	1315	$-\frac{13160}{T}+12.9$	
As_2O_3		$\frac{79643}{T}+1.13\times 10^{3}\lg T-9.04\times 10^{-1}T+2.67\times 10^{-4}/T^3-2811.4$	485.6~730.35
〈As_4O_6〉	586	$-\frac{5282}{T}+13.03$	375~573

续附表 7

氧化物	熔点/K	lg(p/Pa)	温度范围/K
Sb_2O_3		$\frac{-22934}{T} - 1.23 \times 10^3 \lg T + 4.15 \times 10^{-1} T - 5.3 \times 10^{-5}/T^3 - 3557.69$	847.15~1698.15
〈Sb_4O_6〉	928	$-\frac{9625}{T} + 13.44$	742~914
(Sb_4O_6)		$-\frac{3900}{T} + 7.26$	929~1073
GeO	983	$-\frac{13770}{T} + 17.65$	915~978
GeO_2	1389	$-\frac{15620}{T} + 12.28$	1153~1253
Ga_2O_3	2068±20	$-\frac{27098}{T} + 15.46$	1796~1955
Ga_2O	925	$-\frac{13490}{T} + 13.92$	
In_2O_3	2183±10	$-\frac{27791}{T} + 16.48$	1563~1763
In_2O	600	$-\frac{12730}{T} + 13.57$	900~1000
Tl_2O_3	960±2	$-\frac{11429}{T} + 14.68$	989~1030
Tl_2O	573	$-\frac{6612}{T} + 13.63$	453~588
SeO_2	613~663	$-\frac{6170}{T} - 3.02 \lg T + 23.52$	298~升华点
SeO_3	292	$-\frac{4000}{T} + 12.67$	
SiO_2		$\frac{6457.3}{T} + 1.32 \times 10^2 \lg T - 3.57 \times 10^{-2} T + 3.42 \times 10^{-6}/T^3 - 378.52$	1883~2503.20
TeO_2	1006	$-\frac{13169}{T} + 14.38$	730~977
TeO		$-\frac{28066}{T} + 13.16$	1264~2293
Bi_2O_3	1090	$-\frac{11050}{T} + 8.24$	950~1065
CoO	2078	$p = 4.66 \times 10^{-3}$ Pa	1790
NiO	2230~3237	$-\frac{25500}{T} - 0.767 \times 10^{-3} T + 15.20$	298~1600
OsO_4		$\frac{23640}{T} + 6.07 \times 10^2 \lg T - 8.62 \times 10^{-1} T + 4.57 \times 10^{-4}/T^3 - 1362.68$	267.5~403.15

续附表 7

氧化物	熔点/K	lg(p/Pa)	温度范围/K
ThO	2150	$-\frac{33400}{T}+12.16$	
ThO_2	3493±16	$-\frac{33870}{T}+12.58$	
UO_2	3078	$-\frac{33180}{T}+14.55$	2200~2800
NpO_2	2833	$-\frac{31100\pm300}{T}+13.396\pm0.13$	1850~2475
PuO_2	2568	$-\frac{27910}{T}+13.13$	1790~
Re_2O_7		$\frac{1627400}{T}+2.01\times10^4\lg T-1.54\times10^1T+4.52\times10^{-3}/T^3-50918.97$	485.6~635.55
AmO_2		$-\frac{28260\pm360}{T}+12.28\pm0.19$	
Cm_2O_3	2548	$-\frac{29050\pm590}{T}+12.32\pm0.26$	1800~2600
CrO		$-\frac{23256}{T}+10.55$	1820~2020
CrO_2		$-\frac{30769}{T}+14.14$	1840~2010
WO_3	1743	$-\frac{27295}{T}+20.098$	1370~1520
MnO	2058	$p=1.33\times10^{-2}Pa$	1700
BaO	2198	$-\frac{22900}{T}+13.07$	1365~1317
SrO		$-\frac{2793}{T}+11.71$	1640~1850
BeO	2523±25	$-\frac{33200}{T}+13.17$	2103~2573
ScO	2483±30	$-\frac{32800}{T}+12.29$	
YO		$-\frac{34570\pm160}{T}+13.15\pm0.069$	2220~2650

注：（ ）表示液态；〈 〉表示固态；没有此二符号者，系引用文献没有表明，在此只保留原样。

附表 8 硫化物蒸气压与温度的关系数据

$(\lg p_{Pa}=-AT^{-1}+B)$

硫化物	A	B	温度范围/K
α-ZnS	13846	12.7	1095~1435
β-ZnS	13026	11.97	1482~1733
CdS	11526	12.25	800~1100
	11388	12.04	1100~1500

续附表 8

硫化物	A	B	温度范围/K
$HeS_{六方}$	6200	12.39	500~700
$HeS_{立方}$	5841	11.79	774~924
$\langle In_2S_3 \rangle$	15330	14.17	986~1198
(In_2S_3)	14174	13.34	1373~1633
$\langle GaS \rangle$	23365	21.49	1186~1233
(GaS)	3605	7.17	1290~1370
Ga_2S_3	17672	14.93	1171~1304
Te_2S	8220	10.27	973~1323
$\langle Tl_2S \rangle$	4484	9.17	533~467
(Tl_2S)	8220	10.27	973~1323
$\langle GeS \rangle$	8350	12.90	574~869
$\langle GeS_2 \rangle$	9053	13.15	823~1073
$\langle SnS \rangle$	10601	12.27	890~1084
(SnS)	9917	11.5	1165~1503
$\langle PbS \rangle$	11597	12.57	850~1100
Bi_2S_3	7650	9.17	973~1423
$\langle As_4S_4 \rangle$	6238	13.46	431~548
(As_4S_4)	3670	9.25	573~773
(As_2S_3)	4307	9.38	729~966
Sb_2S_3	10490	13.96	692~823
(Sb_2S_3)	822	10.88	1049~1337
MnS	11937	6.76	1177~1379
FeS	10850	6.28	1077~1279
CoS	12630	8.88	1077~1279
NiS	9213	7.96	877~1077
Cu_2S	7687	5.49	1473~1773
MoS_2	13839	8.80	1177~1379
ReS_2	4961	5.02	1223~1613
US	31.03	12.61	1800~2400

附表 9　氯化物蒸气压与温度的关系数据

$$(\lg p_{Pa} = AT^{-1} + B\lg T + CT + D)$$

氯化物	A	B	C	D	温度范围/K	沸点/K
$\langle AgCl \rangle$	11830	-0.30	-1.02×10^3	14.51	298~728	1837
$(AgCl)$	11320	-2.55	—	19.49	728~1873	
$\langle AlCl_3 \rangle$	6360	3.77	-6.12×10^3	11.78	298~453.3	433

续附表 9

氯化物	A	B	C	D	温度范围/K	沸点/K
($AlCl_3$)	2660	-5. 83	—	26. 88	256~395	403
(BCl_3)	2115	-7. 04	—	29. 68	166~285. 5	286
〈$BeCl_2$〉	7870	-5. 03	—	29. 27	298~683	805
($BeCl_2$)	7220	-5. 03	—	28. 40	683~765	
($BiCl_3$)	5980	-7. 04	—	33. 5	500~714	714
(CCl_4)	2400	-5. 30	—	25. 72	250. 1~348	350
($CaCl_2$)	13570	—	—	11. 34	1110~1281	2273
〈$CdCl_2$〉	9270	-2. 11	—	19. 58	298~841	
($CdCl_2$)	9183	-5. 04	—	28. 03	841~1213	1214
〈$CeCl_2$〉	18750	-7. 05	—	38. 50	298~熔点	2004
〈$CoCl_2$〉	14150	-5. 03	—	32. 22	298~1113	
($CoCl_2$)	11050	-5. 03	—	29. 18	1113~1298	1278
〈$CrCl_2$〉	14000	-0. 62	-0.58×10^3	17. 26	298~1088	
($CrCl_2$)	13800	-5. 03	—	29. 82	1088~1573	1573
〈$CrCl_3$〉	13950	-0. 73	-7×10^3	19. 61	298~800	
〈$CsCl$〉	10800	-3. 02	—	22. 11	700~918	
($CsCl$)	9815	3. 52	—	22. 50	918~1573	1573
($CuCl$)	10170	—	—	10. 16	1000~1900	1963
$CuCl_2$	17213	-75. 81	0. 025	-238. 68	582. 85~794. 15	
(Cu_3Cl_3)	3750	—	—	6. 12	900~1800	1868
($FeCl_2$)	9475	-5. 23	—	28. 65	950~1299	1285
〈$FeCl_3$〉	10754	-12. 64	—	58. 02	298~580 气体 (Fe_2Cl_6)	588
($GaCl_3$)	4886	-6. 44	—	31. 26	351~473	575
($GaCl_4$)	2940	-9. 08	—	36. 39	223~357	357
$GeCl_4$	-6474. 5	-84. 23	96. 33	207. 37	228. 15~357. 15	
HCl	1023. 1	—	—	18. 57	115~163	
〈$HfCl_4$〉	5197	—	—	13. 83	476~681	
〈$HgCl_2$〉	4580	-2. 00	—	18. 51	298~550	577
($InCl$)	4640	—	—	10. 15	498~881	881
($InCl_2$)	9405	—	—	17. 10	613~751	758
〈$InCl_3$〉	8270	—	—	15. 74	500~771	
〈ICl〉	2660	—	—	12. 52	273~300. 2	
(ICl)	2080	—	—	10. 62	300. 2~370	
〈KCl〉	12230	-3. 0	—	22. 46	298~1045	
(KCl)	10710	-3. 0	—	21. 03	1045~1680	1680

续附表 9

氯化物	A	B	C	D	温度范围/K	沸点/K
$(LaCl_3)$	19040	-7.05	—	38.32	298~熔点	2085
$\langle LiCl\rangle$	10230	—	—	12.03	298~889	273
$(LiCl)$	10760	-4.02	—	24.42	887~1655	1655
$(MgCl_2)$	10840	-5.03	—	27.65	987~1691	1691
$(MnCl_2)$	10606	-4.33	—	25.80	923~1463	1504
$\langle MoCl_5\rangle$	5210	—	—	15.22	298~467	541
$\langle NaCl\rangle$	12440	-0.90	-0.46×10^3	16.43	298~1074	
$(NaCl)$	11530	-3.84	—	22.89	1074~1738	1738
$\langle NbCl_4\rangle$	6870	—	—	14.42	577~651	
$\langle NbCl_5\rangle$	4370	—	—	13.63	403~478	
$(NbCl_5)$	2870	—	—	10.49	478~523	298
$\langle NdCl_3\rangle$	18220	-7.05	—	38.41	298~熔点	1947
$\langle NiCl_2\rangle$	13300	-2.68	—	24.0	298~1260	
(PCl_3)	2370	-5.14	—	24.86	273~348	348
$\langle PCl_5\rangle$	3520	—	—	13.16	373~432	439 分解
$\langle PbCl_2\rangle$	9890	-0.95	-0.91×10^3	17.48	298~771	
$(PbCl_2)$	10000	-6.65	—	33.52	771~1227	1225
$\langle PrCl_3\rangle$	18490	-7.05	—	38.43	298~熔点	1982
$\langle PuCl_3\rangle$	18270	-5.34	—	34.72	298~1033	
$(PuCl_3)$	15490	-6.45	—	33.88	1033~1923	2063
$\langle RbCl\rangle$	11670	-3.0	—	22.28	298~988	
$(RbCl)$	10300	-3.0	—	20.89	988~1654	1654
$\langle RuCl_3\rangle$	16750	-4.63	—	32.65	298~1000	
(SCl_2)	1620	—	—	9.86	195~213	
(S_2Cl_2)	1880	—	—	9.58	273~411	411
$\langle SbCl_3\rangle$	3460	-3.88	-5.6×10^3	4.93	298~346	
$(SbCl_3)$	3770	-7.04	—	31.60	346~493	493
$SbCl_5$	-4353	-26.39	23.83	73.67	295.85~387.25	
$(SiCl_4)$	1572	—	—	9.76	273~333	331
$(SnCl_2)$	4480	—	—	9.85	677~902	925
$\langle SnCl_4\rangle$	2441	—	—	11.95	221~235	
$(SnCl_4)$	1925	—	—	9.99	298~388	388
$\langle TaCl_4\rangle$	6600	—	—	13.83		
$\langle TaCl_5\rangle$	6275	-7.04	—	36.43	298~494	
$(TaCl_5)$	2975	—	—	10.80	494~513	507
$(TeCl_2)$	3350	—	—	10.63	477~577	595

续附表 9

氯化物	A	B	C	D	温度范围/K	沸点/K
$\langle ThCl_4 \rangle$	12900	—	—	16.42	974~1041	
$(ThCl_4)$	7980	—	—	11.69	1043~1186	1265
$\langle TiCl_2 \rangle$	10230	—	—	11.71	753~883	
$(TiCl_2)$	9470		—	10.92	953~1573	
$\langle TiCl_3 \rangle$	9420	-2.52	—	21.80	298~1003	1023
$(TiCl_4)$	2919	-5.788	—	27.25	298~410	410
$\langle TlCl \rangle$	7370	-2.11	—	18.61	298~702	
$(TlCl)$	6650	-2.62	—	19.04	702~1089	1089
$\langle UCl_3 \rangle$	12000	—	—	12.12	298~1115	
(UCl_3)	12000	—	—	12.12	1115~1683	
$\langle UCl_4 \rangle$	11350	-3.02	—	25.33	298~863	
(UCl_4)	9950	-5.53	—	31.06	863~1062	1062
$\langle UCl_6 \rangle$	4000	—	—	12.32	298~450.5	
$\langle VCl_2 \rangle$	9720	—	—	10.73	1183~1373	
(VCl_4)	2875	-6.07	—	27.68	298~450	433
$\langle WCl_4 \rangle_\alpha$	3996	—	—	11.74	458~503	
$\langle WCl_4 \rangle_\beta$	3588		—	10.87	503~554	
(WCl_4)	3283		—	10.32	556~600	
$\langle WCl_5 \rangle$	3670	—	—	11.62	413~熔点	
(WCl_5)	2760	—	—	9.84	熔点~沸点	571
$\langle WCl_6 \rangle_\alpha$	4580	—	—	12.85	425~转变点	
$\langle WCl_6 \rangle$	4080	—	—	11.85	转变点~熔点	
$(WCl_6)_\beta$	3050	—	—	9.99	557~610	611
$\langle ZnCl_2 \rangle$	8500	-1.50	—	18.73	298~599	
$(ZnCl_2)$	8415	-5.035	—	28.545	599~1005	1005
(Zn_2Cl_4)	4700	—	—	8.01	693~883	
$\langle ZrCl_4 \rangle$	6600	-1.61	—	21.47	298~604	
$(ZrCl_4)$	3427	—	—	11.21	610~741	552

索　引

Y

Z